高等职业教育
机 械 类 专 业 规划教材
MECHANICAL ENGINEERING

Pro/Engineer Wildfire 4.0
产品设计应用教程

主　编　刘永铭
副主编　欧阳兆彰　杨海鹏
主　审　王树勋

中国电力出版社
http://jc.cepp.com.cn

内 容 提 要

本书为高等职业教育机械类专业规划教材。

本书以Pro/Engineer Wildfire 4.0中文版软件为操作平台，以设计实例为主线，全面、系统地讲解了应用Pro/Engineer软件进行零件设计与产品设计的操作方法与技巧。全书由8个模块组成：模块一介绍Pro/E产品设计的基本操作，使读者轻松入门并为进一步的产品设计打下基础；模块二、模块三使读者掌握Pro/E产品设计的基本操作工具，能设计一些基本的、较简单的零件和产品；模块四～模块六介绍Pro/E产品设计高级操作工具，包括高级实体建模、曲面设计及应用，使读者能对较复杂、难度较大的零件及产品进行设计；模块七为产品装配设计，目的是使读者能对元件进行装配操作并设计完整的机构或产品；模块八为工程图创建。本书是按照基于工作过程的课程观进行开发设计的。把应用Pro/E软件进行零件及产品设计划分为八个学习模块，将每一个学习模块设计为多个学习任务（实训）来讲授，使本课程具有高职课程的职业性、实践性及开放性的特点。

本书可作为高职高专的模具设计与制造、数控技术等专业的计算机辅助设计课程教材，也可供社会上各种模具短训班以及相关专业技术人员自学参考。

图书在版编目（CIP）数据

Pro/Engineer Wildfire 4.0产品设计应用教程/刘永铭主编．北京：中国电力出版社，2010.7

高等职业教育机械类专业规划教材

ISBN 978-7-5123-0366-9

Ⅰ.①P… Ⅱ.①刘… Ⅲ.①工业产品—计算机辅助设计—应用软件，Pro/ENGINEER Wildfire 4.0—高等学校：技术学校—教材 Ⅳ.①TB472-39

中国版本图书馆CIP数据核字（2010）第074452号

中国电力出版社出版、发行

（北京三里河路6号 100044 http://jc.cepp.com.cn）

北京市同江印刷厂印刷

各地新华书店经售

*

2010年8月第一版 2010年8月北京第一次印刷

787毫米×1092毫米 16开本 19.5印张 477千字

印数 0001—3000册 定价 **31.00**元

前　言

Pro/Engineer 是美国参数化公司（PTC）开发的著名的由设计到制造的一体化三维设计软件。自问世以来，逐步成为世界上最普及的三维 CAD/CAM/CAE 系统标准软件，被广泛应用于航空航天、机械、电子、汽车、家电、玩具等行业中。Pro/Engineer 功能强大，包括零件设计、产品装配、模具设计、NC 加工、钣金件设计、机构仿真、应力分析、数据库管理等多种功能。Pro/E 软件改变了传统的 CAD/CAM 作业方式，参数化设计及全关联性数据库使产品设计变得更加容易，大大缩短了用户开发的时间。

本书采用 Pro/Engineer Wildfire 4.0 中文版（俗称 Pro/E 野火版）为平台，以实训设计案例为主线，系统、深入地讲解了应用 Pro/Engineer 进行零件及产品设计的方法和技巧。

本书主要包括涉及产品设计的零件设计、装配、工程图三个模块，其中零件设计模块是产品设计的核心，也是学习和应用其他模块的基础。

本书共分八个模块，各模块的内容简要介绍如下。

模块一：首先通过设计实例介绍 Pro/Engineer 产品设计的基本流程，然后介绍 Pro/E 软件的基本操作方法及技巧；通过实训实例学习二维草绘及基准特征的创建及应用。

模块二：利用拉伸、旋转、扫描、混合等基础特征操作工具进行零件设计；介绍工程特征在产品设计中的应用，实体编辑工具在产品设计中的应用。

模块三：综合应用模块二中的操作工具，进行零件和产品设计实例实训，包括吹风机设计、皮带轮设计、风扇后盖零件设计、盖板零件设计等四个项目。

模块四：通过实例介绍高级特征的创建方法及在产品设计中的应用，包括高级混合工具、可变剖面扫描工具、螺旋扫描工具、扫描混合工具、唇工具、耳工具等。

模块五：通过实例讲解利用曲面工具进行产品设计的方法及技巧，包括曲线的创建及编辑、曲面的创建、曲面编辑等。

模块六：综合应用模块四、模块五中的操作工具，对难度较大、较复杂的零件及产品进行综合实训，包括可乐瓶设计、电话听筒设计、剃须刀前盖设计、齿轮减速箱设计等四个实训项目。

模块七：通过传动机构装配、艺术卸品装配、摩托车车架—发动机装配三个实训项目介绍产品的基本装配方法，并能够对完整的机构及产品进行设计。

模块八：通过安装板零件的二维工程图的创建、斜块零件工程图创建、轴零件工程图创建三个实训项目介绍工程图的创建方法。

本书可以作为高职高专工业设计、数控加工、模具设计与制造等专业 Pro/Engineer 产品设计课程的实训课程教材，也适合社会上相关专业人员自学 Pro/Engineer 软件用。学员可以通过学习与训练，提高应用设计能力，逐步达到举一反三、融会贯通的效果。本书素材可在 jc. cepp. com. cn 上下载。

本书模块一由广东水利电力职业技术学院张社就编写，模块二、模块五由江门职业技术学院刘永铭编写，模块三由中山职业技术学院陈传端编写，模块四、模块六由江门职业技术学院杨海鹏编写，模块七、模块八由欧阳兆彰编写，江门职业技术学院的王树勋担任主审。本书编写过程中还得到武晓红、王尚林、覃志庆、何敏红等老师的大力帮助，在此一并表示感谢。

由于编写时间仓促，本书难免有疏漏之处，有些解题方法也不一定是最简捷的，恳请广大读者批评指正。

编者

2010 年 5 月

目录

模 块 一

Pro/E 产品造型设计准备

本模块知识点

(1) 产品设计准备：产品设计的基本流程、用户操作界面、视图管理及操作。

(2) 二维草绘：剖面草图绘制、草图修改与编辑、草图尺寸标注及修改、草图约束工具。

(3) 基准特征：基准平面、基准轴、基准点、基准曲线、基准坐标系。

本模块首先介绍一个设计实例，旨在让读者认识应用 Pro/E 软件设计产品的基本流程及该软件的操作特点，快速进入 Pro/E 产品设计状态。通过产品设计实例，介绍 Pro/E 产品设计用户界面、视图显示及操作、鼠标在设计中的操作、文件操作及管理，为后面产品设计工具操作学习做好准备。

二维剖面的草绘是 Pro/E 产品设计的基础，产品的特征创建是以二维剖面为基础的，对于基本特征的设计，需要先绘制二维截面草图，再设定一些参数，然后才能生成该特征。

由于 Pro/E 属于参数化设计软件，基础的实体特征都是通过基准特征建立起来的，在产品造型设计过程中几乎不可避免的会用到。

1.1 任务 1 Pro/E 设计的基本流程

下面以手柄设计过程为例，初步了解 Pro/E 产品设计的基本流程及特点，使用的工具有拉伸、切口、倒角、圆角工具，设计结果如图 1-1 所示。设计过程如图 1-2 所示。

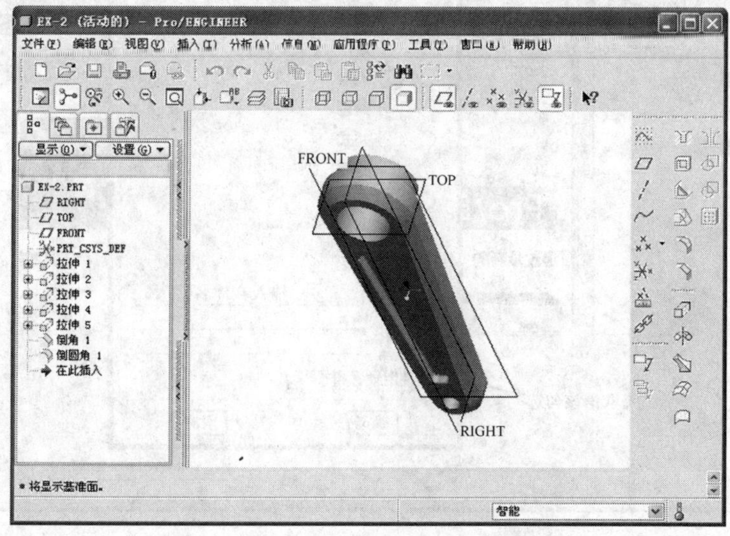

图 1-1 手柄零件设计结果

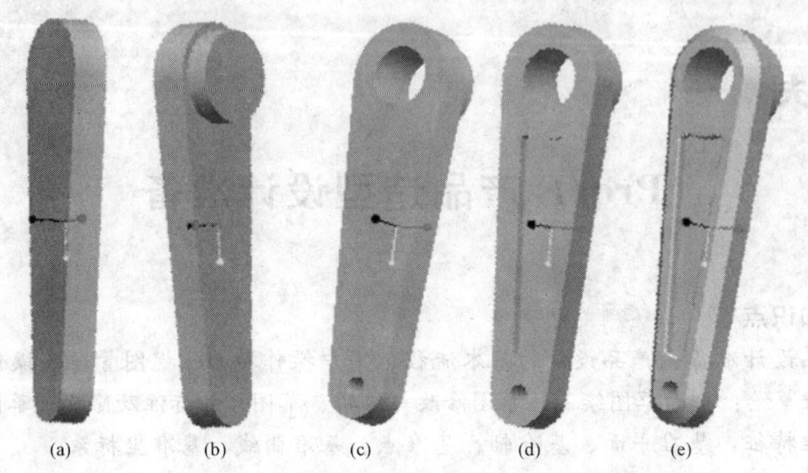

图 1-2 手柄零件设计过程
(a) 建立零件的基本造型；(b) 在基本造型一侧建立圆柱体；
(c) 建立两个圆孔；(d) 在零件侧面中央切出凹槽；(e) 创建倒角及创建圆角

1.1.1 新建零件文件

单击工具栏创建新文件图标，在弹出的新建面板中输入零件名称 arm，将“使用缺省模板”前的勾选取消，单击 确定 ，如图 1-3 所示。选择公制模板，如图 1-4 所示。进入零件设计界面，如图 1-5 所示。

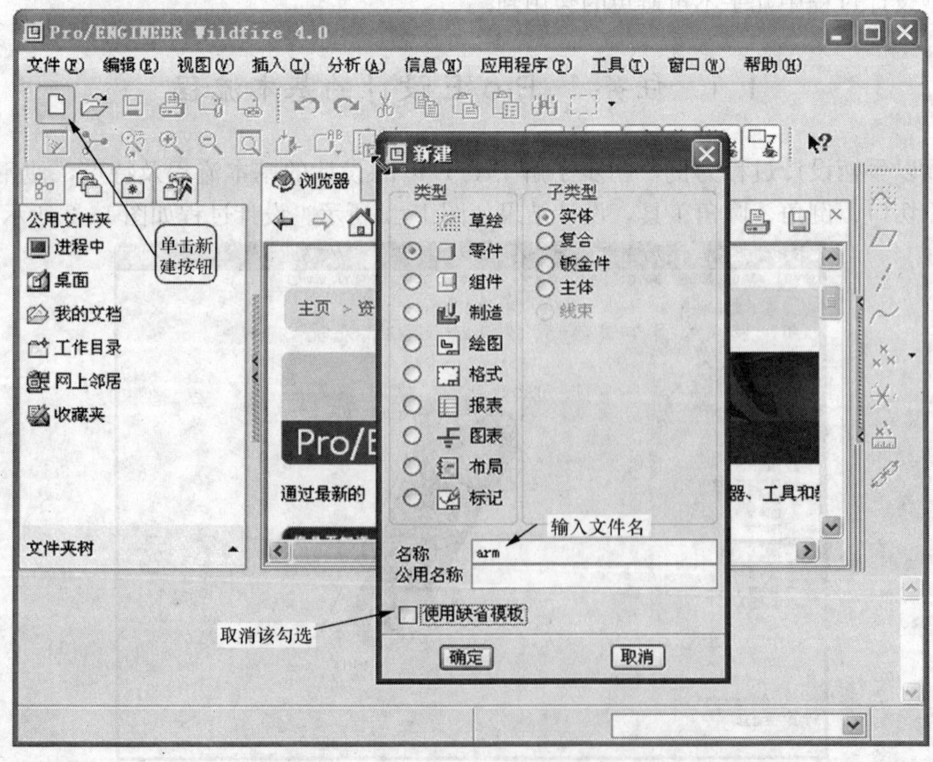

图 1-3 建立手柄文件

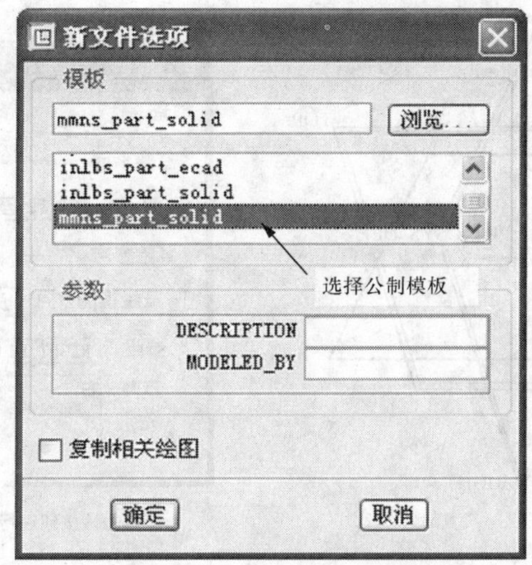

图 1-4　选择公制模板

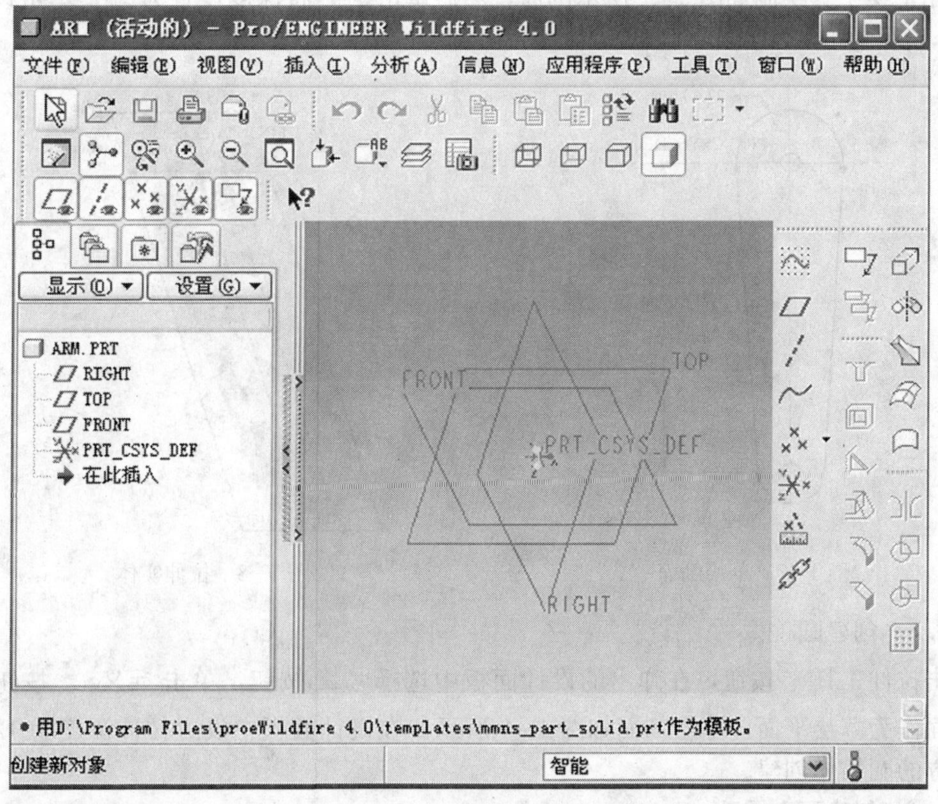

图 1-5　零件设计界面

1.1.2　以拉伸的方式创建图 1-2 (a) 所示的实体特征

单击拉伸工具图标，在界面下方弹出的设计面板，单击设计面板中的 放置 按钮，选择 定义... ，进行拉伸截面绘制，如图 1-6 所示。

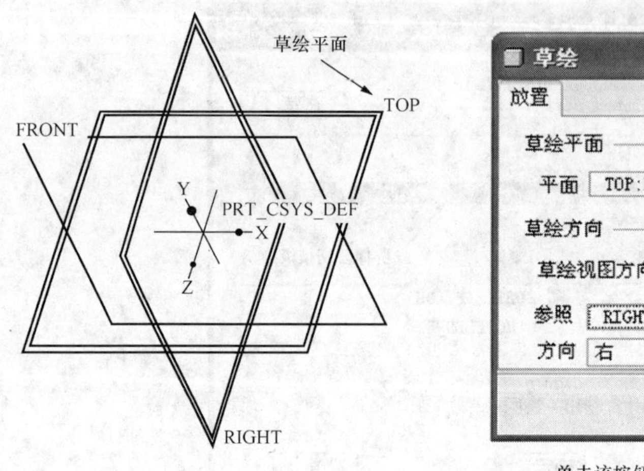

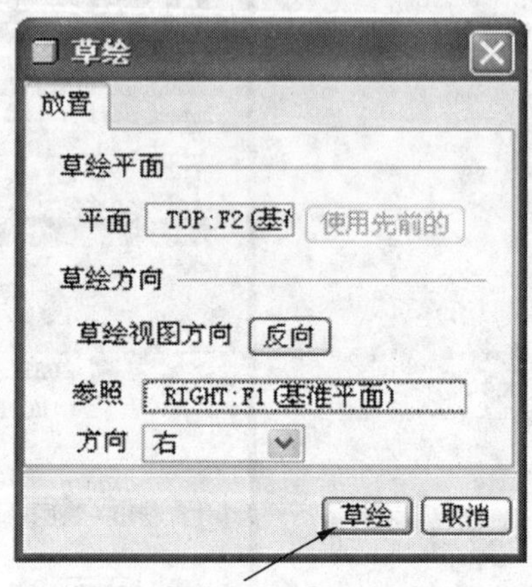

图 1-6　选择草绘平面

利用草绘工具绘制如图 1-7 所示剖面，然后单击✔，将深度设置为 18，单击设计面板上的✔，得到如图 1-8 所示拉伸实体。

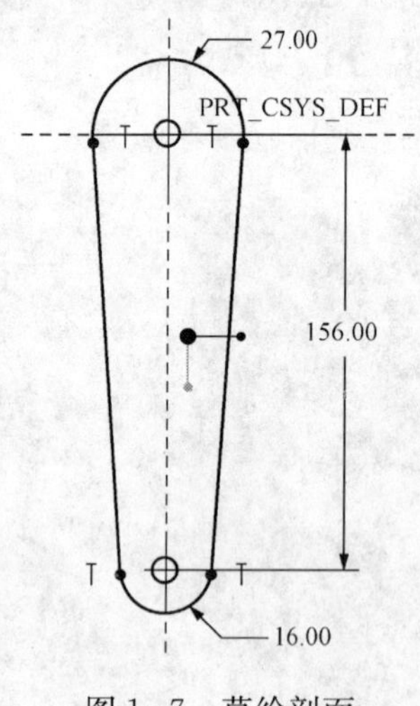

图 1-7　草绘剖面

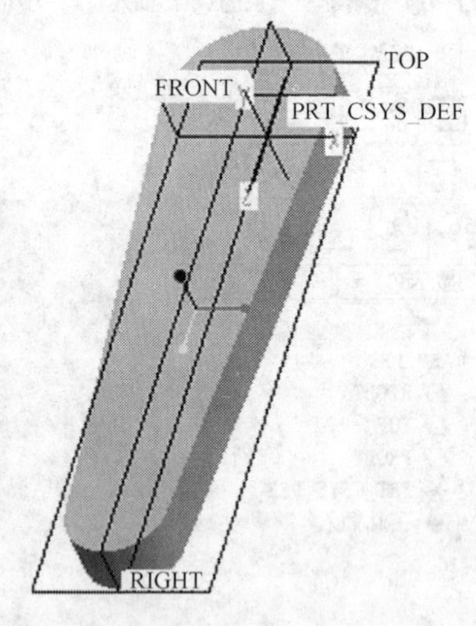

图 1-8　拉伸实体

1.1.3　创建圆柱体

单击拉伸工具按钮，在弹出的设计面板中选择 放置 按钮，单击 定义... 按钮，选择零件底面作为草绘平面，草绘剖面如图 1-9 所示。在设计面板中设置拉伸深度为 12，完成零件下方的圆柱体创建。

1.1.4　创建两个圆孔

单击孔工具，界面下方弹出孔设计面板，如图 1-10 所示。选择孔放置的参照轴及放置表面，并设置孔的直径为 30，及设置孔为通孔，单击✔按钮，完成第一孔的创建。

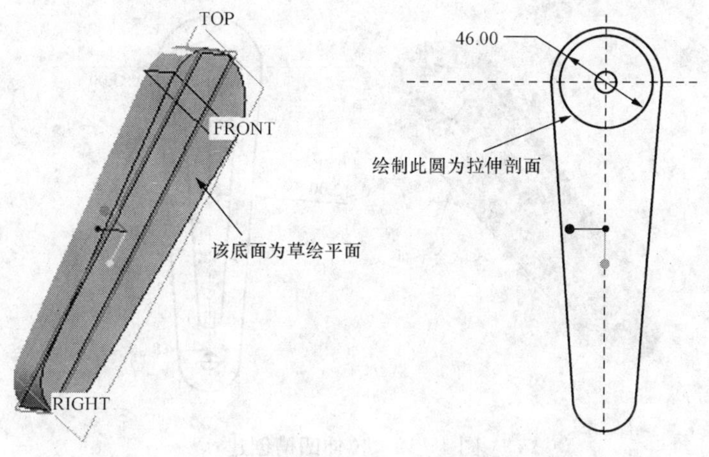

图 1-9　圆柱体拉伸剖面绘制

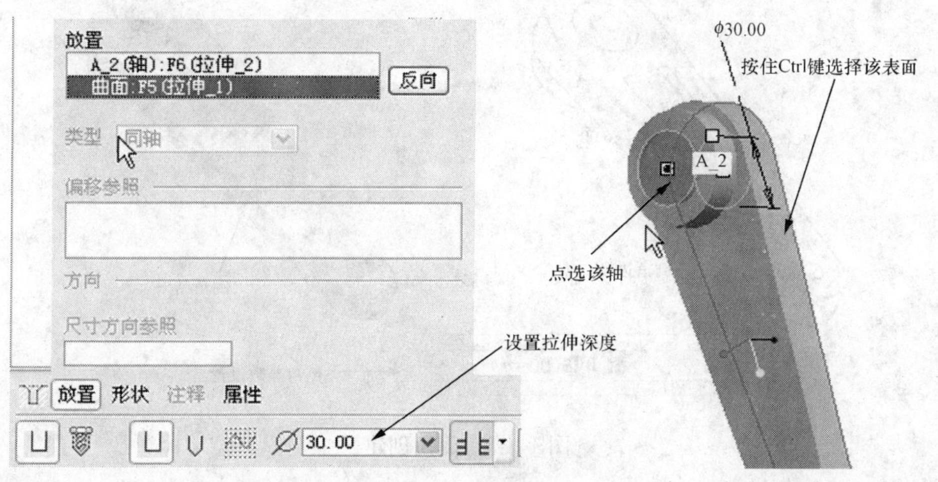

图 1-10　第一个孔的参数设置

根据第一个孔创建方法，设置第二个孔的参数，并完成第二个孔的创建，如图 1-11 所示。

1.1.5　在零件底部表面挖出凹槽

单击拉伸工具，在设计面板中选择切除材料按钮，再单击放置 放置，选择 定义...，如图 1-12 所示。选择草绘平面并绘制剖面，单击✔，完成剖面绘制，设置拉伸深度 4.8，单击✔，完成拉伸凹槽创建。

1.1.6　创建倒角

单击倒角工具，选择倒角的边线，并设置倒角的尺寸，单击✔，完成倒角创建，如图 1-13 所示。

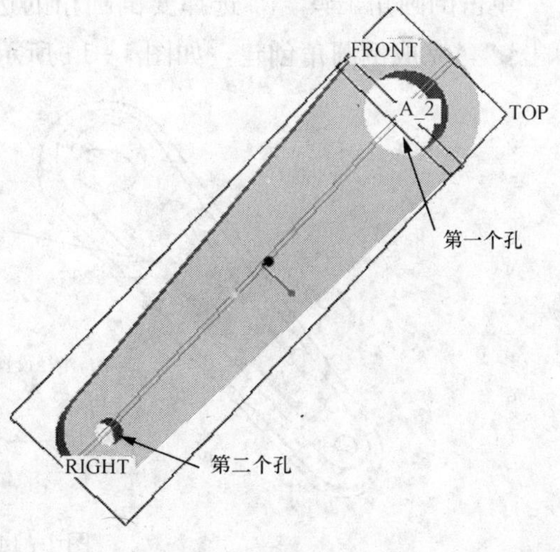

图 1-11　创建孔结果

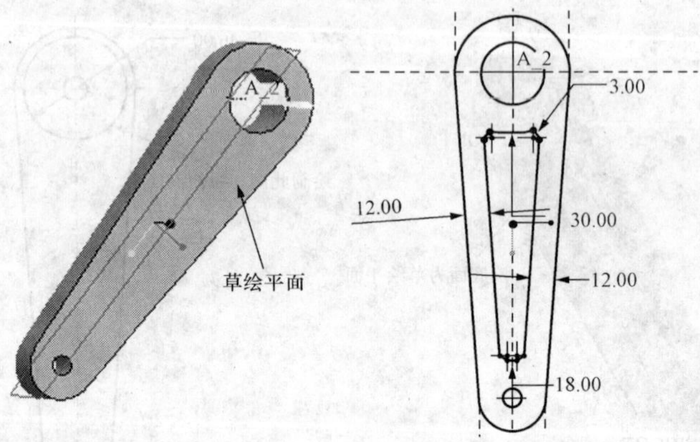

图 1-12 拉伸凹槽创建

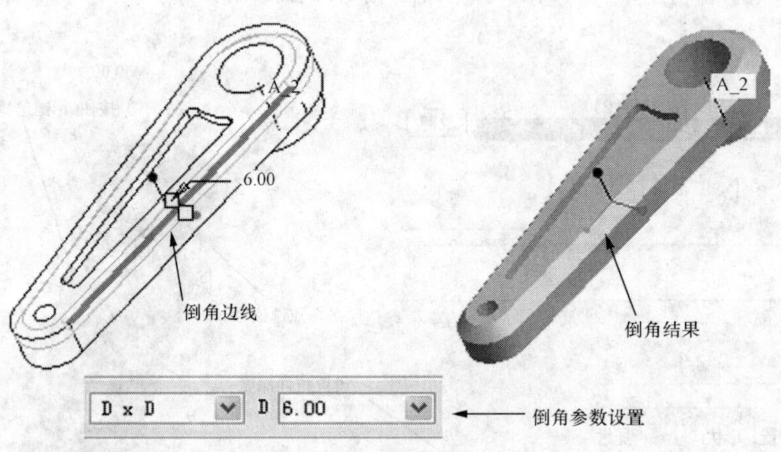

图 1-13 倒角创建

1.1.7 创建圆角

单击倒圆角工具，选择要倒圆角的边线，在圆角设计面板中设置倒圆角半径为 1.2，单击✔，完成倒圆角创建，如图 1-14 所示。

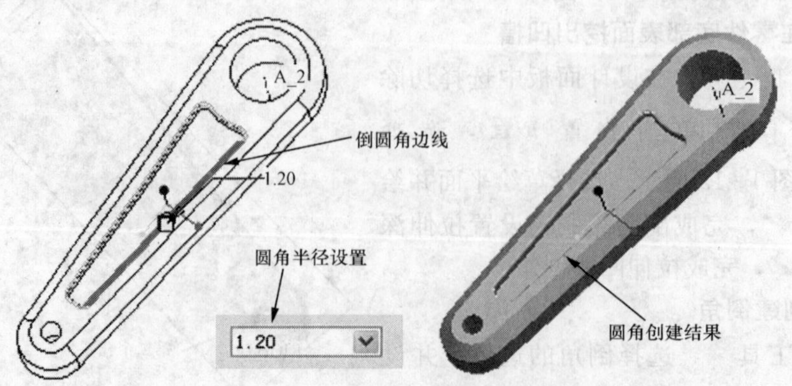

图 1-14 倒圆角创建

1.1.8　保存文件

单击工具栏中保存文件按钮，选择保存路径，接受默认的模型名称 ARM.PRT，单击 确定 ，完成文件保存。

1.2　任务 2　产品设计界面及基本操作

此节主要介绍 Pro/Engineer Wildfire 4.0 零件设计模块界面的基本功能及操作方法，通过实例演练，使读者掌握设计产品的基本操作技能。

1.2.1　操作界面

创建新的零件文件或打开已有的零件文件，操作界面如图 1-15 所示，界面主要含有下列区域。

(1) 零件显示区。Pro/E 的界面的主画面，设计的零件在该区域显示，系统默认的基准坐标系 PRT _ CSYS _ DEF，及三个基准平面（RIGHT、TOP、FRONT）组成三维空间。

(2) 下拉菜单。位于界面最上方，含有各个类型的指令，包括文件管理、特征编辑、视图显示、特征创建等，用于设计零件时控制 Pro/E 的整体设计过程。

(3) 工具栏。位于下拉菜单下方，将下拉菜单中常用功能以小图标显示出来，方便操作。

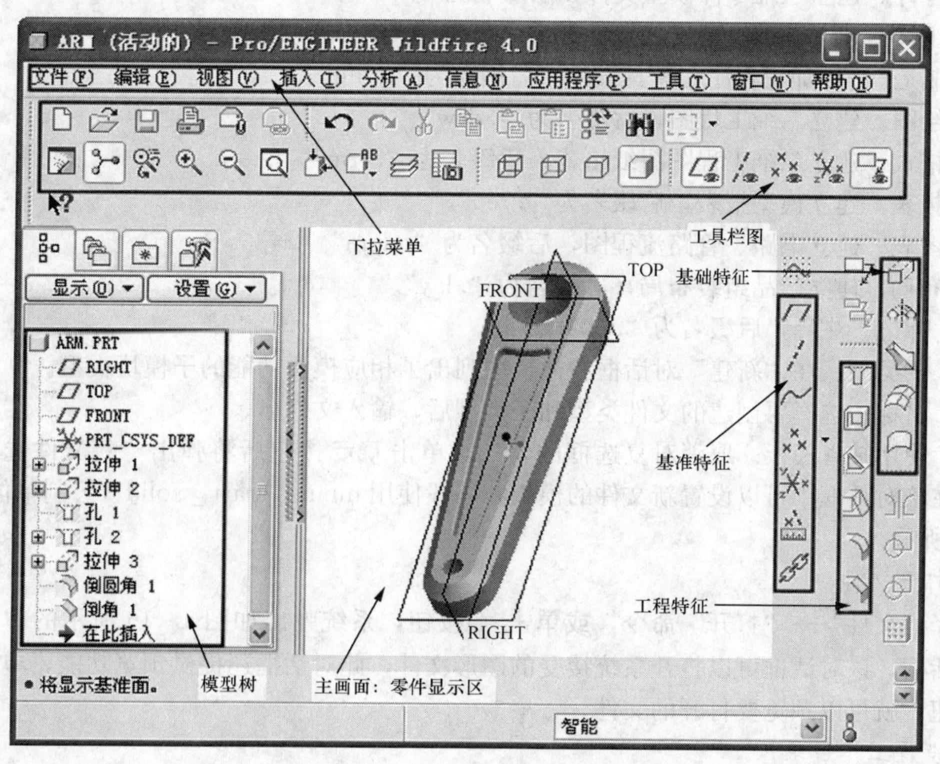

图 1-15　设计界面

(4) 基础特征工具。Pro/E 产品设计是以特征作为设计单位的，其中基本特征包括拉伸、旋转、扫描、混合等，此类特征的 2D 剖面呈现不规则的几何形状，必须绘制出特征的 2D 截面，才能创建特征的 3D 几何模型。

(5) 工程特征工具。此类特征包括孔、壳、筋、拔模、倒圆角、倒角等。此类特征创建在零件粗胚或现有零件上，创建时只需设置相关的工程数据（如圆孔半径、圆角半径、壳厚度等），即可创建出 3D 几何形状。

(6) 基准特征工具。基准特征包括基准平面、基准轴、基准曲线、基准点、基准坐标等，基准特征是进行模型设计的重要参考，是建立和编辑复杂模型不可缺少的工具。

(7) 模型树。零件中所有特征（包括基准和坐标系）的列表。

1.2.2 文件的基本操作

在 Pro/E 中，文件的操作可以通过下拉菜单中的命令完成，也可以通过工具栏中的按钮来实现。下面具体介绍各项操作。

1. 新建文件

选择“文件”菜单中的“新建”命令，或单击工具栏中的按钮，系统弹出如图 1-3 所示“新建”对话框，该对话框包含要建立的文件类型及其子类型。

(1) 类型。在“新建”对话框中列出了 Pro/Engineer Wildfire 4.0 提供的 10 类功能模块。

1) 草绘。建立二维草图文件，后缀名为“.sec”。

2) 零件。建立三维零件模型文件，后缀名为“.prt”。

3) 组件。建立三维模型安装文件，后缀名为“.ams”。

4) 制造。NC 加工程序、模具设计，后缀名为“.mfg”。

5) 绘图。建立二维工程图，后缀名为“.drw”。

6) 格式。建立二维工程图图纸格式，后缀名为“.frm”。

7) 报表。建立模型报表，后缀名为“.rep”。

8) 图表。建立电路、管路流程图，后缀名为“.dgm”。

9) 布局。建立产品组装布局，后缀名为“.lay”。

10) 标记。注释，后缀名为“.mrk”。

(2) 子类型。在“新建”对话框右边栏中列出了相应模块功能的子模块类型。

(3) 名称。选择要创建的文件类型和子类型后，输入文件名。

(4) 使用缺省模板。取消对复选框的勾选，单击确定按钮后将弹出“新文件选项”对话框，在该对话框中可以设置新文件的模板，一般使用 mmns_part_solid（公制单位），如图 1-4 所示。

2. 打开文件

选择“文件”→“打开”命令，或单击按钮，系统弹出如图 1-16 所示的“文件打开”对话框，该对话框可以打开系统接受的图形文件，此对话框还提供预览功能，单击“预览”按钮，就可以预览要打开的文件。

3. 设置工作目录

设置工作目录的目的是为了有效的管理文件，方便以后文件的保存与打开，即便于文件的管理，也节省文件打开的时间。

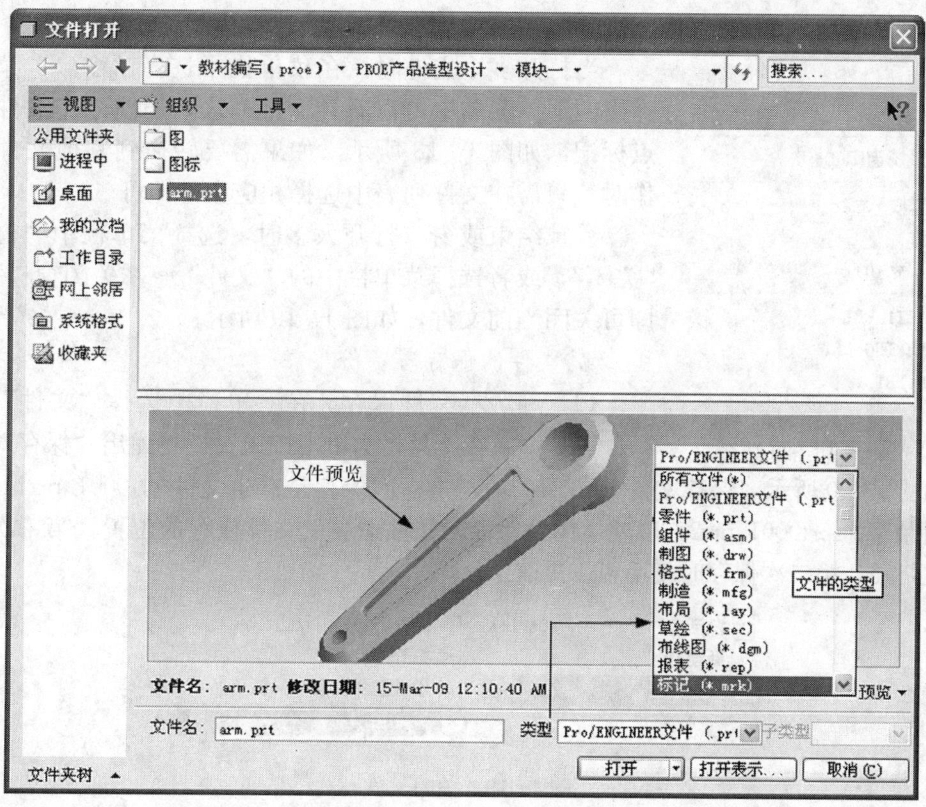

图 1-16　文件的打开

选择“文件”→“设置工作目录”命令，系统显示如图 1-17 所示的“选取工作目录”对话框，在“文件名”文本框中输入一个目录名称或选择目标路径作为工作目录，单击确定按钮即可完成当前工作目录的设定。

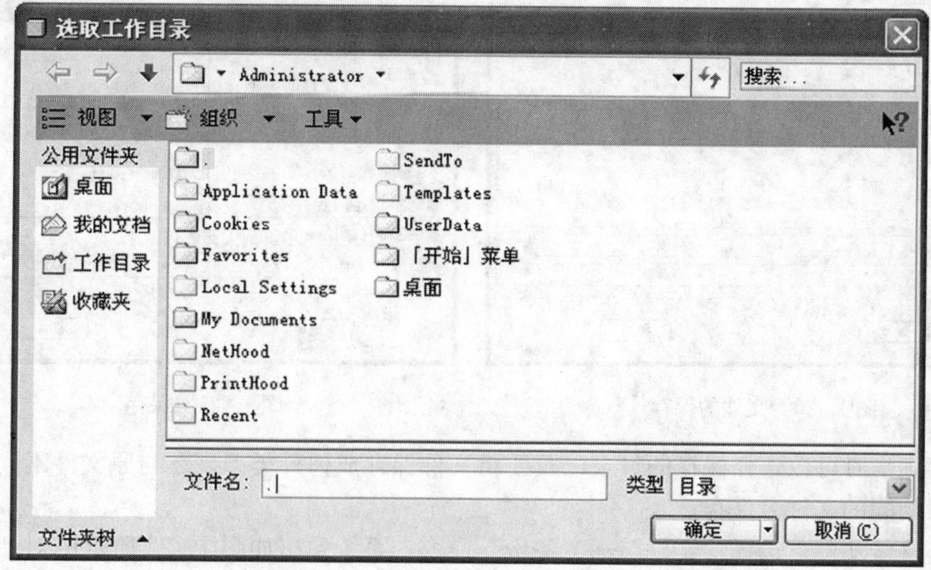

图 1-17　工作目录设置

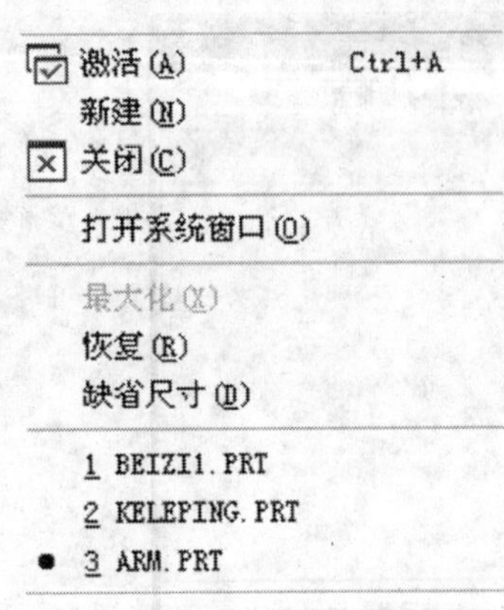

图 1 - 18 工作文件列表

4. 工作窗口转换与关闭

当打开多个文件时，在菜单栏中选择“窗口”菜单，在弹出的下拉菜单中可以看到文件列表，当前工作文件前有黑点标记，如图 1 - 18 所示。如果需要转换到其他文件进行工作时，只需在文件列表中选择相应文件即可。

设计结束或窗口打开太多时，选择菜单栏中“窗口”→“关闭”，或者选择菜单栏中的“文件”→“关闭窗口”命令，即可关闭当前文件，如图 1 - 19 所示。

5. 文件的保存与备份

（1）新版本文件保存。在菜单栏中选择“文件”→“保存”命令，或在工具栏中单击按钮，将弹出“保存对象”对话框，如图 1 - 20 所示。保存文件 prt0001. prt，第一次保存是产生文件 prt0001. prt1，而再次保存时则保存为 prt0001. prt2，以此规律为保存的文件命名。文件保存的位置，第一次保存时可以更改路径，第二次保存时就不可以更改了。

图 1 - 19 关闭文件

（2）保存副本。选择“文件”→“保存副本”命令，系统显示如图 1 - 21 所示对话框，输入保存文件名，选择相应的文件类型，单击 确定 按钮即可。

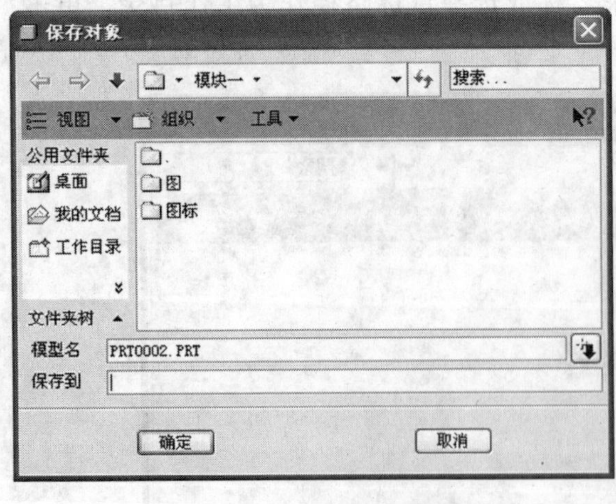

图 1 - 20 文件的保存

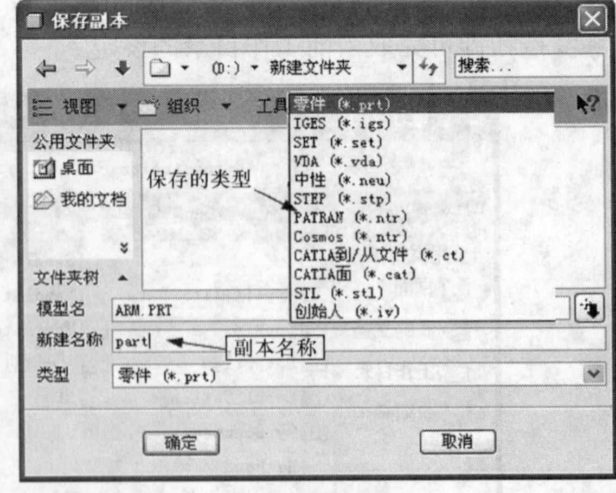

图 1 - 21 保存副本

保存副本时可以选择保存的目录以及要将文件保存成何种类型，在与原文件不同的目录下可以用相同的文件名保存。

（3）备份文件。选择“文件”→“备份”命令，系统弹出如图 1 - 22 所示的对话框，在“备份到”文本框中输入要备份的路径名称，单击 确定 按钮即可完成文件备份。

1.2.3　视图的基本操作

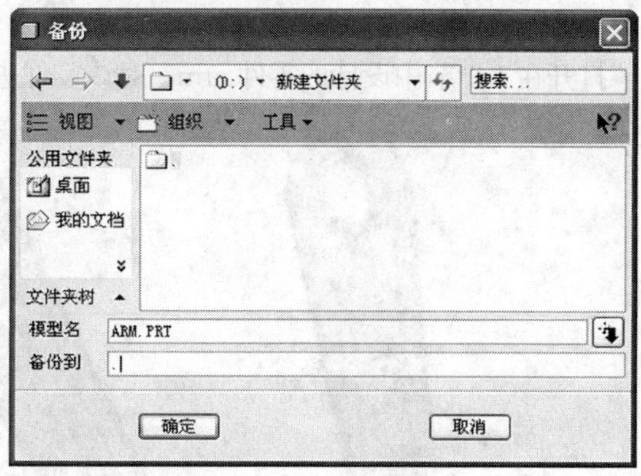

图 1-22　文件备份

能够使用鼠标和菜单栏“视图”菜单及工具栏中视图按钮对模型进行熟练操作是应用 Pro/E 进行设计的一个基本技能，下面介绍视图操作基本方法。

1. 模型查看方式

使用鼠标和键盘的组合，可以对模型进行旋转、平移、缩放等操作，从而方便观察和设计模型。具体方法如下。

(1) 平移。按住 Shift 键和鼠标中键，向任意方向移动鼠标，可向任意方向移动模型，鼠标中键单击的位置为平移中心。

(2) 缩放。直接滑动鼠标中键，即可对模型进行放大和缩小，或者同时按住 Ctrl 键和鼠标中键，垂直向上移动鼠标可以将模型缩小，垂直向下移动则可以将模型放大。

(3) 旋转。按住鼠标中键，向任意方向移动鼠标，模型可以实现旋转。

2. 模型显示设置

在 Pro/E 中，模型的显示方式主要有 4 种，分别是线框模式、隐藏线模式、无隐藏线模式和实体模式。操作方法是分别利用模型显示工具栏上的 4 个按钮即可完成，如图 1-23 所示。

3. 视图列表

单击“视图列表”按钮，系统弹出如图 1-24 所示的下拉列表，该列表列出了系统默认的已经存在的视角方向。单击下拉列表的选项即可进入对应的视角平面。

(1) 标准方向：标准轴侧图方向。

(2) 缺省方向：Pro/E 默认的视图方向。

(3) BACK：后视图。

(4) BOTTOM：仰视图。

(5) FRONT：前视图。

(6) LEFT：左视图。

(7) RIGHT：右视图。

(8) TOP：俯视图。

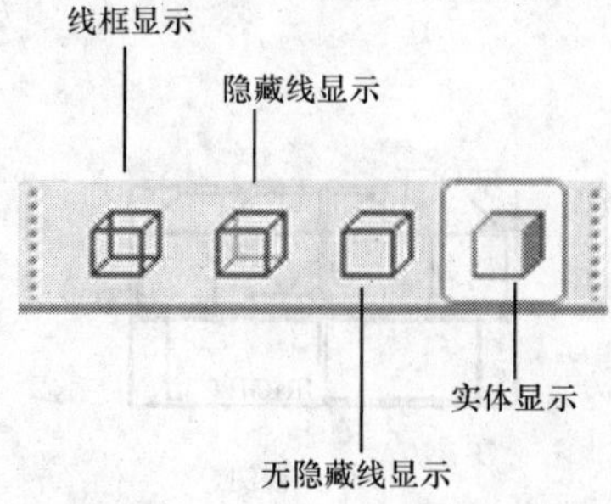

图 1-23　模型显示工具栏

图 1-24　模型视图列表

4. 模型显示实例

打开在 1.1 节中设计的零件 arm，对该零件进行视图操作。如图 1-25～图 1-27 所示。

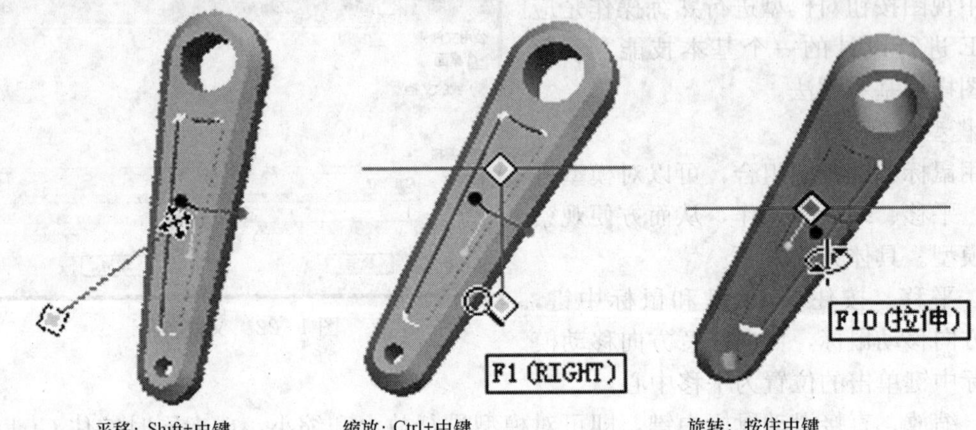

图 1-25 视图查看方式

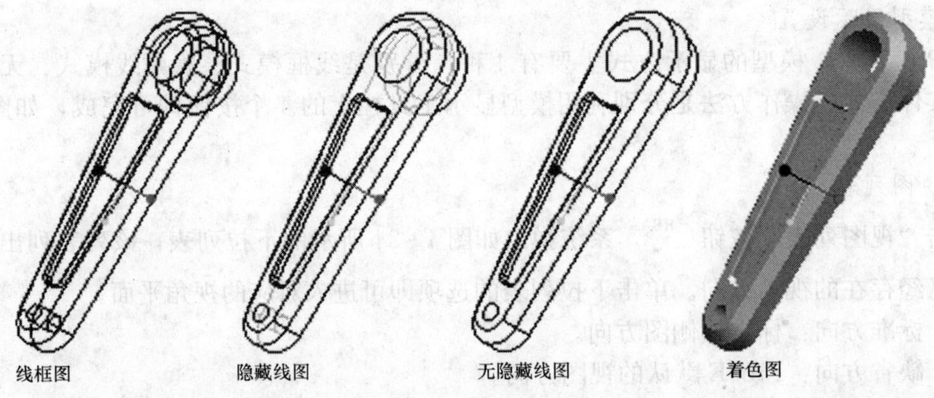

图 1-26 视图显示方式

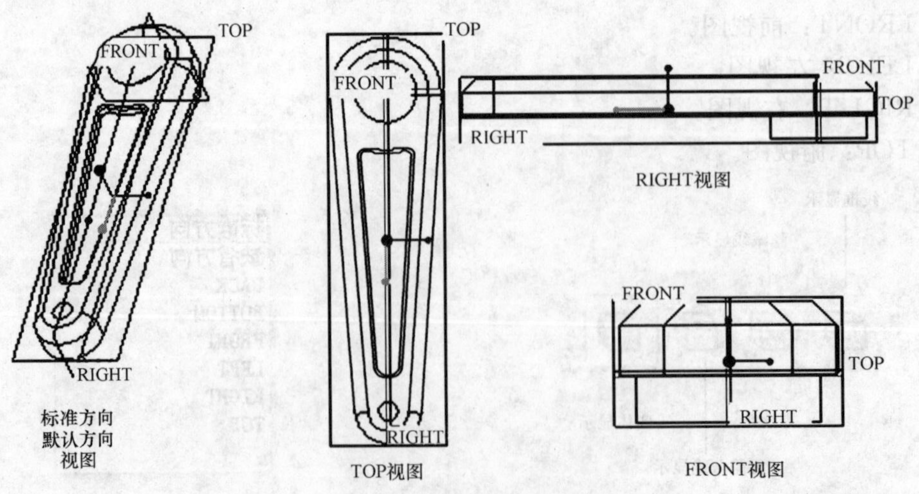

图 1-27 模型视角方向

1.2.4 参数化建模方法

参数化设计是指将零件模型所有尺寸设计用参数形式来表述，在修改零件模型尺寸时通过修改参数的数值，来实现修改零件模型设计的目的。在修改参数的数值时，系统在保持模型几何拓扑关系不变的情况下，几何大小和相对比例将随着参数的修改而发生变化。

1. 以特征作为设计的单位

在 1.1 节中设计的零件 arm，是由拉伸、切口、圆角、倒角及圆孔特征组成，每个特征单独进行创建，也可单独进行修改和编辑。任何产品或零件都是有若干个特征组成的，特征排列在模型树中，如图 1-28 所示。

对于特征的定义，有以下解释。

(1) 特征可以表示与制造和加工相关的形状和技术属性。

(2) 特征是需要一起引用的成组几何或拓扑实体。

(3) 特征是用于生成、分析和评估设计的单元。

2. 参数化设计

(1) 剖面的参数化。剖面参数化是指 Pro/E 软件系统自动给每个特征的二维剖面中的每个尺寸赋予参数并编写代码，通过对参数的调整即可改变几何形状和大小。如图 1-29 所示为零件 arm 中的一个剖面图，从中可以看出剖面参数是全相关的。

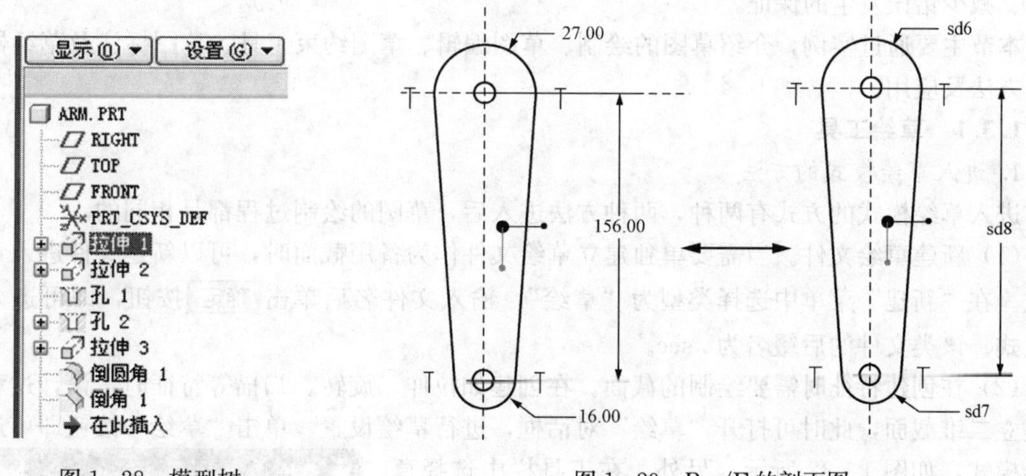

图 1-28 模型树 图 1-29 Pro/E 的剖面图

(2) 零件的参数化。零件的参数化是指 Pro/E 软件系统自动给零件中特征间的相对位置尺寸、形状尺寸赋予参数代码，通过对参数的调整即可改变特征间的相对位置关系以及特征的形状和大小。如图 1-30 所示，图中零件的各个尺寸全部采用参数化的表达方式。

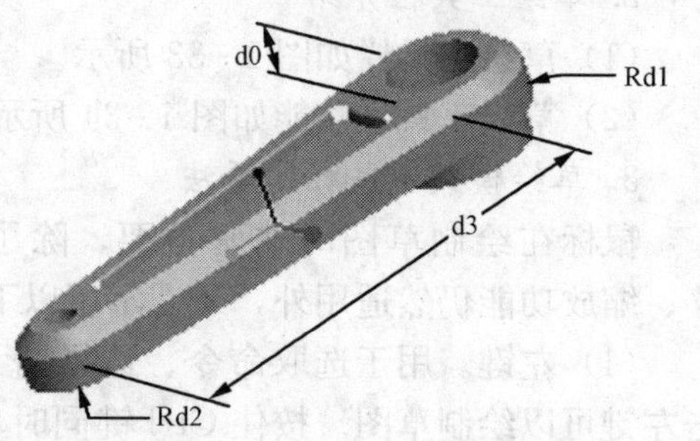

图 1-30 零件的参数化表达

(3) 设计准则。在使用 Pro/E 进行设计时，掌握以下准则将有利于操作。

1) 确定特征顺序。设计好基本特征，并选择适当的特征作为设计中心。

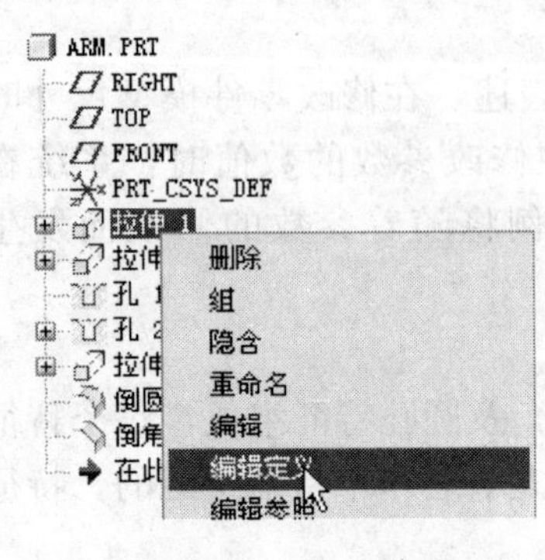

图 1-31 特征编辑

2）简化特征类型。以最简单的特征组合模型，充分考虑到尺寸参数的控制。

3）建立特征的父子关系，解决关联问题。

4）适当采用特征复制操作。复制会减少数据量，同时也便于修改。

3. 特征编辑方法

零件由特征组成，若要对零件作修改，则可以通过修改编辑特征来实现零件的整体修改。特征修改操作方法：在模型树中选择要修改的特征，将鼠标放在该特征处，单击鼠标右键，在弹出的快捷菜单中选择“编辑定义”，即可对该特征进行重新设计修改，如图 1-31 所示。

1.3 任务3 二 维 草 绘

草绘二维截面是三维设计的基础，在实体造型中占有很重要的地位，绝大多数的三维实体都是通过二维截面的一系列操作而得到的。对于基本特征的设计，需要首先绘制二维截面草图，再设定一些参数，然后才能生成该特征。另外，良好的草图技能也是提高设计质量及效率、减少错误发生的保证。

本节主要通过实例，介绍草图的绘制、草图编辑、草图约束工具、草图标注及草绘器等操作方法及应用。

1.3.1 草绘工具

1. 进入草绘模式的方法

进入草绘模式的方式有两种，两种方法进入后，草图的绘制过程都是相同的。

（1）新建草绘文件。当需要单独建立草绘文件作为备用截面时，可以新建文件进入草绘模式。在“新建”菜单中选择类型为“草绘”，输入文件名后单击 确定 按钮，即可进入草绘模式。该类文件的后缀名为 .sec。

（2）在创建特征时需要绘制的截面。在创建如拉伸、旋转、扫描等特征时，设计过程需要建立二维截面，此时可打开“草绘”对话框，进行草绘设置，单击“草绘”按钮即可进入草绘模式，如图 1-32 所示。另外，在工具栏中选择草绘工具，也可进入草绘模式，进行二维曲线的绘制。

2. 草绘工具栏介绍

（1）草绘工具栏如图 1-33 所示。

（2）草绘工具栏功能如图 1-34 所示。

3. 草绘模式中鼠标的用法

鼠标在绘制草图时非常重要，除了前面讲述的平移、缩放功能仍然适用外，还需掌握以下操作。

（1）左键。用于选取命令、选择图元，在绘图区单击左键可以绘制草图。按住 Ctrl 键同时单击左键一次选择多个图元。

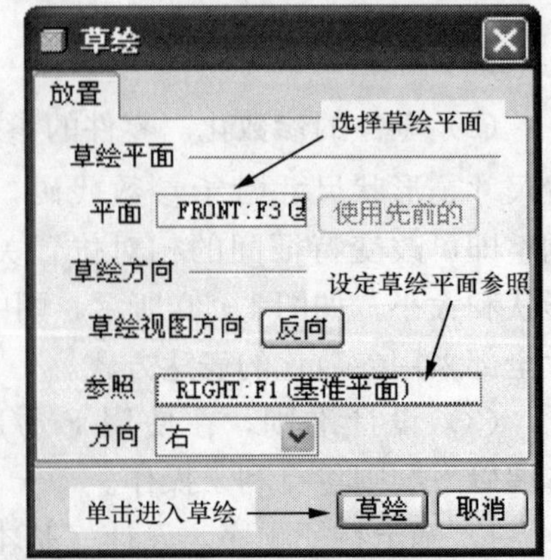

图 1-32 草绘设置

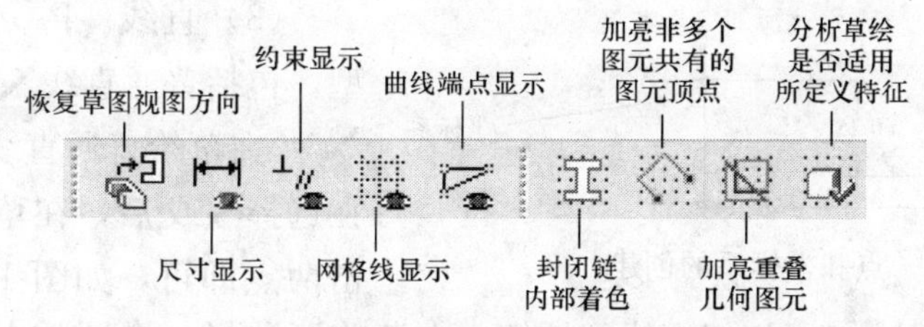

图 1-33　草绘按钮功能介绍

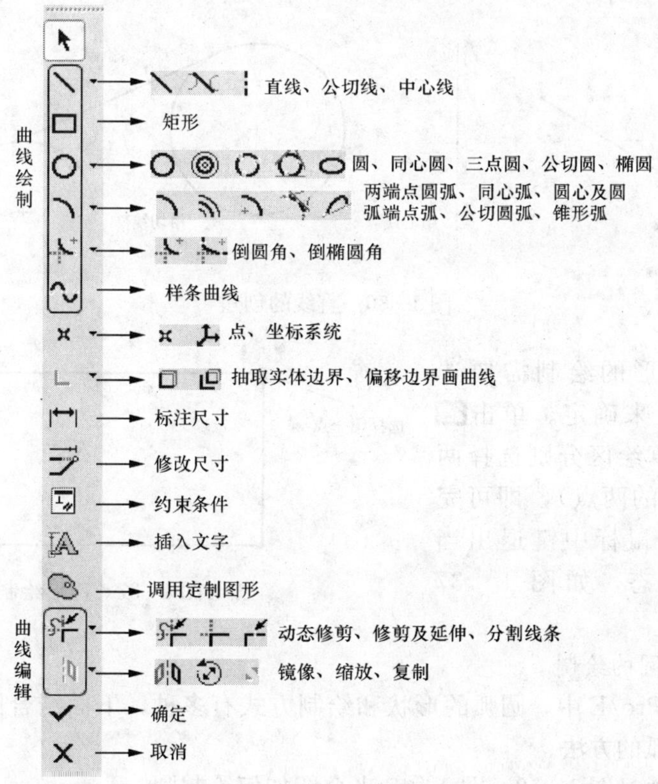

图 1-34　草绘工具栏命令

(2) 中键。单击中键结束当前操作。

(3) 右键。在绘图区内按住右键可以弹出快捷菜单。

1.3.2　截面草图的绘制

本节介绍草图的绘制方法。

1. 点、坐标系、直线、矩形的绘制

(1) 点。创建草绘点的方法是，单击 × (点) 按钮，在草绘区的预定位置单击，便在单击处绘制出一个草绘点。要绘制多个草绘点时，只需把光标移至别的预定位置并单击，即可在该处完成草绘点创建，如图 1-35 所示。

(2) 坐标系。创建坐标系的方法与创建点的方法一样，单击 ⅃ (坐标系)，移动光标至预定位置单击，即可完成坐标系绘制，如图 1-35 所示。

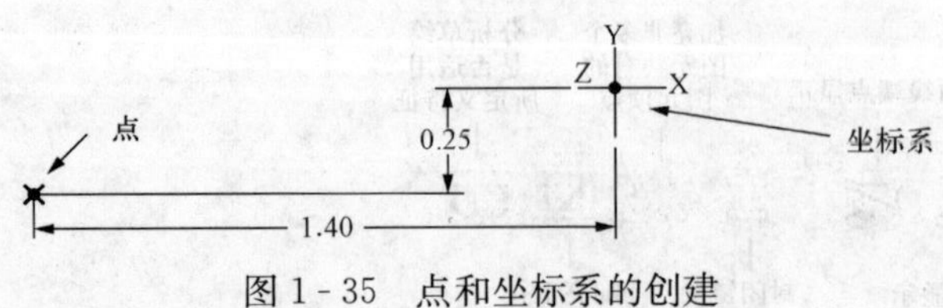

图 1 - 35 点和坐标系的创建

(3) 直线。Pro/E 中直线有三种类型，包括普通直线、中心线和相切线。在草绘普通直线和中心线时，只需在选择或后，在草绘区的预定位置单击两点即可，如图 1 - 36 所示。相切直线的绘制方法是，单击（相切直线）按钮，在草绘区选择一个圆弧上的一点，然后移动鼠标至另一个圆弧的附近区域，此时系统会自动捕捉到相切点，单击相切处即可，完成相切线绘制，如图 1 - 36 所示。

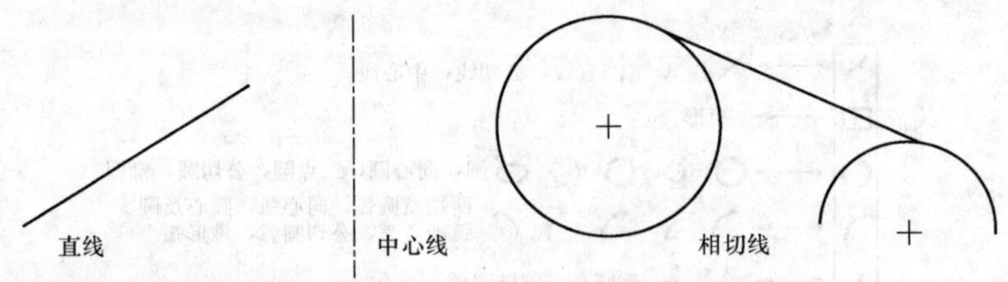

图 1 - 36 直线的创建

(4) 矩形。矩形的绘制需要选择矩形的对角两点来确定。单击（矩形）按钮，在草绘区分别选择两点（矩形对角线上的两点），即可完成矩形绘制，单击鼠标中键退出当前的矩形绘制状态，如图 1 - 37 所示。

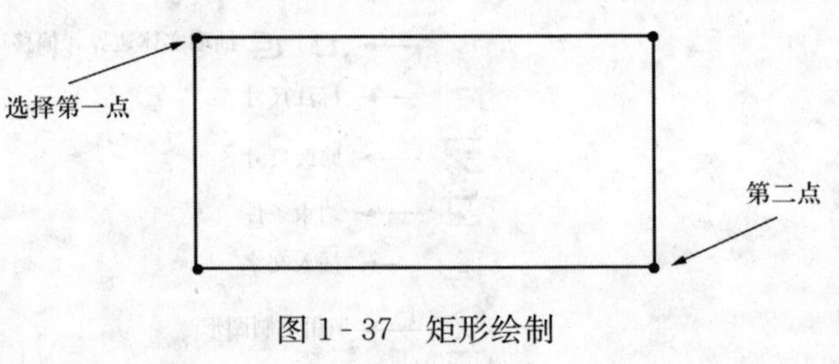

图 1 - 37 矩形绘制

2. 弧、圆、椭圆的绘制

(1) 圆弧。在 Pro/E 中，圆弧的形状和绘制方式有多种，下面结合图 1 - 38～图 1 - 41 来介绍常用绘制圆弧的方法。

(2) 圆。下面通过图 1 - 42～图 1 - 45 来介绍如何绘制圆。

(3) 椭圆。下面介绍绘制椭圆的方法，如图 1 -46 所示。另外，有时设计的需要，要求绘制半椭圆弧，可以画一个完整的椭圆，然后利用修剪工具将一半椭圆弧删除即可。

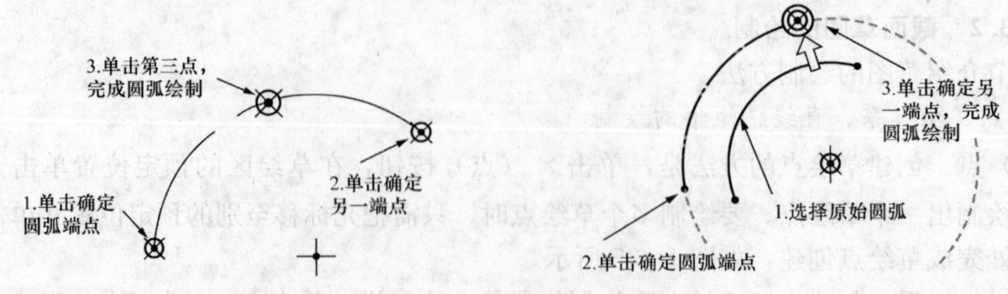

图 1 - 38 三点画圆弧　　图 1 - 39 画同心圆弧

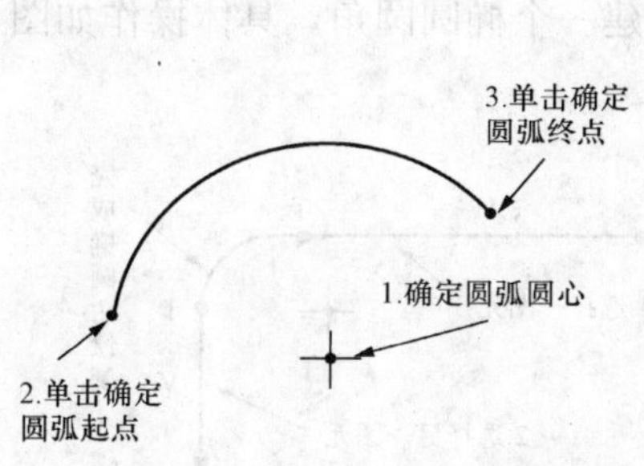

图 1-40　通过圆心和两端点画圆弧

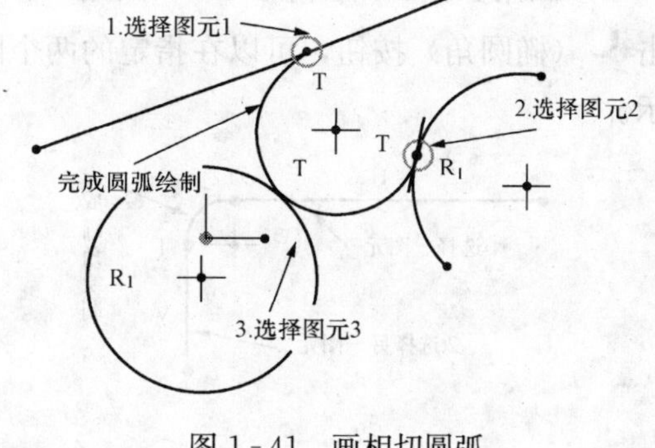

图 1-41　画相切圆弧

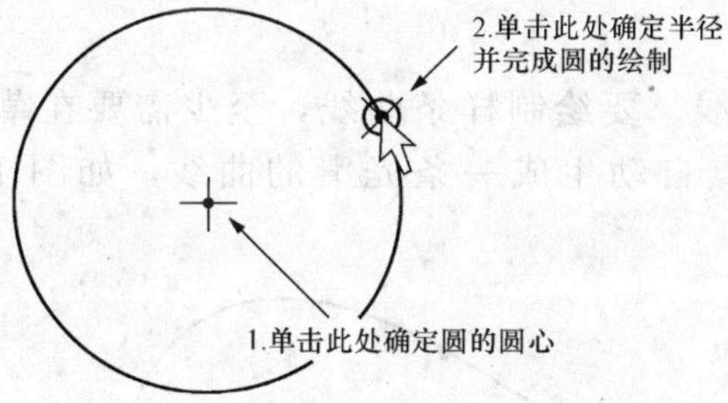

图 1-42　通过圆心半径画圆

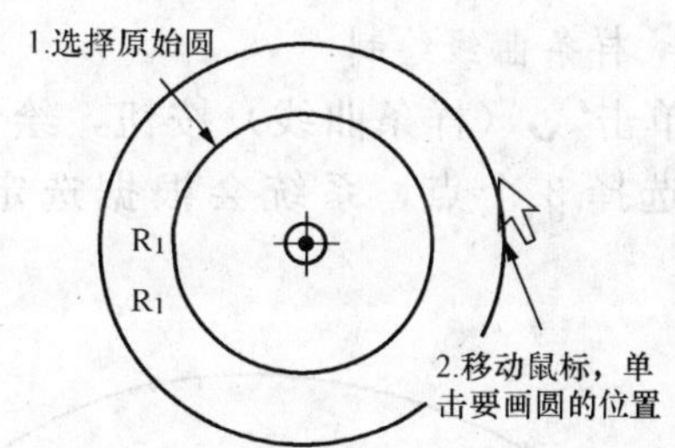

图 1-43　画同心圆

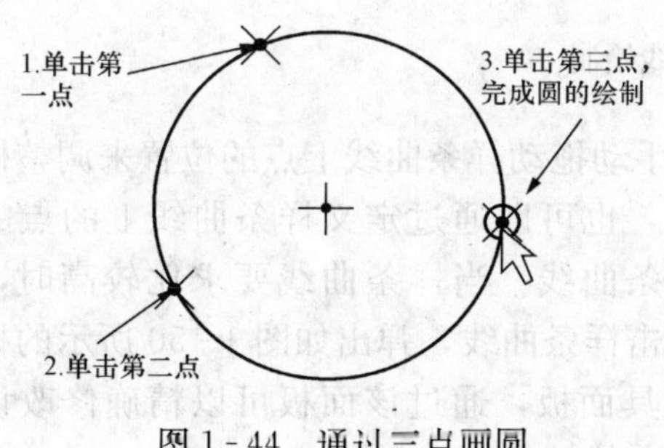

图 1-44　通过三点画圆

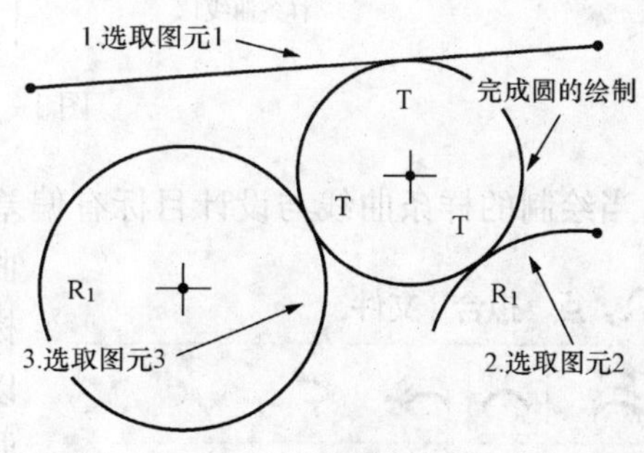

图 1-45　画相切圆

3. 圆锥曲线、圆角、椭圆角绘制

(1) 圆锥曲线绘制。单击 (圆锥弧) 按钮，选择圆锥曲线的第一个端点，移动鼠标选择圆锥曲线第二个端点，然后选择圆锥的肩点，即可完成圆锥曲线绘制，如图 1-47 所示。

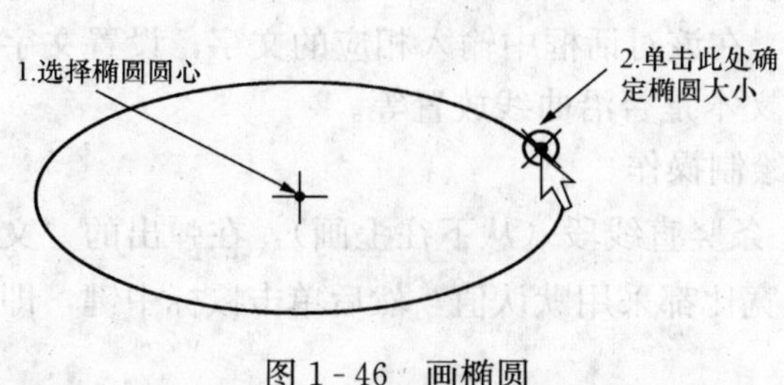

图 1-46　画椭圆

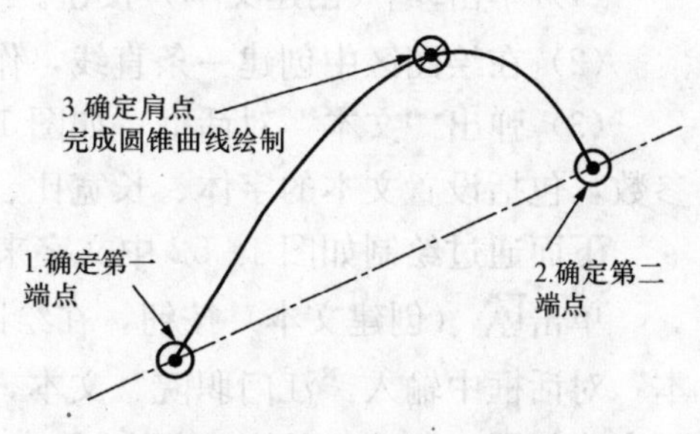

图 1-47　绘制圆锥曲线

（2）圆角、椭圆角。单击（圆角）按钮，可以在选定的两个图元间创建一个圆角；单击（椭圆角）按钮，可以在指定的两个图元间创建一个椭圆圆角。具体操作如图 1-48 所示。

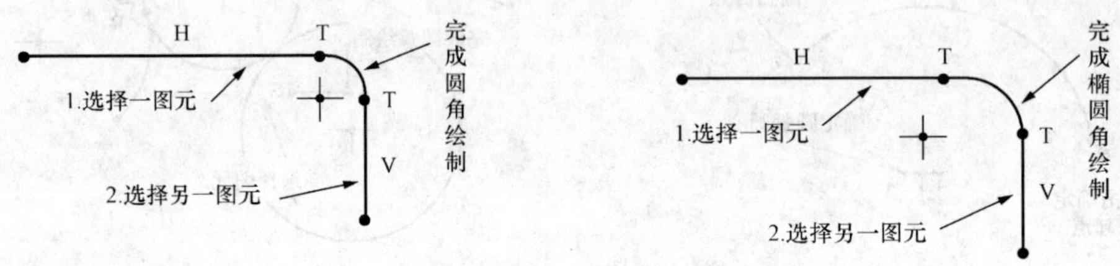

图 1-48　圆角和椭圆圆角绘制

4. 样条曲线绘制

单击（样条曲线）按钮，绘制样条曲线。要绘制样条曲线，至少需要在草绘区依次选择 3 个点，系统会根据选定的这些点自动生成一条光滑的曲线，如图 1-49 所示。

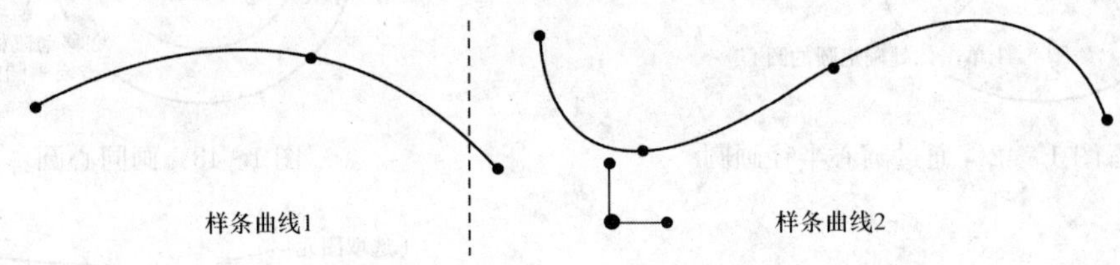

图 1-49　样条曲线绘制

当绘制的样条曲线与设计目标有偏差时，可以手动拖动样条曲线上点的位置来调整样条曲线的形状，也可以通过定义样条曲线上的点的坐标来修改样条曲线。当样条曲线要求比较高时，可以用鼠标双击样条曲线，弹出如图 1-50 所示的样条曲线编辑工具面板，通过该面板可以精确修改设计需要的样条曲线。

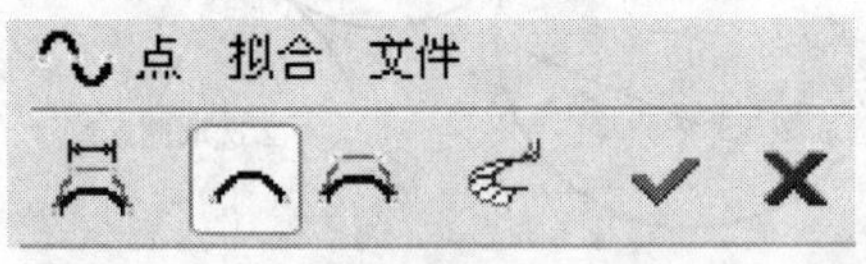

图 1-50　样条曲线操控面板

5. 文字绘制

单击（创建文本）按钮，可以在草绘截面上创建文本。下面介绍创建文本的基本方法。

（1）单击（创建文本）按钮。

（2）在绘图区中创建一条直线，作为文本高度构建线，如图 1-51 所示。

（3）弹出“文本”对话框，如图 1-51 所示，在该对话框中输入相应的文字，设置文字参数，包括设置文本的字体、长宽比、倾斜度及文本是否沿曲线放置等。

下面通过绘制如图 1-52 中文字来练习文字绘制操作。

单击（创建文本）按钮，在绘图区绘制一条竖直线段（从下往上画），在弹出的“文本”对话框中输入“江门职院”文本，字体和长宽比都采用默认值，然后单击鼠标中键，即可完成如图 1-52 左图的文字绘制。

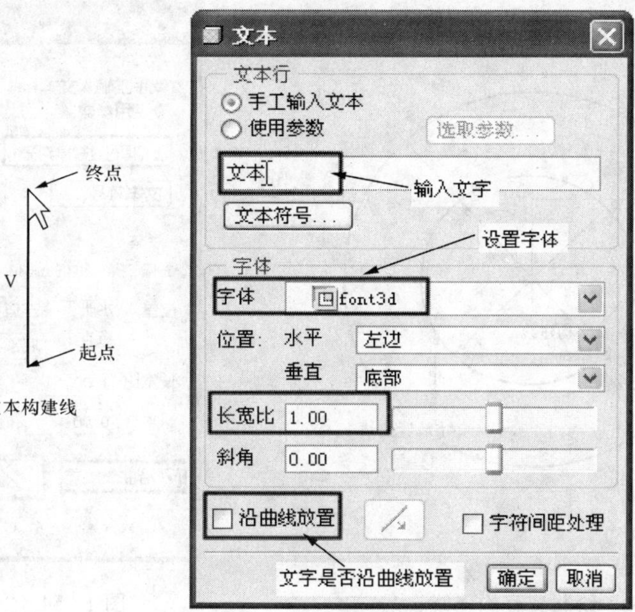

图 1 - 51　绘制文本设置

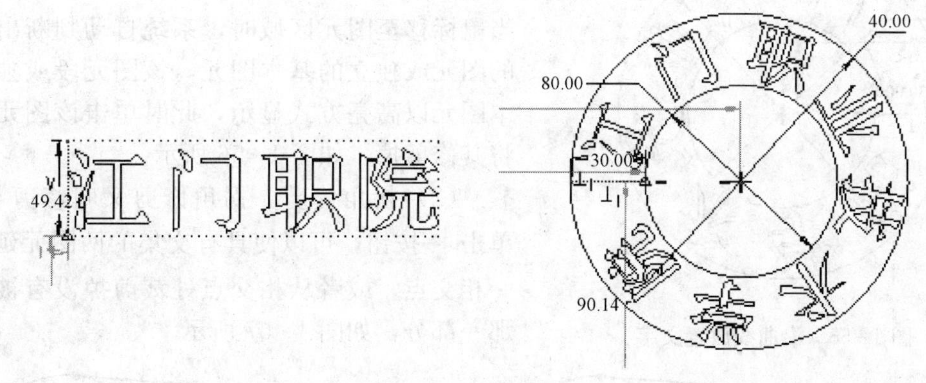

图 1 - 52　绘制文字实例

单击 (创建文本) 按钮，在如图 1 - 53 所示的绘图区中绘制一条直线作为文字构建线，弹出"文本"对话框，在对话框中输入"江门职业技术学院"文字，并在对话框中"沿曲线放置"前面复选框选中，如图 1 - 54 所示。选择图 1 - 53 中内圆曲线作为文字放置的位置，并通过"文本"对话框中 按钮调整文字处在曲线的外侧，如图 1 - 55 所示。单击"文本"对话框中 确定 按钮，文字绘制结果如图 1 - 52 右图所示。

1.3.3　草图编辑

在绘制图元之后，不一定所有的操作都符合要求，有时需要对草图进行编辑和修改；另外，图元还可以进行镜像、旋转等编辑操作，通过使用这些功能，可以大大提高草图绘制速度。

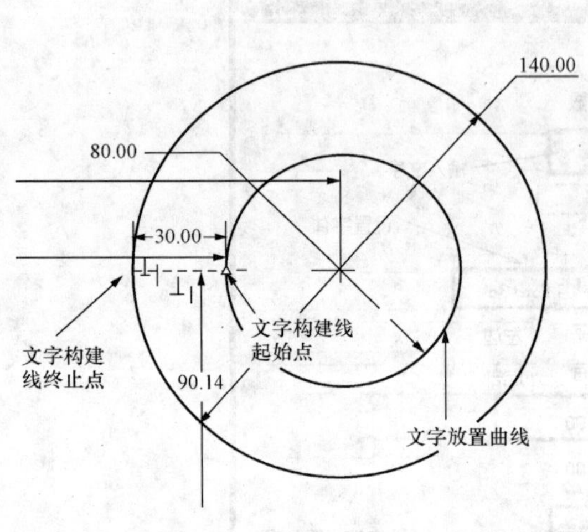

图 1-53 绘制文字构建线

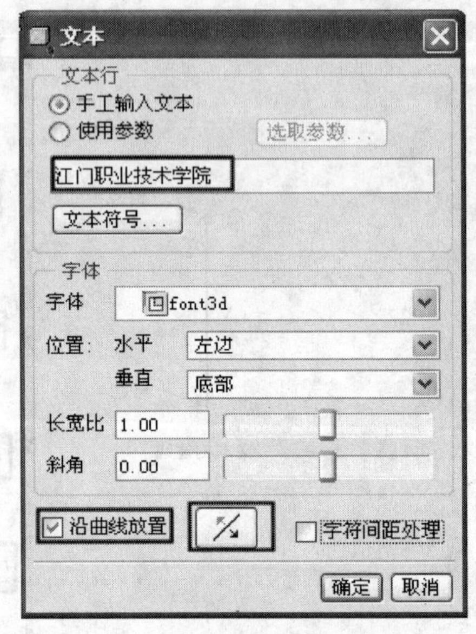

图 1-54 "文本"对话框

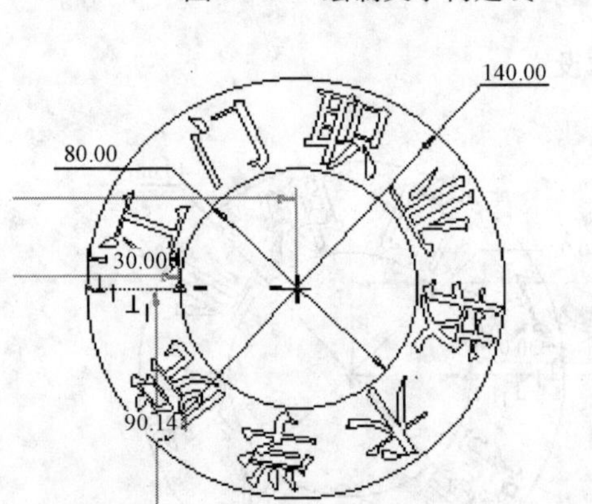

图 1-55 沿曲线放置文字

1. 动态修剪、拐角修剪、分割

(1) 动态修剪。单击（动态修剪）按钮，当鼠标移至图元区域时，系统自动判断出被交截的图元或独立的基本图元，该图元段或独立的基本图元以高亮方式显示，此时单击该图元就可以将其修剪掉，如图 1-56 所示。

(2) 拐角修剪。拐角修剪又叫修剪与延伸。单击按钮，可以使具有交集的两图元延长至某一相交点，或者从相交点处裁剪掉没有被选择的那一部分，如图 1-57 所示。

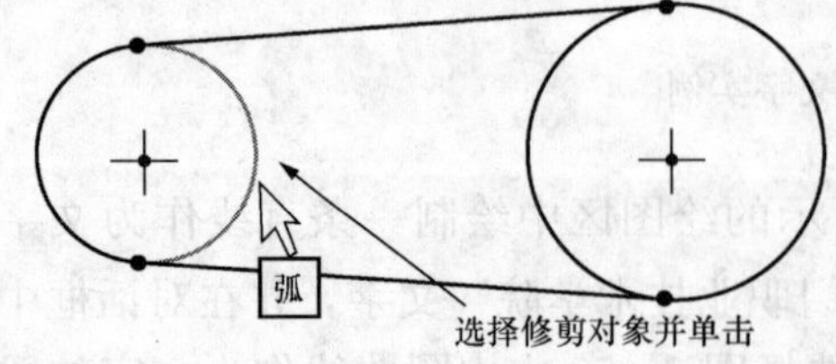

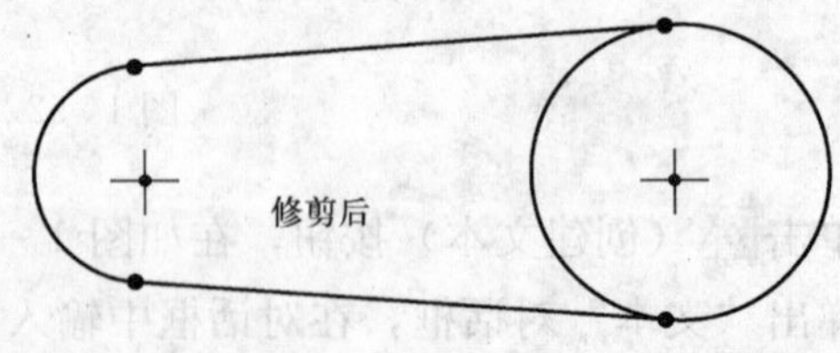

图 1-56 动态修剪

(3) 分割。单击（分割）按钮，在图元需要分割的位置单击鼠标，即可将图元打断成两部分，如图 1-58 所示。

2. 镜像、旋转缩放

(1) 镜像。镜像是为得到关于中心线对称的图元，因此必须有中心线。选择要镜像的图元后，单击（镜像）按钮，然后单击镜像的对称中心线，在中心线的另一侧就会生成镜

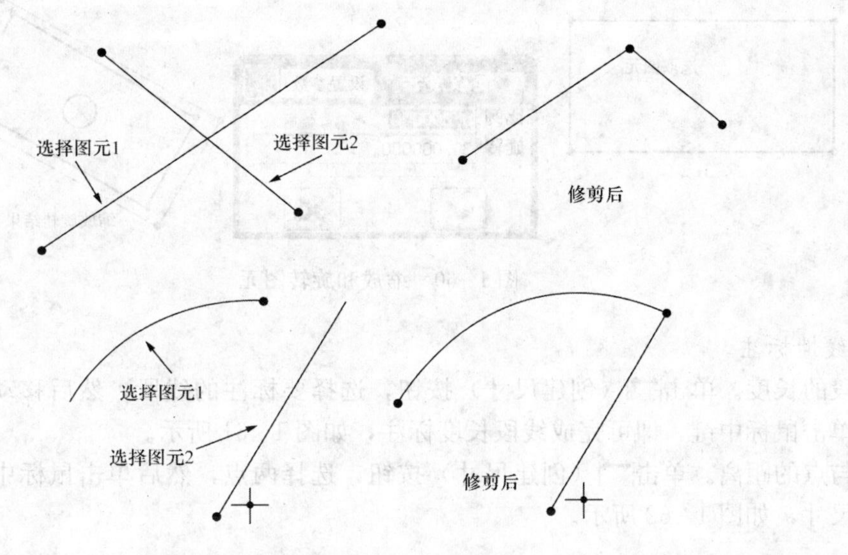

图 1-57　拐角修剪操作

像的图元，如图 1-59 所示。

(2) 旋转和缩放。选择要进行旋转和缩放的图元后，单击工具栏中的（旋转和缩放）按钮，弹出"缩放旋转"对话框，在对话框中输入缩放比例和旋转角度值，输入完毕后单击（确定）按钮，完成图元旋转和缩放操作，如图 1-60 所示。

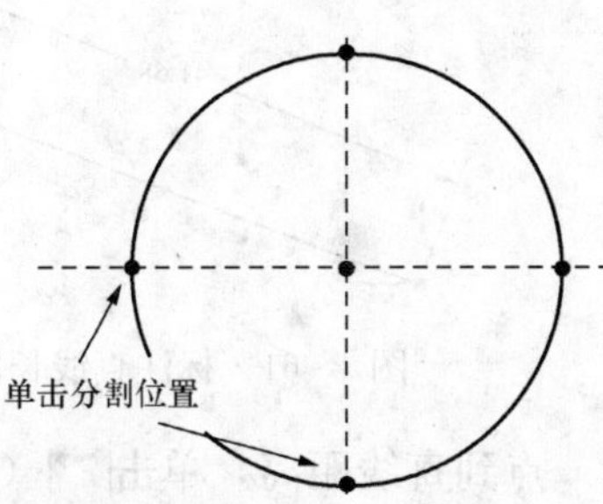

图 1-58　分割图元

1.3.4　尺寸标注及修改

Pro/E 中的尺寸分为弱尺寸和强尺寸。在绘制草图时自动创建的尺寸都是弱尺寸，弱尺寸系统以灰色显示；由用户创建的和经过确认的尺寸是强尺寸，强尺寸以黄色显示。

在草绘二维截面时，不允许出现多余的尺寸，当标注出强尺寸后，系统会自动删除弱尺寸。此外，当设定好某些约束后，系统也会删除不必要的尺寸。

根据草图要求，标注好尺寸后，需要根据设计目标将尺寸修改为要求的尺寸。下面介绍尺寸的标注和修改方法。

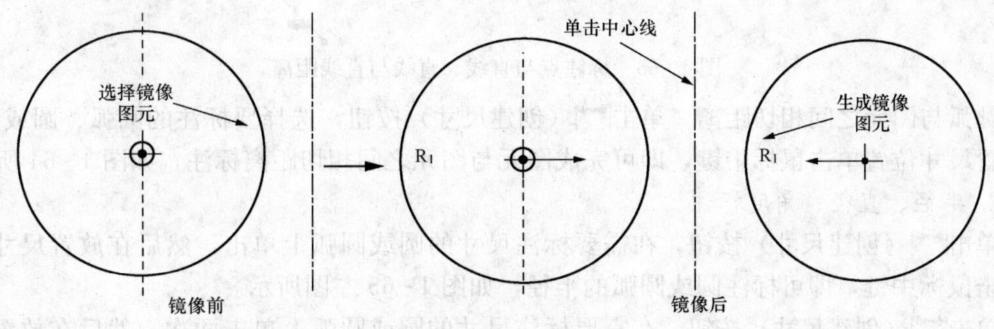

图 1-59　镜像操作

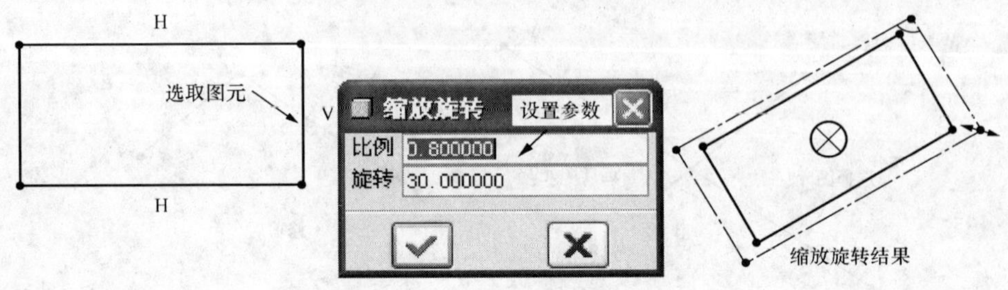

图 1-60 缩放和旋转图元

1. 线性标注

线段的长度。单击[↔]（创建尺寸）按钮，选择要标注的线段，然后移动鼠标至标尺寸的位置单击鼠标中键，即可完成线段长度标注，如图 1-61 所示。

点与点的距离。单击[↔]（创建尺寸）按钮，选择两点，然后单击鼠标中键来放置两点之间的尺寸，如图 1-62 所示。

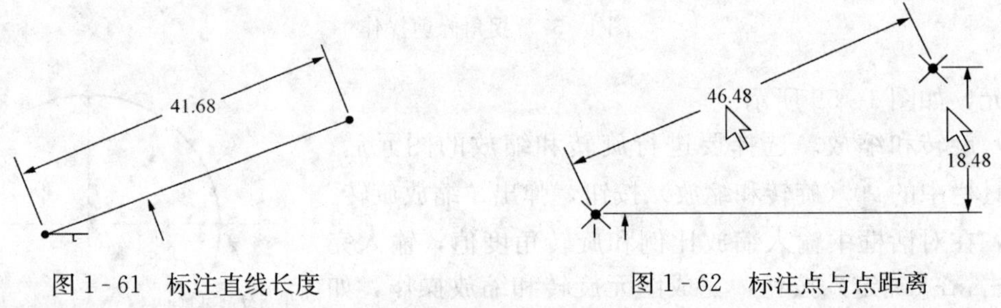

图 1-61 标注直线长度　　图 1-62 标注点与点距离

点到直线距离。单击[↔]（创建尺寸）按钮，分别选择直线和点，然后单击鼠标中键放置尺寸，如图 1-63 左图所示。

两平行线间距离。单击[↔]（创建尺寸）按钮，分别选择两条平行线，然后单击鼠标中键放置尺寸，如图 1-63 右图所示。

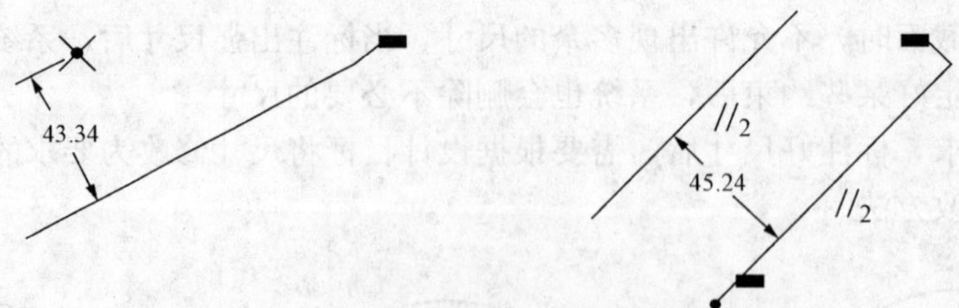

图 1-63 标注点与直线、直线与直线距离

圆弧与图元之间相切距离。单击[↔]（创建尺寸）按钮，选择要标注的圆弧、圆或直线，在放置尺寸位置单击鼠标中键，即可完成图元与图元之间相切距离标注，如图 1-64 所示。

2. 半径、直径、角度标注

单击[↔]（创建尺寸）按钮，在需要标注尺寸的圆或圆弧上单击，然后在放置尺寸的位置单击鼠标中键，即可标注圆或圆弧的半径，如图 1-65 左图所示。

单击[↔]（创建尺寸）按钮，在需要标注尺寸的圆或圆弧上单击两次，然后在放置尺寸的位置单击鼠标中键，即可标注圆或圆弧的直径，如图 1-65 右图所示。

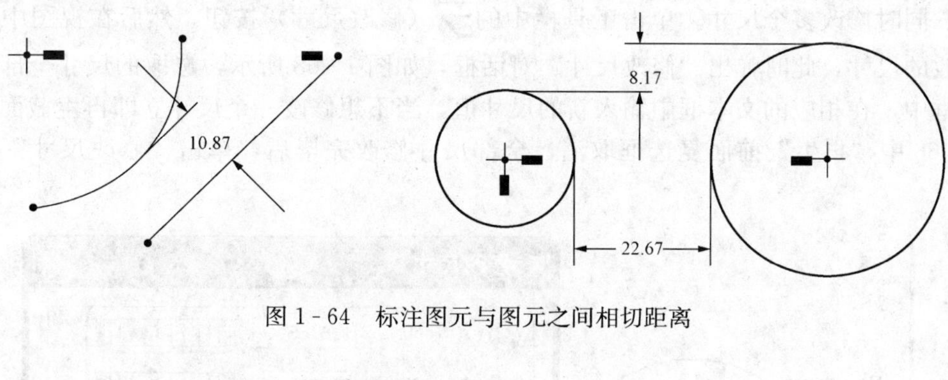

图 1 - 64 标注图元与图元之间相切距离

45.55
91.10

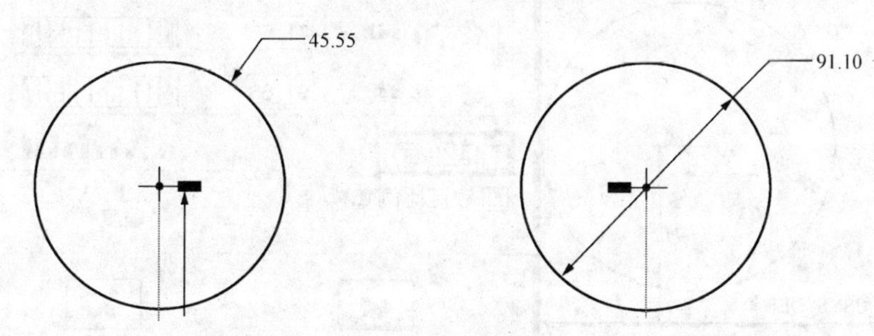

图 1 - 65 圆半径和直径的标注

除了圆或圆弧要进行直径标注外，直径标注也常用于定义截面绕中心线旋转的直径尺寸。此种标注直径的方法为单击点（或线段），接着单击旋转中心线，再单击该点（或线段），然后在放置尺寸位置单击鼠标中键，即可获得直径形式的尺寸标注，如图 1 - 66 所示。

对于角度的标注，如图 1 - 67 所示，单击（创建尺寸）按钮，分别单击需要标注角度的直线，然后在两直线中间需要放置尺寸的位置单击鼠标中键，即可标注两直线之间的角度。

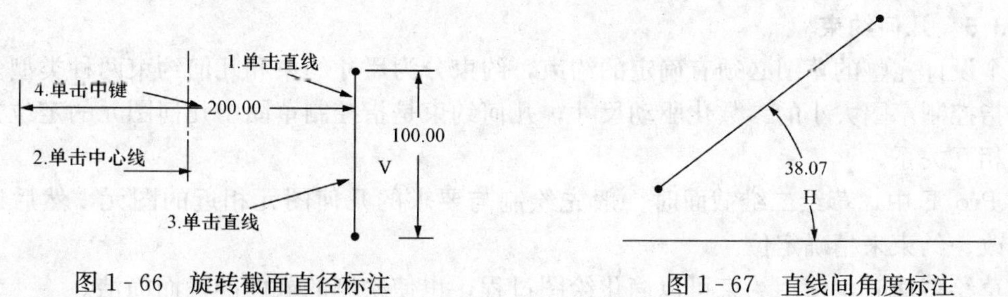

图 1 - 66 旋转截面直径标注　　图 1 - 67 直线间角度标注

3. 尺寸修改

尺寸标注完后，还需要进行尺寸值的修改，有时还需要调整尺寸的位置。

尺寸位置的调整方法为单击标注的尺寸数值，并按住鼠标左键，拖动尺寸，将其移动到理想的位置后放开鼠标即可。

修改尺寸值的方法通常有两种，下面分别介绍。

(1) 双击直接修改。在视图中直接双击要修改的尺寸值，则所修改的尺寸值呈现可修改状态，输入新的数值，然后单击鼠标中键确认，剖面按新的尺寸值重新生成。

（2）同时修改多个尺寸。单击工具栏中的（修改尺寸）按钮，然后在视图中依次选取要修改的尺寸，此时弹出“修改尺寸”对话框，如图 1-68 所示，选取的尺寸全部列表在该对话框中，在相应的文本框中输入新的尺寸值，当不想修改一个尺寸立即再生截面时，应将图 1-68 中“再生”前面复选框取消，全部尺寸修改完毕后，单击“修改尺寸”对话框中✔。

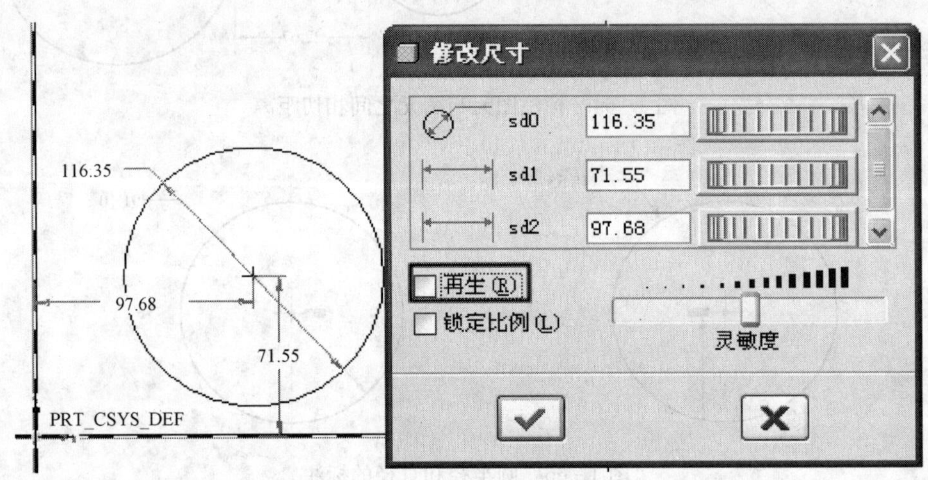

图 1-68　多个尺寸同时修改

也可以先选择需要修改的尺寸，然后单击（修改尺寸）按钮，同样弹出“修改尺寸”对话框。

4. 尺寸删除

尺寸删除只能用来删除强尺寸，不能删除弱尺寸。尺寸删除的方法是，选中要删除的尺寸，按鼠标右键，弹出快捷菜单，选择快捷菜单中的“删除”选项，或者选择菜单中的“编辑”→“删除”命令，也可以删除强尺寸。

1.3.5　几何约束

一个设计完整的草图必须有确定的约束，约束分为尺寸约束和几何约束两种类型。尺寸约束是指控制草图大小的参数化驱动尺寸；几何约束是指控制草图中几何图元的定位方向即直接的相互关系。

在 Pro/E 中，草绘二维截面时一般先绘制与要求的几何图元相近的图元，然后通过编辑、修改、约束来精确定位。

在草绘截面时，使用约束可以简化绘图过程，也使绘制的截面准确而简洁。

1. 约束的类型

单击草绘工具栏中的（约束）按钮，弹出“约束”对话框，包括 9 种约束类型，如图 1-69 所示。

2. 设定约束

在草绘环境下，系统有自动捕捉一些约束的功能，但系统生成的约束是有限的，同时有些还是错误的或不需要的，所以需要手动进行约束创建和调整。

设定约束的步骤如下。

（1）单击（约束）按钮打开“约束”对话框。

（2）在“约束”对话框中单击约束类型按钮。

（3）选择相应的几何图元。

如图 1-70 所示，要使两条直线互相平行，可以利用“平行”约束，先单击（约束）按钮打开“约束”对话框，在“约束”对话框中选择“平行”选项，然后选择图中两条直线，即可完成平行约束建立。

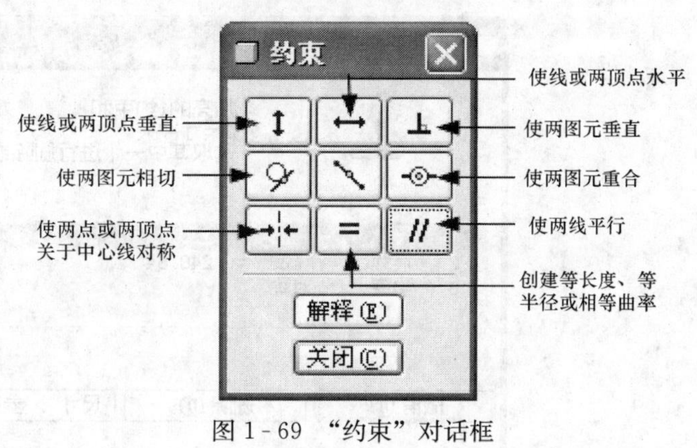

图 1-69 “约束”对话框

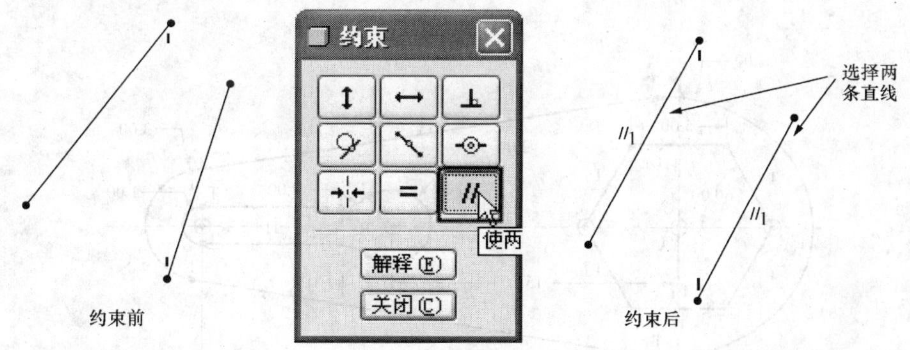

图 1-70　建立平行约束

3. 解决约束冲突

当添加的约束和尺寸对现有强尺寸或强约束相互冲突或多余时，草绘环境就会加亮显示冲突尺寸或约束，并弹出“解决草绘”对话框，在对话框中列出了存在冲突的尺寸或约束，如图 1-71 所示。

为了解决冲突通常采用“解决草绘”对话框中的“撤销”或“删除”按钮。

单击“撤销”使截面恢复到导致冲突操作之前的状态。

单击“删除”选择对话框中列表中的某个尺寸或约束，将其删除。

1.3.6　草图绘制实例

在学习了草图绘制方法之后，本节将对前面的学习内容进行实战演练。

1. 扳手草图绘制

下面讲解如图 1-72 所示的扳手草绘的绘制方法。

（1）创建新文件。单击工具栏中的（新建文件）按钮，打开“新建”对话框，选择 草绘选项，输入文件名名称 ex1_1，单击确定按钮，进入草绘模式。

（2）绘制中心线。单击（中心线）按钮，绘制水平和竖直两条中心线，作为绘图参考，如图 1-73 所示。

（3）绘制两个圆。单击（圆）按钮，在两中心线交点处单击作为圆的圆心，然后移动鼠标至合适的位置单击，完成左边圆绘制，用同样的方法绘制右边圆，如图 1-74 左

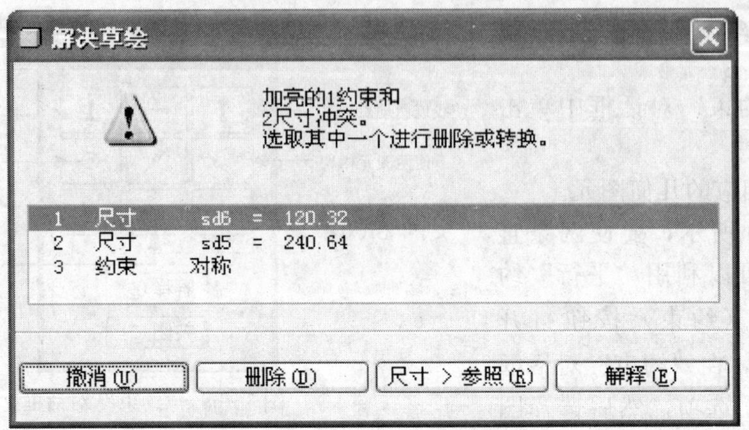

图 1-71 “解决草绘”对话框

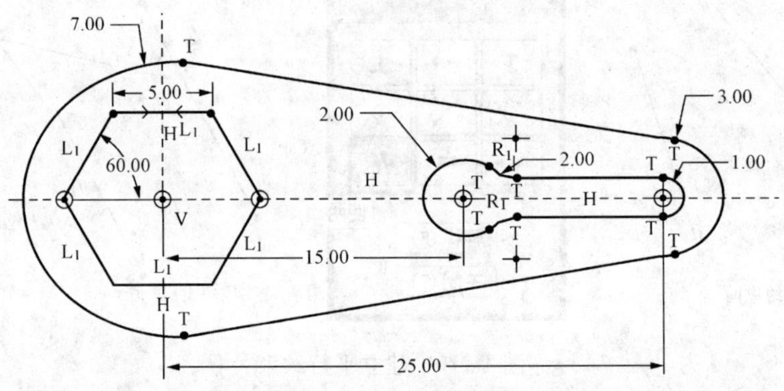

图 1-72 扳手草图

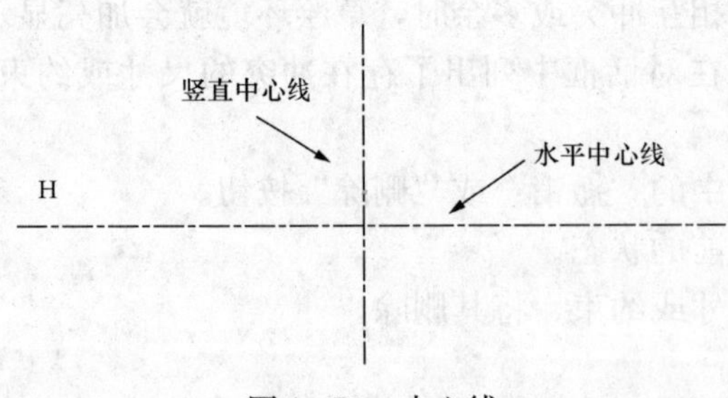

图 1-73 中心线

图所示。

单击 （标注尺寸）按钮，标注图中两圆半径，以及两圆圆心之间的距离。

框选图中所有尺寸，单击 （修改尺寸）按钮，弹出“修改尺寸”对话框，在对话框中按图中尺寸值修改尺寸。结果如图 1-74 右图所示。

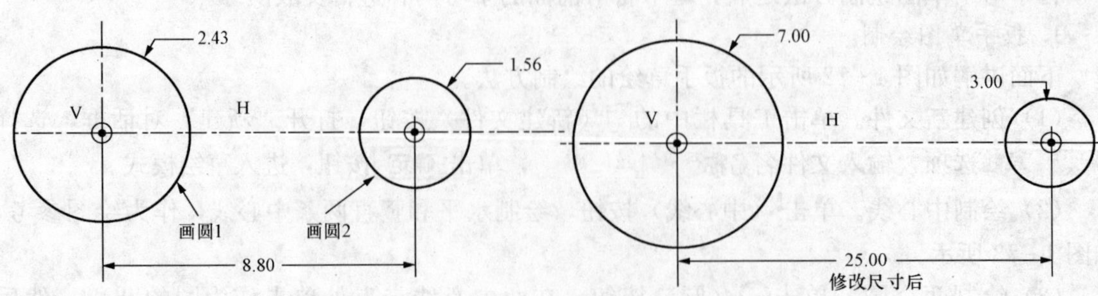

图 1-74 绘制两个圆

(4) 绘制两条相切线。单击（相切线）按钮，绘制如图 1-75 左图所示两条相切线。

单击（修剪）按钮，将图中多余的曲线修剪掉，结果如图 1-75 右图所示。

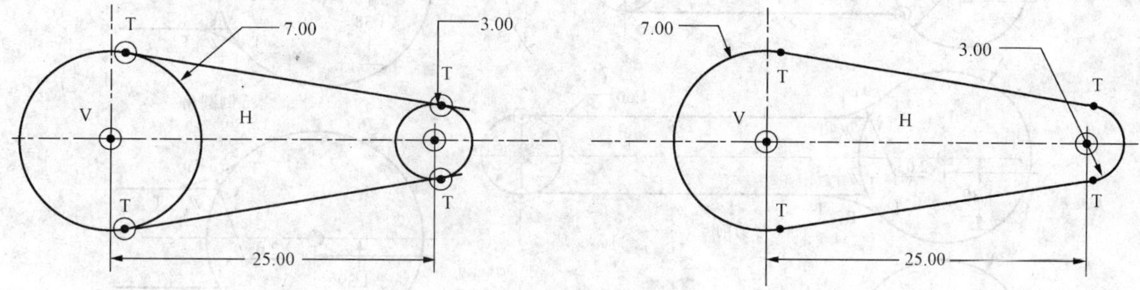

图 1-75　绘制两条相切线

(5) 绘制正五边形。单击（直线）按钮，绘制如图 1-76 所示左图五边形。

单击（约束）按钮，弹出“约束”对话框，选择 =（相等）按钮，然后选择图中 5 条边，即可使 5 条边长度相等，如图 1-76 右图所示。

单击（标注尺寸）按钮，标注图中边长和角度，然后单击（修改尺寸）按钮，按图中尺寸修改尺寸值。

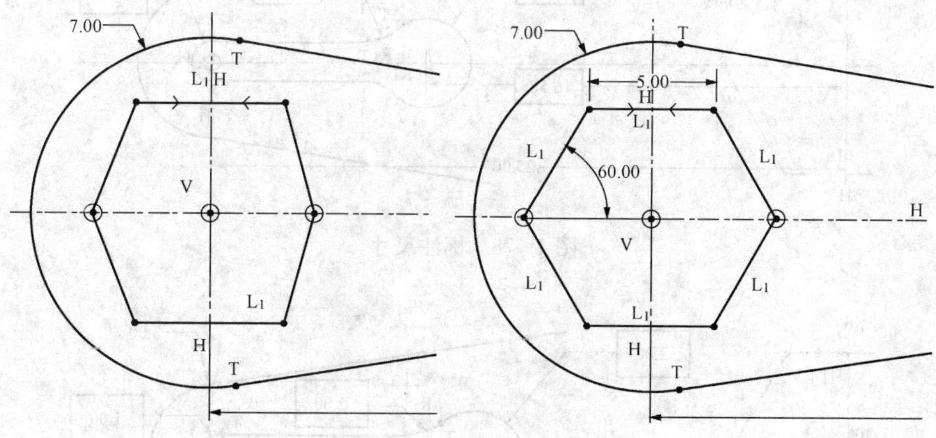

图 1-76　绘制正五边形

(6) 绘制右边勺形图元。

1）利用圆和直线工具绘制两个圆和两条直线，然后倒两个圆角，接着应用约束工具使两个圆角半径相等，并将多余的曲线利用修剪工具修剪掉，结果如图 1-77 左下角所示。

2）标注如图 1-78 所示尺寸，并修改其尺寸为目标值，如图 1-79 所示。

(7) 保存文件。选择主菜单“文件”“保存副本”命令，弹出“保存副本”对话框，选择文件保存目录，输入文件名“ex1_1”，单击 确定 按钮。

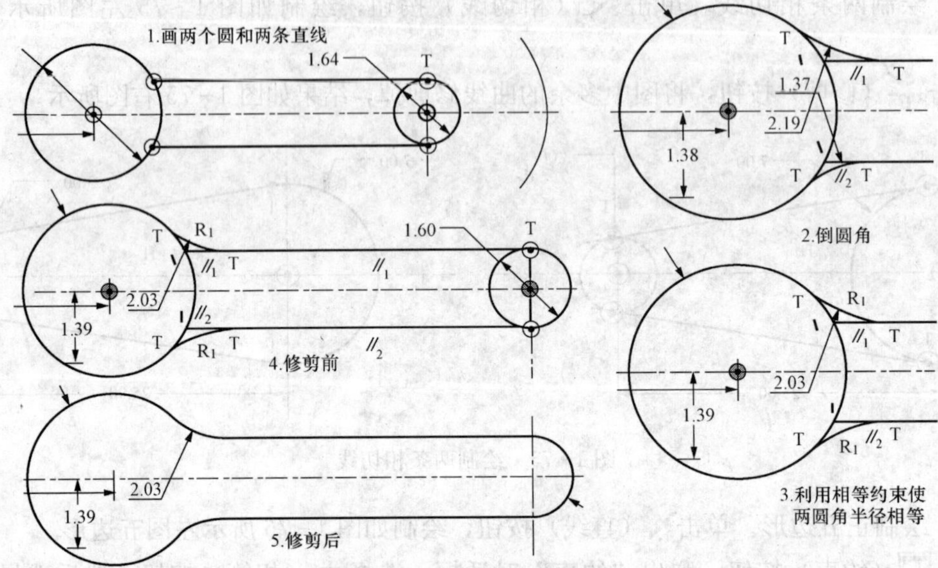

图 1-77 勺形图元绘制

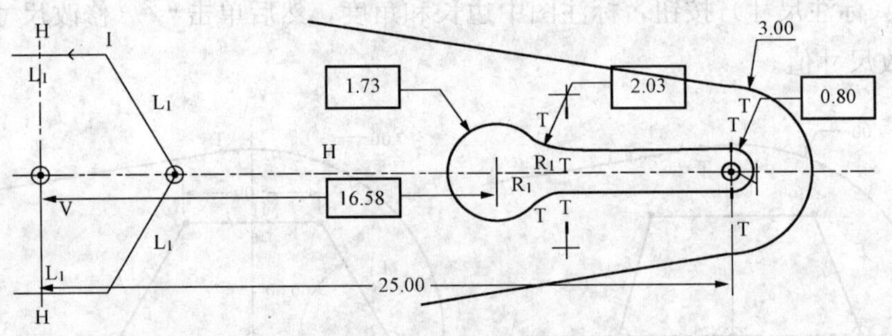

图 1-78 标注尺寸

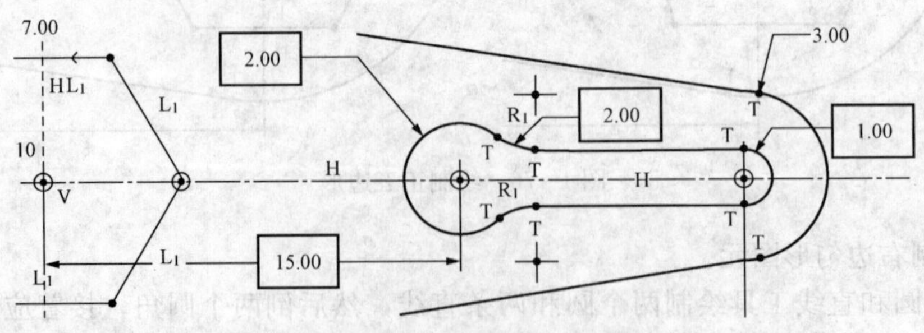

图 1-79 修改尺寸

2. 支座草图绘制

下面讲解如图 1-80 所示支座草图的绘制方法。

(1) 新建文件。单击工具栏中的 (新建文件) 按钮，打开“新建”对话框，选择 草绘选项，输入文件名名称 ex1_2，单击 确定 按钮，进入草绘模式。

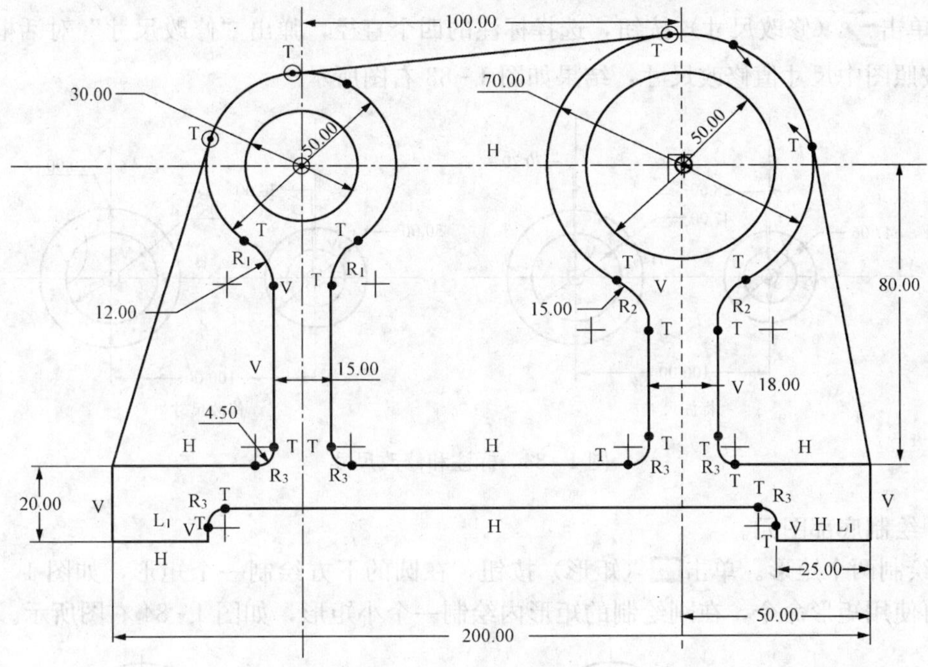

图 1-80　支座草图

(2) 绘制中心线。

1) 单击┆(中心线) 按钮，绘制两条竖直中心线、一条水平中心线，如图 1-81 所示。

2) 单击|↔|(标注尺寸) 按钮，标注两条竖直中心线的距离，并修改其尺寸值，结果如图 1-81 所示。

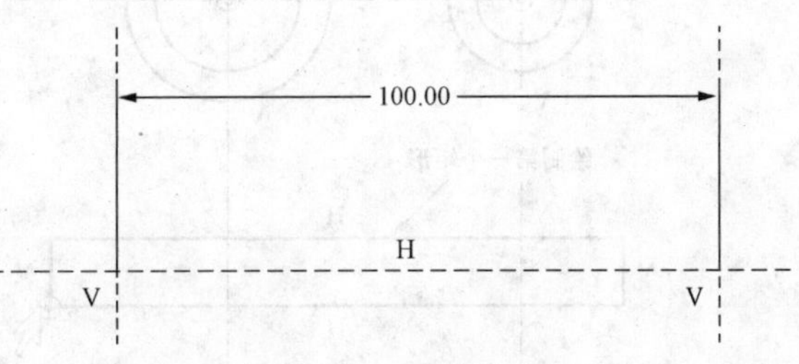

图 1-81　绘制中心线

(3) 绘制四个轮廓圆。

1) 单击◯(圆) 按钮，绘制如图 1-82 所示四个圆。

2) 单击|↔|(标注尺寸) 按钮，单击圆两次，然后移动鼠标至放置尺寸的位置，鼠标中键，标注圆的直径，然后同样标注另外三个圆的直径，如图 1-83 左图所示。

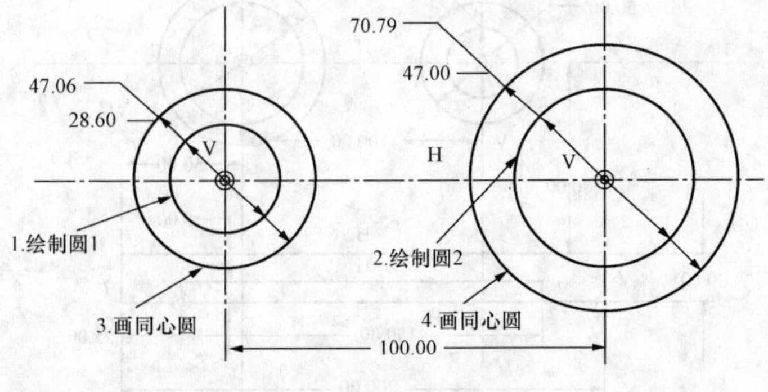

图 1-82　画四个圆

3）单击（修改尺寸）按钮，选择标注的四个直径，弹出“修改尺寸”对话框，在对话框中按照图中尺寸值修改尺寸，结果如图 1 - 83 右图所示。

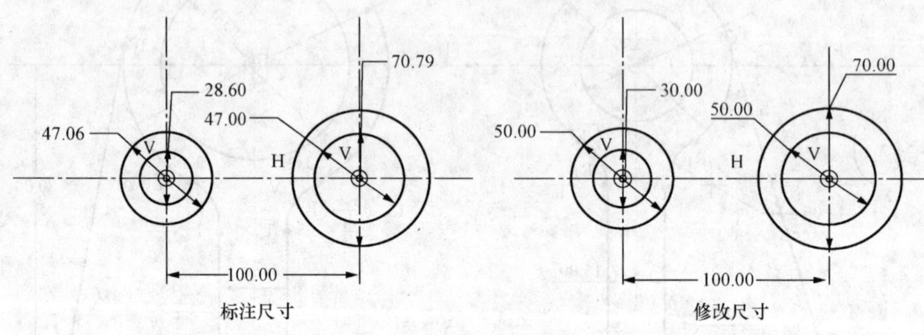

图 1 - 83 标注和修改尺寸

（4）绘制底部图元。

1）绘制两个矩形。单击（矩形）按钮，在圆的下方绘制一个矩形，如图 1 - 84 左图所示。再使用矩形命令，在刚绘制的矩形内绘制一个小矩形，如图 1 - 84 右图所示。

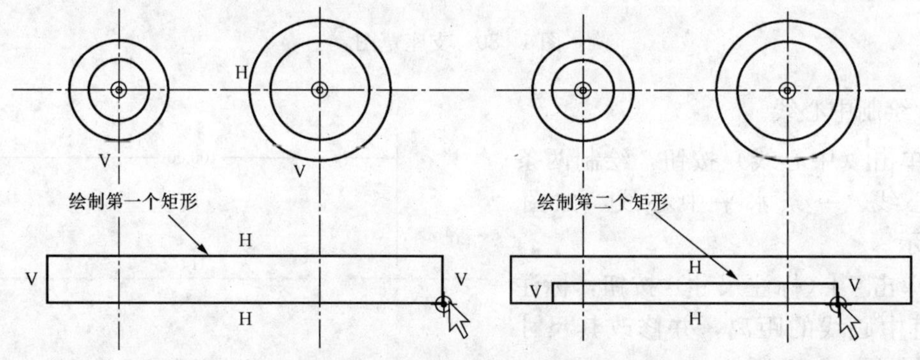

图 1 - 84 绘制两个矩形

2）单击（标注尺寸）按钮，标注两个矩形的大小尺寸和位置尺寸，并用（修改尺寸）工具按照设计要求修改尺寸，结果如图 1 - 85 所示。

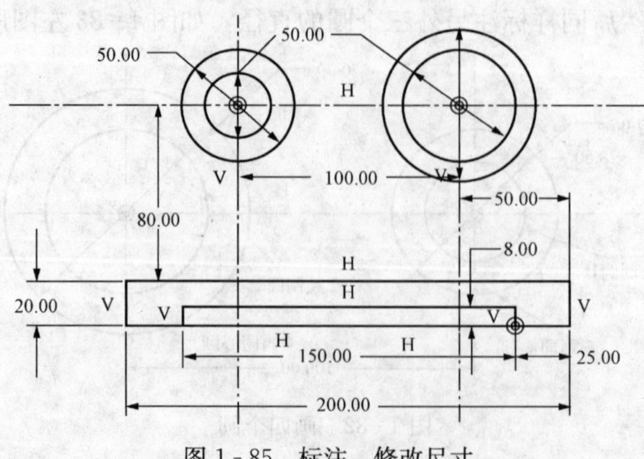

图 1 - 85 标注、修改尺寸

(5) 绘制轮廓直线

1) 单击 (相切线) 按钮，绘制顶部相切线，如图 1-86 左图所示。

2) 单击 (直线) 按钮，绘制左右两条直线，并使直线与圆相切。如图 1-86 右图所示。

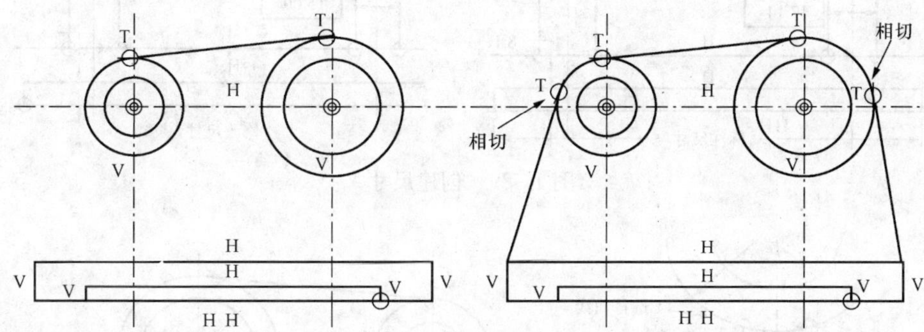

图 1-86 绘制轮廓直线

(6) 绘制内部直线

1) 单击 (直线) 按钮，绘制四条竖直直线，如图 1-87 所示。

2) 单击 (约束) 按钮，弹出“约束”对话框，选择 (对称) 按钮，点选左边直线端点，然后点选右边直线端点，再点选对称中心线，使左右两条直线关于中心线对称，如图 1-88 左图所示。另外两条直线用相同操作，结果如图 1-88 右图所示。

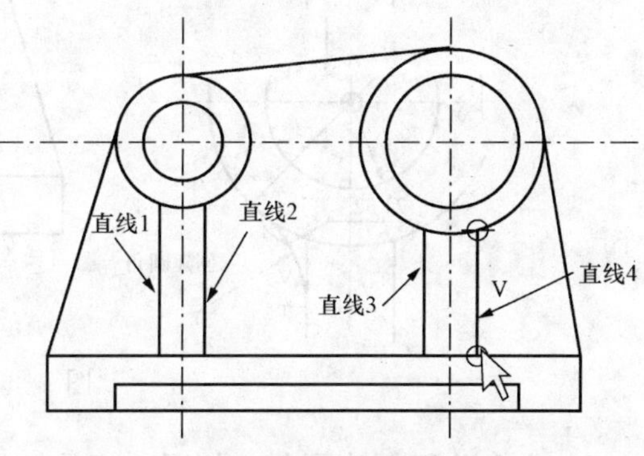

图 1-87 画直线

3) 标注并修改尺寸。单击 (标注尺寸) 按钮，标注两直线之间的距离，并用 工具修改尺寸，如图 1-89 所示。

(7) 创建圆角。

1) 单击 (圆角) 按钮，然后选择倒圆角相邻两条曲线，获得圆角曲线，如图 1-90 左图所示。

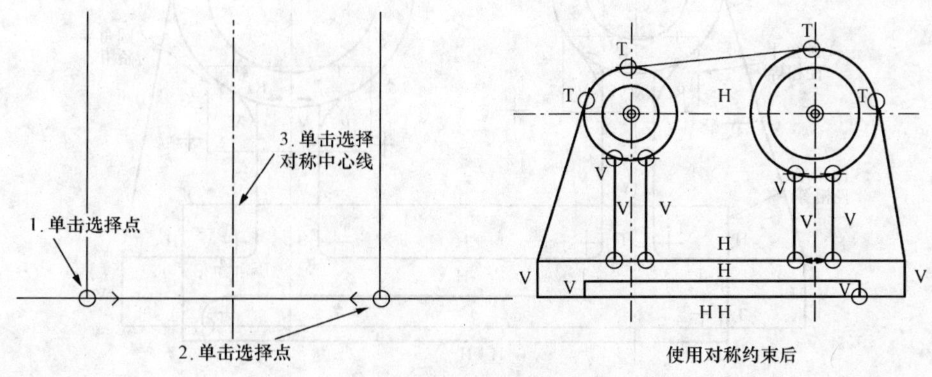

图 1-88 创建对称约束

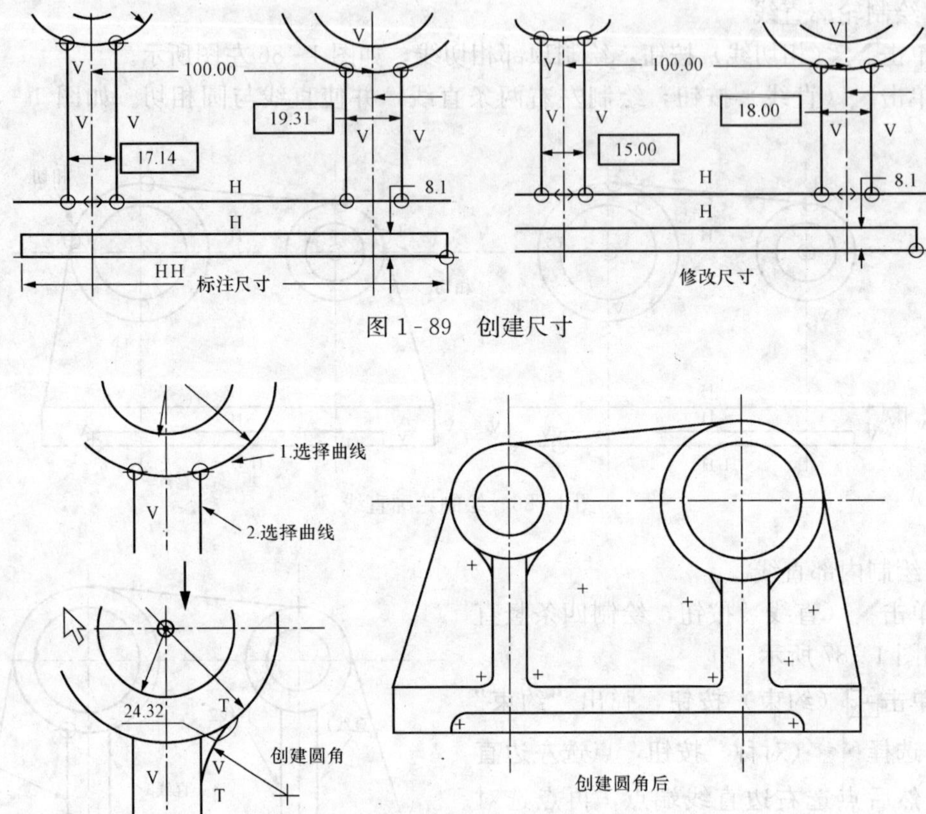

图 1-89 创建尺寸

图 1-90 创建圆角

2）十个位置创建圆角，如图 1-90 右图所示。

3）单击 （约束）按钮，弹出“约束”对话框，选择 **=**（相等）按钮，对圆角进行相等约束操作，如图 1-91 所示。

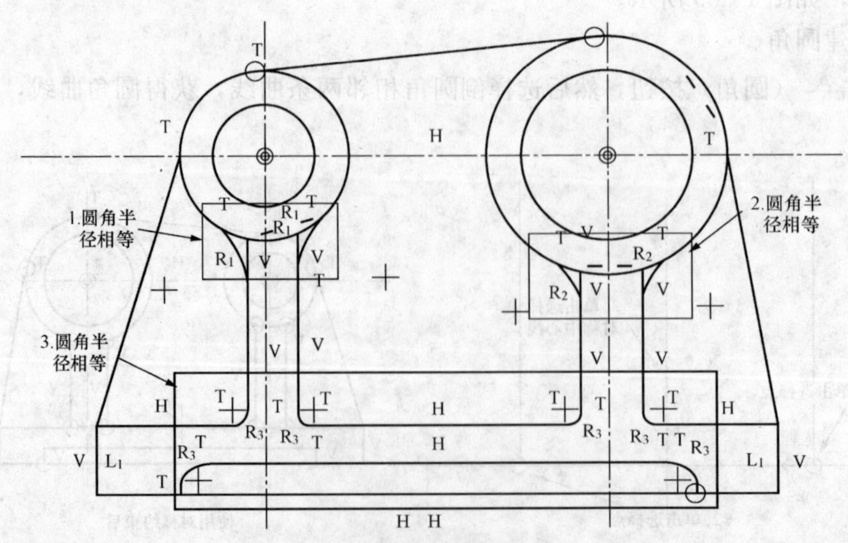

图 1-91 创建圆角半径相等约束

4）标注、修改尺寸。单击 （标注尺寸）按钮，标注圆角的半径，并用 工具修改尺寸，如图 1-92 所示。

(8) 删除多余曲线。单击 （修剪）按钮，选择图 1-93 左图中加亮的曲线，将其删除，结果如图 1-93 右图所示。

(9) 保存文件。单击工具栏中的 （保存活动对象）按钮，保存文件。

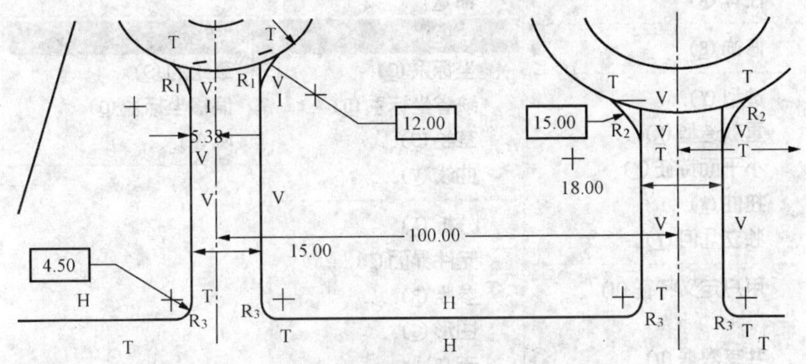

图 1-92 创建圆角尺寸

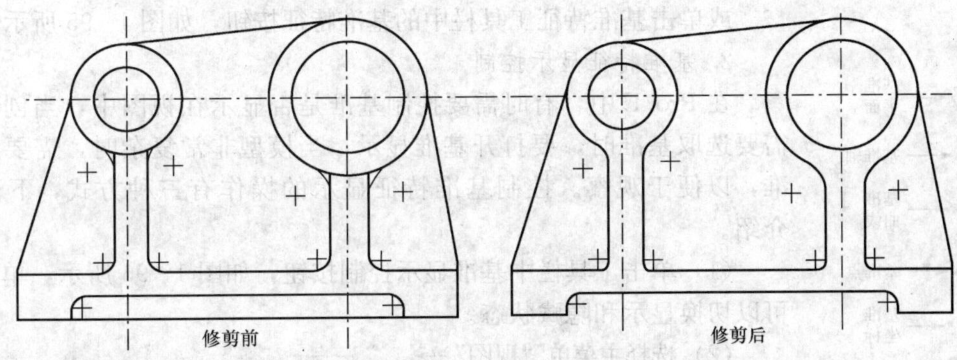

图 1-93 删除多余曲线

1.4 任务 4 基 准 特 征

基准就是建立模型时的参考，它是一种不同于实体和曲面的特征，是最原始的特征，在设计时主要作为其他特征的参考或基准，主要为创建其他特征时提供定位约束的参照，是辅助设计的特征。

在零件设计中，常用的基准特征有基准平面、基准轴、基准点、基准曲线、基准坐标系等。本节主要介绍这些基准特征的创建方法和使用技巧。

1.4.1 基准特征概述

在学习基准特征的具体创建方法与应用之前，我们先了解一下基准特征的创建命令、基准特征的显示操作、基准特征的名称等基本知识。

1. 基准特征创建命令

基准特征的创建可以使用工具栏中的按钮，也可以使用菜单命令。

在主菜单中选择“插入”→“模型基准”命令，在弹出的子菜单中选取相应的命令即可，如图 1-94 所示。

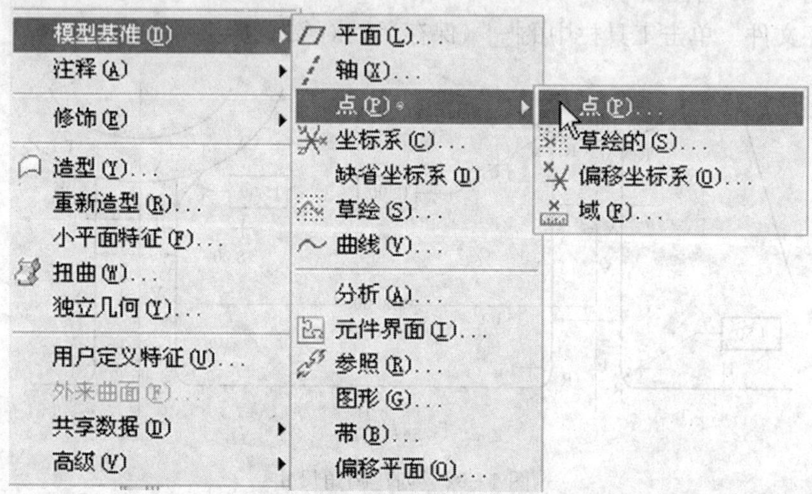

图 1-94 基准特征下拉菜单

基准平面
基准轴
基准曲线
基准点
基准坐标

图 1-95 基准特征工具栏

或单击基准特征工具栏中的基准特征按钮，如图 1-95 所示。

2. 基准特征显示控制

在 Pro/E 中，有时需要控制基准是否显示在视图中，当创建特征需要选取基准时，要打开基准显示，当模型非常复杂时，需要隐藏基准，以便于观察。控制基准特征显示的操作有三种方式，下面分别介绍。

(1) 单击工具栏中基准显示控制按钮，如图 1-96 所示，单击按钮可以切换显示和隐藏状态。

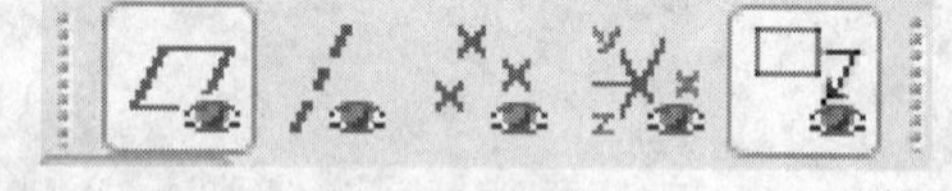

图 1-96 “基准显示”工具栏

(2) 选择主菜单“视图”→“显示设置”→“基准显示”命令，弹出“基准显示”对话框，如图 1-97 所示，勾选复选框，系统显示对应的基准；反之，则隐藏该基准。

(3) 选择主菜单“工具”→“环境”命令，弹出“环境”对话框，如图 1-98 所示，勾选复选框，系统显示对应的基准；反之，则隐藏该基准。

3. 基准特征的名称

基准特征创建完后，系统会给创建的基准特征分配名称，各种基准特征的命名规律如下。

基准平面：DTM1、DTM2、DTM3…。

基准轴：A_1、A_2、A_3…。

基准点：PNT_1、PNT_2、PNT_3…。

图 1 - 97　“基准显示”对话框

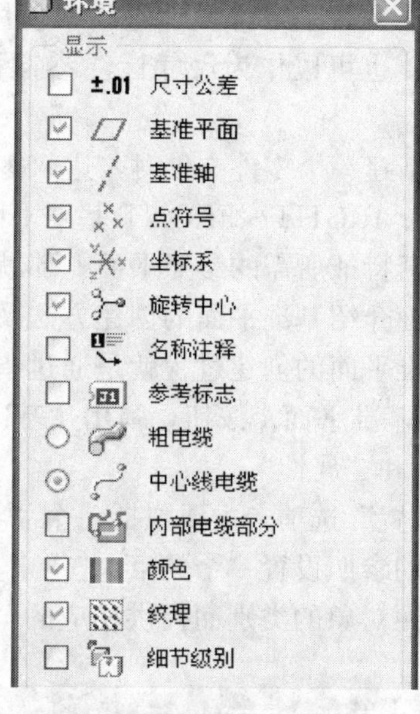

图 1 - 98　“环境”对话框

基准坐标系：CSO1、CSO2、CSO3…。

当模型中特征较多时，为了设计的方便，有时需要更改基准特征的名称，下面介绍三种常用的修改基准名称的方法。

(1) 在模型树上双击需要修改的基准特征名称，如图 1 - 99 左图所示。

(2) 在模型树上右击相应需要修改的基准特征，然后选择快捷菜单中“重命名”命令，如图 1 - 99 中图所示。

(3) 在创建基准特征时，利用基准特征对话框上的“属性”选项卡为建立的基准特征设置一个初始名称，如图 1 - 99 右图所示。

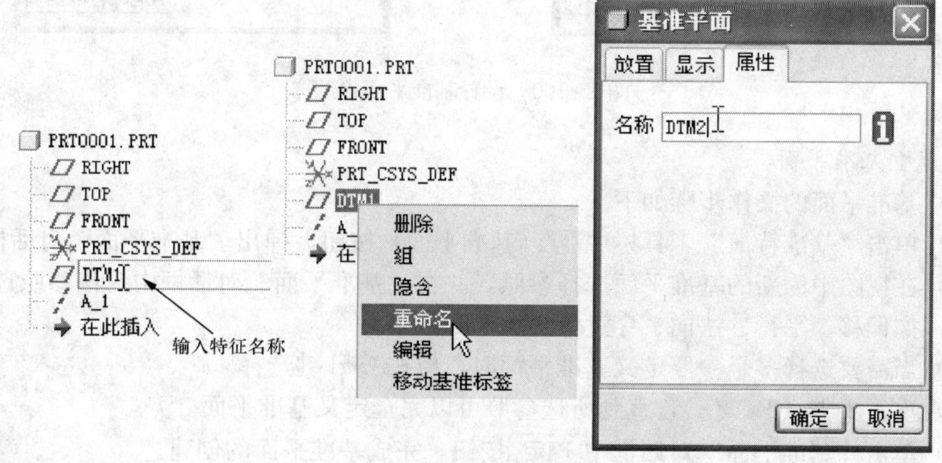

图 1 - 99　修改基准特征名称

1.4.2 基准平面

基准平面是零件设计过程中使用最广泛的基准特征。基准平面即可作为草绘平面和参考平面，也可以作为尺寸标注参照面、装配约束的参考平面和工程图中生成截面图的剖切面。

在新建一个零件文件时，进入零件设计模块，系统自动生成 3 个相互正交的基准平面，即 TOP、RIGHT、FRONT 基准平面，在零件建模时需要以它们作为参照。如果系统中没有存在新特征所需的参照平面，那就需要为此而创建一个新的基准平面。

下面介绍基准平面的创建方法及应用技巧。

基准平面的创建过程就是通过指定约束定位基准平面的过程。单击“基准特征”工具栏中▱（基准平面）按钮，弹出“基准平面”对话框，该对话框上有 3 个选项卡：“放置”、“显示”和“属性”。

“放置”选项卡主要包括一个“参照”收集器，收集用来创建基准平面的放置参照，并为选定的参照设置一个约束。“约束类型”选项列表只有当选择了参照后，才会显示，而且根据参照对象的类别而提供相应的“约束类型”选项，如图 1-100 所示。

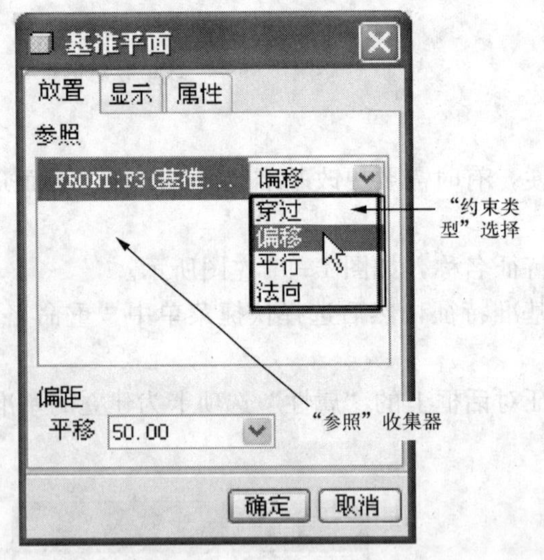

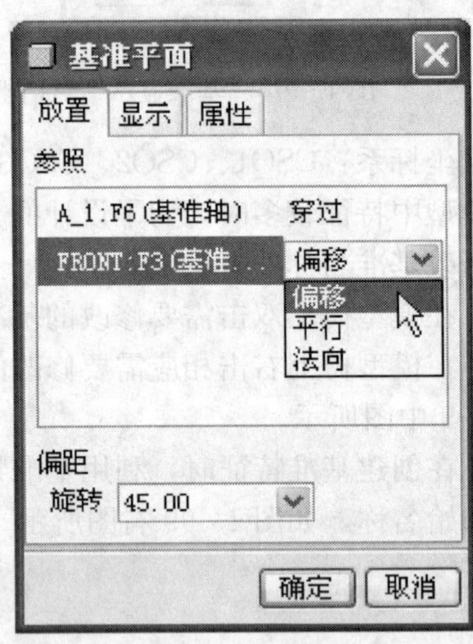

图 1-100 设置基准平面参照

1. 建立基准平面

建立基准平面的操作步骤如下。

（1）单击“基准特征”工具栏中▱（基准平面）按钮，弹出“基准平面”对话框。

（2）在视图中为新的基准平面选择参照，并在“基准平面”对话框中为该参照选择合适的约束（如偏移、平行、法向、穿过等）。

（3）当需要选择多个参照定义基准平面时，应按 Ctrl 键选择。

（4）重复步骤（2）、（3），直到所选参照可以完全定义基准平面。

（5）单击“基准平面”对话框中 确定 按钮，完成基准平面的创建。

2. 建立基准平面示例

（1）偏移参照平面建立基准平面。

1）单击▱（基准平面）按钮，弹出“基准平面”对话框。

2）如图 1 - 101 所示，选择参照平面，约束类型为“偏移”，并输入偏距为“25”。

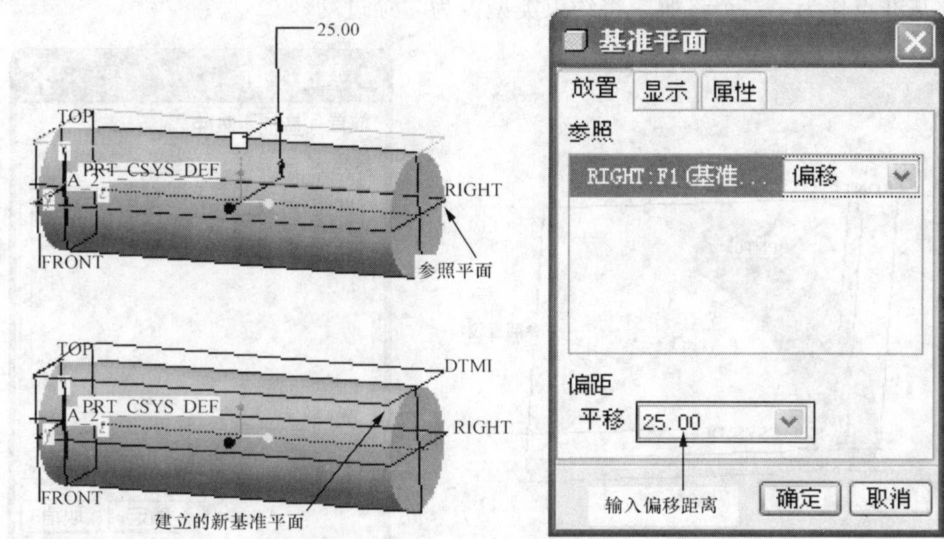

图 1 - 101　建立基准平面

3）单击“基准平面”对话框中 确定 按钮，完成基准平面创建。

（2）穿过参照轴、并与一参照面成夹角建立基准平面。

1）单击▱（基准平面）按钮，弹出“基准平面”对话框。

2）如图 1 - 102 所示，选择实体上表面的边作为参照，约束类型为“穿过”；然后按住 Ctrl 键，选择实体上表面作为建立基准平面的第二个参照，约束类型选择“偏移”，并且输入偏距角度为“45”。

图 1 - 102　建立基准平面

3）单击“基准平面”对话框中 确定 按钮，完成基准平面创建。

（3）垂直一参照轴并穿过一参照点建立基准平面。

1）单击▱（基准平面）按钮，弹出“基准平面”对话框。

2）如图 1-103 所示，选择直线作为参照，将约束类型设为“法向”；按住 Ctrl 键，选择 PNT0 基准点作为第二个参照，将约束类型设为“穿过”。

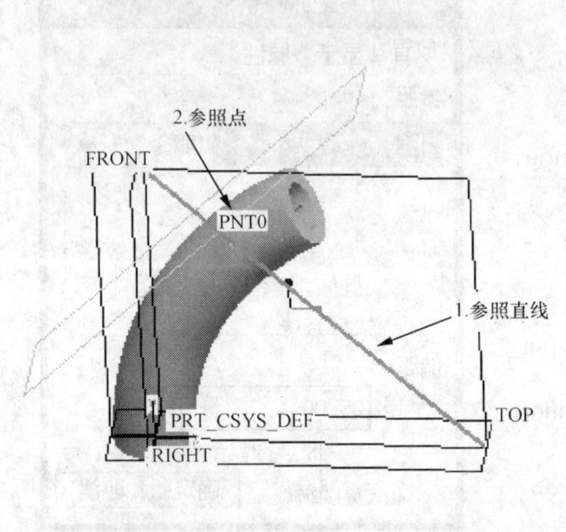

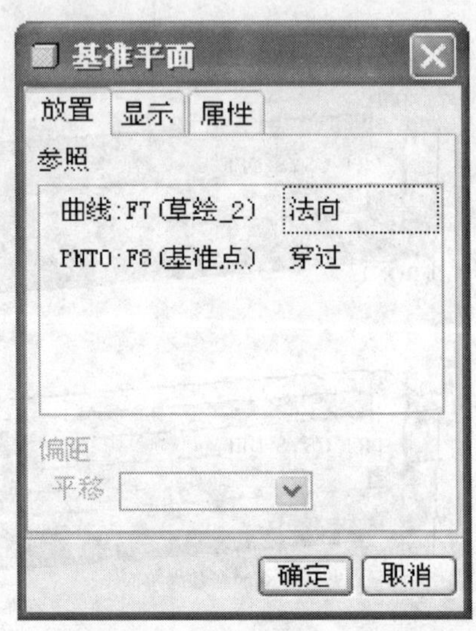

图 1-103 建立参照平面

3）单击“基准平面”对话框中 确定 按钮，完成基准平面创建，如图 1-104 所示。

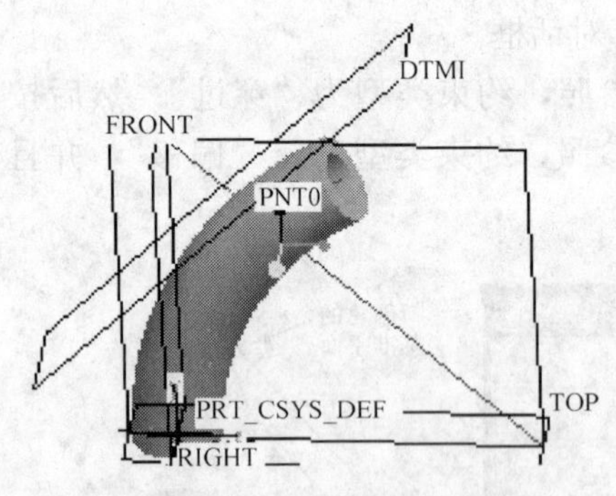

图 1-104 建立基准平面 DTM1

1.4.3 基准轴

基准轴是基准特征的一种，与基准平面一样，基准轴也可以用作特征创建的参照。基准轴常用作尺寸标注的参照、基准平面的穿过参照、孔特征的中心放置参照、同轴特征的参照、特征复制、阵列的旋转中心轴和零件装配的参照等。

在生成由拉伸产生的圆柱特征、旋转特征和孔特征时，系统会自动生成基准轴，如图 1-105 所示。

创建基准轴的方法、步骤和创建基准平面相类似，下面通过实例学习基准轴的创建。

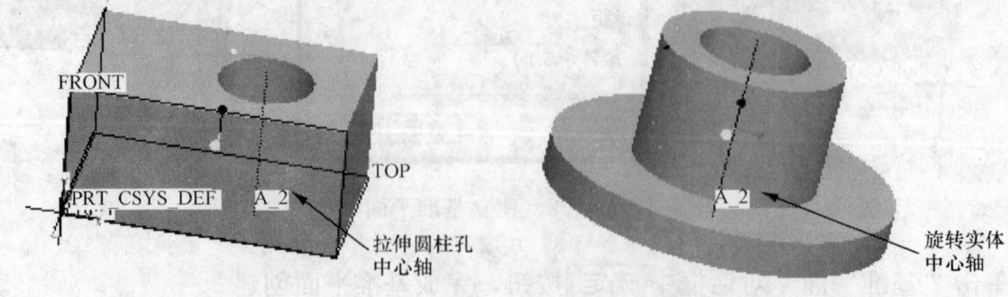

图 1-105 创建实体自动产生的基准轴

如图 1-106 所示，创建基准轴 A_1。

(1) 单击 (基准轴) 按钮，弹出“基准轴”对话框，如图 1-107 所示左图所示。

(2) 选择零件一上表面作为基准轴放置参照，如图 1-107 所示。参照约束类型为“法向”，系统自动激活偏移参照选项；在视图中选择 FRONT 基准平面作为第一个偏移参照，然后按住 Ctrl 键选择竖直表面作为第二个偏移参照，如图 1-107 所示。

(3) 设置“偏移参照”列表中两个偏移参照值为：100、80。

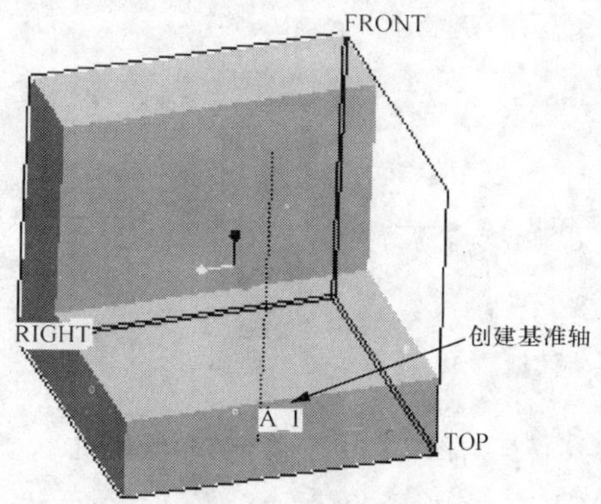

图 1-106　创建基准轴 A_1

(4) 单击“基准轴”对话框中 确定 按钮，完成基准轴 A_1 创建，如图 1-106 所示。

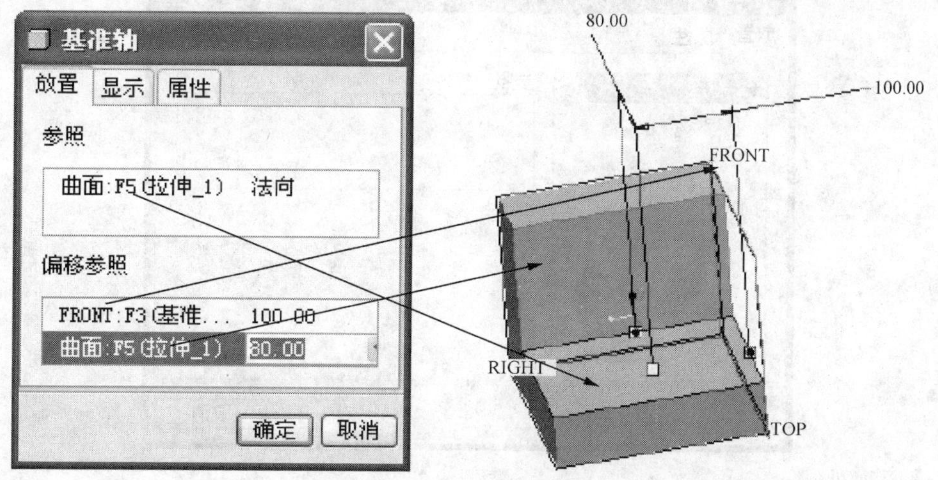

图 1-107　选择基准轴参照

1.4.4　基准点

基准点的用途非常广泛，即可以用于辅助建立其他的基准特征，也可以辅助定义特征的位置，还可以通过基准点创建空间曲线。

基准点可以分为 4 类，即一般基准点、草绘基准点、偏移坐标系基准点和域基准点，如图 1-108 所示。

(1) ：在实体、实体交点或实体偏离创建的基准点。

(2) ：在草绘环境下创建的基准点。

(3) ：通过选定坐标系偏移创建的基准点。

(4) ：标识一个几何域的域点，是“行为建模”中用于分析的点。

下面具体介绍在产品设计只常用的一般基准点和草绘基准点创建方法及应用技巧。

1. 一般基准点

一般基准点的创建方式有很多种，下面介绍常用的几种。

(1) 在曲线上创建基准点。如图 1-109 所示，在曲线上创建基准点 PNT0、PNT1。

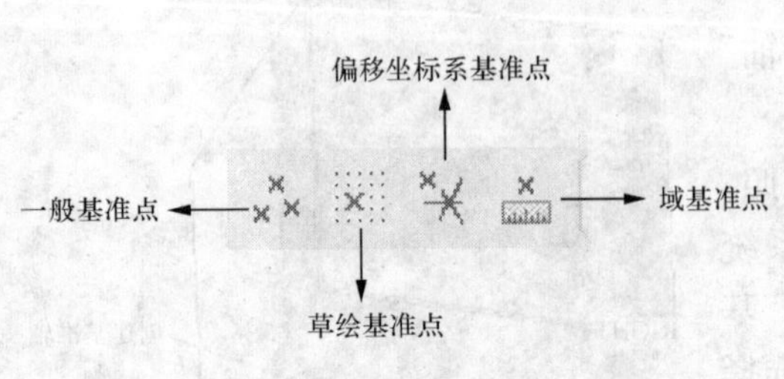

图 1-108　基准点草绘按钮

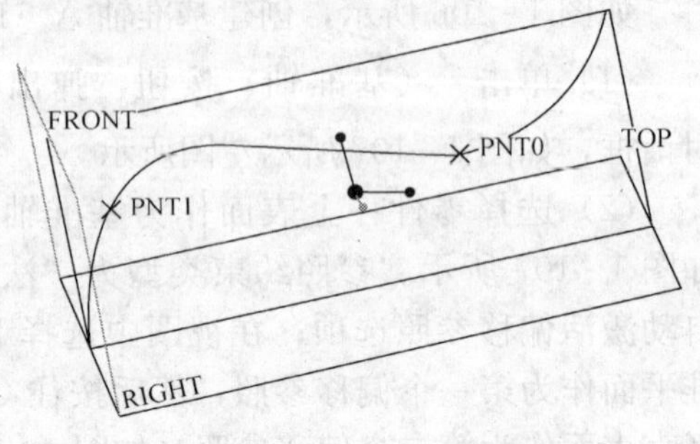

图 1-109　在曲线上创建基准点

1）单击按钮，弹出“基准点”对话框，如图 1-110 所示。

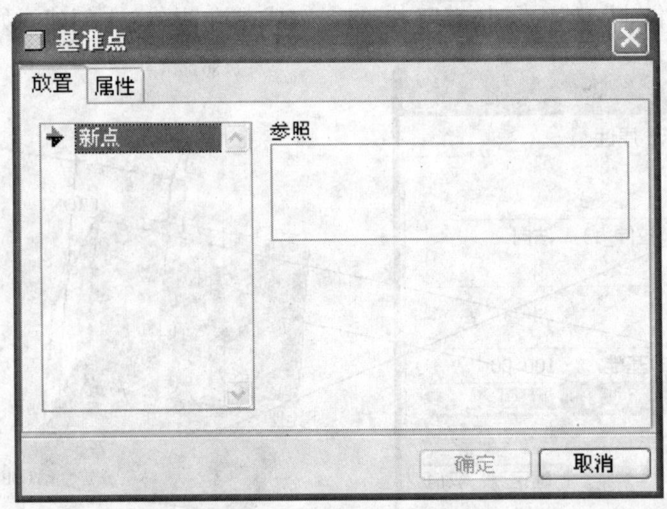

图 1-110　“基准点”对话框

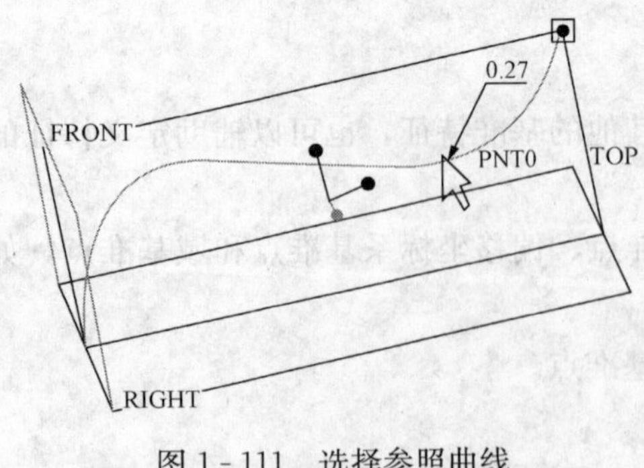

图 1-111　选择参照曲线

2）单击曲线上建立基准点位置，在单击处生成一个基准点 PNT0，如图 1-111 所示。

3）“基准点”对话框中的“参照”列表框内显示了所选参照和所用的参照方式“在…上”，“偏移”选项中显示当前基准点的偏移定位方式为“比率”，输入偏移数值“0.3”，如图 1-112 所示。

4）单击曲线上另一位置，在单击处生成另一个基准点 PNT1。

5）在“基准点”对话框中的“偏移”选项中显示当前基准点的偏移定位方式为“比率”，输入偏移数值“0.8”，如图 1-113 所示。

6）单击“基准点”对话框中 **确定** 按钮，完成基准点创建，结果如图 1-109 所示。

（2）在图元相交处创建基准点。如图 1-114 所示，在圆柱表面和直线相交处建立基准

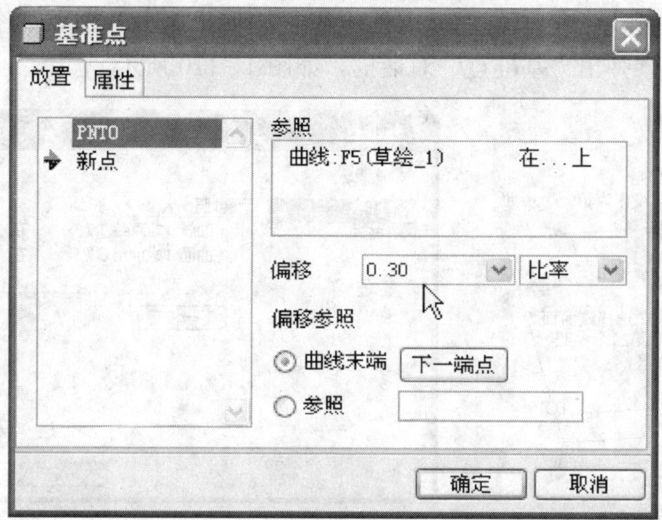

图 1-112　基准点 PNT0 定位方式

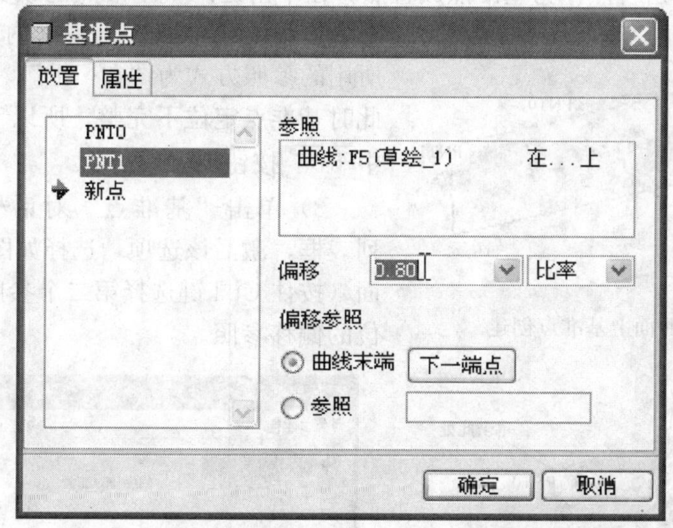

图 1-113　基准点 PNT1 定位方式

点 PNT0。

1）单击按钮，弹出“基准点”对话框，如图 1-110 所示。

2）如图 1-115 所示，选择直线作为建立基准点的第一个参照，然后按住 Ctrl 键选择图中曲面作为第二个参照，系统自动在直线和曲面相交点生成基准点 PNT0。

3）单击“基准点”对话框中 确定 按钮，完成基准点创建，结果如图 1-114 所示。

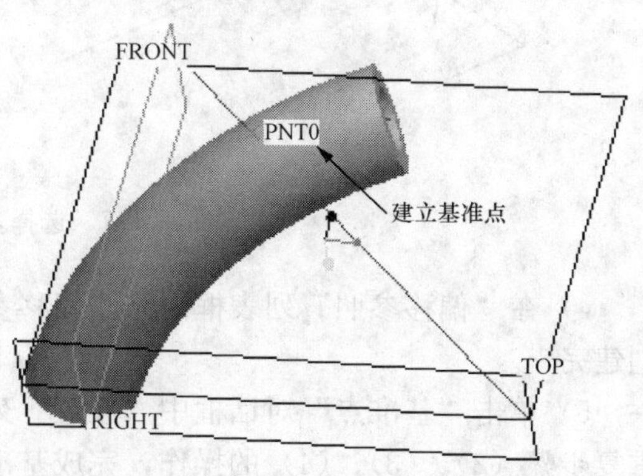

图 1-114　建立基准点

(3) 在曲面上创建基准点。在曲面上创建基准点 PNT0、PNT1，如图 1-116 所示。

1) 单击按钮，弹出“基准点”对话框，如图 1-110 所示。

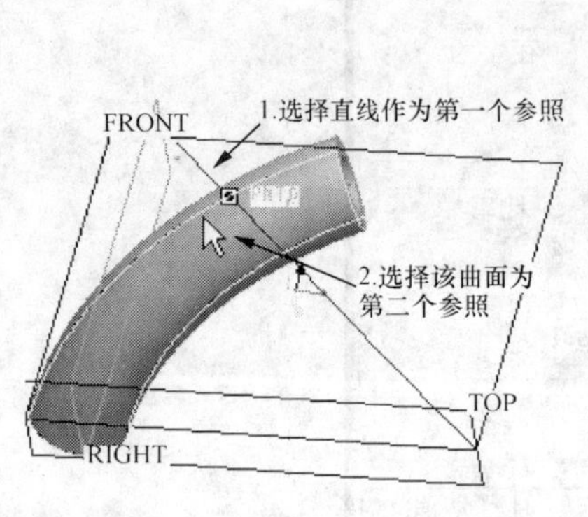

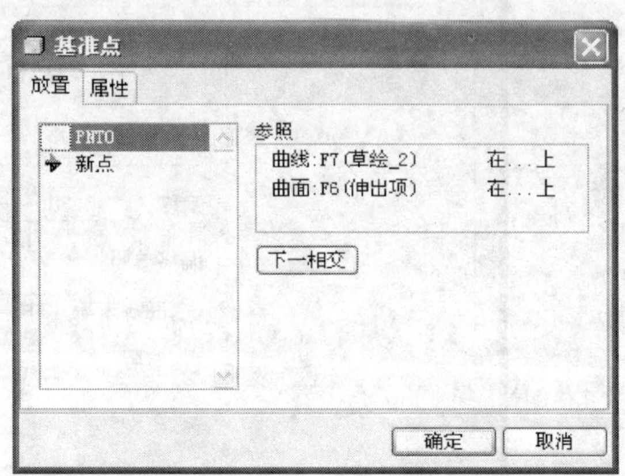

图 1-115 选择基准点 PNT0 参照

2) 在曲面上单击一点作为基准点放置点，在单击处产生基准点的预览图形，“基准点”对话框中的“参照”列表框内显示了所选参照，所用的参照方式为“在…上”，如图 1-117 所示。此时基准点定位不完整，所以“基准点”对话框中 确定 按钮不可用。

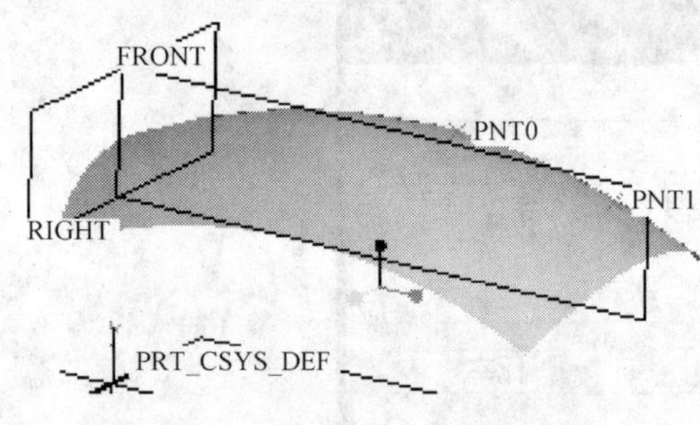

图 1-116 曲面上基准点创建

3) 单击“基准点”对话框内“偏移参照”列表框，激活该选项，选择如图 1-118 中两个平面（按住 Ctrl 键选择第二个参照）作为基准点定位的偏移参照。

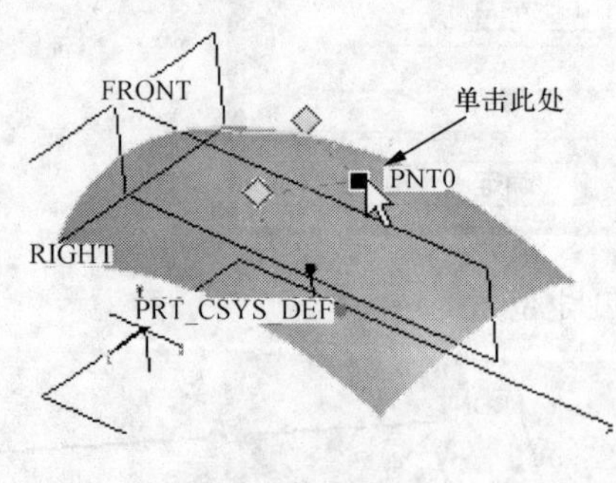

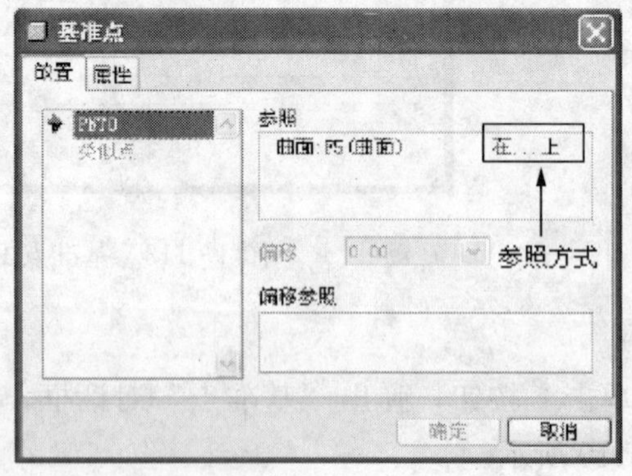

图 1-117 选择基准点在曲面上放置点

4) 在“偏移参照”列表框内修改偏移参照距离，如图 1-119 所示。此时基准点 PNT0 创建完毕。

5) 单击“基准点”对话框中“放置”列表下面的“新点”，进行基准点 PNT1 的创建。重复步骤 (2)、(3)、(4) 的操作，完成基准点 PNT1 的创建。

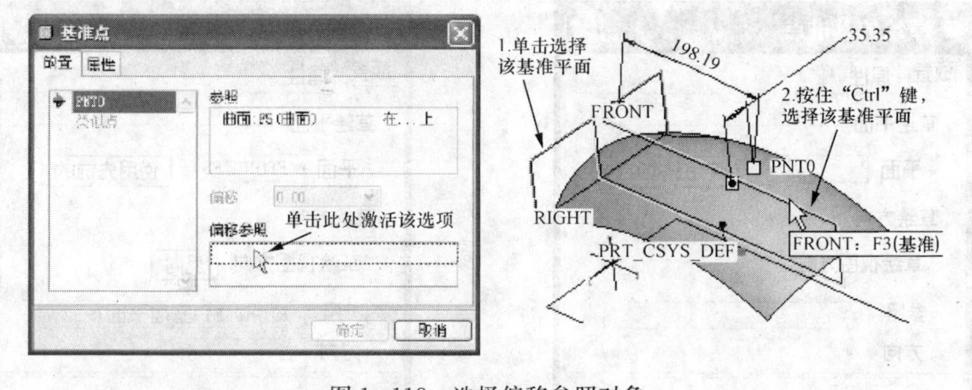

图 1-118　选择偏移参照对象

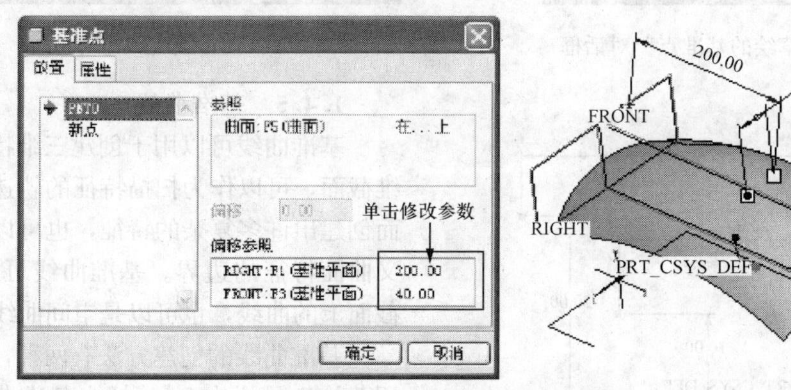

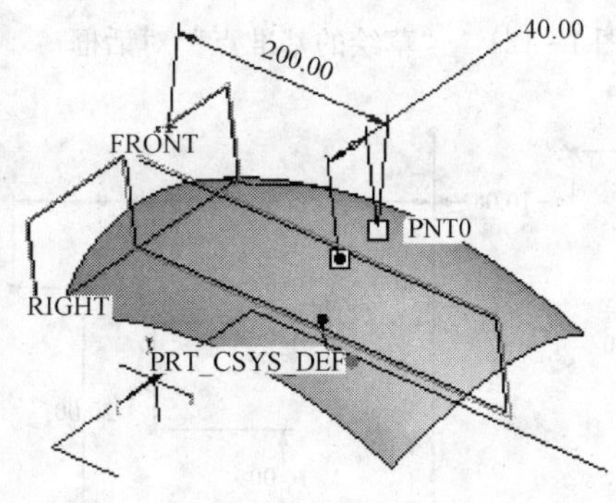

图 1-119　修改偏移参照距离

6）单击“基准点”对话框中 确定 按钮，完成曲面上基准点创建，结果如图 1-116 所示。

2. 草绘基准点

草绘基准点是进入草绘环境中创建的点。使用草绘方式一次可草绘多个基准点，这些基准点位于同一个草绘平面，属于同一个基准点特征。

创建如图 1-120 所示的 FRONT 平面上的基准点，操作步骤如下。

(1) 单击 × （草绘基准点）按钮，弹出“草绘的基准点”对话框，如图 1-121 所示。

(2) 选择 FRONT 平面，草绘方向设置采用默认值，如图 1-122 所示。单击 草绘 按钮，进入草绘环境。

(3) 在 FRONT 平面上绘制三个基准点，如图 1-123 所示。

(4) 单击草绘界面上 ✔ （确定）按钮，完成基准点创建，如图 1-120 所示。

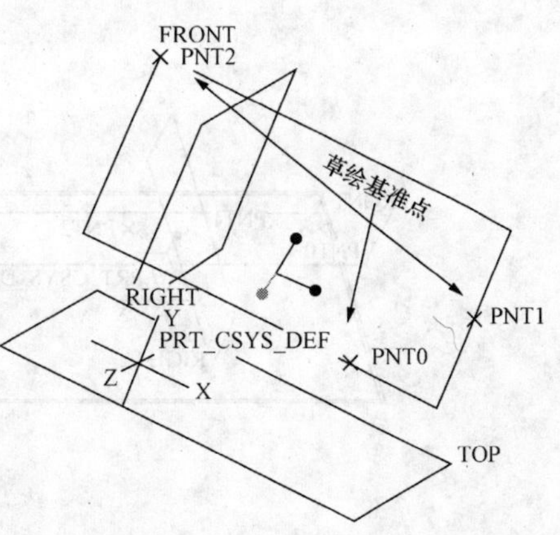

图 1-120　位于 FRONT 平面上的基准点

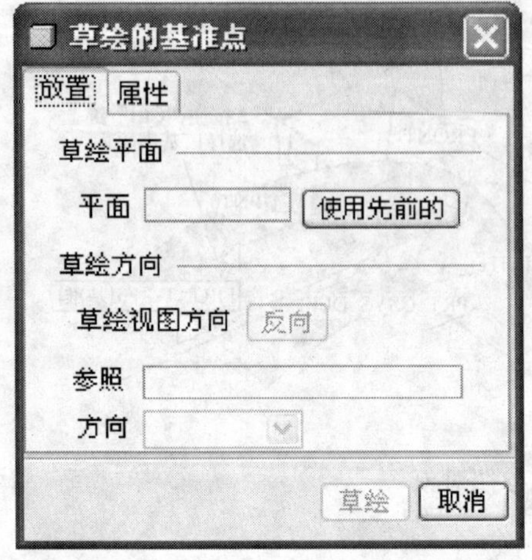

图 1-121 “草绘的基准点”对话框

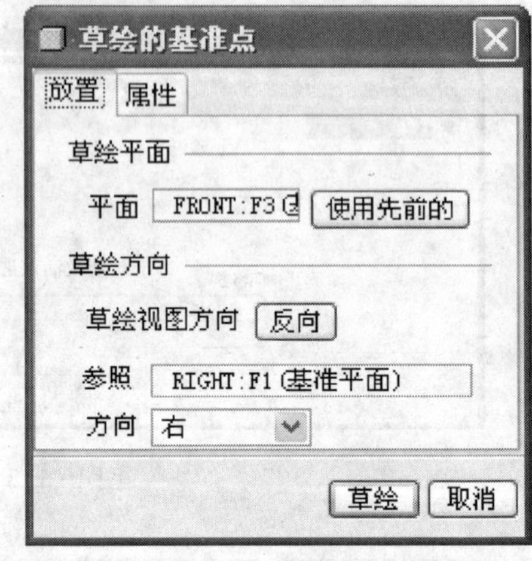

图 1-122 定义草绘平面和方向

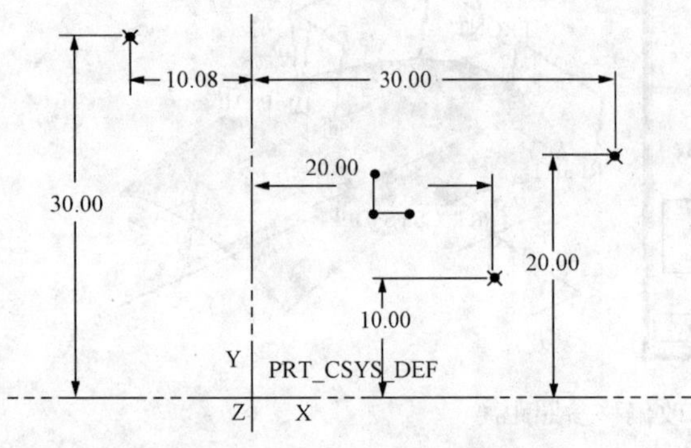

图 1-123 创建草绘基准点

1.4.5 基准曲线

基准曲线可以用于创建三维特征的二维截面，可以作为扫描特征的轨迹线，从而创建出许多复杂的特征，也可以用于定义曲面特征的边界。基准曲线可以是 2D 截面上的曲线，也可以是空间曲线。

基准曲线的创建方法有两种，一是利用草绘工具栏中（插入基准曲线）按钮；二是利用草绘工具栏中（草绘工具）按钮进行创建。下面分别介绍它们的创建方法和应用技巧。

1. 草绘基准曲线

(1) 单击工具栏中（草绘工具）按钮，弹出“草绘”对话框，选择 TOP 基准平面作为草绘平面，草绘参照和方向采用默认值，如图 1-124 所示。

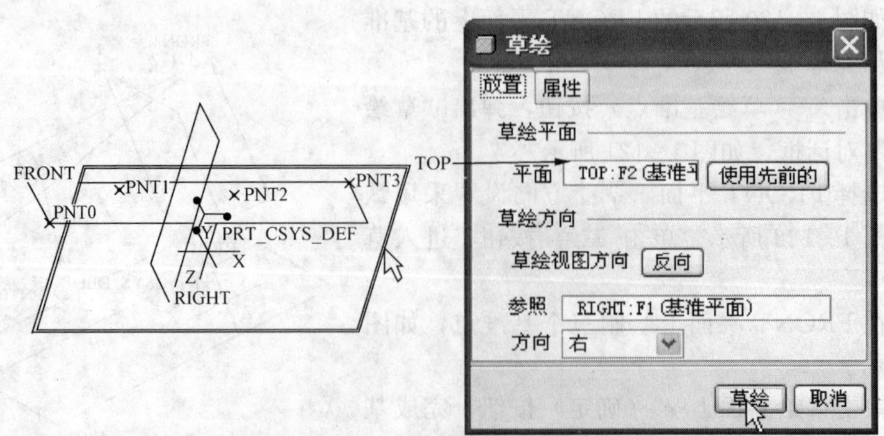

图 1-124 设置草绘平面

(2) 单击“草绘”对话框中 草绘 按钮，进入草绘界面，绘制如图 1 - 125 所示样条曲线。

(3) 单击草绘界面上✔（确定）按钮，完成草绘基准曲线创建，如图 1 - 126 所示。

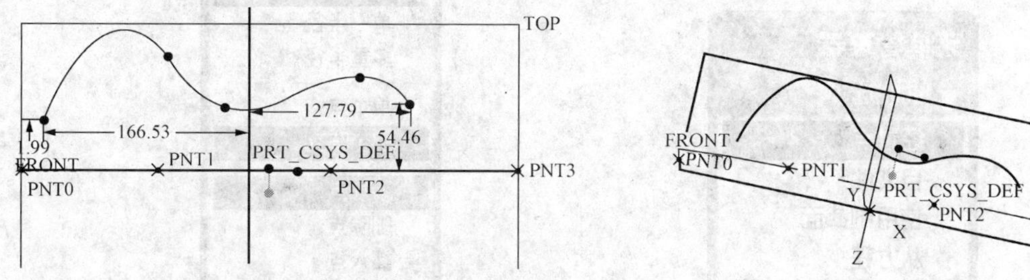

图 1 - 125　创建草绘基准曲线　　图 1 - 126　草绘基准曲线

2. 插入基准曲线

单击〜（插入基准曲线）按钮，打开如图 1 - 127 所示的“曲线选项”菜单管理器。该菜单提供的创建基准曲线的方式有“经过点”、“自文件”、“使用剖截面”和“从方程”。

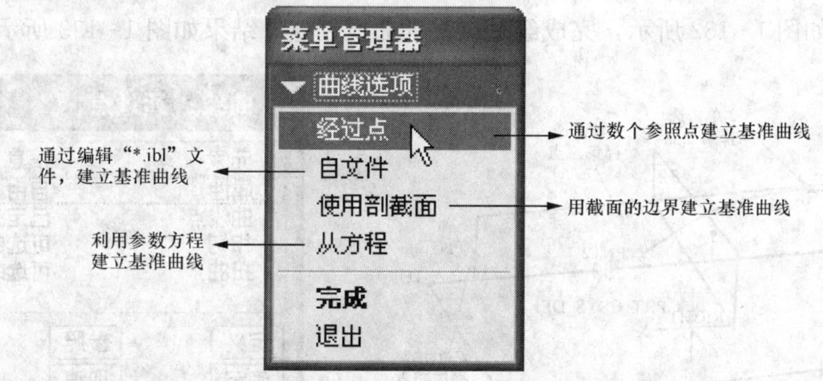

图 1 - 127　“曲线选项”菜单

创建插入基准曲线实例：创建如图 1 - 128 所示“经过点”基准曲线。

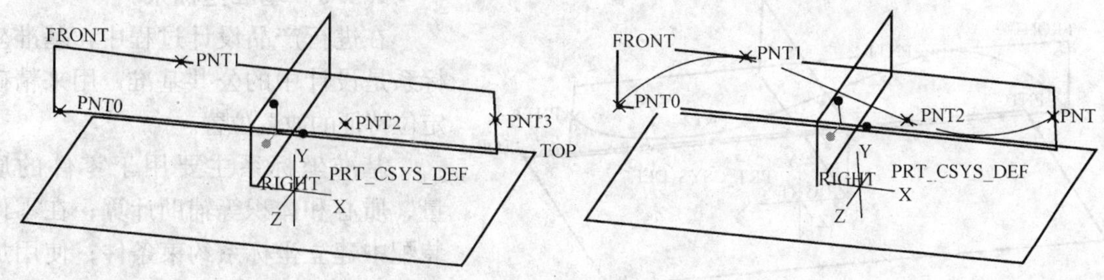

图 1 - 128　“经过点”创建基准曲线

(1) 单击〜（插入基准曲线）按钮，弹出“曲线选项”菜单管理器，如图 1 - 129 所示，选择“经过点”选项，然后单击“完成”。

(2) 弹出“连结类型”菜单，如图 1 - 130 所示，依次选择曲线经过的基准点，如图 1 - 131 所示。

图 1-129 “曲线选项”

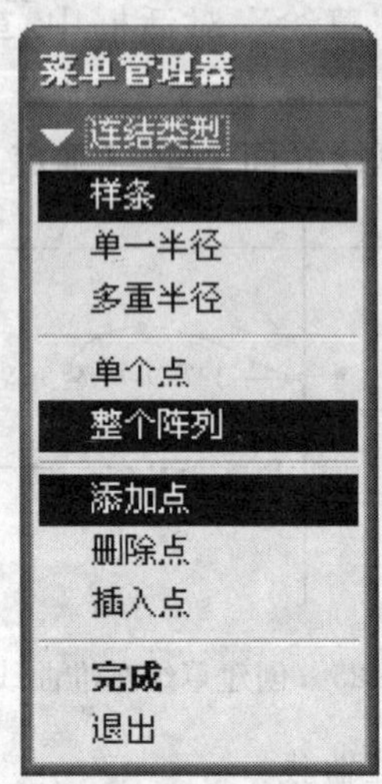

图 1-130 “连结类型”

(3) 单击图 1-130“连结类型”菜单中“完成”，然后单击“曲线：通过点”对话框中 确定 按钮，如图 1-132 所示，完成经过点基准曲线创建，结果如图 1-133 所示。

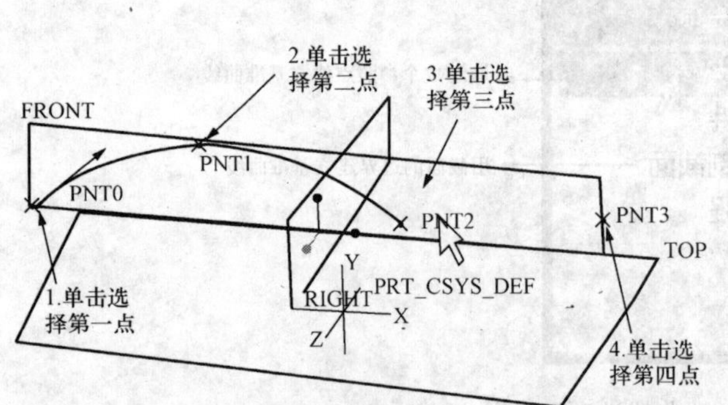

图 1-131 选择基准点

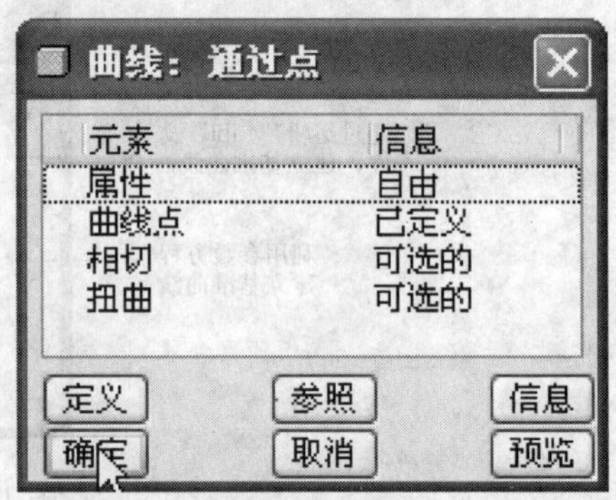

图 1-132 “曲线：通过点”对话框

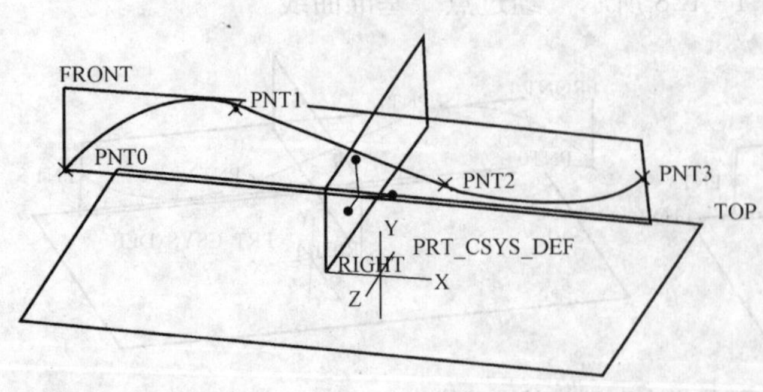

图 1-133 曲线创建结果

1.4.6 基准坐标系

在进行产品设计过程中，基准坐标系是设计中的公共基准，用来精确定位特征的放置位置。

基准坐标系主要用于零件的质量、质心和体积等辅助计算；在零件装配中建立坐标系约束条件；使用加工模块时，设定程序原点；辅助建立其他基准特征；定位参照和导入其他格式文件等。

基准坐标系的建立方法与其他基准特征的建立类似，只有设定必要的参照对象即可，建立基准坐标系必须满足以下条件。

(1) 必须定义原点位置。

(2) 必须定义两个坐标轴的方向，第三个坐标方向按照右手定则确定。

坐标轴的方向通常采用平面参照或直线参照来定义：对于平面参照，其法线方向即为坐标轴的方向；对于直线参照，坐标轴的方向与该直线平行。

建立如图 1-134 所示基准坐标系，操作步骤如下。

(1) 单击 (基准坐标系) 按钮，弹出“坐标系”对话框，如图 1-135 所示。

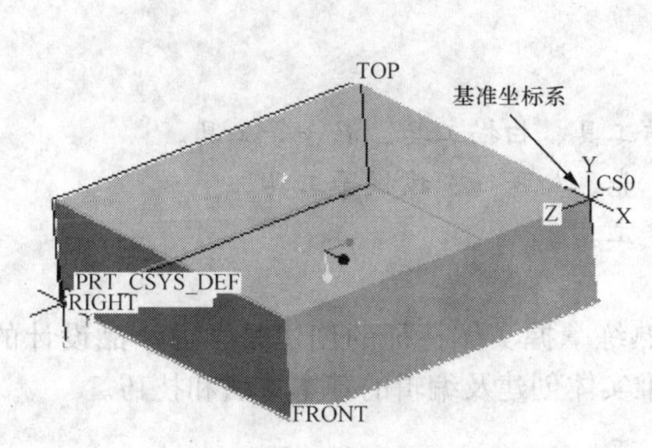

图 1-134　创建基准坐标系

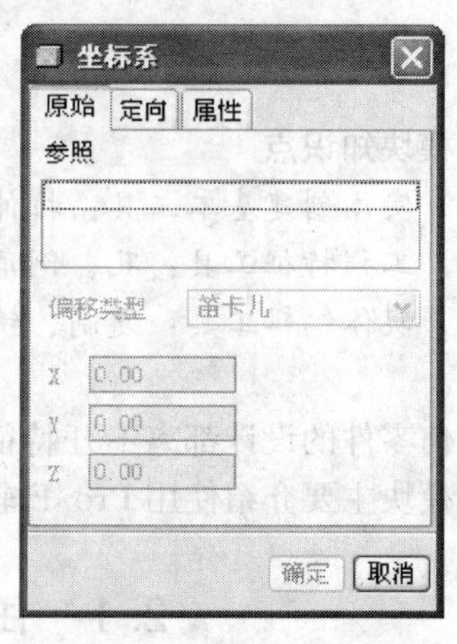

图 1-135　“坐标系”对话框

(2) 利用“坐标系”对话框中“原始”选项卡，在“参照”列表框中单击，然后选择图 1-136 中三个参照平面（按住 Ctrl 键多选），确定坐标系原点位置。对应“原始”选项卡如图 1-137 所示。

(3) 选择“坐标系”对话框中“定位”选项卡，定义坐标系的方向，如图 1-138 所示。

(4) 单击“坐标系”对话框中 确定 按钮，完成基准坐标系创建。

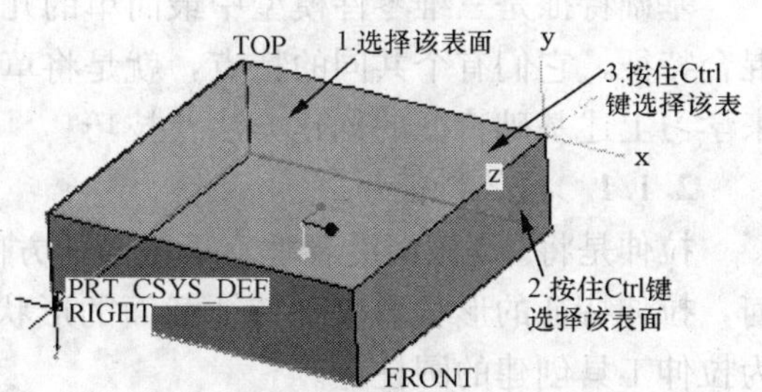

图 1-136　选择坐标系原点放置参照

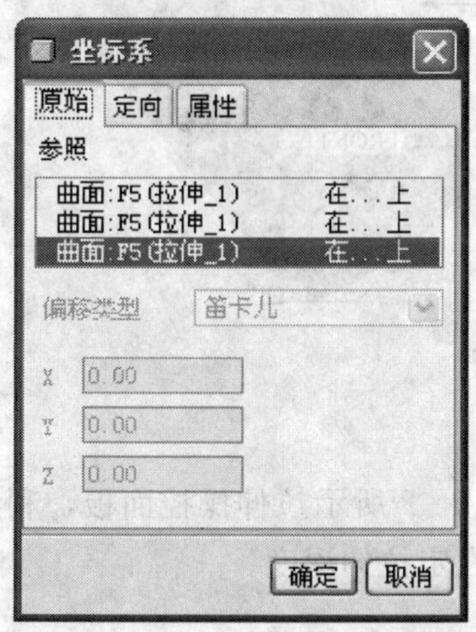

图 1-137　“原始”选项卡设置

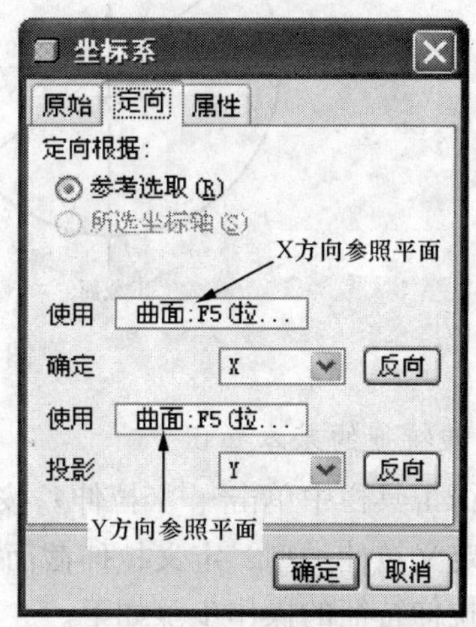

图 1-138　“定向”选项卡设置

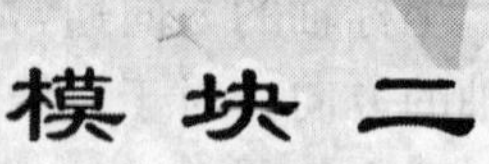

模块二

基础实体特征设计

本模块知识点

(1) 实体创建基本工具：拉伸工具、旋转工具、扫描工具、混合等工具。

(2) 工程特征工具：孔、倒角、倒圆角、壳、加强筋、拔模等工具。

(3) 实体编辑工具：复制、镜像、阵列等工具。

任何零件的设计都离不开特征的创建，熟练掌握实体特征的创建是学习产品设计的基础。本模块主要介绍使用 Pro/E 软件进行三维实体创建及编辑的基本方法和技巧。

2.1 任务 1 基础特征的创建

基础特征是三维零件模型中最简单的几何特征，包括拉伸特征、旋转特征、扫描特征和混合特征，它们有个共同的特点，就是将草绘截面通过指定的方式来创建。本节将结合实例来学习上述基础特征的创建方法及技巧。

2.1.1 拉伸特征

拉伸是将 2D 截面沿着垂直于截面的方向延伸至指定的距离或参照面，从而生成三维几何，拉伸特征的形状取决于特征截面的形状，特征截面通过草绘工具绘制。如图 2-1 所示为拉伸工具创建的圆柱体。

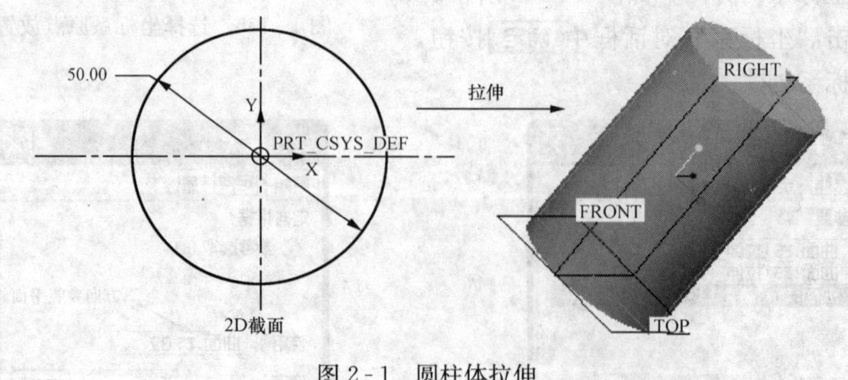

图 2-1 圆柱体拉伸

1. 拉伸特征的基本知识

在特征工具栏中单击 (拉伸) 按钮，打开如图 2-2 所示拉伸操控面板，利用该操控面板可以定义拉伸类型、定义拉伸截面、拉伸方向及设定拉伸深度。

建立拉伸特征的操作步骤如下。

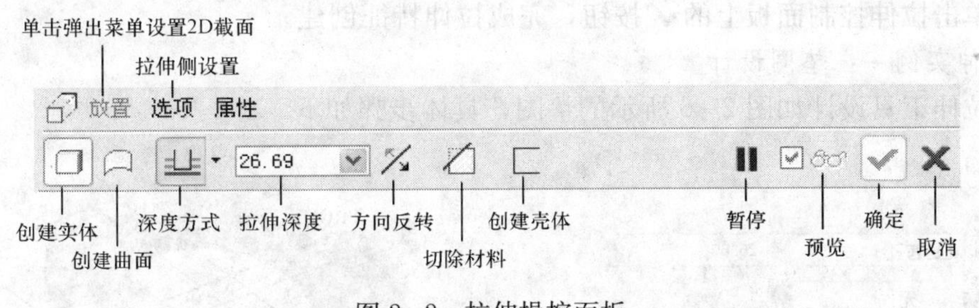

图 2-2 拉伸操控面板

(1) 进入零件设计模块，选择菜单“插入”→“拉伸”命令，或单击工具栏中 (拉伸) 按钮，打开拉伸操控面板，如图 2-2 所示。

(2) 在拉伸操控面上设置拉伸类型，创建实体则单击按钮，创建曲面单击按钮，创建切口，则先单击实体按钮再单击 (切除) 按钮，创建薄板单击 (加厚) 按钮并设置加厚厚度值。

(3) 利用操控面板中“放置”上滑菜单定义截面，截面定义有两种方式，一是单击 定义... 按钮，弹出草绘对话框，利用草绘工具进行 2D 截面绘制，如图 2-3 所示；另一方式为选择 2D 截面，所选择的 2D 截面通常是先利用草绘工具绘制。

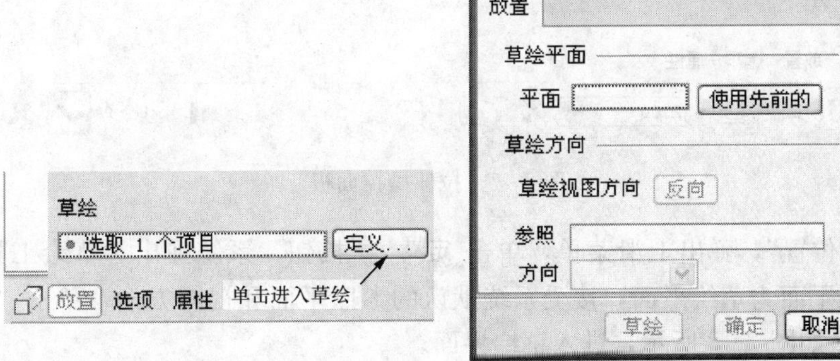

图 2-3 拉伸截面草绘对话框

(4) 如利用 定义... 按钮草绘截面，在草绘环境中绘制拉伸截面，绘制完毕单击“草绘”工具栏中的✔按钮，系统返回到拉伸操控面板。

(5) 根据设计要求，设置拉伸深度，在操控面板上选择深度选项，如图 2-4 所示。利用“选项”按钮，可以往截面两侧拉伸，两侧的拉伸深度可以在“选项”上滑菜单中设置，如图 2-5 所示。

(6) 单击“特征预览”按钮，观察创建的特征。

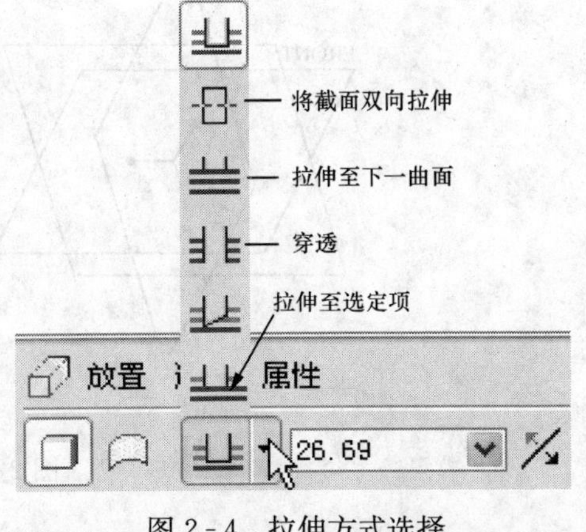

图 2-4 拉伸方式选择

（7）单击拉伸控制面板上的✔按钮，完成拉伸特征创建。

2. 拉伸实例一：垫圈设计

利用拉伸工具设计如图 2-6 所示的垫圈，具体步骤如下。

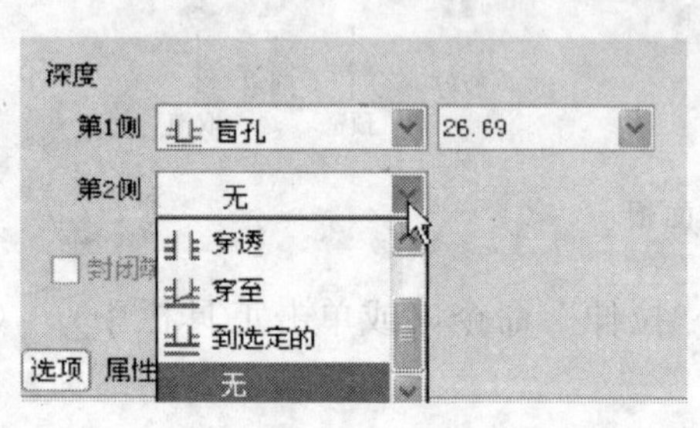

图 2-5 两侧拉伸设置

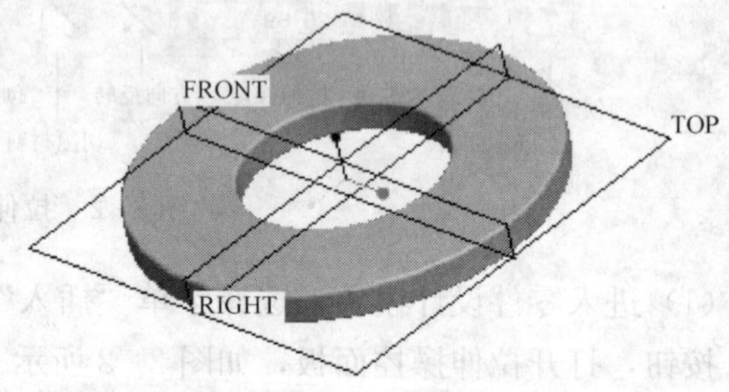

图 2-6 垫圈

（1）新建文件。单击工具栏中的"新建文件"按钮，在弹出的"新建"对话框中选择"零件"类型，并将"使用缺省模板"选项取消，在"名称"栏中输入文件名"dianquan"，单击"新建"对话框中确定按钮，进入模板选项"新文件选项"，选择"mmns_part_solid"模板，进入零件设计工作界面。

（2）建立拉伸实体。

1）单击"拉伸工具"按钮，打开拉伸设计面板，设置拉伸方式为实体，拉伸深度为 2，如图 2-7 所示。

图 2-7 拉伸操控面板

2）单击"位置"，弹出上滑菜单，单击定义...按钮，系统弹出"草绘工具"对话框，选择 TOP 基准平面为草绘平面，接受系统默认的参照平面和视图方向，单击"草绘"对话框中确定按钮，如图 2-8 所示，进入草绘界面。

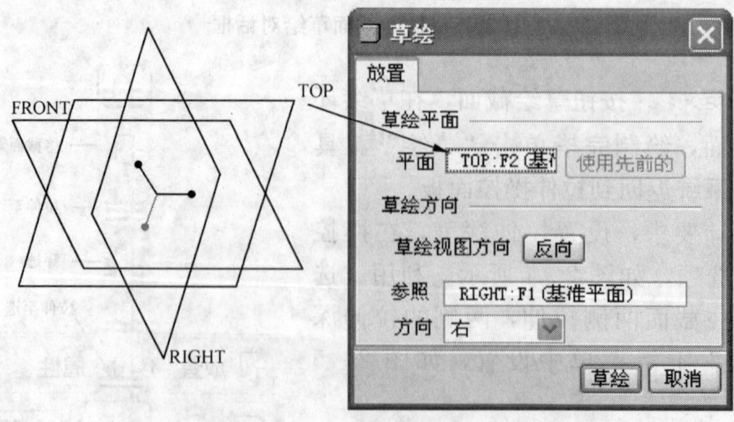

图 2-8 草绘平面设置

3）绘制如图 2-9 所示拉伸截面，单击草绘工具栏中的✔按钮，完成拉伸截面的绘制，返回拉伸操控面板。

4）单击“特征预览”按钮☑ 👓，查看拉伸模型，如图 2-10 所示，单击拉伸控制面板中的✔按钮，完成拉伸特征创建。

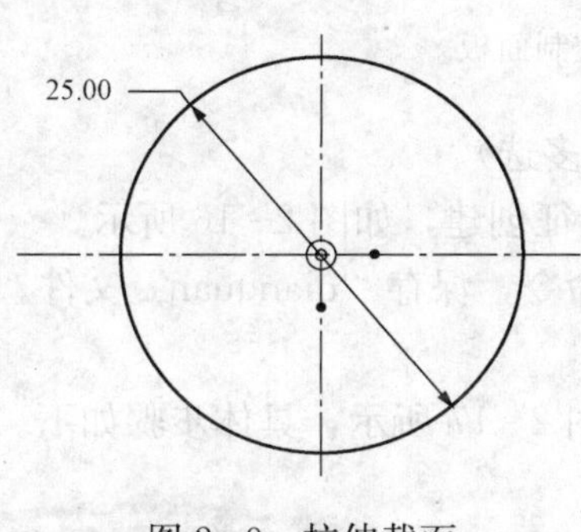

图 2-9　拉伸截面

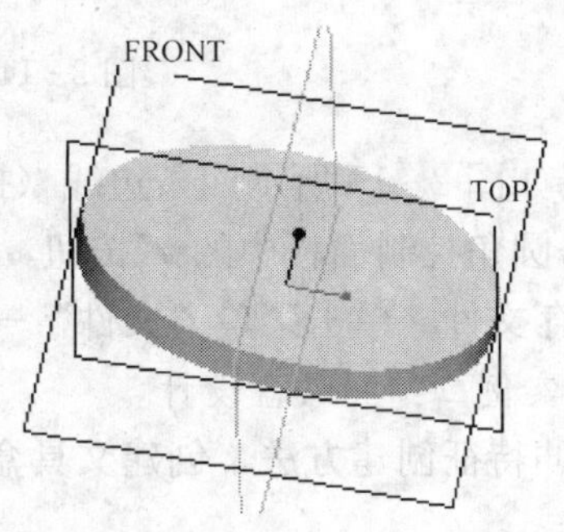

图 2-10　拉伸特征

（3）创建拉伸切口。

1）单击“拉伸工具”按钮，打开拉伸设计面板，在面板上设置拉伸方式为切除材料，拉伸深度为穿透，如图 2-11 所示。

图 2-11　拉伸操控面板设置

2）单击“位置”，弹出上滑菜单，单击 定义... 按钮，系统弹出“草绘工具”对话框，选择上一步骤创建的拉伸实体上表面作为草绘平面，接受系统默认的参照平面和视图方向，单击“草绘”对话框中 确定 按钮，进入草绘界面。

3）绘制拉伸截面，如图 2-12 所示，单击草绘工具栏中的✔按钮，完成拉伸截面的绘制，返回到拉伸操控面板。

4）单击操控面板上的✔按钮，完成拉伸切口创建，如图 2-13 所示。

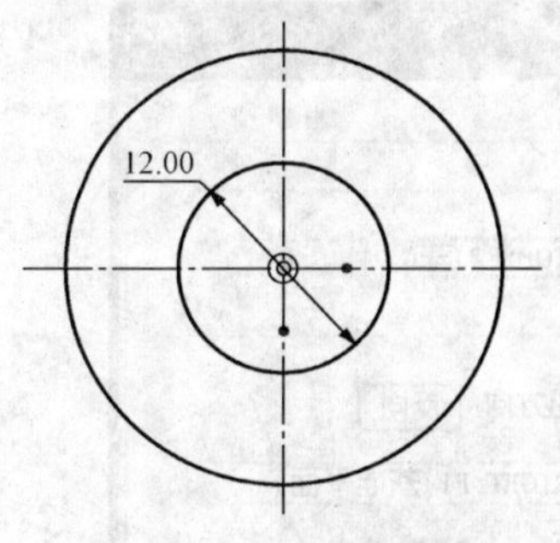

图 2-12　拉伸截面

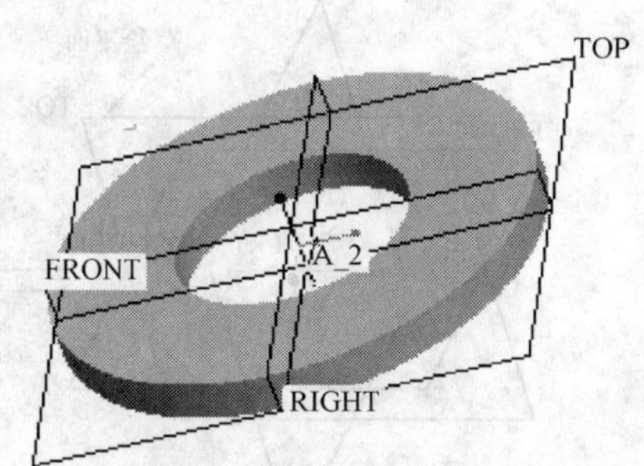

图 2-13　拉伸切口结果

（4）倒圆角。

1）单击特征工具栏中的按钮，打开圆角特征操控面板，设置圆角半径为 0.25，如图

2-14 所示。

图 2-14 圆角工具控制面板

2）选择如图 2-15 所示四条边线（按住 Ctrl 键多选）。

3）单击圆角控制面板中的✔按钮，完成圆角特征创建，如图 2-16 所示。

（5）保存文件。单击菜单“文件”→“保存”命令，保存“dianquan”文件。

3. 拉伸实例二：文具盒设计

使用拉伸特征创建方法，创建文具盒产品，如图 2-17 所示，具体步骤如下。

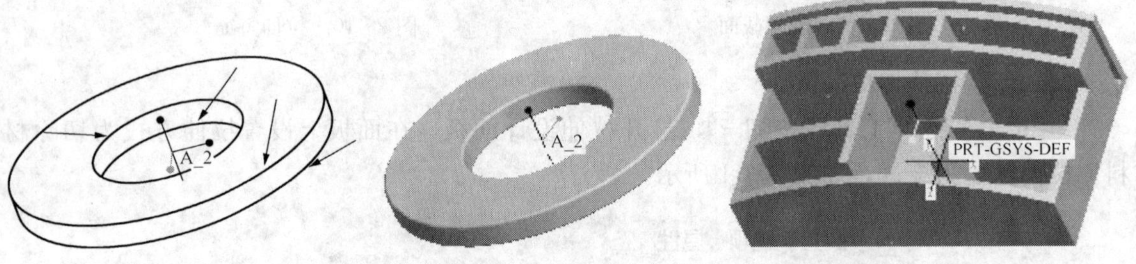

图 2-15 选取倒角边 图 2-16 倒圆角特征 图 2-17 文具盒

（1）建立文件。单击工具栏中的“新建文件”按钮，在弹出的“新建”对话框中选择“零件”类型，并将“使用缺省模板”选项取消，在“名称”栏中输入文件名“wenjuhe”，单击“新建”对话框中确定按钮，进入模板选项“新文件选项”，选择“mmns_part_solid”模板，进入零件设计工作界面。

（2）利用拉伸工具创建文具盒底板。

1）单击“拉伸工具”按钮，打开拉伸设计面板。

2）在拉伸设计面板中单击“放置”按钮，在弹出的上滑菜单中单击“定义”按钮，系统弹出草绘对话框，选择 TOP 基准平面为草绘平面，然后单击“草绘”按钮，如图 2-18 所示。

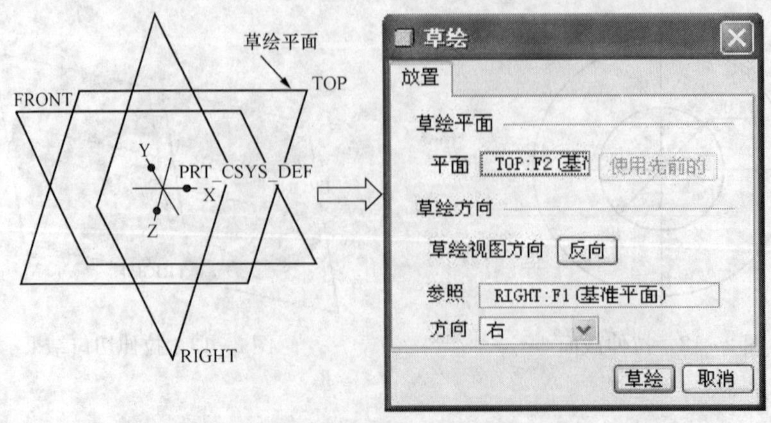

图 2-18 草绘平面设置

3）进入草绘界面后，绘制拉伸截面，如图 2-19 所示。

4）设置拉伸参数，如图 2-20 所示。

5）单击图 2-20 中的确定按钮，即可得到文具盒底板，如图 2-21 所示。

（3）用拉伸方法创建文具盒隔板。

1）选择“拉伸工具”，打开拉伸操作面板，选择放置中的“定义”，弹出草绘对话框，选择（2）创建的底板的上表面作为草绘平面，如图2-22所示。进入草绘界面，绘制拉伸截面，如图 2-22 右图所示。

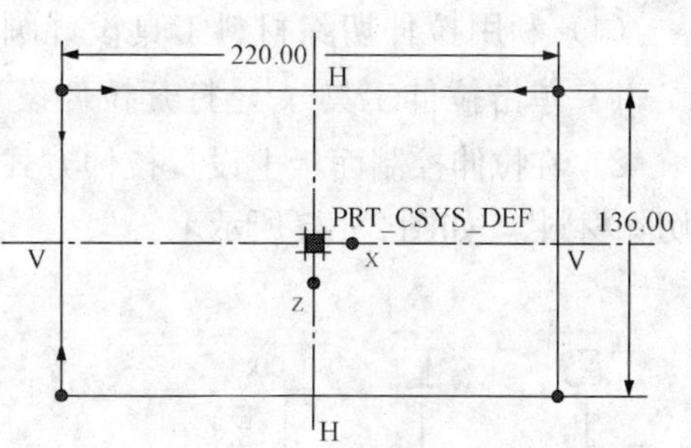

图 2-19 绘制拉伸截面

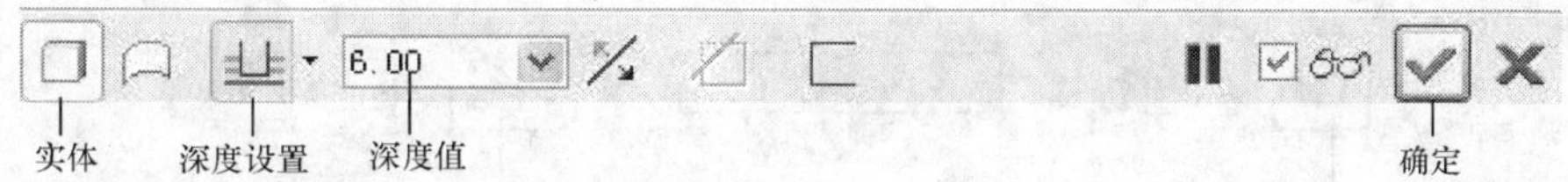

图 2-20 拉伸参数设置

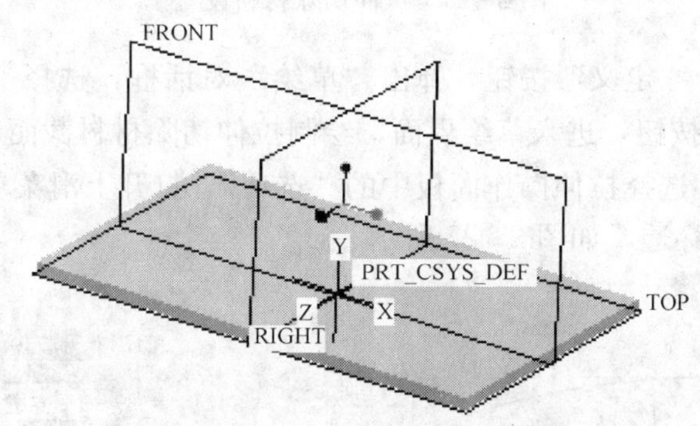

图 2-21 文具盒底板

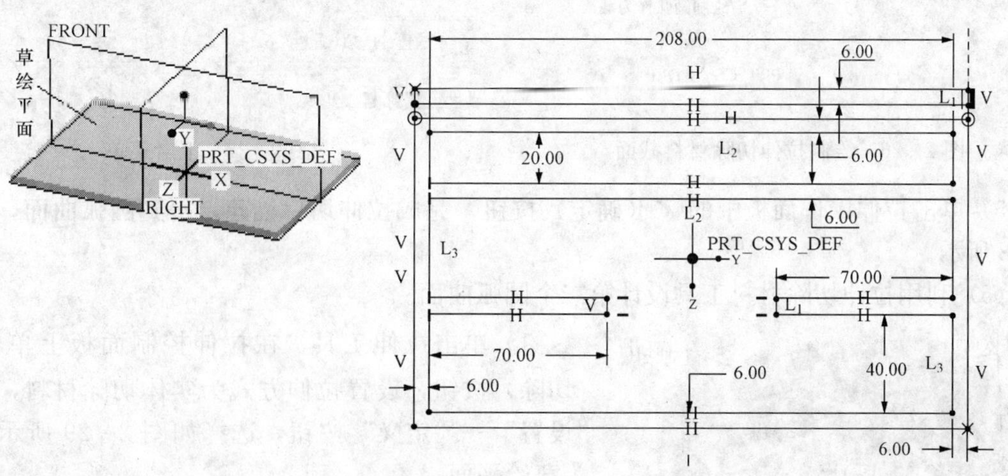

图 2-22 拉伸截面

2）设置拉伸参数，如图 2-23 所示。

3）单击拉伸操作面板上的确定按钮，创建拉伸特征，如图 2-24 所示。

(4) 利用拉伸切除材料工具设计圆弧曲面。

1) 单击拉伸工具，打开拉伸设计面板。

2) 在拉伸控制面板上设置拉伸方式为“实体”→“切除材料”，如图 2-25 所示。

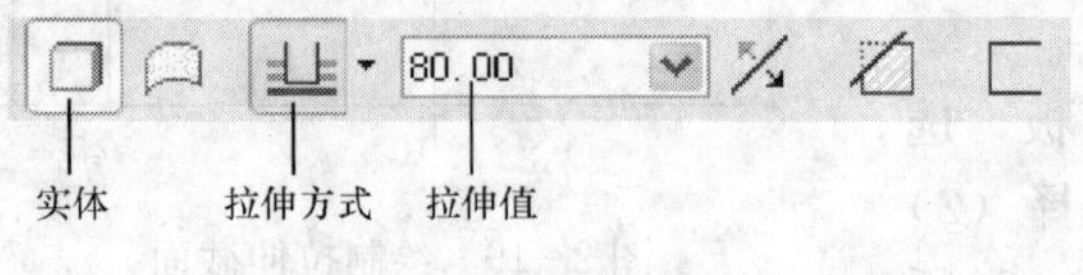

图 2-23 设置拉伸参数

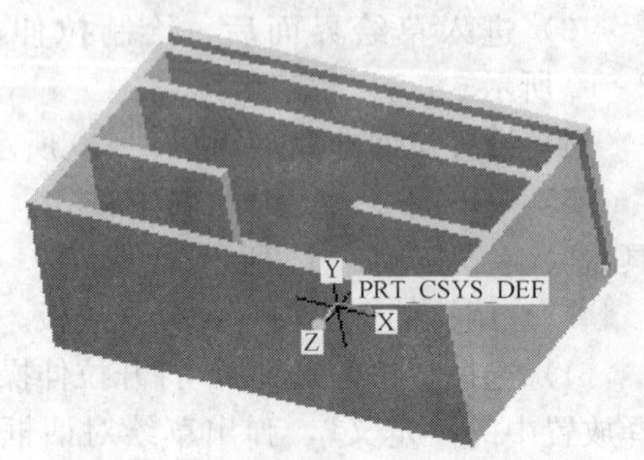

图 2-24 创建拉伸特征

图 2-25 拉伸切除材料设置

3) 单击“设置”→“定义”按钮，弹出“草绘”对话框，选择 FRONT 基准平面作为草绘平面，单击 草绘 按钮，进入草绘界面，绘制拉伸切除材料截面，如图 2-26 所示。

4) 设置拉伸参数，选择拉伸操作面板中的“选项”，打开上滑菜单，选择第一侧拉伸深度为穿透，第二侧也为穿透，如图 2-27 所示。

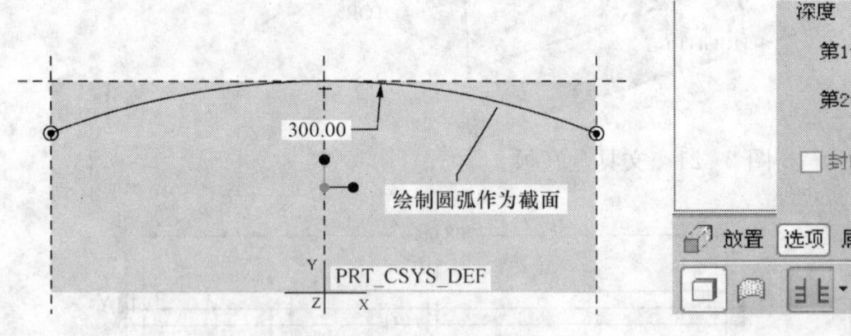

图 2-26 绘制拉伸切除材料截面

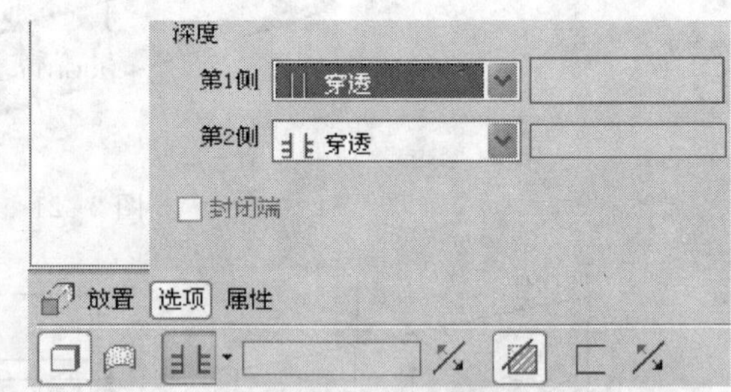

图 2-27 上滑菜单

5) 单击拉伸操作面板中的✔（确定）按钮，完成拉伸切口创建，得到圆弧曲面，如图 2-28 所示。

(5) 利用拉伸切除材料工具设计第二个圆弧曲面。

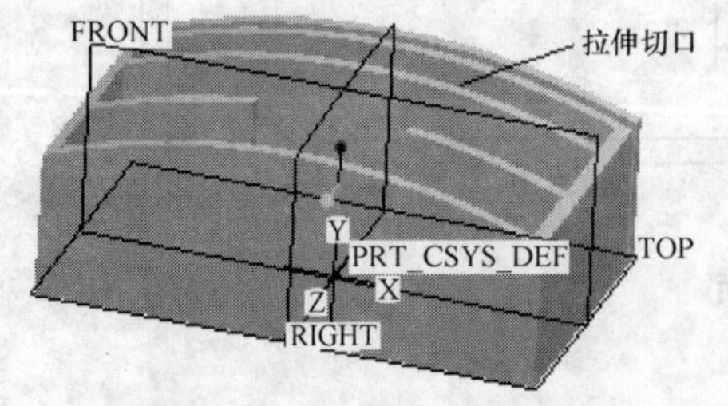

图 2-28 圆弧曲面

1) 单击拉伸工具，在拉伸控制面板上单击（切除）按钮，设置拉伸方式为实体切除材料，单击“设置”→“定义”按钮，选择如图 2-29 所示表面为草绘平面。

2) 绘制拉伸切除材料的截面，如图 2-30 所示，单击✔按钮，完成截面绘制。

3) 设置拉伸深度类型为（到选定项），在图形窗口中选择如图 2-31 中光标所指的表面。

4）单击✔（确定）按钮，完成拉伸切除材料操作，如图 2-32 所示。

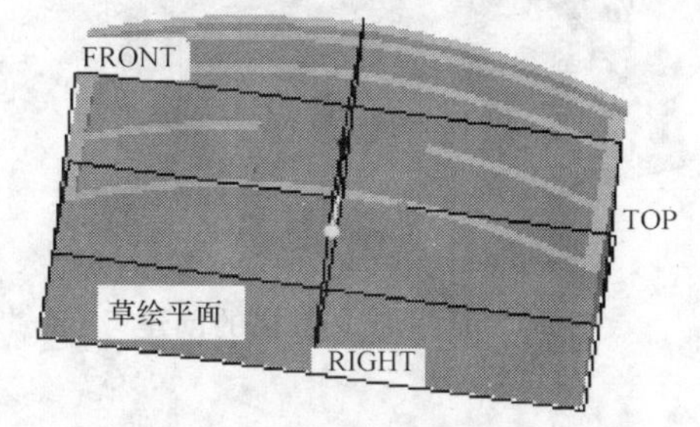

图 2-29　选择草绘平面

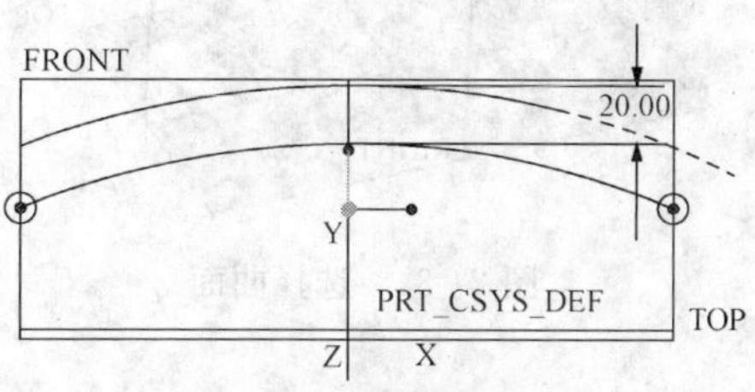

图 2-30　绘制截面

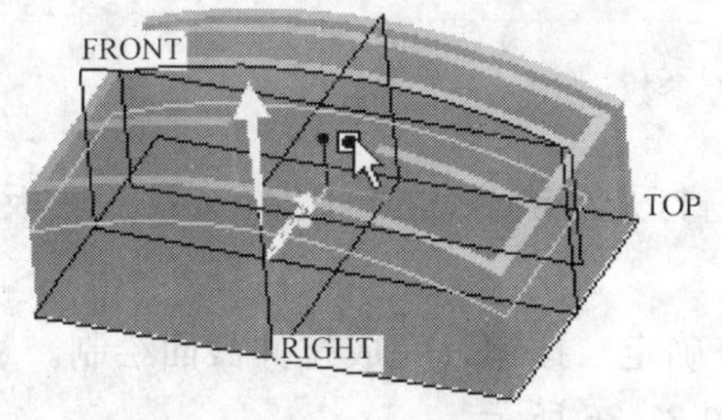

图 2-31　选择表面

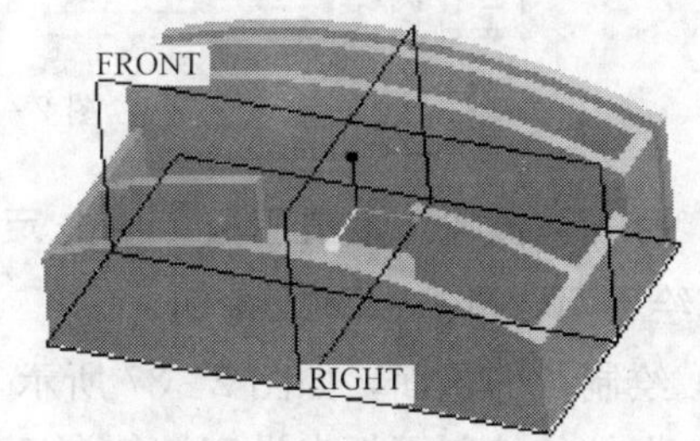

图 2-32　完成拉伸切除材料操作

（6）利用拉伸工具增添文具格。

1）单击拉伸工具按钮，打开拉伸控制面板，单击“设置”→“定义”按钮，选择文具盒底板上表面为草绘平面，单击 草绘 按钮。

2）绘制如图 2-33 所示截面，单击✔（确定）按钮，完成拉伸截面绘制。

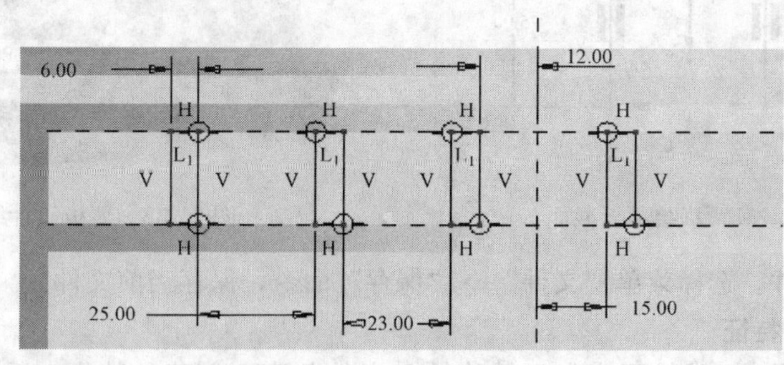

图 2-33　拉伸截面

3）在拉伸操控面板上设置拉伸深度类型为 （到选定项），在图形窗口中选择如图 2-34 中光标所指的曲面。

4）单击✔（确定）按钮，完成文具格的创建，如图 2-35 所示。

（7）利用拉伸工具添加薄壁。

1）单击拉伸工具按钮，打开拉伸控制面板，在拉伸控制面板中单击 （加厚）按钮，并设置加厚的值为 6，如图 2-36 所示。

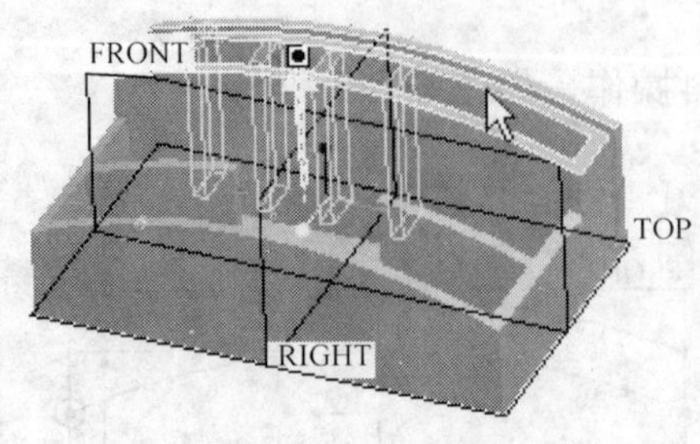

图 2-34　选择曲面

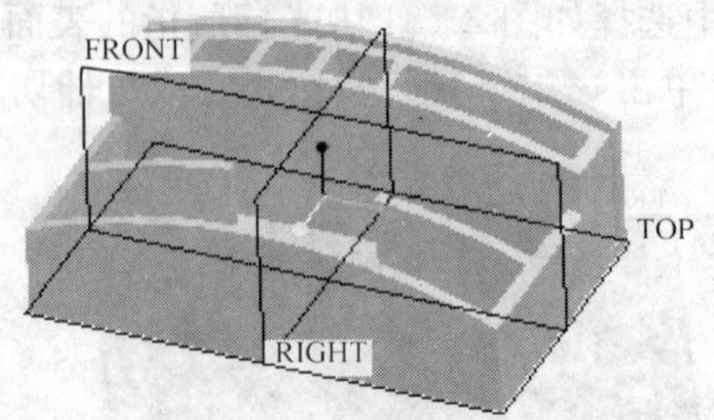

图 2-35　完成文具格的创建

图 2-36　设置加厚参数

2）打开“放置”上滑面板，单击 定义... 按钮，打开草绘对话框，选择文具盒底板上表面为草绘平面，单击 草绘 按钮。

3）绘制拉伸截面，如图 2-37 所示，单击✔（确定）按钮，完成拉伸截面绘制。

4）在拉伸控制面板中设定拉伸深度为 58，如图 2-36 所示。

5）单击✔（确定）按钮，完成文具盒的设计，如图 2-38 所示。

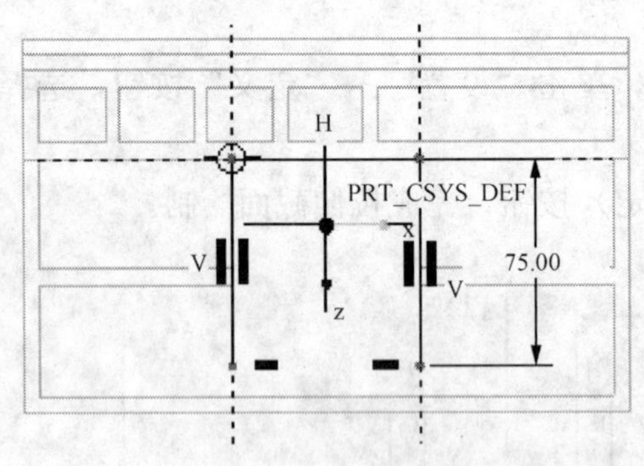

图 2-37　草绘薄板截面

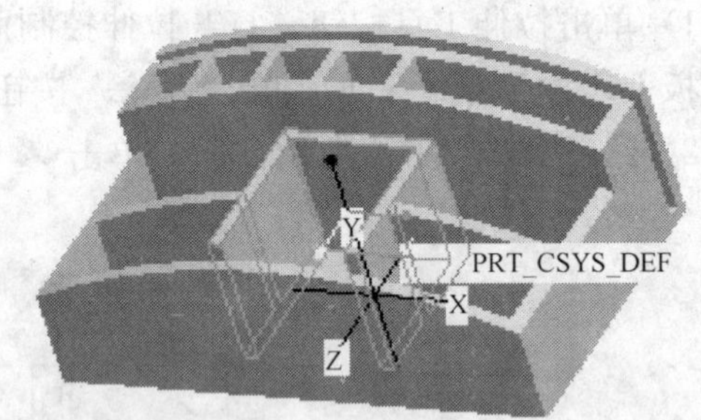

图 2-38　薄板设计结果

（8）保存文件。选择菜单“文件”→“保存”命令，保存当前文件。

2.1.2　旋转特征

旋转特征是通过 2D 截面绕中心轴旋转一定的角度而创建的特征，适合于构建回转零件。旋转特征可以是实体形式，也可以是曲面形式。

如图 2-39 所示为一旋转零件。

1. 旋转基本知识

单击工具栏中旋转工具按钮，或旋转菜单“插入”→“旋转”命令，进入旋转操作，系统弹出旋转特征操控面板，如图 2-40 所示。利用该操控面板可以定义旋转 2D 截面，确定旋转轴，设定旋转方式，以及设定旋转角度等。

旋转特征的创建必须定义两个要素，一是旋转截面，二是旋转轴。

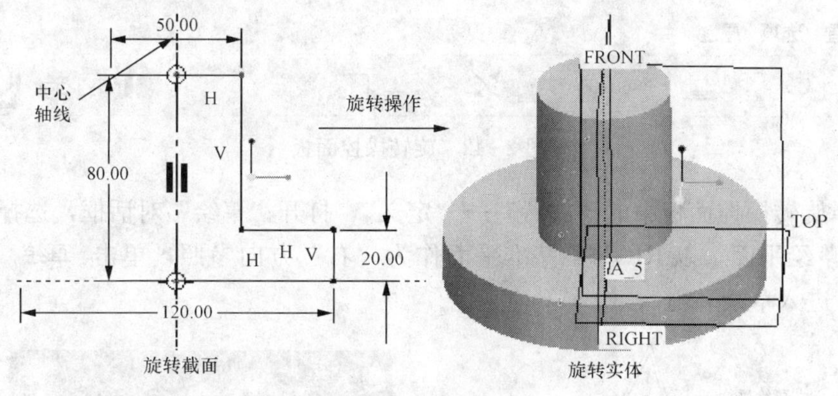

图 2-39 旋转实例

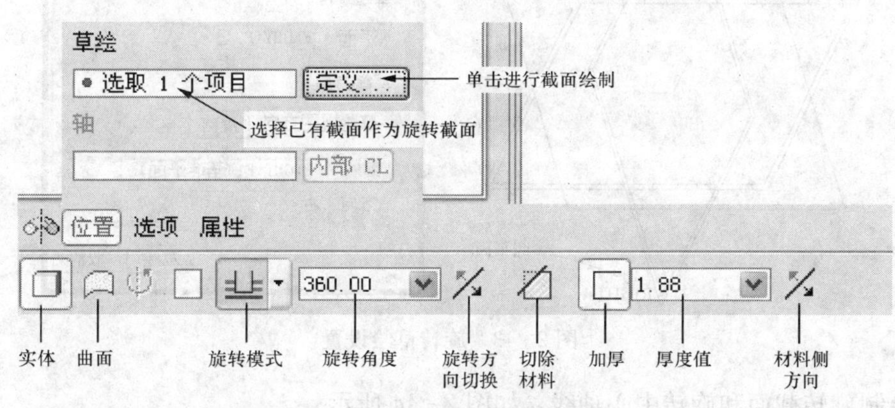

图 2-40 旋转操控面板

(1) 旋转截面。如果要创建除加厚旋转、切除材料旋转之外的普通实体，截面必须是闭合的；如果创建旋转曲面，则截面可以是开放的也可以是闭合的；另外，旋转截面必须位于旋转中心轴的同一侧。旋转截面的设定有两种方法，一是通过“位置”上滑菜单中的 定义... 按钮进行草绘；二是在草绘区选择已有的截面，如图 2-40 中“位置”上滑菜单所示。

(2) 旋转轴。旋转中心轴可以在草绘截面时在旋转中心添加一条中心线，也可以选择现有的几何参照作为轴线，但旋转轴必须位于截面的草绘平面中。

2. 旋转实例：轴的设计

下面通过创建轴零件，来训练旋转特征创建方法，如图 2-41 所示。具体步骤如下。

(1) 新建文件。单击工具栏中的“新建文件”按钮，在弹出的“新建”对话框中选择“零件”类型，并将“使用缺省模板”选项取消，在“名称”栏中输入文件名“zhou”，单击“新建”对话框中 确定 按钮，进入模板选项“新文件选项”，选择“mmns _ part _ solid”模板，进入零件设计工作界面。

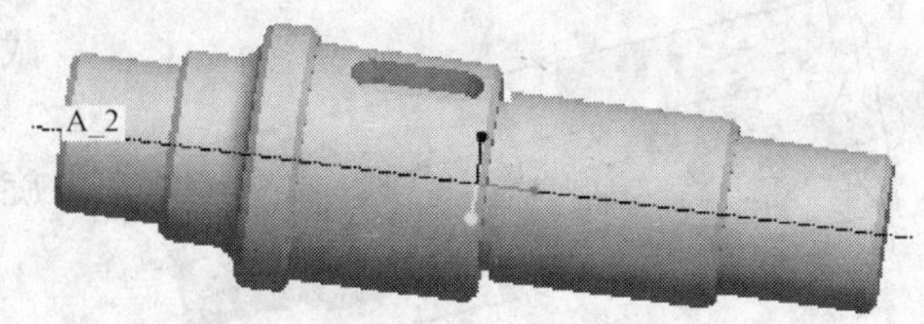

图 2-41 轴

(2) 应用旋转工具建立毛坯轴。

1) 单击工具栏中按钮，打开旋转操控面板，如图 2-42 所示。

图 2-42　旋转操控面板

2）选择旋转操控面板中的“放置”→“定义”，打开“草绘”对话框，选择 FRONT 基准平面作为草绘平面，以 RIGHT 基准平面作为“右”方向参照，单击 草绘 按钮，如图 2-43所示，进入草绘环境。

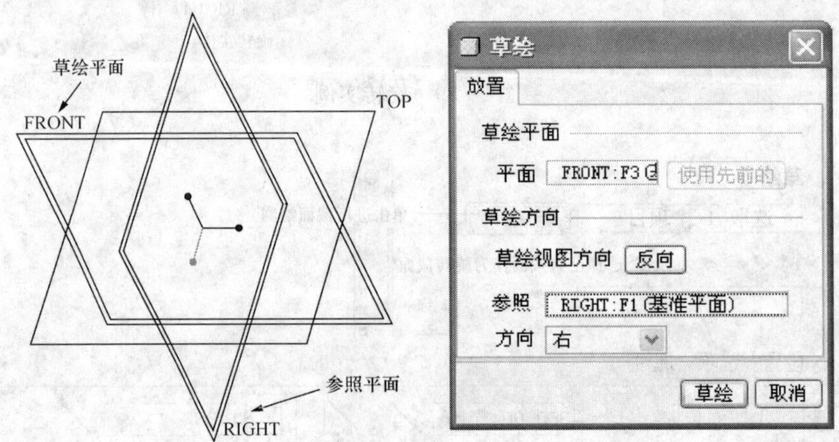

图 2-43　旋转草绘设置

3）绘制旋转截面和旋转中心轴线，如图 2-44 所示。

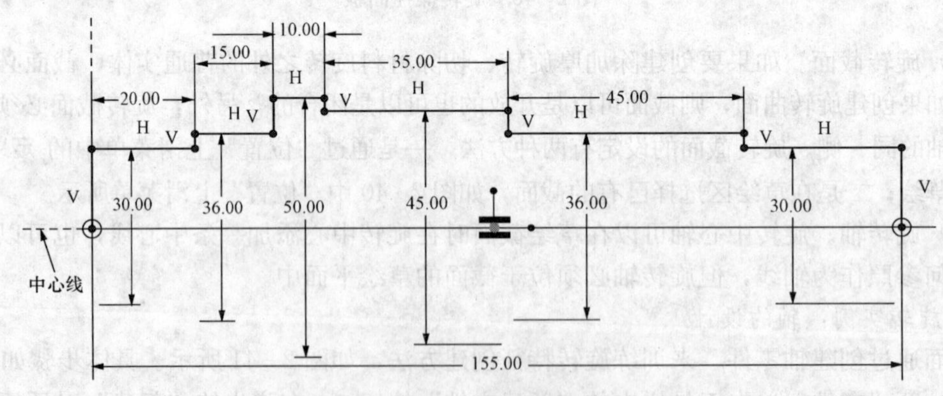

图 2-44　旋转截面

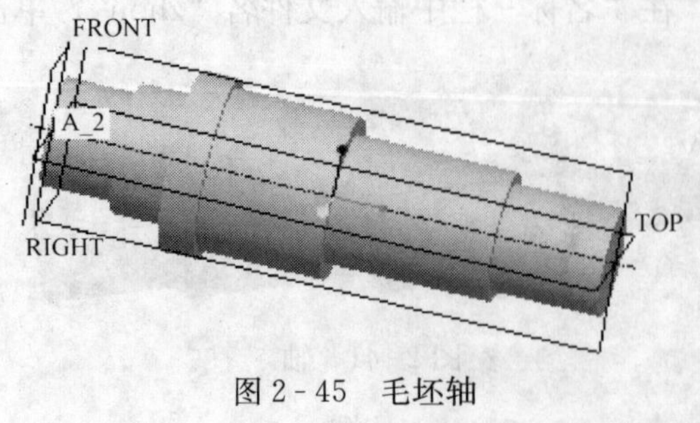

图 2-45　毛坯轴

4）单击草绘工具栏中✔按钮，完成草绘截面绘制，并返回到旋转操作面板。

5）单击旋转操控面板上的✔按钮，完成旋转毛坯轴创建，如图 2-45 所示。

（3）应用旋转切除材料方式创建退刀槽。

1）单击工具栏中按钮，打开旋转操控面板，如图 2-42 所示。

2）单击旋转操控面板上的 （切除）按钮。

3）选择旋转操控面板中的“放置”→“定义”，打开“草绘”对话框，选择FRONT基准平面作为草绘平面，以RIGHT基准平面作为“右”方向参照，单击 草绘 按钮，进入草绘环境。

4）绘制旋转截面和旋转中心轴线，如图2-46所示。

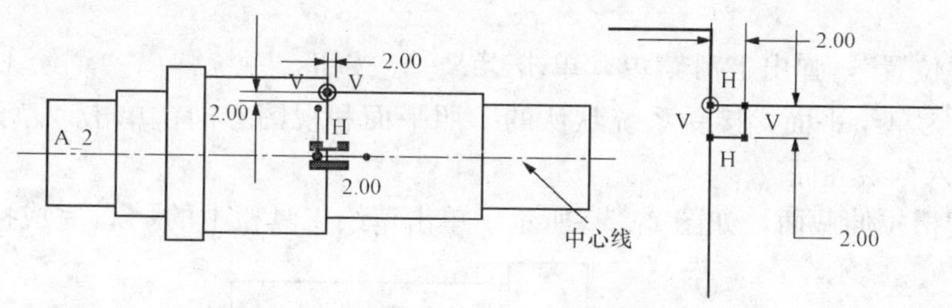

图2-46　退刀槽截面

5）单击草绘工具栏中✔按钮，完成草绘截面绘制，并返回到旋转操作面板。

6）单击旋转操控面板上的✔按钮，完成旋转退刀槽创建，如图2-47所示。

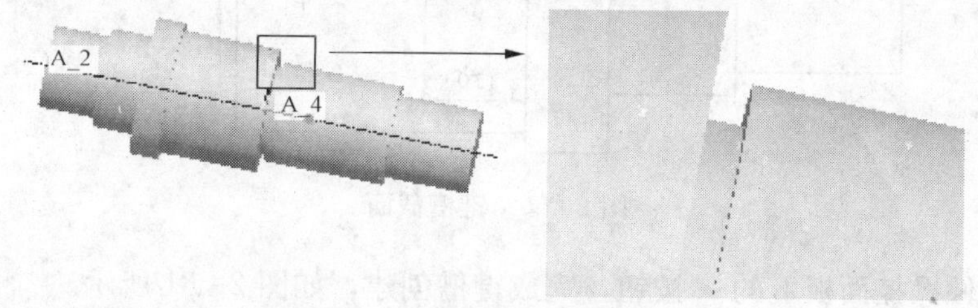

图2-47　旋转切出退刀槽

（4）利用拉伸特征设计键槽。

1）单击工具栏中 （基准平面）按钮，打开“基准平面”对话框。

2）选择TOP基准平面，在“基准平面”对话框中输入偏距22.5，如图2-48所示，单击确定按钮，完成基准平面DTM1的建立。

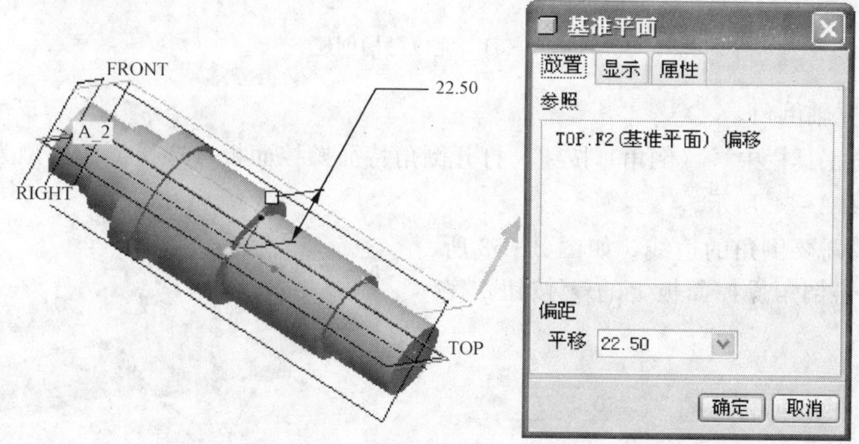

图2-48　建立基准平面DTM1

3）单击“拉伸工具”按钮，打开拉伸设计面板，设置拉伸方式为切除材料，拉伸深度为 6，如图 2-49 所示。

图 2-49　键槽拉伸特征设置

4）单击“位置”，弹出上滑菜单，单击 定义... 按钮，系统弹出“草绘工具”对话框，选择 DTM1 作为草绘平面，接受系统默认的参照平面和视图方向，单击“草绘”对话框中 确定 按钮，进入草绘界面。

5）绘制键槽拉伸截面，如图 2-50 所示，单击草绘工具栏中的✔，完成拉伸截面绘制。

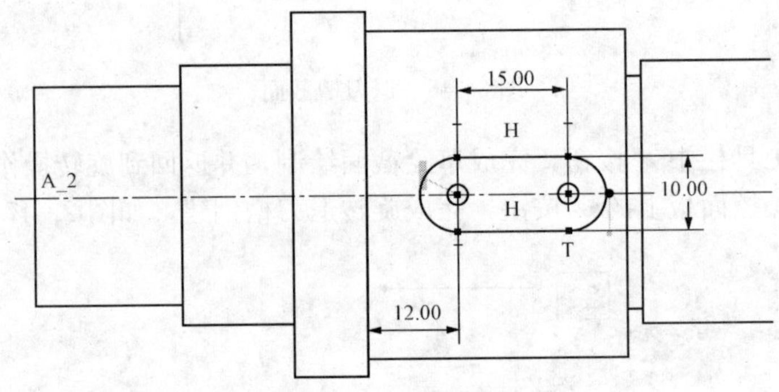

图 2-50　键槽截面

6）单击拉伸操控面板上的✔按钮，完成键槽创建，如图 2-51 所示。

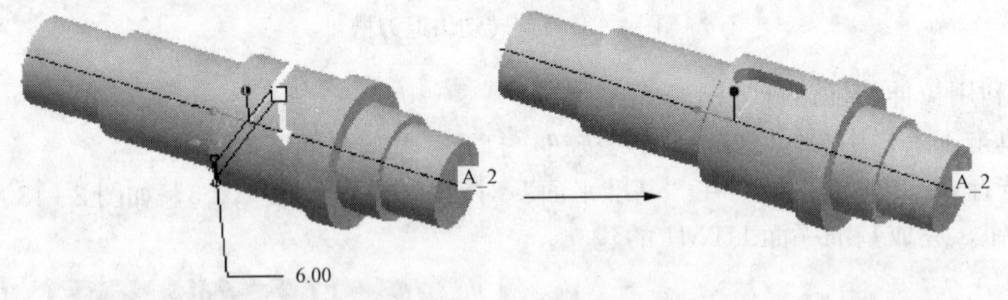

图 2-51　完成键槽创建

（5）建立轴倒角。

1）单击工具栏中（倒角）按钮，打开倒角特征操控面板，选择倒角类型为 DXD，D 为 1.5，如图 2-52 所示。

2）选择需要倒角的边线，如图 2-53 所示，然后单击倒角操控面板上的✔按钮，完成倒角创建。

图 2-52　选择倒角类型

图 2-53　选择边线

3）单击工具栏中（倒圆角）按钮，打开倒圆角操控面板，设置圆角半径为 5，并选择图 2-54 所示的边线，单击✔按钮，完成倒圆角创建，如图 2-55 所示。

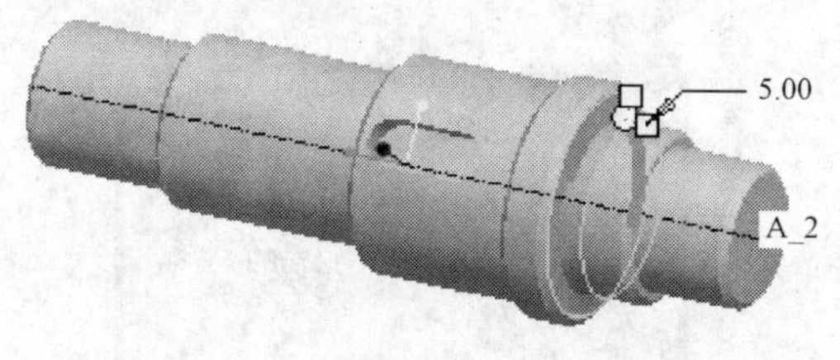

图 2-54　设置半径

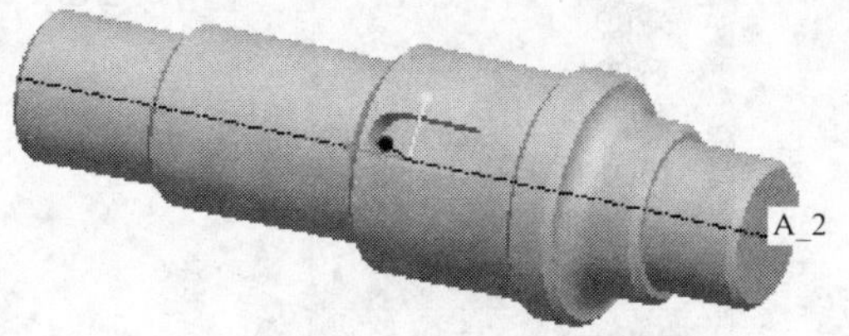

图 2-55　完成倒圆角创建

（6）保存文件。单击“文件”→“保存”命令，或单击工具栏中（保存）按钮，完成文件保存。

2.1.3　扫描特征

扫描特征是通过草绘轨迹或选取轨迹线，然后将草绘的二维截面沿该轨迹线扫描生产三维实体特征。如图 2-56 为利用扫描工具创建的实体，左图为扫描生成实体，右图为扫描切除材料。

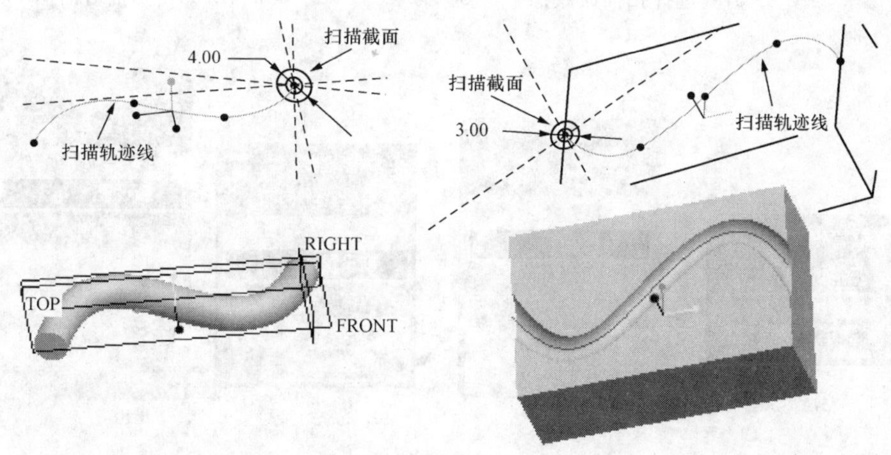

图 2-56　扫描特征实例

建立扫描特征的操作步骤如下。

（1）选择“插入”→“扫描”→“伸出项”命令，如果创建切口，则选择“切口”，如图 2-57 所示，弹出扫描对话框及菜单，如图 2-58 所示。

（2）确定扫描轨迹线。在“扫描轨迹”菜单中可以通过“草绘轨迹”或“选取轨迹”两种方式确定扫描轨迹线。

1）草绘轨迹。选择“草绘轨迹”选项，通过菜单管理器设置草绘平面，确定草绘平面的视图方向，设置草绘平面的参照，即可进入草绘环境进行轨迹线绘制。如图 2-59 所示。

2）选取轨迹。选择“选取轨迹”选项，显示如图 2-60 所示“链”菜单，利用该菜单可以利用不同的方式选取曲线作为轨迹线，选择已有的曲线作为扫描轨迹线，单击“链”菜单中“完成”即可。

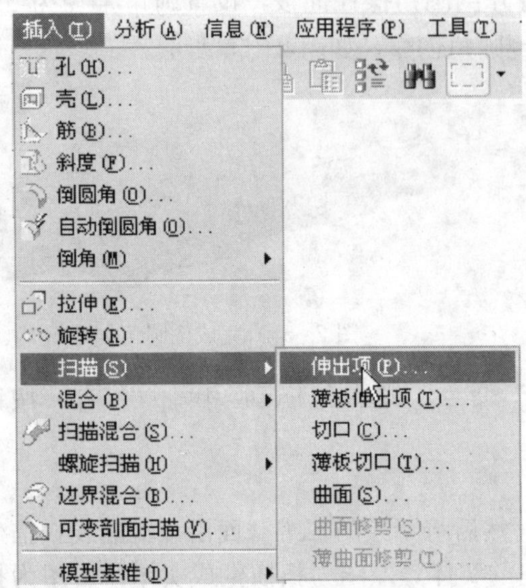

图 2-57　选择扫描命令

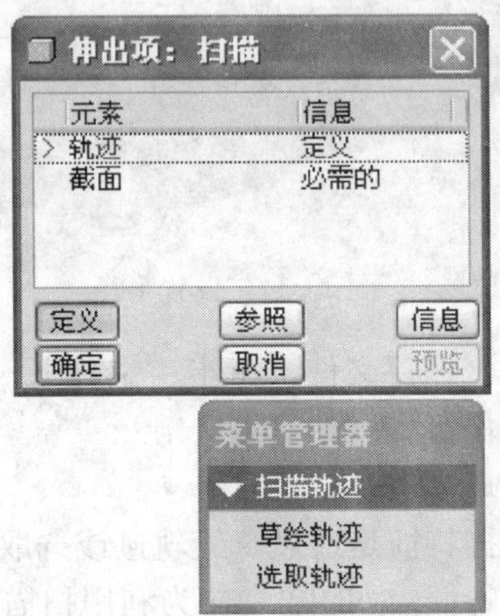

图 2-58　扫描对话框

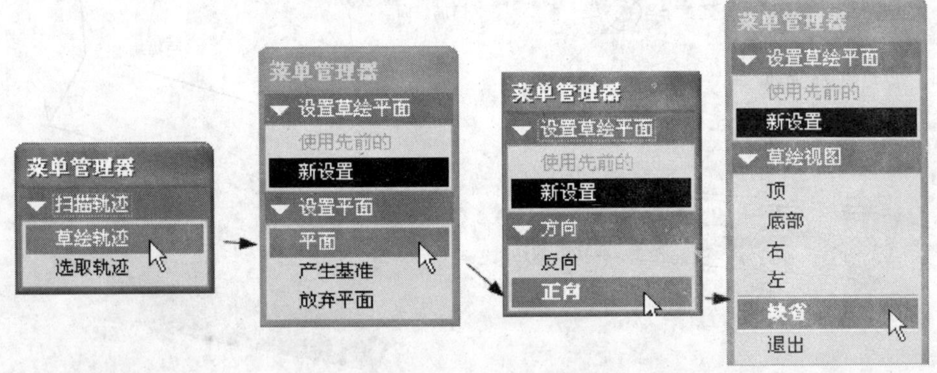

图 2-59　设置草绘平面

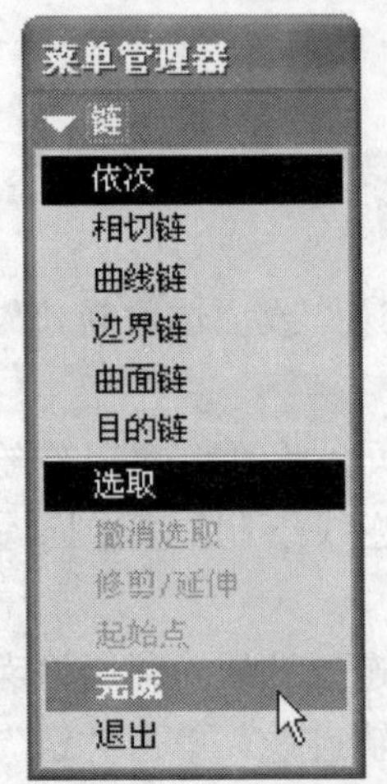

图 2-60　“链”菜单

（3）确定了扫描的轨迹线后，即可进入草绘环境进行扫描截面绘制，在草绘区扫描起始点位置自动生成十字线作为扫描截面绘制基准，如图 2-61 所示，在此处绘制扫描截面。

（4）绘制扫描截面完成之后，返回到“扫描”对话框，单击“预览”按钮，可以观察扫描结果，单击 确定 按钮及可完成扫描特征的创建。

下面通过两个实例，训练扫描特征操作能力，提高设计技巧。

1. 扫描特征实例一：内六角扳手

利用扫描工具设计内六角扳手，如图 2-62 所示，具体操作步骤如下。

（1）建立新文件。单击"文件"→"新建"命令，或单击按钮，打开"新建"对话框，选择零件类型，并输入文件名"saomiao_1"，进入零件设计模式。

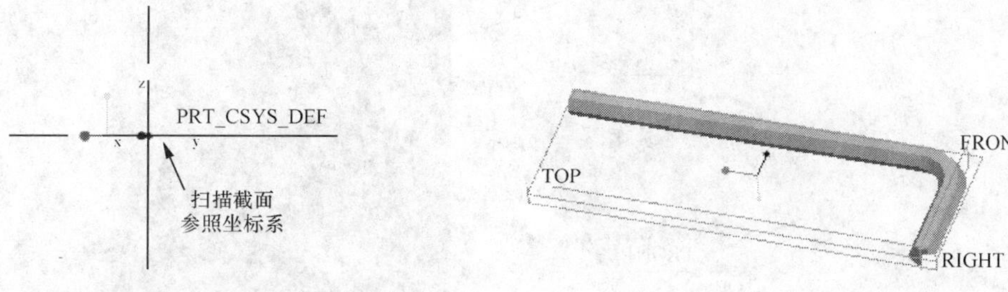

图 2-61　绘制扫描截面　　图 2-62　内六角扳手

（2）选择扫描工具。单击"插入"→"扫描"→"伸出项"命令，弹出"伸出项：扫描"对话框和"菜单管理器"。

（3）确定扫描轨迹线。选择"菜单管理器"中"草绘轨迹"，提示选择草绘平面，选择 FRONT 基准平面作为草绘平面，如图 2-63 所示，接着选择"正向"→"缺省"，完成草绘平面设置，进入草绘界面，利用草绘工具绘制轨迹线，如图 2-64 所示。

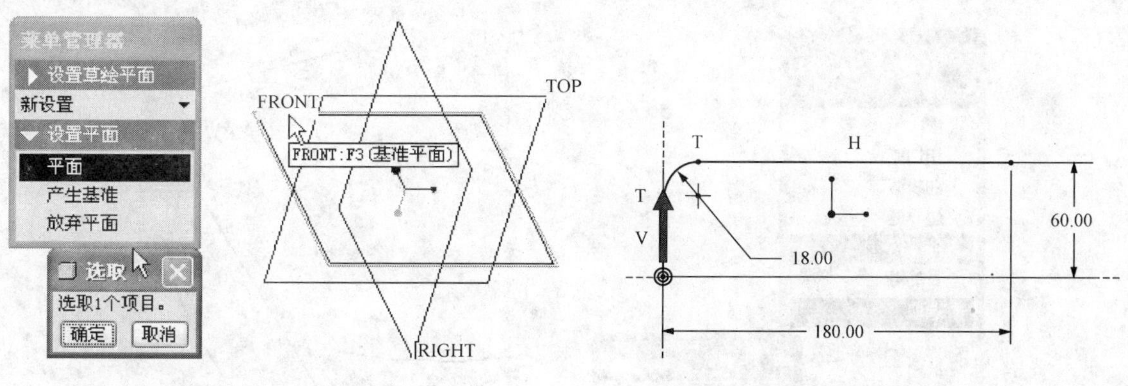

图 2-63　选取草绘平面　　图 2-64　扫描轨迹线

（4）草绘扫描截面。绘制轨迹线后单击草绘工具栏中✔按钮，进入草绘环境绘制扫描截面，如图 2-65 所示。

（5）完成扫描特征操作。绘制完扫描截面后，单击草绘工具栏中✔按钮，完成扫描截面绘制，单击"伸出项：扫描"对话框中的 预览 按钮，可以观察扫描特征创建结果，单击 确定 按钮，完成该内六角扳手零件设计。

（6）保存文件。单击"文件"→"保存"命令，或单击工具栏中（保存）按钮，完成文件保存。

2. 扫描特征实例二：显示器外壳凸台

打开文件 tv _ main，建立扫描凸台，如图 2-66 所示。具体操作步骤如下。

（1）打开文件"tv _ main"。

（2）进入扫描工具。单击菜单"插入"→"扫描"→"伸

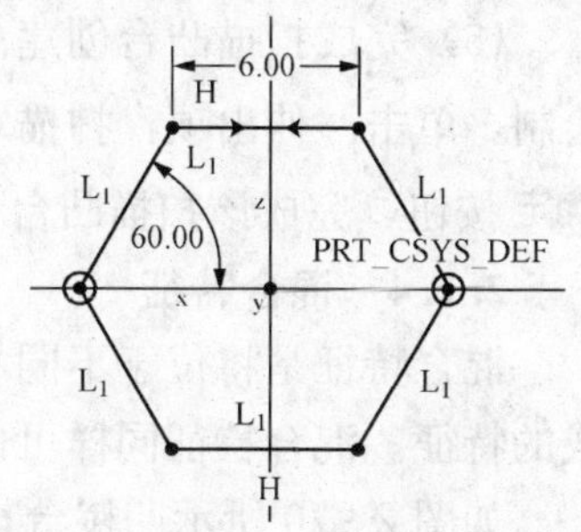

图 2-65　扫描截面

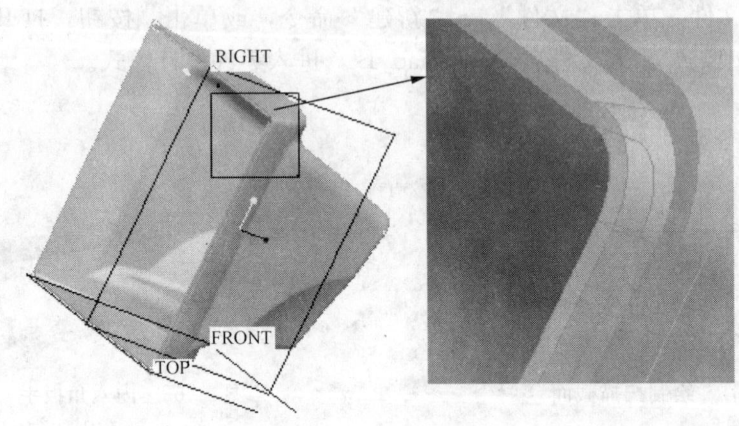

图 2-66 建立的扫描凸台

出项”命令。

(3) 确定扫描轨迹线。选择扫描轨迹中“选取轨迹”选项，在菜单“链”中选择“曲面链”方式选取扫描轨迹线，如图 2-67 所示，并选择图中表面，通过选择“下一项”→“接受”→“选择全部”，确定如图 2-68 所示扫描轨迹线。

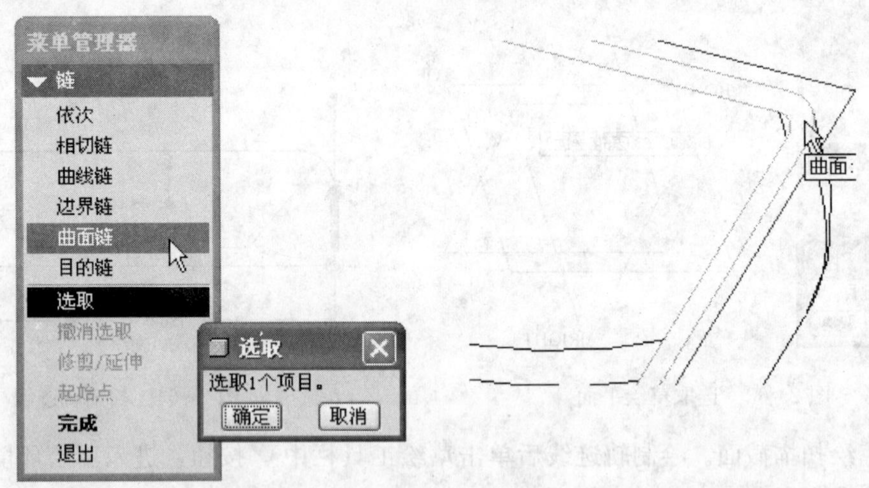

图 2-67 选取曲面链方式

(4) 绘制扫描截面，如图 2-69 所示。

(5) 完成扫描凸台创建。绘制完扫描截面后，单击草绘工具栏中✔按钮，完成扫描截面绘制，单击“伸出项：扫描”对话框中的 预览 按钮，可以观察扫描特征创建结果，单击 确定 按钮，完成该扫描凸台设计，如图 2-66 所示。

2.1.4 混合特征

混合特征是将位于不同平面上的截面（两个以上），通过一定方式的过度曲面连接而生成的特征。混合特征同样可以创建伸出项、薄板伸出项、切口、曲面等特征。

如图 2-70 所示四棱台，图 2-71 所示螺钉的十字槽，都是采用混合的方法来设计的。

混合特征有三种形式：平行混合、旋转混合和一般混合，在选择“插入”→“混合”命

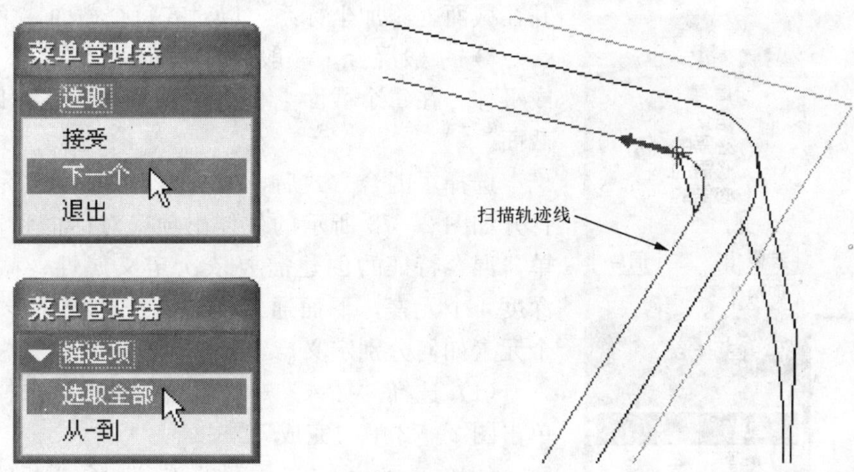

图 2-68 扫描轨迹线

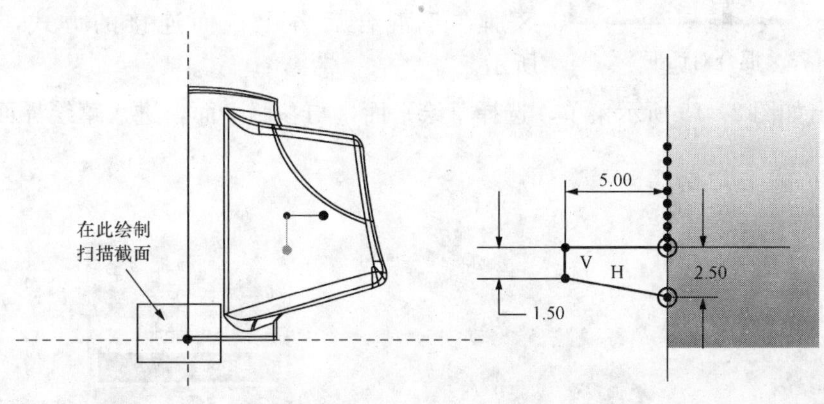

图 2-69 绘制扫描截面

令后，可在弹出菜单管理器中选择混合选项，如图 2-72 所示。

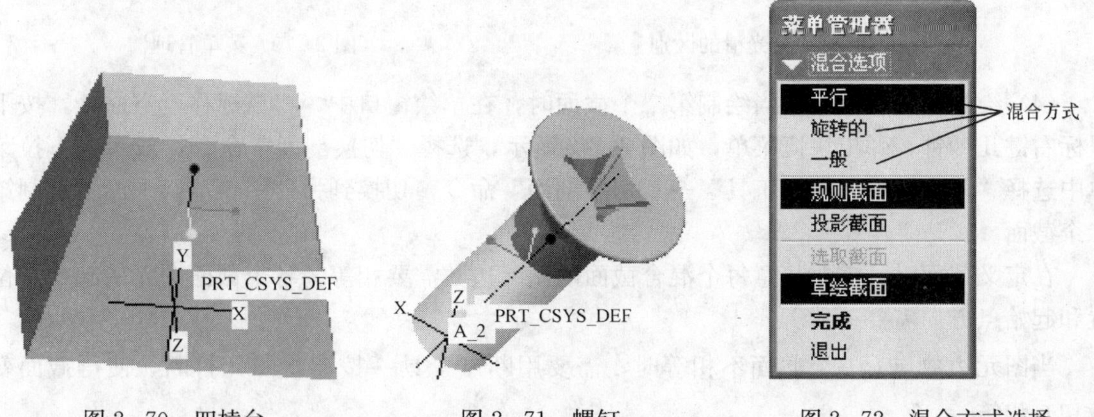

图 2-70 四棱台　　图 2-71 螺钉　　图 2-72 混合方式选择

1）平行混合。所有混合截面的草绘平面都相互平行。

2）旋转混合。混合截面绕 Y 轴旋转，旋转角度最大为 120 度。每个截面都单独草绘，

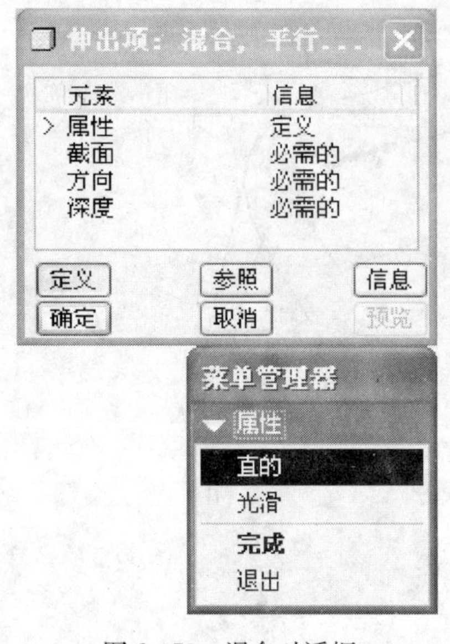

图 2-73　混合对话框

并在截面上添加坐标系，以对齐每个截面。

3）一般混合。一般混合截面可沿 X、Y、Z 轴旋转或平移，在每个截面上也必须添加坐标系，以对齐每个截面。

选择了混合方式后，单击图 2-72 中“完成”，即可打开如图 2-73 所示的“伸出项”对话框和“属性”菜单，混合特征的创建需要依次定义属性、截面、方向、深度 4 个元素，下面通过混合特征的操作步骤来介绍 4 个元素如何分别定义。

(1) 选择“插入”→“混合”命令，选择混合选项，单击图 2-72 中“完成”。

(2) 在弹出的“属性”中选择“直的”或“光滑”，如图 2-73 所示，然后单击“完成”。直的与光滑区别在于混合后各个截面连接的方式，如图 2-74 所示。

(3) 弹出如图 2-75 所示菜单，选择草绘平面，与参照平面，进入草绘界面，进行混合截面绘制。

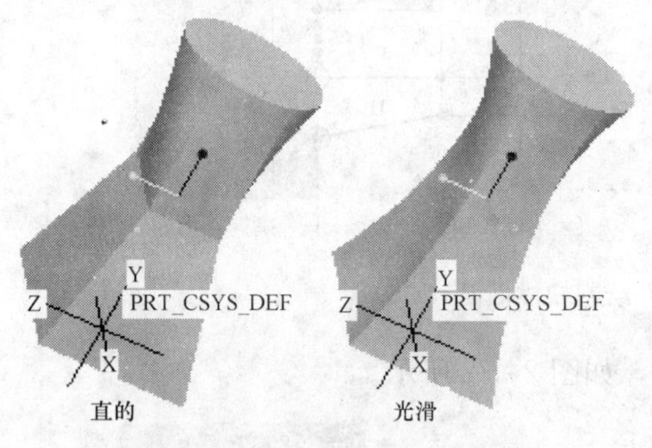

图 2-74　直的与光滑的区别

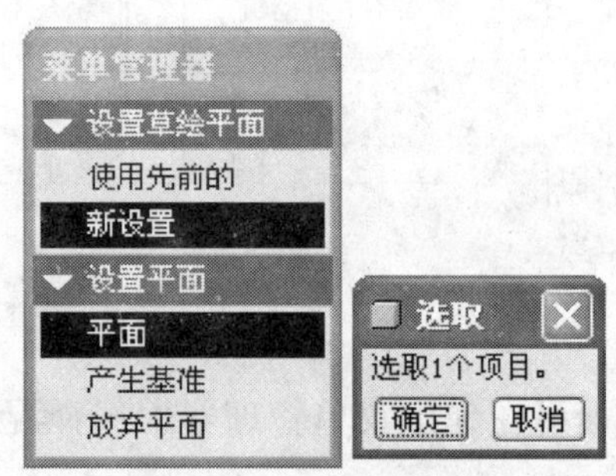

图 2-75　菜单管理器

(4) 绘制第一个截面，当绘制第二个截面时，在草绘窗口中，将鼠标移至空白处，按下鼠标右键几秒钟，弹出快捷菜单，如图 2-76 所示，选择“切换剖面”命令，或者在下拉菜单中选择“草绘”→“特征工具”→“切换剖面”命令，切换到另外一个草绘平面上绘制第二个截面。

在定义截面时，需要注意每个混合截面的图元边数需要相等、各个截面图元的起始点位置和起始点方向需要一致。

当图元边数与上一个截面不相等时，需要用断点工具按钮将图元打断，使得截面变数相互相等。

当需要改变混合截面起始点位置或方向时，可选择图元起始点，将鼠标放置在起始点上，按住鼠标右键，弹出快捷菜单，选择“起始点”选项，即可改变起始点位置或方向，如图 2-77 所示。

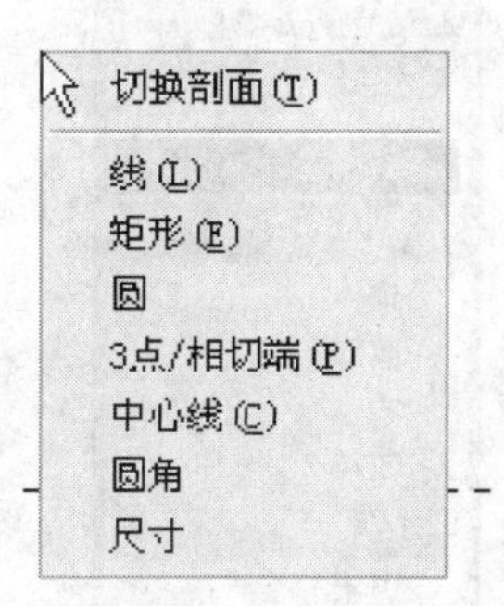

图 2-76　快捷菜单

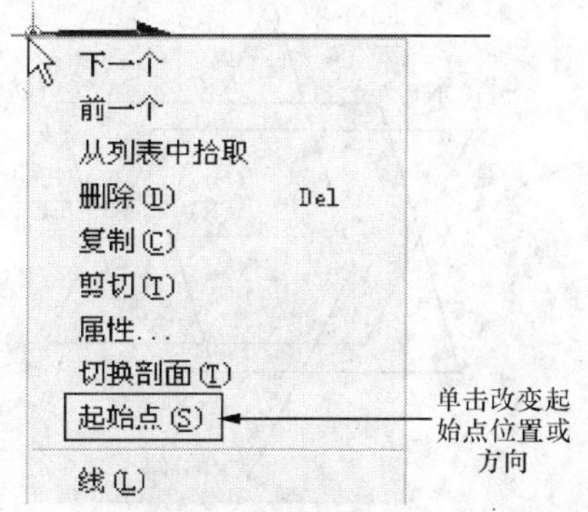

图 2-77　"起始点"选项

(5) 若需要绘制第三个截面，或更多截面，操作步骤与 (4) 相同。

(6) 绘制完截面之后，单击草绘工具栏中✔按钮，完成混合截面绘制，系统弹出如图 2-78所示参数输入提示框，依据提示输入两截面之间的距离。

图 2-78　输入两截面之间距离

(7) 属性、截面、方向、深度四个要素定义完成后，单击"伸出项：混合"对话框中的"预览"按钮，可以观察混合后的结果，单击确定按钮，完成混合特征的创建。

1. 平行混合实例一：洗发水瓶设计

利用混合工具设计如图 2-79 所示的洗发水瓶，熟悉混合工具的操作方法。操作步骤如下。

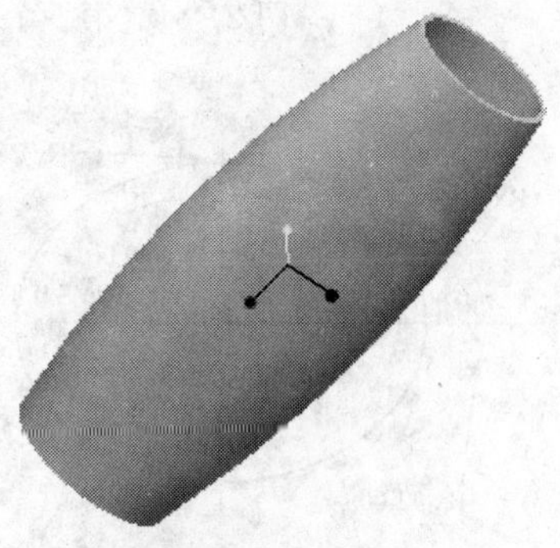

图 2-79　洗发水瓶

(1) 新建文件。单击（新建）按钮，在"新建"对话框中选择文件类型为"零件"，子类型为"实体"，输入文件名"xifashui"，取消"使用缺省模板"前面勾选，单击"确定"按钮，进入"新文件选项"对话框，选择"mmns_part_solid"模板，单击"确定"按钮，进入零件设计界面。

(2) 选择混合工具并设置属性。

1) 选择下拉菜单"插入"→"混合"→"伸出项"命令，进入混合工具操作。

2) 在菜单管理器中的混合选项选择"平行"→"规则截面"→"草绘截面"，单击"完成"。

3) 在"属性"菜单中选择"光滑"，单击"完成"。

(3) 草绘混合截面。

1) 选择 TOP 基准平面作为草绘平面，如图 2-80 所示。

2) 在菜单管理器中选择"正向"→"缺省"选项，完成草绘平面方向和参照的设置。

3) 进入草绘界面，绘制第一个截面，如图 2-81 所示。

4) 在绘图区空白处按住鼠标右键，弹出快捷菜单，选择菜单中的"切换剖面"，绘制第二个截面，如图 2-82 所示。

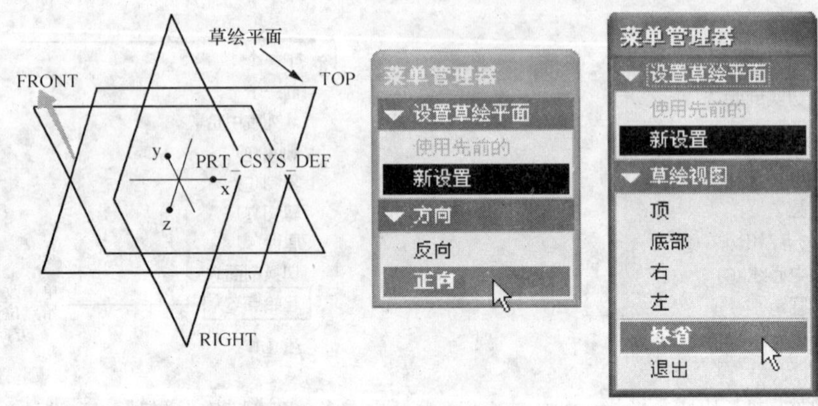

图 2-80 草绘平面设置

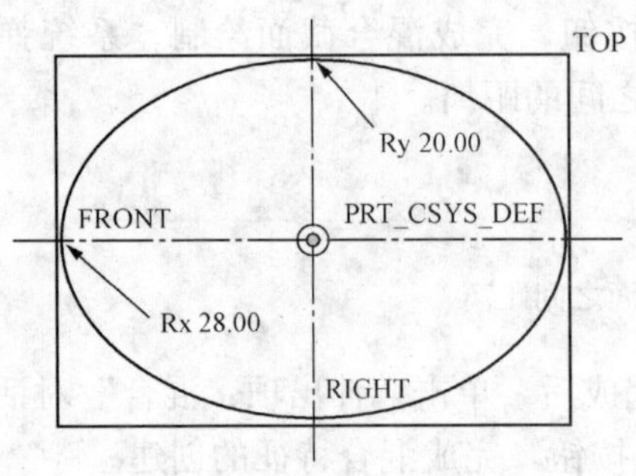

图 2-81 第一个截面

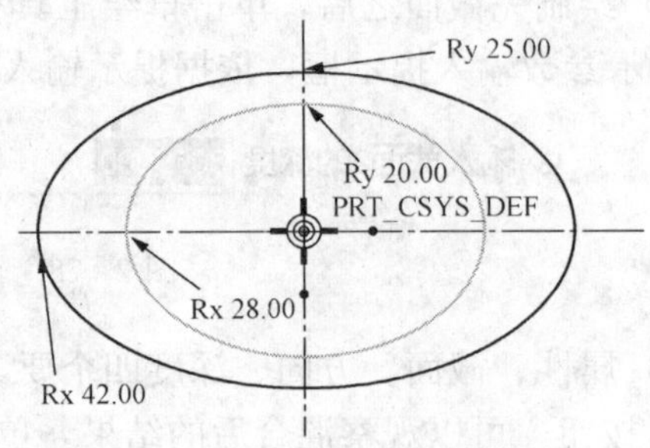

图 2-82 第二个截面

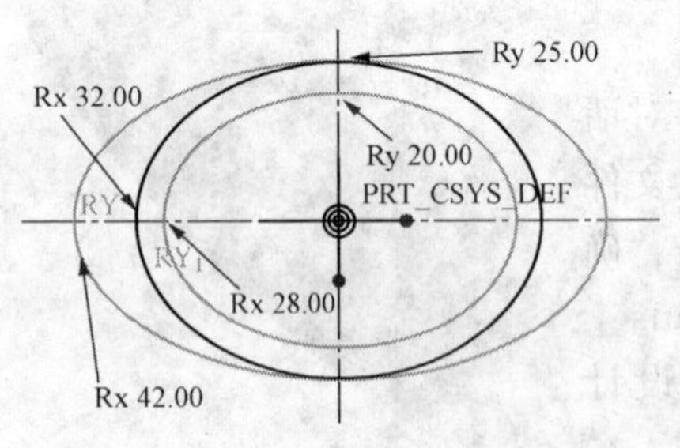

图 2-83 第三个截面

5）在绘图区空白处按住鼠标右键，弹出快捷菜单，选择菜单中的“切换剖面”，绘制第三个截面，如图 2-83 所示。

6）单击草绘工具栏中✔（确定）按钮。

（4）设置混合截面之间的深度。

1）输入截面 2 距离截面 1 之间的深度 90，单击✔（确定）按钮，如图 2-84 所示。

2）输入截面 2 距离截面 1 之间的深度 120，单击✔（确定）按钮，如图 2-85 所示。

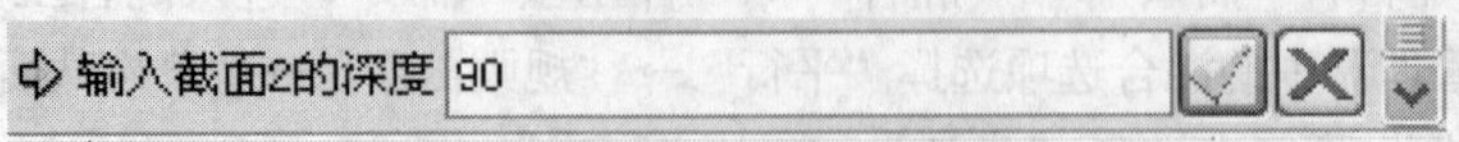

图 2-84 截面间深度

图 2-85 截面间深度

（5）完成混合特征操作。单击“伸出项：混合”对话框中 确定 按钮，完成混合操作，创建的混合特征如图 2-86 所示。

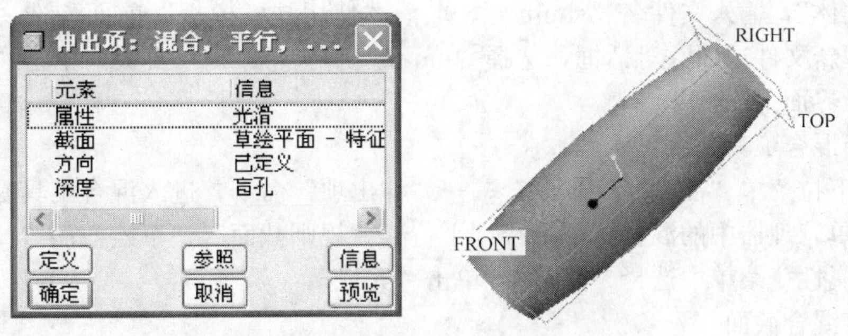

图 2-86 完成混合特征操作

（6）抽壳。单击（壳工具）按钮，选择混合特征的端面作为移除材料表面，设置壳的厚度为 2，单击壳工具操作面板上✔（确定）按钮，完成抽壳操作，如图 2-87 所示。

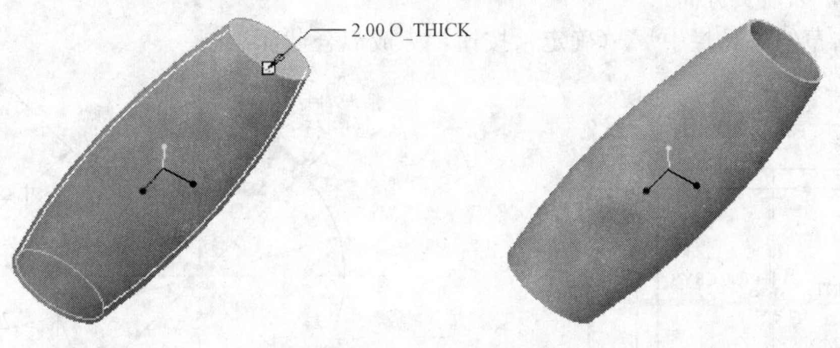

图 2-87 抽壳操作结果

（7）保存文件。单击“文件”→“保存”命令，或单击工具栏中（保存）按钮，完成文件保存。

2. 平行混合实例二：水杯设计

利用混合工具设计水杯，如图 2-88 所示。通过该实例，进一步提高混合工具的操作的技能，以及在产品设计中的应用。具体操作步骤如下。

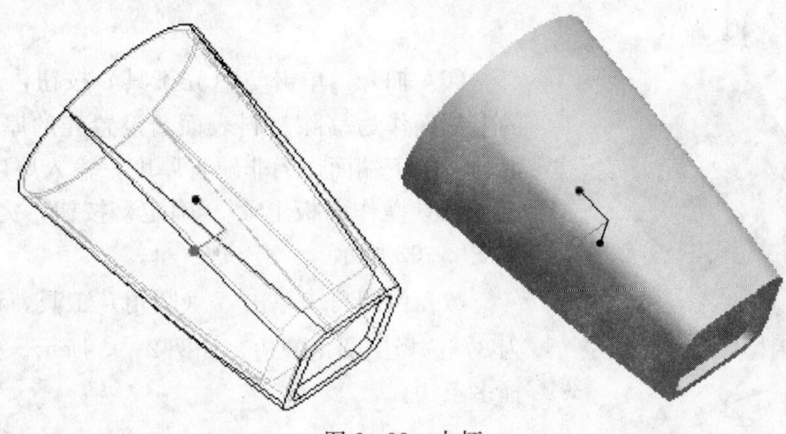

图 2-88 水杯

（1）建立新文件。单击（新建）按钮，在“新建”对话框中选择文件类型为“零件”，子类型为“实体”，输入文件名“shuibei”，取消“使用缺省模板”前面勾选，单击“确定”按钮，进入“新文件选项”对话框，选择“mmns_part_solid”模板，单击“确定”按钮，进入零件设计界面。

（2）选择混合工具并设置属性。

1）选择下拉菜单“插入”→“混合”→“伸出项”命令，进入混合工具操作。

2）在菜单管理器中的混合选项选择“平行”，“规则截面”，“草绘截面”，单击“完成”。

3）在“属性”菜单中选择“直的”，单击“完成”。

（3）草绘混合截面。

1）选择 TOP 基准平面作为草绘平面。

2）草绘第一个混合截面，如图 2-89 所示。

3）草绘第二个截面，如图 2-90 所示。利用（断点）工具，将圆分成四段，混合起始点及方向，如箭头方向。

4）单击草绘工具栏中（确定）按钮，完成混合截面绘制。

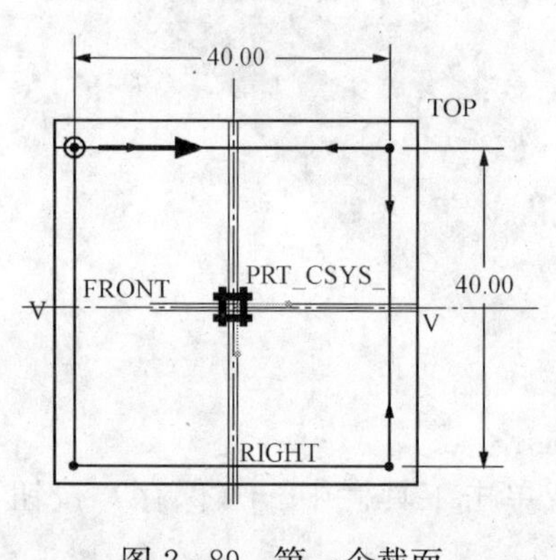

图 2-89　第一个截面

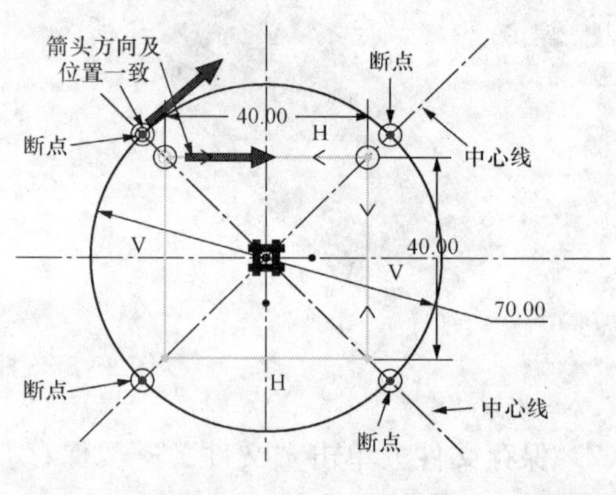

图 2-90　第二个截面

（4）设置截面之间深度。输入截面 2 距离截面 1 之间的深度 100，单击（确定）按钮。

（5）完成混合操作。单击“伸出项：混合”对话框中确定按钮，完成混合操作，创建的混合特征如图 2-91 所示。

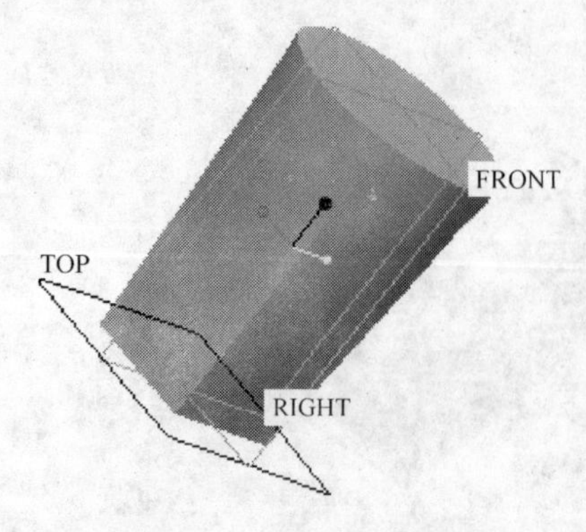

图 2-91　混合操作结果

（6）抽壳。单击（壳工具）按钮，选择混合特征的上端面作为移除材料表面，设置壳的厚度为 2，选择混合特征下端面作为非缺省厚度，输入厚度值为 10，单击壳工具操作面板上（确定）按钮，完成抽壳操作，如图 2-92 所示。

（7）倒圆角。单击（圆角）工具，设置倒角半径为 8，选择倒圆角的边，如图 2-93 所示。按住 Ctrl 键选择多条边。

（8）拉伸切底槽。

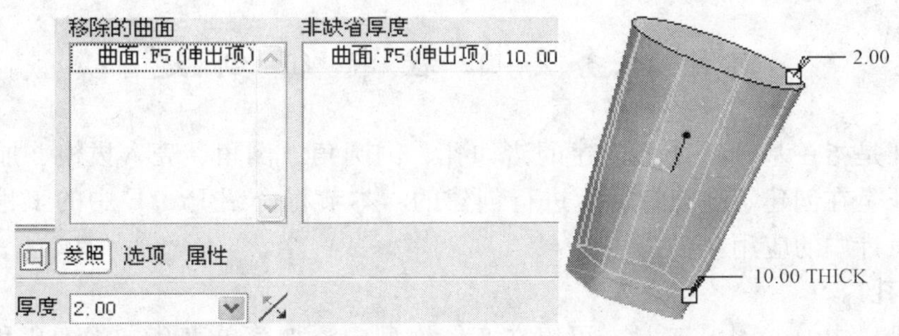

图 2-92　抽壳参数设置

1）单击（拉伸）按钮，在拉伸操作面板中选择（实体），（切材料），单击“位置”→“定义”，选择杯子底部作为草绘平面，利用草绘工具中的（已有边偏移）工具绘制如图 2-94 拉伸截面。

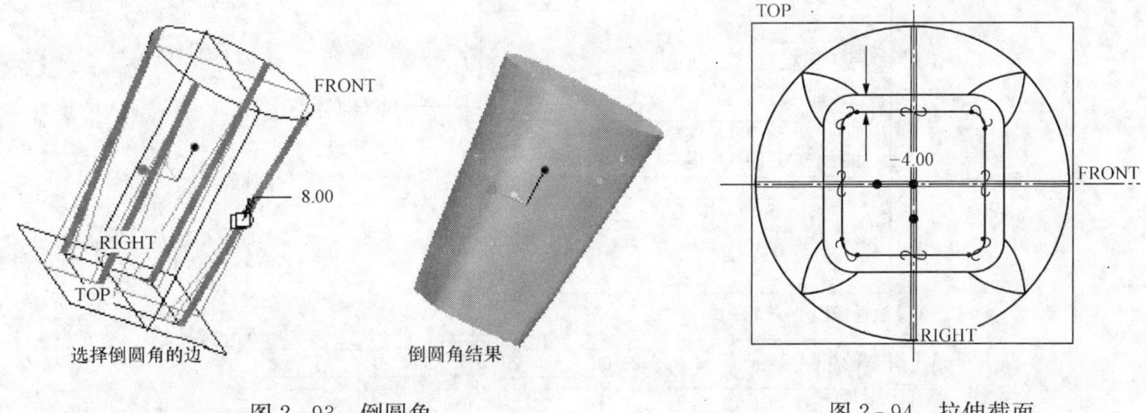

图 2-93　倒圆角　　图 2-94　拉伸截面

2）单击草绘工具栏中（确定）按钮，完成拉伸截面绘制，设置拉伸深度为 3。

3）单击拉伸操作面板上（确定）按钮，完成拉伸操作，结果如图 2-95 所示。

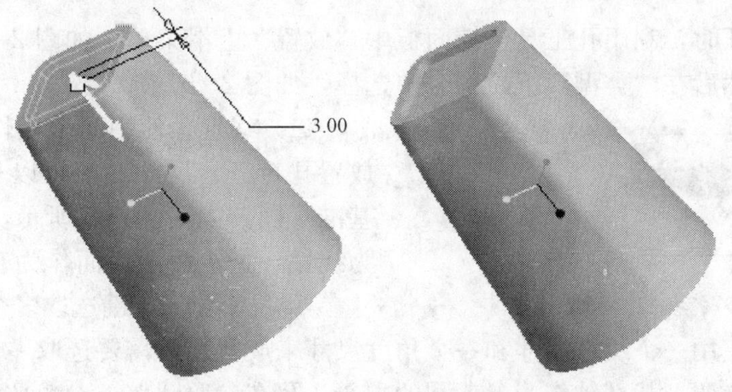

图 2-95　拉伸切槽结果

（9）保存文件。单击“文件”→“保存”命令，或单击工具栏中（保存）按钮，完成文件保存。

2.2 任务2 工程特征创建

工程特征是指在基础特征上创建的诸如孔、倒圆角、倒角、壳、拔模、加强筋等的特征，工程特征是在创建了基础特征后进行创建的。本节将介绍 Pro/E 中的工程特征创建方法及在产品设计中的应用。

2.2.1 孔

利用工具栏中(孔）工具，可以在实体模型中添加简单直孔、草绘孔和标准孔，在使用孔工具创建孔特征时，需要指定孔的放置平面并给定孔的定位尺寸及孔的直径、深度。

单击(孔）按钮，打开孔工具操作面板，如图 2-96 所示，利用该操控面板，进行简单孔、草绘孔及标准孔的创建。

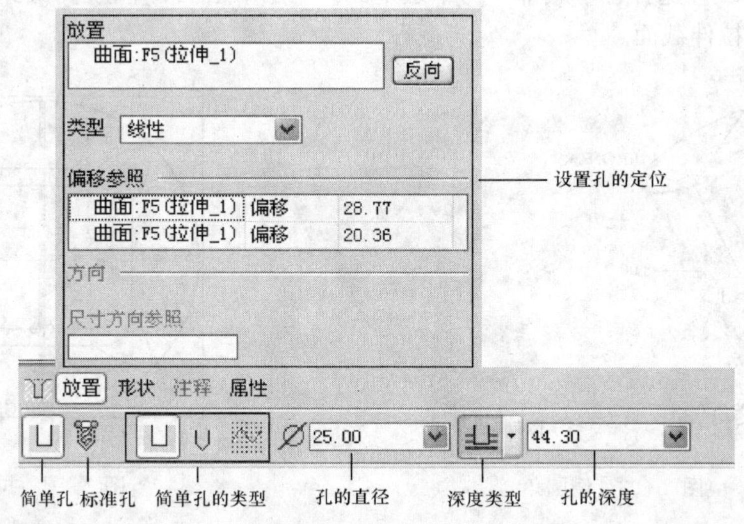

图 2-96 孔操作面板

1. 孔的定位

在建立孔特征时，利用孔工具操控面板中“放置”上滑菜单，如图 2-96 所示，首先选取孔的放置面，然后在“类型”下拉列表中选择，如图 2-97 所示。

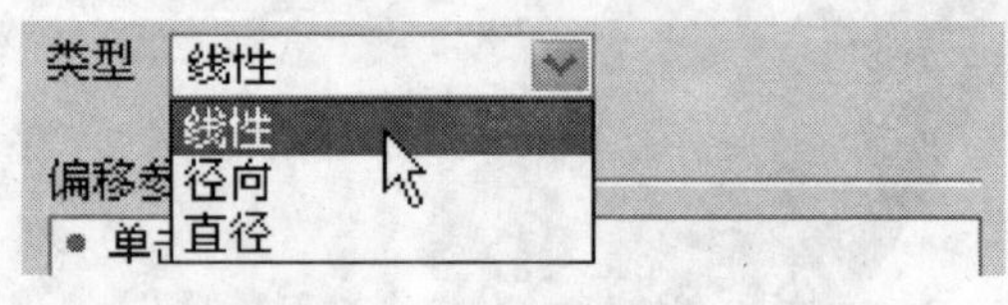

图 2-97 参照类型选择

(1) 线性。使用两个线性尺寸在主参照上放置孔特征，尺寸参照可以是边、轴、平面或基准平面。如图 2-98 所示，直孔的定位方式为线性，指定两个表面作为直孔定位的两个尺寸参照，按住 Ctrl 键选取多个参照。

(2) 径向。使用一个线性尺寸和一个角度尺寸来放置孔，需要选取一个参考平面和一个基准轴作为定位参照，基准轴作为参考圆的中心，孔在参照圆上，参考平面与孔之间以角度来定位，如图 2-99 所示。

(3) 直径。该选项与“径向”方式比较相似，只是在定义参照圆时，尺寸采用直径参数。

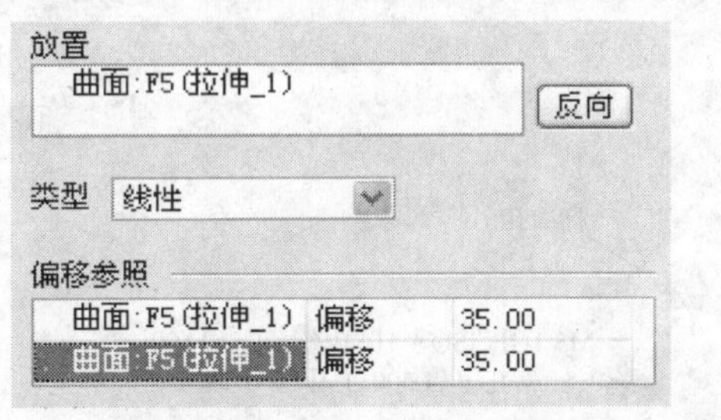

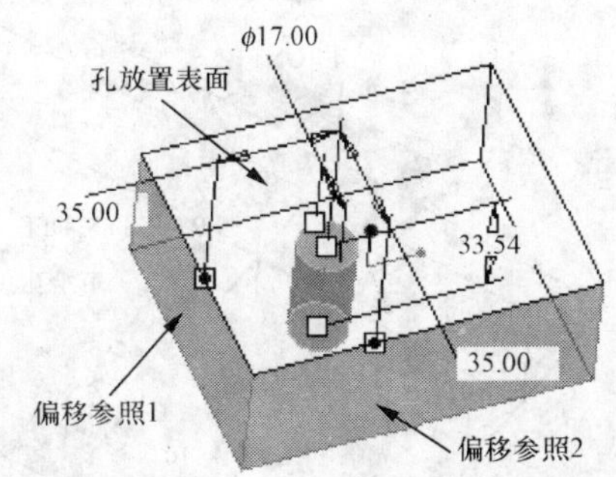

图 2 - 98　线性放置孔

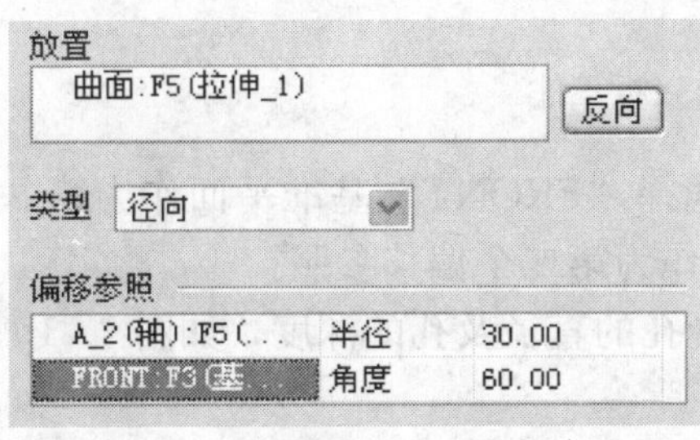

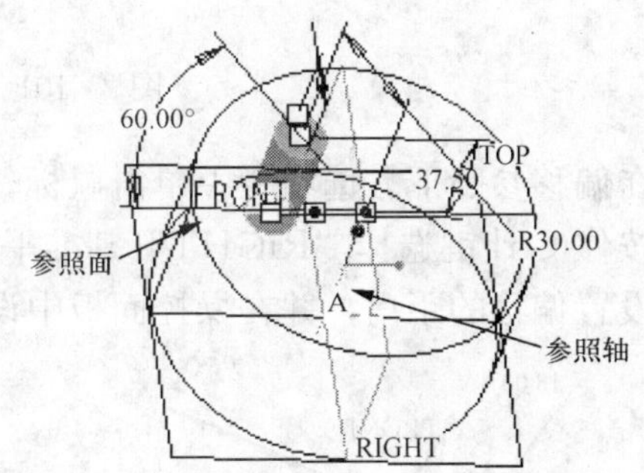

图 2 - 99　径向放置孔

(4) 其他。如果需要在已有的轴上创建孔，可以选择两个放置参照，即先选择放置参照面，然后按住 Ctrl 键选择基准轴，即可对孔进行定位，不需选择偏移参照，如图 2 - 100 所示。

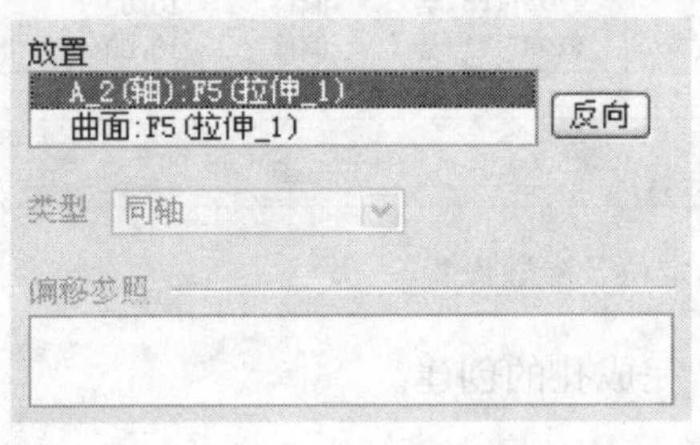

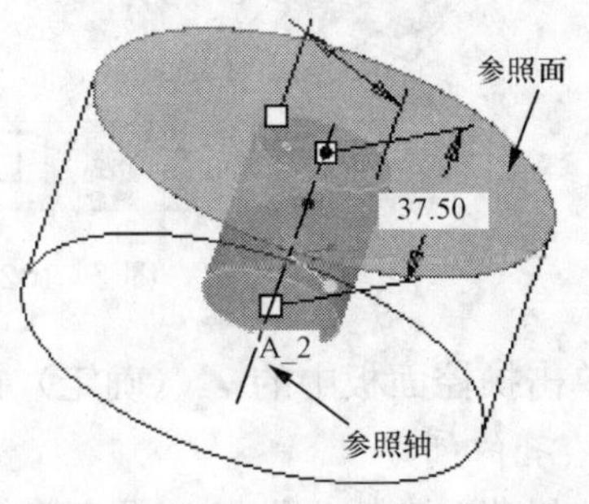

图 2 - 100　同轴方式放置孔

如图 2 - 101 所示为一连接板零件，利用孔工具创建零件上的三种孔，创建方法如下。

2. 简单孔的创建

(1) 打开素材 CHAP02 目录中的文件“chap02_2_1”。

(2) 选择菜单“插入”→“孔”命令，或单击工具栏中 (孔) 工具按钮，系统弹出孔特征操控面板。

(3) 单击操控面板上“放置”上滑菜单，选择连接板上表面作为孔的放置面，在类型选项中选择“线性”。

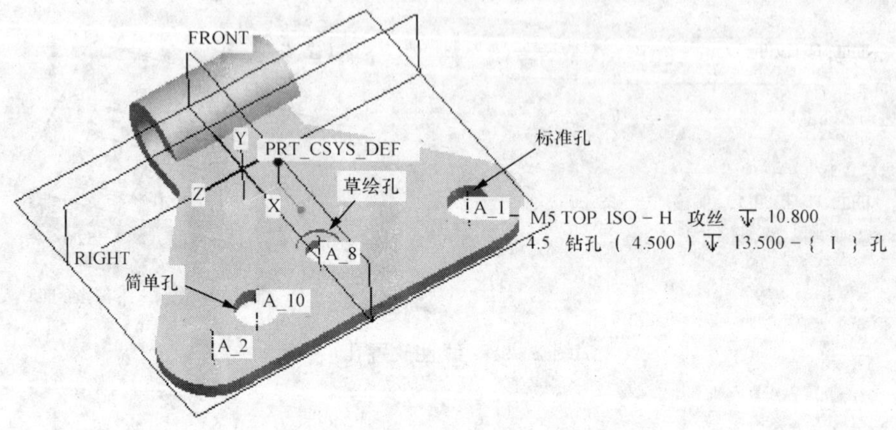

图 2-101 连接板零件

(4) 在偏移参照下方选项栏中单击鼠标，选择“FRONT”基准平面作为第一个偏移参照，然后按住 Ctrl 键选择“RIGHT”基准平面作为第二个偏移参照。

(5) 设置偏移的距离，并在操控面板中设置孔的直径及孔的深度，如图 2-102 所示。

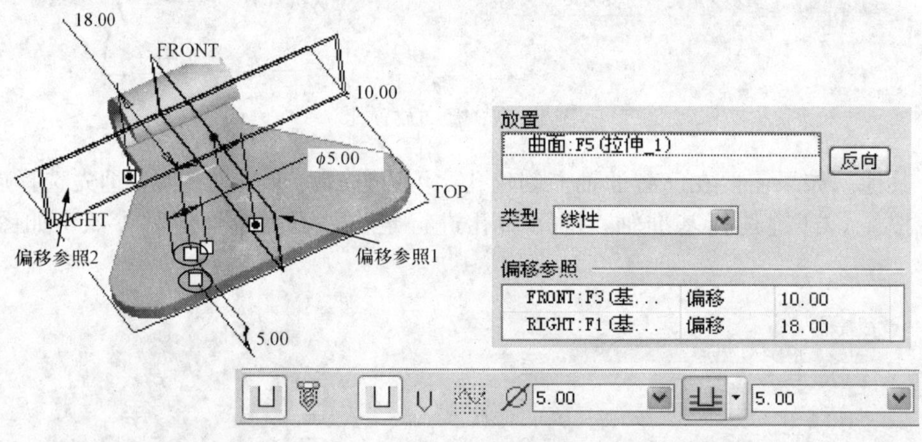

图 2-102 孔的定位及参数设置

(6) 单击操控面板中的✔(确定) 按钮，完成孔的创建。

3. 草绘孔的创建

(1) 选择菜单“插入”→“孔”命令，或单击工具栏中 (孔) 工具按钮，系统弹出孔特征操控面板。

(2) 单击操控面板上“放置”上滑菜单，选择连接板上表面作为孔的放置面，在类型选项中选择“线性”。

(3) 在偏移参照下方选项栏中单击鼠标，选择“FRONT”基准平面作为第一个偏移参照，然后按住 Ctrl 键选择“RIGHT”基准平面作为第二个偏移参照，并设置偏移量分别为 0，15。

(4) 如图 2-103 所示，单击操控面板上的三个按钮，进入草绘界面，绘制草绘截面，并单击草绘工具栏中的✔(确定) 按钮。

（5）单击孔特征操控面板中的✔（确定）按钮，完成草绘孔的创建。

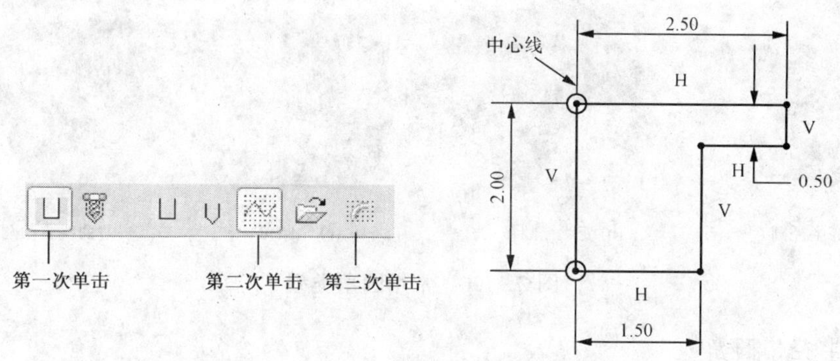

图 2-103　绘制草绘孔截面

4. 标准孔的创建

（1）选择菜单"插入"→"孔"命令，或单击工具栏中 （孔）工具按钮，系统弹出孔特征操控面板。

（2）单击操控面板中"放置"，选择连接板上表面为放置面，按住 Ctrl 键选择 A _ 1 轴，如图 2-104 所示。

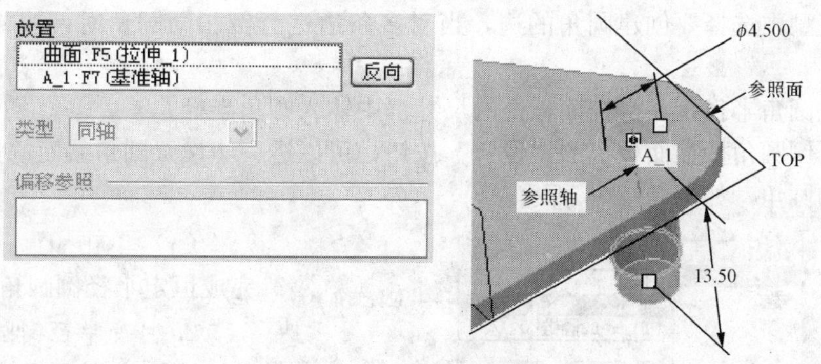

图 2-104　确定孔位置

（3）在操控面板中选择 工具，以创建标准孔，其他设置如图 2-105 所示。

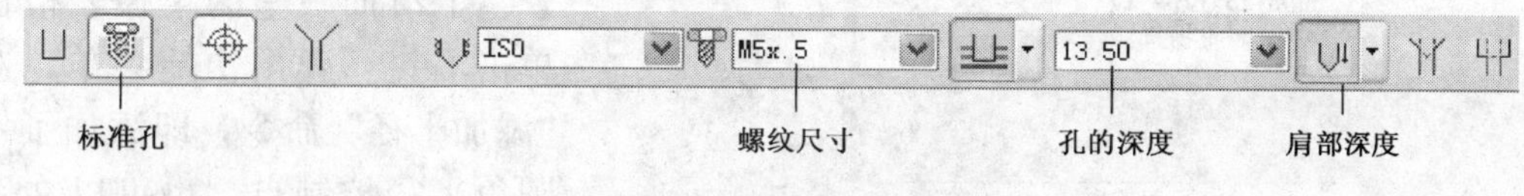

图 2-105　标准孔参数设置

（4）单击孔特征操控面板中的✔（确定）按钮，完成标准孔的创建。

2.2.2　倒圆角

在零件设计过程中，倒圆角有着极其重要的作用，它有利于模型设计中造型的变化及产生平滑的效果，也可以优化产品的机械性能。图 2-106 所示为四种常用圆角类型的示意图。

下面分别介绍常用的圆角的操作及应用。

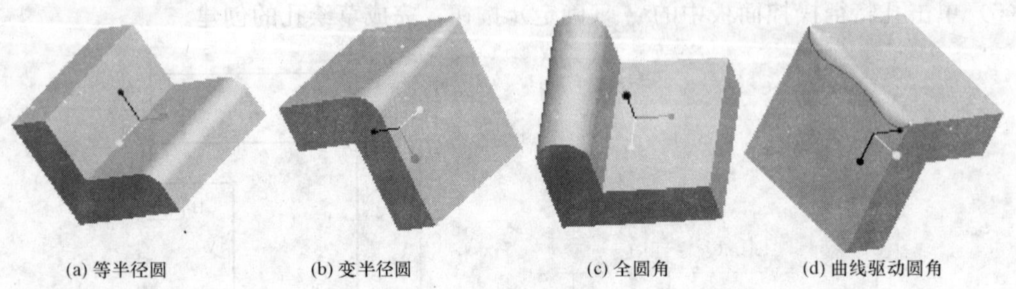

图 2-106　常用圆角类型

1. 恒定半径倒圆角

下面介绍创建恒定倒圆角半径的基本操作方法。

(1) 单击 (倒圆角) 按钮，进入如图 2-107 所示的倒圆角操控面板。

图 2-107　倒圆角操控面板

(2) 在模型中选择要创建圆角的边，当对多条边进行倒相同圆角时，按住 Ctrl 键选取多条边。

(3) 定义圆角半径，在操控面板上的尺寸框中输入圆角半径。

(4) 单击倒圆角操控面板上的"设置"按钮，可以进一步设置圆角截面的类型，以及设置不同半径的圆角，如图 2-108 所示。

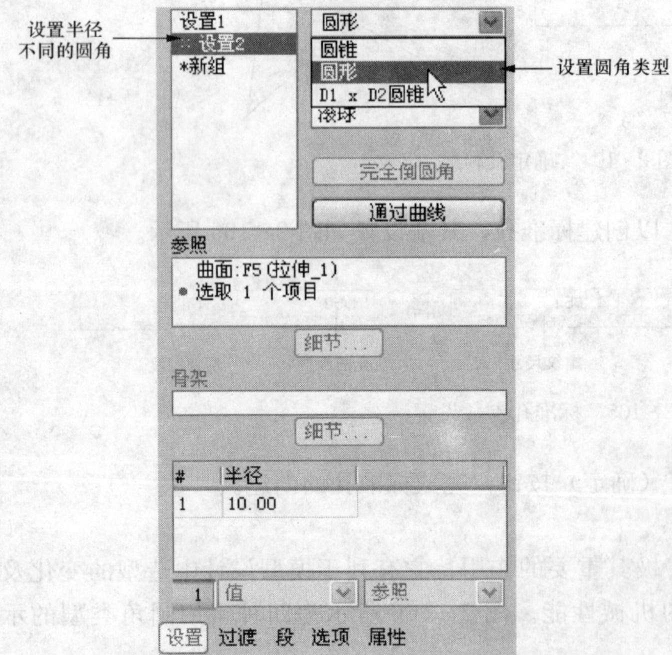

图 2-108　设置圆角类型及新组

(5) 单击 (确定) 按钮，完成恒定半径倒圆角特征创建。

2. 可变半径倒圆角

下面介绍可变半径倒圆角的创建方法。

(1) 半径点的添加。在"设置"上滑面板中的半径表格栏中单击右键，弹出快捷菜单，选择"添加半径"命令，即添加了一个圆角半径控制点，也可以在图形窗口中，右键半径的控制图柄，弹出快捷菜单，选择"添加半径"命令，即可，如图 2-109 所示。

(2) 半径点位置的确定。可以利用比率和参照两种方法确定半径点的位置，如图 2-110 所示。

(3) 设置不同半径值。在绘

图 2-109　半径点添加方法

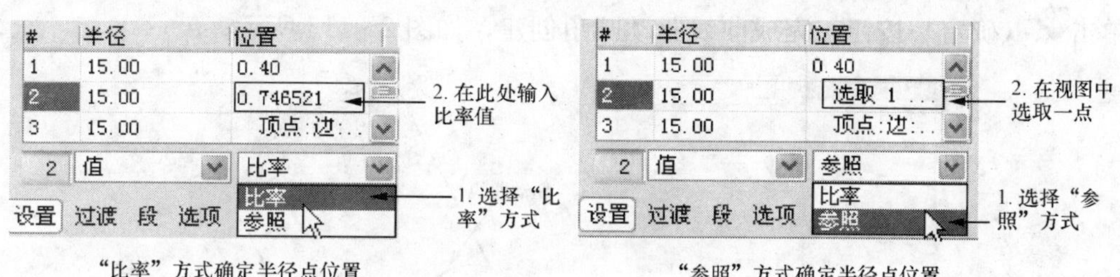

图 2-110　半径点位置确定方法

图区中双击半径数值，即可直接修改半径尺寸，也可以在操控面板中修改半径值，如图 2-111 所示。

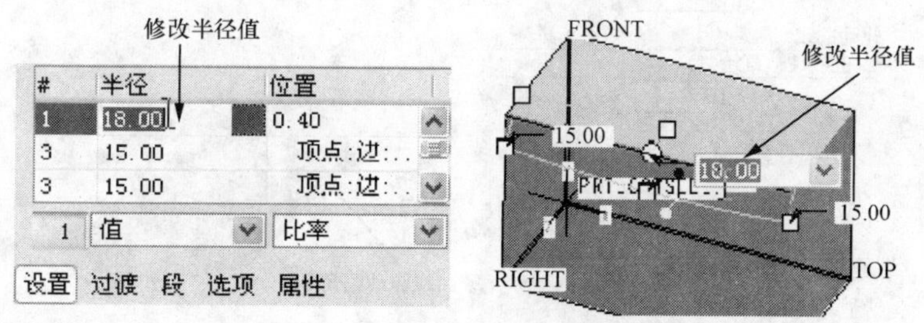

图 2-111　修改半径值

3. 全圆角倒圆角

创建如图 2-106（c）所示的全圆角方法如下。

如图 2-112 所示，选取参照面一，按住 Ctrl 键选择参照面二，然后选择驱动曲面三，单击✔（确定）按钮，完成全圆角的创建，如图 2-113 所示。

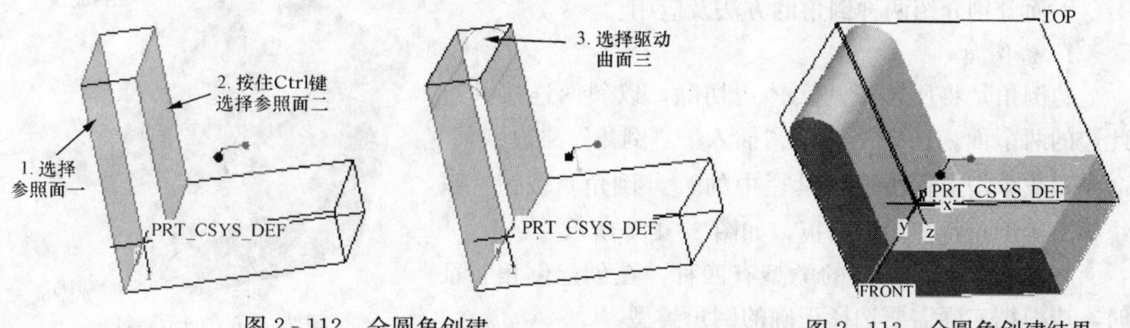

图 2-112　全圆角创建　　图 2-113　全圆角创建结果

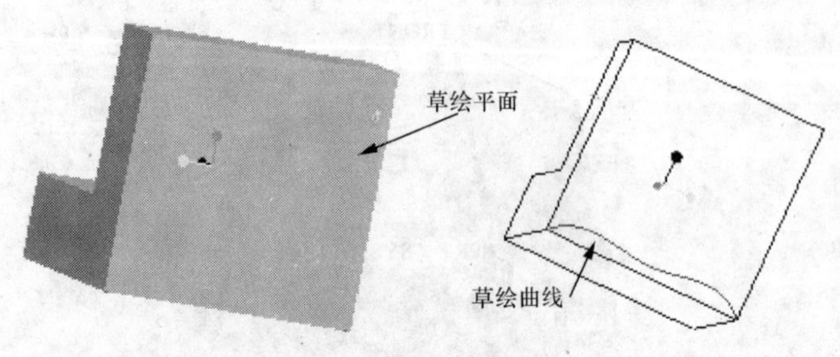

图 2-114 草绘驱动曲线

4. 通过曲线驱动倒圆角

建立曲线驱动圆角方法如下。

利用草绘工具绘制一条曲线，作为驱动曲线，如图 2-114 所示。

单击倒圆角操控面板“设置”，弹出上滑菜单，选择“通过曲线”按钮，选择图 2-114 中的曲线，然后在“设置”上滑菜单中参照空白处单击，选择倒圆角的边，如图 2-115 所示。

单击✔（确定）按钮，完成曲线驱动圆角创建，如图 2-115 所示。

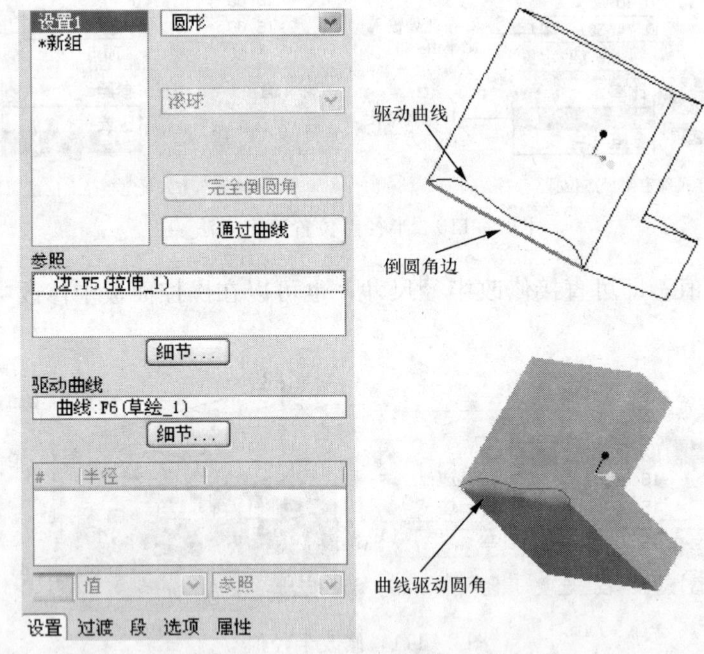

图 2-115 曲线驱动圆角创建

2.2.3 倒角

倒角是处理模型周围棱角的方式之一，与倒圆角功能类似。Pro/E 野火版 4.0 提供两种方式的倒角，即边倒角和拐角倒角，如图 2-116 所示。

下面分别介绍两种倒角的方法及应用。

1. 边倒角

边倒角是将所选择的实体边切除，以斜面连接共有此边的两个面。选择主菜单“插入”“倒角”“边倒角”命令，或单击工程特征工具栏中的（倒角）按钮，系统弹出边倒角特征操控面板，如图 2-117 所示。

在 Pro/E 中，倒角的类型有四种，在创建倒角特征时，应根据实际需要选择正确的倒角类型。

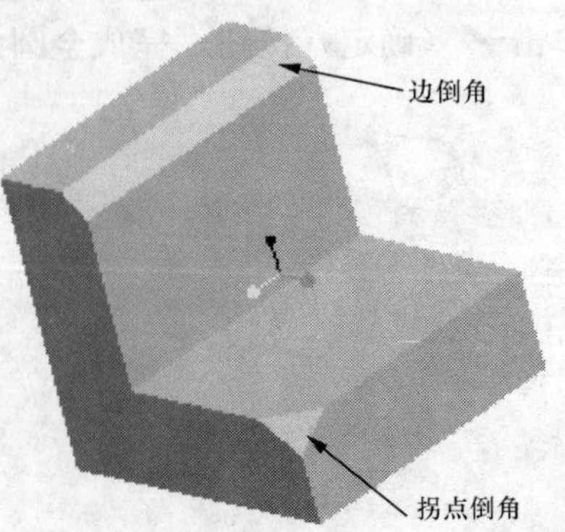

图 2-116 倒角特征

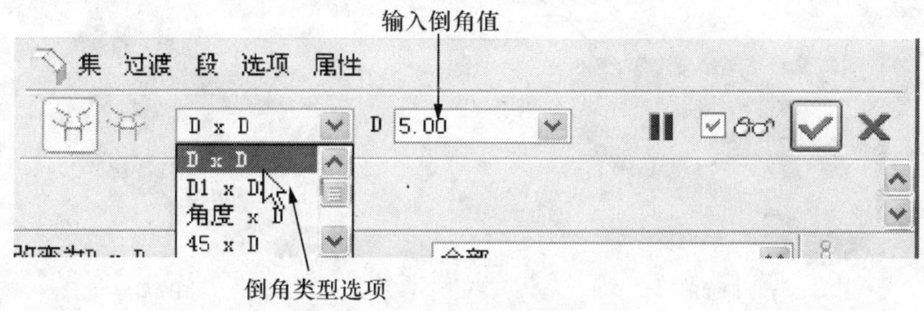

图 2-117　倒角特征操控面板

2. 拐点倒角

拐点倒角可将实体曲面的顶点切除，产生斜面倒角，建立拐点倒角需要指定 3 条边及倒角在边上的长度。

选择菜单栏中“插入”→“倒角”→“拐角倒角”命令，弹出“倒角：拐角”对话框，如图2-118所示。

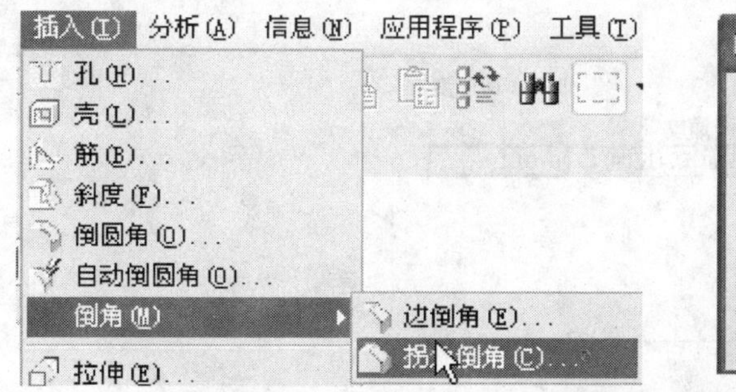

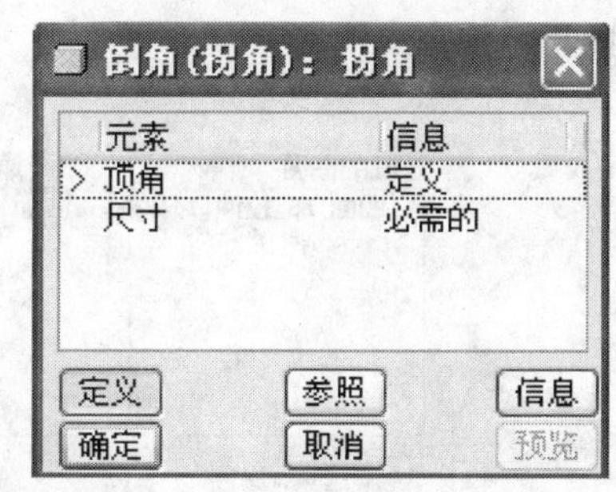

图 2-118　拐角倒角对话框

在选取一条参照边后，系统弹出“选出/输入”菜单，如图 2-119 所示，包括两种倒角控制方式：“选出点”和“输入”。

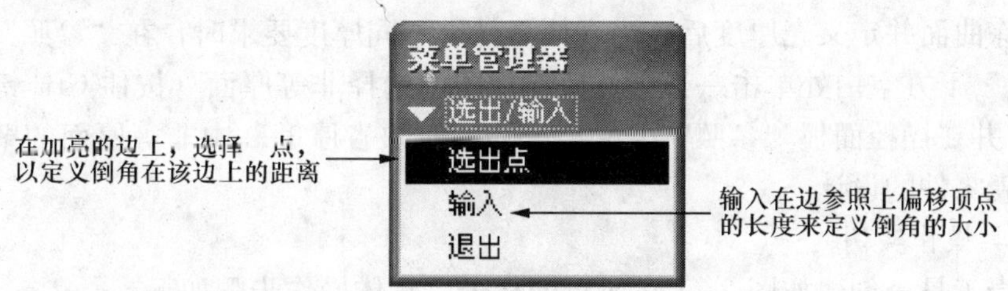

图 2-119　拐角倒角位置控制

当选择“选出点”选项时，只需用鼠标分别在三条边上点选切角的位置，即可完成倒角创建。

当选择“输入”选项时，会在信息栏中弹出长度输入对话框，分别在信息栏中输入切角的长度，然后单击“倒角：拐角”对话框中的**确定**按钮，即可完成拐角倒角特征的创建。

2.2.4　壳

抽壳特征指将实体变成薄壳件，薄壳类零件设计时常用此工具，如图 2-120 所示。壳特征是针对实体而言的，只有当前零件模型是实体，才可以进行抽壳，使实体内部抽空，只保留一定壁厚的外壳。

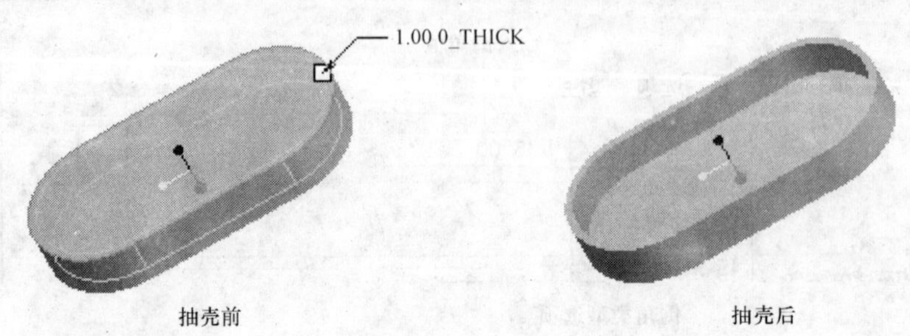

图 2-120 壳特征

1. 壳工具的基本操作方法

下面介绍抽壳特征的基本操作。

选择主菜单“插入”→“壳”命令，或单击▣（壳）按钮，弹出壳特征操控面板，如图2-121所示。打开操控面板上的“参照”上滑菜单，选取抽壳面，即从实体上移除的表面，在操控面板上输入壳的厚度，单击壳特征操控面板上的✔（确定）按钮或鼠标中键，即可完成抽壳操作。

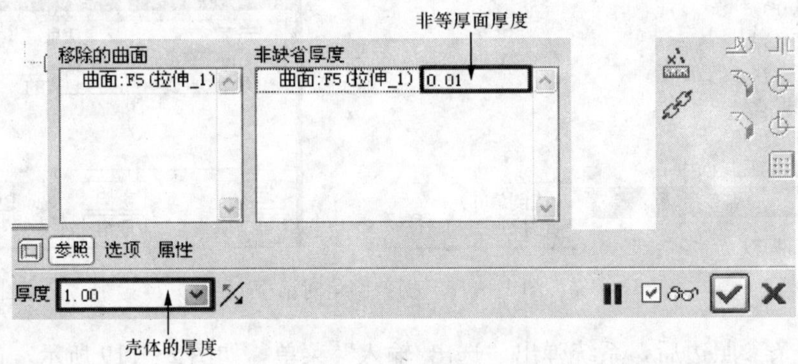

图 2-121 壳工具操控面板

选取移除曲面并定义壳厚度后，当壳体零件有不同厚度要求时，在“参照”上滑菜单的“非缺省厚度”下方空白处单击一下，然后在视图中选择非等厚面（按住 Ctrl 键可选取多个非等厚面），并在操控面板“参照”上滑菜单的“非缺省厚度”中非等厚面的壁厚，即可完成非等厚薄壳零件的设计。

2. 壳工具操作实例

使用抽壳工具，创建如图 2-122 所示的杯子，具体操作步骤如下。

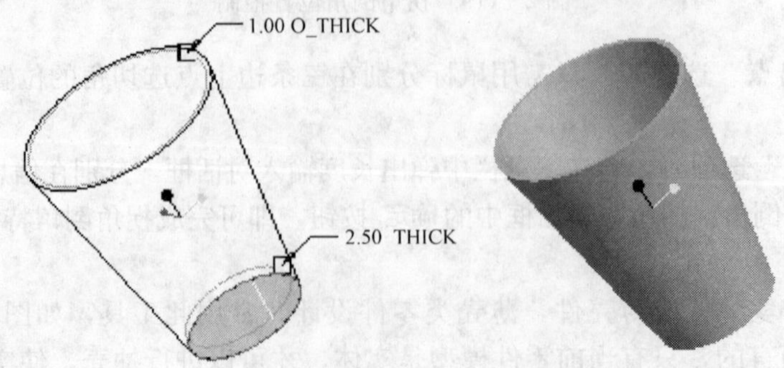

图 2-122 杯子

（1）打开练习文件。单击（打开文件）按钮，见素材 \ 范例文件 \ 2 \ shell. prt 文件。

（2）建立单个厚度的抽壳特征。

1）单击工具栏中的（壳）按钮，弹出抽壳工具操控面板。

2）选择杯子坯体上表面为移除表面。

3）在操控面板厚度文本框中输入 1。

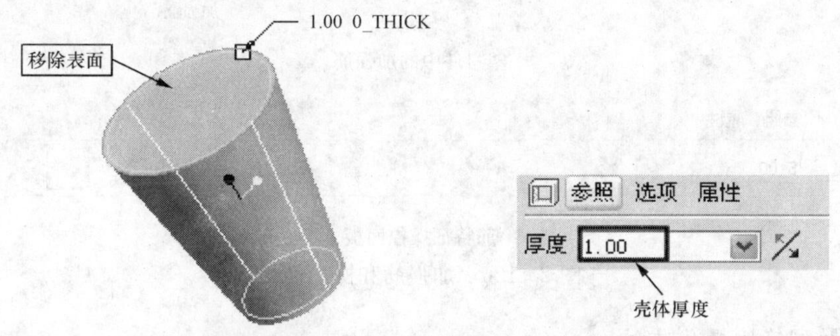

图 2-123　设置抽壳参数

（3）设置不同厚度表面。

1）在操控面板的“参照”上滑菜单“非缺省厚度”栏中左上角单击鼠标，以激活该栏目（“单击此处添加…”变为“选取项目”），在视图中选取杯子的底部表面，以更改该面的抽壳厚度。

2）设定选中面的壳体厚度为“2.5”，如图 2-124 所示。

3）单击“预览”按钮，结果如图 2-125 所示。

4）单击（确定）按钮，完成抽壳特征创建。

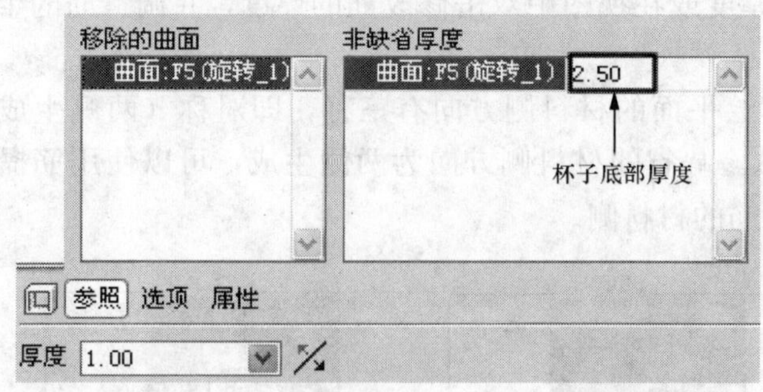

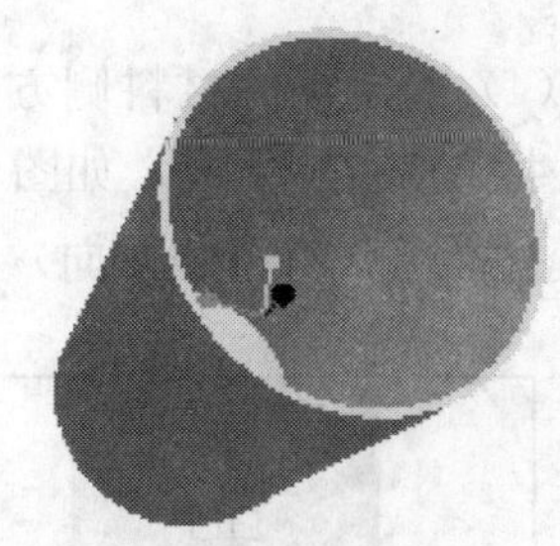

图 2-124　设置壳体不同厚度参数　　图 2-125　抽壳结果

（4）保存文件。选择菜单“文件”→“保存副本”命令，以“shell _ finish”为名保存文件。

2.2.5　加强筋

在产品设计中，用来加固零件结构、提高强度的一类特征，该类特征称为筋特征，如图 2-126 所示为塑料底盒中的加强筋。Pro/E 野火版 4.0 提供专门的命令创建加强筋特征，它与拉伸特征相似，但建立的方式有很大的不同。

塑料件中的加强筋

筋特征操控面板

图 2-126 加强筋和操控面板

1. 建立加强筋的操作方法

(1) 选择菜单中"插入"→"筋"命令，或单击工具栏中 (筋) 按钮，弹出筋特征操控面板，如图 2-127 所示。

(2) 选择操控面板上的"参照"项，单击"定义"按钮，或直接单击右侧工具栏中的 (草绘) 按钮，进入草绘环境，绘制加强筋剖面。

有效加强筋剖面必须满足以下规则。

1) 单一的开放环。

2) 连续的非相交草绘图元。

3) 草绘端点必须与形成封闭区域的连接曲面对齐。

(3) 在筋特征操控面板中输入筋的厚度或在视图中双击修改筋的厚度，并调整筋的生成方向。

(4) 确定筋的材料侧方向，相对草绘平面的材料侧方向有三种，即对称（两侧生成）、左侧生成和右侧生成，如图 2-127 所示。缺省的材料侧方向为两侧生成，可以使用筋操控面板上的 (材料侧方向) 按钮来改变筋的材料侧。

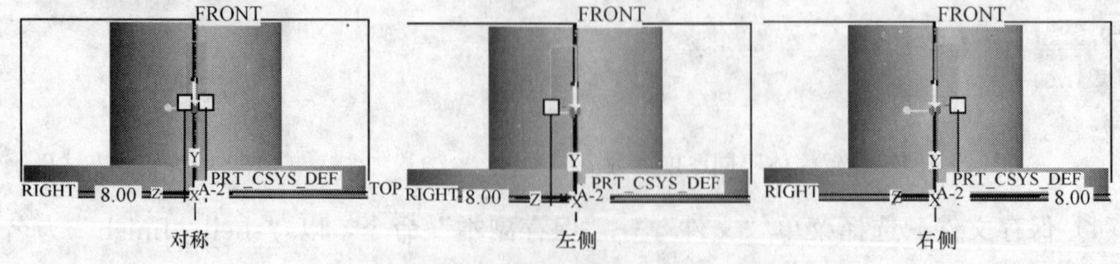

图 2-127 筋特征材料侧方向

(5) 单击 (确定) 按钮，完成筋特征创建。

2. 创建加强筋实例

利用筋特征的创建方法，创建如图 2-128 所示法兰盘中的加强筋，具体操作步骤如下。

（1）打开原始零件。单击（打开文件）按钮，见素材\范例文件\2\jin.prt文件，如图2-129所示。

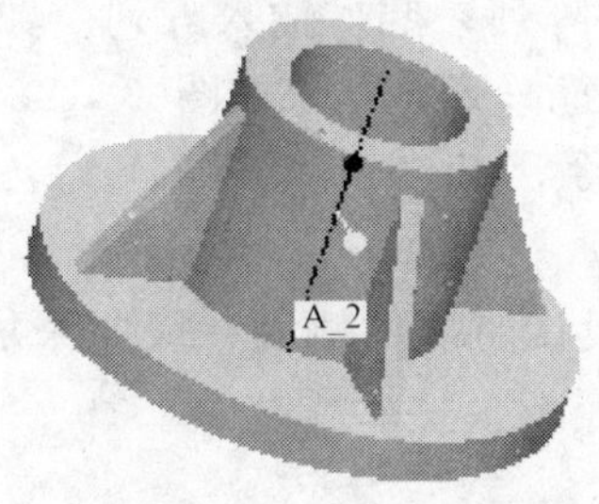

图2-128 法兰盘

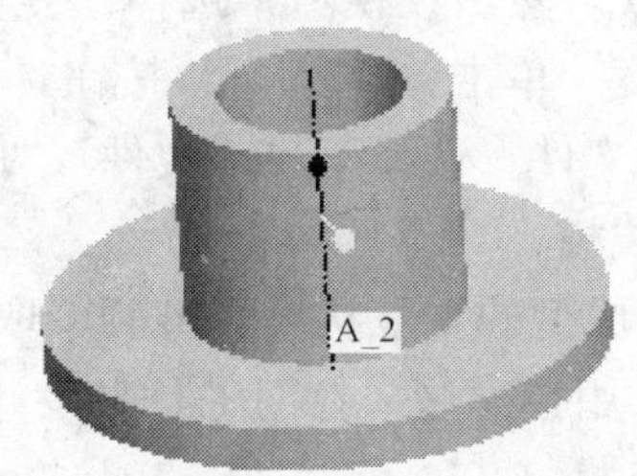

图2-129 法兰盘毛坯

（2）建立加强筋。

1）在特征工具栏中单击（筋）按钮，弹出筋特征操控面板。

2）在筋操控面板中选择“参照”项，弹出上滑菜单，如图2-130所示，单击定义...按钮，打开“草绘”对话框。

3）选择FRONT基准平面作为草绘平面，以TOP基准平面为顶方向参照，单击“草绘”按钮进入草绘环境。绘制如图2-131所示的加强筋剖面。单击（确定）按钮，完成草绘。

图2-130 定义草绘

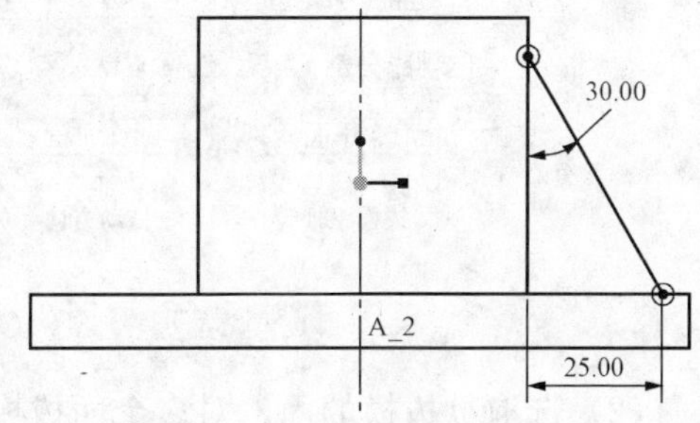

图2-131 加强筋剖面

4）调整加强筋填充方向，如图2-132左图所示，加强筋的填充方向朝外，没有指向封闭的填充区域。选择筋操控面板“参照”项，进入“参照”上滑菜单，单击“方向”按钮，或在视图中单击填充方向箭头，使填充侧指向封闭的区域，如图2-132右图所示。

5）定义筋的厚度为5。

6）单击（确定）按钮，完成筋特征创建，如图2-133所示。

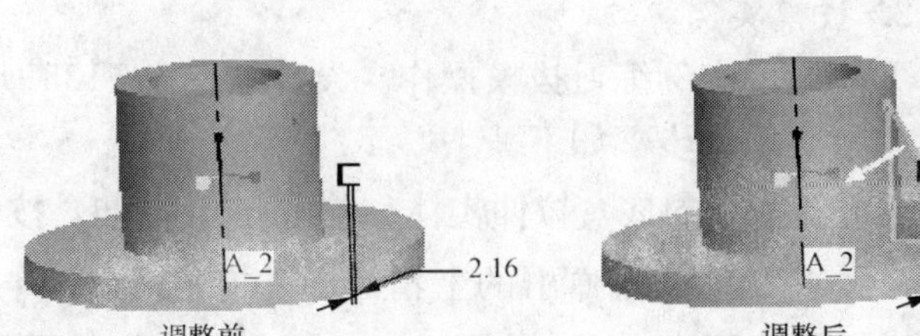

图2-132 调整筋填充侧方向

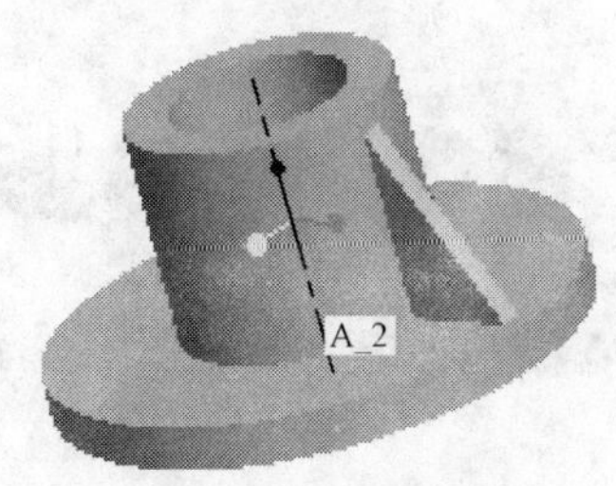

图2-133 筋特征

（3）阵列加强筋（阵列工具在下一节中进行学习）。在视图中选择加强筋，或在模型树中选择筋特征，然后单击右侧工具栏中▦（阵列）按钮，弹出阵列操控面板，选择其中的“轴”阵列方式，然后在视图中选择法兰盘中心轴作为阵列参照，输入阵列个数为 4，之间的角度为 90 度，单击✔（确定）按钮，即可完成加强筋阵列，结果如图 2-128 所示。

（4）保存文件。选择菜单“文件”“保存副本”命令，以“jin_finish”为名保存文件。

2.2.6　拔模

为了便于成型的零件从模具型腔中取出，在产品设计时零件侧面一般要添加脱模斜度，在 Pro/E 中采用拔模这一专门工具来设计该类结构。

1. 基本拔模

拔模特征基本操作如下。

（1）选择主菜单“插入”→“斜度”命令，或在工具栏中单击（拔模）按钮，弹出拔模特征操控面板，如图 2-134 所示。

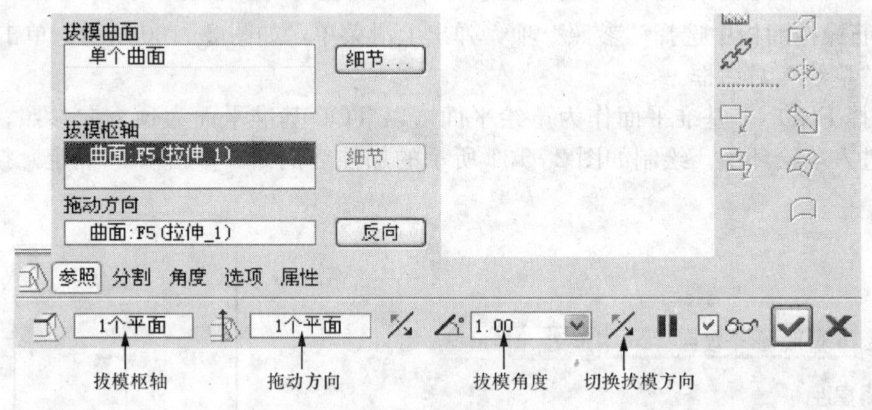

图 2-134　拔模操控面板

（2）选取欲拔模的面，对多个面拔模按住 Ctrl 键多选。

（3）定义拔模枢轴，单击操控面板中 • 单击此处添加项目 的“单击此处添加项目”，然后选取一个平面、一条边或一条曲线作为拔模枢轴。

（4）定义拔模拖拉方向，单击操控面板中 • 单击此处添加项目 的“单击此处添加项目”，然后选取一个平面、一条直边、一条轴或两个点作为拖拉方向。

（5）在拔模操控面板中修改拔模角度，调整拔模方向，单击✔（确定）按钮，或按鼠标中键，即可完成拔模特征创建。

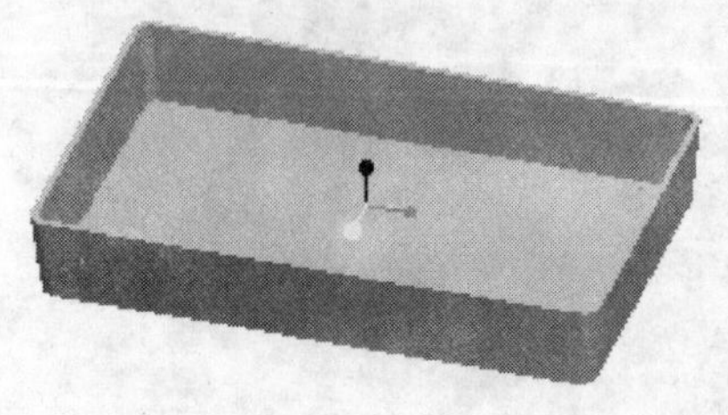

图 2-135　塑料底盒

2. 拔模实例

下面通过实例练习拔模操作。设计如图 2-135 所示塑料底盒，操作步骤如下。

（1）建立塑料底盒拉伸实体。单击（拉伸）按钮，选择“放置”项，在弹出的上滑菜单中单击 定义... 按钮，进入草绘环境，绘制如图 2-136 所示的拉伸截面，拉伸深度为 25，得到如图 2-137 所示拉伸实体。

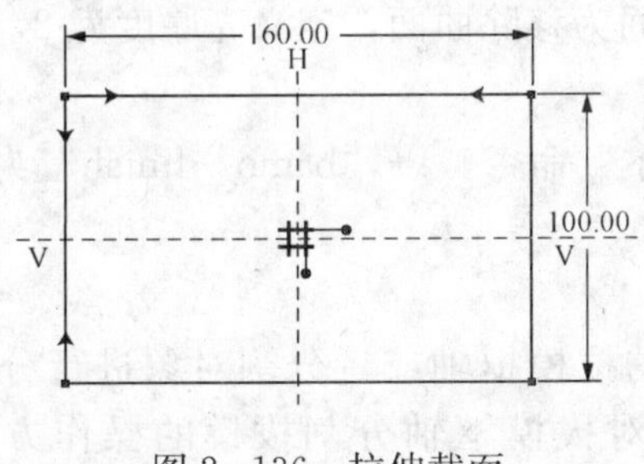

图 2-136 拉伸截面

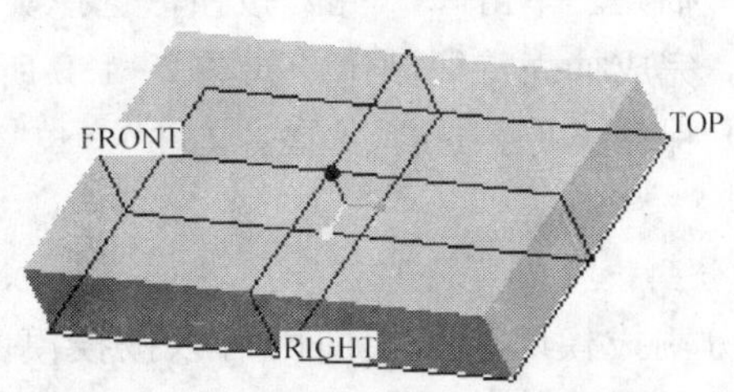

图 2-137 拉伸实体

(2) 建立拔模特征。

1) 单击 (拔模) 按钮，弹出拔模操控面板。

2) 选择拔模表面(按住 Ctrl 键选择多个表面)，如图 2-138 所示。

3) 定义拔模枢轴，单击操控面板中 单击此处添加项目 的“单击此处添加项目”，然后选择如图 2-139 所示的表面为拔模枢轴。

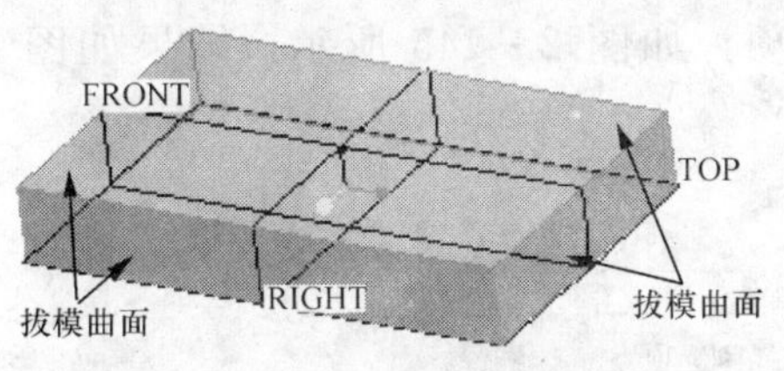

图 2-138 选取拔模曲面

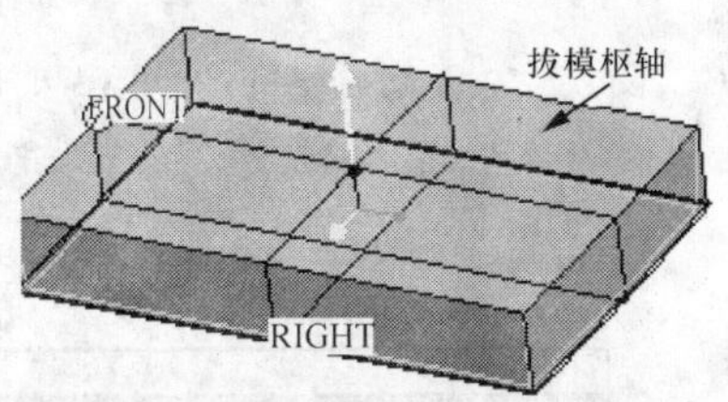

图 2-139 选取拔模枢轴

4) 定义拔模角度，输入拔模角度 5°，如图 2-140 所示。

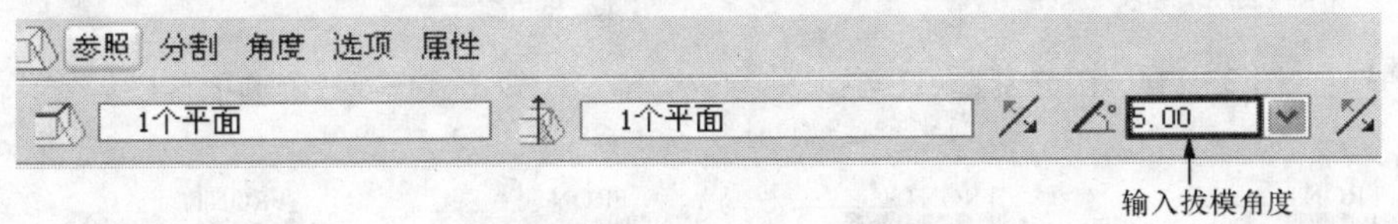

图 2-140 定义拔模角度

5) 单击操控面板上 (确定) 按钮，完成拔模特征创建，如图 2-141 所示。

(3) 倒圆角。对四条边进行倒圆角，圆角半径均为 5，如图 2-142 所示。

图 2-141 拔模结果

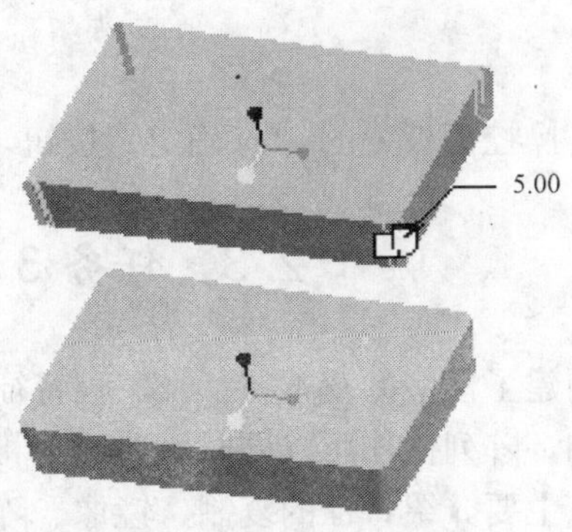

图 2-142 倒圆角结果

(4) 抽壳。单击□(壳)按钮，选择实体上表面为移除曲面，定义壳厚度为2，单击鼠标中键，完成抽壳特征创建，如图2-135所示。

(5) 保存文件。选择菜单“文件”→“保存副本”命令，以“bamo_finish”为名保存文件。

3. 分割拔模

在分割拔模时，拔模曲面可以按拔模曲面上的拔模枢轴或者分割对象进行分割，如图2-143所示为按拔模枢轴进行分割拔模，下面对拔模枢轴分割拔模的操作方法进行介绍。

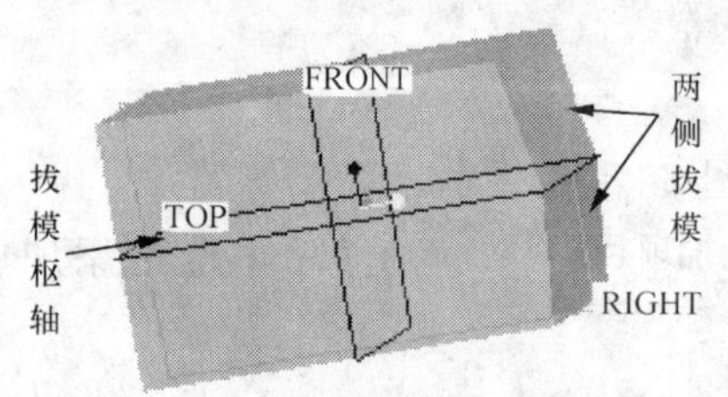

图2-143 分割拔模

在选取了拔模曲面和拔模枢轴面后，打开拔模操控面板中的“分割”项，将“分割选项”栏设置为“根据拔模枢轴分割”，如图2-144所示，此时拔模面可以根据拔模枢轴面分割进行双向拔模。

并从“侧选项”栏中选定“独立拔模侧面”、“从属拔模侧面”、“只拔模第一侧”、“只拔模第二侧”中的一个选项，如图2-145所示，结果如图2-146所示。

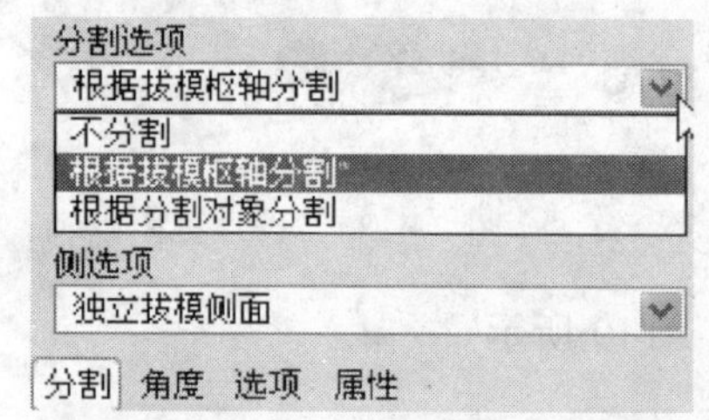

图2-144 “分割选项”栏

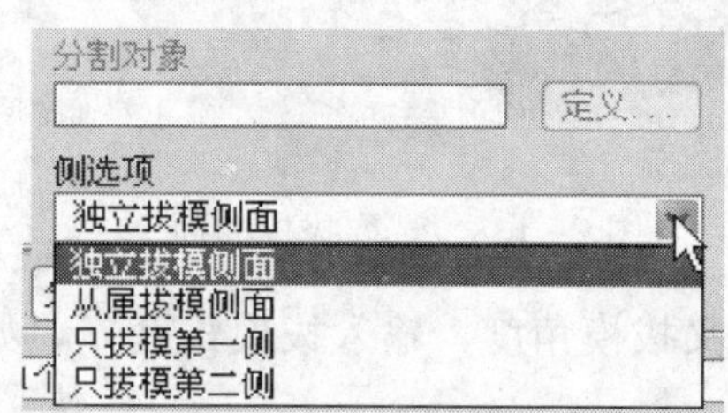

图2-145 “侧选项”栏

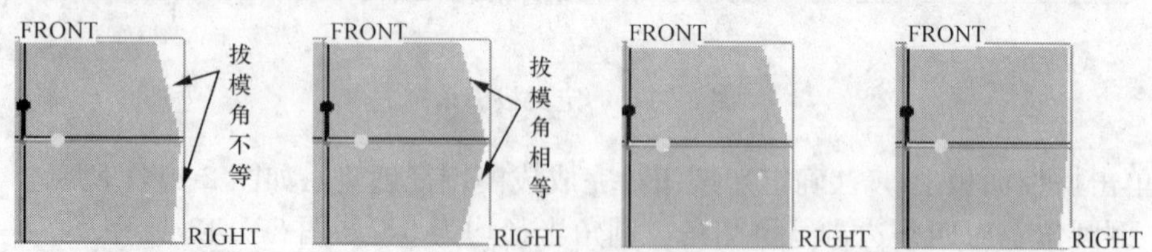

图2-146 分割拔模的不同方式

单击操控面板上的✔(确定)按钮，即可完成分割拔模特征创建。

2.3 任务3 实体特征编辑

在创建了模型的基本特征及工程特征后，为了提高设计效率，还需要对特征进行编辑操作。例如，阵列操作可以同时对若干个相同的特征进行设计。

本节主要介绍特征的复制、镜像、阵列等三种在设计产品及零件时最为常用的编辑工具的操作方法及应用技巧。

2.3.1 特征复制

使用特征复制命令可以在指定的位置上复制得到与原有特征相同的特征，也可以对特征的尺寸参数进行修改，从而得到不同的特征。

选择菜单栏中“编辑”→“特征操作”命令，弹出“特征”菜单管理器，选择其中“复制”命令，显示“复制特征”菜单，如图 2-147 所示。

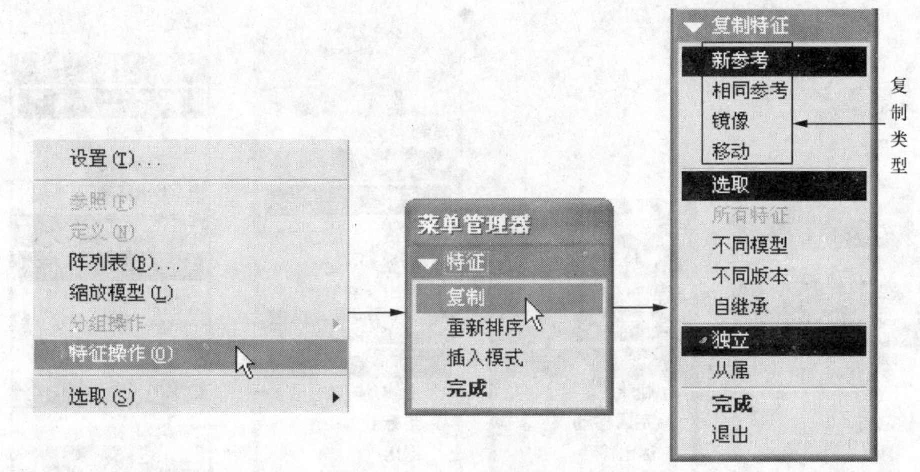

图 2-147 “特征操作”命令

复制的类型包括四种，即“新参考”、“相同参考”、“镜像”及“移动”方式，四种复制类型如图 2-148 所示。

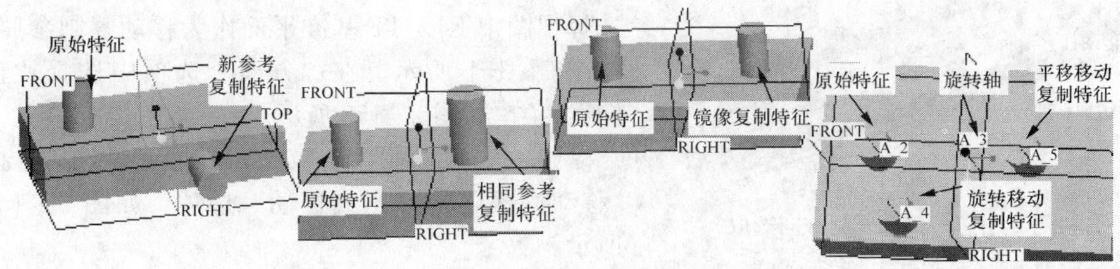

图 2-148 四种复制类型

1. 特征复制的操作方法

下面以移动复制为例，介绍复制工具的操作方法。

复制如图 2-149 所示槽钢上的 O 型孔，操作步骤如下。

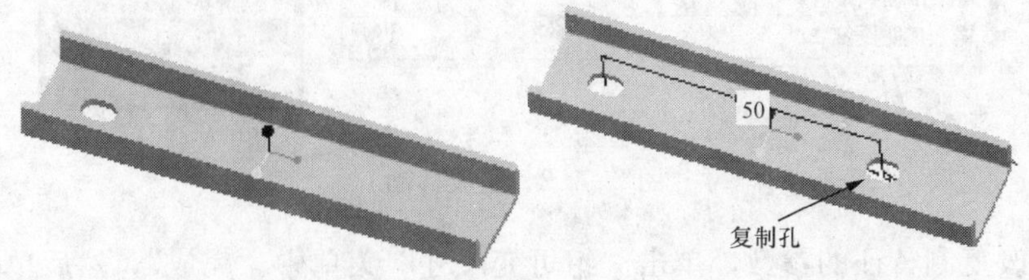

图 2-149 平移复制槽钢 O 型孔

（1）选择主菜单“编辑”→“特征操作”命令，弹出“特征”菜单管理器，选择其中的“复制”选项，弹出“复制特征”菜单，如图 2-147 所示。

（2）在“复制特征”菜单中选择“移动”“选取”“从属”选项，然后单击菜单中“完成”选项，弹出“选取特征”菜单，选择复制对象槽钢左侧 O 型孔，单击鼠标中键完成选取特征。菜单如图 2-150 所示。

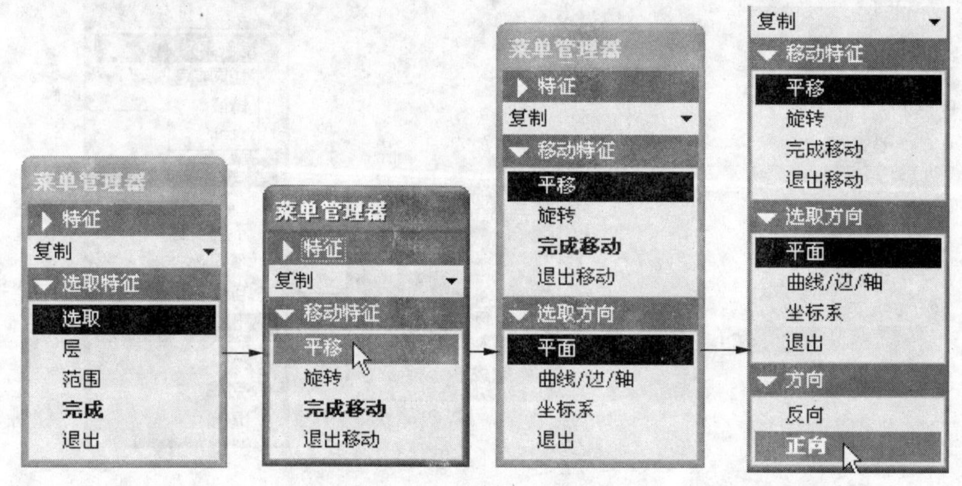

图 2-150 平移复制菜单

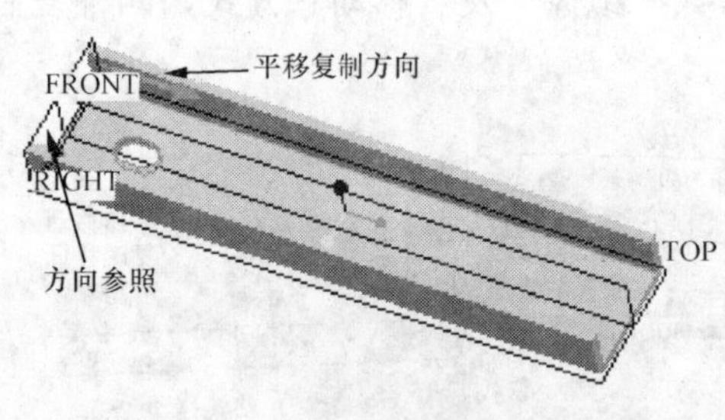

图 2-151 移动复制方向选取

（3）选择“移动特征”中“平移”选项，弹出“选取方向”菜单，选择“平面”选项，然后选择视图中 RIGHT 基准平面作为移动复制参照，如图 2-151 所示。在“方向”选项中选择“正向”，菜单如图 2-150 所示。

（4）输入偏距距离“50”，单击✔，然后选择“移动特征”中“完成移动”选项，如图 2-152 所示。

图 2-152 完成移动

（5）不修改复制特征的参数，单击“组可变尺寸”菜单中“完成”，然后单击“组元素”对话框中“确定”按钮，如图 2-153 所示，完成平移复制操作。

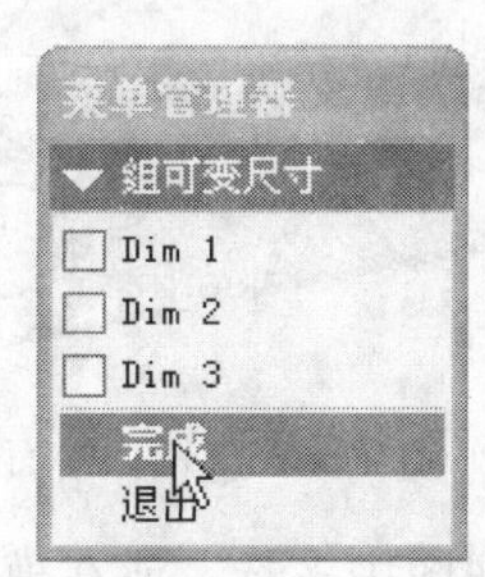

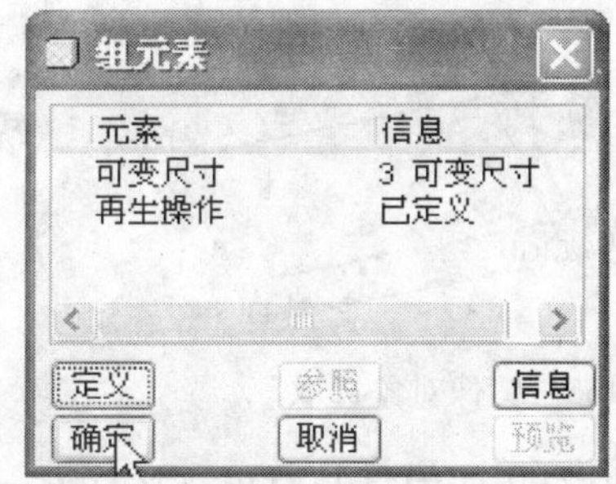

图 2-153　完成平移复制操作

2. 特征复制实例：风扇散热面板设计

设计如图 2-154 所示某仪器风扇散热板，需要使用复制工具，下面通过该零件的复制部分的实操，训练读者使用复制工具的操作技能。

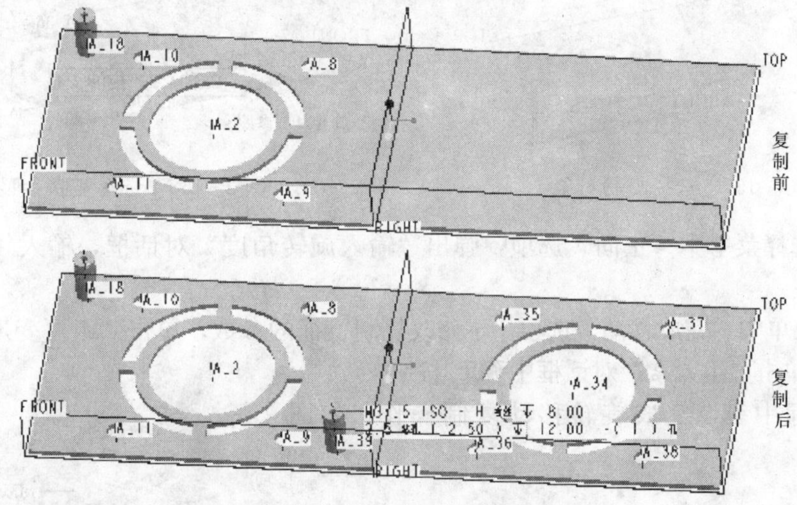

图 2-154　风扇散热面板复制特征

(1) 打开原始文件。见素材 \ 2 \ 范例文件 \ fuzhi2. prt。

(2) 利用镜像复制工具复制散热孔。

1) 选择主菜单“编辑”→“特征编辑”命令，弹出“特征”菜单管理器，选择“复制”选项，弹出“复制特征”菜单管理器，选择“镜像”→“选取”→“从属”→“完成”选项，如图 2-147 所示。

2) 选取散热板上的散热孔，作为复制对象，并按鼠标中键，结束特征选取，如图 2-155 所示。

3) 选择基准平面 RIGH 为镜像平面，如图 2-156 所示，按鼠标中键，即可完成散热孔复制操作。

(3) 利用旋转移动复制工具复制安装柱。

1) 选择主菜单“编辑”→“特征编辑”命令，弹出“特征”菜单管理器，选择“复制”选项，弹出“复制特征”菜单管理器，选择“移动”→“选取”→“从属”→“完成”选项，如图2-147所示。

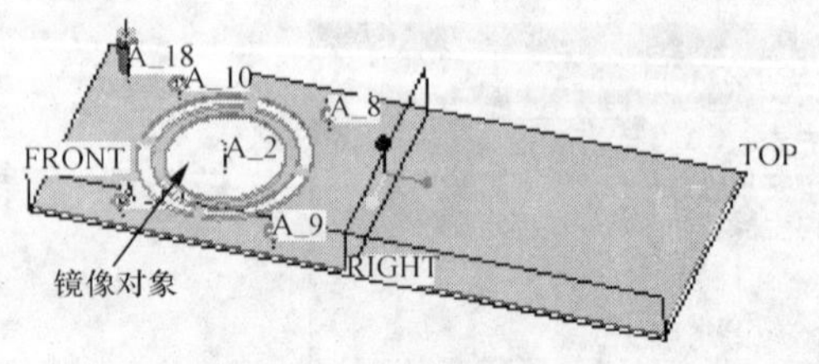

图 2-155　镜像对象选取

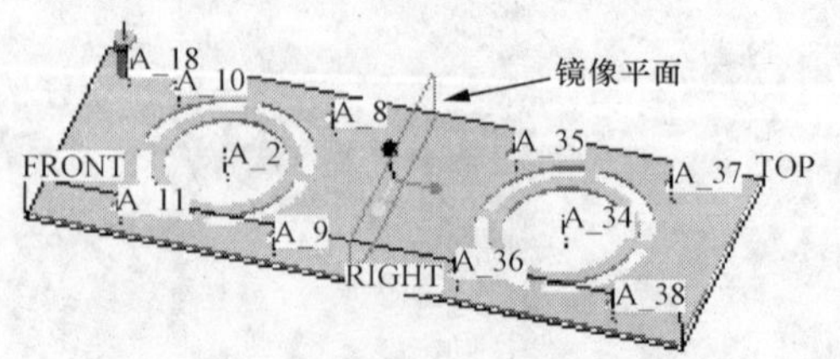

图 2-156　镜像平面选取

2）选取散热板安装柱为复制对象（按住 Ctrl 键在视图中多选，或在模型树中选择拉伸特征和孔特征），并按鼠标中键完成特征选取，如图 2-157 所示。

3）在“移动特征”菜单中选择“旋转”选项，“选取方向”下面选择“曲线/边/轴”，然后在视图中选择散热孔中心轴线作为旋转移动复制参照，如图 2-158 所示。

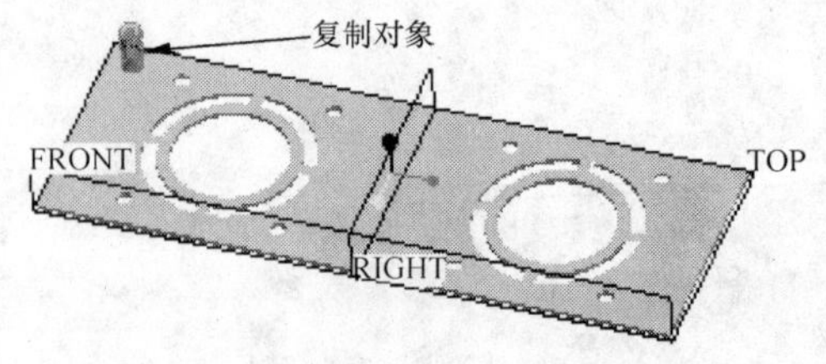

图 2-157　选择复制对象

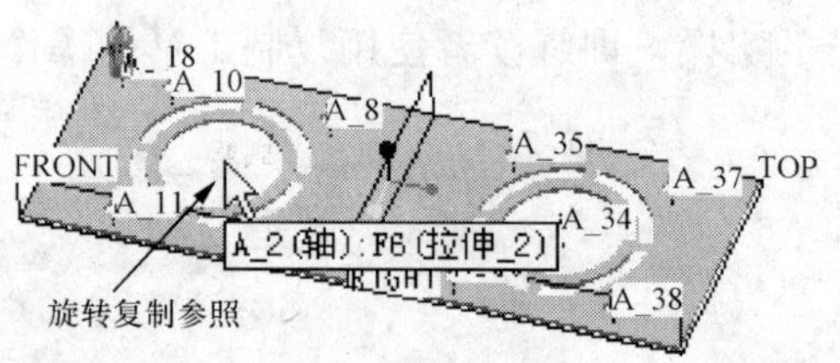

图 2-158　选择复制参照

4）接着选择菜单中“正向”选项，弹出“输入旋转角度”对话框，输入“180”，如图 2-159 所示。

5）单击菜单中“完成移动”选项，不修改复制特征的参数，单击“组可变尺寸”菜单中“完成”，然后单击“组元素”对话框中 确定 按钮。

6）按鼠标中键，完成旋转移动复制操作，如图 2-160 所示。

图 2-159　输入旋转角度

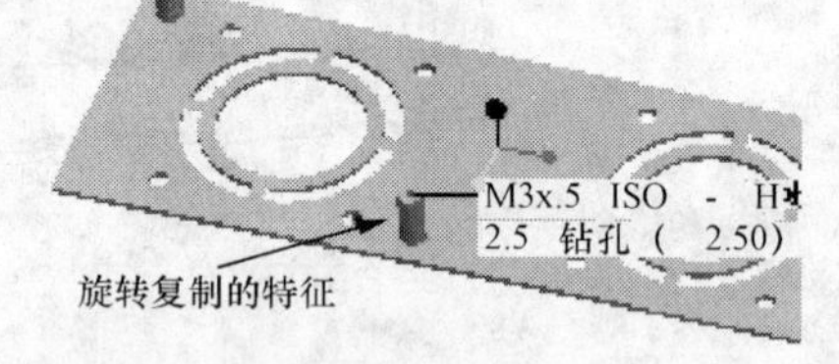

图 2-160　旋转复制结果

（4）保存文件。选择菜单“文件”→“保存副本”命令，以“fuzhi2 _ finish”为名保存文件。

2.3.2　特征镜像

镜像特征是将选定的特征、几何相对于镜像平面投影而产生的特征、几何副本。如果零件的结构具有对称性时，那么可以先创建该零件结构的一半，然后使用镜像的方法来生成另一半。

如图 2-161 所示，左图为镜像前的实体，右图为镜像后的轮胎。

下面通过如图 2-162 所示的脚柱设计来学习镜像的操作方法。

脚柱的镜像操作步骤如下。

（1）打开零件文件。见素材中 \ 02 \ 范例文件 \ jingxiang. prt 文件，如图 2-162 左图所示。

（2）阵列单个脚柱。

1）选择需要镜像的脚柱拉伸特征。

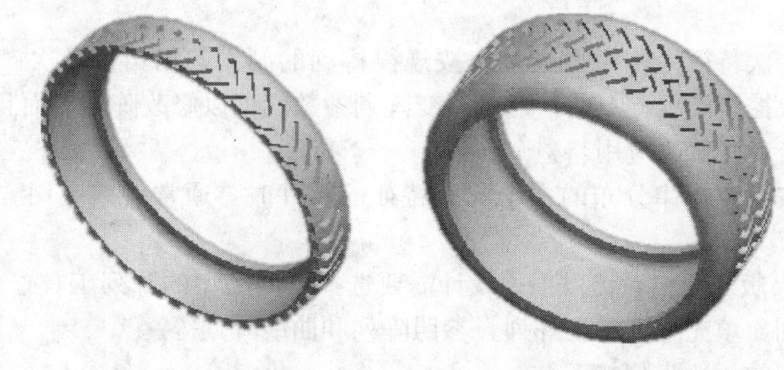

图 2-161　轮胎设计

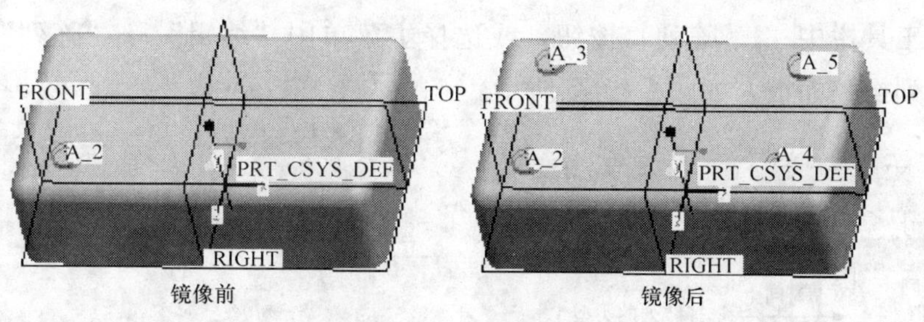

图 2-162　镜像实例

2）单击（镜像）按钮，打开如图 2-163 所示的镜像操控面板。

3）选择视图中基准平面 FRONT 作为镜像平面。

4）单击（确定）按钮，完成镜像操作。

图 2-163　镜像操作面板

(3) 阵列两个脚柱。

1）按住 Ctrl 键选择原始脚柱及上面镜像的脚柱作为镜像对象。

2）单击（镜像）按钮，打开如图 2-163 所示的镜像操控面板。

3）选择视图中基准平面 RIGHT 作为镜像平面。

4）单击（确定）按钮，完成镜像操作，如图 2-164 所示。

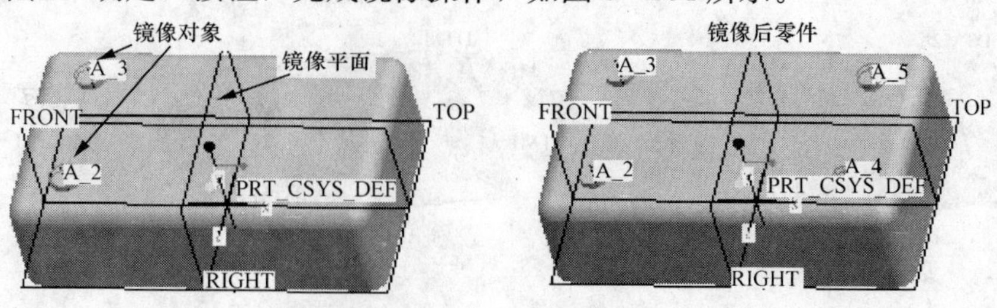

图 2-164　镜像操作

2.3.3　阵列

阵列是指在一次特征操作中生成多个按规律排列的副本，相当于一次产生多个复制特征。阵列是以参数控制副本分布的，通过改变阵列参数就可以修改阵列，而且对原始阵列特征修改后，系统自动将修改应用与整个阵列。

在设计具有按一定规律分布的多个同类特征的零件时，通常可以使用“阵列”工具来实现。

在 Pro/E 野火版 4.0 中，可以根据设计需要选择不同类型的阵列工具，包括尺寸阵列、方向阵列、轴阵列、填充阵列、表阵列、参照阵列和曲线阵列等。

创建阵列特征的一般步骤如下。

(1) 在视图中或在模型树中选取欲阵列的特征。

(2) 单击工具栏中⊞（阵列）按钮，或选择主菜单中“编辑”→“阵列”命令，在界面下方弹出阵列操控面板，如图 2-165 所示。

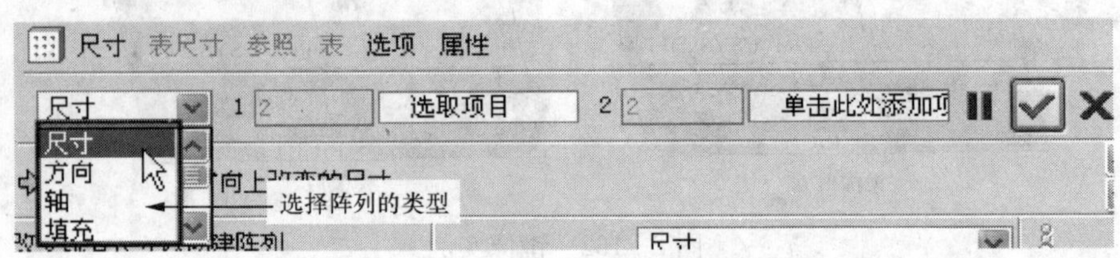

图 2-165　阵列操控面板

(3) 在阵列操控面板上选取阵列的类型，如选择尺寸、方向、轴、填充、参照、表或曲线。

(4) 在视图中选取创建阵列特征的参照。

(5) 在操控面板上输入或修改创建阵列特征的参数，比如阵列的成员之间的距离（角度）、阵列的个数等。

(6) 单击操控面板上的✔（确定）按钮或单击鼠标中键，完成阵列特征的创建。

1. 尺寸阵列

通过使用驱动尺寸并指定阵列的尺寸增量来控制阵列。创建尺寸阵列时，需要选取特征尺寸，并指定这些尺寸的增量变化及特征阵列的个数。

下面以如图 2-166 所示的按钮底膜为例，介绍尺寸阵列的创建方法。

(1) 打开文件。见素材中文件 \ 范例文件 \ 02 \ zhenlie _ 1. prt，如图 2-166 左图零件。

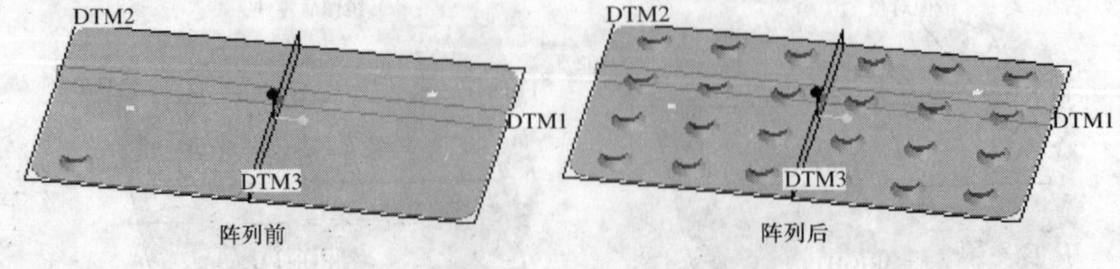

图 2-166　尺寸阵列实例

（2）选择要阵列的按钮凸膜，单击工具栏中 （阵列）按钮，打开阵列操控面板，选择阵列类型为“尺寸”选项。

（3）打开操控面板中“尺寸”上滑面板，在第一方向，选择数值为 30 的尺寸，设置其增量为－15，如图 2-167 所示。

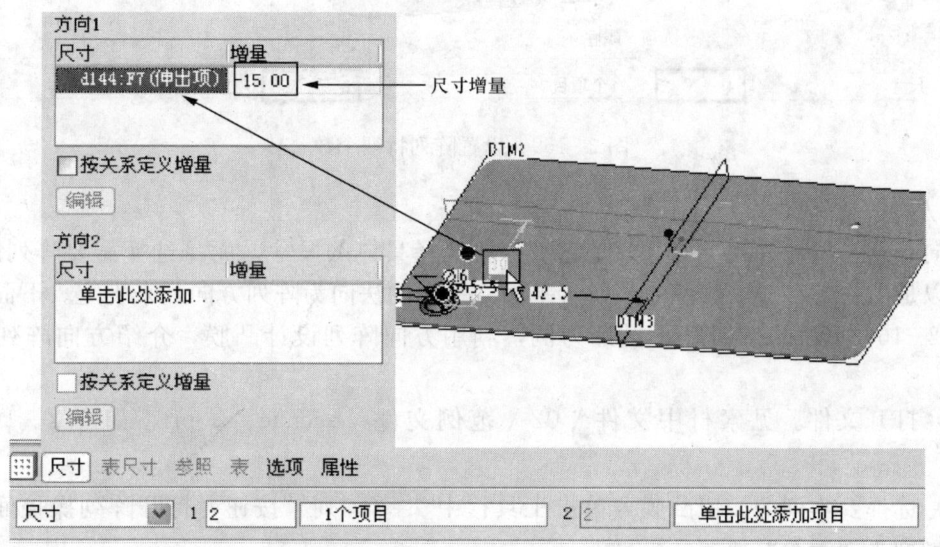

图 2-167 设置第一方向的尺寸增量

（4）单击图 2-167 中方向 2 尺寸列表中“单击此处添加…”，激活该选项，选择尺寸数值为 42.5 的尺寸，设置其增量为－17，如图 2-168 所示。

（5）输入第一方向的阵列个数为 4，第二方向上的阵列个数为 6，如图 2-169 所示。

（6）单击操控面板上的 （确定）按钮或单击鼠标中键，完成阵列特征的创建。

（7）保存文件。选择菜单“文件”“保存副本”命令，以“zhenlie_1_finish”为名保存文件。

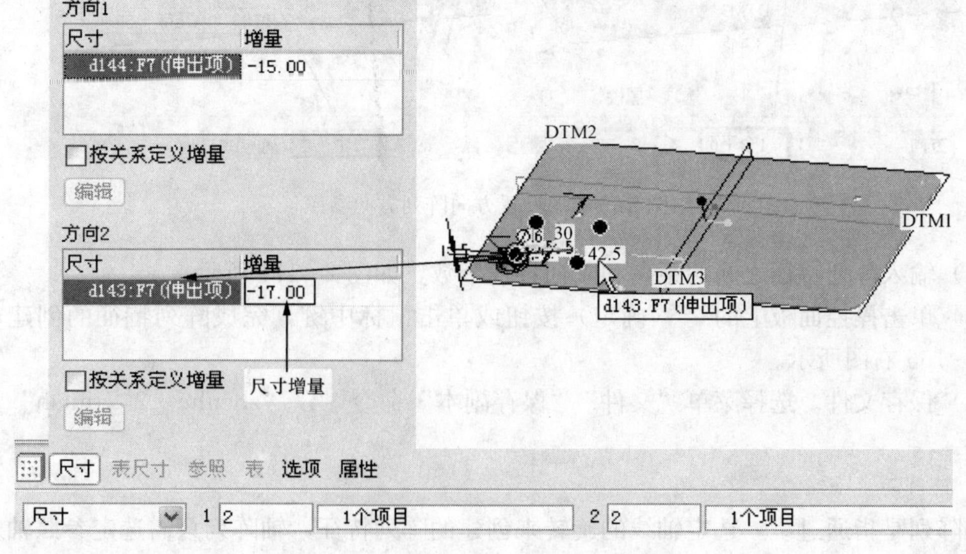

图 2-168 设置第 2 方向尺寸增量

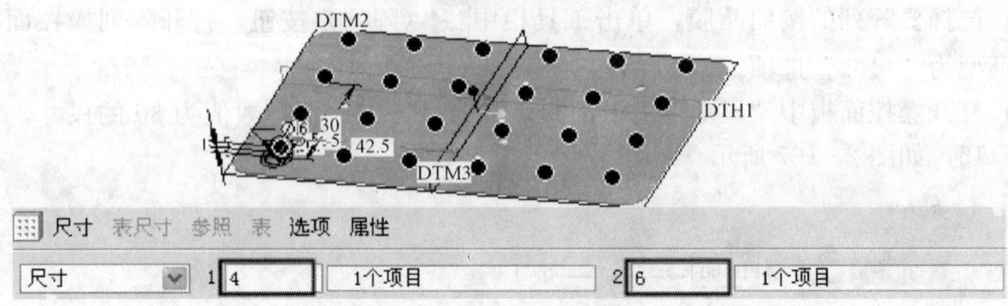

图 2-169　设置阵列特征个数

2. 方向阵列

方向阵列与尺寸阵列类似，只是它不需要选择具体的尺寸，而是选择需要阵列的方向，方向可以是由一条直线、线性曲线或者平面（平面的法向为阵列方向）来确定。下面仍然通过如图 2-166 所示的按钮底膜设计为例，利用方向阵列设计凸膜，介绍方向阵列的创建方法。

(1) 打开文件。见素材中文件 \ 02 \ 范例文件 \ zhenlie _ 1. prt，如图 2-166 左图零件。

(2) 选择要阵列的按钮凸膜，单击工具栏中 (阵列) 按钮，打开阵列操控面板，选择阵列类型为"方向"选项。

(3) 选择 DTM1 基准平面作为第一方向参照，然后在第二方向参照选项框中单击"单击此处添加项目"，激活该选项，在视图中选择 DTM3 基准平面作为第二方向参照，如图 2-170所示。

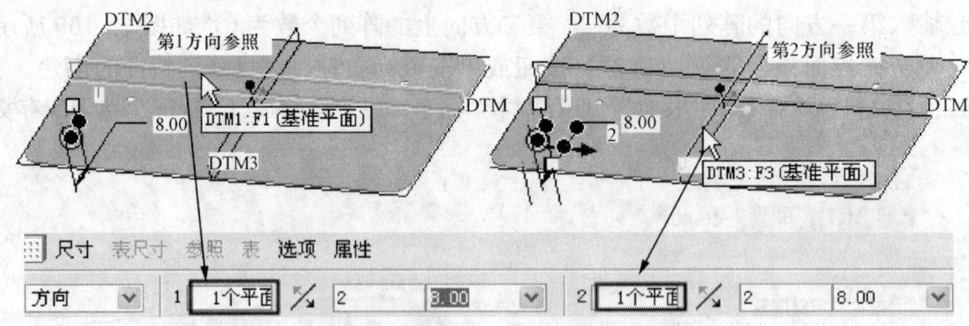

图 2-170　设置方向阵列方向参照

(4) 输入阵列特征之间的距离和阵列特征个数，如图 2-171 所示。

(5) 单击操控面板上的✔（确定）按钮或单击鼠标中键，完成阵列特征的创建，结果如图 2-166 右图所示。

(6) 保存文件。选择菜单"文件""保存副本"命令，以"zhenlie _ 2 _ finish"为名保存文件。

3. 轴阵列

轴阵列是指通过绕一选定轴线的旋转来创建的阵列特征，轴阵列只需选定参照轴及设置角度增量及阵列个数即可完成轴阵列操作。

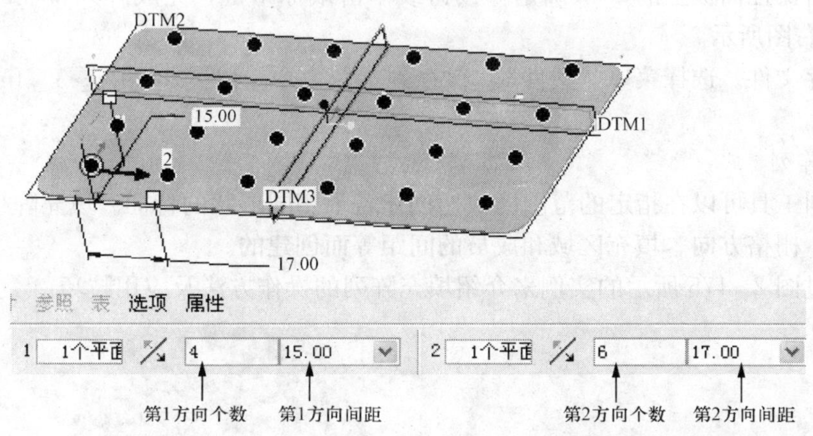

图 2-171　阵列特征个数及间距设置

下面通过图 2-172 所示操作实例来介绍轴阵列的操作方法。

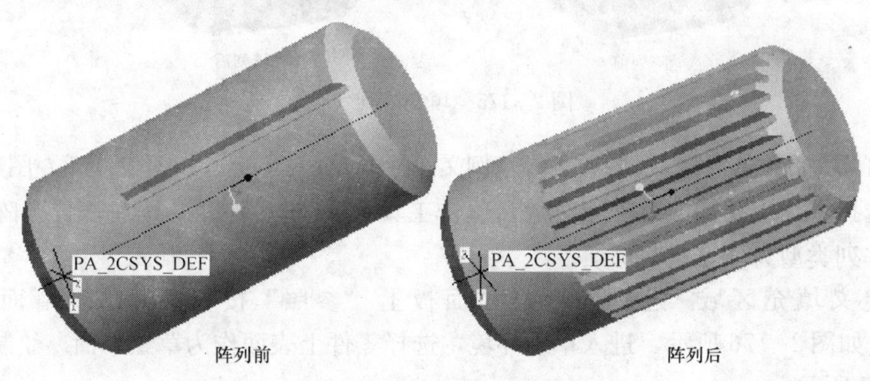

图 2-172　轴阵列实例

（1）打开文件。见素材中文件\02\范例文件\zhenlie_3.prt，如图 2-172 左图零件。

（2）选取零件中槽特征，单击工具栏中 （阵列）按钮，打开阵列操控面板，选择阵列类型为“轴”选项。

（3）选择零件中心轴线作为阵列参照，如图 2-173 所示。

（4）设置阵列特征的角度增量为 15，阵列特征个数为 32，如图 2-174 所示。

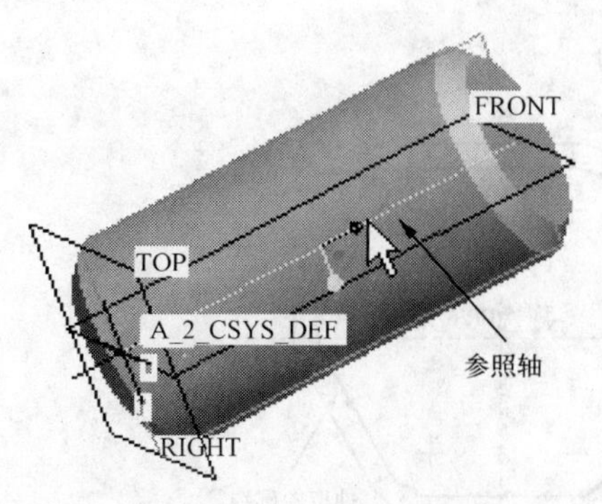

图 2-173　参照轴选择

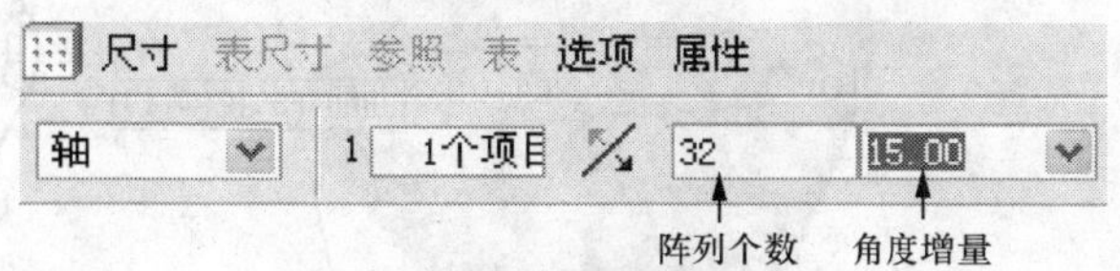

图 2-174　轴阵列参数设置

（5）单击操控面板上的✔（确定）按钮或单击鼠标中键，完成阵列特征的创建，结果如图 2-172 右图所示。

（6）保存文件。选择菜单“文件”“保存副本”命令，以“zhenlie_3_finish”为名保存文件。

4. 填充阵列

填充阵列工具可以在指定的范围内快速创建若干相同形状的特征。填充阵列是通过根据定义的栅格、栅格方向、填充区域和成员的间距等而创建的。

下面通过图 2-175 所示的实例来介绍填充阵列的操作方法及应用技巧。

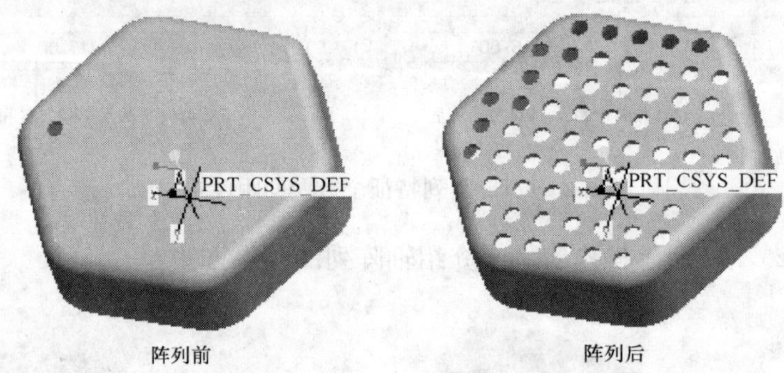

图 2-175　填充阵列实例

（1）打开文件。见素材中文件\02\范例文件\zhenlie_4.prt，如图 2-175 左图零件。

（2）选择零件中孔，作为阵列对象，单击工具栏中（阵列）按钮，打开阵列操控面板，选择阵列类型为“填充”选项。

（3）定义填充区域。选择阵列操控面板上“参照”按钮，弹出上滑面板，单击 定义... ，如图 2-176 所示，进入草绘环境，选择零件上表面作为草绘平面，绘制填充区域如图 2-177 所示。

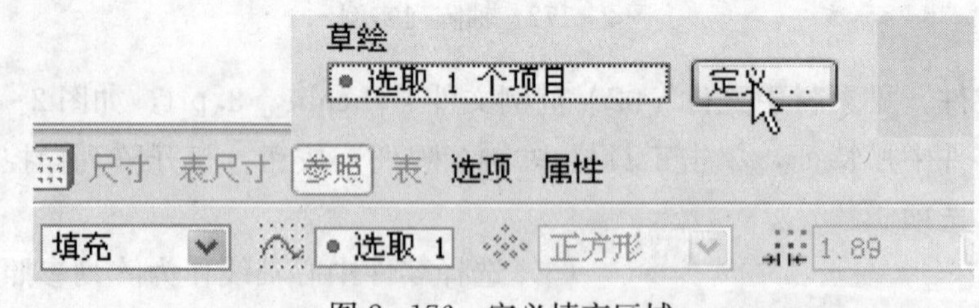

图 2-176　定义填充区域

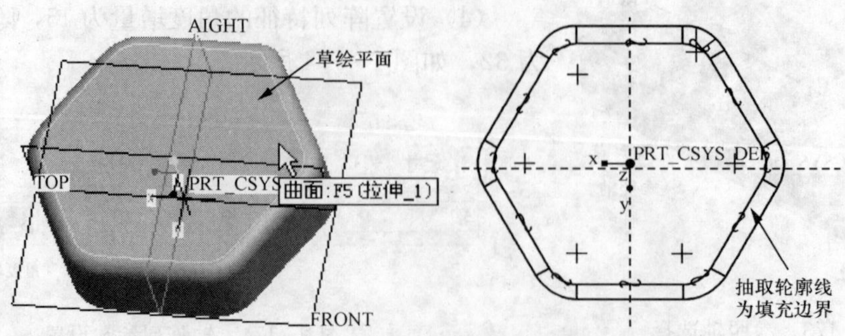

图 2-177　草绘填充区域边界

（4）设置填充形式、填充间距等参数，如图 2-178 所示。

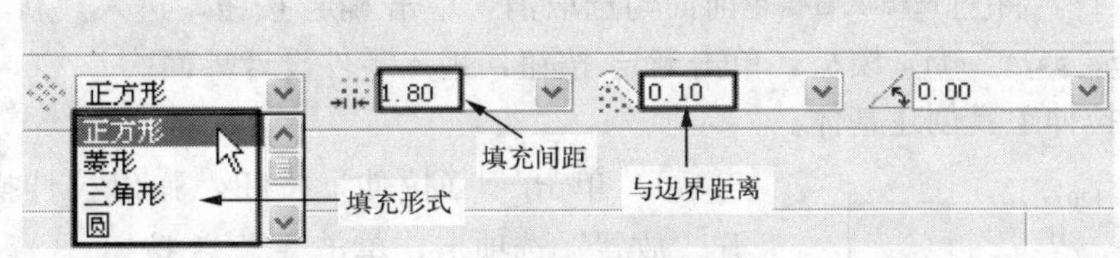

图 2-178　设置填充阵列参数

（5）单击操控面板上的✔（确定）按钮或单击鼠标中键，完成填充阵列特征的创建，结果如图 2-175 右图所示。

（6）保存文件。选择菜单“文件”“保存副本”命令，以“zhenlie _ 4 _ finish”为名保存文件。

2.4　实训 1　鼠标外壳设计

利用前面学习的基础特征、工程特征、特征编辑工具等操作，设计如图 2-179 所示零件。

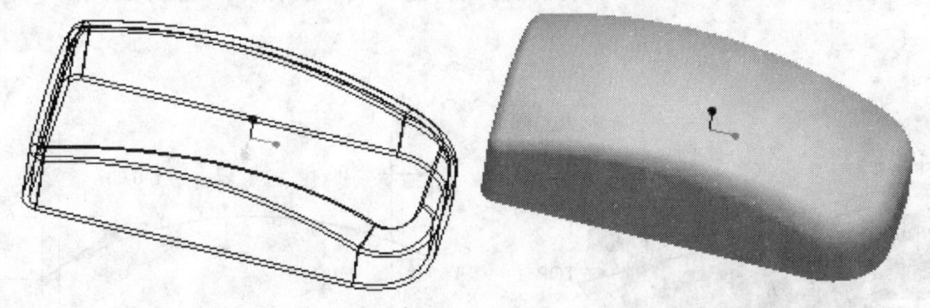

图 2-179　鼠标模型

设计该零件主要使用拉伸、扫描、倒圆角及抽壳等工具，设计过程如图 2-180 所示，具体步骤如下。

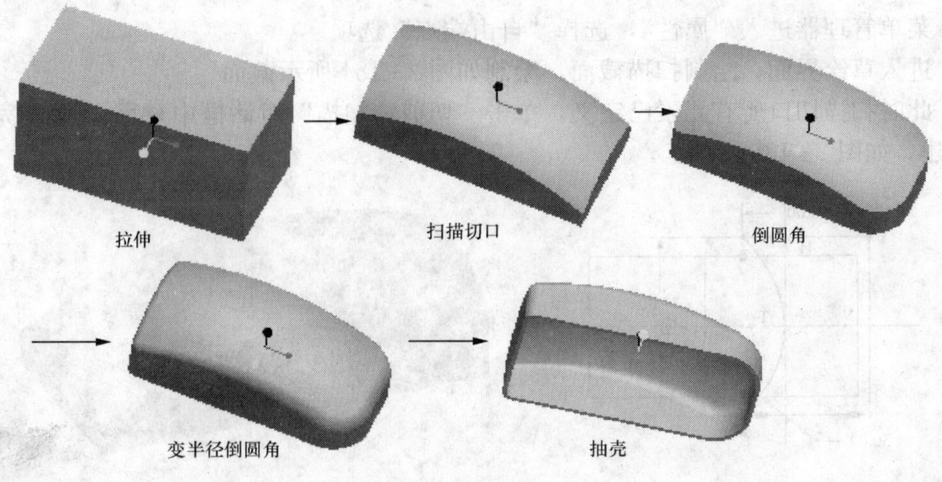

图 2-180　鼠标模型设计过程

(1) 新建文件。单击 (新建) 按钮，弹出“新建”对话框，选择 零件类型，输入文件名“2-1”，将 使用缺省模板前面勾选取消，单击 确定 按钮，进入“新文件选项”对话框，选择mmns_part_solid 模板，单击 确定 按钮，进入零件设计界面。

(2) 利用拉伸工具创建基体。

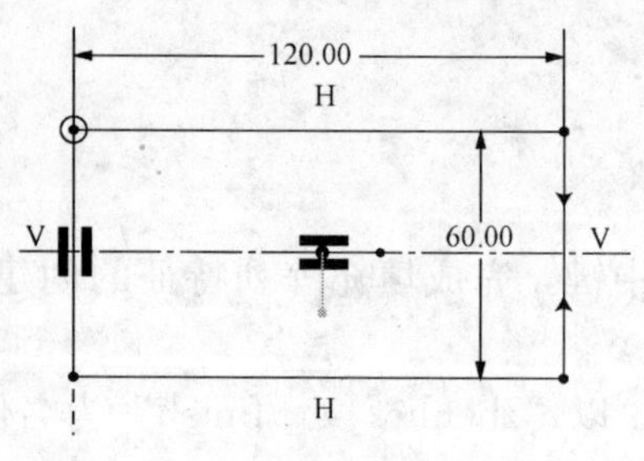

图 2-181 拉伸截面

1) 单击 (拉伸) 按钮，弹出拉伸操控面板，打开“放置”选项卡，单击 定义... 按钮。

2) 弹出“草绘”对话框，选取 TOP 基准平面为草绘平面，进入草绘界面，绘制如图2-181所示拉伸截面。

3) 在操控面板上输入拉伸深度“60”。

4) 单击操控面板上 (确定) 按钮，完成拉伸特征创建，如图 2-182 所示。

(3) 利用扫描工具切出轮廓曲面。

1) 选择菜单“插入”→“扫描”→“切口”命令，弹出“切剪：扫描”对话框和“扫描轨迹”菜单管理器。

2) 选择菜单管理器中“草绘轨迹”选项，选取 FRONT 基准平面为草绘平面，然后依次选择菜单管理器中“正向”→“缺省”选项，进入草绘界面，绘制如图 2-183 所示扫描轨迹线。

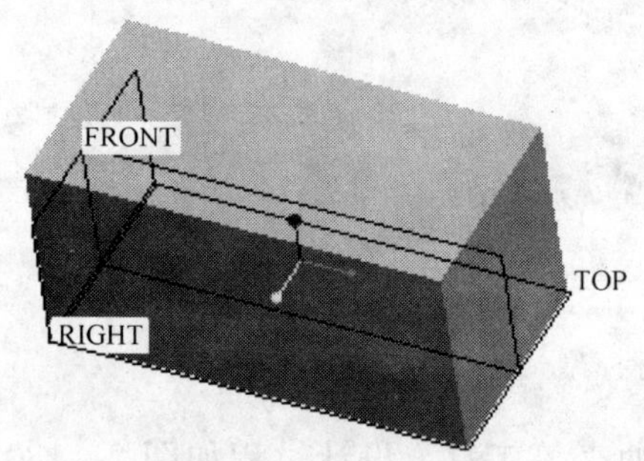

图 2-182 拉伸特征

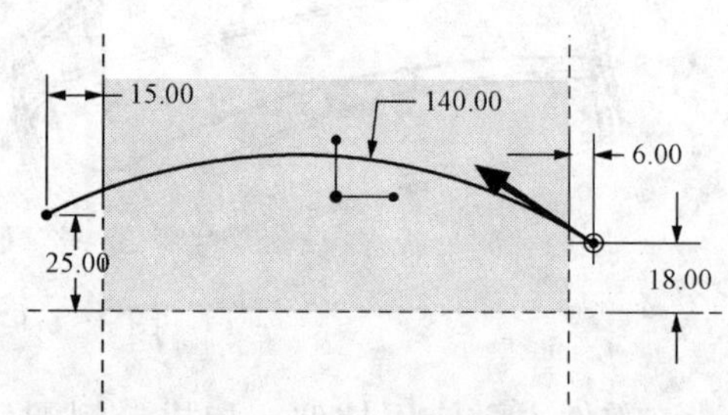

图 2-183 草绘扫描轨迹线

3) 菜单管理器进入“属性”，选择“自由端点”选项。

4) 进入草绘界面，绘制扫描截面，绘制如图 2-184 所示截面。

5) 此时扫描切口所有元素已定义，单击“切剪：扫描”对话框中 确定 按钮，完成扫描切口创建，如图 2-185 所示。

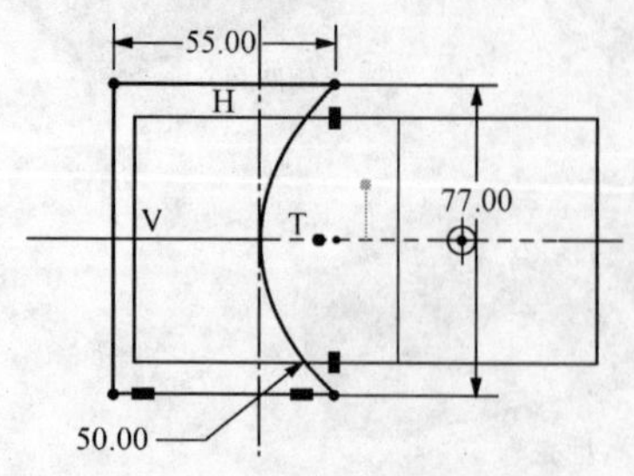

图 2-184 草绘扫描截面

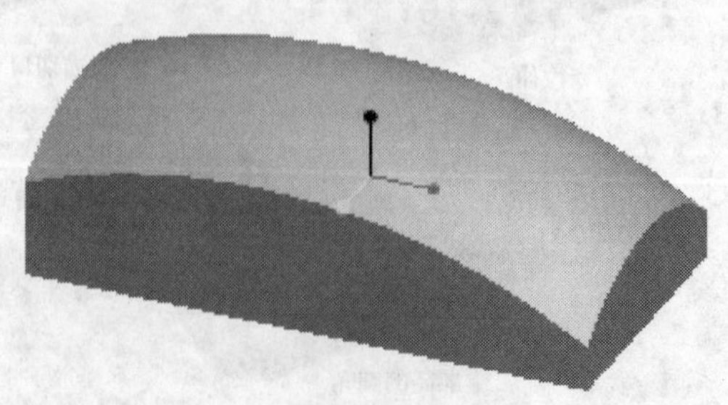

图 2-185 扫描切口创建

(4) 倒圆角修饰一。

1) 单击 (倒圆角) 按钮，弹出倒圆角操控面板。

2) 选取如图 2-186 所示两条边，对其倒圆角，圆角半径为 20。

3) 打开操控面板上“设置”选项卡，单击“新组”，以添加“设置 2”，如图 2-187 所示。

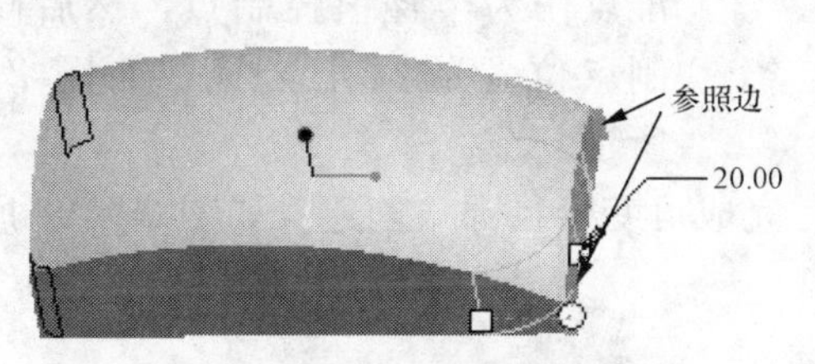

图 2-186 选取两条边

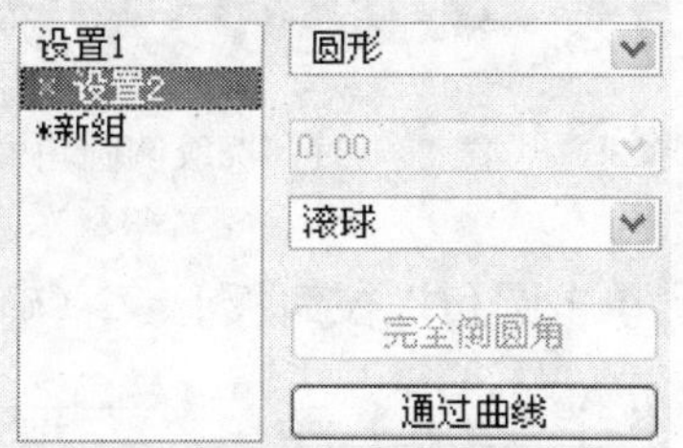

图 2-187 添加“设置 2”

4) 选择圆角“设置 2”圆角的参照边，选取如图 2-188 所示两条边，然后在操控面板中输入圆角半径“5”。

5) 单击圆角操控面板上 (确定) 按钮，完成两组圆角创建，如图 2-189 所示。

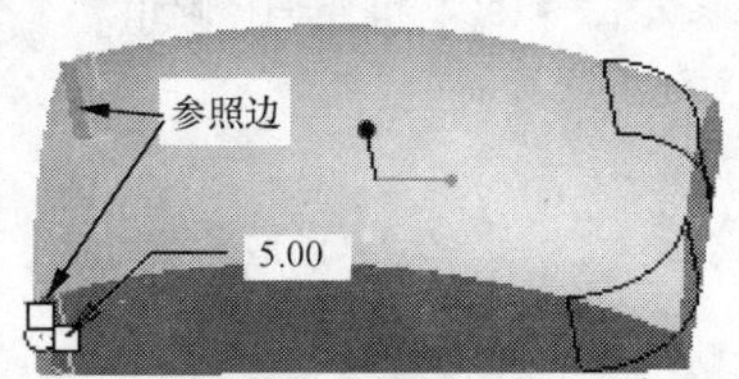

图 2-188 选取边

图 2-189 创建圆角特征

(5) 倒圆角修饰二。

1) 创建参照点。单击 (基准点) 按钮，弹出“基准点对话框”，如图 2-190 左图所示。在图 2-190 右图所示边上创建 4 个基准点。

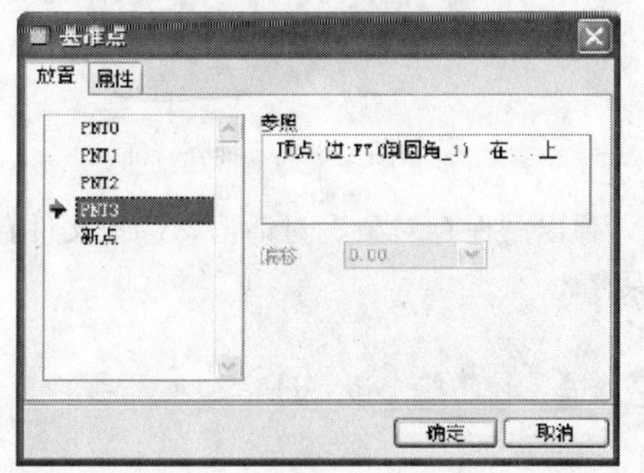

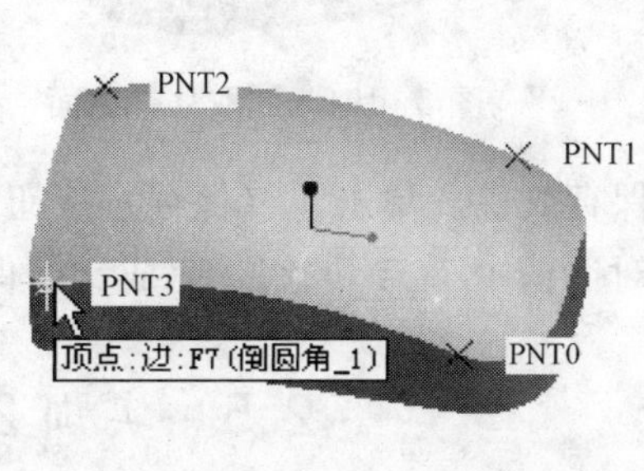

图 2-190 创建基准点

2) 单击 (倒圆角) 按钮，弹出倒圆角操控面板。

3) 选取图 2-191 中参照边，然后打开操控面板“设置”选项卡，对可变半径进行设置。

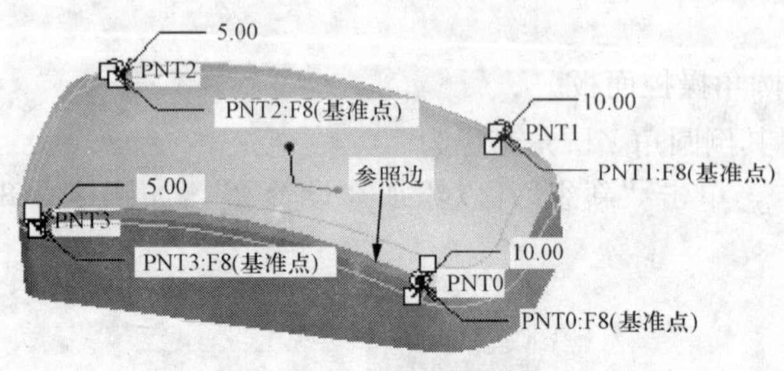

图 2-191　选取倒圆角参照

4）在图 2-192 所示的列表中单击鼠标右键，弹出快捷菜单，选择“添加半径”选项，增加半径控制点，用该方法添加三个半径控制点。在“设置”选项卡中选择控制点选取方式为“参照”，依次选择前面创建的四个基准点作为半径值控制点，然后修改控制点位置的圆角半径，如图 2-192 所示。

5）单击圆角操控面板上✔（确定）按钮，完成可变半径圆角创建，如图 2-193 所示。

#	半径	位置
1	10.00	PNT0:F8(..
2	5.00	PNT3:F8(..
3	5.00	PNT2:F8(..
1	值	参照

设置　过渡　段　选项　属性

图 2-192　设置控制点参数

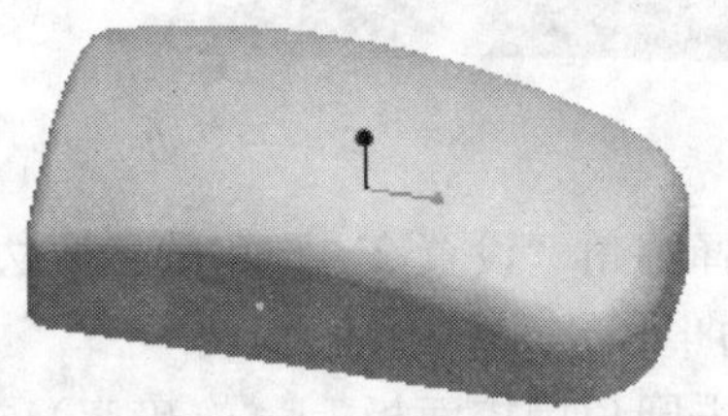

图 2-193　可变半径圆角

（6）建立壳体。

1）单击▣（壳）按钮，弹出壳操控面板。

2）选取移除曲面，如图 2-194 所示。

3）在操控面板上输入壳厚度“2”。

4）单击操控面板上✔（确定）按钮，完成壳体创建，如图 2-195 所示。

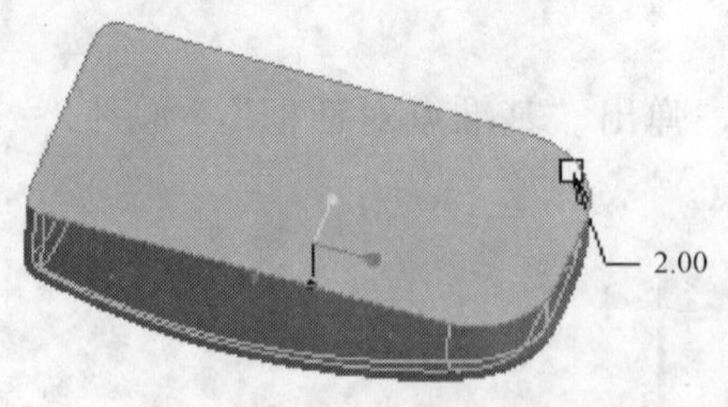

图 2-194　选取移除曲面

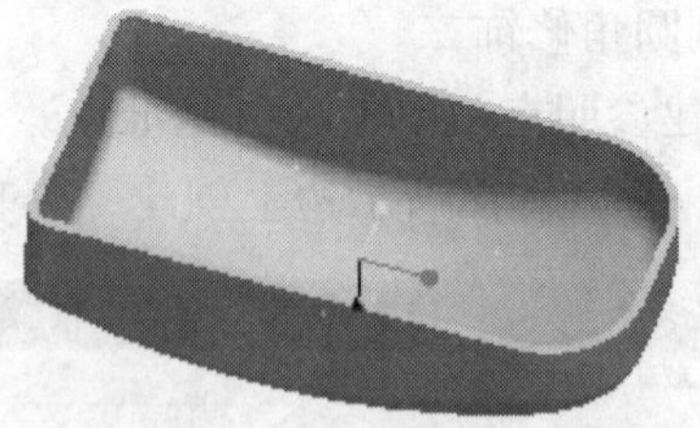

图 2-195　抽壳特征

（7）保存文件。单击▣（保存）按钮，弹出“保存对象”对话框，选择文件存放目录，然后单击对话框中 确定 按钮，完成文件保存。

2.5　实训 2　连接管设计

利用前面学习的基础特征、工程特征、特征编辑工具等操作，设计如图 2-196 所示连接管零件，具体操作步骤如下。

（1）新建文件。单击▢（新建）按钮，弹出“新建”对话框，选择⊙ ▢ 零件类型，输入文件名“2-2”，将☑ 使用缺省模板前面勾选取消，单击 确定 按钮，进入“新文件选项”

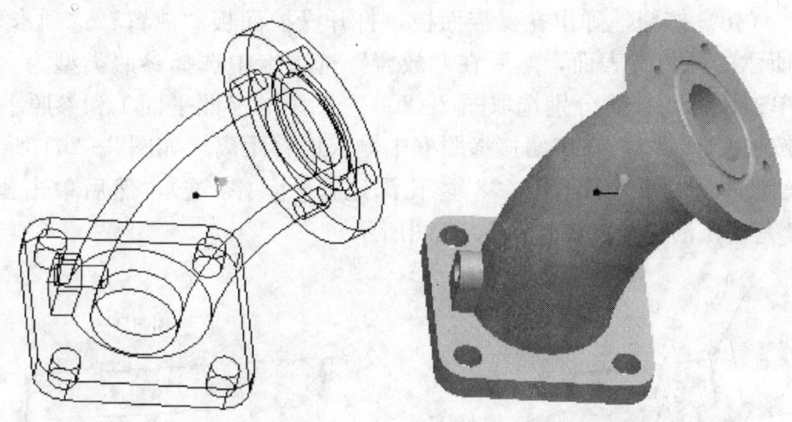

图 2-196 连接管零件

对话框，选择mmns_part_solid模板，单击确定按钮，进入零件设计界面。

（2）设计底部。

1）单击（拉伸）按钮，弹出拉伸操控面板，打开“放置”选项卡，单击定义...按钮。

2）弹出“草绘”对话框，选择FRONT基准平面作为草绘平面，进入草绘界面，绘制拉伸截面，如图 2-197 所示。

3）在操控面板上输入拉伸深度“8”，然后单击操控面板上（确定）按钮，完成拉伸特征创建，如图 2-198 所示。

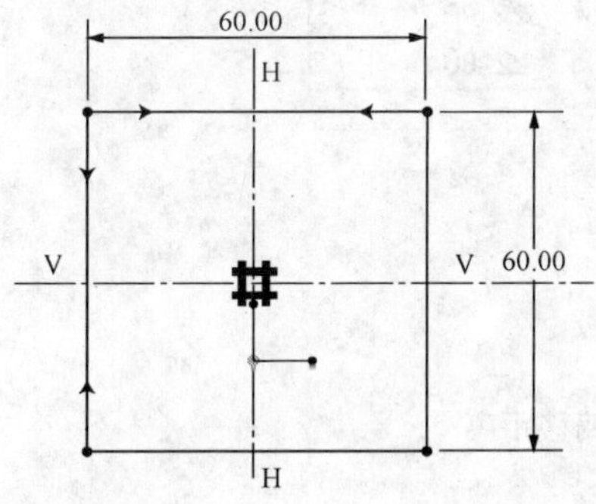

图 2-197 草绘拉伸截面

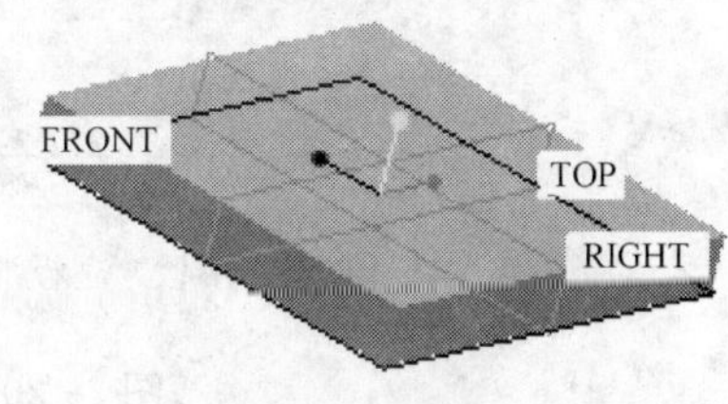

图 2-198 创建拉伸特征

4）单击（倒圆角）按钮，弹出圆角操控面板，选取图 2-199 左图所示四条边，然后输入圆角半径“8”，单击操控面板上（确定）按钮，完成圆角创建，如图 2-199 右图所示。

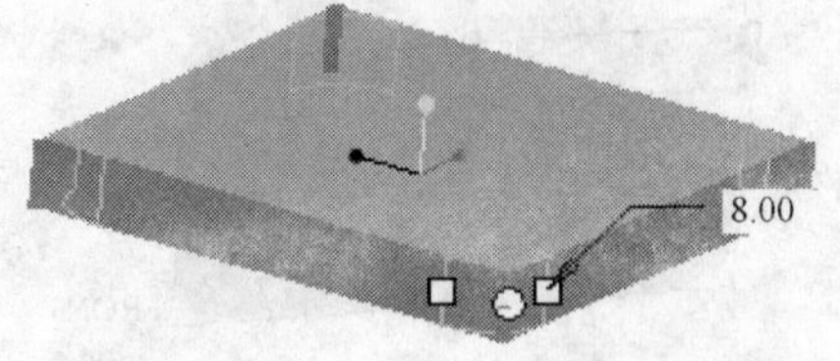

图 2-199 创建圆角

5）单击（孔）按钮，弹出孔操控面板，打开操控面板“放置”选项卡，然后选取图 2-200 左图中所示的孔放置表面，然后在“放置”选项卡中选择参照类型为“线性”，并在偏移参照框中单击鼠标，接着分别选取图 2-200 左图中的参照平面 1 和参照平面 2（选择第二个参照面时按住 Ctrl 键），并在偏移参照框中输入偏移距离，如图 2-201 所示。

6）在孔操控面板中输入孔直径“8”，孔深选择（穿透），然后单击操控面板上（确定）按钮，完成孔创建，如图 2-200 右图所示。

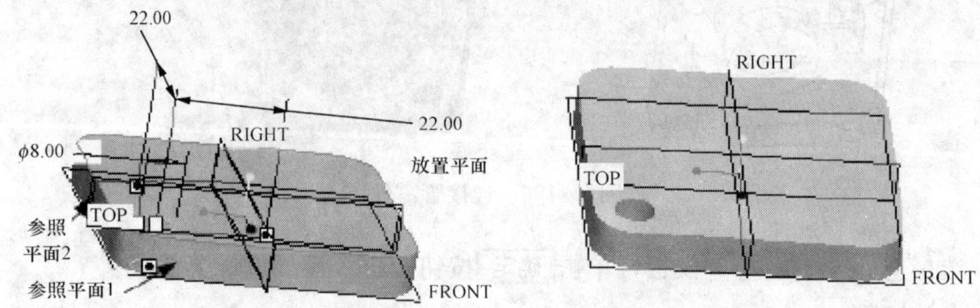

图 2-200　创建孔

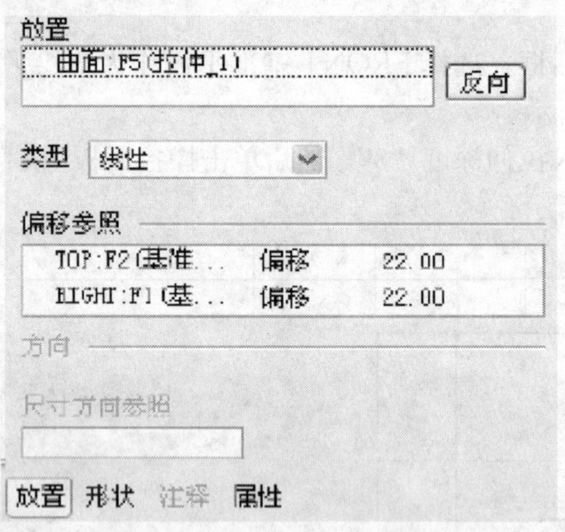

图 2-201　输入偏移距离

7）选取前面创建的孔，然后单击（镜像）按钮，弹出镜像操控面板，选取 RIGHT 基准平面为镜像平面，单击操控面板上（确定）按钮，完成第一次孔镜像，如图 2-202 所示。

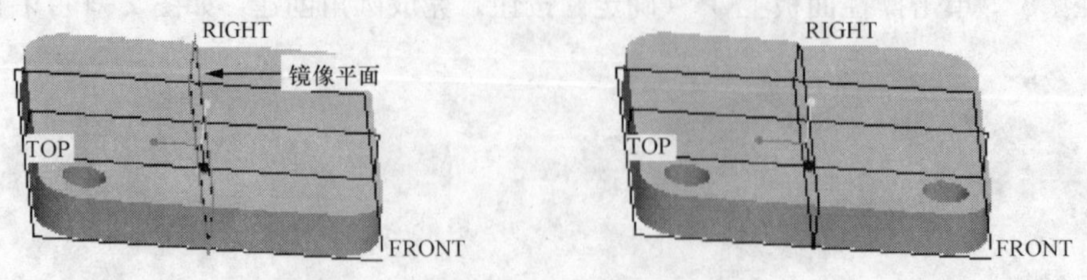

图 2-202　镜像孔

8）再次利用镜像工具，选取前面创建的两个孔，以TOP基准平面为镜像平面，完成第二次孔镜像，如图2-203所示。

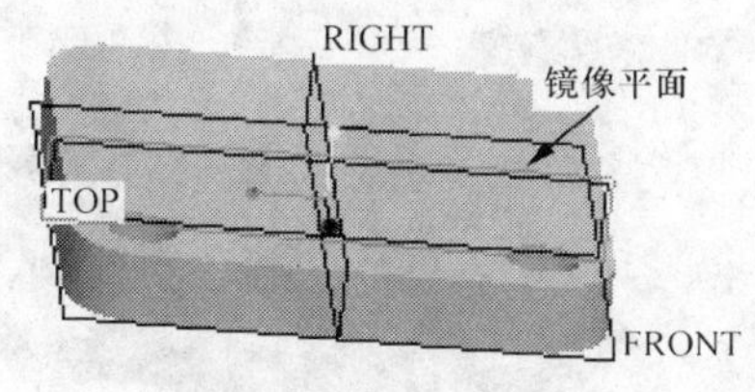

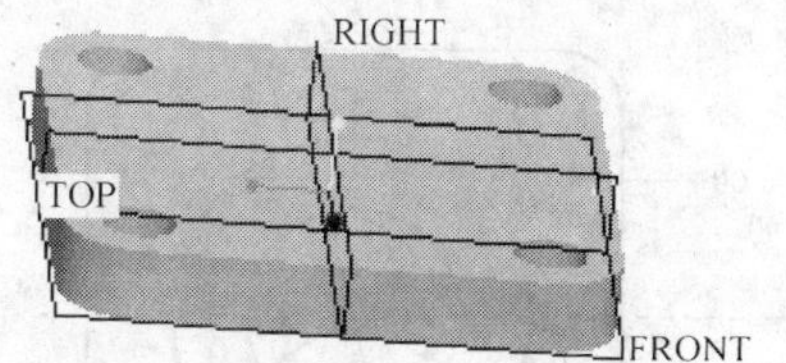

图2-203　第二次孔镜像

9）单击（拉伸）按钮，弹出拉伸操控面板，单击（切除材料）按钮，以创建切口。

10）打开“放置”选项卡，单击 定义... 按钮，弹出“草绘”对话框，选取前面创建实体上表面作为草绘平面，进入草绘界面，绘制拉伸截面，如图2-204所示。

11）在操控面板上选择拉伸方式为（穿透），单击操控面板上（确定）按钮，完成拉伸切口创建，如图2-205所示。

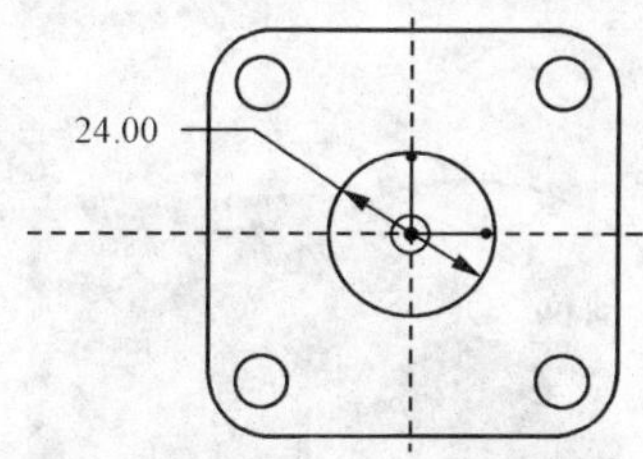

图2-204　草绘拉伸截面

图2-205　拉伸切口创建孔

（3）利用扫描创建弯管。

1）草绘扫描轨迹线。单击（草绘工具）按钮，弹出“草绘”对话框，选取RIGHT基准平面作为草绘平面，进入草绘界面，绘制如图2-206所示的扫描轨迹线。

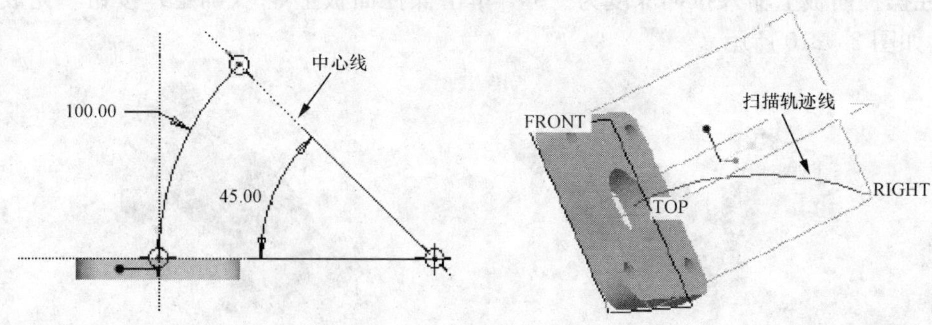

图2-206　草绘扫描轨迹线

2）选择菜单“插入”→“扫描”→“伸出项”命令，弹出“伸出项：扫描”对话框和“扫描轨迹”菜单管理器，选择“选取轨迹”选项。

3）选取图2-206所示的轨迹线，在“属性”菜单管理器中选择“合并终点”选项。

4）进入草绘界面，绘制扫描截面，如图 2-207 所示。

5）单击“伸出项：扫描”对话框中确定按钮，完成扫描特征创建，如图 2-208 所示。

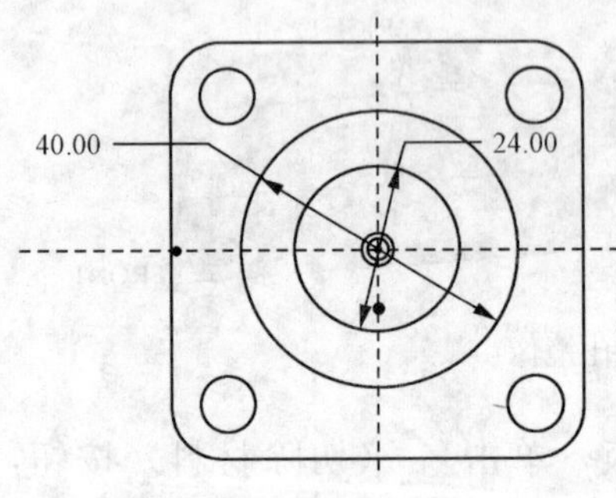

图 2-207 草绘扫描截面

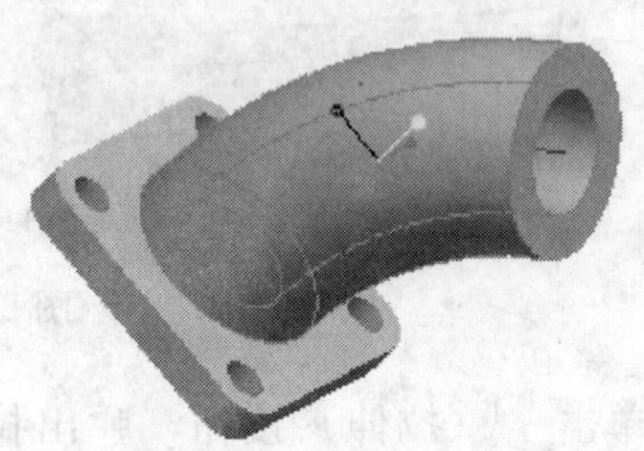

图 2-208 扫描特征

（4）设计顶部端面。

1）单击 （拉伸）按钮，弹出拉伸操控面板，打开“放置”选项卡，单击 定义... 按钮。

2）弹出“草绘”对话框，选择图 2-209 左图所示的平面作为草绘平面，进入草绘界面，绘制拉伸截面，如图 2-209 右图所示。

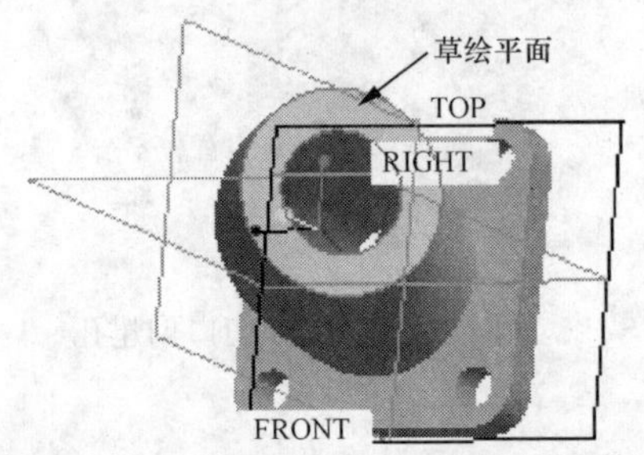

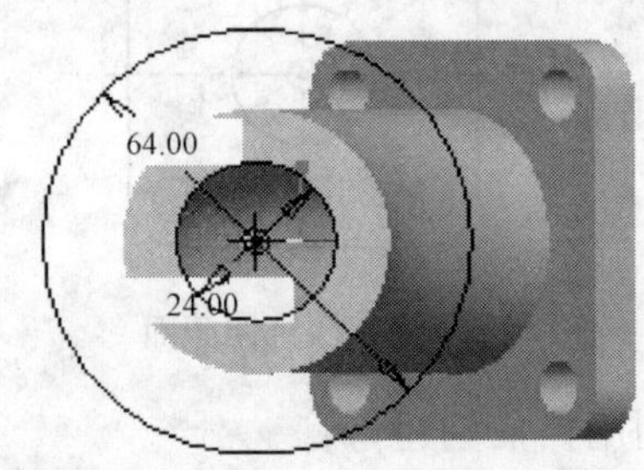

图 2-209 草绘拉伸截面

3）在操控面板上输入拉伸深度为“8”，单击操控面板上 （确定）按钮，完成拉伸特征创建，如图 2-210 所示。

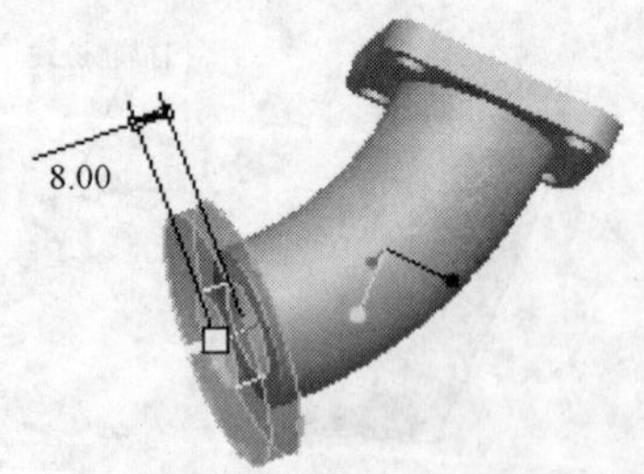

图 2-210 创建拉伸特征

4）单击 （拉伸）按钮，弹出拉伸操控面板，单击 （切除材料）按钮，以创建切口。

5）打开“放置”选项卡，单击 定义... 按钮，弹出“草绘”对话框，选择如图 2-211

左图所示的表面作为草绘平面，进入草绘界面，绘制拉伸截面，如图 2 - 211 右图所示。

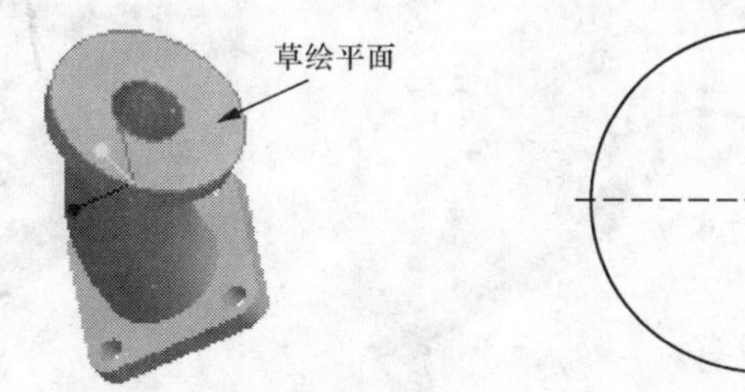

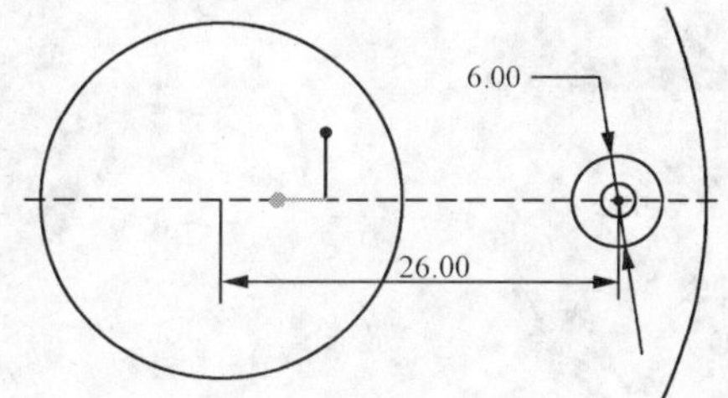

图 2 - 211 草绘拉伸截面

6）在操控面板上输入拉伸深度为“9”，单击操控面板上✔（确定）按钮，完成拉伸切口创建，如图 2 - 212 所示。

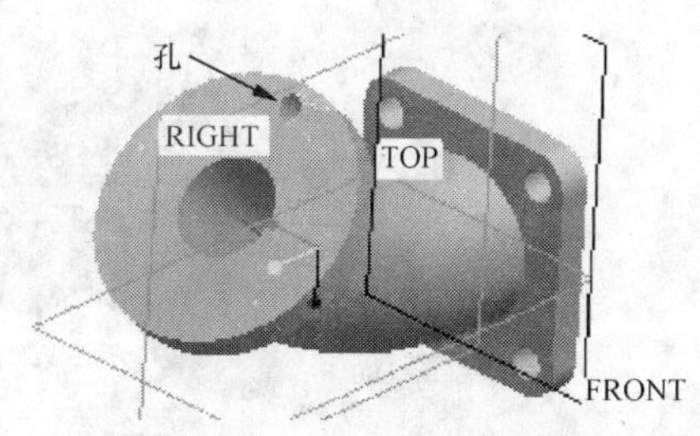

图 2 - 212 拉伸切口创建孔

7）选取前面创建的孔，单击（阵列）按钮，弹出阵列操控面板，选择阵列方式为轴，在视图中选取阵列参照轴，如图 2 - 213 左图所示。在阵列参照中输入阵列数目为“4”，角度间距为“90”，单击操控面板上✔（确定）按钮，完成孔阵列，如图 2 - 213 右图所示。

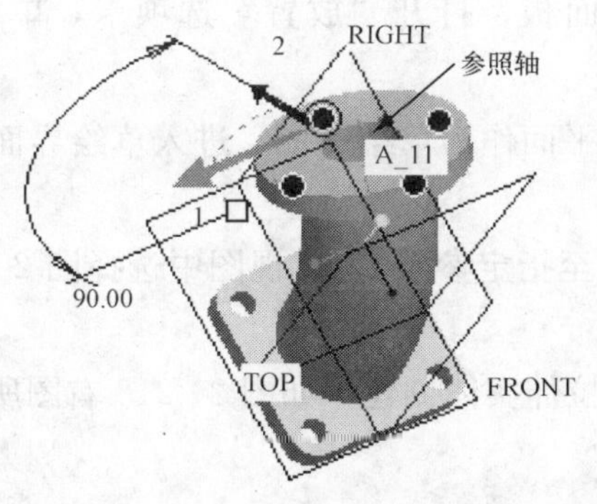

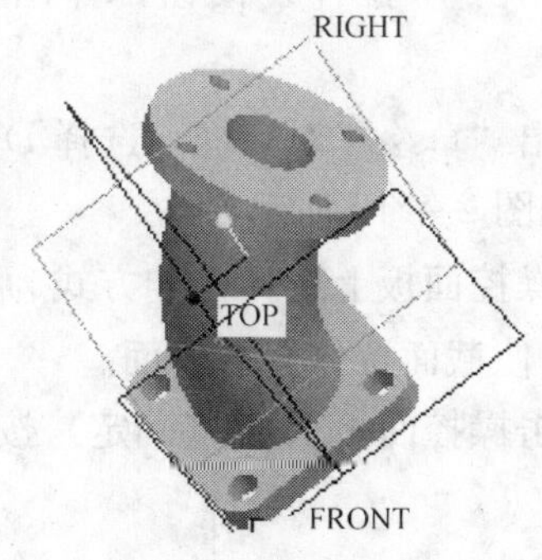

图 2 - 213 阵列孔

8）单击（旋转）按钮，弹出旋转操控面板，单击（切除材料）按钮，以创建切口。

9）打开“位置”选项卡，单击 定义... 按钮，弹出“草绘”对话框，选择 RIGHT 基准平面作为草绘平面，进入草绘界面，绘制旋转截面，如图 2 - 214 所示。

10）单击旋转操控面板上✔（确定）按钮，完成旋转切口，如图 2 - 215 所示。

(5) 设计底部连接结构。

1）建立基准平面。单击（基准平面）按钮，弹出“基准平面”对话框，选取 TOP 基准平面作为参照，然后在“基准平面”对话框中输入平行偏距 25，然后单击对话框 确定 按钮，完成基准平面 DTM1 创建，如图 2 - 216 所示。

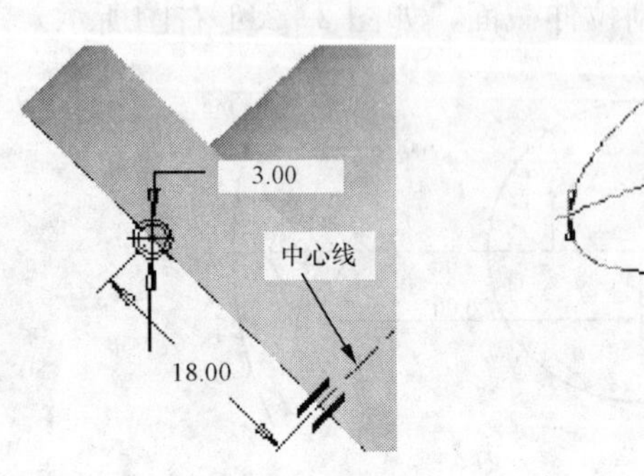

图 2-214 草绘选择截面

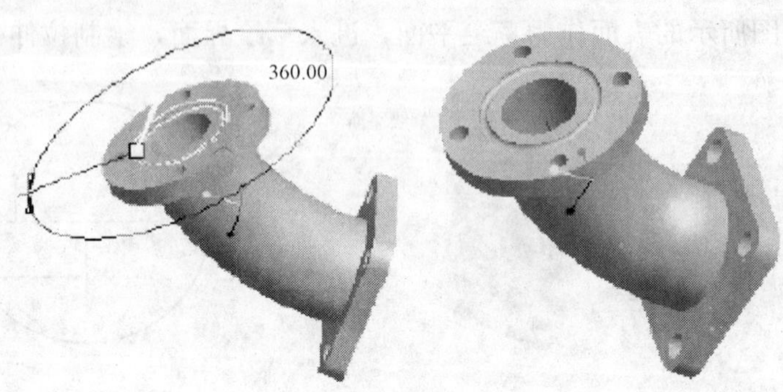

图 2-215 创建旋转切口

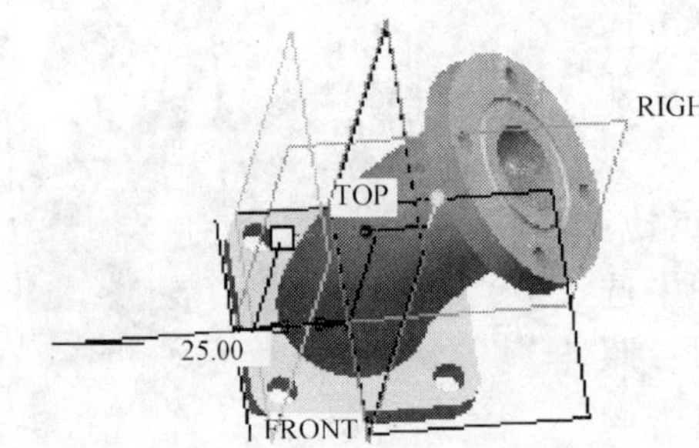

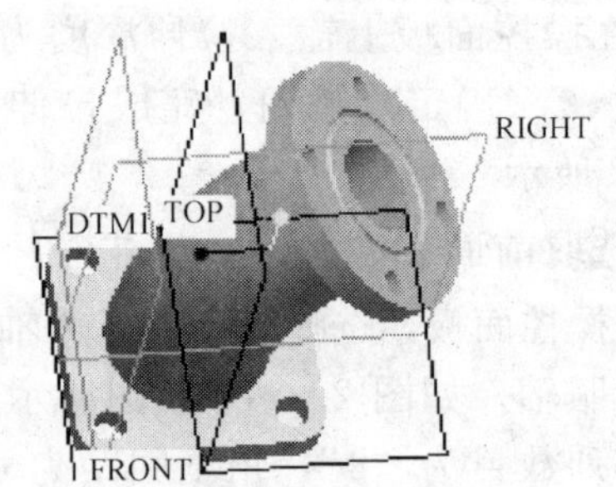

图 2-216 创建基准平面

2）单击 （拉伸）按钮，弹出拉伸操控面板，打开“放置”选项卡，单击 定义... 按钮。

3）弹出“草绘”对话框，选择 DTM1 基准平面作为草绘平面，进入草绘界面，绘制拉伸截面，如图 2-217 所示。

4）在操控面板上选择拉伸方式为 （拉伸至指定参照），在视图中选择图 2-218 左图所示表面，使截面拉伸至该表面。

5）单击操控面板上 （确定）按钮，完成拉伸实体创建，如图 2-218 右图所示。

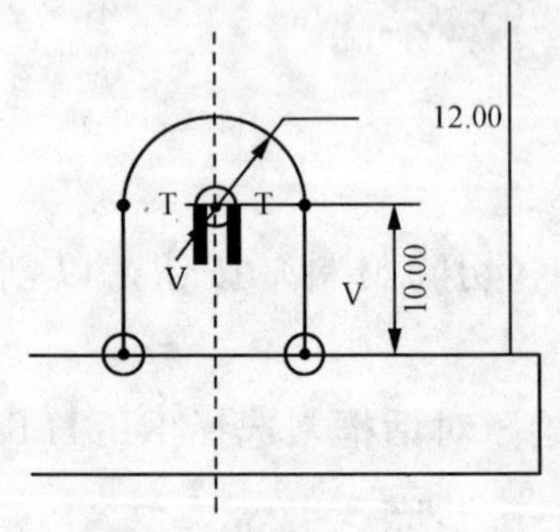

图 2-217 草绘拉伸截面

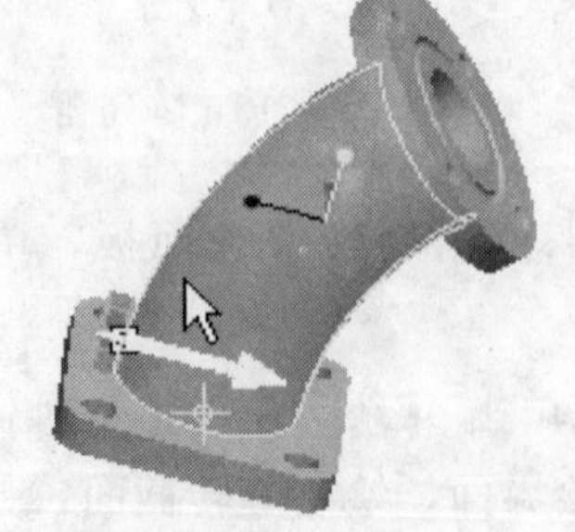

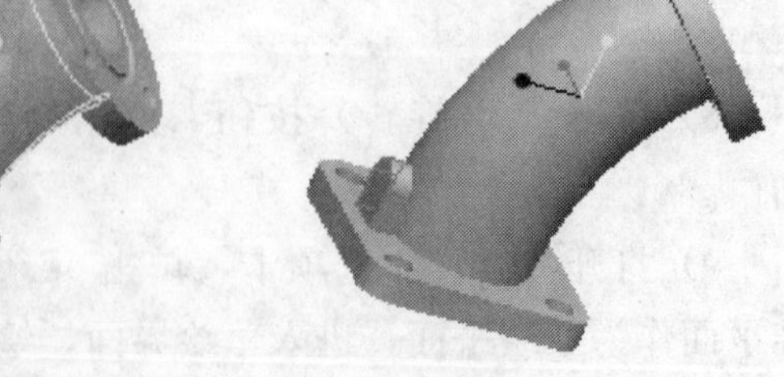

图 2-218 完成拉伸实体创建

6）单击 （拉伸）按钮，弹出拉伸操控面板，单击 （切除材料）按钮，以创建切口。

7）打开“放置”选项卡，单击 定义... 按钮，弹出“草绘”对话框，选择如图 2-219

左图所示的表面作为草绘平面，进入草绘界面，绘制拉伸截面，如图 2-219 右图所示。

8）在操控面板上输入拉伸深度 20，单击操控面板上✔（确定）按钮，完成拉伸切口创建，如图 2-220 所示。

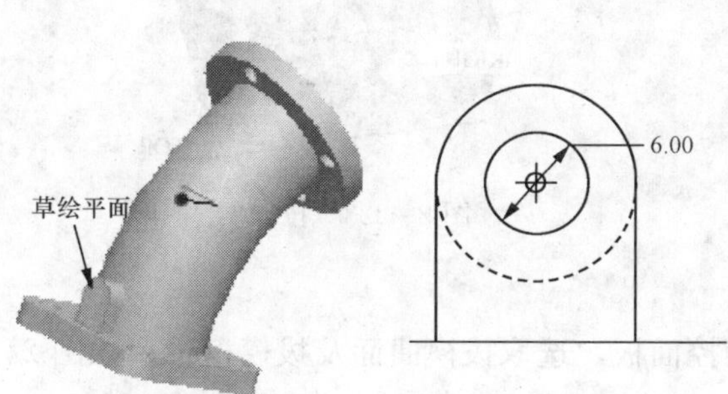

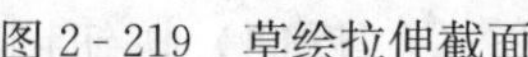

图 2-219 草绘拉伸截面

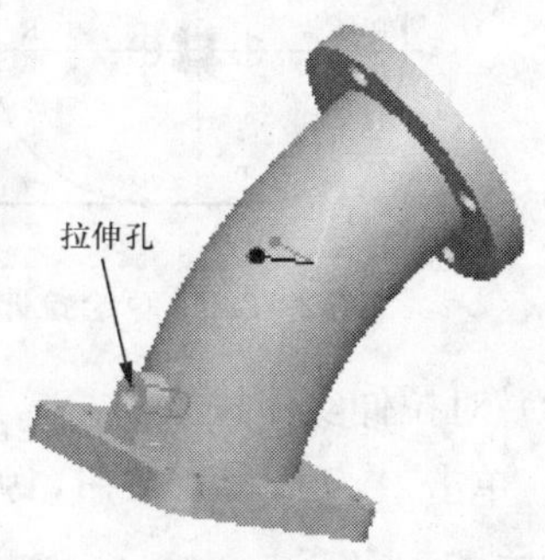

图 2-220 拉伸切口创建孔

（6）保存文件。单击（保存）按钮，弹出“保存对象”对话框，选择文件存放目录，然后单击对话框中 确定 按钮，完成文件保存。

2.6 实训 3 底盘零件设计

利用前面学习的基础特征、工程特征、特征编辑工具等操作，设计如图 2-221 所示零件，具体操作步骤如下。

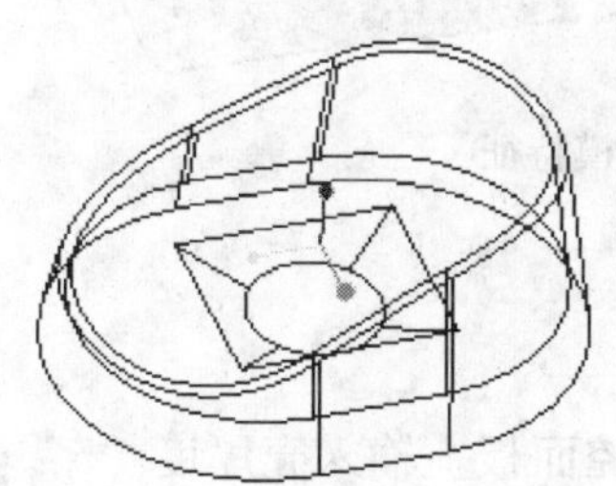

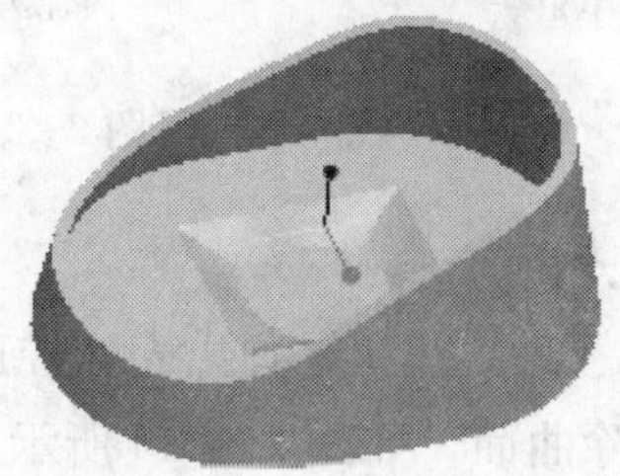

图 2-221 底盘零件

（1）新建文件。单击（新建）按钮，弹出“新建”对话框，选择 零件 类型，输入文件名“2-3”，将 使用缺省模板 前面勾选取消，单击 确定 按钮，进入“新文件选项”对话框，选择 mmns_part_solid 模板，单击 确定 按钮，进入零件设计界面。

（2）利用拉伸创建零件基体。

1）单击（拉伸）按钮，弹出拉伸操控面板，打开“放置”选项卡，单击 定义... 按钮。

2）弹出“草绘”对话框，选择 TOP 基准平面作为草绘平面，进入草绘界面，绘制拉伸截面，如图 2-222 所示。

3）在操控面板上输入拉伸深度 100，单击拉伸操控面板上✔（确定）按钮，完成拉伸特征创建，如图 2-223 所示。

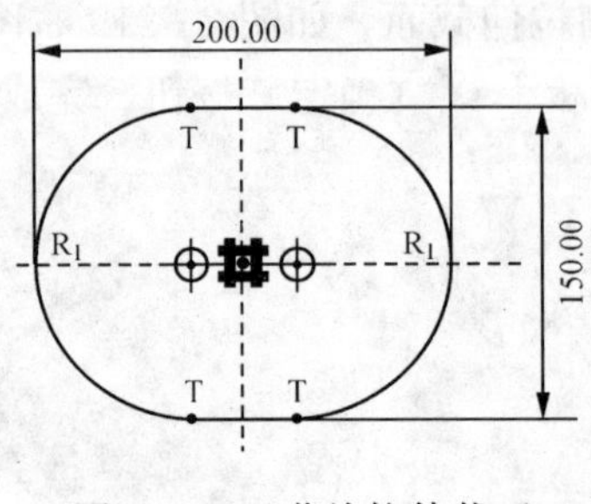

图 2-222　草绘拉伸截面

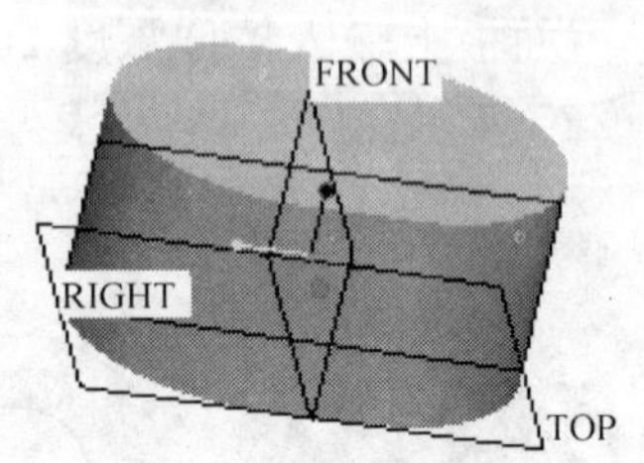

图 2-223　拉伸实体

（3）对拉伸实体拔模。

1）单击（拔模）按钮，弹出拔模操控面板，选取拔模曲面及拔模枢轴，如图 2-224 左图所示。

2）在拔模操控面板上输入拔模角度为 10，并单击（反向）按钮调整拔模方向，使拔模方向向下。

3）单击操控面板上（确定）按钮，完成拔模特征创建，如图 2-224 右图所示。

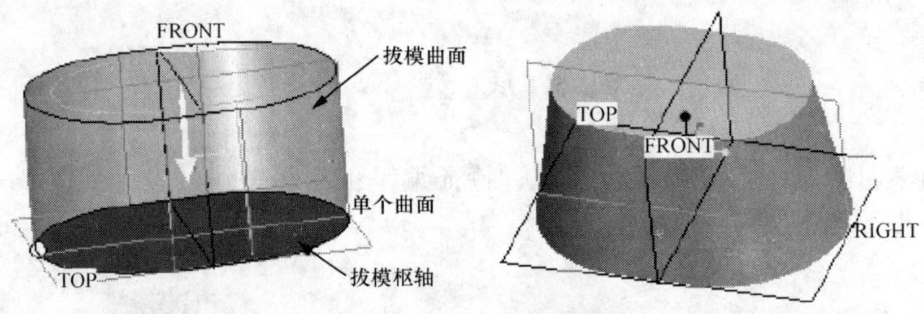

图 2-224　创建拔模特征

（4）创建壳体。

1）单击（壳）按钮，弹出壳操控面板。

2）选取移除曲面，如图 2-225 所示，并在操控面板上输入壳厚度“5”。

3）打开操控面板上“参照”选项卡，用鼠标单击“非缺省厚度”选项框，激活该选项，然后选取图 2-225 中底面，并在“非缺省厚度”选项框中输入厚度“20”，如图 2-226 所示。

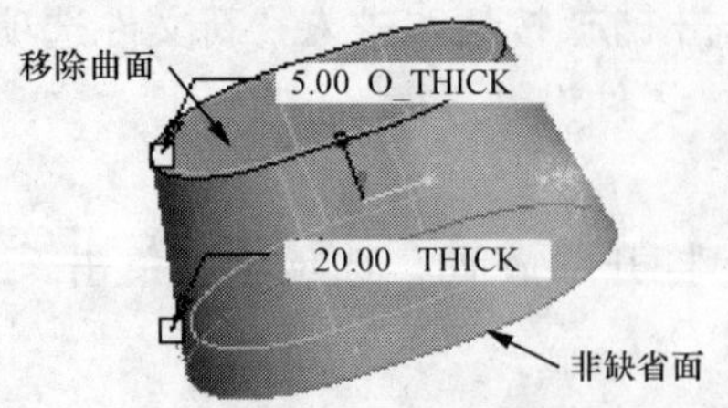

图 2-225　选取移除曲面

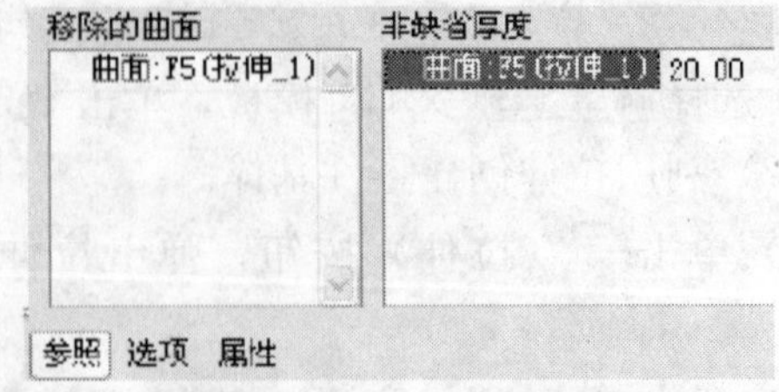

图 2-226　非缺省厚度

4）单击操控面板上（确定）按钮，完成壳体创建，如图 2-227 所示。

（5）利用拉伸切口切出零件上表面。

1）单击（拉伸）按钮，弹出拉伸操控面板，单击（切除材料）按钮，以创建切口。

2）打开“放置”选项卡，单击 定义... 按钮，弹出“草绘”对话框，选择 RIGHT 基准平面作为草绘平面，进入草绘界面，绘制拉伸截面，如图 2-228 所示。

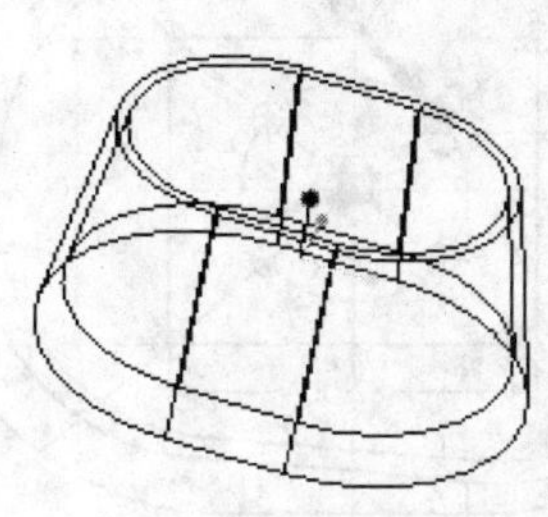
图 2-227　完成壳体创建

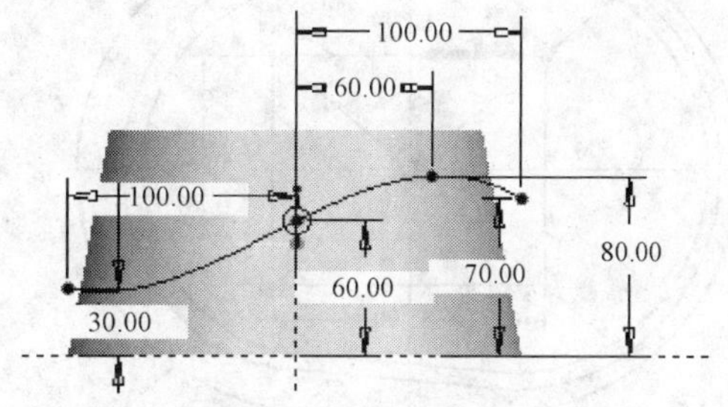

图 2-228　拉伸截面

3）在操控面板上选择拉伸方式为（对称），输入拉伸深度“150”。

4）单击操控面板上（确定）按钮，完成拉伸切口创建，如图 2-229 所示。

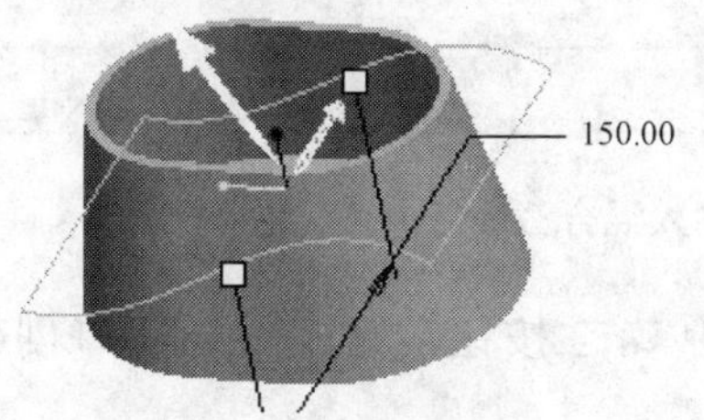

图 2-229　拉伸切口创建

（6）利用混合切口创建底部凹槽。

1）选择菜单“插入”→“混合”→“切口”命令，弹出“混合选项”菜单管理器，选择“平行”→“规则截面”→“草绘截面”选项，然后单击“完成”。

2）弹出“切剪：混合，平行”对话框，菜单管理器进入“属性”，选择“直的”，然后单击“完成”。

3）系统提示选择草绘平面进行混合截面定义。选取图 2-230 所示表面作为草绘平面，然后单击菜单管理器中“正向”选项，使混合方向如图 2-231 所示，单击“缺省”选项。

4）进入草绘界面，绘制第一个混合截面，如图 2-232 所示。

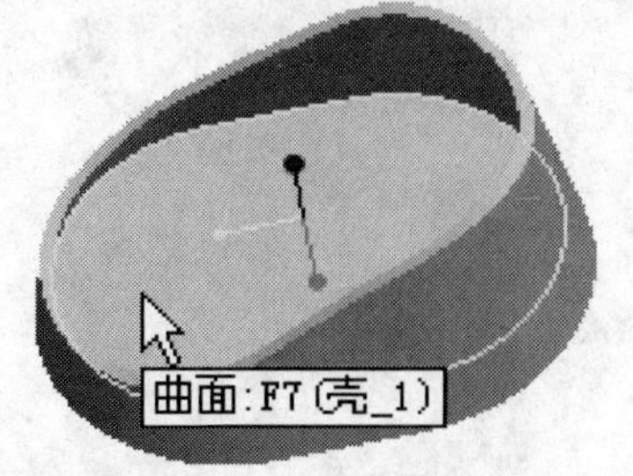

图 2-230　选取草绘平面

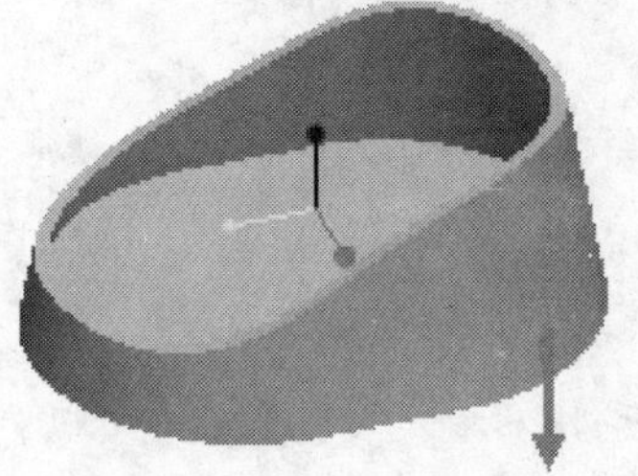
图 2-231　混合方向

5）按住鼠标右键，弹出快捷菜单，选择“切换剖面”选项，绘制第二个混合截面，如图 2-233 所示。

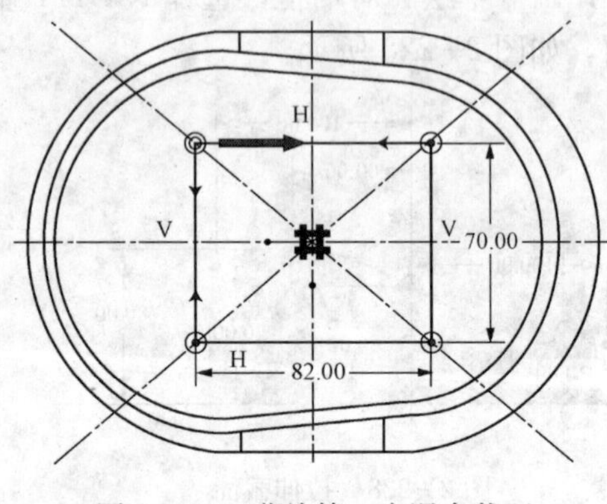

图 2-232　草绘第一个混合截面

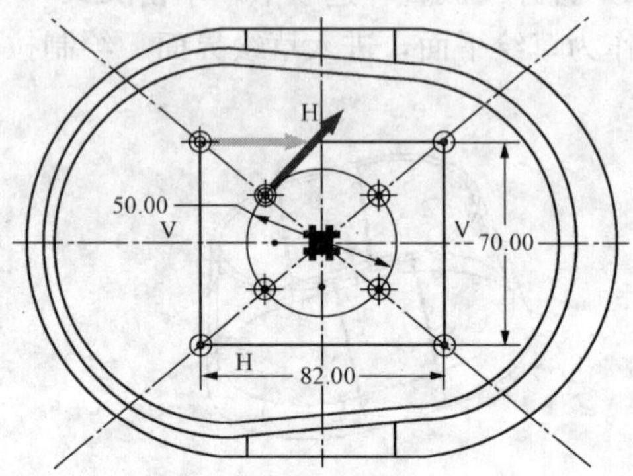

图 2-233　草绘第二个混合截面

6）选择菜单管理器中“盲孔”选项，单击“完成”，界面下方提示输入两混合截面直接距离，输入 10，如图 2-234 所示。

图 2-234　输入混合截面距离

7）单击“切剪：混合，平行”对话框中 **确定** 按钮，完成混合切口创建，如图 2-235 所示。

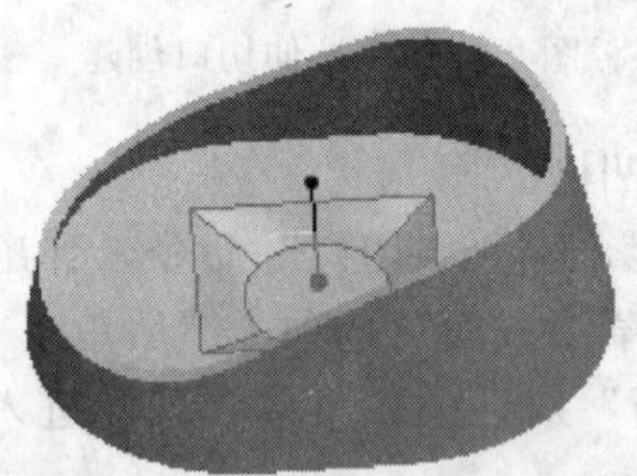

图 2-235　混合切口凹槽

（7）保存文件。单击（保存）按钮，弹出“保存对象”对话框，选择文件存放目录，然后单击对话框中 **确定** 按钮，完成文件保存。

模 块 三

简 单 产 品 设 计 实 例

本模块设计实例

(1) 吹风机设计。

(2) 皮带轮设计。

(3) 风扇后盖零件设计。

(4) 盖板零件设计。

在前面两章依次学习了 Pro/E 中产品设计的基本建模工具的操作方法，包括草绘二维截面、建立基准特征、创建基础特征、创建工程特征及特征编辑等，并借助实例帮助读者掌握这些工具在产品设计中的应用技巧。本章将以实际产品或零件设计为载体，使读者能综合应用前面所学的基本建模工具进行产品设计，培养根据产品设计的目标确定模型特征的构成及特征创建的顺序的基本技能，达到深刻领会 Pro/E 的参数化设计思想和特征建模原理的目的，为利用 Pro/E 软件进行产品设计打下坚实的基础。

3.1 实训 1 吹 风 机 设 计

本次实训设计一个电吹风机，如图 3-1 所示。在设计中，综合使用各种基本建模工具，包括旋转、拉伸、混合、倒圆角、抽壳以及整列等，具体操作步骤如下。

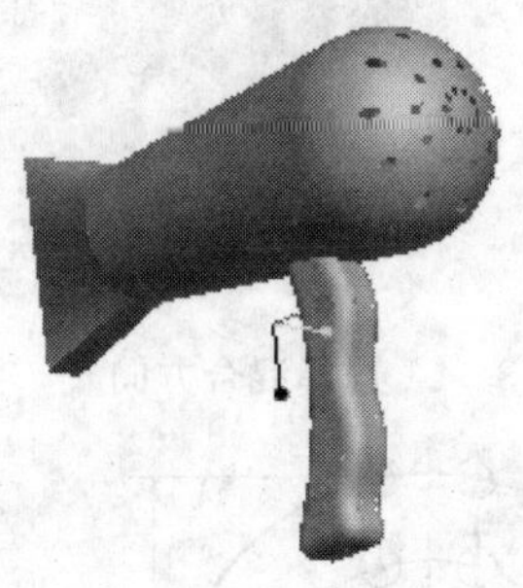

图 3-1 电吹风机

(1) 新建文件。单击 (新建) 按钮，弹出“新建”对话框，选择 零件类型，输入文件名“3-1”，将 使用缺省模板 前面勾选取消，单击 确定 按钮，进入“新文件选项”对话框，选择 mmns_part_solid 模板，单击 确定 按钮，进入零件设计界面。

(2) 利用旋转工具创建机身。

1) 单击 (旋转) 按钮，弹出旋转操控面板，打开“位置”上滑面板，单击 定义...

按钮，弹出“草绘”对话框，选择 FRONT 基准平面作为草绘平面，进入草绘界面，绘制旋转截面，如图 3-2 所示。

2）单击旋转操控面板上✔（确定）按钮，完成旋转特征创建，如图 3-3 所示。

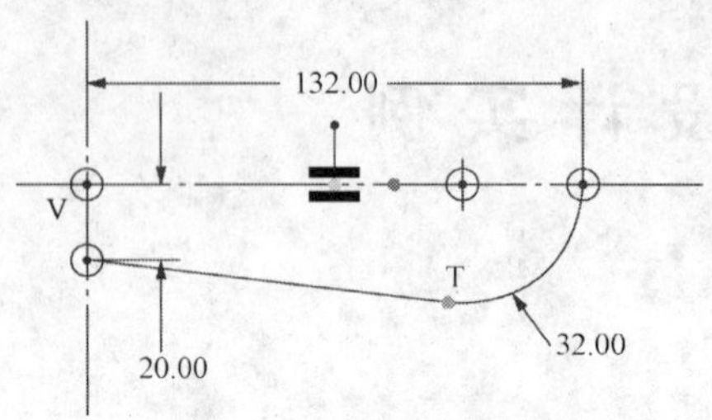

图 3-2　旋转截面

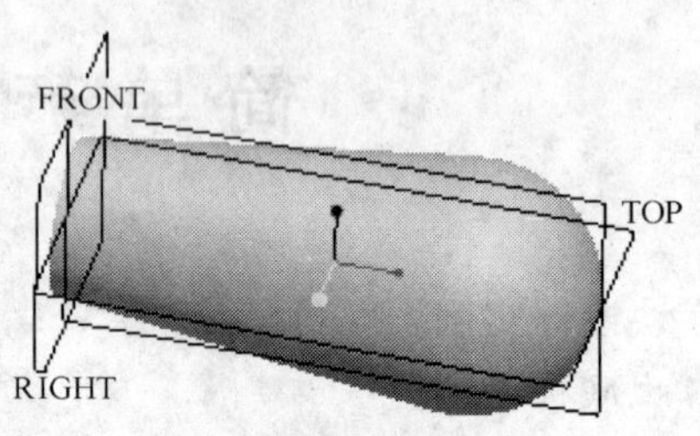

图 3-3　旋转特征

（3）利用混合工具创建吹风机嘴部。

1）选择菜单“插入”→“混合”→“伸出项”命令，弹出“混合选项”菜单，选择“平行”→“规则截面”→“草绘截面”选项，然后单击“完成”，弹出“伸出项：混合”，菜单进入“属性”，选择“光滑”，单击“完成”。

2）系统提示选择混合截面草绘平面，选择 RIGHT 基准平面作为草绘平面，选择菜单中“正向”，使混合方向如图 3-4 所示，选择“缺省”，确定草绘平面放置参照，进入草绘界面。

3）绘制第一个混合截面，先画一个圆，然后添加两条竖直的中心线，在中心线与圆四个交点处利用（断点）工具将圆打成四段，如图 3-5 所示。

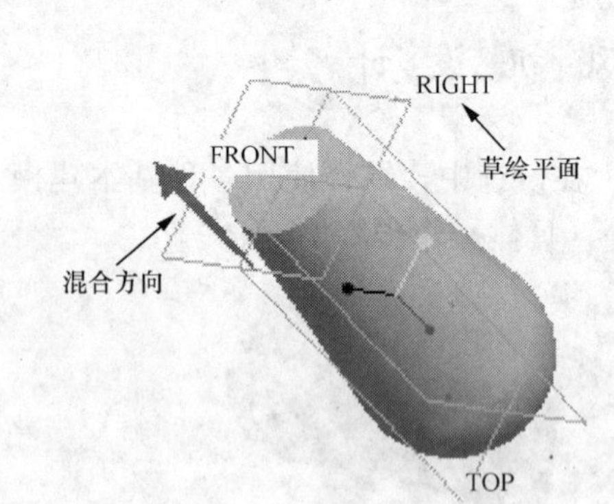

图 3-4　选择混合方向

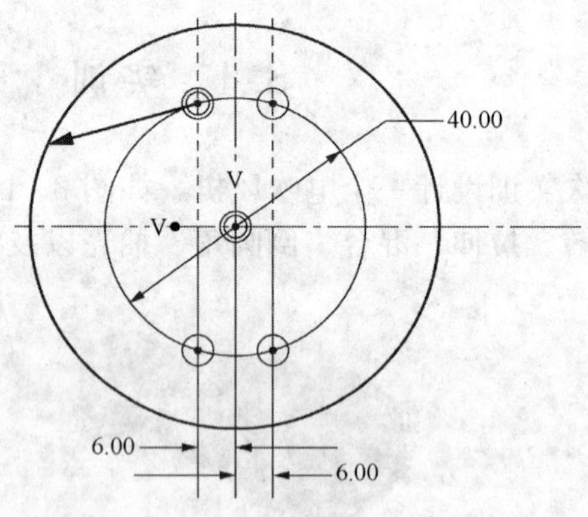

图 3-5　第一个混合截面

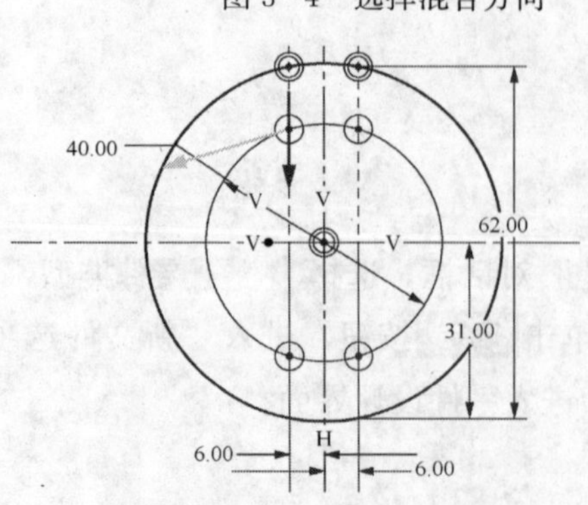

图 3-6　第二个混合截面

4）按住鼠标右键，弹出快捷菜单，选择“切换剖面”按钮，绘制第二个混合截面，该截面也为四段，混合的方向与第一个截面一致，如图 3-6 所示。

5）选择菜单管理器“盲孔”选项，然后单击“完成”，界面下方弹出输入深度对话框，输入“35”。

6）单击“伸出项：混合”对话框中 确定 按钮，完成混合特征创建，如图 3-7 所示。

（4）利用拉伸工具创建手柄。

1）单击（拉伸）按钮，弹出拉伸操控面板，打开“放置”选项卡，单击 定义... 按钮。

2）弹出“草绘”对话框，选择 FRONT 基准平面作为草绘平面，进入草绘界面，绘制拉伸截面，如图 3-8 所示。

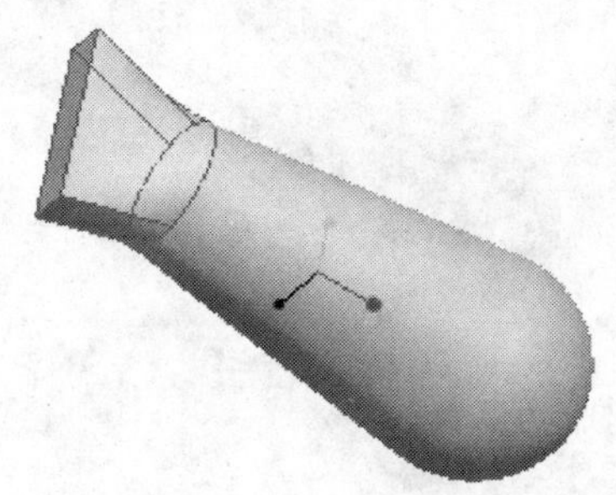

图 3-7　混合特征

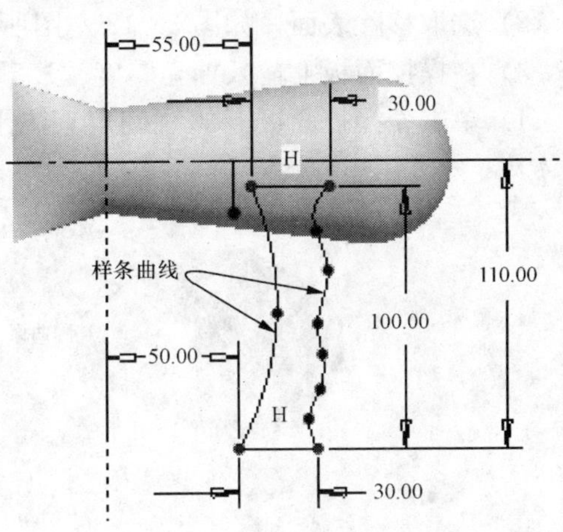

图 3-8　拉伸截面

3）在操控面板上设置拉伸方向为双向拉伸，拉伸深度为“16”，如图 3-9 所示。

4）单击拉伸操控面板上✔（确定）按钮，完成拉伸特征创建，如图 3-10 所示。

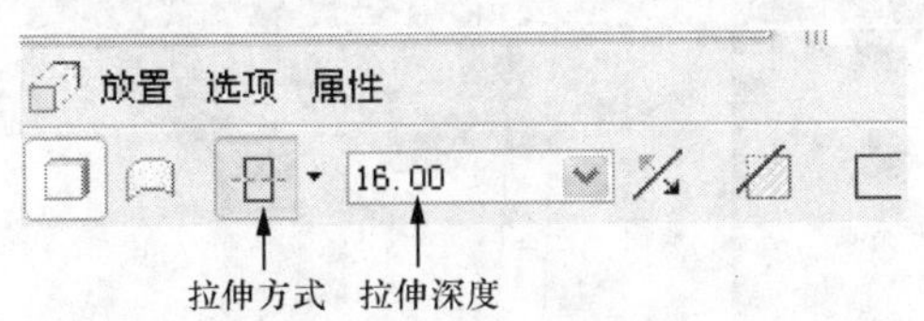

图 3-9　拉伸参数设置

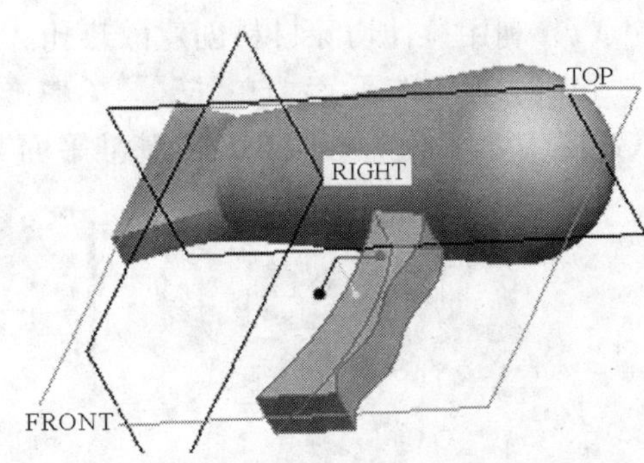

图 3-10　利用拉伸特征创建手柄

（5）倒圆角修饰。

1）单击（倒圆角）按钮，弹出倒圆角操控面板。

2）选择上一步骤创建的拉伸特征的边（按住 Ctrl 键多选）。

3）在倒圆角操控面板中设置圆角半径为“5”。

4）单击圆角操控面板上✔（确定）按钮，完成倒圆角创建，如图 3-11 所示。

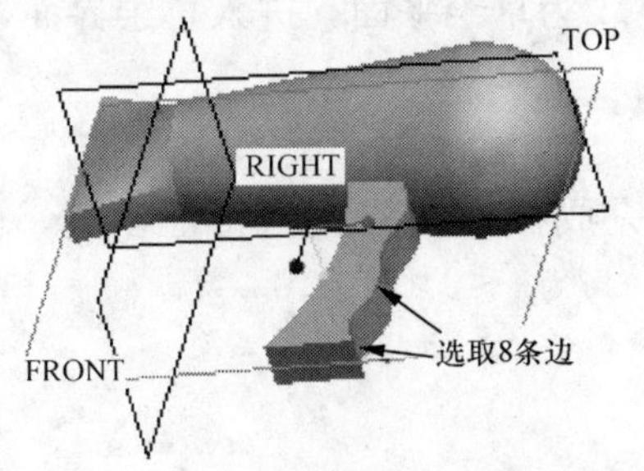

TOP
RIGHT
FRONT
圆角

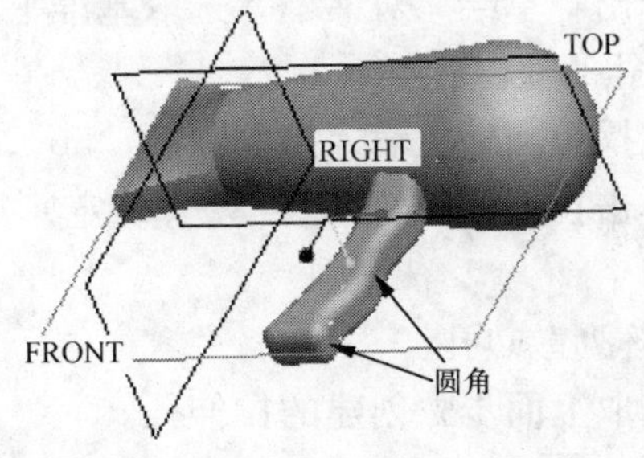

图 3-11　倒圆角

（6）建立壳体。

1）单击（壳）按钮，弹出壳操控面板。

2）选取移除表面，如图 3-12 左图所示。

3）在操控面板上输入抽壳厚度“1.5”。

4）单击壳操控面板上✔（确定）按钮，完成壳体创建，如图 3-12 右图所示。

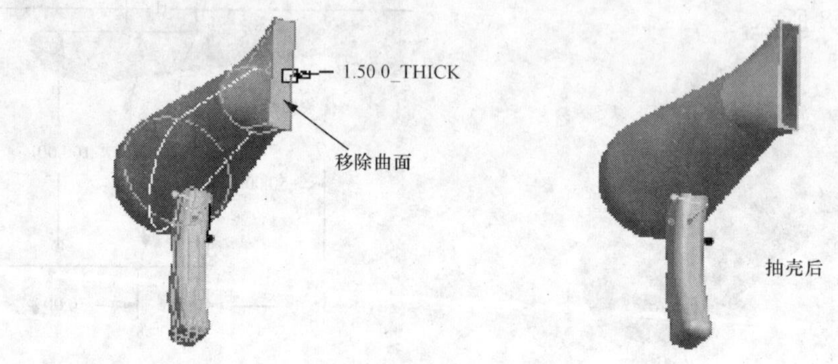

图 3-12 抽壳

（7）利用拉伸切除材料创建散热孔。

1）创建基准平面。单击（基准平面）按钮，弹出“基准平面”对话框，选取 RIGHT 基准平面为参照，在“基准平面”对话框中输入偏距“100”，如图 3-13 所示。

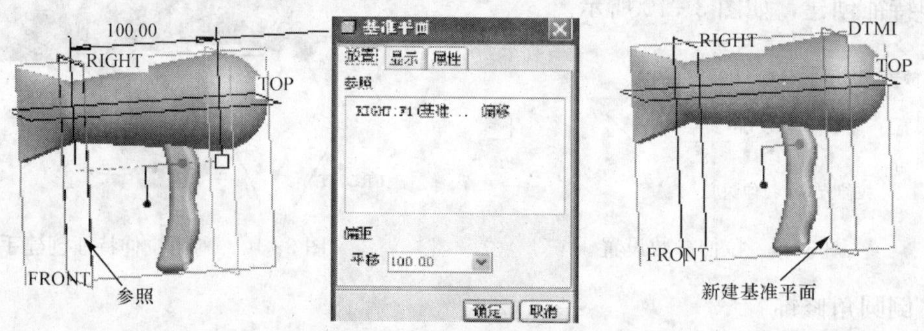

图 3-13 创建基准平面 DTM1

2）单击（拉伸）按钮，弹出拉伸操控面板，单击（切除材料）按钮，以创建切除材料特征，打开“放置”选项卡，单击 定义... 按钮。

3）弹出“草绘”对话框，选取基准平面 DTM1 为草绘平面，进入草绘界面，绘制拉伸截面，如图 3-14 所示。

4）在操控面板上输入拉伸深度“50”。

5）单击拉伸操控面板上✔（确定）按钮，完成拉伸切除材料特征创建，如图 3-15 所示。

（8）阵列散热孔。

1）选取上面步骤创建的拉伸孔。

2）单击（阵列）按钮，弹出阵列操控面板，选择阵列方式为“轴”整列。

3）选择图 3-16 左图中轴为阵列参照。

4）在阵列操控面板中输入阵列数目“10”，角度间距“36”。

5）单击阵列操控面板上✔（确定）按钮，完成阵列特征创建，如图 3-16 所示。

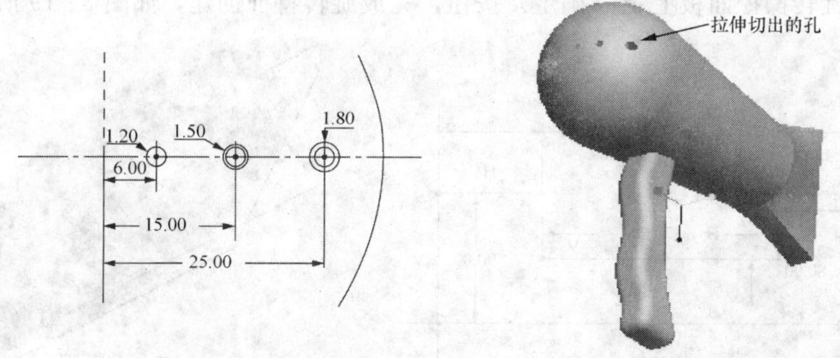

图 3-14 拉伸截面 图 3-15 完成特征创建

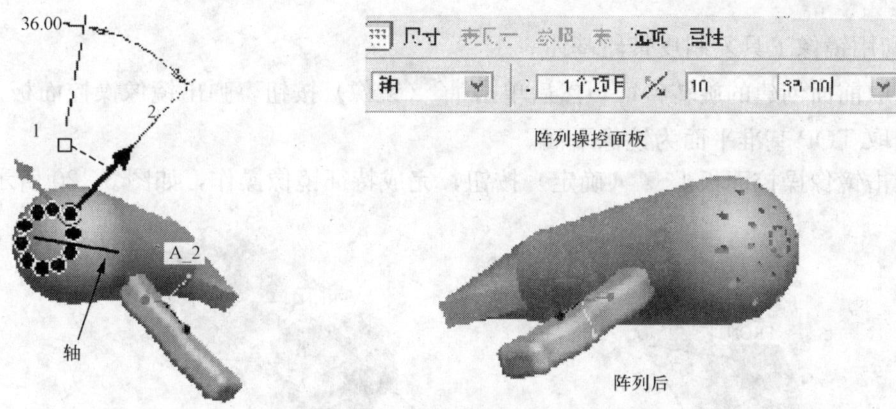

图 3-16 阵列创建散热孔

(9) 保存文件。单击(保存)按钮，弹出“保存对象”对话框，选择文件存放目录，然后单击对话框中 确定 按钮，完成文件保存。

3.2 实训 2 皮带轮设计

本次实训设计一个皮带轮，如图 3-17 所示。在设计中，综合使用各种基本建模工具，包括拉伸、旋转、镜像、阵列、倒角等，具体操作步骤如下。

(1) 新建文件。单击(新建)按钮，弹出“新建”对话框，选择 零件类型，输入文件名“3-2”，将 使用缺省模板前面勾选取消，单击 确定 按钮，进入“新文件选项”对话框，选择 mmns_part_solid 模板，单击 确定 按钮，进入零件设计界面。

(2) 利用旋转工具创建皮带轮基体。

1) 单击(旋转)按钮，弹出旋转操控面板，打开“位置”上滑面板，单击 定义... 按钮，弹出“草绘”对话框，选择 FRONT 基准平面作为草绘平面，进入草绘界面，绘制旋转截面，如图 3-18 所示。

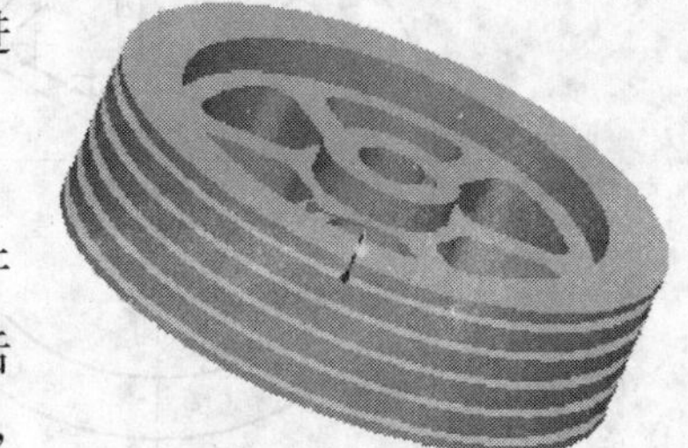

图 3-17 皮带轮

2）单击旋转操控面板上✔（确定）按钮，完成旋转特征创建，如图 3-19 所示。

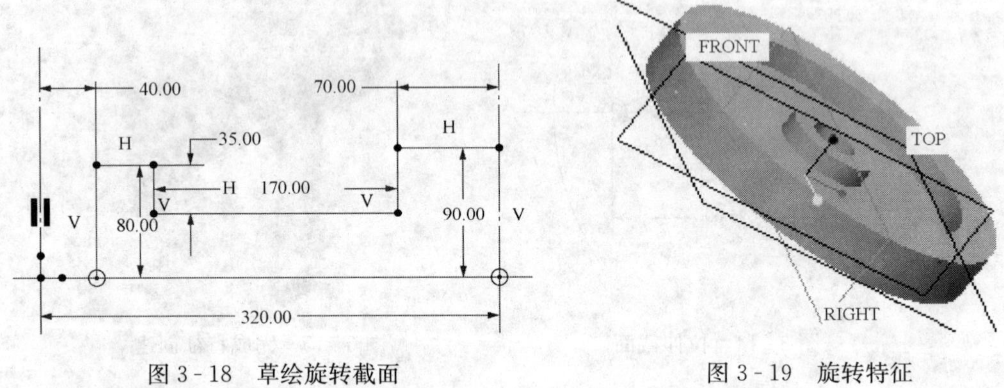

图 3-18　草绘旋转截面　　　　图 3-19　旋转特征

（3）利用镜像工具复制皮带轮基体。

1）选取前面创建的旋转特征，然后单击镜像（镜像）按钮，弹出镜像操控面板。

2）选取 TOP 基准平面为镜像平面。

3）单击镜像操控面板上✔（确定）按钮，完成特征镜像操作，如图 3-20 所示。

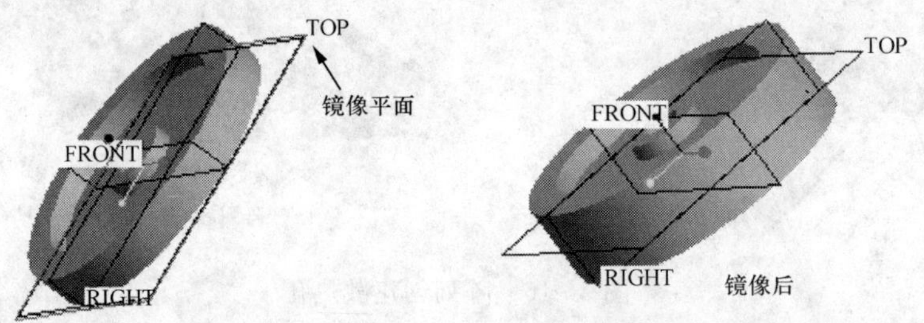

图 3-20　特征镜像操作

（4）利用拉伸工具切出一个轮辐孔。

1）单击拉伸（拉伸）按钮，弹出拉伸操控面板，单击切除材料（切除材料）按钮，以创建切除材料特征，打开“放置”选项卡，单击 定义... 按钮。

2）弹出“草绘”对话框，选取 TOP 基准平面为草绘平面，进入草绘界面，绘制拉伸截面，如图 3-21 所示。

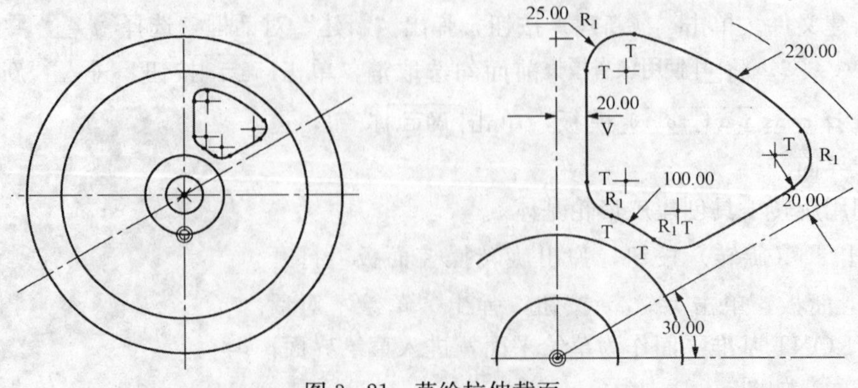

图 3-21　草绘拉伸截面

3）在操控面板上选择拉伸方式为对称方式，拉伸深度为“300”，如图3-22所示。

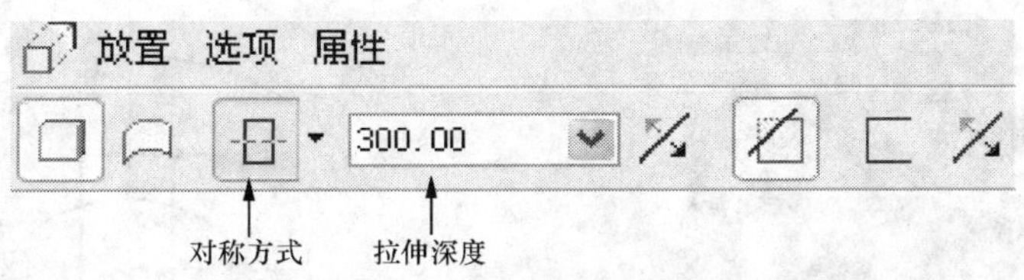

图3-22　拉伸操控面板

4）单击拉伸操控面板上✔（确定）按钮，完成拉伸切除材料特征创建，如图3-23所示。

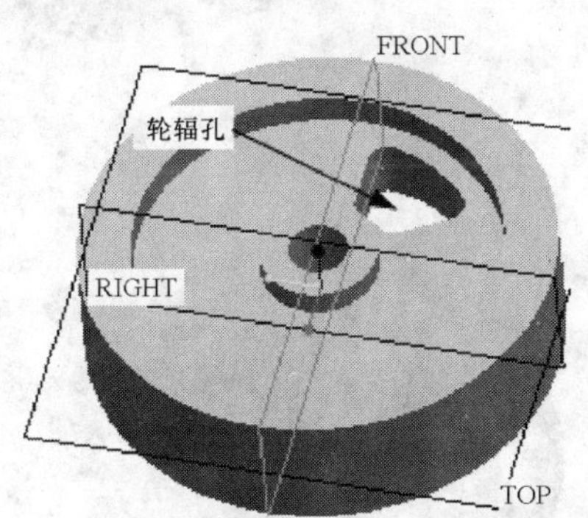

图3-23　拉伸切出轮辐孔

（5）阵列轮辐孔。

1）选取上面创建的轮辐孔，然后单击（阵列）按钮，弹出阵列操控面板，选择阵列方式为“轴”阵列。

2）选择图3-24左图中轴为阵列参照。

3）在阵列操控面板中输入阵列数目“6”，角度间距“60”。

4）单击阵列操控面板上✔（确定）按钮，完成阵列特征创建，如图3-24所示。

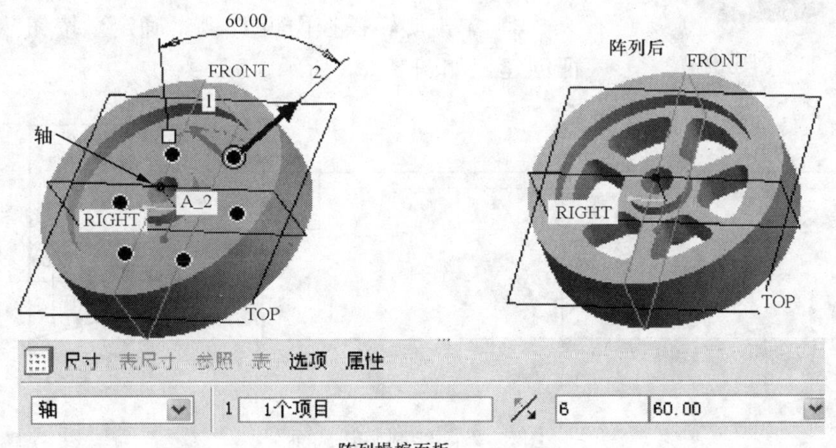

图3-24　阵列轮辐孔

（6）利用拉伸工具切出键槽。

1）单击（拉伸）按钮，弹出拉伸操控面板，单击（切除材料）按钮，以创建切除材料特征，打开“放置”选项卡，单击 定义... 按钮。

2）弹出“草绘”对话框，选取如图3-25左图所示表面为草绘平面，进入草绘界面，绘制拉伸截面，如图3-25右图所示。

3）在操控面板上输入拉伸深度为“200”。

4）单击拉伸操控面板上✔（确定）按钮，完成拉伸切除材料特征创建，如图3-26所示。

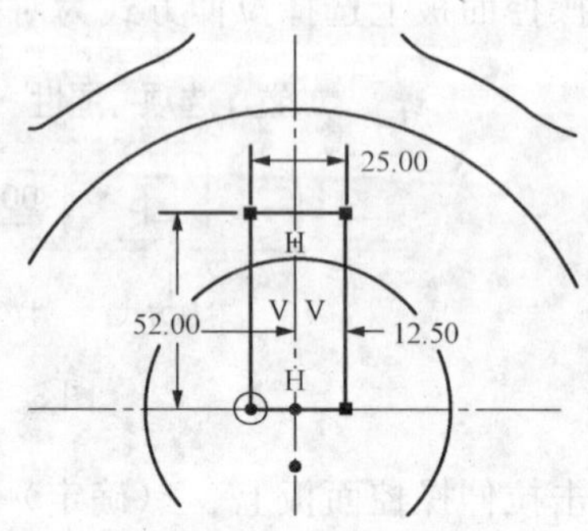

图 3-25　草绘拉伸截面

图 3-26　创建键槽

(7) 利用旋转工具切出一个 V 带槽。

1) 单击（旋转）按钮，弹出旋转操控面板，单击（切除材料）按钮，以创建切口特征，打开“位置”上滑面板，单击 定义... 按钮。

2) 弹出“草绘”对话框，选择 RIGHT 基准平面作为草绘平面，进入草绘界面，绘制旋转截面，如图 3-27 所示。

3) 单击旋转操控面板上（确定）按钮，完成旋转特征创建，如图 3-28 所示。

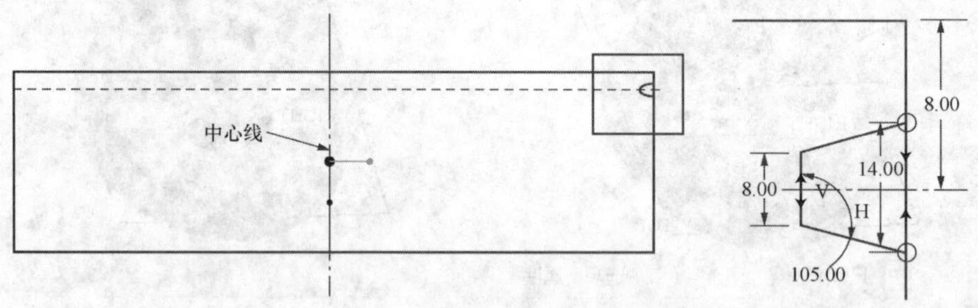

图 3-27　绘制旋转截面

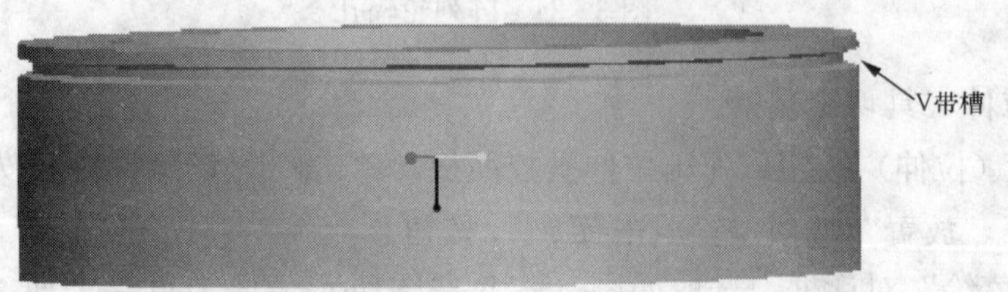

图 3-28　创建 V 带槽

(8) 阵列 V 带槽。

1) 选取上一步骤中创建的 V 带槽，然后单击（阵列）按钮，弹出阵列操控面板。

2）在操控面板上选择“尺寸”方式进行阵列，打开操控面板上“尺寸”选项卡。

3）选择图 3-29 中所指示的尺寸为参照尺寸，并在“尺寸”选项中输入尺寸增量为“36”，如图 3-30 所示。

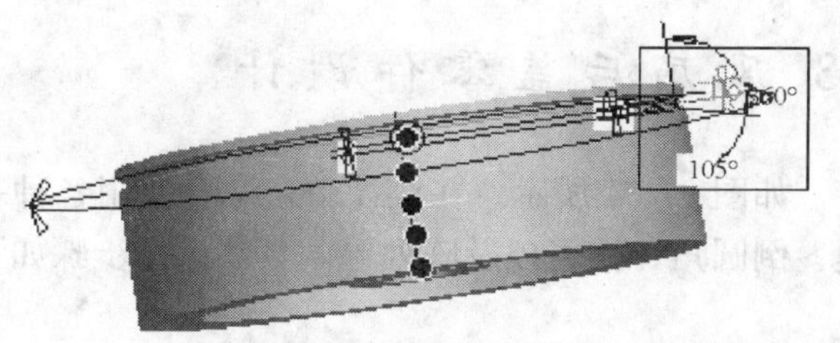

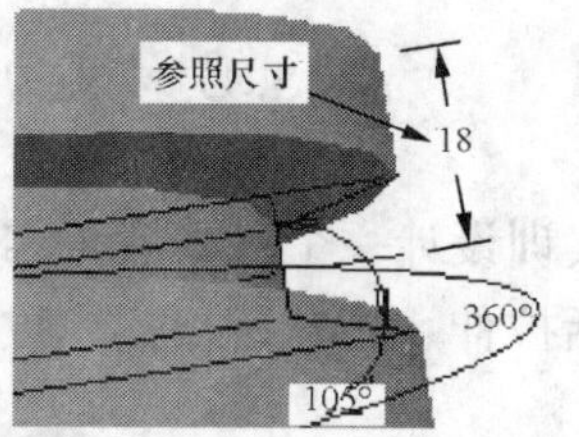

图 3-29 选取尺寸参照

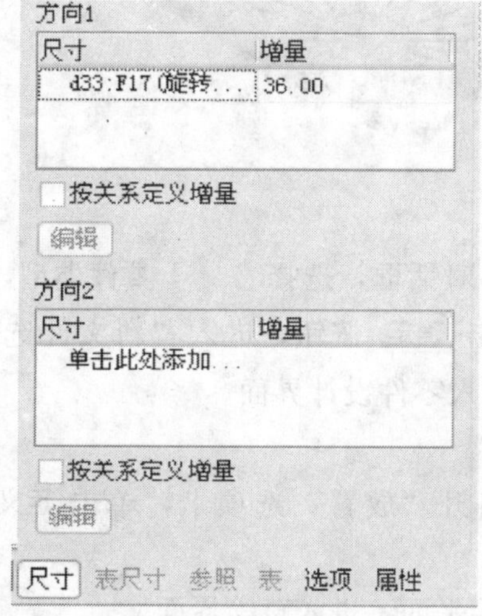

图 3-30 “尺寸”选项卡

4）在操控面板上输入阵列数目为“5”。

5）单击阵列操控面板上✔（确定）按钮，完成 V 带槽阵列，如图 3-31 所示。

（9）倒角修饰。

1）单击（倒角）按钮，弹出倒角操控面板。

2）选取倒角的边，先依次选择图 3-32 左图中四条边，如图用鼠标中键按住零件模型，移动鼠标翻转零件，在另一侧再选取另外四条边，选择边 1 后，后面依次按住 Ctrl 键选取。

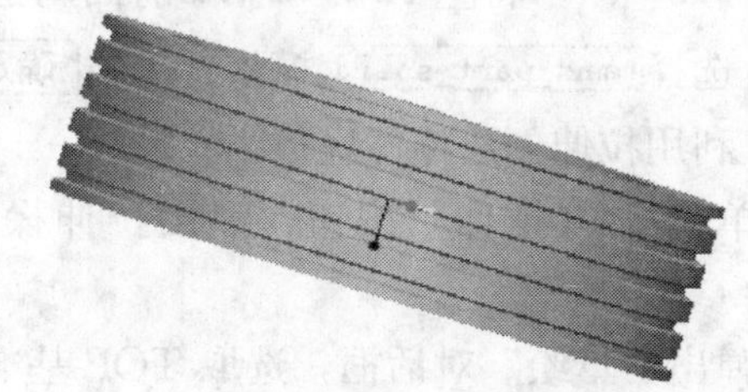

图 3-31 阵列 V 带槽

3）在操控面板中设置倒角类型为“DXD”，输入 D 值为“3”，如图 3-33 所示。

4）单击操控面板上✔（确定）按钮，完成倒角操作，如图 3-32 右图所示。

图 3-32 创建倒角

图 3-33 倒角操控面板

（10）保存文件。单击（保存）按钮，弹出“保存对象”对话框，选择文件存放目录，然后单击对话框中确定按钮，完成文件保存。

3.3 实训3 风扇后盖零件设计

本次实训设计一个风扇后盖零件，如图 3-34 所示。在设计中，综合使用各种基本建模工具，包括拉伸、旋转、扫描、拔模、倒圆角、抽壳以及阵列等，具体操作步骤如下。

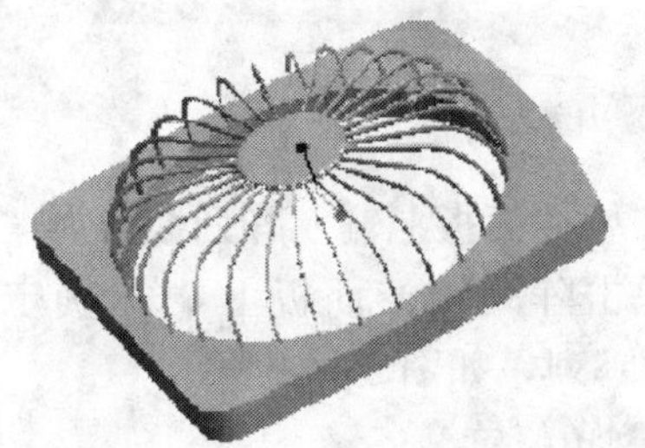
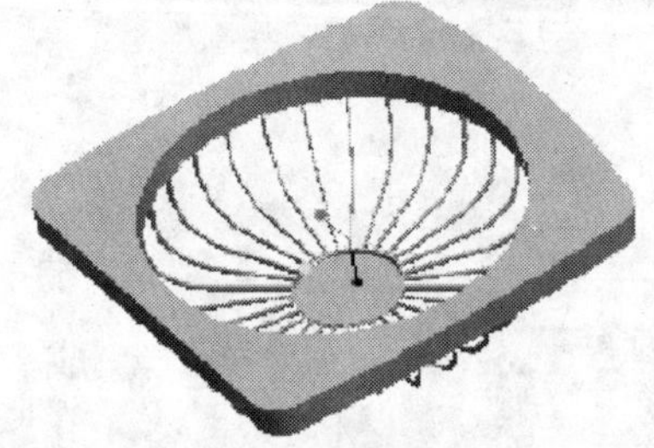

图 3-34 风扇后盖零件

（1）新建文件。单击（新建）按钮，弹出“新建”对话框，选择零件类型，输入文件名“3-3”，将使用缺省模板前面勾选取消，单击确定按钮，进入“新文件选项”对话框，选择mmns_part_solid模板，单击确定按钮，进入零件设计界面。

（2）利用拉伸创建零件底板。

1）单击（拉伸）按钮，弹出拉伸操控面板，打开“放置”选项卡，单击定义...按钮。

2）弹出“草绘”对话框，选取 TOP 基准平面为草绘平面，进入草绘界面。

3）绘制拉伸截面，如图 3-35 所示。

4）在拉伸操控面板上输入拉伸深度“25”。

5）单击拉伸操控面板上（确定）按钮，完成拉伸特征创建，如图 3-36 所示。

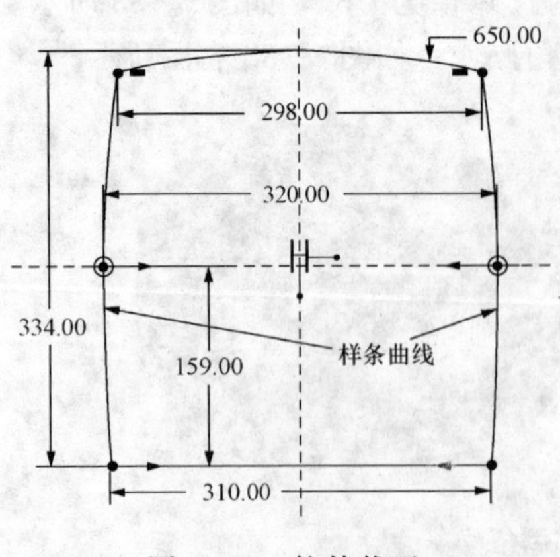

图 3-35 拉伸截面

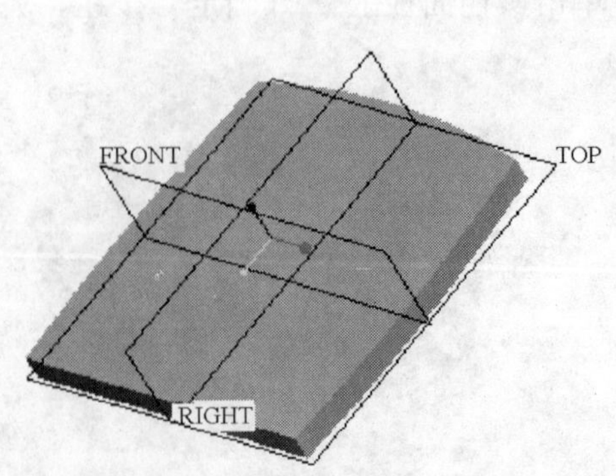

图 3-36 拉伸特征

（3）对底板倒圆角。

1）单击（倒圆角）按钮，弹出倒圆角操控面板。

2）选取前面创建的拉伸特征四条边（选取第一条，然后按住 Ctrl 键依次选取其他三条）。

3）在操控面板上输入圆角半径“25”。

4）单击操控面板上（确定）按钮，完成圆角创建，如图 3-37 所示。

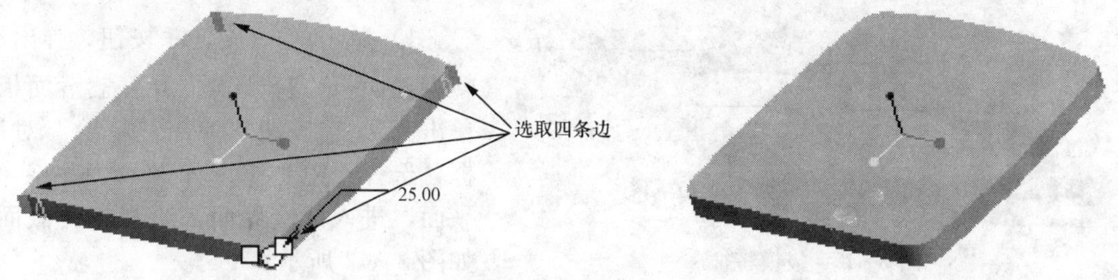

图 3-37　倒圆角

（4）拉伸切出中间孔。

1）单击（拉伸）按钮，弹出拉伸操控面板，单击（切除材料）按钮，以创建切口。

2）打开“放置”选项卡，单击 定义... 按钮，弹出“草绘”对话框，选择前面创建的拉伸特征上表面作为草绘平面，进入草绘界面，绘制拉伸截面，如图 3-38 中图所示。

3）在操控面板上输入拉伸深度“30”。

4）单击拉伸操控面板上（确定）按钮，完成拉伸切口创建，如图 3-38 右图所示。

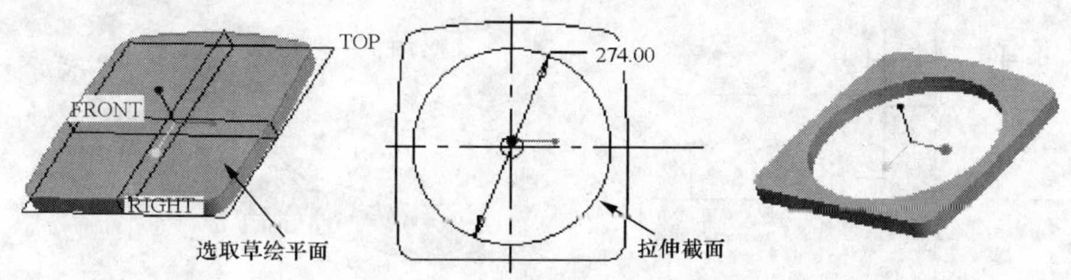

图 3-38　拉伸切口创建中孔

（5）对底板进行拔模。

1）单击（拔模）按钮，弹出拔模操控面板。

2）选取拔模表面，如图 3-39 左图所示。

3）选取拔模枢轴，选取如图 3-39 右图所示的表面作为拔模枢轴。

4）在操控面板上输入拔模角度“3”。

5）调整拔模的方向，使拔模方向如图 3-39 右图所示。

6）单击操控面板上（确定）按钮，完成拔模特征创建，如图 3-40 所示。

7）用同样的方法对底板中间孔表面拔模，拔模角度为“1”，如图 3-41 所示。

（6）利用旋转工具创建中间圆柱体。

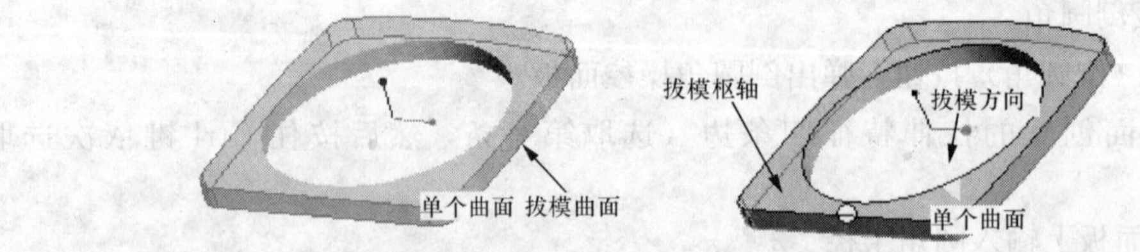

图 3-39　选取拔模曲面及拔模枢轴

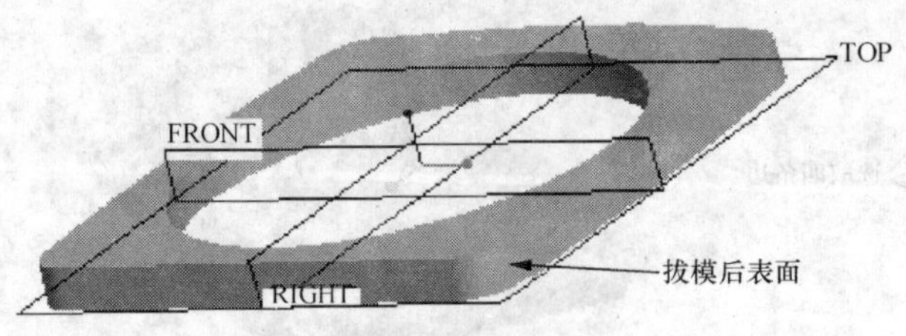

图 3-40　拔模特征

1）单击（旋转）按钮，弹出旋转操控面板，打开“位置”上滑面板，单击 定义... 按钮，弹出“草绘”对话框，选择 FRONT 基准平面作为草绘平面，进入草绘界面，绘制旋转截面，如图 3-42 所示。

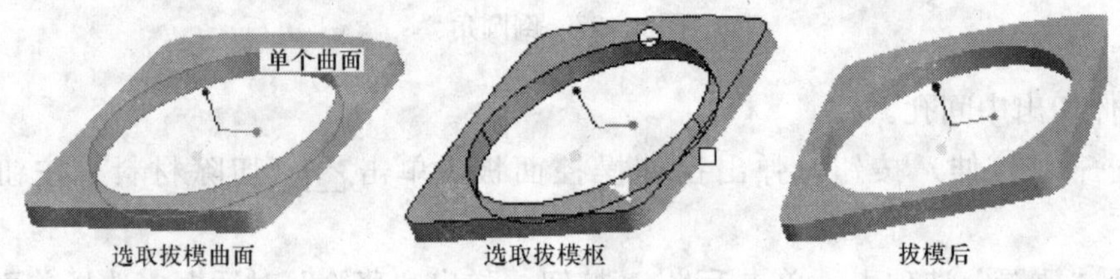

图 3-41　中间孔内表面拔模

2）单击旋转操控面板上（确定）按钮，完成旋转特征创建，如图 3-43 所示。

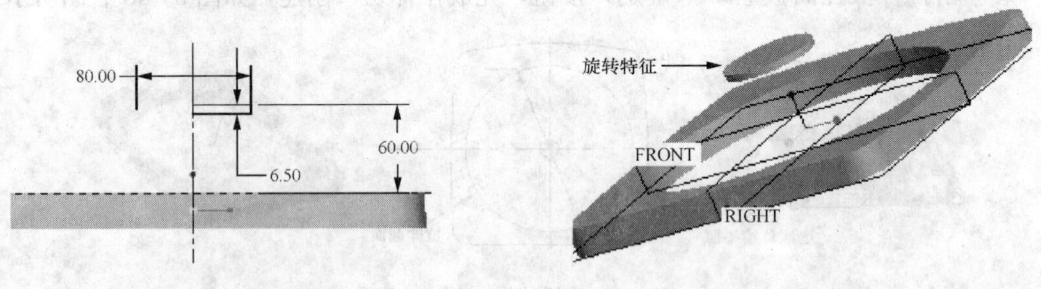

图 3-42　旋转截面　　　　图 3-43　旋转特征

（7）对中间圆柱体倒圆角和抽壳。

1）单击（倒圆角）按钮，弹出倒圆角操控面板。

2）选取倒圆角边，如图 3-44 左图所示，在操控面板中输入圆角半径“1.5”。

3）单击操控面板上（确定）按钮，完成倒圆角操作，如图 3-44 右图所示。

4）单击（壳）按钮，弹出壳操控面板。

5）选取移除表面，如图 3-45 左图所示。

6）在操控面板上输入抽壳厚度“1.5”。

7）单击壳操控面板上（确定）按钮，完成壳体创建，如图 3-45 右图所示。

（8）利用扫描工具创建肋辐。

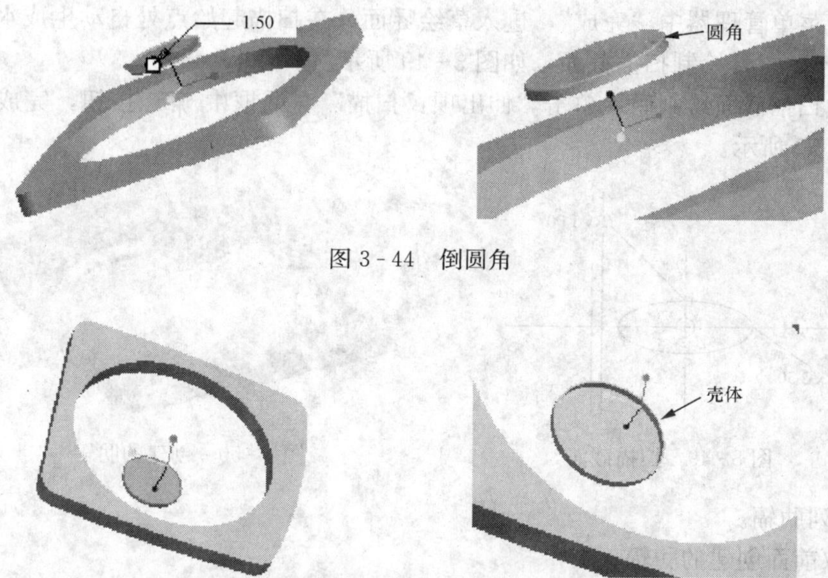

图 3-44　倒圆角

图 3-45　抽壳

1）草绘扫描轨迹线。单击（草绘）按钮，弹出“草绘”对话框，选取 FRONT 基准平面为草绘平面，进入草绘界面，绘制扫描轨迹线，如图 3-46 所示。

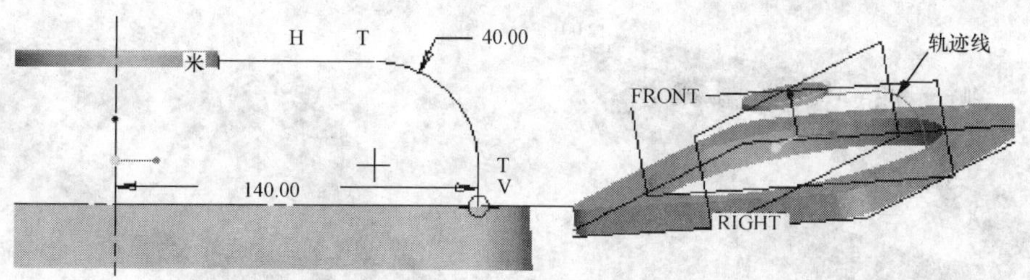

图 3-46　草绘扫描轨迹线

2）选择菜单中“插入”→“扫描”→“伸出项”命令，弹出“伸出项：扫描”对话框和“扫描轨迹”菜单管理器，在菜单管理器中选择“选取轨迹”选项。

3）菜单管理器进入“链”，选取“曲线链”→“选取”选项，然后选择图 3-46 中的轨迹线，在“链选项”菜单管理器中选取“选取全部”，完成扫描轨迹线选取，如图 3-47 所示。

4）单击“链”菜单管理器中“完成”，菜单管理器进入“属性”，选择“合并终点”，如图 3-48 所示。

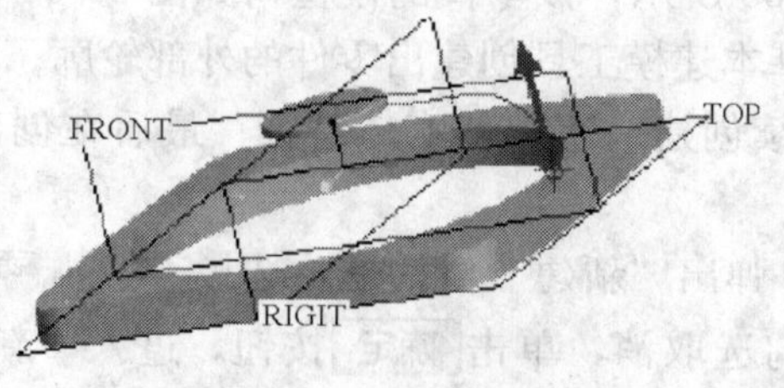

图 3-47　选取轨迹线

图 3-48　设置扫描属性

5）单击菜单管理器中“完成”，进入草绘界面，在扫描起始点处自动生成水平和竖直参照，在扫描起始点处绘制扫描截面，如图 3-49 所示。

6）完成扫描截面绘制后，单击“伸出项：扫描”对话框中 确定 按钮，完成扫描特征创建，如图 3-50 所示。

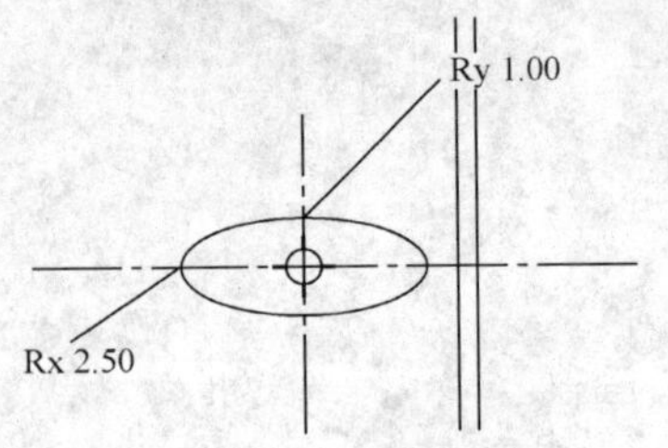

图 3-49 扫描截面

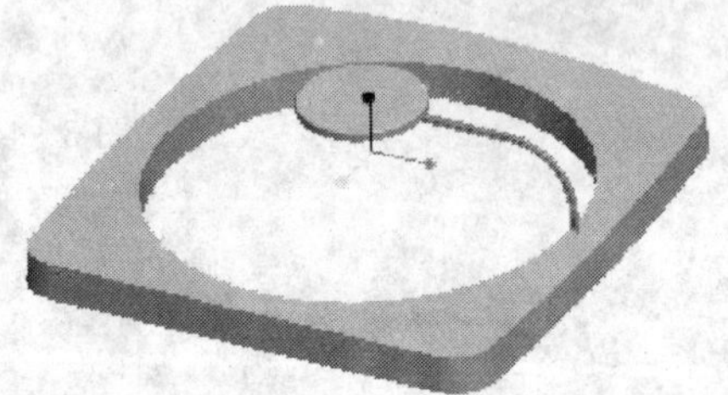

图 3-50 创建的肋辐

（9）阵列肋辐。

1）选取前面创建的肋辐。

2）单击▦（阵列）按钮，弹出阵列操控面板，选择阵列方式为“轴”阵列。

3）选取阵列参照，选取如图 3-51 所示的轴。

4）在操控面板上输入阵列数目“30”，阵列角度“12”。

5）单击操控面板上✔（确定）按钮，完成肋辐阵列，如图 3-52 所示。

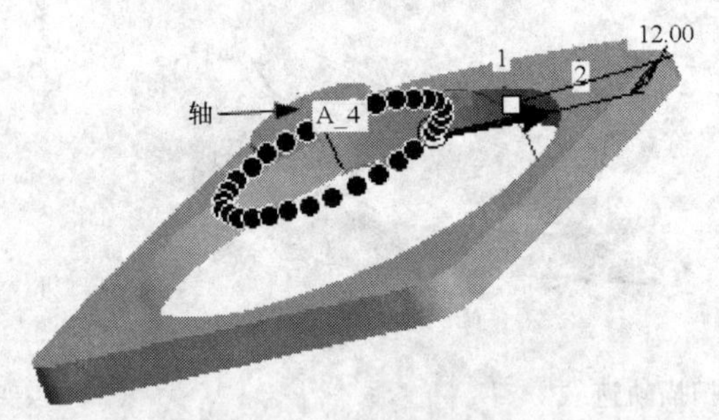

图 3-51 选取轴

图 3-52 创建肋辐阵列

（10）保存文件。单击💾（保存）按钮，弹出“保存对象”对话框，选择文件存放目录，然后单击对话框中 确定 按钮，完成文件保存。

3.4 实训 4 盖板零件设计

本次实训设计一个盖板零件，如图 3-53 所示，该零件的模型树如图 3-54 所示。在设计中，首先使用拉伸、拔模以及倒圆角等基本建模工具创建出零件的外部轮廓；其次对创建的模型创建抽壳特征；再次在壳特征上继续创建一组拉伸实体特征；最后在创建倒圆角特征。具体操作步骤如下。

（1）新建文件。单击（新建）按钮，弹出“新建”对话框，选择◉ 零件类型，输入文件名“3-4”，将☑ 使用缺省模板前面勾选取消，单击 确定 按钮，进入“新文件选项”对话框，选择 mmns_part_solid 模板，单击 确定 按钮，进入零件设计界面。

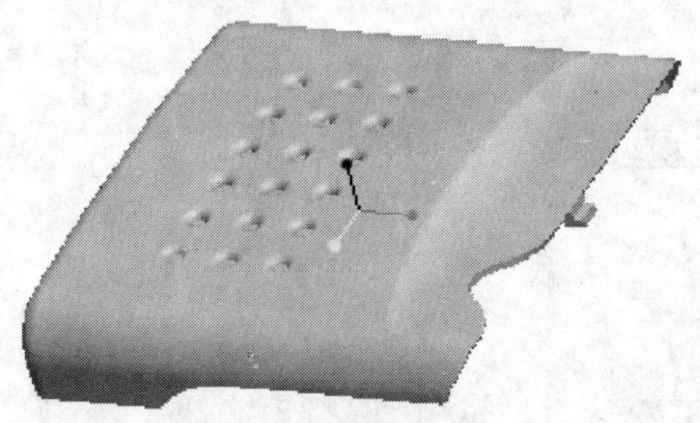

图 3－53　盖板零件

(2) 利用拉伸工具创建零件坯体。

1) 单击（拉伸）按钮，弹出拉伸操控面板，打开“放置”选项卡，单击 定义... 按钮。

2) 弹出“草绘”对话框，选取 FRONT 基准平面为草绘平面，进入草绘界面。

3) 绘制拉伸截面，如图 3－55 所示。

4) 在拉伸操控面板上设置拉伸方式为（对称），输入拉伸深度“74”。

5) 单击操控面板上（确定）按钮，完成拉伸特征创建，如图 3－56 所示。

(3) 在拉伸实体上创建孔。

1) 单击（孔）按钮，弹出孔操控面板，如图 3－57 所示。

2) 选取前面创建的拉伸体上表面为孔的放置面，如图 3－58 左图所示，然后打开操控面板上“放置”选项卡，选择参照类型为“线性”，接着在偏移参照框中单击鼠标，激活该选项，选取图 3－58 左图中两个侧面作为参照面。

图 3－54　模型树

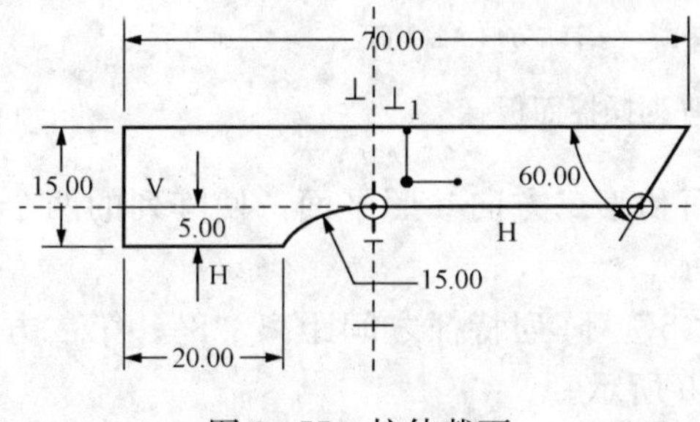

图 3－55　拉伸截面

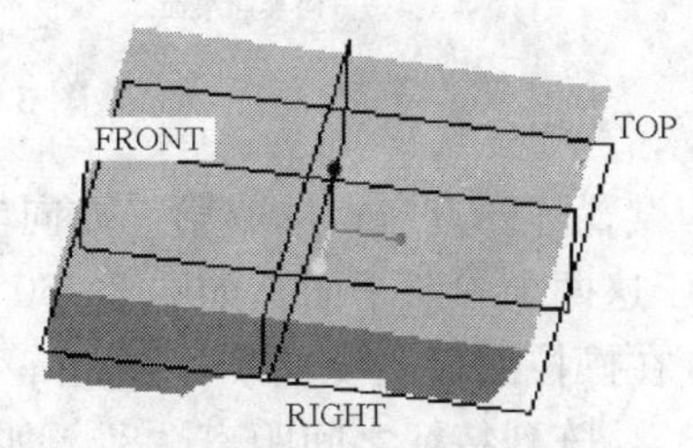

图 3－56　拉伸特征

3) 在操控面板中输入孔直径“2”，孔的深度“1.5”，如图 3－57 所示。

4) 单击操控面板上（确定）按钮，完成孔的创建，如图 3－58 右图所示。

(4) 阵列孔。

1) 选择前面创建的孔，然后单击（阵列）按钮，弹出阵列操控面板，如图 3－59 所示，选择阵列方式为“方向”。

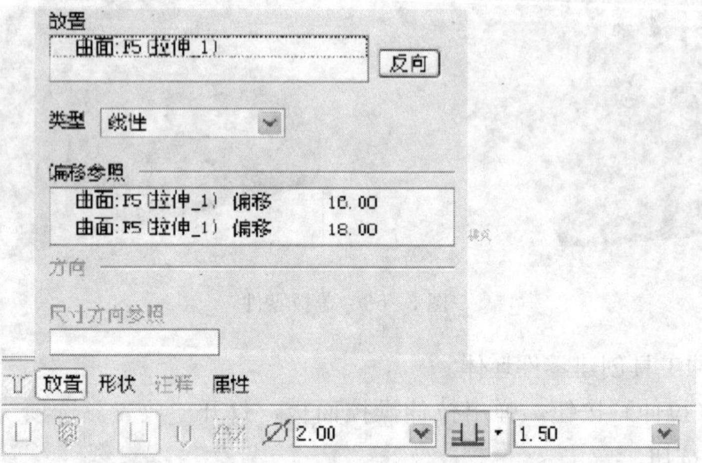

图 3-57 孔操控面板

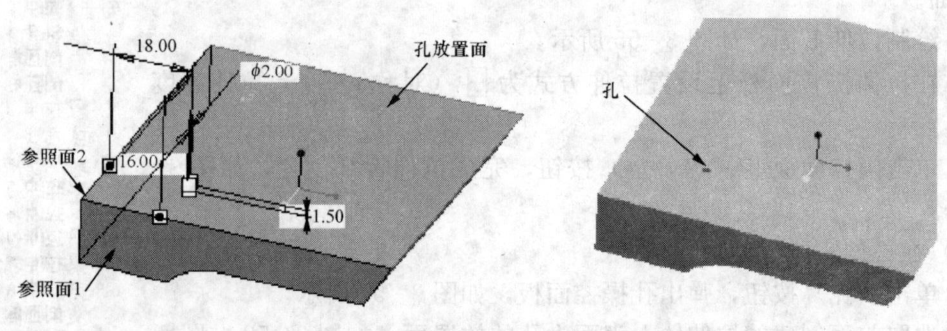

图 3-58 创建孔

图 3-59 孔阵列操控面板

2）设置阵列方向，选取第一方向参照平面和第二方向参照平面，使阵列的两个方向分别垂直于这两个参照平面，如图 3-60 左图所示。

3）在操控面板上设置第一方向阵列数目“6”，阵列特征之间距离“8”；第二方向阵列数目“3”，阵列特征之间距离“8”，如图 3-59 所示。

4）单击操控面板上✔（确定）按钮，完成孔阵列，如图 3-60 右图所示。

（5）利用拉伸切出盖板轮廓表面。

1）单击▢（拉伸）按钮，弹出拉伸操控面板，单击▢（切除材料）按钮，以创建切口。

2）打开“放置”选项卡，单击 定义... 按钮，弹出“草绘”对话框，选择图 3-61 左图所示的平面作为草绘平面，进入草绘界面，绘制拉伸截面，如图 3 - 61 右图所示。

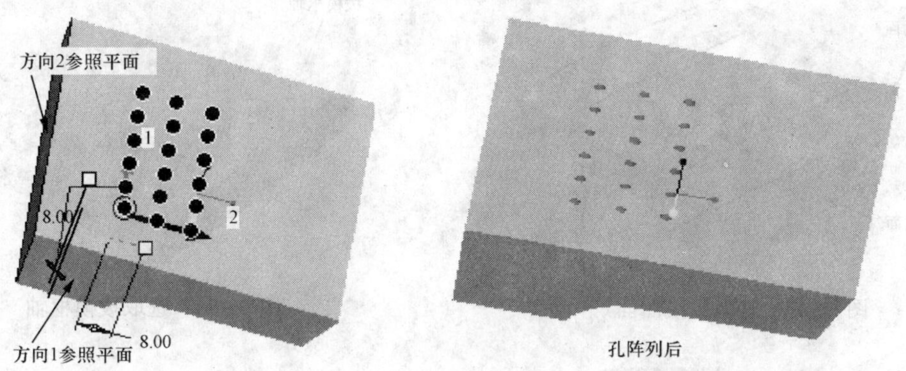

图 3 - 60　孔阵列

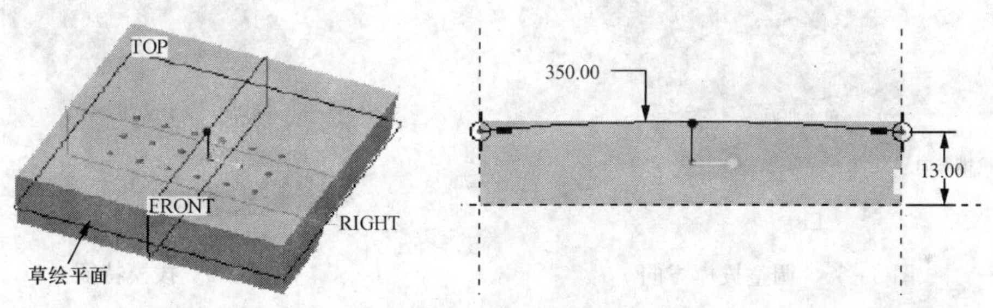

图 3 - 61　草绘拉伸截面

3）在操控面板上选择拉伸方式（穿透），然后调整拉伸方向，使其方向如图 3 - 62 左图所示。

4）单击操控面板上✔（确定）按钮，完成拉伸切口创建，如图 3 - 62 右图所示。

图 3 - 62　拉伸切口

（6）创建拔模特征。

1）单击（拔模）按钮，弹出拔模操控面板。

2）选取拔模表面，如图 3 - 63 所示。

3）选取拔模枢轴，选取如图 3 - 64 所示的表面作为拔模枢轴。

4）在操控面板上输入拔模角度“2”，调整拔模的方向，使拔模方向如图 3 - 65 右图所示。

5）单击拔模操控面板上✔（确定）按钮，完成拔模特征创建，如图 3 - 66 所示。

（7）对零件外部轮廓倒圆角。

1）单击（倒圆角）按钮，弹出倒圆角操控面板。

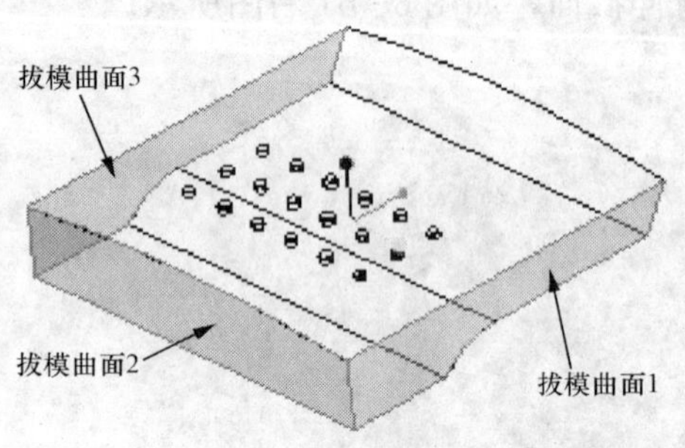

图 3-63　选取拔模曲面

图 3-64　选取拔模枢轴

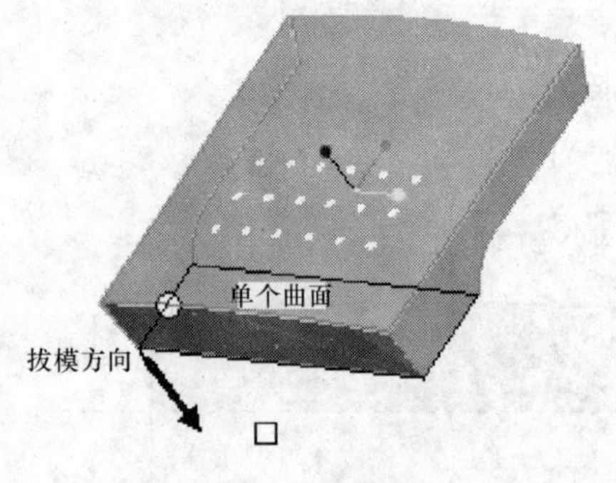

图 3-65　调整拔模方向

图 3-66　拔模特征

2）选择图 3-67 左图所示两条边作为倒圆角参照，在操控面板上输入圆角半径“8”。

3）单击圆角操控面板上✔（确定）按钮，完成圆角创建，如图 3-67 右图所示。

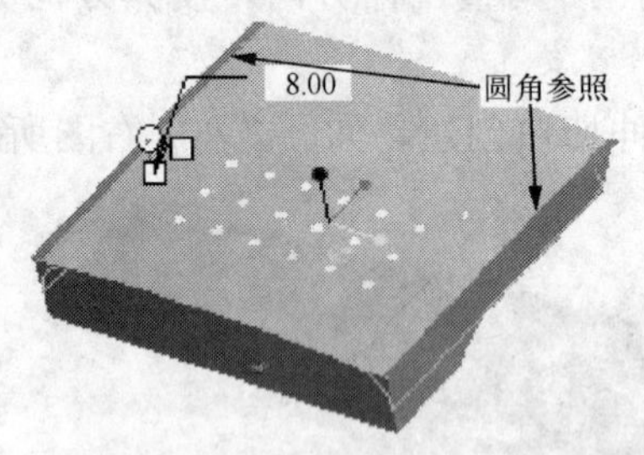

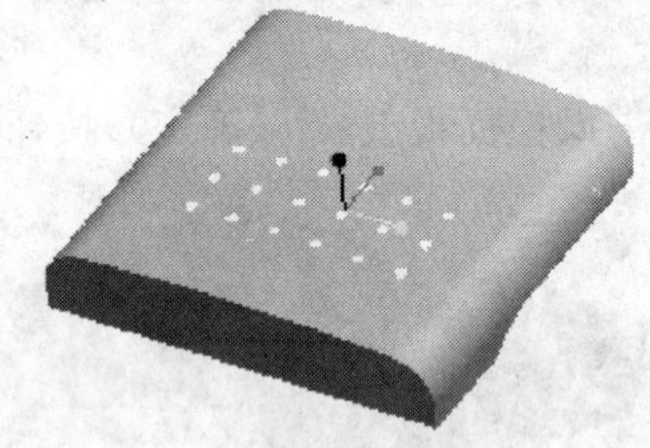

图 3-67　倒圆角（一）

4）单击（倒圆角）按钮，弹出倒圆角操控面板。

5）选择图 3-68 左图所示两条边作为倒圆角参照，在操控面板上输入圆角半径“3”。

6）单击圆角操控面板上✔（确定）按钮，完成圆角创建，如图 3-68 右图所示。

（8）利用拉伸切出盖板轮廓曲面。

1）单击（拉伸）按钮，弹出拉伸操控面板，单击（切除材料）按钮，以创建切口。

2）打开“放置”选项卡，单击 定义... 按钮，弹出“草绘”对话框，选择 FRONT 基准平面作为草绘平面，进入草绘界面，绘制拉伸截面，如图 3-69 所示。

3）打开操控面板“选项”选项卡，将深度设置为两侧均为穿透，如图 3-70 所示。

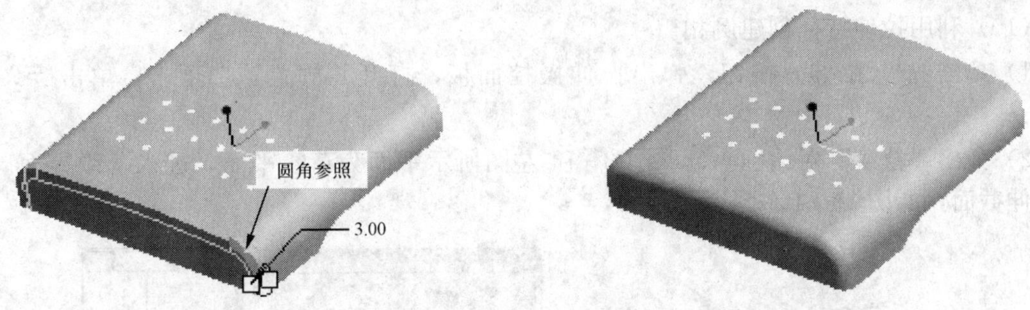

图 3-68　倒圆角（二）

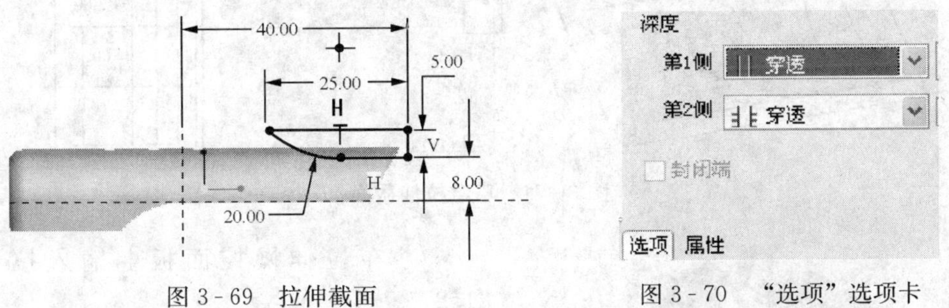

图 3-69　拉伸截面　　图 3-70　“选项”选项卡

4）单击操控面板上✔（确定）按钮，完成拉伸切口创建，如图 3-71 所示。

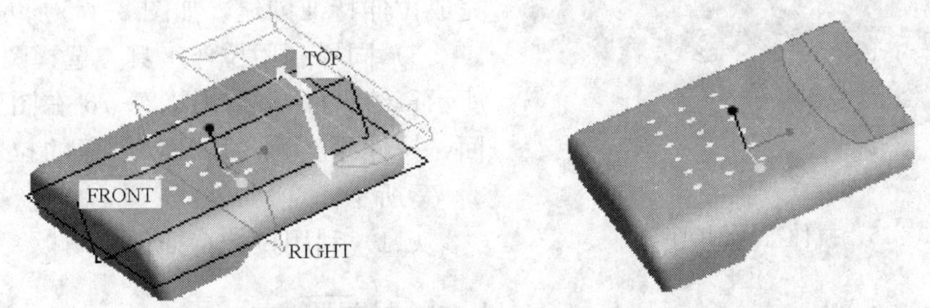

图 3-71　拉伸切口创建

（9）创建壳体。

1）单击▣（壳）按钮，弹出壳操控面板。

2）选取移除的曲面，如图 3-72 所示。

3）在操控面板上输入壳厚度“1.2”。

4）单击操控面板上✔（确定）按钮，完成壳体创建，如图 3-73 所示。

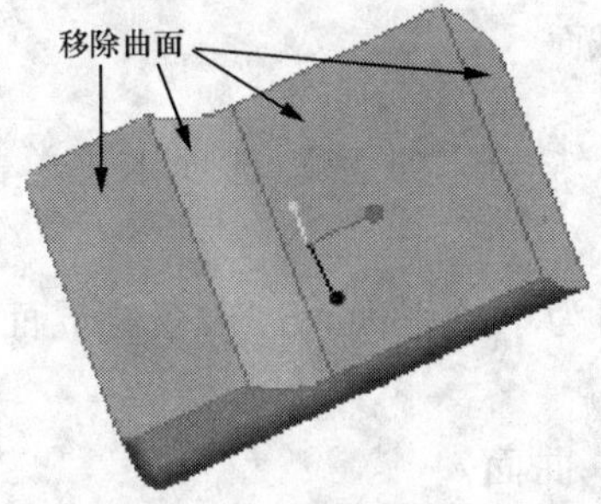

图 3-72　选取移除曲面

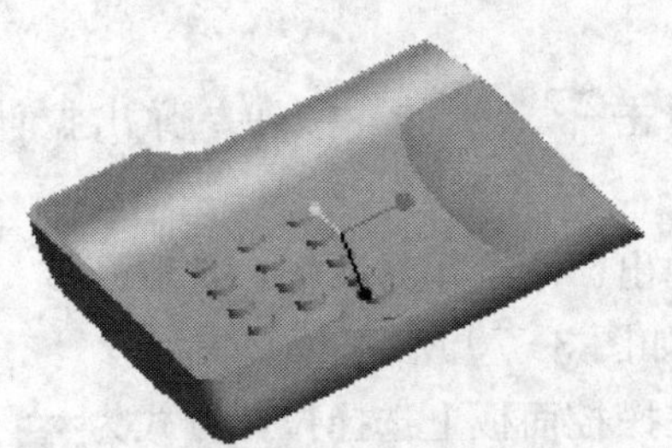

图 3-73　壳特征

（10）利用拉伸特征创建倒扣。

1）单击（拉伸）按钮，弹出拉伸操控面板，打开“放置”选项卡，单击 定义... 按钮。

2）弹出“草绘”对话框，选取图 3-74 左图所示平面为草绘平面，进入草绘界面。绘制拉伸截面，如图 3-74 右图所示。

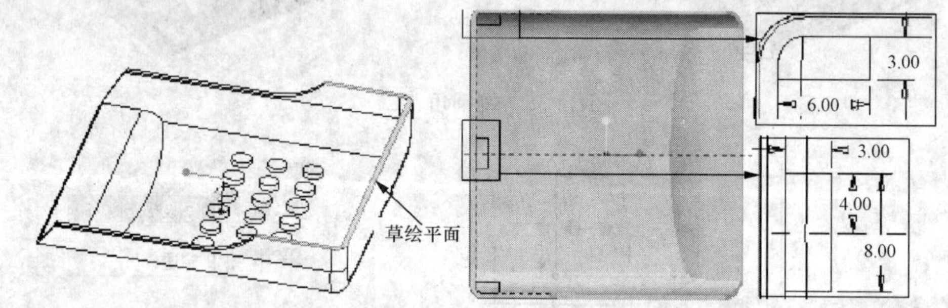

图 3-74 草绘拉伸截面

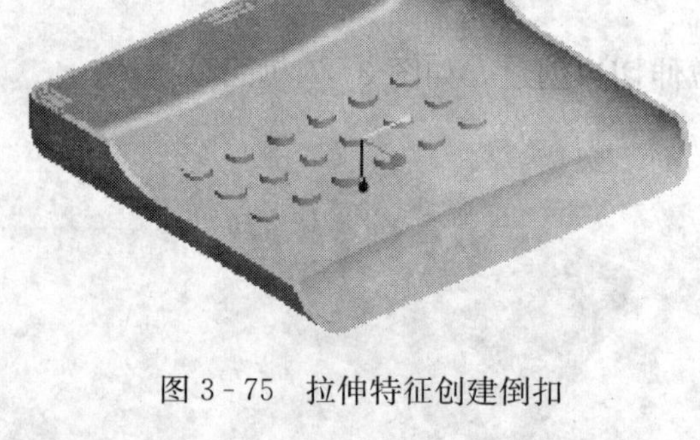

图 3-75 拉伸特征创建倒扣

3）在拉伸操控面板上输入拉伸深度“1.2”。

4）单击拉伸操控面板上（确定）按钮，完成拉伸特征创建，如图 3-75 所示。

5）同样利用拉伸工具，选择图 3-76 左图所示草绘平面，绘制图 3-76 右图所示拉伸截面，拉伸深度为“1.2”，创建的拉伸特征如图 3-77 所示。

（11）利用拉伸特征创建隔板。

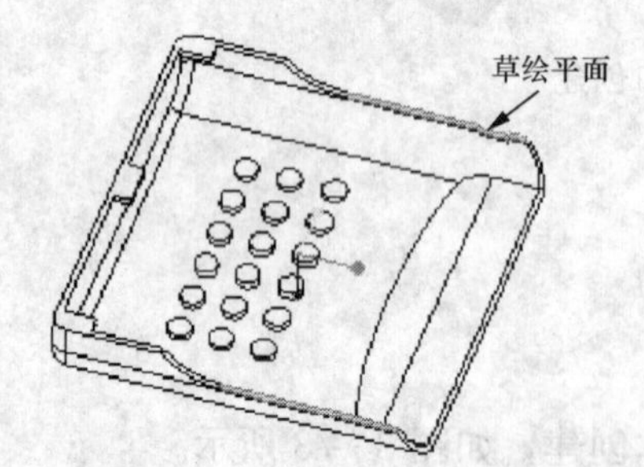

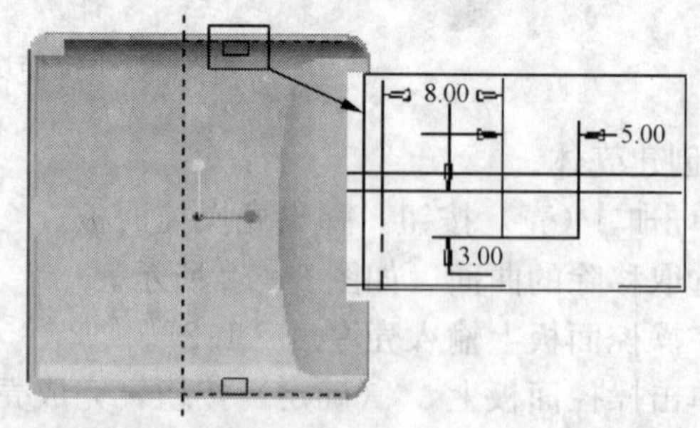

图 3-76 草绘拉伸截面

1）单击（拉伸）按钮，弹出拉伸操控面板，打开“放置”选项卡，单击 定义... 按钮。

2）弹出“草绘”对话框，选取图 3-78 所示平面为草绘平面，进入草绘界面，绘制拉伸截面，如图 3-79 所示。

3）在操控面板上选择拉伸方式为（拉伸至下一曲面）。

4）单击操控面板上（确定）按钮，完成拉伸特征创建，如图 3-80 所示。

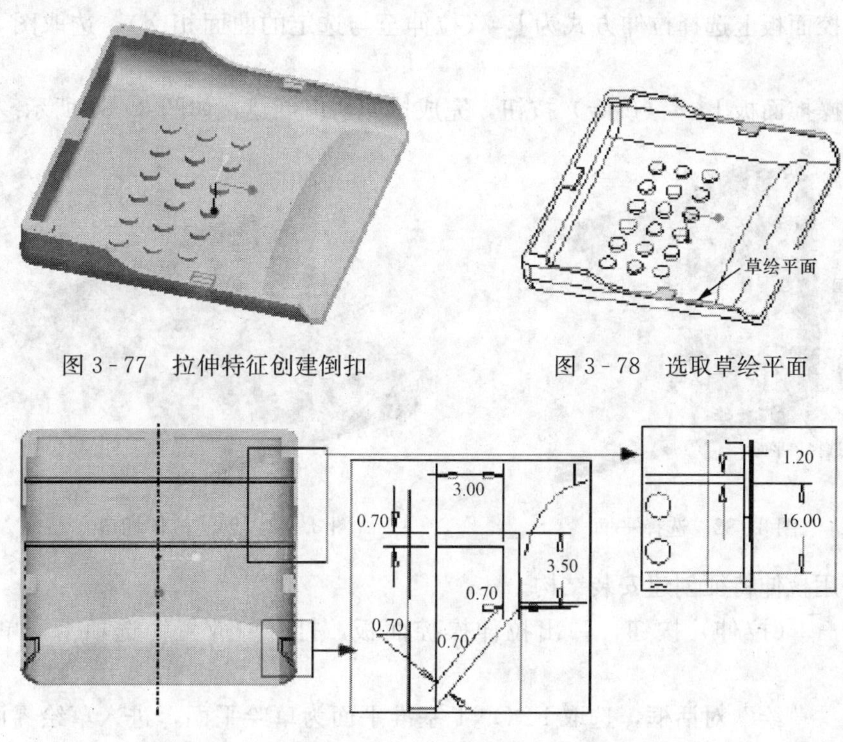

图 3-77　拉伸特征创建倒扣　　图 3-78　选取草绘平面

图 3-79　草绘拉伸截面

图 3-80　创建拉伸特征

5）单击（拉伸）按钮，弹出拉伸操控面板，单击（切除材料）按钮，以创建切口。

6）打开"放置"选项卡，单击 定义... 按钮，弹出"草绘"对话框，选取如图 3-81 左图所示的平面为草绘平面，进入草绘界面，绘制拉伸截面，如图 3-81 右图所示。

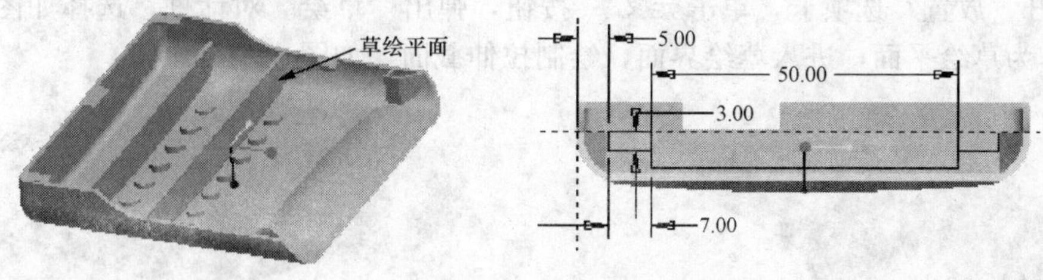

图 3-81　草绘拉伸截面

7）在操控面板上选择拉伸方式为 （拉伸至与选定的曲面相交），选取图 3-82 所示的平面。

8）单击操控面板上 （确定）按钮，完成拉伸切口创建，如图 3-83 所示。

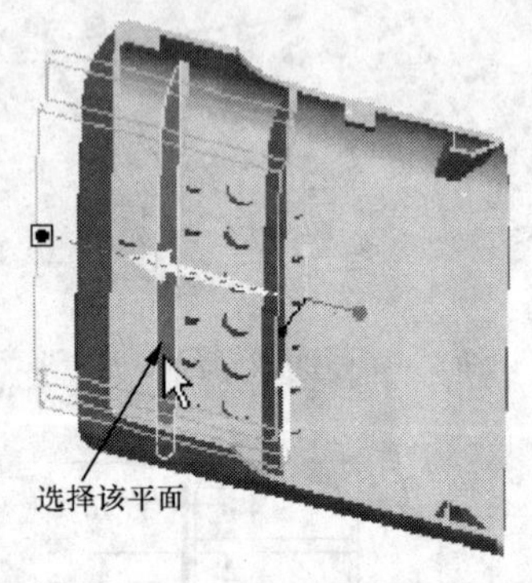

图 3-82 选择平面

图 3-83 创建拉伸切口

（12）利用拉伸特征创建安装结构。

1）单击 （拉伸）按钮，弹出拉伸操控面板，打开“放置”选项卡，单击 定义... 按钮。

2）弹出“草绘”对话框，选取 FRONT 基准平面为草绘平面，进入草绘界面，绘制如图 3-84 所示拉伸截面。

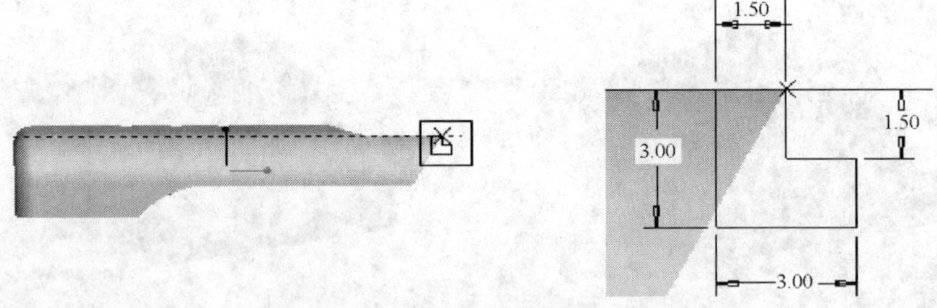

图 3-84 草绘拉伸截面

3）在操控面板上选择拉伸方式为 （对称），输入拉伸深度“4”。

4）单击操控面板上 （确定）按钮，完成拉伸特征创建，如图 3-85 所示。

5）单击 （拉伸）按钮，弹出拉伸操控面板，单击 （切除材料）按钮，以创建切口。

6）打开“放置”选项卡，单击 定义... 按钮，弹出“草绘”对话框，选择如图 3-86 所示的表面作为草绘平面，进入草绘界面，绘制拉伸截面，如图 3-87 所示。

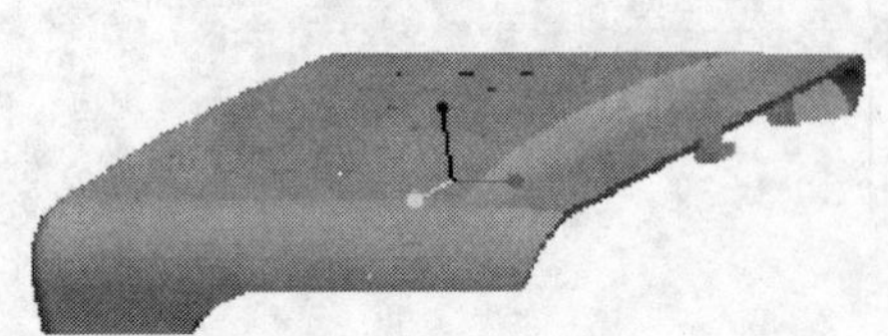

图 3-85 创建拉伸特征

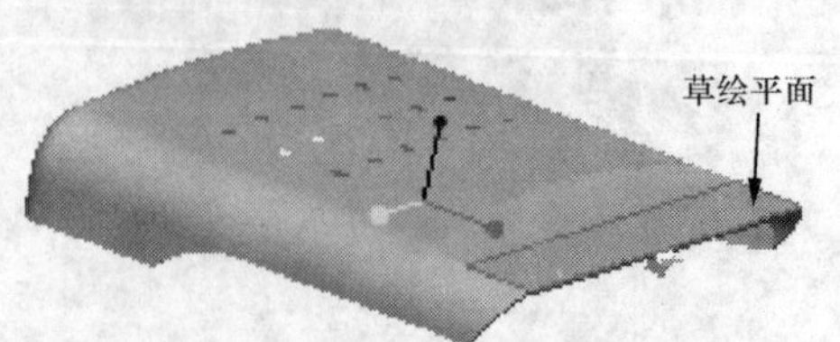

图 3-86 选取草绘平面

7）在操控面板上选择拉伸方式为（穿透）。

8）单击操控面板上（确定）按钮，完成拉伸切口创建，如图 3-88 所示。

（13）创建圆角修饰。

1）单击（倒圆角）按钮，弹出倒圆角操控面板。

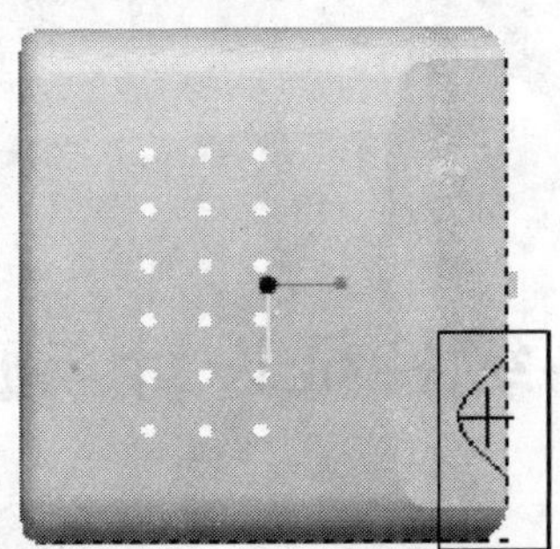

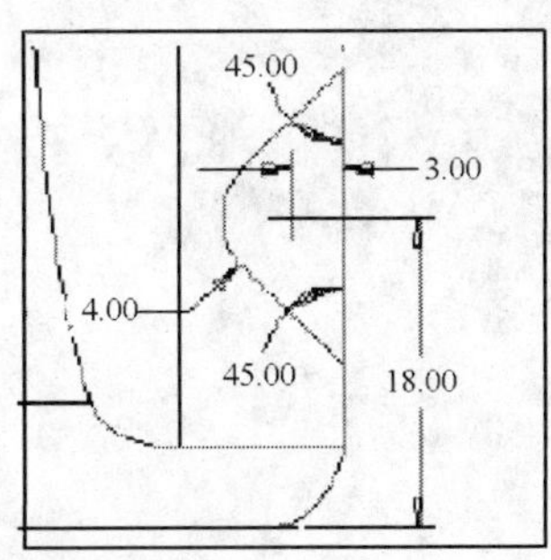

图 3-87　草绘拉伸截面

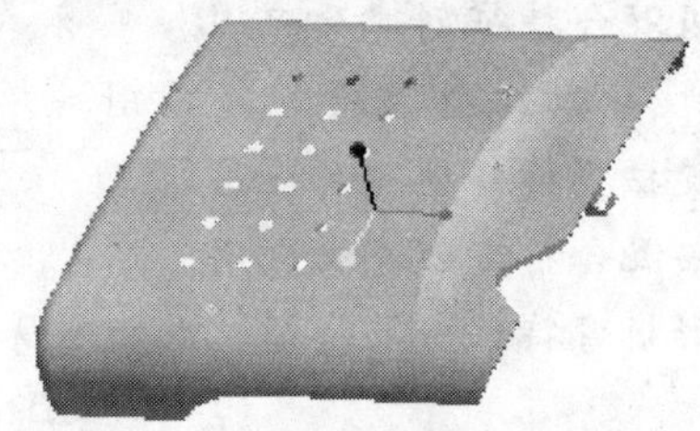

图 3-88　创建拉伸切口

2）选取如图 3-89 所示的边，在操控面板上输入圆角半径“3”。

3）单击操控面板上（确定）按钮，完成圆角创建。

4）对图 3-90 所示的边倒圆角，圆角半径为 6。

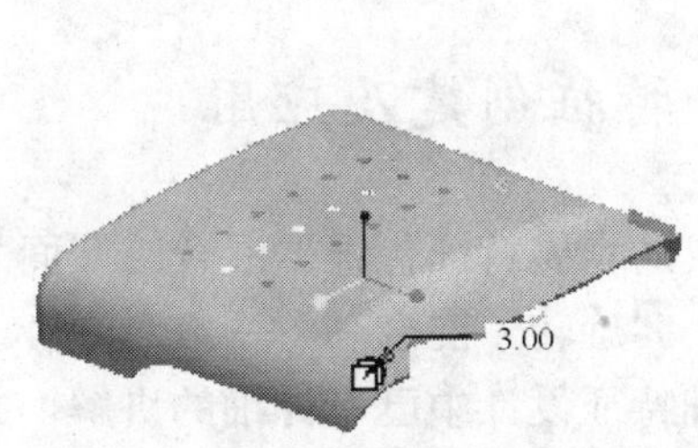

图 3-89　输入圆角半径

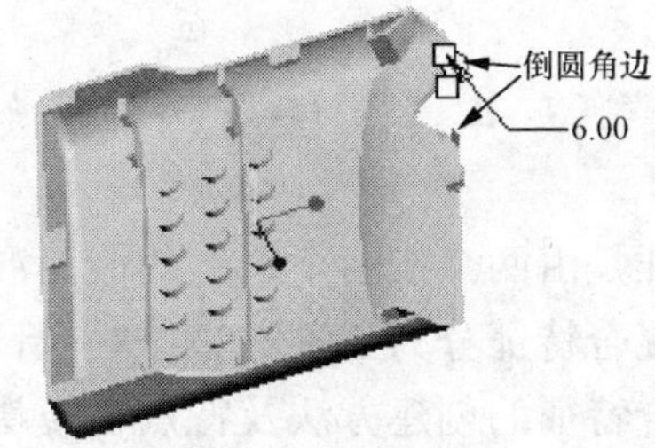

图 3-90　倒圆角边（一）

5）对图 3-91 所示的边倒圆角，圆角半径为 1.5。

6）对图 3-92 所示的边倒圆角，圆角半径为 0.7。

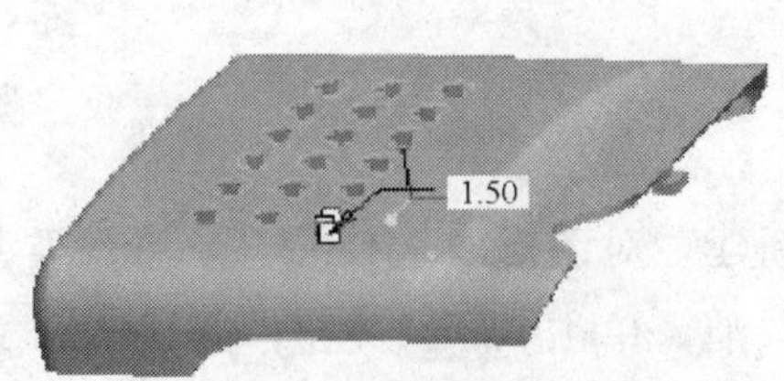

图 3-91　倒圆角边（二）

图 3-92　倒圆角边（三）

（14）保存文件。单击（保存）按钮，弹出“保存对象”对话框，选择文件存放目录，然后单击对话框中 确定 按钮，完成文件保存。

模 块 四

高级特征设计与应用

本模块知识点

(1) 高级混合特征创建及应用。

(2) 可变截面扫描特征创建及应用。

(3) 螺旋扫描特征创建及应用。

(4) 扫描混合特征创建及应用。

(5) 环形折弯特征、耳特征、唇特征等高级工程特征创建及应用。

在 Pro/E 野火版 4.0 中，除了前面所学的基础建模工具外，还有许多高级建模工具。利用高级建模工具，可以创建较为复杂的实体模型特征和零件，减少特征的数量，提高产品设计的速度。

本模块主要介绍常用的高级特征工具的操作方法及应用技巧。包括高级混合特征、可变截面扫描特征、螺旋扫描特征、扫描混合特征，以及环形折弯特征、耳特征、唇特征等。

4.1 任务 1 高级混合特征创建及应用

混合特征是由两个或两个以上的截面混合形成的实体特征，根据混合时截面之间的相互位置关系，混合特征分为三种类型："平行"混合、"旋转"混合和"一般"混合。

关于混合特征的创建方法及特点在模块二基础特征设计中已有详细的讲解，并学会了应用"平行"混合工具进行产品设计。本节重点学习"旋转"混合和"一般"混合。

"旋转"、"一般"两种混合，特征的创建比较复杂，而且创建的方法多种多样且灵活多变，是设计非规则形状零件及产品的常用方法。下面通过实例来讲解这两种高级混合特征的创建方法及在产品设计中的应用。

4.1.1 旋转混合特征

1. 利用"旋转"混合工具

设计如图 4-1 所示卫浴产品，操作步骤如下。

(1) 新建文件。单击（新建）按钮，弹出"新建"对话框，选择 零件类型，输入文件名"blend_1"，将使用缺省模板前面勾选取消，单击确定按钮，进入"新文件选项"对话框，选择mmns_part_solid模板，单击确定按钮，进入零件设计界面。

(2) 创建旋转混合特征。

1) 选择主菜单"插入"→"混合"→"伸出项"命令，弹出"伸出项：混合，旋转…"对话框，如图 4-2 所示，以及"混合选项"菜单管理器，如图 4-3 所示。

2）如图 4 - 3 所示，选择“旋转的”→“规则截面”→“草绘截面”，然后单击“完成”，弹出“属性”菜单，选择“光滑”→“封闭的”，单击“完成”，此时系统要求选取草绘平面来定义混合截面。

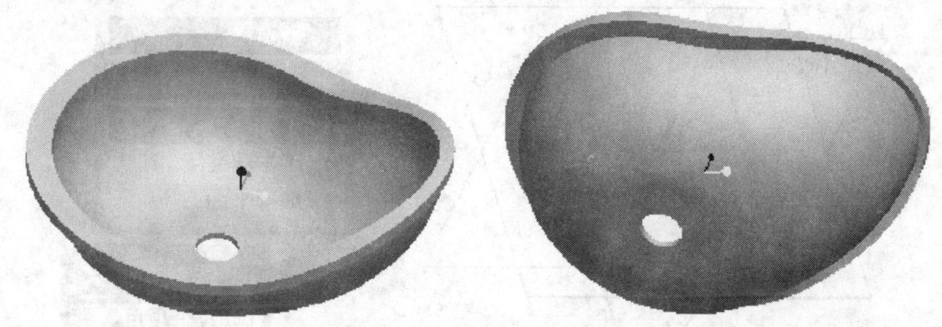

图 4 - 1　卫浴产品模型

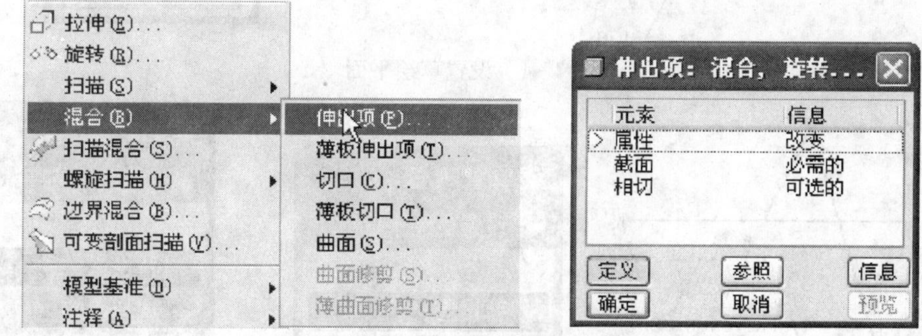

图 4 - 2　混合特征菜单

3）选取 FRONT 基准平面作为草绘平面，如图 4 - 4 所示。定义草绘平面方向与参照，如图 4 - 5 所示。

4）进入草绘环境，绘制如图 4 - 6 所示截面，作为旋转混合的第一个截面，旋转混合截面上必须添加一个坐标系，用于旋转定位，利用 （坐标系）工具创建。

5）绘制完第一个截面后，单击草绘工具栏中的 （确定）按钮，系统提示输入第二个截面的旋转角度，在设计界面下方提示栏中弹出如图 4 - 7 所示对话框，输入角度“30”，并单击右侧的 按钮。

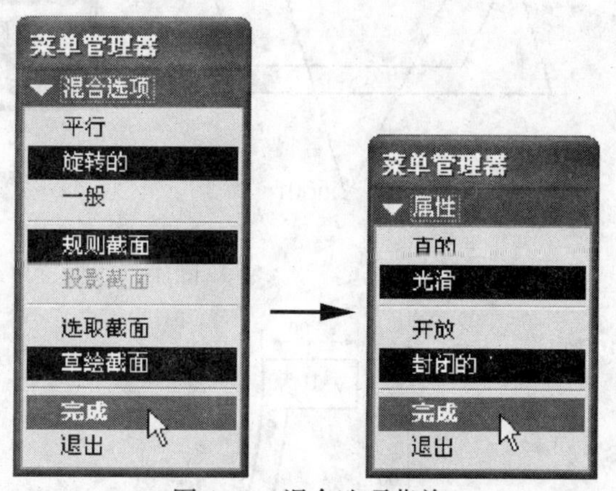

图 4 - 3　混合选项菜单

6）进入草绘环境，绘制第二个混合截面，如图 4 - 8 所示，旋转混合的每个截面都需要添加坐标系，用于旋转定位。

7）绘制完第二个截面后，单击草绘工具栏中的 （确定）按钮，系统提示“是否继续下一个截面”，如图 4 - 9 所示，单击“是”，进入下一个截面定义。

8）系统提示输入第三个截面的旋转角度，在设计界面下方提示栏中弹出如图 4 - 10 所示对话框，输入角度“60”，并单击右侧的 （确定）按钮。

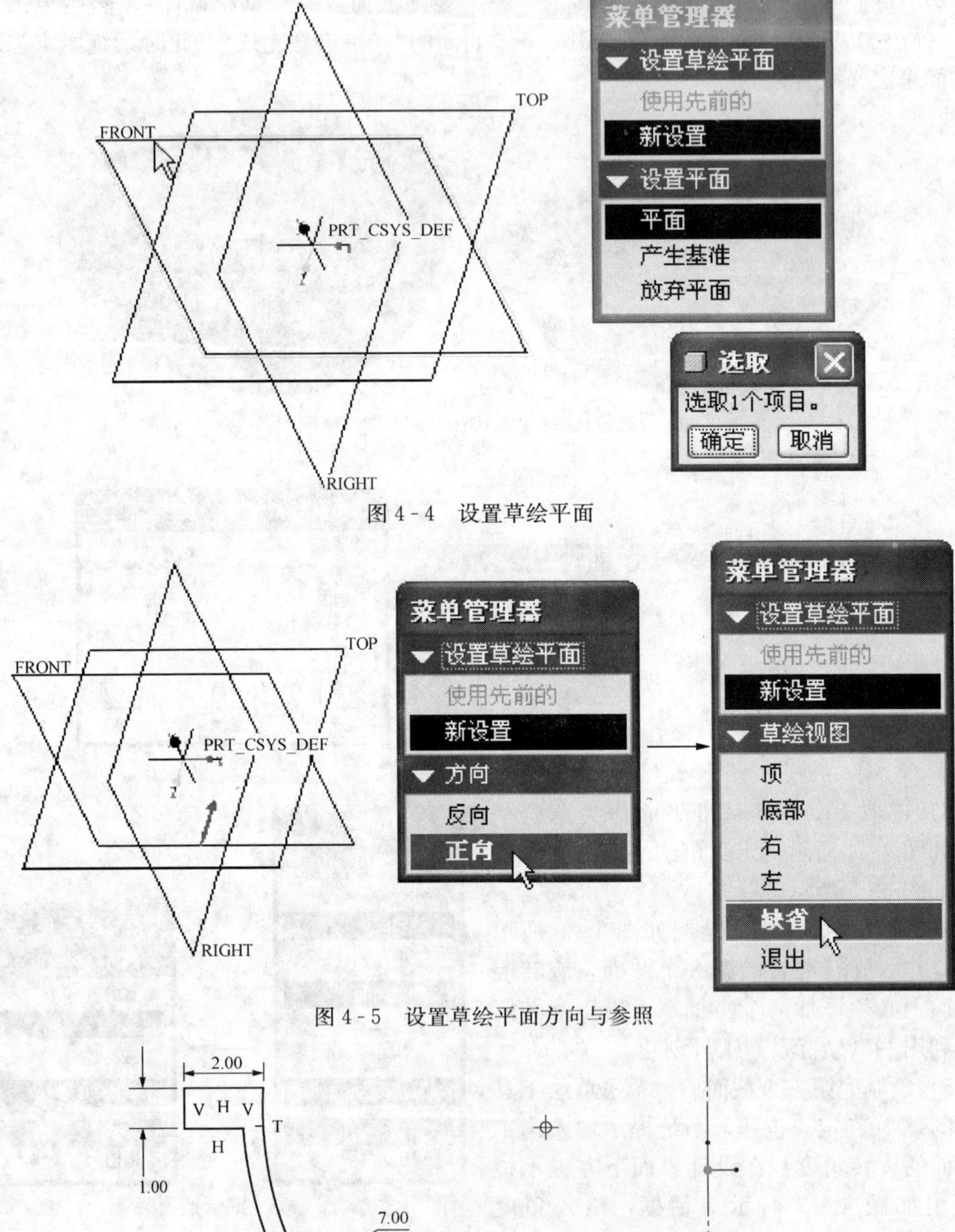

图 4 - 4　设置草绘平面

图 4 - 5　设置草绘平面方向与参照

图 4 - 6　第一个混合截面

为截面2 输入y_axis 旋转角(范围: 0 - 120) 30

图 4-7　设置混合截面旋转角度

9）重复 6)、7)、8）操作，绘制第三个截面、第四个截面、第五个截面，如图 4-11～图 4-13 所示；并设置第四个截面的旋转角度为“60”，第五个截面的旋转角度为“30”。

10）定义第五个截面后，在系统提示是否需要绘制下一截面时，单击“否”按钮，结束截面的绘制，如图 4-14 所示。

11）各项要素定义完毕后，单击“伸出项：混合，旋转…”对话框的 确定 按钮，如图 4-15 所示，完成旋转混合特征创建。

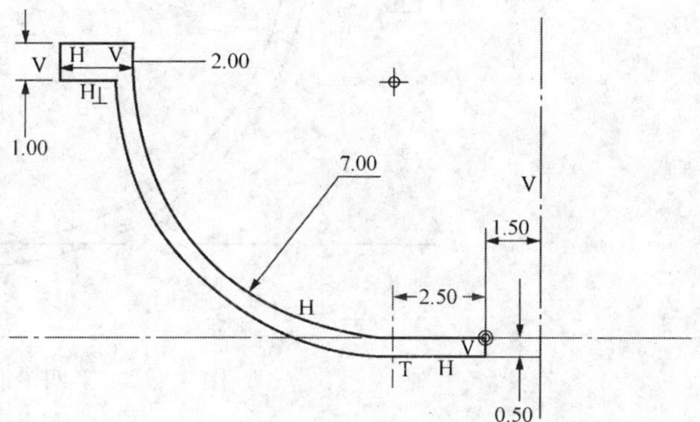

图 4-8　第二个混合截面

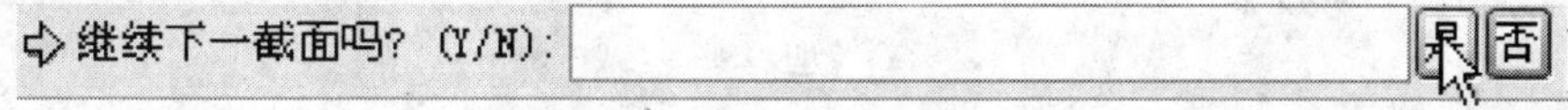

图 4-9　继续下一个截面定义

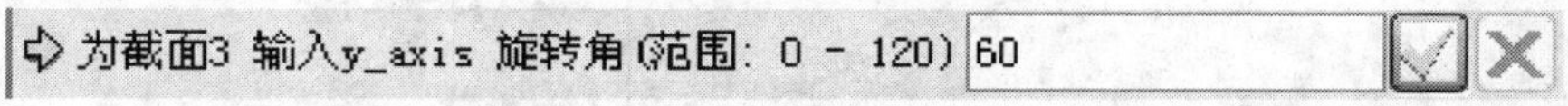

为截面3 输入y_axis 旋转角(范围: 0 - 120) 60

图 4-10　设置混合截面旋转角度

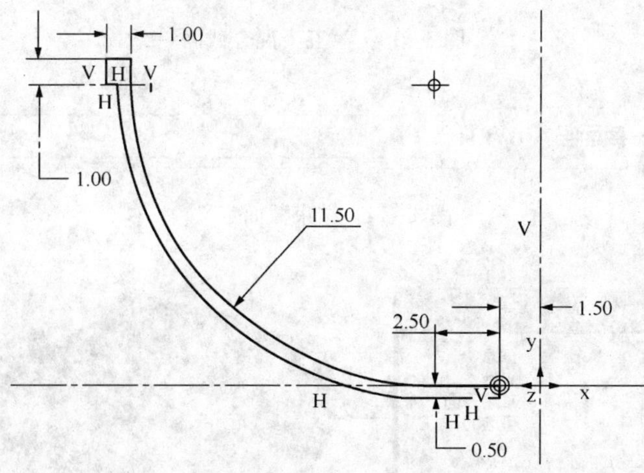

图 4-11　第三个混合截面

(3) 保存文件。选择主菜单“文件”→“保存副本”命令，在“保存副本”对话框中输入“新建文件名”为 blend _ 1，单击 确定 按钮，完成文件保存操作。

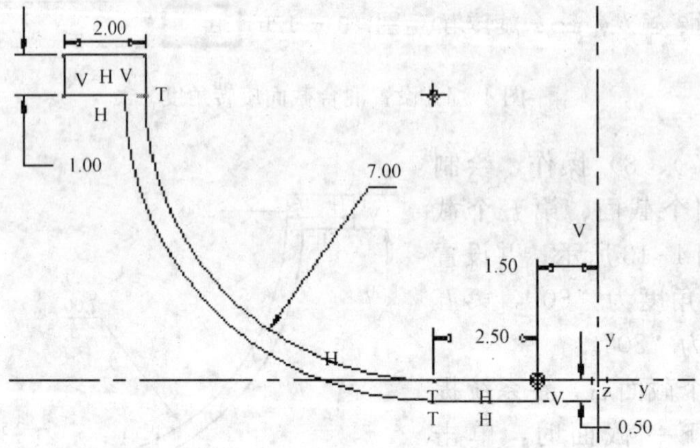

图 4-12　第四个混合截面

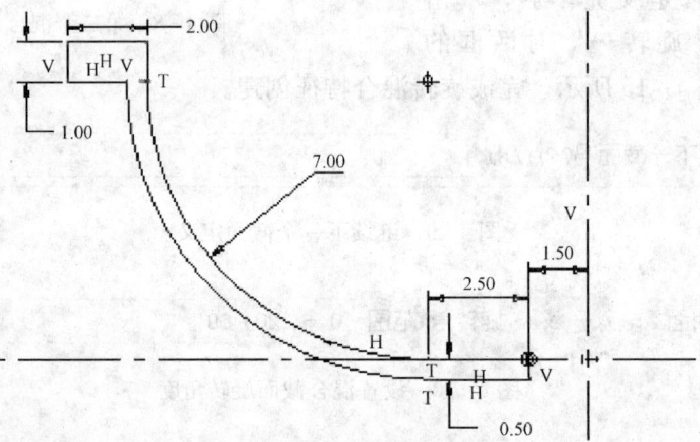

图 4-13　第五个混合截面

继续下一截面吗? (Y/N): 是 否

图 4-14　结束截面定义

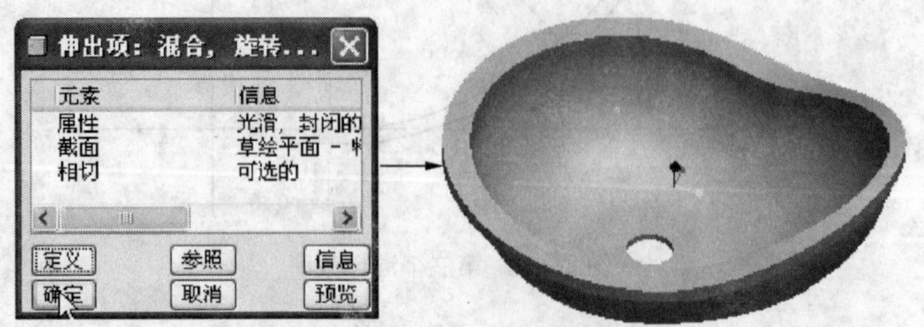

图 4-15　完成旋转混合特征创建

2. 旋转混合工具设计实例

设计如图 4 - 16 所示的礼品盒，操作步骤如下。

图 4 - 16　礼品盒

（1）新建文件。单击（新建）按钮，弹出“新建”对话框，选择 零件类型，输入文件名“blend _ 2”，将 使用缺省模板前面勾选取消，单击 确定 按钮，进入“新文件选项”对话框，选择 mmns_part_solid 模板，单击 确定 按钮，进入零件设计界面。

（2）创建旋转混合特征。

1）～3）与前面设计实例相同。

4）进入草绘环境，绘制旋转混合的第一个截面，如图 4 - 17 所示，旋转混合截面上必须添加坐标系，利用（坐标系）工具创建坐标系。

5）由于用于旋转混合的第三个截面与第一个截面相同，因此可以将第一个截面保存为草绘文件，在定义第三个混合截面时调用该草绘文件即可。选择菜单中“文件”→“保存副本”命令，打开“保存副本”对话框，如图 4 - 18 所示，输入“新建名称”为“section _ 1”，单击“保存副本”对话框中 确定 按钮。

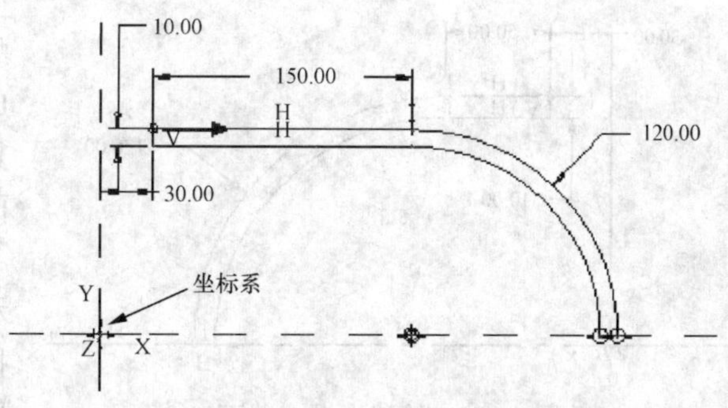

图 4 - 17　第一个混合截面

6）单击草绘工具栏中的（确定）按钮，完成第一个截面的绘制，弹出第二截面旋转角度输入对话框，如图 4 - 19 所示，输入第二个截面旋转角度为“30”。

7）单击图 4 - 19 右侧的（确定）按钮，进入草绘环境，绘制第二个混合截面，如图 4 - 20 所示。

8）单击草绘工具栏中的（确定）按钮，完成第二个混合截面的绘制，系统提示“是否继续下一个截面”，如图 4 - 21 所示，单击“是”，进入下一个截面定义。

9）系统提示输入第三个截面的旋转角度，在设计界面下方提示栏中弹出如图 4 - 22 所示对话框，输入角度“30”，并单击右侧的（确定）按钮。

10）进入草绘环境，选择“草绘”→“数据来自文件”→“文件系统”命令，弹出“打开”对话框，选择“section _ 1. sec”文件，单击 打开 按钮，如图 4 - 23 所示。此时鼠标光标如图 4 - 24 左图所示。在草绘界面中单击鼠标，如图 4 - 24 所示，将“缩放旋转”

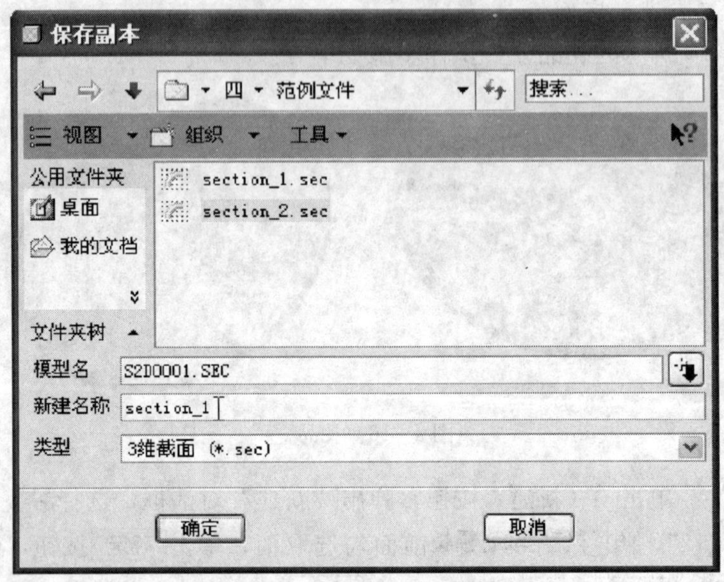

图 4-18　将第一个截面保存

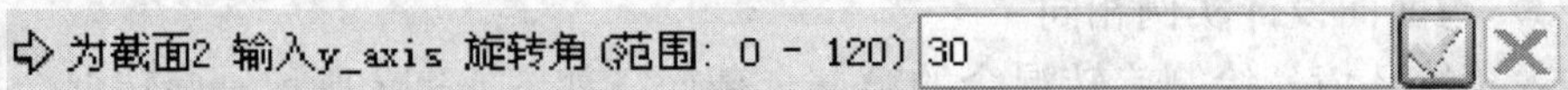

图 4-19　设置截面 2 旋转角度

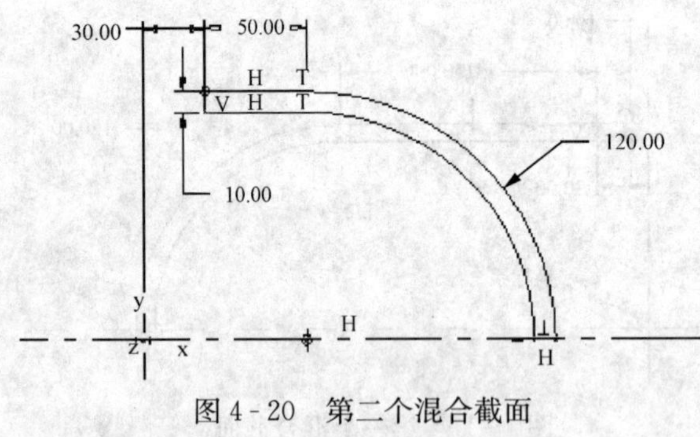

图 4-20　第二个混合截面

的比例改为“1”，单击✔（确定）按钮，成功导入二维截面文件，然后单击草绘工具栏中的✔（确定）按钮，完成第三个截面的定义。

11）定义第三个截面后，在系统提示是否需要绘制下一截面时，单击“否”按钮，结束截面的绘制，如图 4-25 所示。

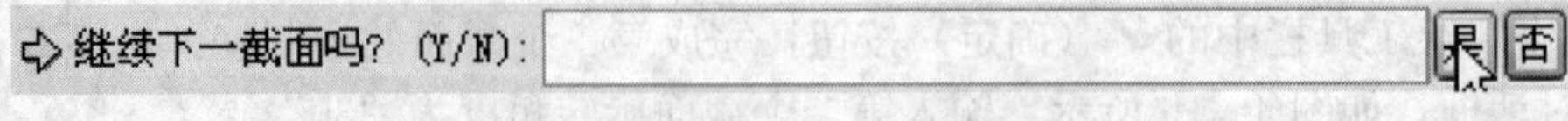

图 4-21　继续下一个截面绘制

为截面3 输入y_axis 旋转角(范围: 0 - 120) 30

图 4-22　定义第三个截面旋转角度

12）各项要素定义完毕后，单击“伸出项：混合，旋转…”对话框的 确定 按钮，如图 4-26所示，完成旋转混合特征创建。

4.1.2　一般混合特征

利用“一般”混合工具设计如图 4-27 所示的立铣刀，具体操作步骤如下。

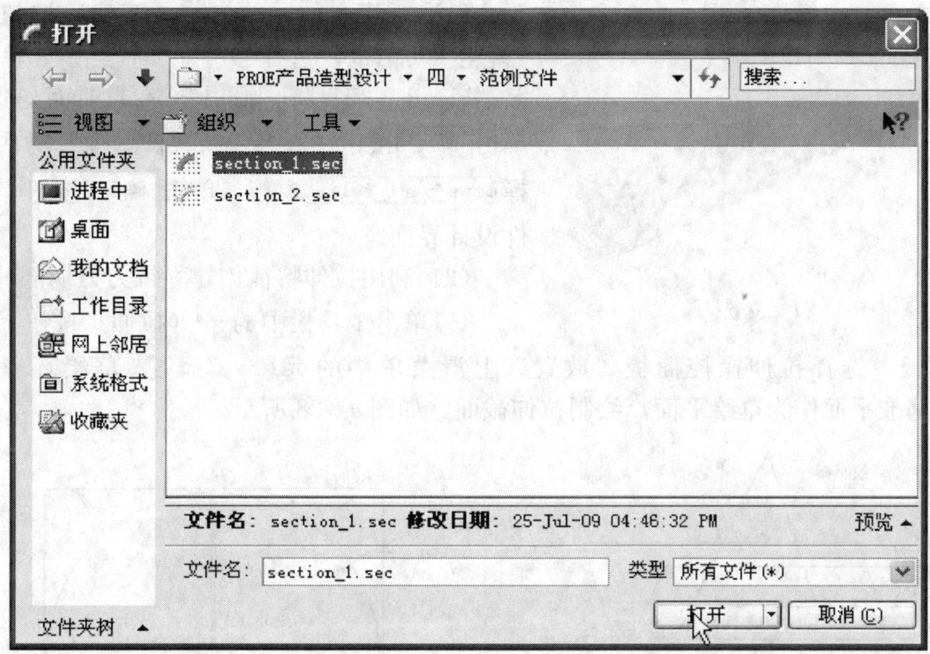

图 4 - 23　“打开”对话框

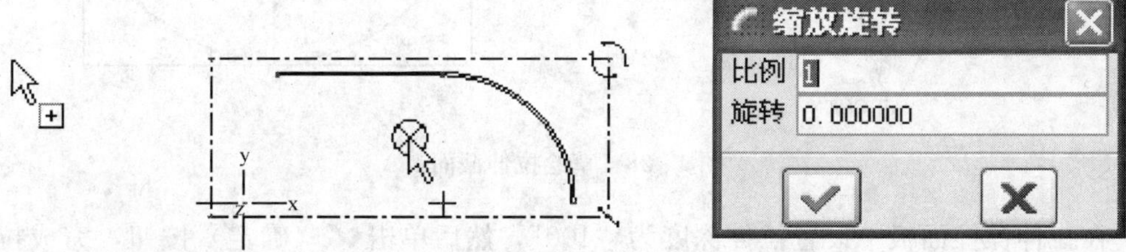

图 4 - 24　导入第三个截面

图 4 - 25　结束混合截面绘制

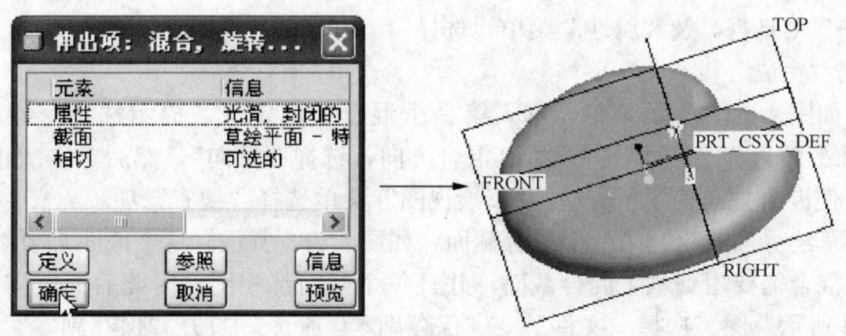

图 4 - 26　完成旋转混合特征创建

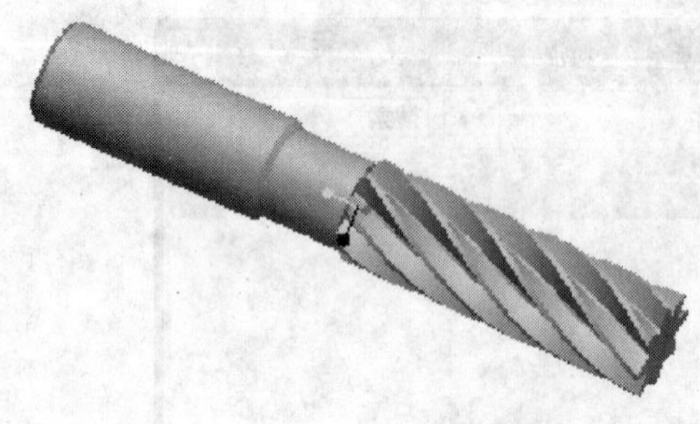
图 4-27　立铣刀

(1) 新建文件。单击 (新建) 按钮，弹出“新建”对话框，选择 零件类型，输入文件名“blend_3”，将使用缺省模板前面勾选取消，单击确定按钮，进入“新文件选项”对话框，选择mmns_part_solid模板，单击确定按钮，进入零件设计界面。

(2) 利用拉伸特征创建立铣刀刀柄部分。

1) 单击工具栏中的 (拉伸) 按钮，弹出拉伸操控面板，选择拉伸操控面板“放置”上滑菜单中的 定义...，进入草绘环境，选择FRONT基准平面作为草绘平面，绘制拉伸截面，如图 4-28 所示。

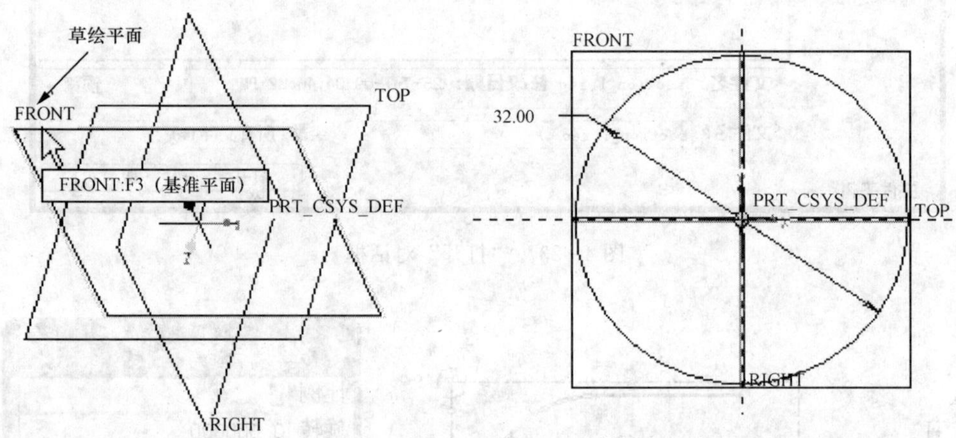

图 4-28　草绘拉伸截面

2) 在拉伸操控面板中设置拉伸深度为“100”，然后单击 (确定) 按钮，完成拉伸特征创建，结果如图 4-29 所示。

(3) 创建一般混合特征。

1) 选择主菜单“插入”→“混合”→“伸出项”命令，弹出“混合选项”菜单管理器，如图 4-30 所示，选择“一般”→“规则截面”→“草绘截面”，然后单击“完成”，弹出“伸出项：混合，一般…”对话框，及“属性”菜单，选择“光滑”，单击“完成”。

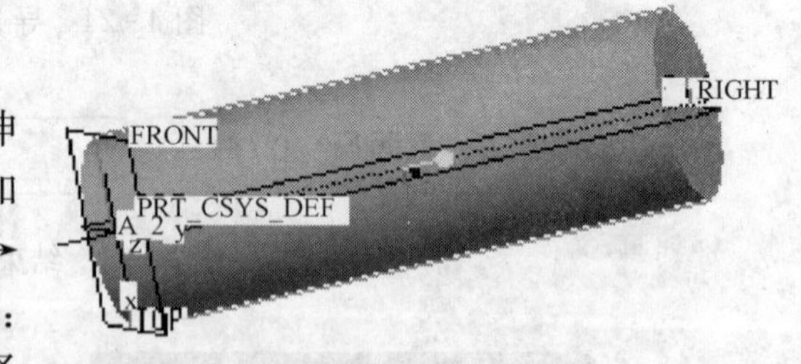

图 4-29　拉伸特征

2) 弹出如图 4-31 所示菜单，进入第一个混合截面定义，提示选择草绘平面，选择FRONT基准平面为草绘平面，并设置其混合方向，选择“反向”，然后单击“正向”，如图 4-32 所示，使混合方向朝图示方向。“草绘视图”菜单选择“缺省”项。

3) 进入草绘界面，绘制第一个混合截面，如图 4-33 所示。每个截面必须添加坐标系。

4) 此次混合需要用到六个混合截面，并且每个截面都相同，因此后面所需的截面均可调用图 4-33 所示草图。选择“文件”→“保存副本”命令，打开“保存副本”对话框，将图 4-33 所示截面保存为“section_2”，单击“保存副本”对话框的确定按钮。

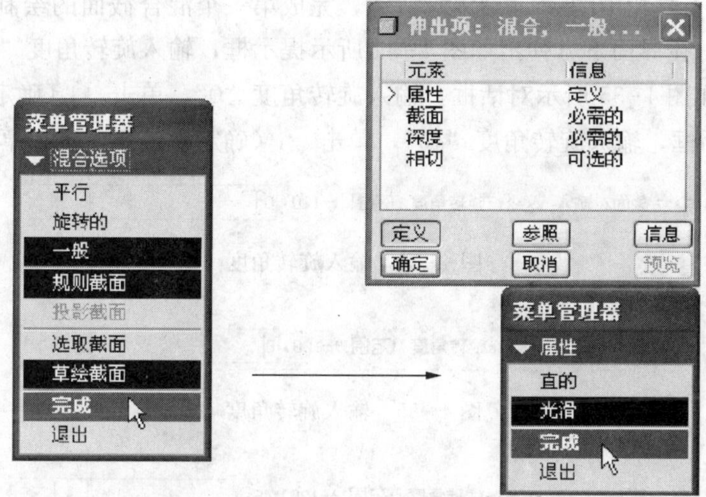

图 4-30　设置混合类型及混合属性

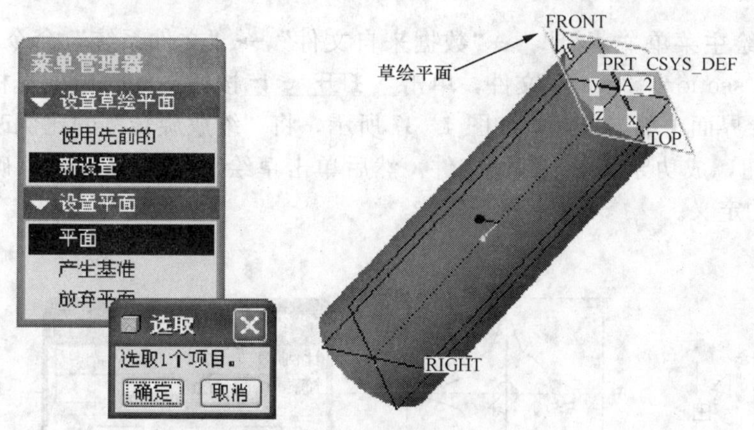

图 4-31　选择混合截面的草绘平面

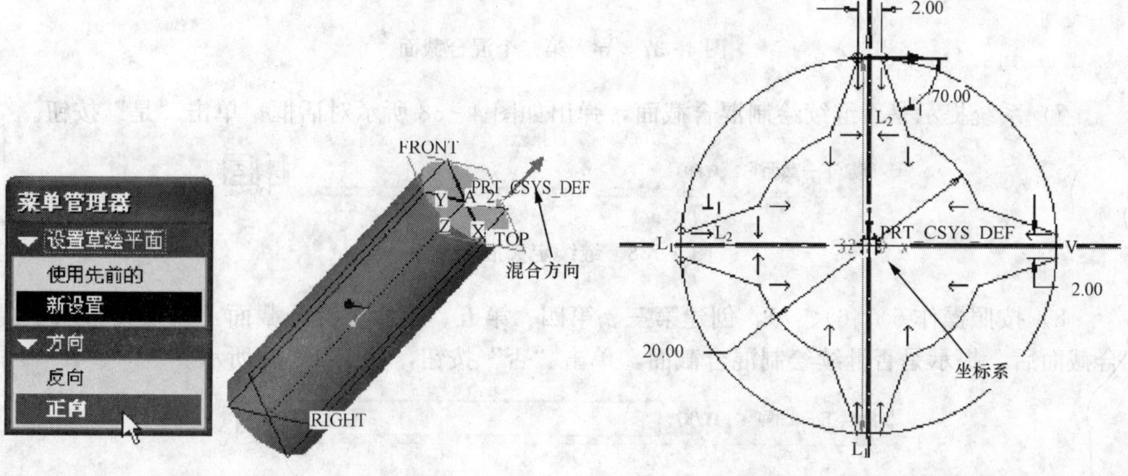

图 4-32　设置混合方向　　　　图 4-33　第一个混合截面

5）单击草绘工具栏中的✔（确定）按钮，完成第一个混合截面的绘制，接着进行第二个混合截面定义。在界面下方弹出如图 4-34 所示提示框，输入旋转角度“0”，单击✔（确定）按钮，弹出如图 4-35 所示对话框，输入旋转角度“0”，单击✔（确定）按钮，弹出如图 4-36 所示对话框，输入旋转角度“45”，单击✔（确定）按钮，进入草绘界面。

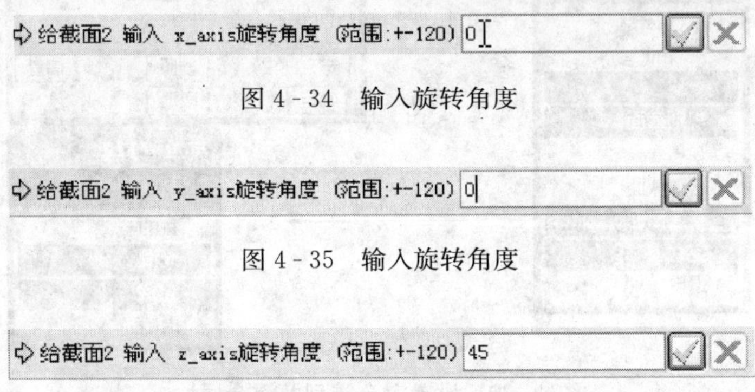

图 4-34　输入旋转角度

图 4-35　输入旋转角度

图 4-36　输入旋转角度

6）选择草绘主菜单“草绘”→“数据来自文件”→“文件系统”命令，弹出“打开”对话框，选择“section_2.sec”文件，单击 打开 按钮。此时鼠标光标如图 4-37 左图所示。在草绘界面中单击鼠标，如图 4-37 所示，将“缩放旋转”的比例改为“1”，单击✔（确定）按钮，成功导入二维截面文件，然后单击草绘工具栏中的✔（确定）按钮，完成第二个截面的定义。

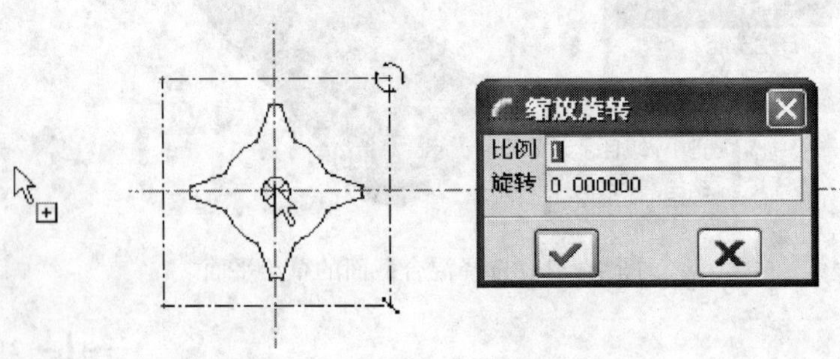

图 4-37　导入第二个混合截面

7）系统提示是否继续绘制混合截面，弹出如图 4-38 所示对话框，单击“是”按钮。

图 4-38　继续定义混合截面

8）按照操作 5）、6）、7），创建第三、第四、第五、第六个混合截面，在定义第六个混合截面后，提示是否继续绘制混合截面，单击“否”按钮，如图 4-39 所示。

图 4-39　结束混合截面绘制

9）系统弹出如图 4-40 所示提示框，输入截面 2 与截面 1 之间的距离“20”，单击✔（确定）按钮，随后弹出的提示框均输入深度“20”，确定后，各项要素定义完毕。

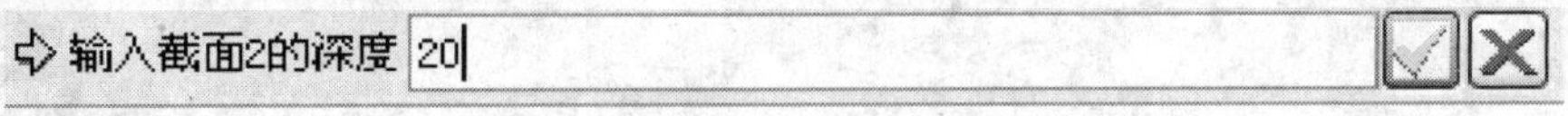

⇨ 输入截面2的深度 20

图 4-40　定义截面间距离

10）单击“伸出项：混合，一般…”对话框中 确定 按钮，完成一般混合特征创建，如图 4-41 所示。

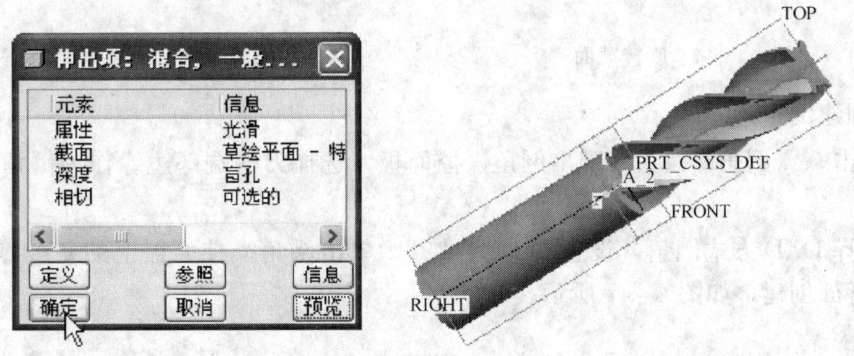

图 4-41　混合特征创建

（4）创建阵列特征。

1）选择刚刚创建的一般混合特征，单击（阵列）按钮，弹出阵列操控面板。

2）在阵列操控面板中选择“轴”阵列方式，选择 A _ 2 轴作为阵列参照，如图 4-42 所示。

3）在阵列操控面板中输入阵列数目“2”，阵列角度“45”，然后单击✔（确定）按钮，完成阵列操作，结果如图 4-43 所示。

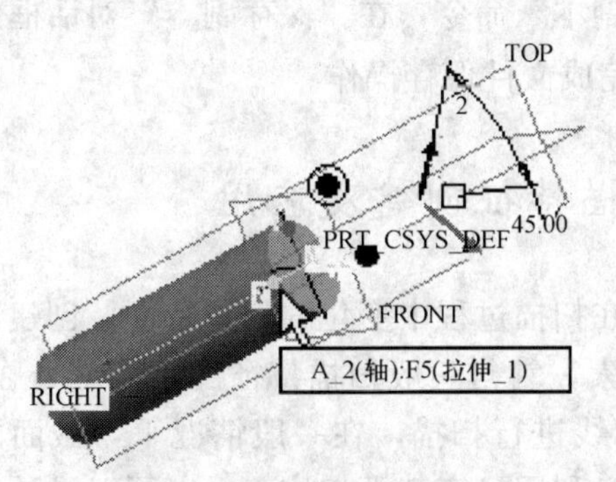

图 4-42　选择轴阵列

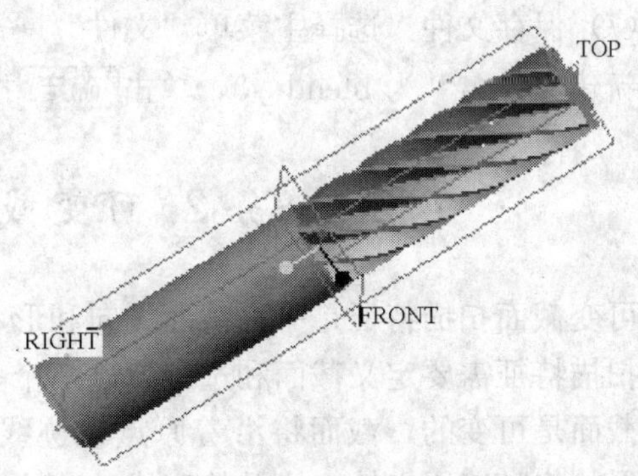

图 4-43　阵列特征创建

（5）创建旋转切除特征。

1）单击（旋转）按钮，弹出旋转操控面板，单击（切除材料）按钮。

2）选择“位置”，弹出上滑菜单，单击 定义...，进入草绘界面，绘制旋转截面，如图 4-44 所示，单击草绘工具栏中的✔（确定）按钮，完成旋转截面绘制。

3）单击旋转操控面板上的✔（确定）按钮，完成旋转切除材料特征创建，如图 4-45 所示。

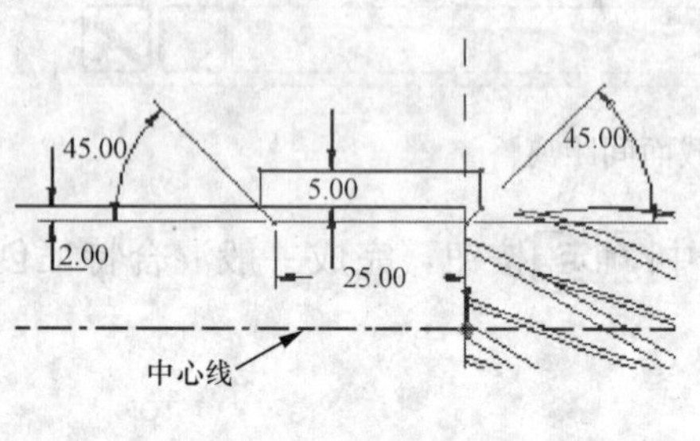

图 4-44 旋转截面

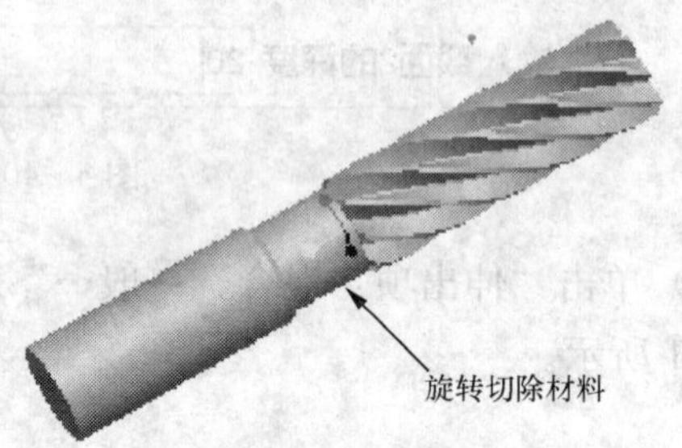

图 4-45 旋转切除材料特征

（6）创建倒角特征。

1）单击（倒角）按钮，弹出倒角操控面板，选择刀柄端部边缘作为倒角对象，如图 4-46 所示。

2）选择 DXD 方式倒角，设置 D 值为“2”，单击倒角操控面板上的✔（确定）按钮，完成倒角特征创建，如图 4-47 所示。

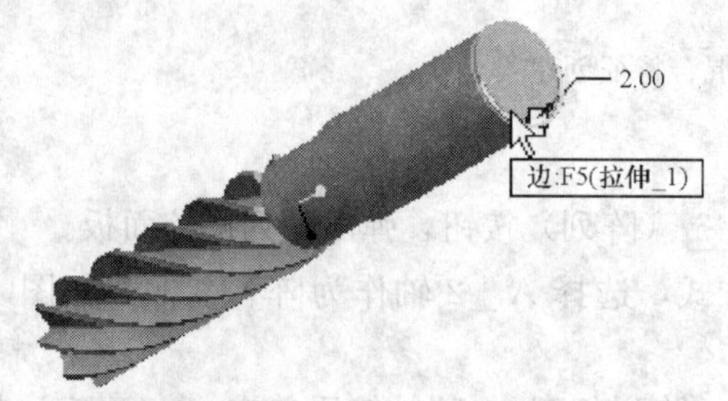

图 4-46 选择倒角边

图 4-47 倒角特征创建

（7）保存文件。选择主菜单“文件”→“保存副本”命令，在“保存副本”对话框中输入“新建文件名”为 blend_3，单击 确定 按钮，完成文件保存操作。

4.2 任务 2 可变截面扫描特征创建及应用

可变截面扫描特征是一种截面方向和形状可以在扫描过程中变化的扫描特征。创建可变截面扫描特征需要定义截面和选定轨迹两个基本要素，它与一般扫描特征的不同之处在于，它的截面是可变的，截面将沿着原点轨迹线及轮廓线进行扫描，在一般情况下，截面的大小、形状将随着原点轨迹线及轮廓线的变化而变化。利用可变截面扫描工具，可以设计出许多形状复杂的条产品模型，如图 4-48 所示。

可变截面扫描特征的创建一般要定义一条原始轨迹线和若干条轮廓线，其中原始轨迹线是截面扫掠的路径，轮廓线用于控制截面的形状，如图 4-49 所示。

4.2.1 可变截面扫描特征创建操作

下面以图 4-49 中实体创建过程来讲解可变截面扫描特征操作方法及应用技巧。

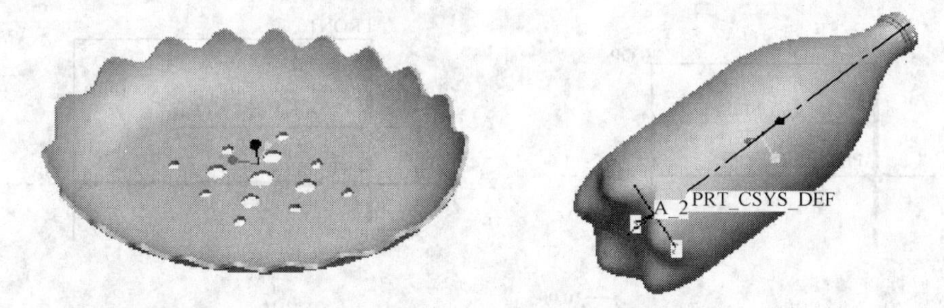

图 4-48　利用可变截面扫描设计的产品

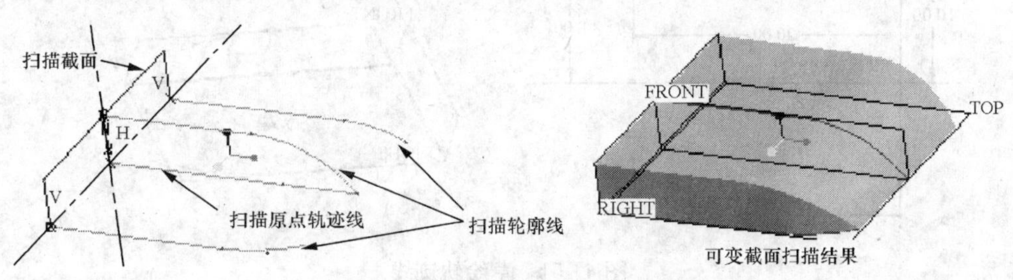

图 4-49　可变截面扫描的要素

(1) 单击工具栏中的（可变截面扫描）按钮，或选择主菜单“插入”→“可变剖面扫描”命令，打开可变截面扫描操控面板，如图 4-50 所示，选择（实体）按钮，以生成实体特征。

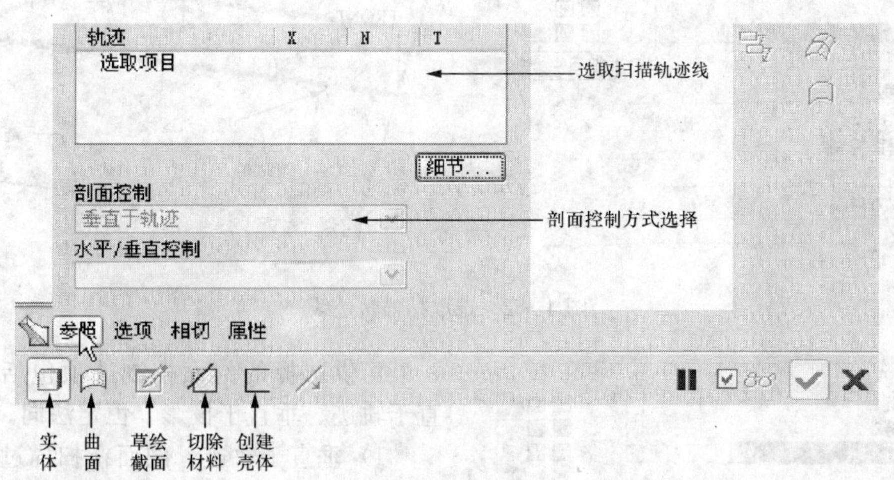

图 4-50　可变截面扫描操控面板

(2) 准备扫描轨迹线，包括原点轨迹线和轮廓线。利用（草绘）按钮，绘制如图 4-51 所示扫描轨迹线。

(3) 选取可变截面扫描的原点轨迹线与轮廓线，如图 4-52 所示。打开“参照”上滑面板，在视图中选择原点轨迹线，然后按住 Ctrl 键选择三条轮廓线：链 1、链 2、链 3。

(4) 设置剖面控制方式，选择剖面控制选项为“垂直与轨迹”，如图 4-53 所示。

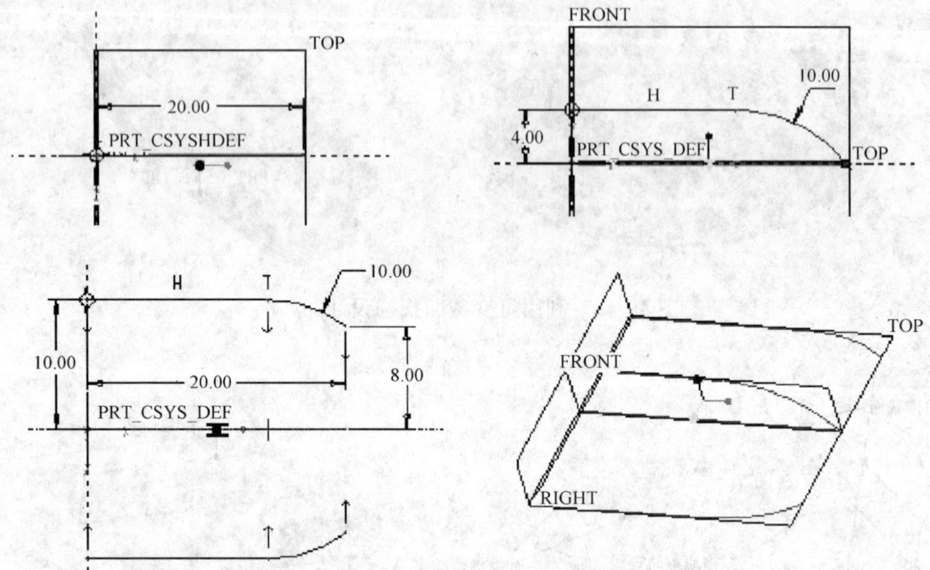

图 4-51 草绘轨迹线

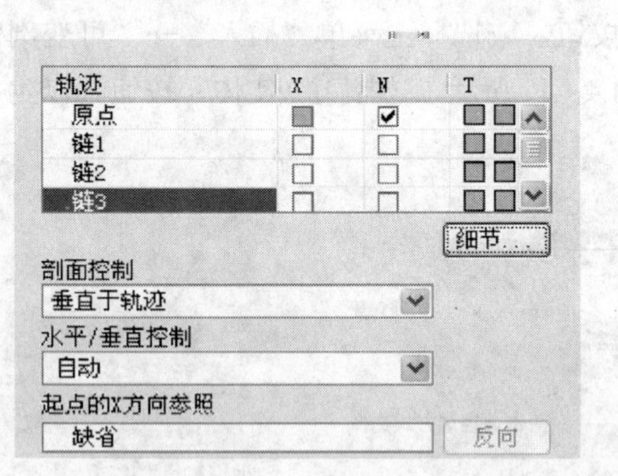

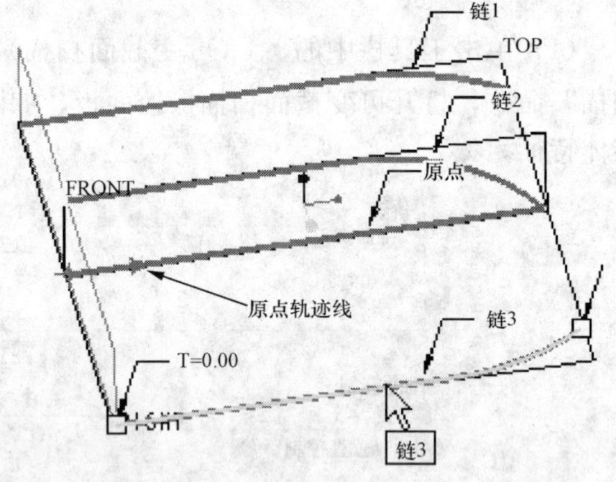

图 4-52 选取扫描轨迹线

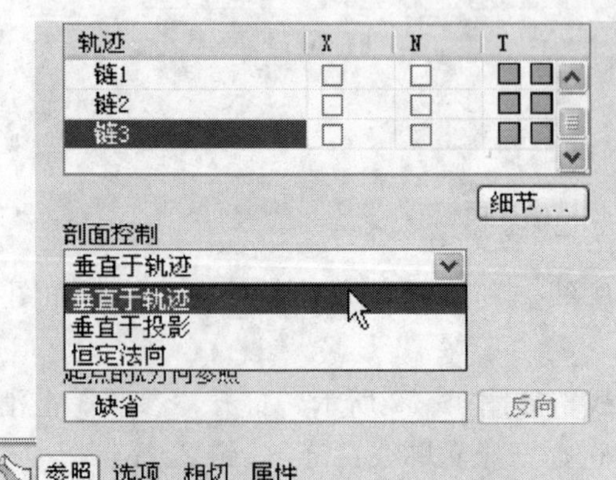

图 4-53 设置剖面控制方式

可供选择的剖面控制选项包括三种：垂直于轨迹、垂直于投影、恒定法向。

1）垂直于轨迹：剖面在扫描过程中始终与指定的轨迹线垂直。

2）垂直于投影：剖面平面沿指定的方向垂直于原点轨迹的 2D 投影。

3）恒定法向：剖面平面垂直向量保持与指定的方向参照平行。

（5）定义扫描截面。单击操控面板上的 按钮，进入草绘界面，草绘扫描截面，如

图4-54所示，然后单击草绘工具栏中的✔（确定）按钮，完成扫描截面绘制。

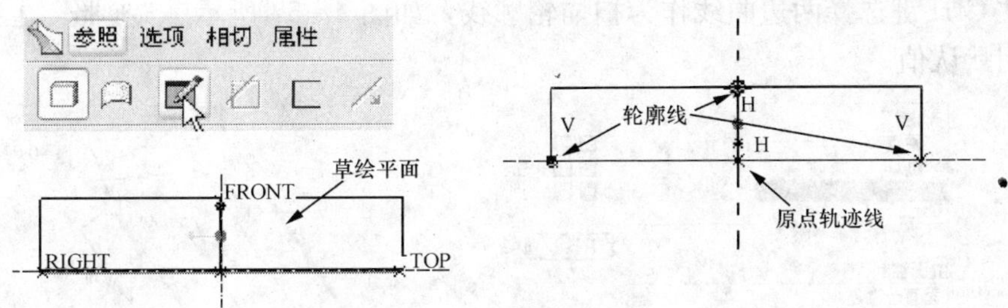

图4-54　草绘扫描截面

（6）单击可变截面扫描操控面板上的✔（确定）按钮，完成可变截面扫描特征创建。

4.2.2　可变截面扫描应用实例一

利用可变截面扫描工具，设计如图4-55所示洗发水瓶，具体操作步骤如下。

（1）新建文件。单击（新建）按钮，弹出“新建”对话框，选择◉ 零件类型，输入文件名“sweep_1”，将☑ 使用缺省模板前面勾选取消，单击确定按钮，进入“新文件选项”对话框，选择mmns_part_solid模板，单击确定按钮，进入零件设计界面。

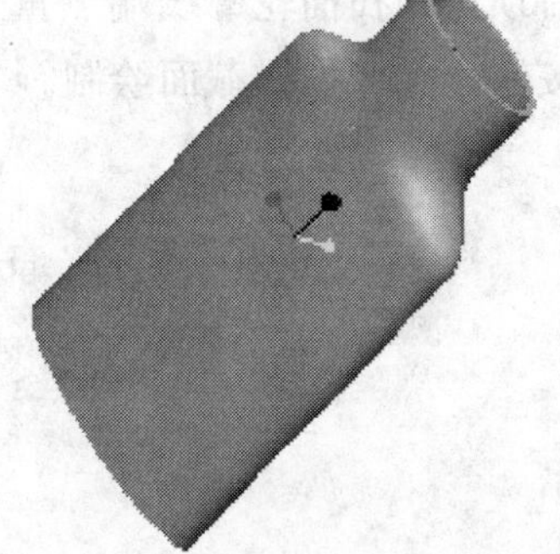

图4-55　洗发水瓶造型

（2）创建轨迹线。

1）单击工具栏中的（草绘工具）按钮，选择FRONT基准平面作为草绘平面，画一条直线，如图4-56左图所示。

2）单击工具栏中的（草绘工具）按钮，选择FRONT基准平面作为草绘平面，绘制如图4-56中图所示曲线。

3）轨迹线画好后如图4-56右图所示。

（3）创建可变截面扫描特征。

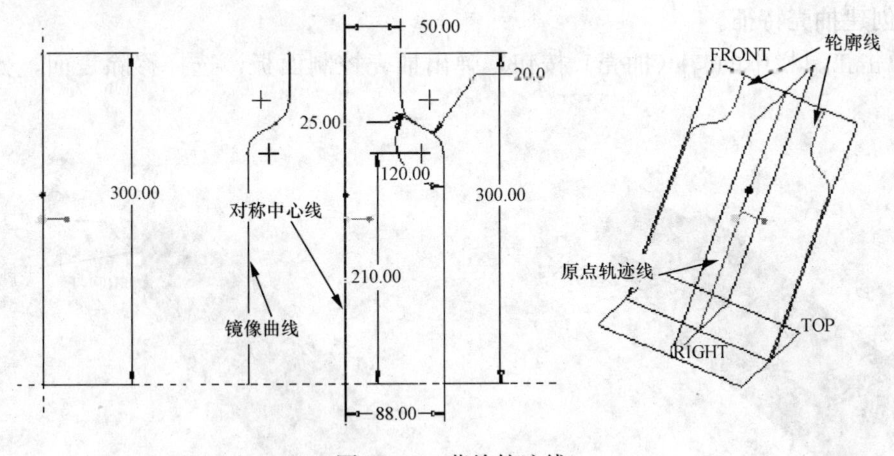

图4-56　草绘轨迹线

1）单击（可变截面扫描）按钮，弹出可变截面扫描操控面板，单击操控面板上的（实体）按钮，以生成实体特征。

2）单击操控面板“参照”，打开上滑面板，然后在视图中选择中间直线作为扫描原点轨迹线，按住 Ctrl 键选择两边曲线作为扫描轮廓线，如图 4-57 所示。“参照”上滑面板中其他参数采用默认值。

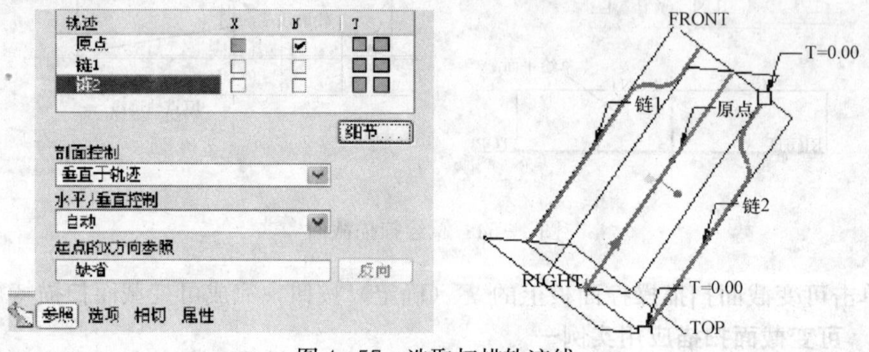

图 4-57　选取扫描轨迹线

3）单击操控面板上的按钮，进入草绘界面，绘制如图 4-58 所示扫描截面，椭圆左右顶点与扫描轮廓线端点重合（应用约束工具），然后单击草绘工具栏中的（确定）按钮，完成扫描截面绘制。

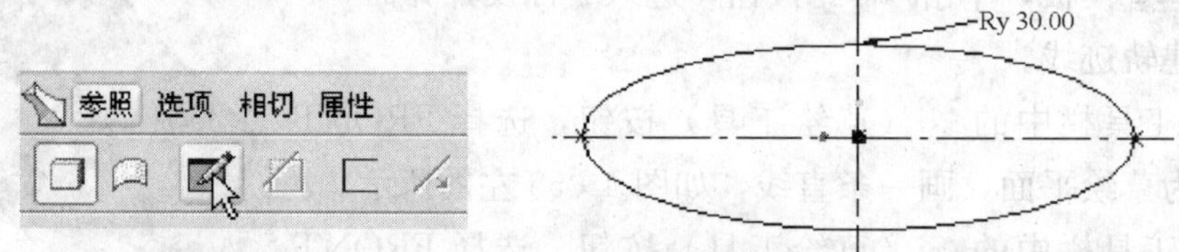

图 4-58　草绘扫描截面

4）单击可变截面扫描操控面板上的（确定）按钮，完成可变截面扫描特征创建，如图 4-59 所示。

（4）创建抽壳特征。

1）单击工具栏中的（抽壳）按钮，弹出抽壳控制面板，选择移除表面，如图 4-60 所示。

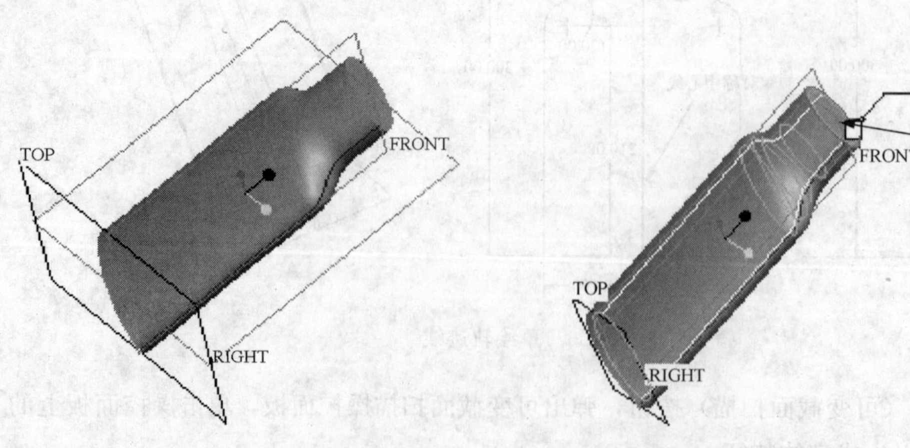

图 4-59　可变截面扫描特征　　　　图 4-60　选取移除曲面

2）在控制面板中输入壳厚度值为“5”。

3）单击控制面板上的✔（确定）按钮，完成壳特征创建。

（5）保存文件。选择主菜单“文件”→“保存副本”命令，在“保存副本”对话框中输入“新建文件名”为 sweep _ 1，单击 确定 按钮，完成文件保存操作。

4.2.3　可变截面扫描应用实例二

利用可变截面扫描工具设计如图 4 - 61 所示艺术肥皂盒，具体操作步骤如下。

（1）新建文件。单击（新建）按钮，弹出“新建”对话框，选择 零件类型，输入文件名“sweep _ 2”，将☑使用缺省模板前面勾选取消，单击 确定 按钮，进入“新文件选项”对话框，选择mmns_part_solid 模板，单击 确定 按钮，进入零件设计界面。

（2）利用拉伸工具创建肥皂盒底部。

1）单击（拉伸）按钮，弹出拉伸操控面板。

2）选择操控面板“放置”选项，打开“放置”上滑面板，单击 定义... 按钮，弹出“草绘”对话框，选择 TOP 基准平面作为草绘平面，单击“草绘”对话框中的 草绘 按钮，进入草绘界面。

3）绘制如图 4 - 62 所示拉伸截面，单击草绘工具栏中的✔（确定）按钮，完成截面草绘。

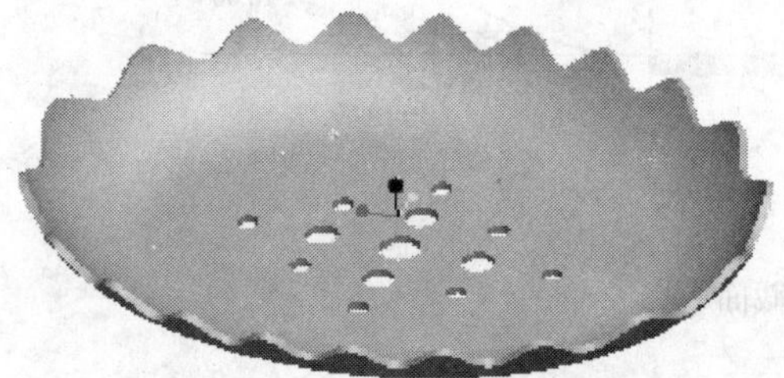

图 4 - 61　艺术肥皂盒

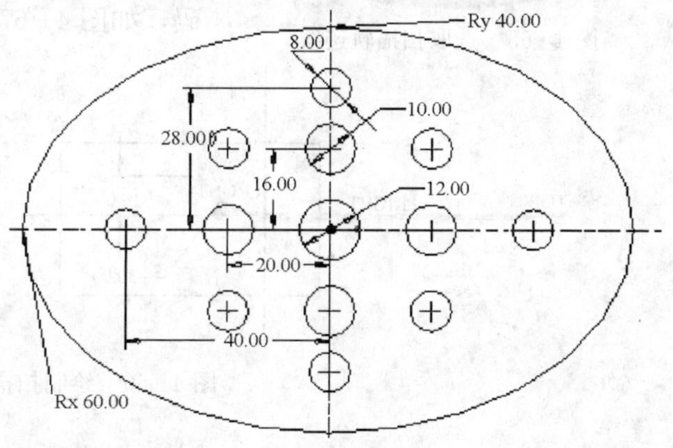

图 4 - 62　拉伸截面

4）在拉伸操控面板中设置拉伸深度值为“2”。

5）单击拉伸操控面板中的✔（确定）按钮，完成拉伸特征创建，如图 4 - 63 所示。

（3）利用可变截面扫描工具创建肥皂盒边缘花纹。

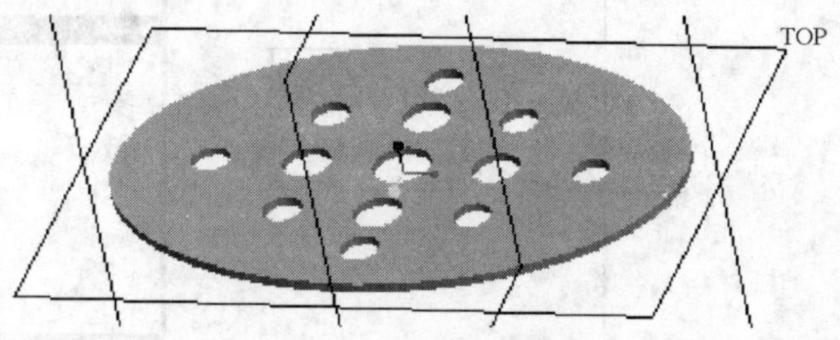

图 4 - 63　肥皂盒底部

1）单击（可变截面扫描）按钮，弹出可变截面扫描操控面板，单击操控面板上的（实体）按钮，然后单击（薄壳）按钮，以生成薄壳实体特征，并输入厚度“2”，如图 4 - 64 所示。

2）单击“参照”，弹出上滑菜单，定义扫描轨迹线，选择如图 4 - 65 所示上表面的椭圆边作为扫描的轨迹线，选择方法是先单击椭圆边一点，选到椭圆的一半，然后按住 Shift 键

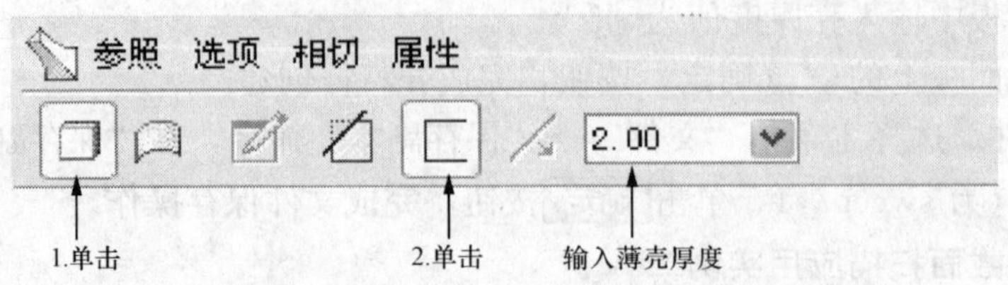

图 4-64 设置可变截面扫描参数

选择上表面，系统自动选中整个上表面的轮廓边。

3）单击操控面板上按钮，进入草绘界面，绘制如图 4-66 所示扫描截面。

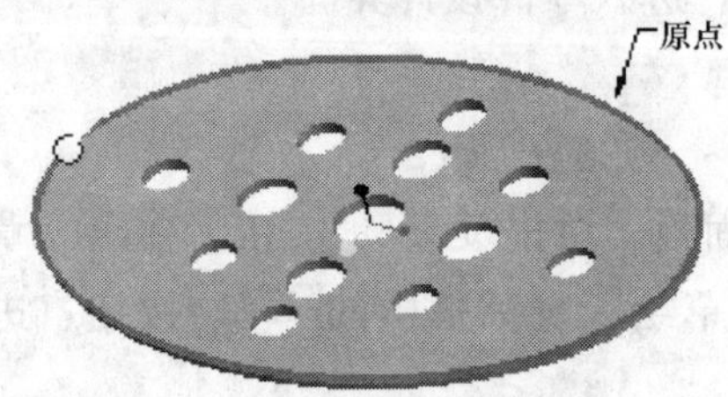

图 4-65 选取扫描轨迹线

4）利用函数关系式定义尺寸变量，使图 4-67 中尺寸 sd6 随着扫描轨迹变化而变化，设置尺寸变量的方法如下。

①选择主菜单“工具”→“关系”命令，打开“关系”对话框，同时扫描截面的尺寸数值变成尺寸代码，如图 4-67 所示。

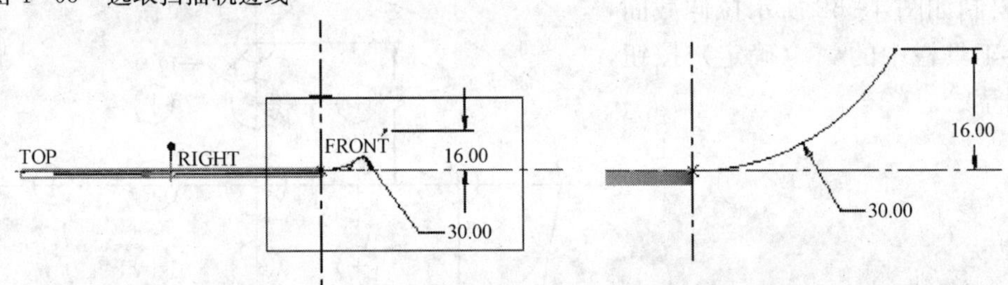

图 4-66 绘制扫描截面

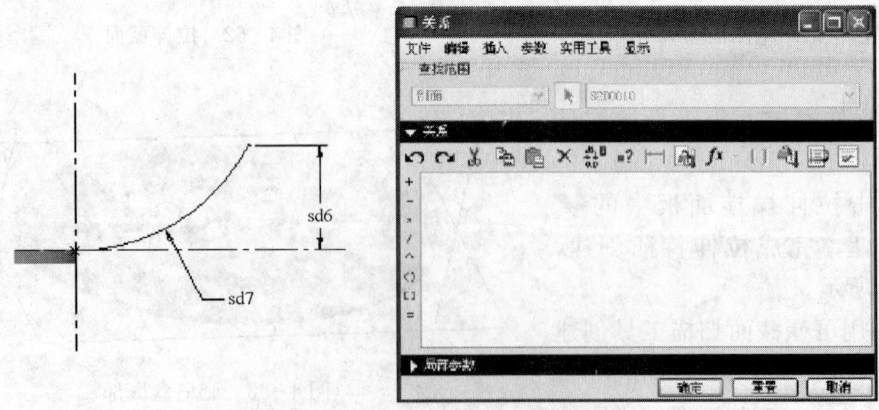

图 4-67 设置截面尺寸变量对话框

②在“关系”对话框中输入带 trajpar 参数的截面关系式 sd6＝16＋3＊sin（trajpar＊360＊20），如图 4-68 所示，单击 确定 按钮，完成扫描截面尺寸变量的设置。

5）单击草绘工具栏中的✔（确定）按钮，完成扫描截面绘制。

6）单击操控面板上的（材料侧）按钮，使薄壳生成方向如图 4-69 所示。

7）单击操控面板上的（确定）按钮，完成可变截面扫描创建，如图 4-70 所示。

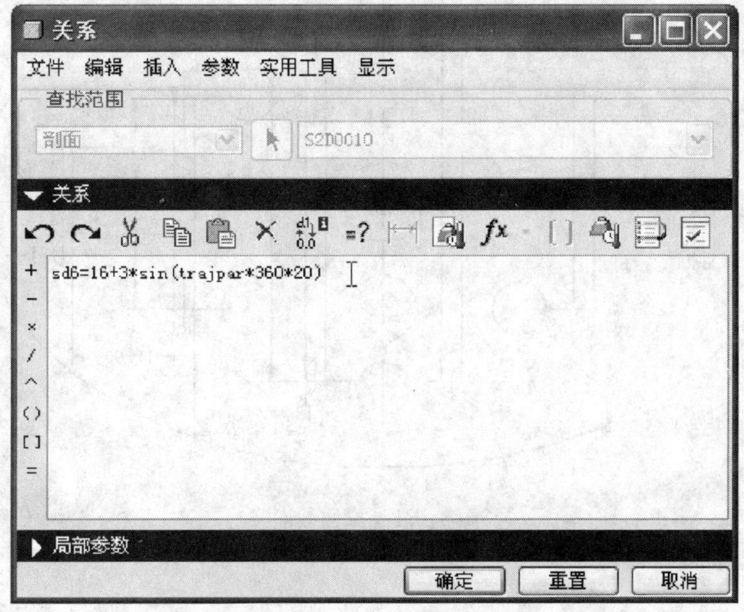

图 4-68　设置扫描截面尺寸变量关系式

图 4-69　调整材料侧生成方向

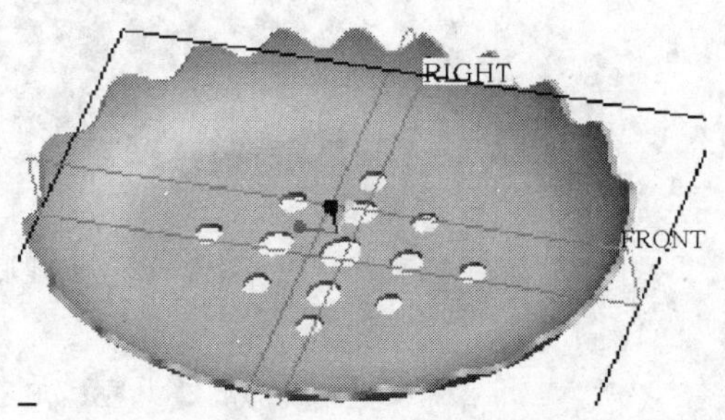

图 4-70　创建的肥皂盒边缘

(4) 利用拉伸特征创建肥皂盒底部凸台。

1）单击（拉伸）按钮，弹出拉伸操控面板。

2）选择操控面板的“放置”选项，打开“放置”上滑面板，单击 定义... 按钮，弹出“草绘”对话框，选择肥皂盒底部表面作为草绘平面，单击“草绘”对话框中的 草绘 按钮，进入草绘界面。

3）绘制如图 4-71 所示拉伸截面，单击草绘工具栏中的（确定）按钮，完成截面草绘。

4）在拉伸操控面板中设置拉伸深度值为“2”。

5）单击拉伸操控面板中（确定）按钮，完成拉伸特征创建，如图 4-72 所示。

(5) 保存文件。选择主菜单“文件”→“保存副本”命令，在“保存副本”对话框中输入“新建文件名”为 sweep_2，单击 确定 按钮，完成文件保存操作。

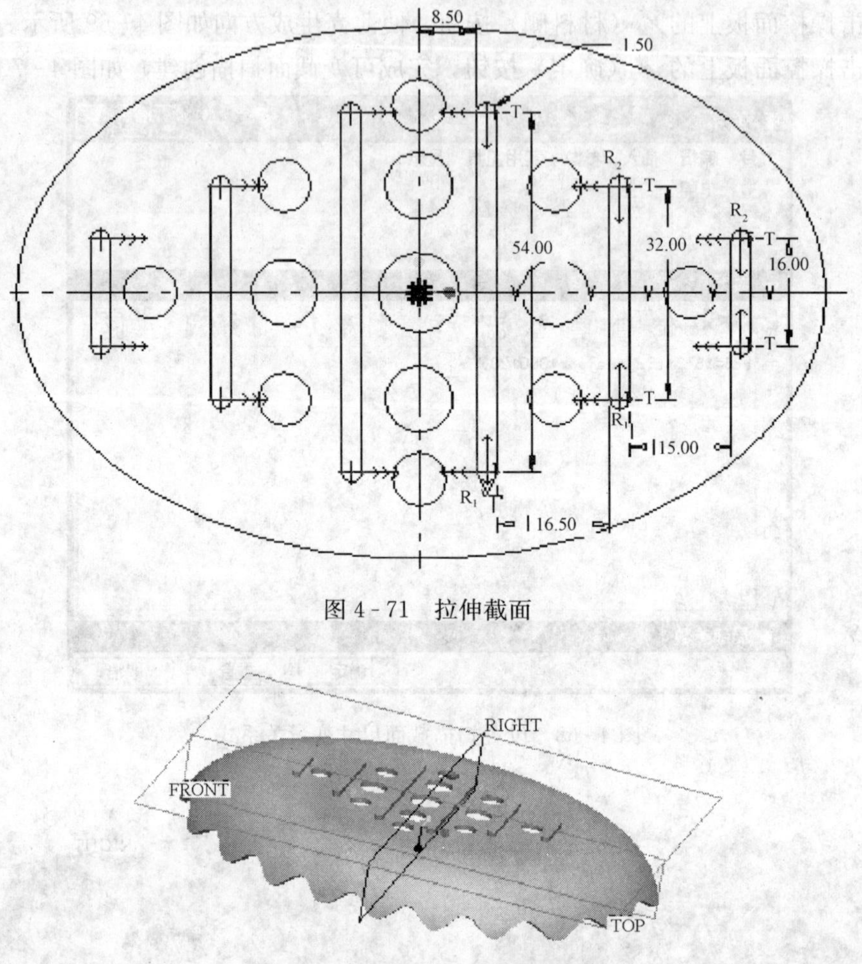

图 4-71 拉伸截面

图 4-72 创建底部凸台的肥皂盒

4.3 任务 3 螺旋扫描特征创建及应用

螺旋扫描特征是指将设定的截面沿着一条螺旋轨迹线扫描，从而生成螺旋特征。螺旋扫描特征的创建需要定义旋转中心轴（由中心线创建)、轨迹线和扫描截面四个要素。在设计中，各种压缩弹簧、内螺纹和外螺纹结构，都可以利用螺旋扫描的方式的创建，如图 4-73 所示。

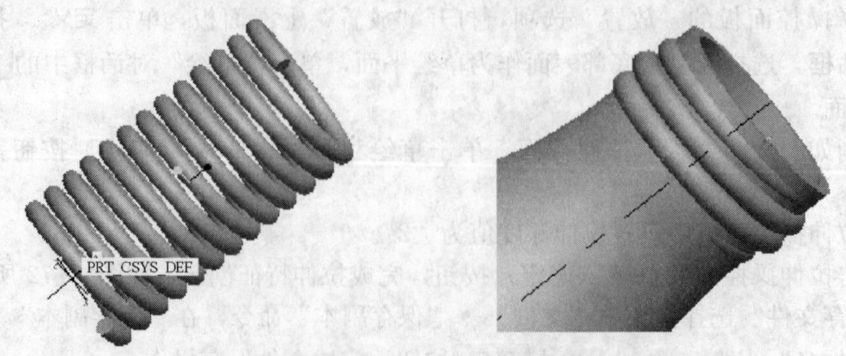

图 4-73 螺旋扫描在产品设计中的应用

下面首先通过简单弹簧设计过程讲解螺旋扫描特征的创建方法和应用技巧，然后介绍两个螺旋扫描特征在产品设计中的实际案例。

4.3.1　螺旋扫描特征创建方法

利用螺旋扫描特征创建如图 4-74 所示的弹簧，操作步骤如下。

(1) 单击主菜单“插入”→“螺旋扫描”→“伸出项”命令，弹出“伸出项：螺旋扫描”对话框，如图 4-75 所示，同时弹出“属性”菜单管理器，如图 4-76 所示，利用该菜单可以设定扫描时螺距是否可变、扫描截面相对轨迹线的位置关系，以及左螺旋还是右螺旋。

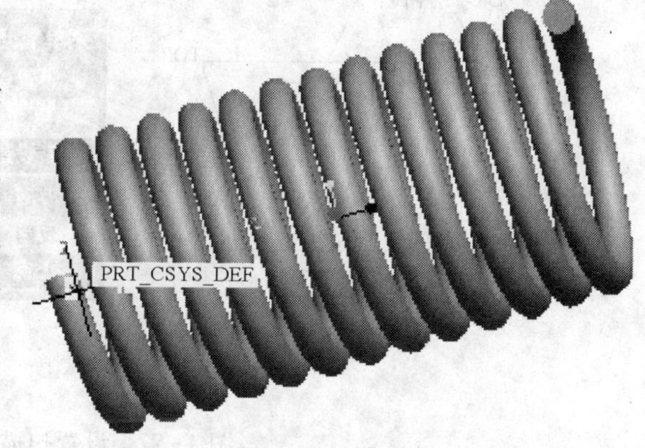

图 4-74　弹簧

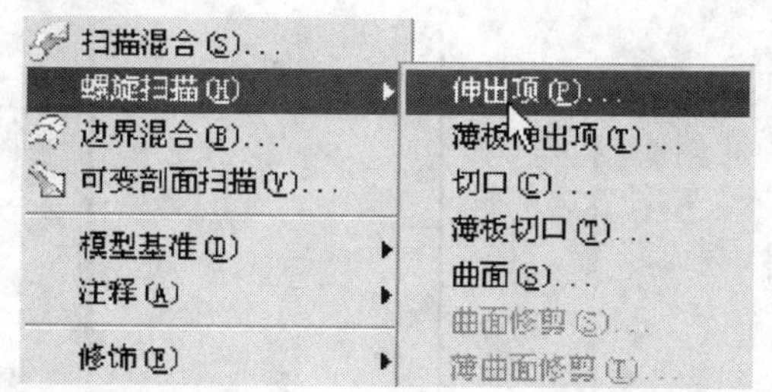

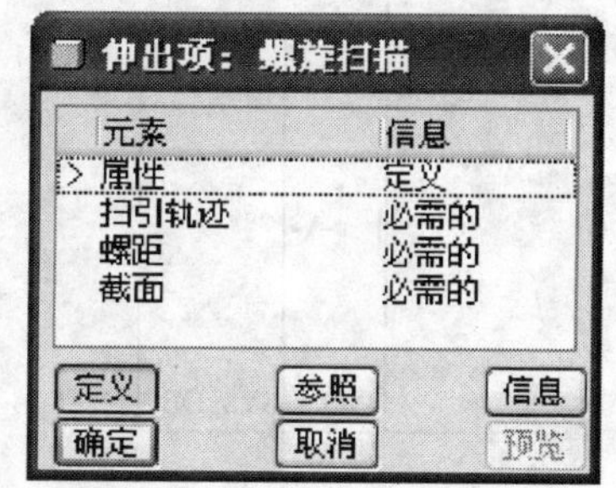

图 4-75　螺旋扫描命令及对话框

图 4-74 所示弹簧采用默认的属性值，直接单击菜单中的“完成”，进入下一步操作。

(2) 系统提示选择草绘平面绘制扫描轨迹线，选择 FRONT 基准平面作为草绘平面，然后设置草绘平面的方向和参照，如图 4-77 所示，进入草绘界面。

(3) 绘制扫描轨迹及旋转轴线，如图 4-78 所示。然后单击草绘工具栏中的✔(确定)按钮，完成轨迹线创建。

(4) 系统在界面下方弹出“输入节距值”对话框，如图 4-79 所示，输入弹簧螺距“2.5”，单击✔(确定)按钮。

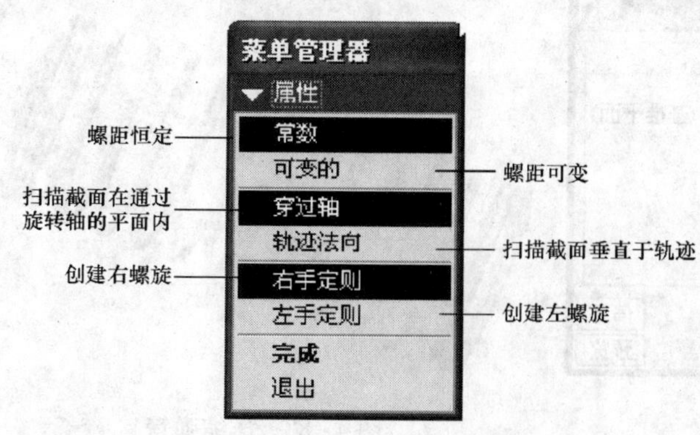

图 4-76　定义螺旋扫描特征的属性

(5) 系统进入草绘界面，在草绘区扫描的起始点自动生成水平和竖直的参照线，参照线中心处绘制扫描截面，如图 4-80 所示，然后单击✔(确定)按钮，完成扫描截面绘制。

(6) 此时螺旋扫描的四个要素(旋转中心线、轨迹线、螺距、扫描截面)均已定义，单击“伸出项：螺旋扫描”对话框中 确定 按钮，如图 4-81所示，完成螺旋扫描特征创建。

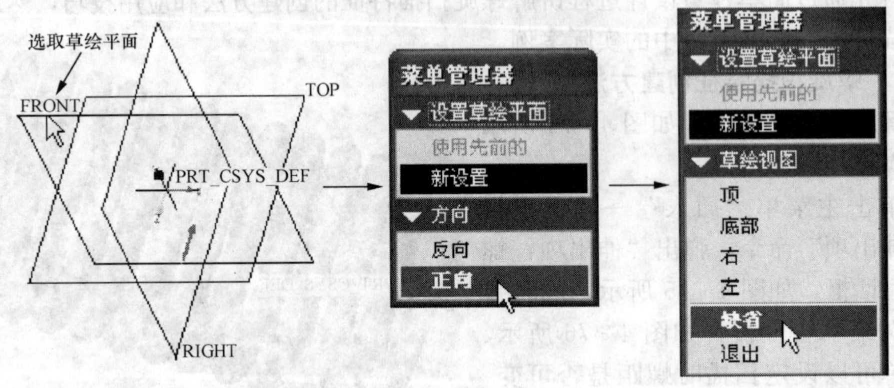

图 4-77 设置扫描轨迹草绘平面

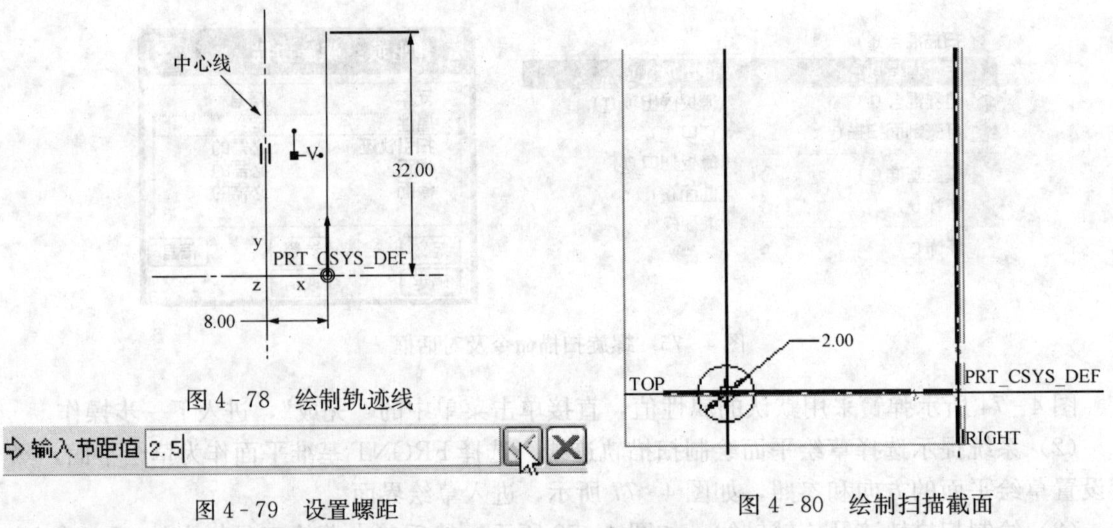

图 4-78 绘制轨迹线

图 4-79 设置螺距

图 4-80 绘制扫描截面

4.3.2 压缩弹簧设计

下面利用螺旋扫描工具设计如图 4-82 所示的压缩弹簧，具体操作步骤如下。

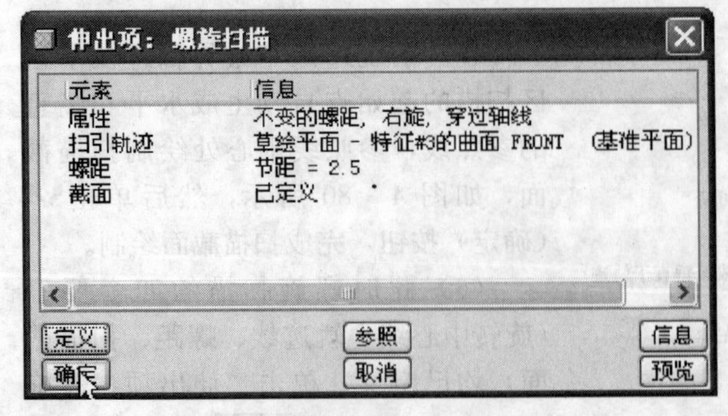

图 4-81 结束螺旋扫描特征创建

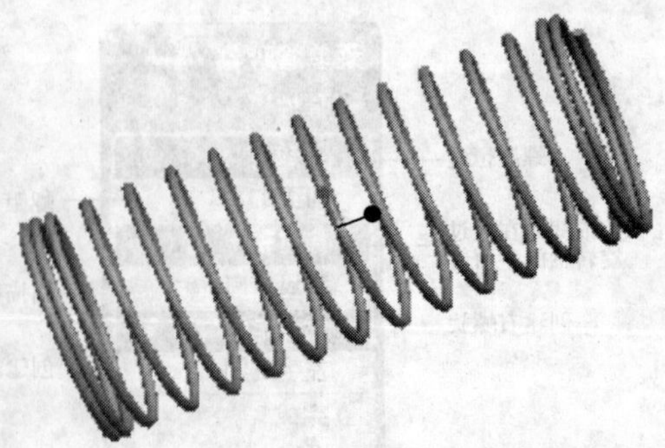

图 4-82 压缩弹簧

(1) 新建文件。单击(新建)按钮，弹出“新建”对话框，选择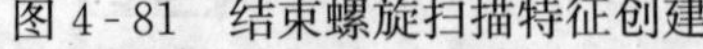零件类型，输

入文件名“spring_2”，将☑使用缺省模板前面勾选取消，单击确定按钮，进入“新文件选项”对话框，选择mmns_part_solid模板，单击确定按钮，进入零件设计界面。

（2）创建螺旋扫描特征。

1）选择主菜单“插入”→“螺旋扫描”→“伸出项”命令，弹出“伸出项：螺旋扫描”对话框和“属性”菜单管理器，设定螺旋扫描属性为“可变的”、“穿过轴”、“右手定则”，如图 4-83 所示，然后单击“完成”。

2）选择 FRONT 基准平面为轨迹草绘平面，然后选择菜单中“正向”、“缺省”，设置草绘平面的方向和参照，进入草绘界面，绘制螺旋扫描轨迹线，轨迹线利用（断点）工具分成 5 条线段，如图 4-84 所示，单击✔（确定）按钮，完成螺旋扫描轨迹线绘制。

图 4-83　设置螺旋扫描属性

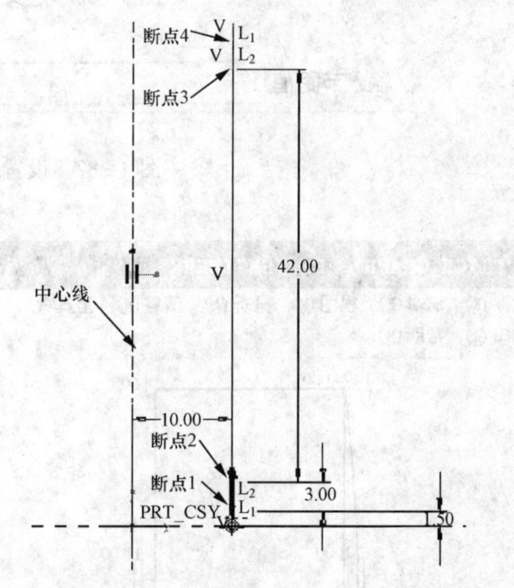

图 4-84　草绘螺旋扫描轨迹线

3）系统提示输入轨迹线起始点螺距，在弹出的如图 4-85 所示的对话框中输入“1”，单击（确定）按钮；提示输入轨迹线终点螺距，在弹出的如图 4-85 所示的对话框中输入“1”，单击（确定）按钮。

图 4-85　设置轨迹线起点和终点螺距

4）此时，系统弹出如图 4-86 所示的窗口和菜单，默认选择“控制曲线”→“定义”→“增加点”选项，定义轨迹线上各断点的节距值。

5）选择图 4-84 所示轨迹线的断点 1，弹出输入该点节距对话框，如图 4-87 所示，输入“1”；确定后选择断点 2，输入节距值“4”；选择断点 3，输入节距值“4”；选择断点 4，输入节距值“1”。此时 PITCH _ GRAPH 窗口中的控制曲线如图 4 - 88 所示。

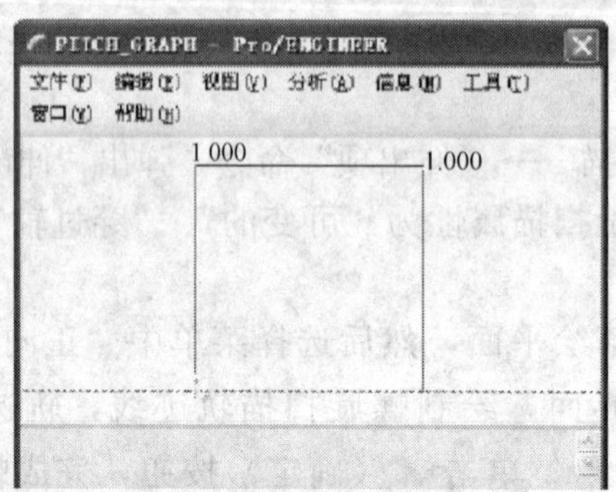

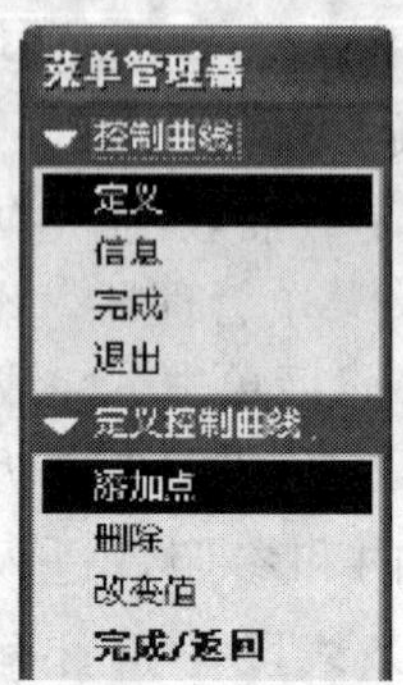

图 4 - 86 定义螺距控制曲线

输入节距值 1

图 4 - 87 设置控制点节距值

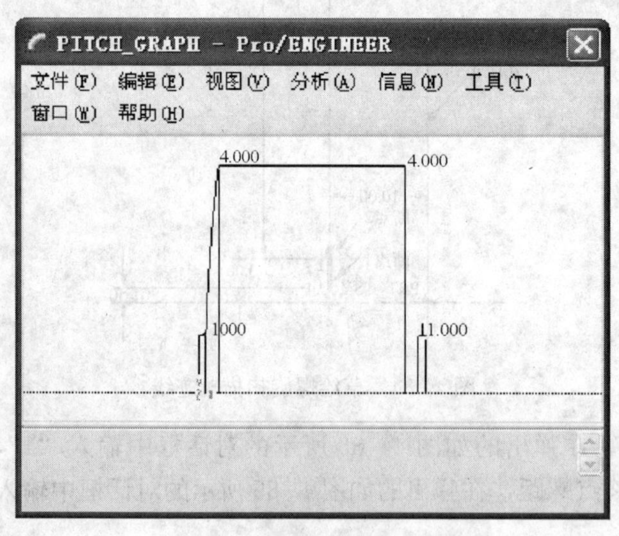

图 4 - 88 螺距控制曲线

6）单击鼠标中键两次，结束螺距控制曲线设置，进入草绘界面，绘制扫描截面，如图 4 - 89 所示，单击工具栏中的✔（确定）按钮，完成扫描截面绘制。

7）此时螺旋扫描的各个元素已定义，单击“伸出项：螺旋扫描”对话框 确定 按钮，如图 4 - 90 所示，完成压缩弹簧设计。

（3）保存文件。选择主菜单“文件”→“保存副本”命令，在“保存副本”对话框中输入“新建文件名”为 spring _ 2，单击 确定 按钮，完成文件保存操作。

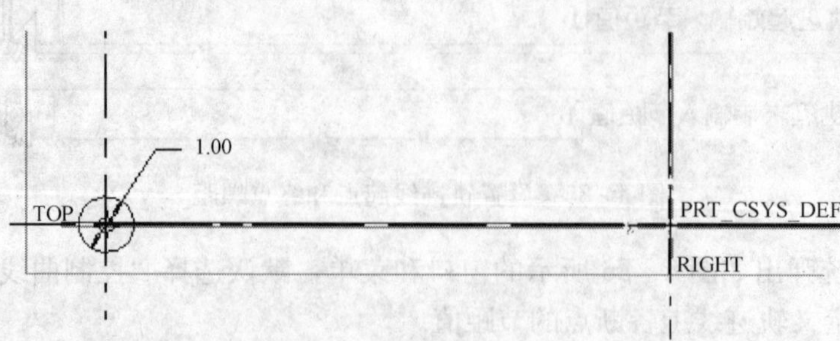

图 4 - 89 螺旋扫描截面

4.3.3　螺钉设计

利用螺旋扫描工具设计如图 4-91 所示螺钉的螺纹结构，具体操作步骤如下。

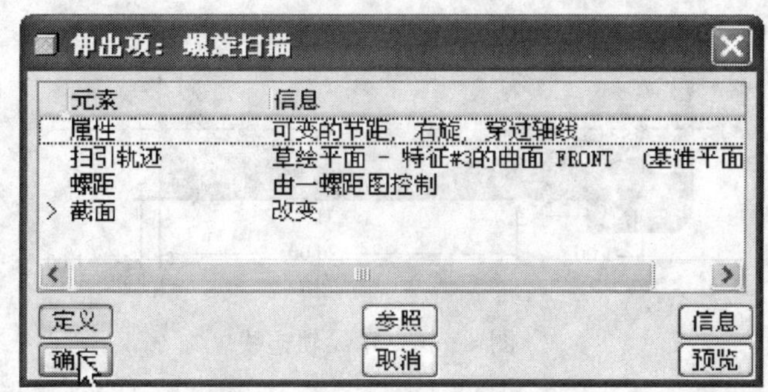

图 4-90　结束螺旋扫描特征创建

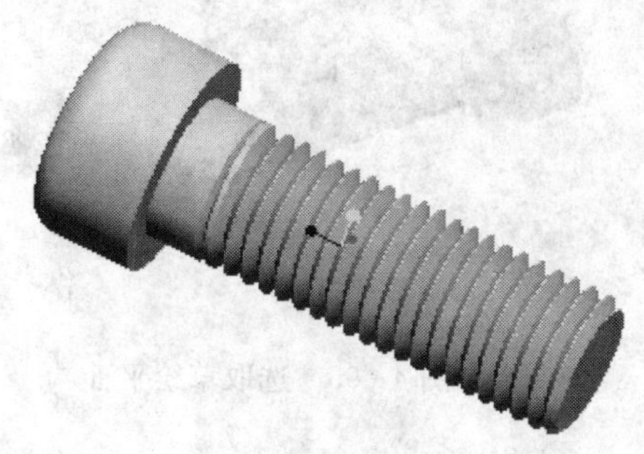

图 4-91　螺钉

(1) 打开文件。单击（打开）按钮，打开螺钉毛坯文件，文件地址为“素材 \ 范例文件 \ 04 \ spring _ 3. prt”，打开文件如图 4-92 所示。

(2) 利用螺旋扫描工具建立螺纹。

1) 选择主菜单“插入”“螺旋扫描”“切口”命令，打开“切剪：螺旋扫描”对话框，如图 4-93 所示，并弹出“属性”菜单管理器，选择默认属性“常数”、“穿过轴”、“右手定则”，然后单击“完成”项，如图 4-94 所示。

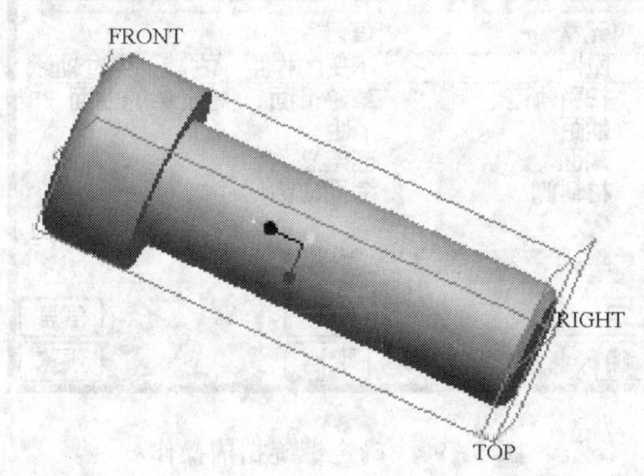

图 4-92　螺钉毛坯

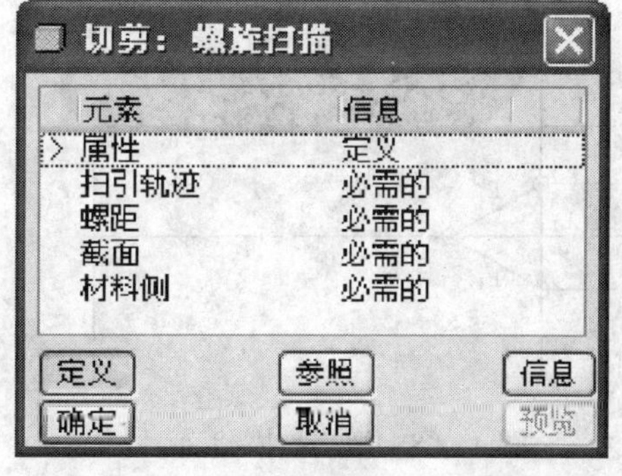

图 4-93　“螺旋扫描”对话框

2) 系统提示选择草绘平面进行草绘轨迹线，选择 FRONT 基准平面作为草绘平面，如图 4-95 所示，接着选择菜单中“正向”、“缺省”设置草绘平面的方向和参照，进入草绘界面，绘制扫描轨迹线和旋转中心轴线，如图 4-96 所示，然后单击工具栏中的✔（确定）按钮，完成扫描轨迹线绘制。

3) 系统提示输入螺旋扫描螺距，在界面下方弹出的对话框中输入“1”，如图 4-97 所示。

4) 系统进入草绘界面，在界面中水平和竖直参照相交处绘制扫描截面，如图 4-98 所示，然后单击工具栏的✔（确定）按钮，完成扫描截面绘制。

图 4-94　设置螺旋扫描属性

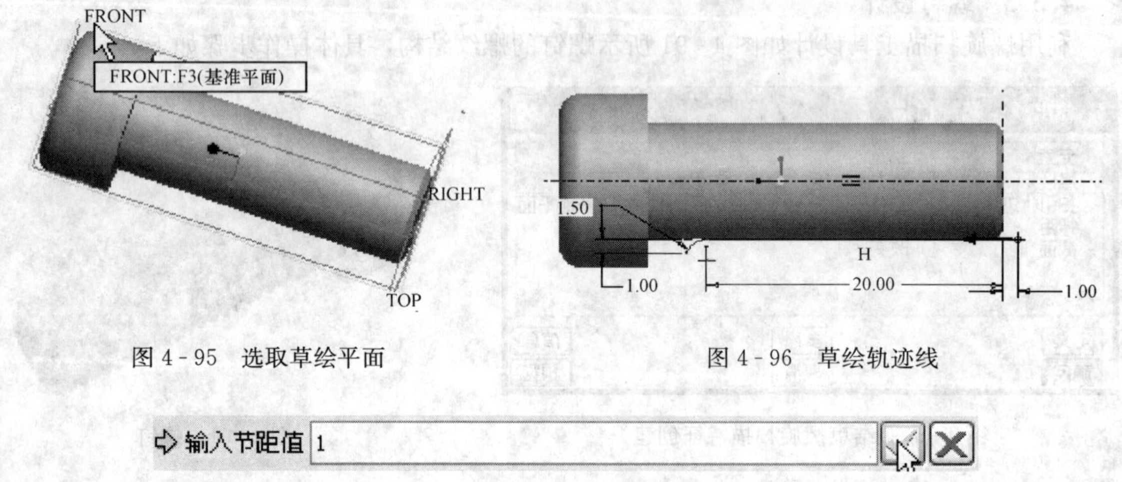

图 4-95　选取草绘平面

图 4-96　草绘轨迹线

图 4-97　设定螺纹螺距

5）此时螺旋扫描的各个元素定义完毕，单击图 4-99 所示对话框的确定按钮，完成螺旋扫描特征创建，结果如图 4-91 所示。

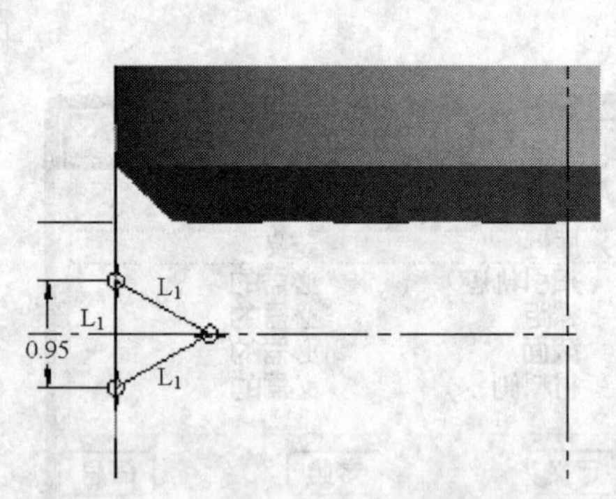

图 4-98　螺旋扫描截面

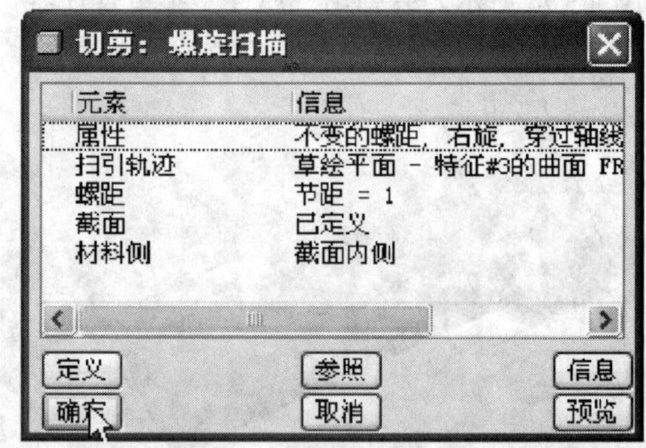

图 4-99　确定螺旋扫描操作

（3）保存文件。选择主菜单“文件”→“保存副本”命令，在“保存副本”对话框中输入“新建文件名”为 spring _ 3，单击确定按钮，完成文件保存操作。

4.3.4　内六角螺母设计

利用螺旋扫描工具创建如图 4-100 所示的螺母内螺纹，具体操作步骤如下。

（1）新建文件。单击（新建）按钮，弹出“新建”对话框，选择 零件类型，输入文件名“spring _ 4”，将使用缺省模板前面勾选取消，单击确定按钮，进入“新文件选项”对话框，选择mmns_part_solid 模板，单击确定按钮，进入零件设计界面。

（2）利用拉伸工具创建螺母毛坯。

1）单击工具栏中的（拉伸）按钮，弹出拉伸操控面板，选择拉伸操控面板“放置”上滑菜单中的定义...按钮，进入草绘环境，选择 FRONT 基准平面作为草绘平面，绘制拉伸截面，如图 4-101 所示。

图 4-100　螺母

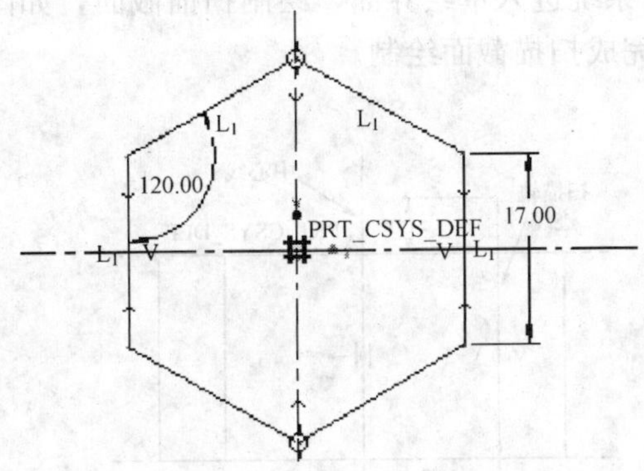

图 4-101　拉伸截面

2）设置拉伸深度为 15，然后单击拉伸操控面板中的✔（确定）按钮，完成拉伸特征创建，如图 4-102 所示。

3）单击工具栏中的（拉伸）按钮，弹出拉伸操控面板，选择（切除材料），以生成切口实体，然后选择拉伸操控面板“放置”上滑菜单中 定义...，进入草绘环境，选择前面拉伸实体上表面作为草绘平面，绘制拉伸截面，如图 4-103 所示。

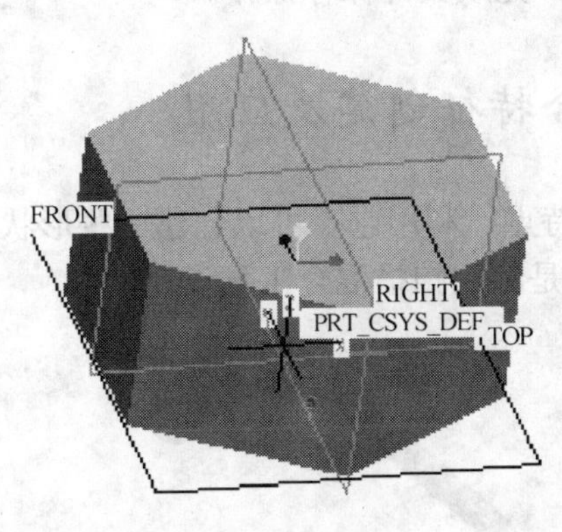

图 4-102　拉伸实体

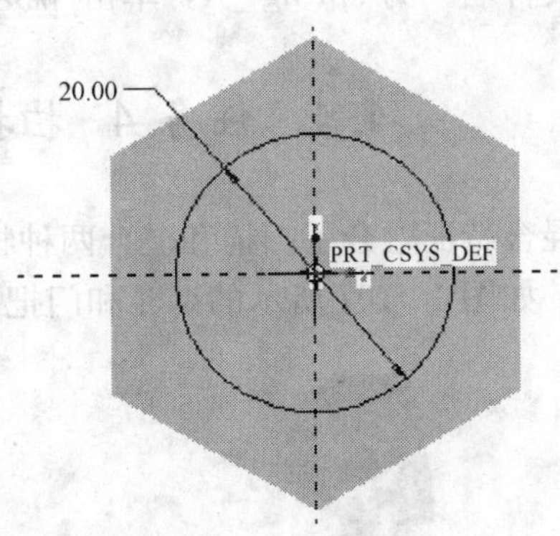

图 4-103　拉伸截面

4）设置拉伸方式为（穿透），然后单击拉伸操控面板中的✔（确定）按钮，完成拉伸切口特征创建，如图 4-104 所示。

（3）利用螺旋扫描工具创建螺母螺纹。

1）选择主菜单“插入”→“螺旋扫描”→“切口”命令，打开“切剪：螺旋扫描”对话框，及“属性”菜单管理器，选择默认属性值“常数”、“穿过轴”、“右手定则”，然后单击“完成”项。

2）系统提示选择草绘平面，选择 TOP 基准平面作为草绘平面，绘制扫描轨迹线及旋转中心线，如图 4-105 所示。

3）系统提示输入螺旋扫描节距值，输入“3”，然后单击✔（确定）按钮。

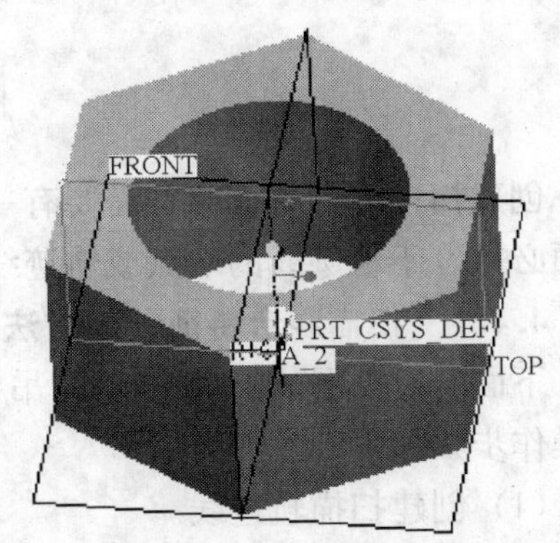

图 4-104　拉伸切口

4）系统进入草绘界面，绘制扫描截面，如图 4-106 所示，单击工具栏上的✔（确定）按钮，完成扫描截面绘制。

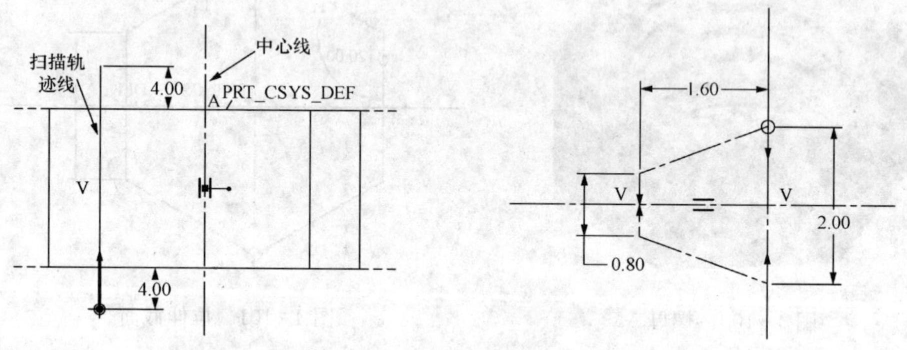

图 4-105　扫描轨迹线　　　　图 4-106　螺旋扫描截面

5）此时螺旋扫描各个要素定义完毕，单击“切剪：螺旋扫描”对话框中的 确定 按钮，完成螺旋扫描特征创建。

（4）保存文件。选择主菜单“文件”→“保存副本”命令，在“保存副本”对话框中输入“新建文件名”为 spring_4，单击 确定 按钮，完成文件保存操作。

4.4　任务 4　扫描混合特征创建及应用

扫描混合特征融合了扫描和混合两种特征的特点，利用它，可以创建一些形状复杂的特征和产品，如图 4-107 所示的烟斗和门把手，就是利用扫描混合工具设计的。

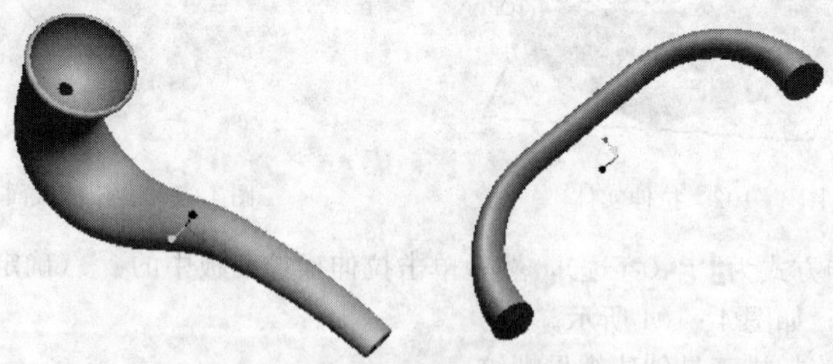

图 4-107　烟斗和门把手

创建扫描混合特征时，需要有一条扫描的轨迹线，和至少两个扫描截面，要扫描的多个截面必须位于轨迹线的端点或轨迹线上的基准点处。

4.4.1　扫描混合特征创建方法与应用技巧

下面通过如图 4-108 所示的吊钩设计，讲解扫描混合特征的创建方法与应用技巧，具体操作步骤如下。

（1）创建扫描轨迹线。

1）单击（草绘工具），选取 FRONT 基准平面作为草绘平面，草绘方向和参照采用

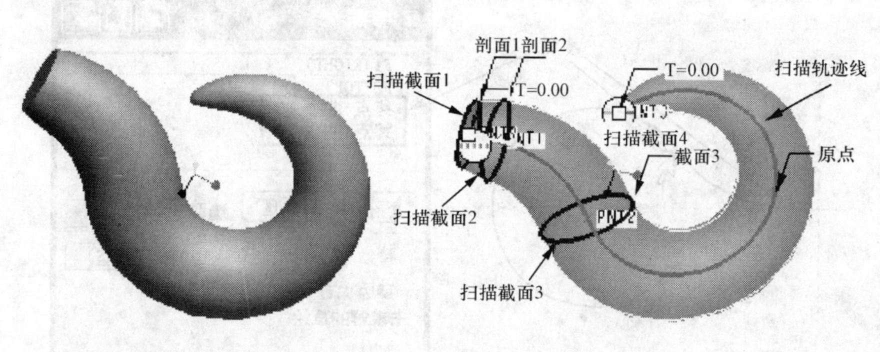

图 4-108　吊钩创建

默认值，进入草绘界面，绘制如图 4-109 所示扫描轨迹线。

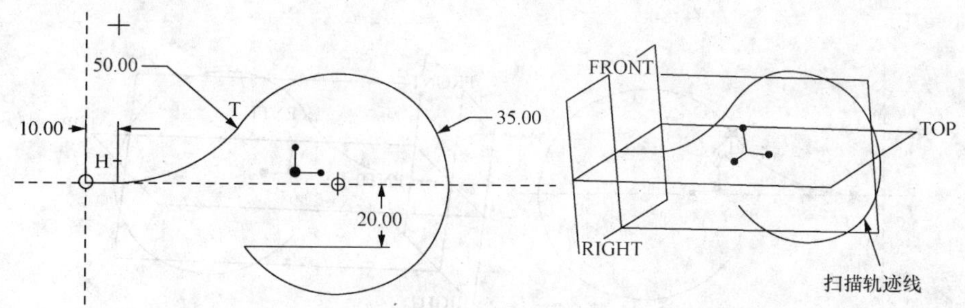

图 4-109　草绘扫描轨迹线

2）单击 (草绘基准点)，选取扫描轨迹线所在的 FRONT 基准平面作为草绘平面，草绘平面方向和参照采用默认值，进入草绘界面。单击菜单“草绘”“参照”命令，弹出“参照”对话框，如图 4-110 所示，选择扫描轨迹线上连接点处作为草绘参照。参照选取后如图 4-111 所示。

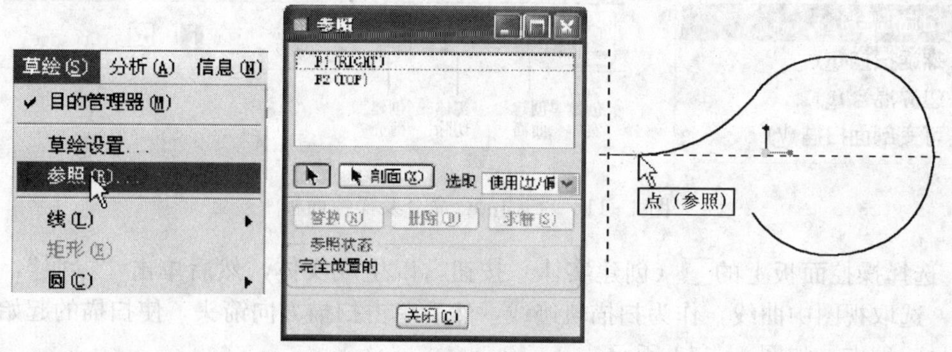

图 4-110　设置草绘参照

3）单击 (创建点）按钮，在图 4-111 设置的参照点上添加点，如图 4-112 所示。

（2）创建扫描混合特征。

1）选择主菜单“插入”→“扫描混合”命令，弹出扫描混合操控面板，如图 4-113 所示。

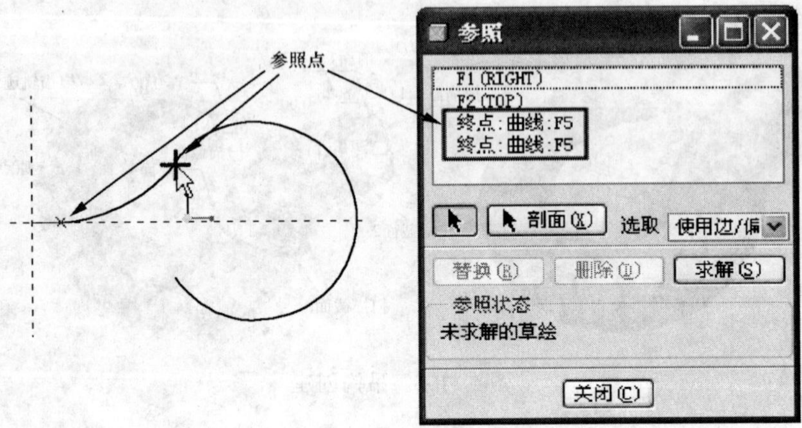

图 4-111　设置草绘参照结果

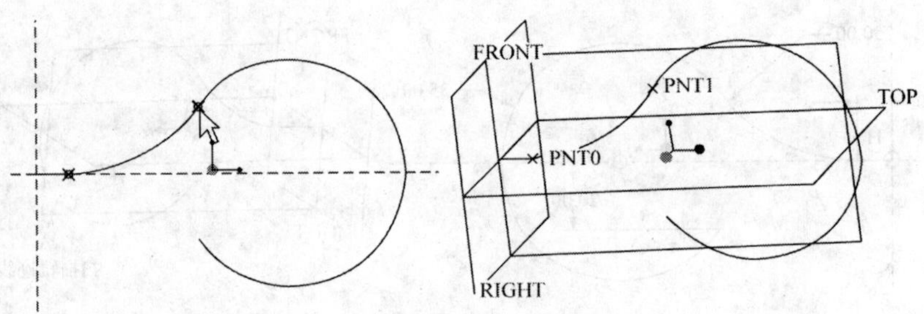

图 4-112　创建基准点

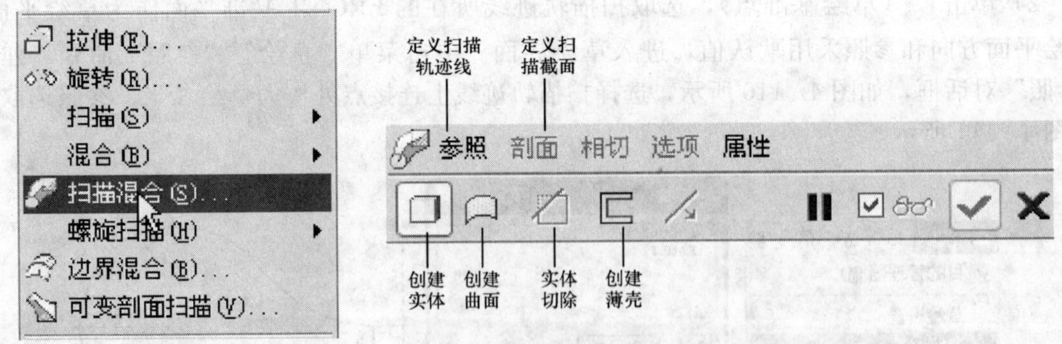

图 4-113　扫描混合命令及操控面板

2）选择操控面板上的□（创建实体）按钮，以生成实体，然后单击“参照”，弹出上滑面板，选取视图中曲线，作为扫描轨迹线，然后单击扫描方向箭头，使扫描的起始点在轨迹线的另一端点，如图 4-114 所示。

3）单击“剖面”项，弹出上滑面板，系统提示“选取点或顶点定义截面”，单击扫描轨迹线的起始点，确定第一个扫描截面的位置，如图 4-115 所示。

4）单击“剖面”上滑面板中的草绘按钮，进入草绘界面，绘制第一扫描截面，如图 4-116 所示，单击工具栏中的✔（确定）按钮，完成第一个扫描截面绘制。

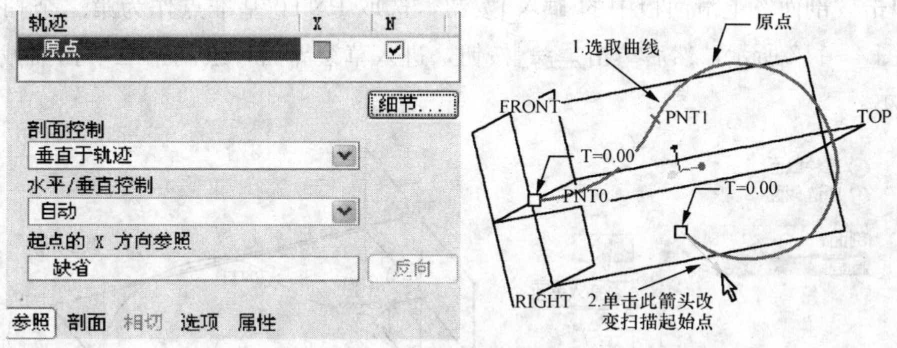

图 4-114　选取扫描轨迹线

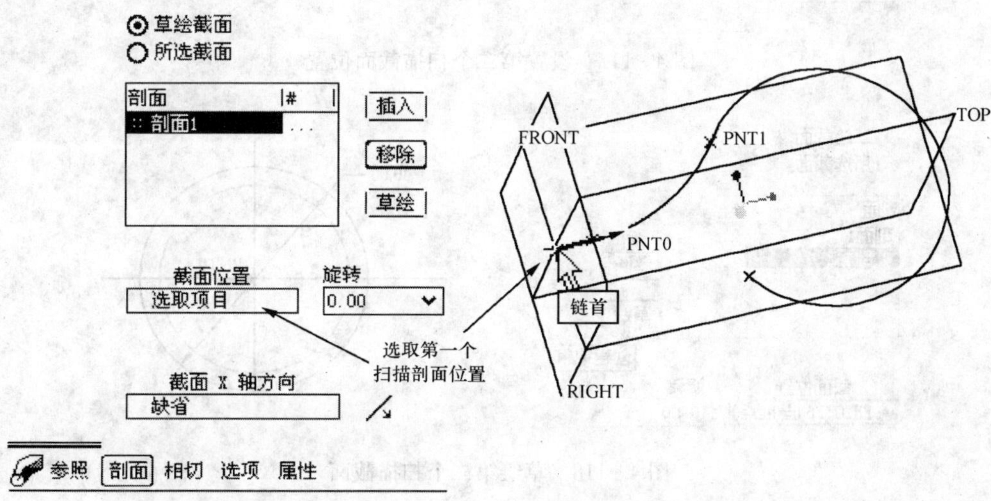

图 4-115　定义扫描截面位置

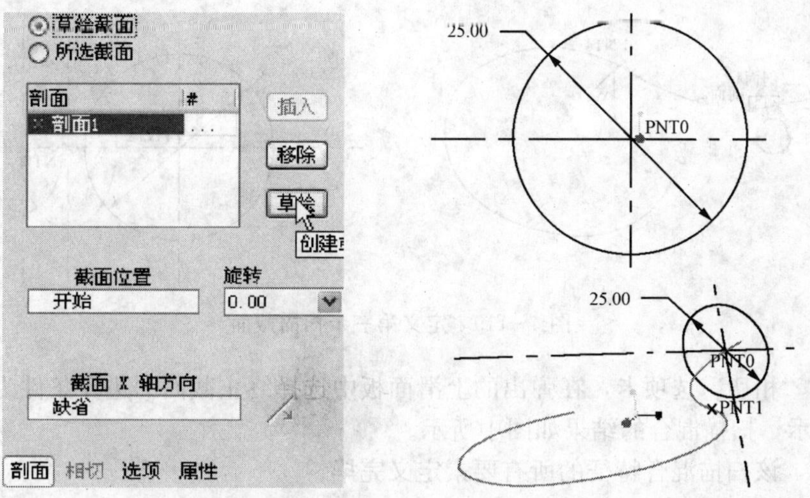

图 4-116　草绘第一个扫描截面

5）单击“剖面”上滑面板中的 插入 按钮，选取 PNT0 基准点作为第二个扫描截面位置点，如图 4-117 所示，然后单击 草绘 按钮，进入草绘界面，绘制第二个扫描截面，如图 4-118 所示。

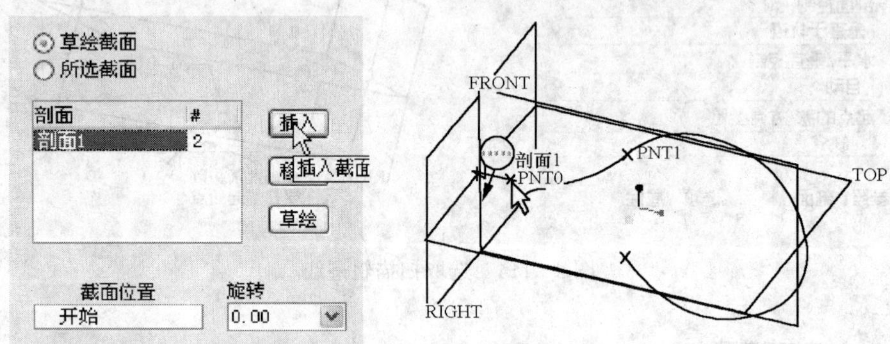

图 4-117　设置第二个扫描截面位置

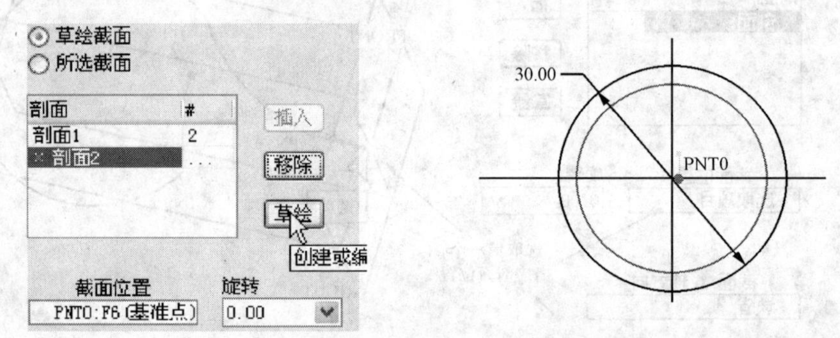

图 4-118　草绘第二个扫描截面

6）依照上一操作，选取第三个扫描截面位置和绘制第三个扫描截面，如图 4-119 所示。选取第四个扫描截面位置和绘制第四个扫描截面，如图 4-120 所示。

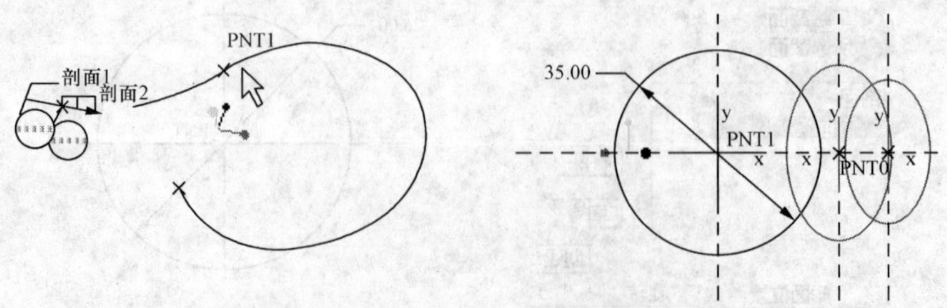

图 4-119　定义第三个扫描截面

7）单击“相切”选项卡，在弹出的上滑面板中选择终止截面的边界条件为“平滑”，如图 4-121 所示，扫描混合的结果如图中所示。

8）此时，该扫描混合特征的所有要素定义完毕。

（3）完成扫描混合操作。单击扫描混合操控面板上的✔（确定）按钮，完成吊钩的设计。设计结果如图 4-108 左图所示。

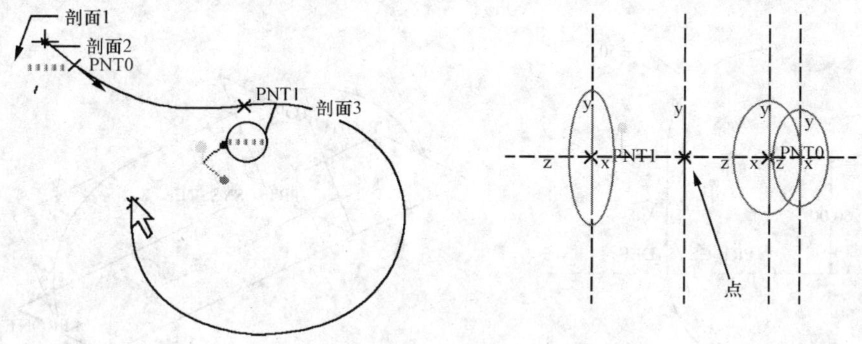

图 4-120　定义第四个扫描截面

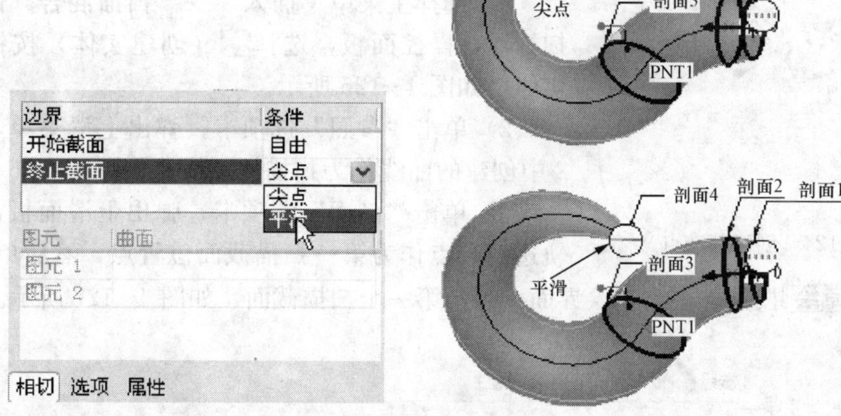

图 4-121　设置边界条件

4.4.2　扫描混合工具应用实例

利用扫描混合工具设计如图 4-122 所示门把手，具体操作步骤如下。

(1) 新建文件。单击 (新建) 按钮，弹出“新建”对话框，选择 零件类型，输入文件名“sweep_blend_1”，将 使用缺省模板 前面勾选取消，单击 确定 按钮，进入“新文件选项”对话框，选择 mmns_part_solid 模板，单击 确定 按钮，进入零件设计界面。

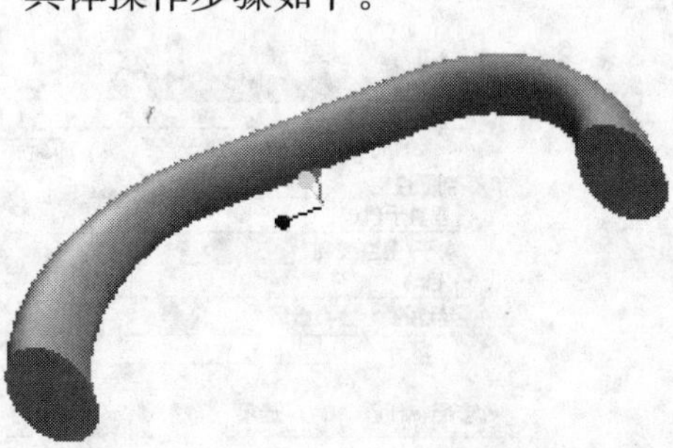

(2) 创建扫描混合轨迹线。

图 4-122　门把手

1) 创建扫描轨迹线。单击 (草绘工具)，选取 FRONT 基准平面作为草绘平面，草绘方向和参照采用默认值，进入草绘界面，绘制如图 4-123 所示扫描轨迹线。

2) 单击 (草绘基准点)，选取扫描轨迹线所在的 FRONT 基准平面作为草绘平面，利用 (创建点) 工具，创建基准点，如图 4-124 所示。

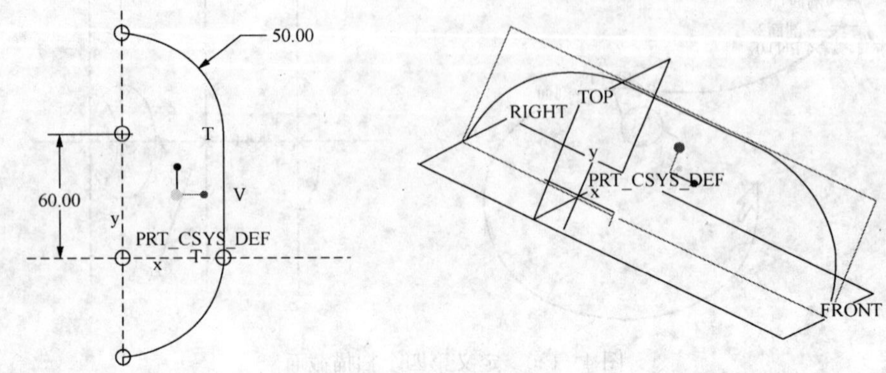

图 4-123 草绘扫描轨迹线

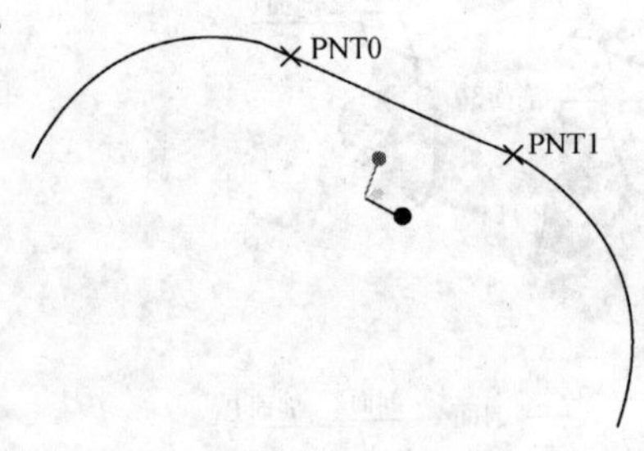

图 4-124 创建基准点

(3) 创建扫描混合特征。

1）选择主菜单“插入”→“扫描混合”命令，弹出扫描混合操控面板，选择□（创建实体）按钮，以生成实体，如图 4-125 所示。

2）单击“参照”选项卡，弹出上滑菜单，选择步骤 2 中创建的曲线作为扫描轨迹线，如图 4-126 所示。

3）单击“剖面”选项卡，弹出上滑面板，选择扫描轨迹线端点作为第一扫描截面位置点，然后单击“剖面”选项卡上的草绘按钮，进入草绘界面，绘制第一个扫描截面，如图 4-127 所示。

图 4-125 扫描混合操控面板

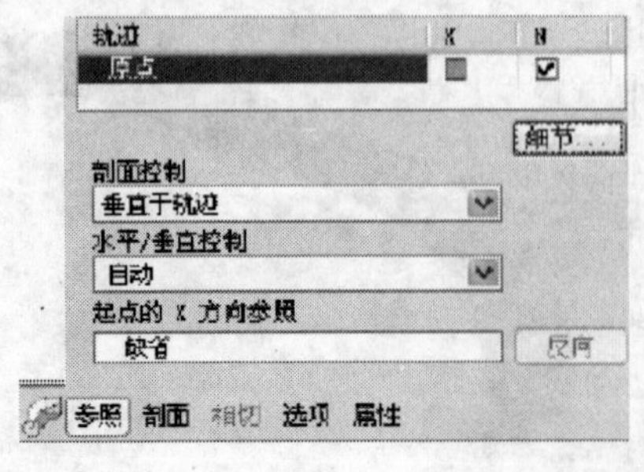

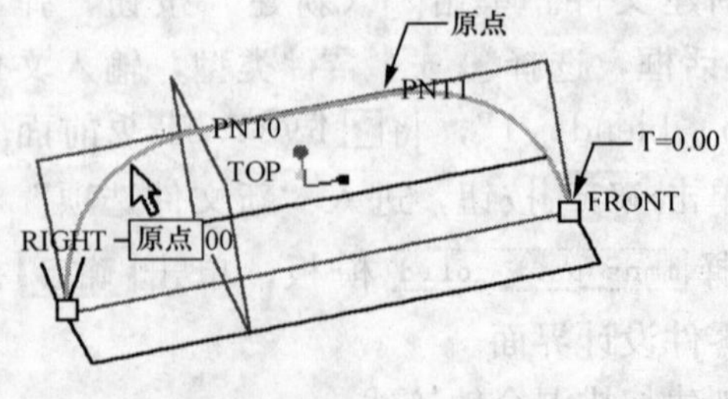

图 4-126 选取扫描轨迹线

4）单击“剖面”上滑面板中插入按钮，选取基准点 PNT0，然后单击草绘按钮，进入草绘界面，绘制第二个扫描截面，如图 4-128 所示。

5）依照上一操作，在基准点 PNT1 处绘制第三个扫描截面，如图 4-129 所示。

6）接着在轨迹线的终止点绘制第四个扫描截面，如图 4-130 所示。

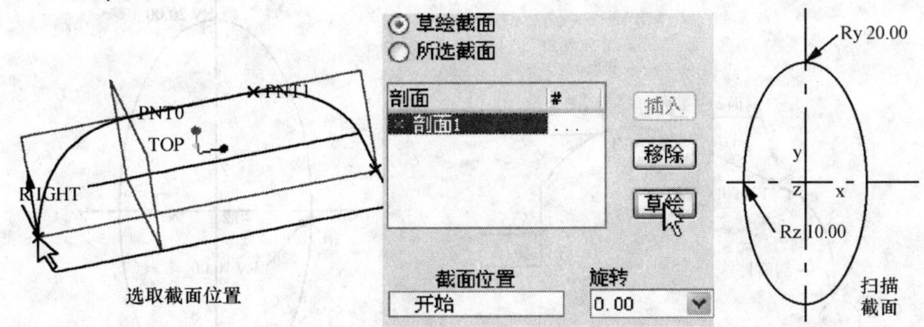

图 4-127　定义第一个扫描截面

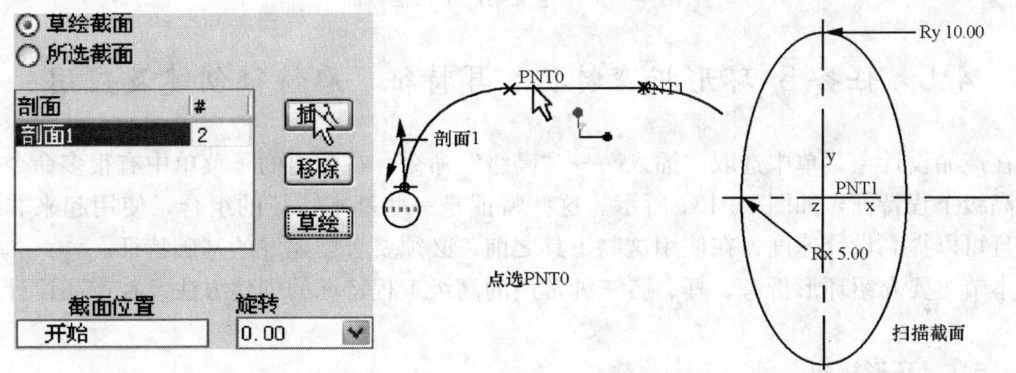

图 4-128　定义第二个扫描截面

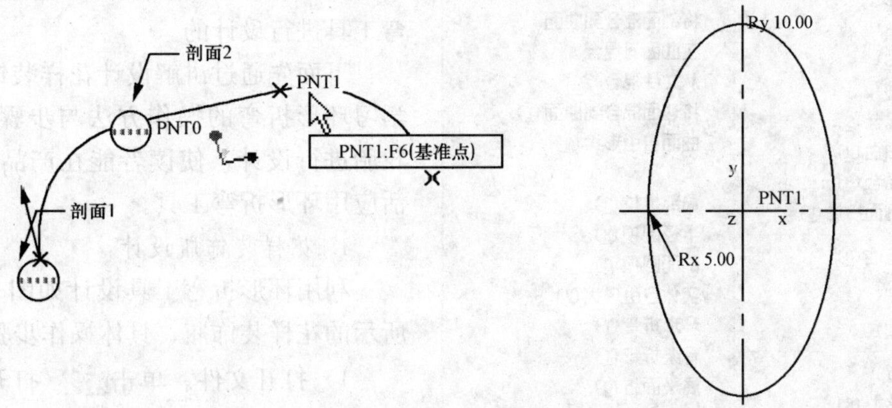

图 4-129　定义第三个扫描截面

7）此时扫描混合的轨迹及截面全部定义完毕。

(4) 完成扫描混合特征创建。单击扫描混合操控面板上的✔（确定）按钮，完成门把手的设计。设计结果如图 4-122 所示。

(5) 保存文件。选择主菜单“文件”→“保存副本”命令，在“保存副本”对话框中输入“新建文件名”为 sweep _ blend _ 1，单击 确定 按钮，完成文件保存操作。

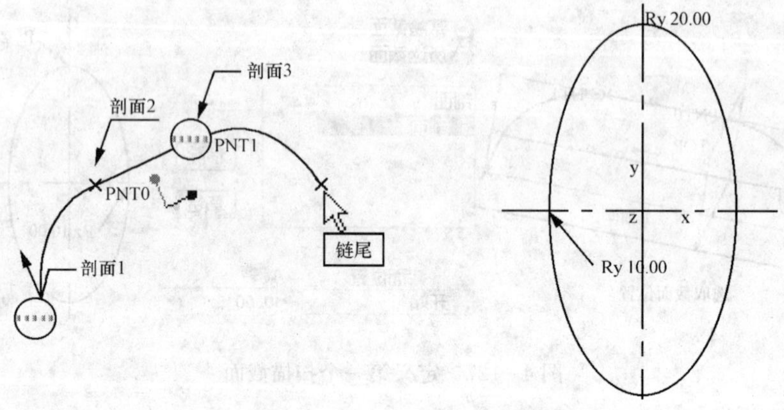

图 4 - 130　定义第四个扫描截面

4.5　任务 5　环形折弯特征、耳特征、唇特征创建及应用

在产品设计主菜单中选取"插入"→"高级"命令，在弹出的子菜单中有很多命令用于创建高级工程特征，如图 4 - 131 所示。这些特征是一些基本特征的组合，使用起来非常简单而且可以提高设计速度，在使用这些工具之前，必须要有创建好的基础特征。

本节主要介绍环形折弯、耳、唇三种常用的高级工程特征的创建方法及在产品设计中的应用。

4.5.1　环形折弯

利用"环形折弯"命令，可以将实体或非实体曲面等折弯成环状的特征。如图 4 - 132 所示的花样装饰瓶和轮胎，是应用环形折弯工具进行设计的。

图 4 - 131　高级工程特征命令

下面先通过讲解设计花样装饰瓶过程，学习环形折弯的操作方法与步骤，然后对轮胎进行设计，使读者能在产品设计中灵活应用环形折弯工具。

1. 花样装饰瓶设计

利用环形折弯工具设计如图 4 - 132 右所示的花样装饰瓶，具体操作步骤如下。

1）打开文件。单击（打开）按钮，打开花样装饰瓶毛坯文件，文件地址为"素材 \ 范例文件 \ 4 \ huanxingzhewan _ 1. prt"，打开文件如图 4 - 133 所示。

2）选择主菜单"插入"→"高级"→"环形折弯"命令，弹出如图 4 - 134 所示的"选项"菜单管理器。

3）在"选项"菜单中选择"360""曲

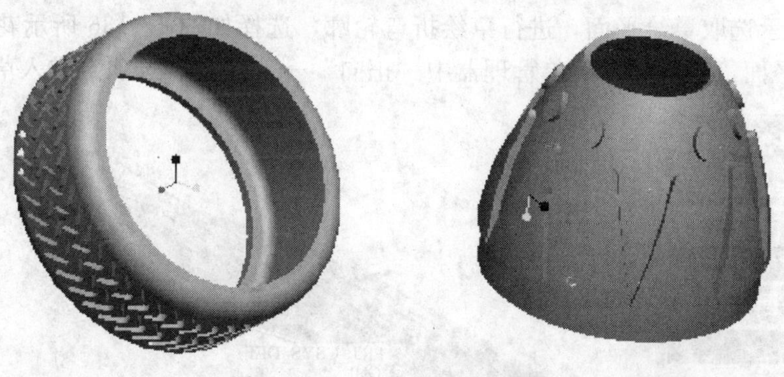

图 4-132　轮胎和花样装饰瓶

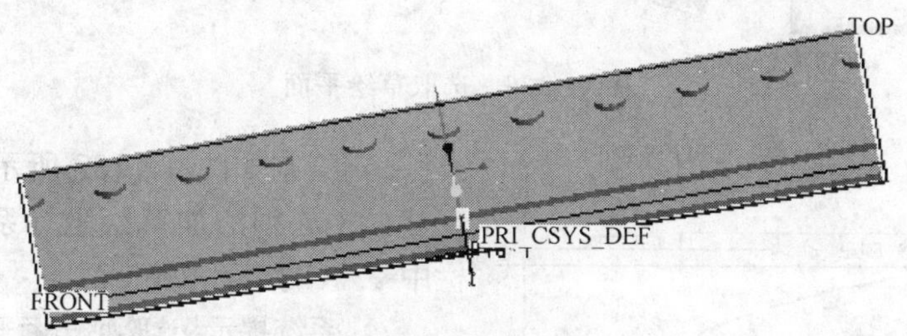

图 4-133　花样装饰瓶毛坯

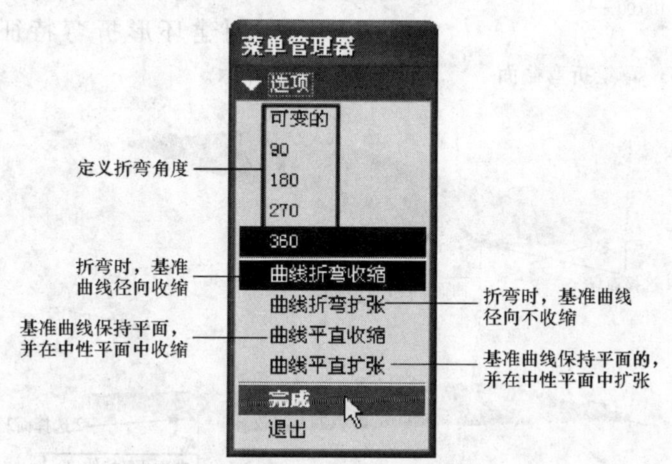

图 4-134　环形折弯选项菜单

线折弯收缩”，然后单击“完成”。

4）弹出“定义折弯”菜单，选择“添加”选项，然后选择花样装饰瓶毛坯，如图 4-135 所示，然后单击“定义折弯”菜单中“完成”。

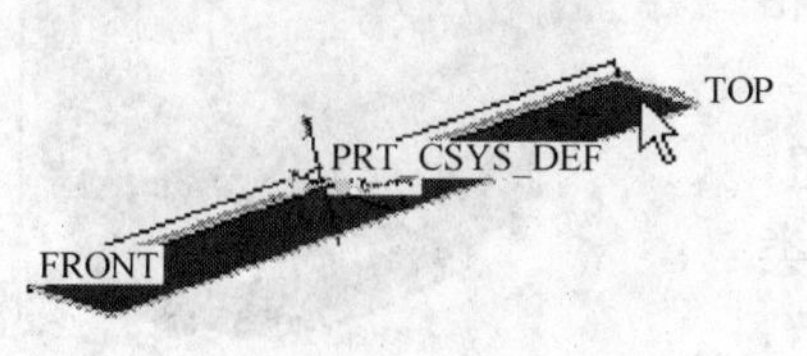

图 4-135　定义折弯对象

5）系统提示选取草绘平面，进行草绘折弯轮廓，选择如图 4-136 所示花样装饰瓶毛坯端面作为草绘平面，依次选择菜单管理器中“正向”→“缺省”选项，进入草绘界面。

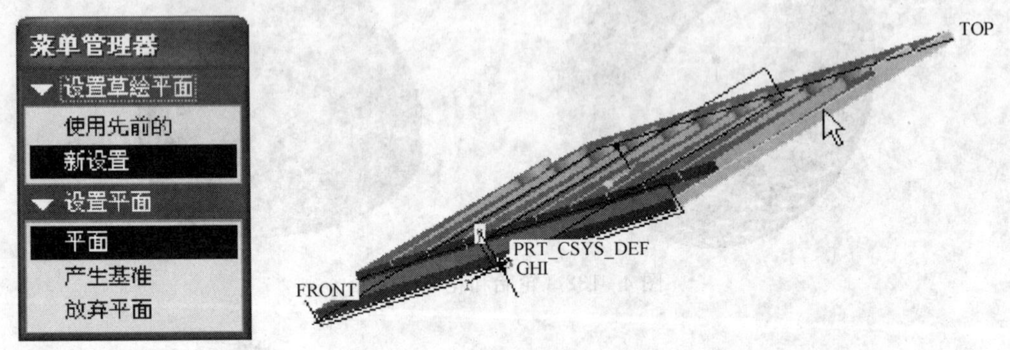

图 4-136 选取草绘平面

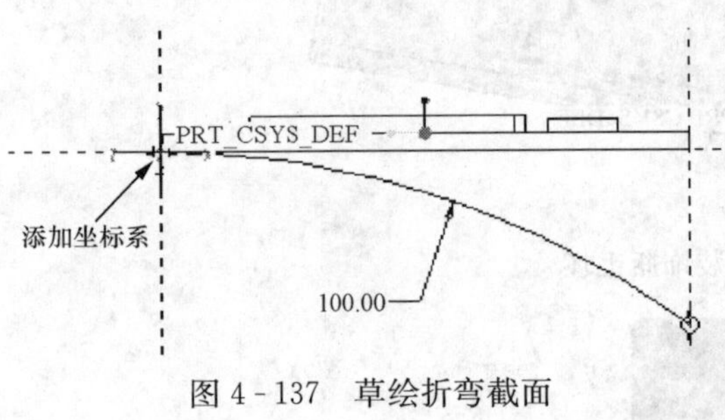

图 4-137 草绘折弯截面

6）绘制如图 4-137 所示的折弯截面，折弯截面中必须添加草绘坐标系，单击草绘工具栏中✔（确定）按钮。

7）系统提示➩选取两张平行平面定义折弯长度。选取如图 4-138 所示两平行平面。

8）创建环形折弯特征完毕，模型如图 4-139所示。

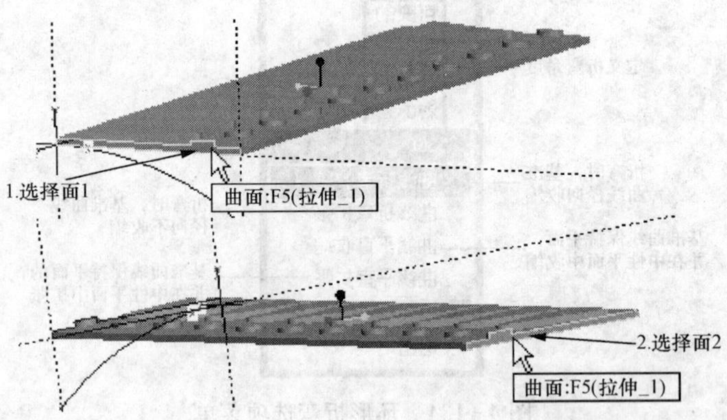

图 4-138 选取两平面定义折弯长度

2. 轮胎设计

综合应用环形折弯、拉伸、阵列、镜像等工具，设计如图 4-132 左图所示的轮胎模型，具体操作步骤如下。

(1) 新建文件。单击（新建）按钮，弹出“新建”对话框，选择 零件类型，输入文件名“huanxingzhewan _ 2”，将☑使用缺省模板 前面勾选取消，单击

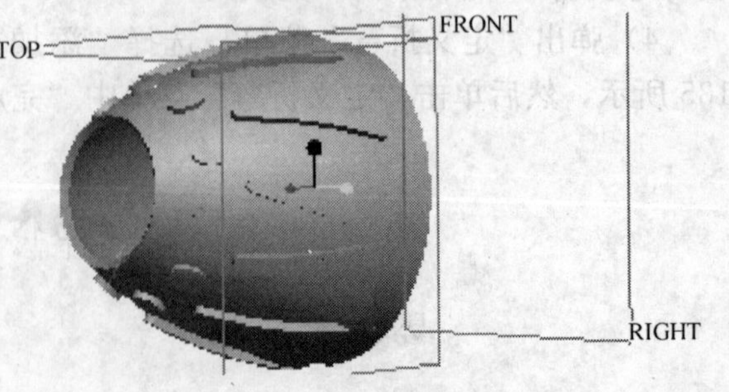

图 4-139 环形折弯特征

确定按钮，进入“新文件选项”对话框，选择mmns_part_solid模板，单击确定按钮，进入零件设计界面。

(2) 利用拉伸工具创建轮胎基体。

1) 单击（拉伸）按钮，弹出拉伸操控面板，选择拉伸操控面板“放置”上滑菜单中定义...，进入草绘环境，选择 FRONT 基准平面作为草绘平面，绘制拉伸截面，如图 4-140 所示。

2) 设置拉伸深度为“1200”，拉伸结果如图 4-141 所示。

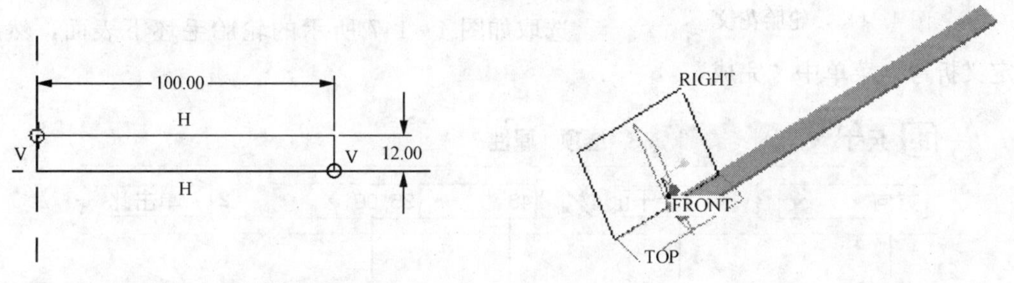

图 4-140　拉伸截面　　　图 4-141　拉伸实体

(3) 利用拉伸剪切及阵列工具创建轮胎花纹。

1) 单击（拉伸）按钮，弹出拉伸操控面板，选择（切除材料），以生成切口实体，选择拉伸操控面板“放置”上滑菜单中定义...，进入草绘环境，选择图 4-141 拉伸实体上表面作为草绘平面，绘制拉伸截面，如图 4-142 所示。

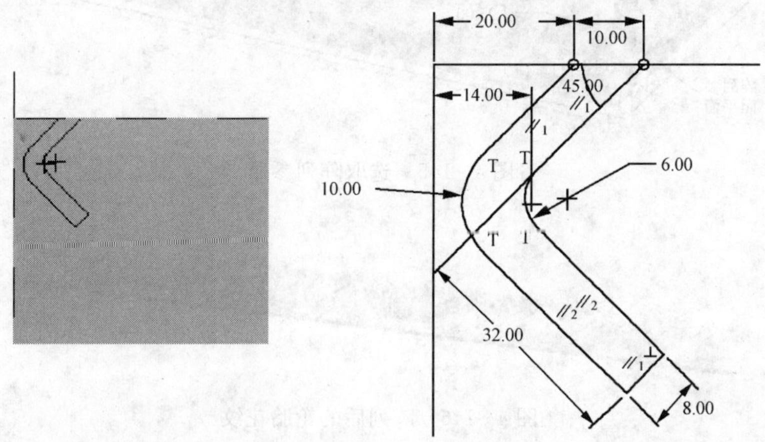

图 4-142　花纹拉伸截面

2) 设置拉伸深度为“8”，单击拉伸操控面板（确定）按钮，完成拉伸切口特征创建，如图 4-143 所示。

3) 阵列轮胎花纹。选择上一操作中创建的轮胎花纹，然后单击（阵列）按钮，弹出阵列操控面板，选择阵列方式为“方向”，输入阵列数目为 48，阵列特征直接距离为 25，如图 4-144 所示。选取阵列参照平面，如图 4-145 所示，阵列方向垂直于参照平面。创建阵

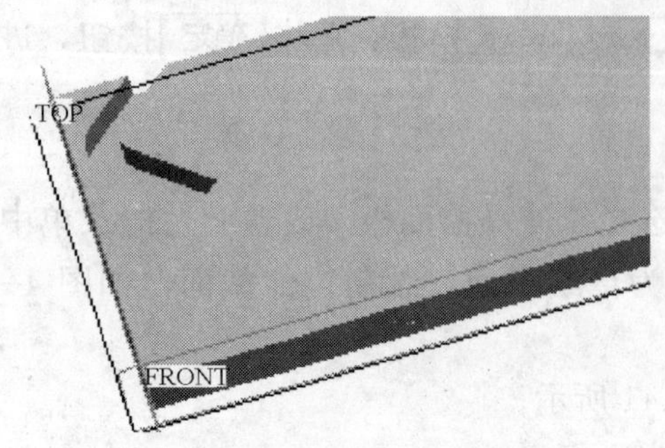

图 4-143 轮胎花纹

列特征后如图 4-146 所示。

（4）利用环形折弯工具将毛坯折弯。

1）选择主菜单“插入”→“高级”→“环形折弯”命令，弹出如图 4-134 所示的“选项”菜单管理器，选择“360”“曲线折弯收缩”，然后单击“完成”。

2）弹出“定义折弯”菜单，选择“添加”选项，系统提示 ➪选择要折弯的实体，面組或基准曲线。，选取如图 4-147 所示的轮胎毛坯下表面，然后单击“定义折弯”菜单中“完成”。

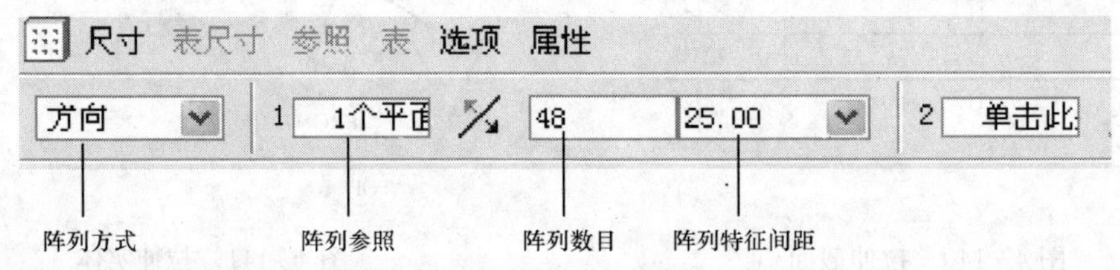

图 4-144 阵列参数设置

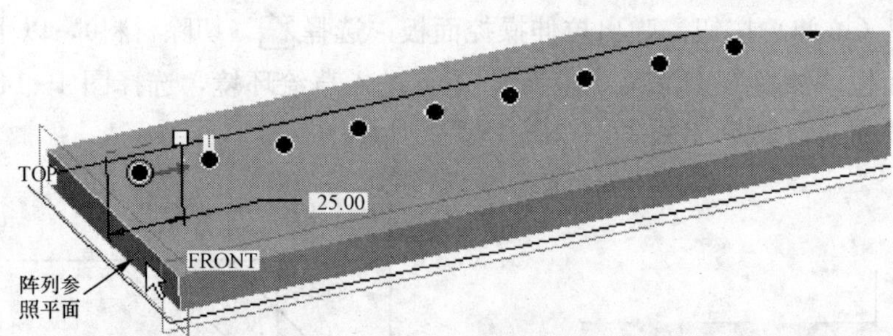

图 4-145 选取阵列参照

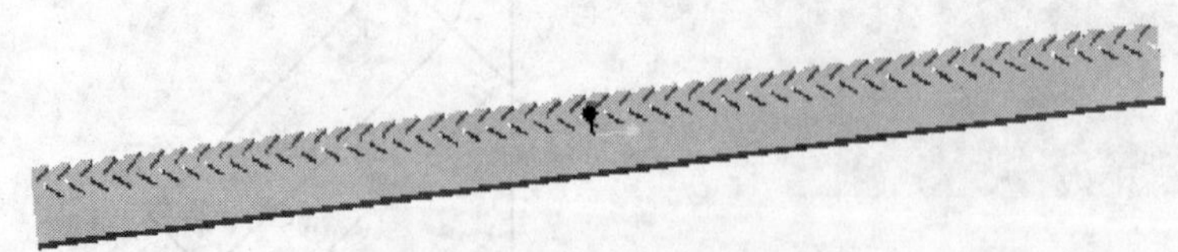

图 4-146 阵列后的轮胎花纹

图 4-147 定义折弯对象

3）系统提示选取草绘平面，进行草绘折弯轮廓，选择如图 4－148 所示轮胎毛坯端面作为草绘平面，依次选择菜单管理器中“正向”→“缺省”选项，进入草绘界面，绘制如图 4－149 所示折弯截面。

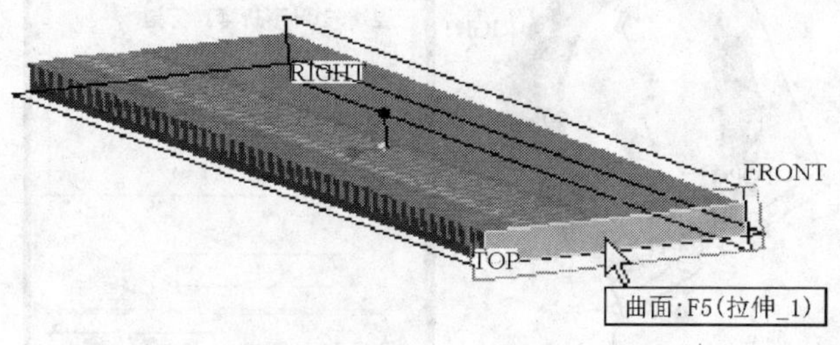

图 4－148　选取草绘平面

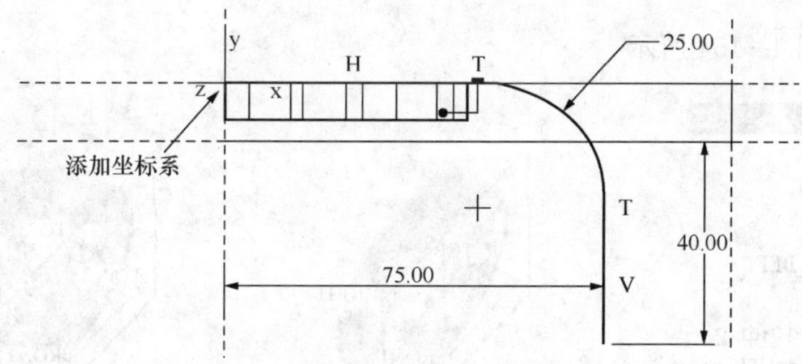

图 4－149　折弯截面

4）系统提示➪选取两张平行平面定义折弯长度。，选取如图 4－150 所示两平行平面。

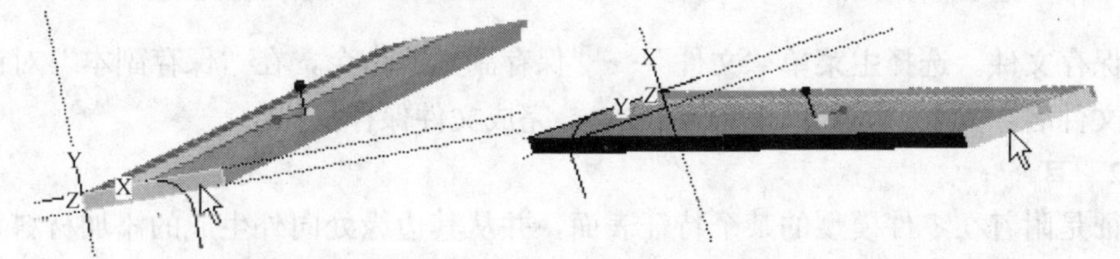

图 4－150　选取两平面定义折弯长度

5）创建环形折弯特征完毕，模型如图 4－151 所示。

（5）创建镜像特征。

1）创建基准平面（镜像平面），单击▱（基准平面）工具，弹出“基准平面”对话框，选取图 4－152 中边作为参照，单击 确定 按钮，完成基准平面 DTM2 创建，如图 4－152 所示。

2）在模型树中选取已创建的整个模型，如图 4－153 所示，单击 (镜像) 按钮，弹出镜像操控面板，选择镜像平面 DTM2，单击镜像操控面板上✔（确定）按钮，完成镜

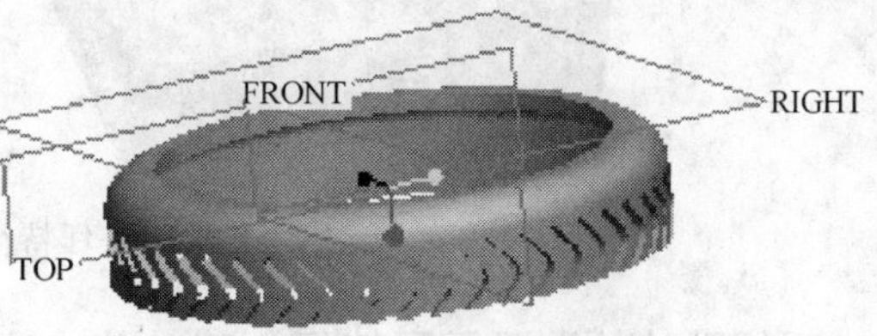

图 4－151　环形折弯特征

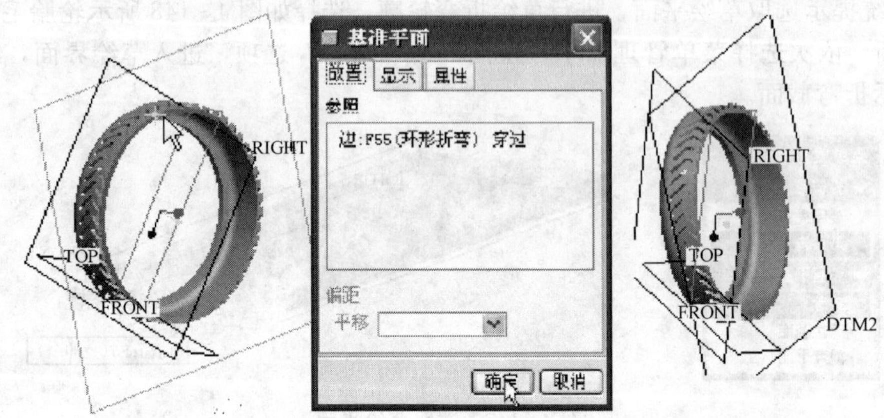

图 4 - 152 创建基准平面 DTM2

像特征创建，如图 4 - 154 所示。

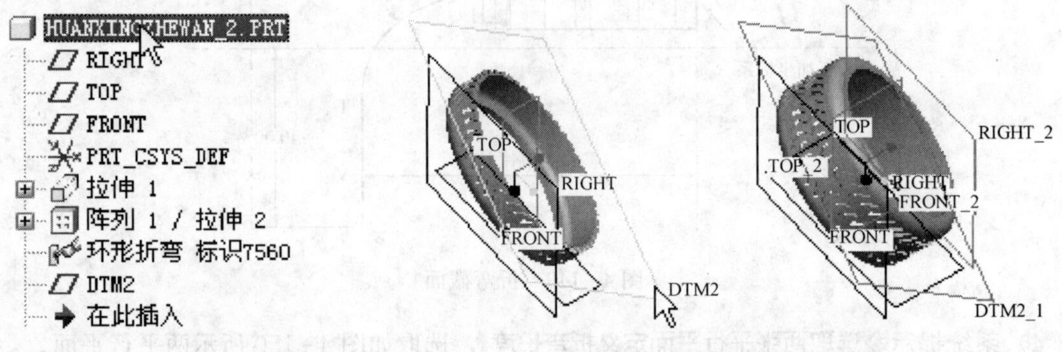

图 4 - 153 选取镜像对象　　　　图 4 - 154 镜像特征创建

（6）保存文件。选择主菜单“文件”→“保存副本”命令，在“保存副本”对话框中输入“新建文件名”为 luntai，单击 确定 按钮，完成文件保存操作。

4.5.2 耳

耳特征是附着在零件模型的某个特征表面，并从其边缘处向外生成的添加材料特征，该特征在底部折弯，折弯的角度可以是直角，也可以是自行设定的角度，如炊具类等日用品的提耳等结构，可以应用耳特征设计，如图 4 - 155 所示。

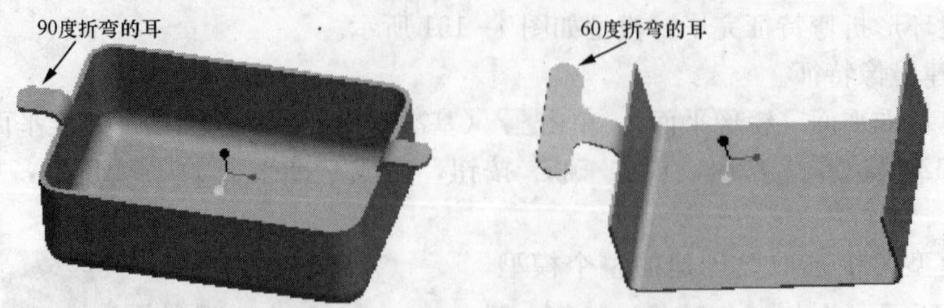

图 4 - 155 耳特征在零件设计中的应用

系统默认的设置无耳特征创建功能，应在配置文件中添加如下设置：将“allow_ anatomic_features”的值设置为“yes”，然后才能选择“插入”→“高级”→“耳”命令。具体操作方法：单击主菜单“工具”→“选项”命令，弹出如图 4-156 所示“选项”对话框，在“选项”中输入“allow_anatomic_features”，后面相应的“值”改为“yes”，然后单击“添加”→“更改”按钮，单击“应用”按钮，如图 4-156 所示。

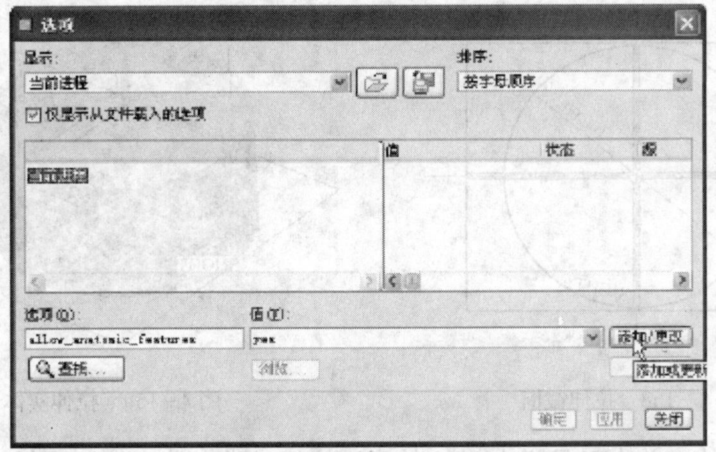

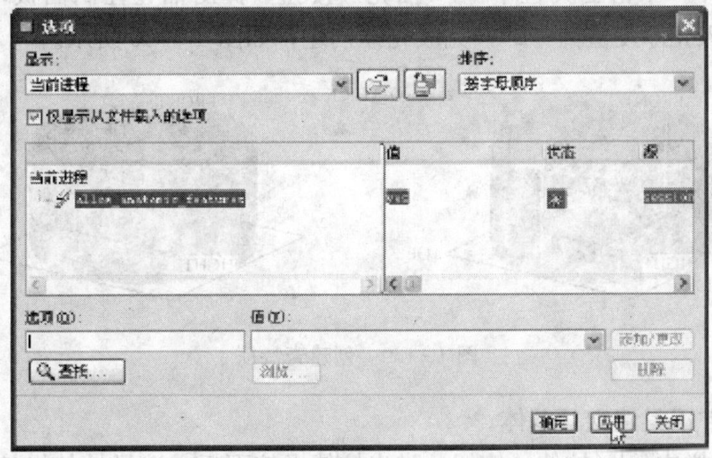

图 4-156　设置配置文件参数

在下一节中的唇特征创建之前，也必须执行该操作。

下面通过设计如图 4-157 所示的小锅模型，讲解耳特征的创建方法及在产品设计中的应用。

(1) 新建文件。单击（新建）按钮，弹出“新建”对话框，选择◎ 零件类型，输入文件名“ear”，将☑ 使用缺省模板前面勾选取消，单击 确定 按钮，进入“新文件选项”对话框，选择 mmns_part_solid 模板，单击 确定 按钮，进入零件设计界面。

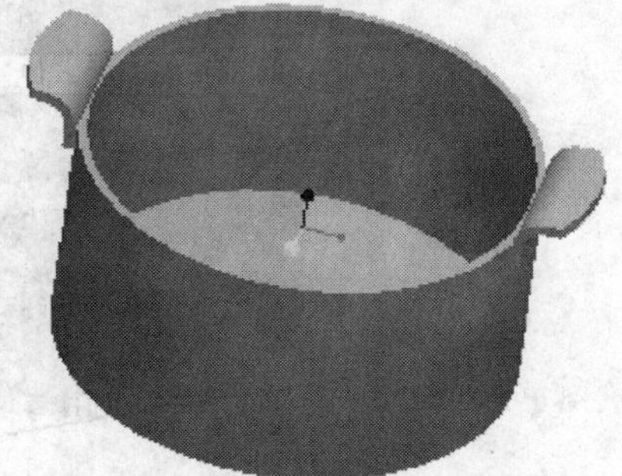

图 4-157　小锅

(2) 利用拉伸工具建立锅的基体。

1) 单击工具栏中（拉伸）按钮，弹出拉伸操控面板，选择拉伸操控面板“放置”上滑菜单中 定义...，进入草绘环境，选择 TOP 基准平面作为草绘平面，绘制拉伸截面，如图 4-158 所示。

2）设置拉伸深度为 50，单击然后单击✔（确定）按钮，完成拉伸特征创建，结果如图 4-159 所示。

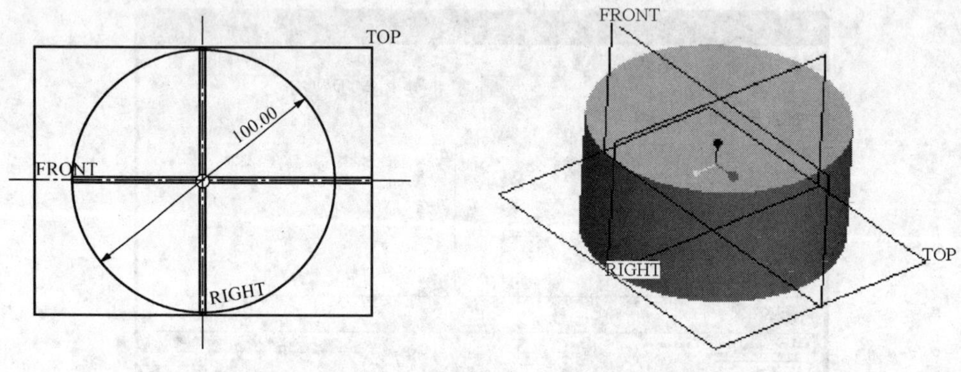

图 4-158　拉伸截面　　　　图 4-159　拉伸实体

（3）创建壳体。单击工具栏中▢（抽壳）按钮，弹出抽壳控制面板，选择移除表面，在控制面板中输入壳厚度值为“2”，完成壳体创建，如图 4-160 所示。

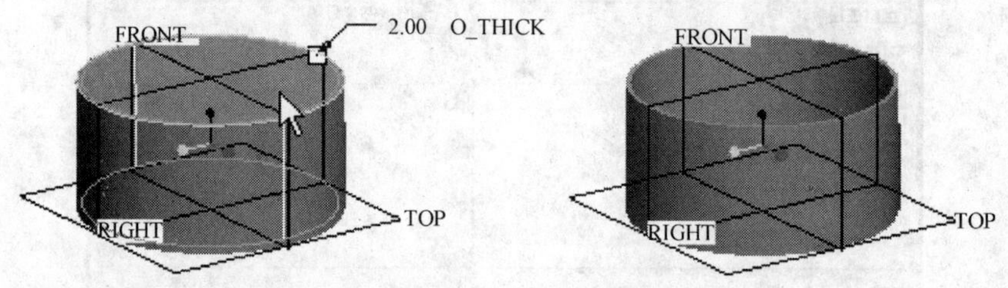

图 4-160　创建壳特征

（4）利用拉伸工具建立耳基体。

1）单击工具栏中▢（拉伸）按钮，弹出拉伸操控面板，选择拉伸操控面板“放置”上滑菜单中 定义...，进入草绘环境，选择图 4-161 中上表面作为草绘平面，绘制拉伸截面，如右图所示。

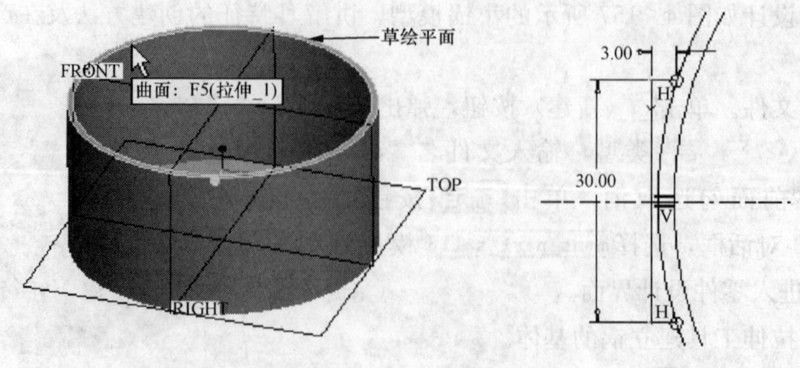

图 4-161　定义拉伸截面

2）在拉伸操控面板中设置拉伸深度为“5”，然后单击✔（确定）按钮，完成拉伸特征创建，结果如图 4-162 所示。

（5）创建耳特征。

1）选择主菜单“插入”→“高级”→“耳”命令，打开“选项”菜单管理器，选择“可变的”选项，然后单击“完成”，如图 4-163 所示。

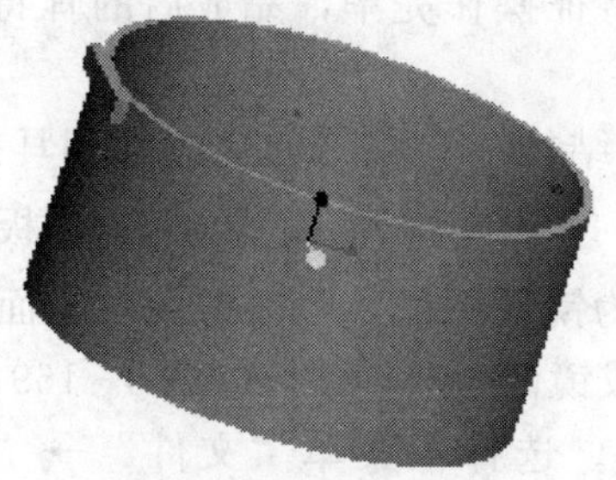

图 4-162　耳基体

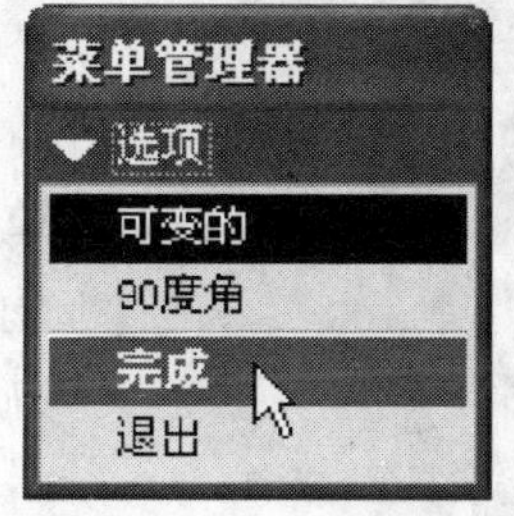

图 4-163　耳特征“选项”菜单

2）系统提示选择草绘平面定义耳截面，选取如图 4-164 左图所示表面为草绘平面，依次选择“正向”→“缺省”选项，进入草绘界面，绘制耳截面，如图 4-164 右图所示。

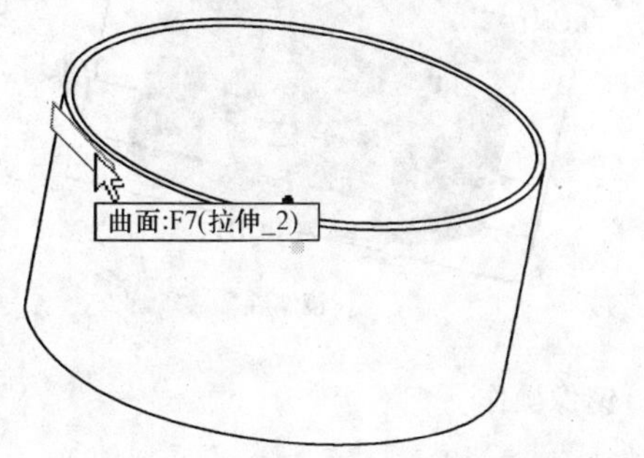

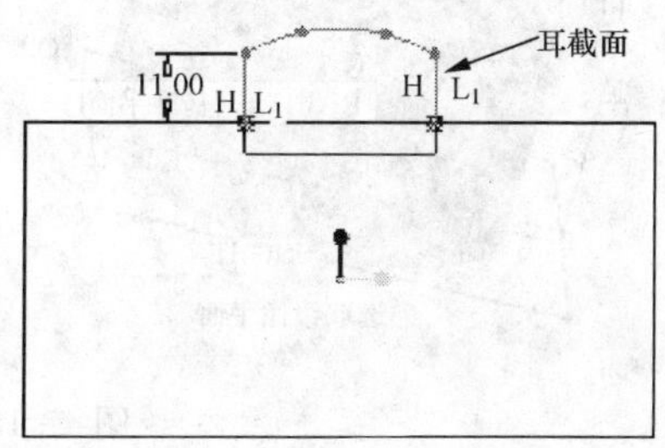

图 4-164　定义耳截面

草绘耳截面时需要注意以下三点。

①草绘平面必须垂直于将要连接耳的曲面。

②耳的截面必须开放，且其端点应与将要连接耳的曲面对齐。

③连接到曲面的图元必须互相平行，且垂直于该曲面，其长度足以容纳折弯。

3）系统提示输入耳的厚度，输入厚度值“2.5”，如图 4-165 所示。

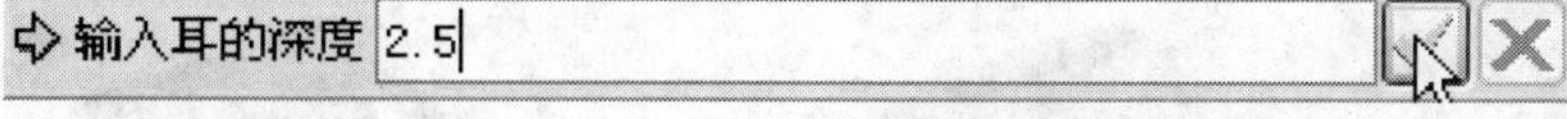

图 4-165　输入耳厚度

4）系统提示输入耳的根部弯曲半径，输入“5”，如图 4-166 所示。

图 4-166　输入耳折弯半径

5）系统提示输入耳的弯曲角度，输入“85”，如图 4-167 所示。

⇨ 输入耳折弯角 85

图 4-167 输入耳折弯角度

6）此时，耳特征操作完毕，完成后的耳特征如图 4-168所示。

图 4-168 耳特征

（6）镜像耳提结构。选取已创建的耳和耳提基体，单击（镜像）按钮，弹出镜像操控面板，选择 RIGHT 基准平面为镜像平面，单击镜像操控面板上（确定）按钮，完成镜像特征创建，如图 4-169 所示。

（7）保存文件。选择主菜单“文件”→“保存副本”命令，在“保存副本”对话框中输入“新建文件名”为 ear，单击 确定 按钮，完成文件保存操作。

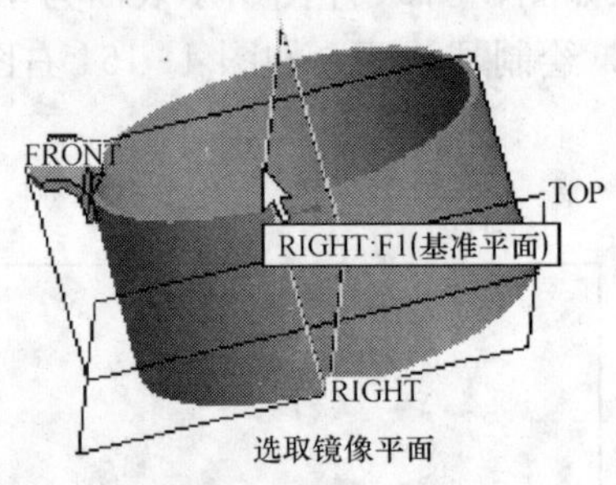

选取镜像平面

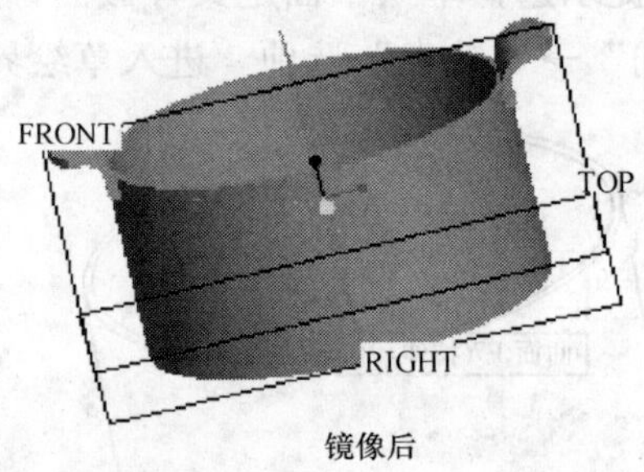

镜像后

图 4-169 镜像操作

4.5.3 唇

唇特征是通过沿着所选实体边偏移匹配曲面来创建的。它是一种伸出项特征，即可以是生成材料，也可以是切除材料。当唇的高度为正，是生成材料特征；当唇的高度为负值，则为切除材料特征。

唇特征通常创建在两个以扣合方式配合的零件上，如图 4-170 所示的盖板零件上的唇特征，下面通过设计盖板零件上的唇特征，来讲解唇特征的创建方法及在产品设计中的应用技巧。

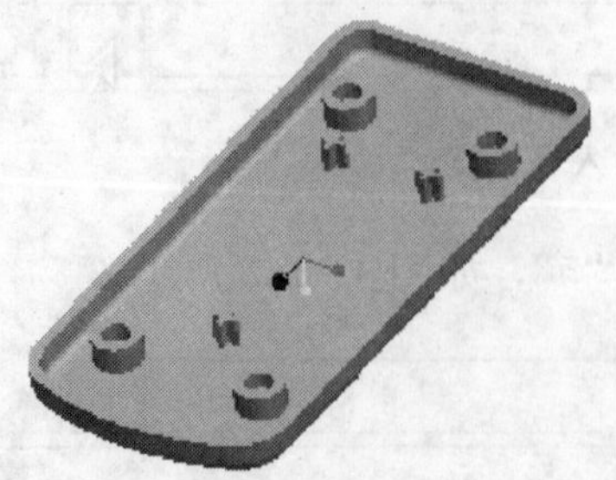

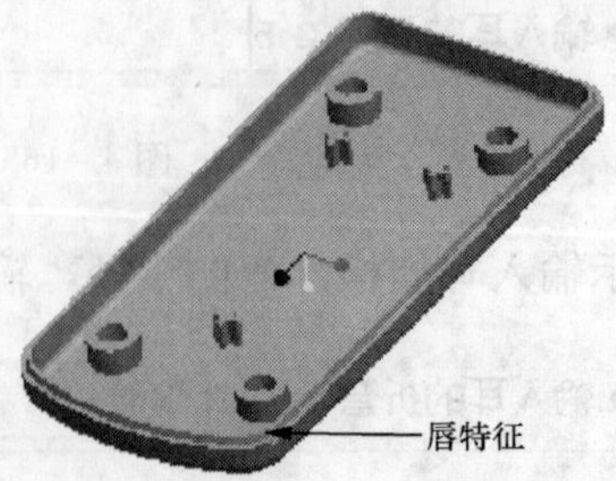

图 4-170 唇特征在产品设计中的应用

（1）打开文件。单击（打开）按钮，打开盖板零件文件，文件地址“素材\范例文件\4\chun. prt”，打开文件如图 4-170 左图所示。

（2）创建唇特征。

1）当“插入”→“高级”菜单中没有“唇”命令时，选择“工具”→“选项”命令，打开如图 4-156 所示的对话框，将配置文件选项“allow _ anatomic _ features”的值设置为“yes”。

2）选择“插入”→“高级”→“唇”命令，弹出“边选取”菜单管理器。

3）选取参照边链。图 4-171 所示，在“边选取”菜单中选取“环”选项，然后选取盖板上表面，通过单击菜单“选取链”中“下一个”，选中上表面内环作为创建唇的参照边，然后单击“接受”选项，完成参照边选取。

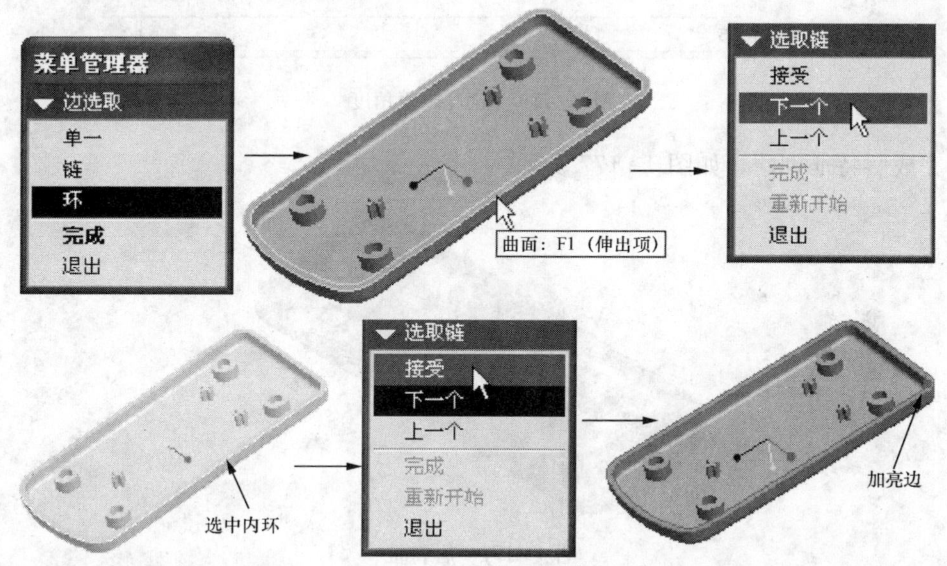

图 4-171　参照边链选取

4）选取偏移曲面。此时系统弹出 ⇨选取要偏移的曲面(与加亮的边相邻).提示信息，在视图中选取加亮边附近的平面作为要偏移的曲面，即零件的配合面，如图 4-172 所示。

5）设置偏移值。此时系统弹出输入偏距值对话框，如图 4-173 所示，输入偏距值“1.2”，确定后系统提示输入边到拔模曲面的距离，如图 4-174 所示，输入“1.0”。

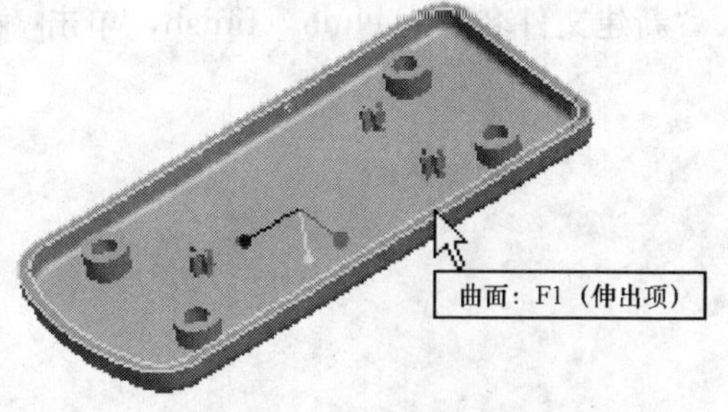

图 4-172　选取偏移曲面

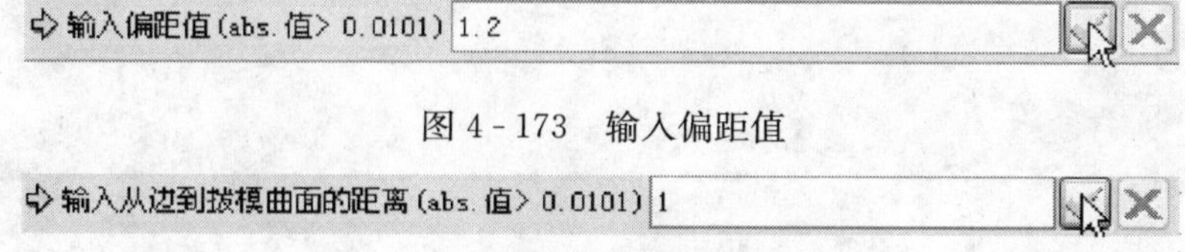

图 4-173　输入偏距值

图 4-174　输入边列拔模曲面距离

6）设置拔模值。此时系统提示➪选取拔模参照曲面。，选取如图 4-175 所示表面为拔模参照面。然后系统提示输入拔模角度，如图 4-176，输入拔模角“15”，并确定。

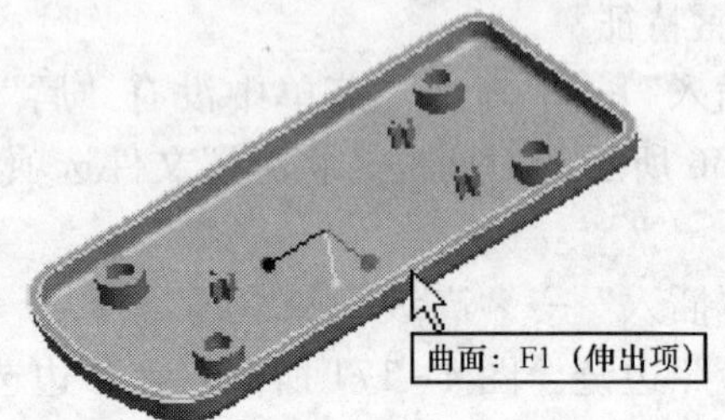

图 4-175 选取拔模参照面

➪ 输入拔模角 15

图 4-176 输入拔模角度

7）完成唇特征创建，如图 4-177 所示。

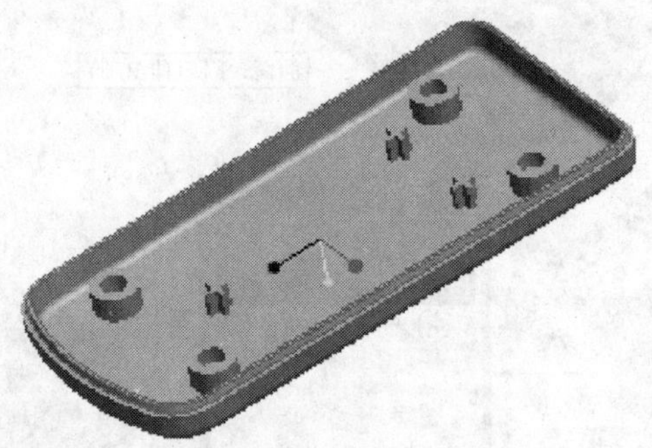

图 4-177 唇特征

（3）保存文件。选择主菜单“文件”→“保存副本”命令，在“保存副本”对话框中输入“新建文件名”为 chun _ finish，单击 确定 按钮，完成文件保存操作。

模块五

曲面设计及应用

本模块知识点

(1) 曲线创建与曲线编辑：曲线投影、曲线沿曲面偏移、曲面边界偏移曲线、曲线包络、求取交线、曲线修剪。

(2) 曲面创建：拉伸及旋转等基础特征方式创建曲面、填充曲面、边界混合曲面。

(3) 曲面编辑：复制曲面、曲面镜像、曲面偏移、曲面合并、曲面修剪、曲面延伸、曲面加厚、曲面实体化。

(4) 利用曲面特征设计产品实例。

曲面特征是一种没有质量和厚度等物理属性的几何特征，曲面设计是产品造型设计中的一个重要方面。一个外观具有流畅曲面的产品，往往在无形之中添加了许多美感，从而提升产品的内在价值，如手机、数码产品、汽车外壳等，都需要用到曲面设计。

利用曲面特征进行产品造型设计，其设计过程是先根据设计意图创建出轮廓曲线，然后以这些曲线拟合成曲面，再将这些曲面进行合并，最后转换为实体零件或薄壳实体。另外，对于简单曲面，也可以利用拉伸、旋转、扫描、混合等工具进行创建。

本模块首先介绍曲线创建及编辑方式，然后介绍常用的曲面创建方法及应用，接着学习如何对曲面进行编辑，最后通过实例讲解曲面特征在产品设计中的应用。

5.1 任务1 曲线的创建与编辑

有关曲线创建的基本方法在第一模块中有详细的讲解，本节主要介绍曲线的编辑方法。当设计过程中存在曲线时，可以对曲线进行编辑，产生新的曲线。下面对 6 中常用的曲线编辑操作方法做详细的讲解，包括曲线投影、曲线沿曲面偏移、曲面边界偏移曲线、曲线包络、求取交线、曲线修剪等。

5.1.1 曲线投影

曲线投影是通过草绘曲线或选取已存在的曲线，并将其投影到曲面上，从而在曲面上生成投影曲线，此操作常用于在曲面上创建曲线。

下面分别将草绘曲线投影和选取曲线投影两种操作方法进行介绍。

1. 选取已有曲线进行投影

将图 5-1 所示的曲线投影到曲面上，操作方法如下。

(1) 选取图 5-1 中被投影的曲线，选择菜单“编辑”→“投影”命令，弹出投影操控面板，如图 5-2 所示。

(2) 定义投影方向，选择基准平面 TOP 为投影方向参照，投影方向垂直于 TOP 平面，

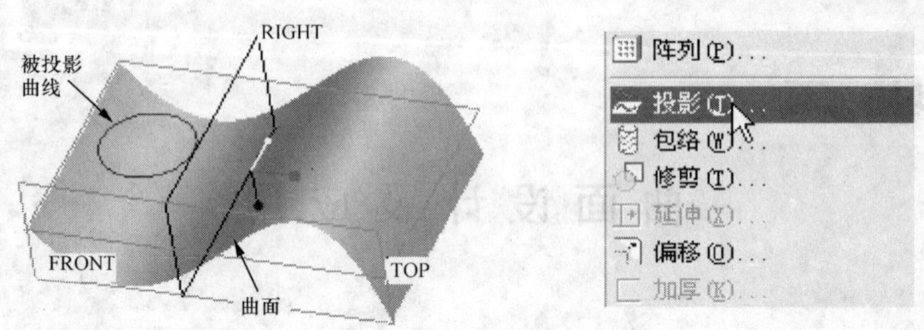

图 5-1　选择投影命令

图 5-2　投影操控面板

如图 5-3 所示。

(3) 选取曲面，使曲线投影至该曲面，如图 5-4 所示。

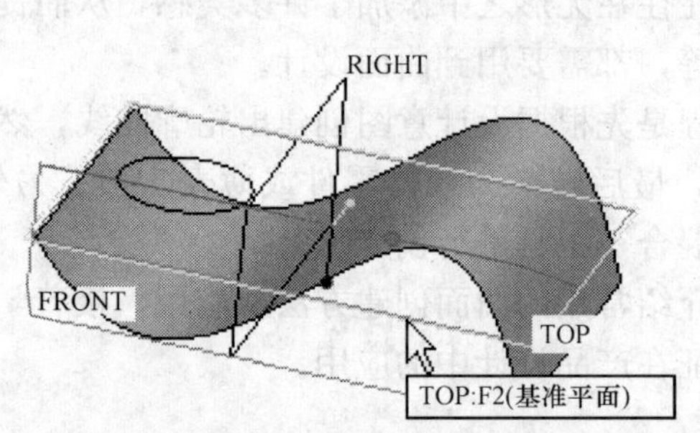

图 5-3　定义投影方向

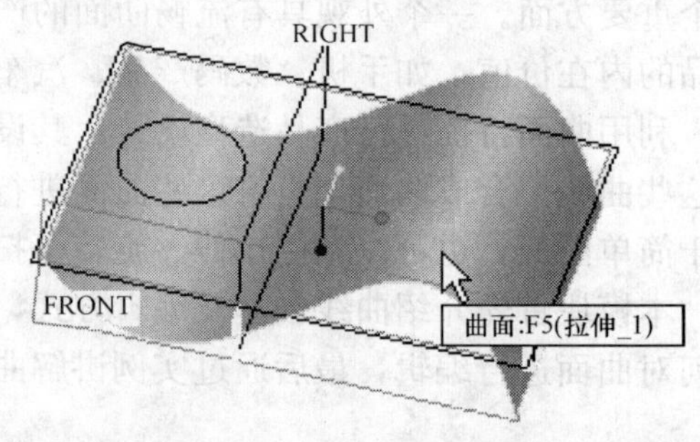

图 5-4　选取投影曲面

(4) 单击投影操控面板上✔按钮，完成曲线投影操作，结果如图 5-5 所示。

2. 草绘曲线进行投影

当需要在曲面上创建曲线，可利用“投影”命令，先在平面上草绘曲线，然后投影到曲面上来进行创建，操作步骤如下。

(1) 选择菜单“编辑”→“投影”命令，弹出投影操控面板，单击“参照”选项，弹出上滑菜单，选择投影草绘方式进行草绘曲线，如图 5-6 所示。

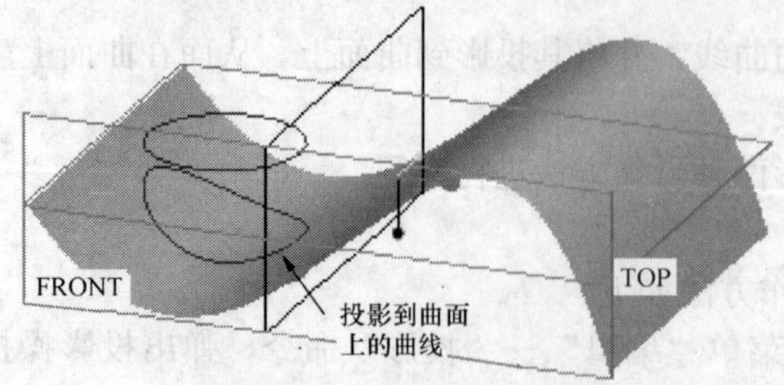

图 5-5　完成的投影曲线

(2) 单击“参照”上滑面板中“定义”按钮，如图 5-7 所示，弹出“草绘”对话框。

(3) 选择基准平面 TOP 为草绘平面，如图 5-8 所示，进入草绘界面，绘制如图 5-9所示的曲线，然后结束草绘。

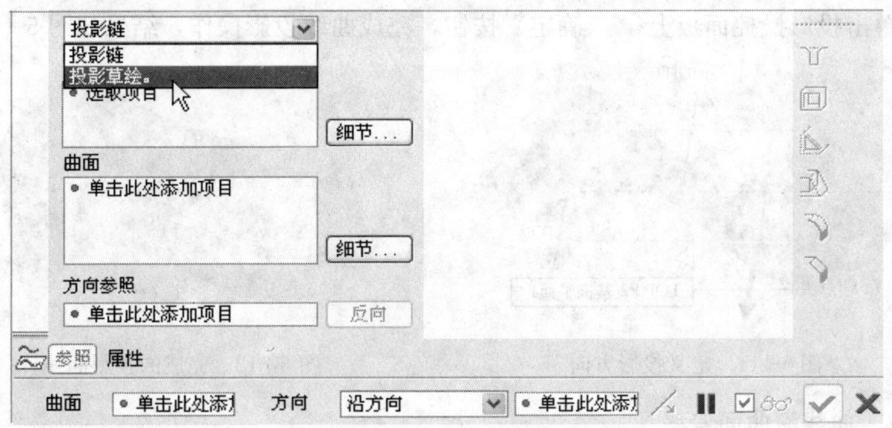

图 5-6　投影操控面板

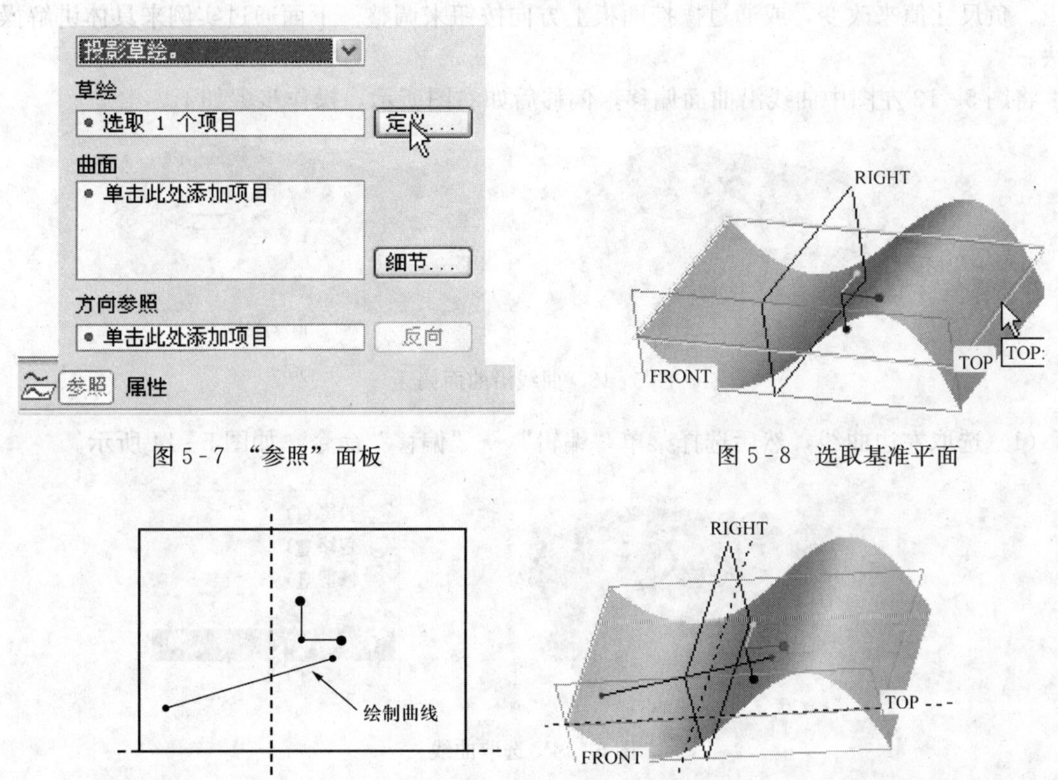

图 5-7 “参照”面板　　图 5-8　选取基准平面

图 5-9　草绘投影曲线

(4) 在投影操控面板“曲面”收集器处单击鼠标，然后在视图中选取曲面，使草绘的曲线投影至该曲面，如图 5-10 所示。

(5) 定义投影方向，在“方向”收集器处单击鼠标，然后在视图中选取 TOP 基准平面为投影方向参照，使曲线垂直于 TOP 平面投影如图 5-11 所示。

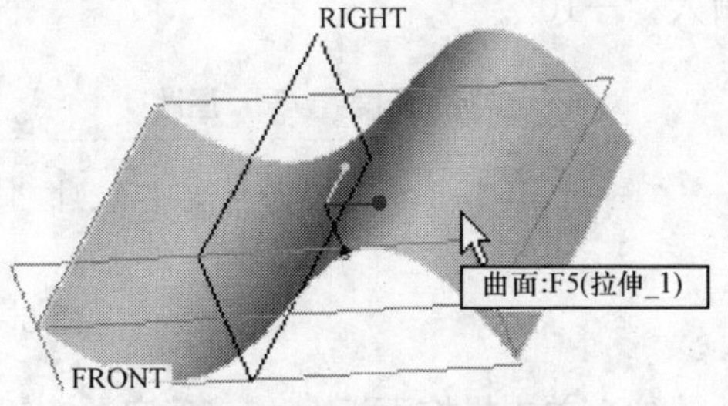

图 5-10　选取投影曲面

（6）单击投影操控面板上✔（确定）按钮，完成曲线投影操作，结果如图 5-12 所示。

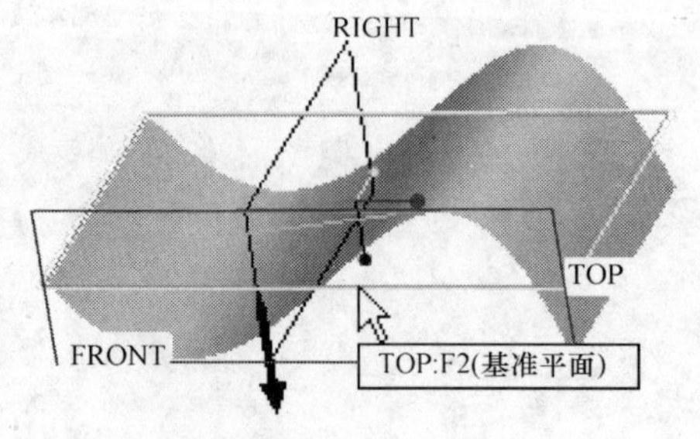

图 5-11 定义投影方向

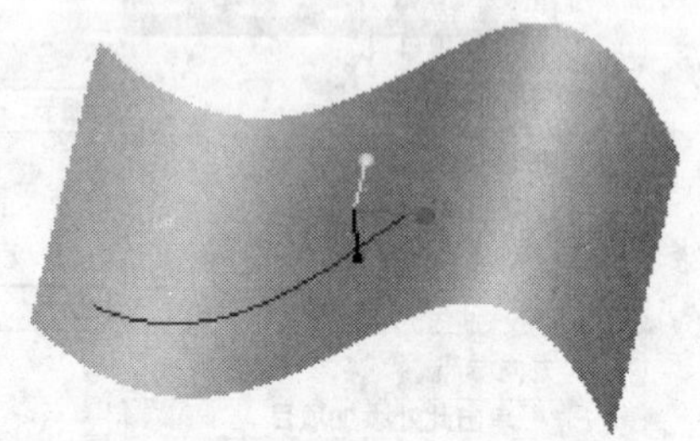

图 5-12 完成的投影曲线

5.1.2 曲线沿曲面偏移

当曲面上存在曲线，可以沿曲面将现有的曲线偏移来创建新的曲线，偏移的方向可以通过正、负尺寸值来改变，或通过操控面板上方向按钮来调整。下面通过实例来具体讲解操作方法。

将图 5-13 左图中曲线沿曲面偏移，偏移后如右图所示，操作步骤如下。

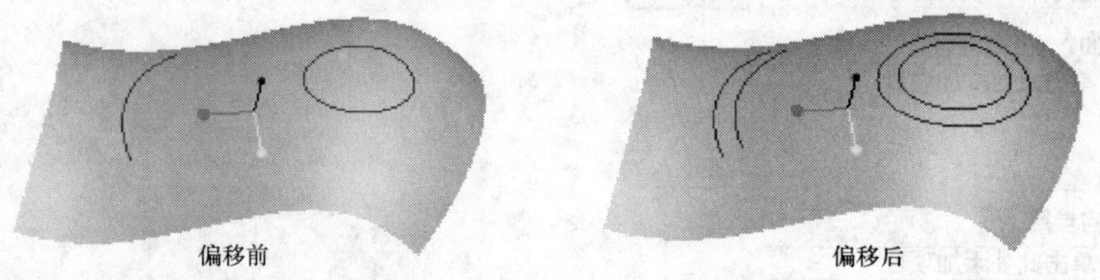

图 5-13 曲线沿曲面偏移

（1）选取左边曲线，然后选择菜单“编辑”→“偏移”命令，如图 5-14 所示。

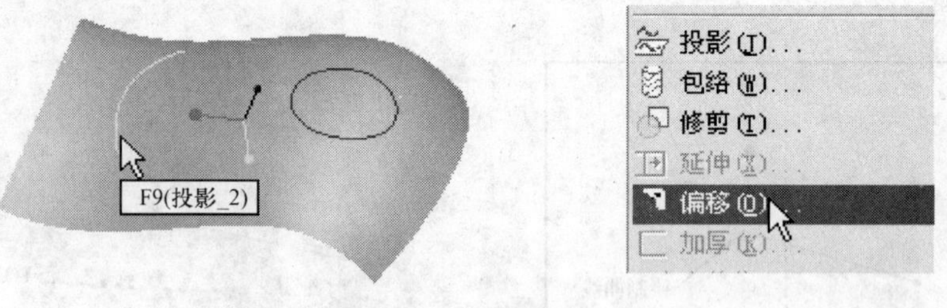

图 5-14 选取曲线

（2）弹出偏移操控面板，如图 5-15 所示，输入偏移距离“10”，当需要往左偏移时，输入“－10”。

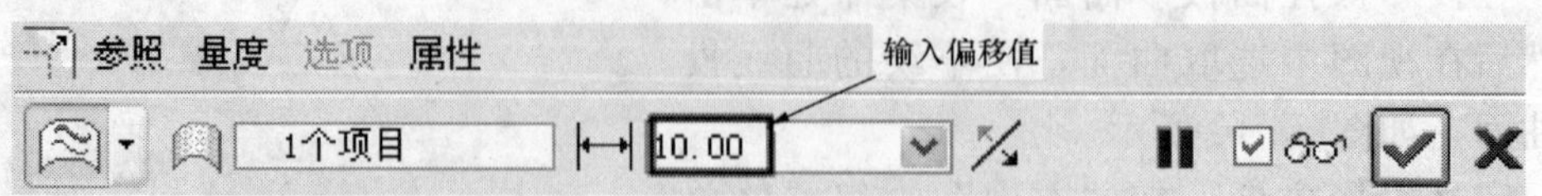

图 5-15 输入偏移距离

（3）单击操控面板上✔（确定）按钮，完成左边曲线偏移操作，结果如图 5-16 右图所示。

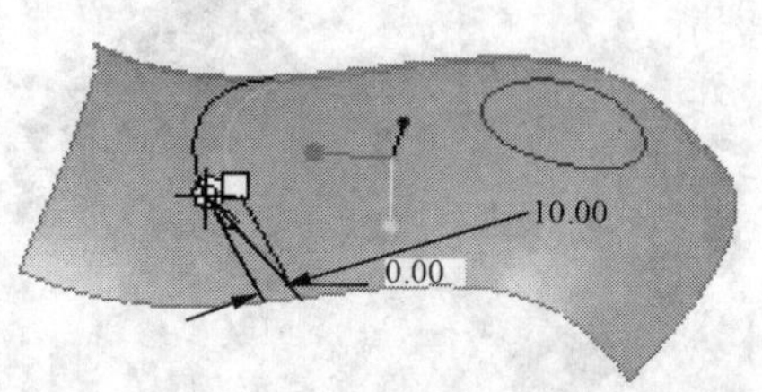

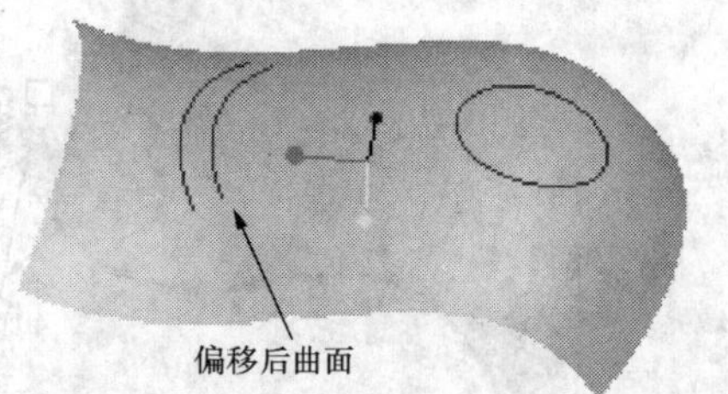

图 5-16　沿曲面偏移的曲线

（4）如图 5-17 所示，选取右边曲线，然后选择“编辑”→“偏移”命令，弹出偏移操控面板。

（5）在操控面板中输入偏移距离“10”。

（6）单击操控面板上按钮，使曲线往外方向偏移。

（7）单击操控面板上✔按钮，完成左边曲线偏移操作，结果如图 5-18 右图所示。

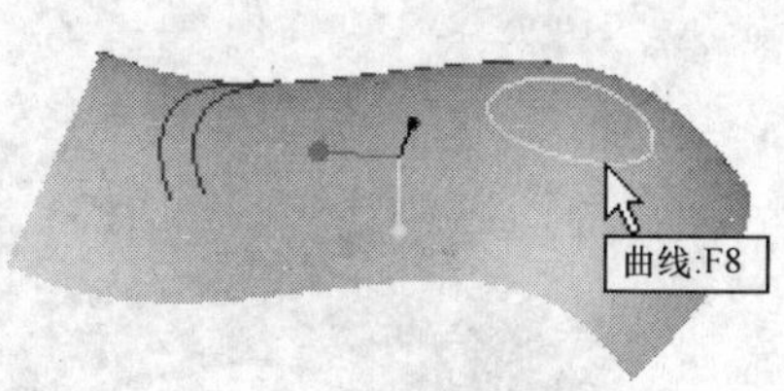

图 5-17　选取欲偏移曲线

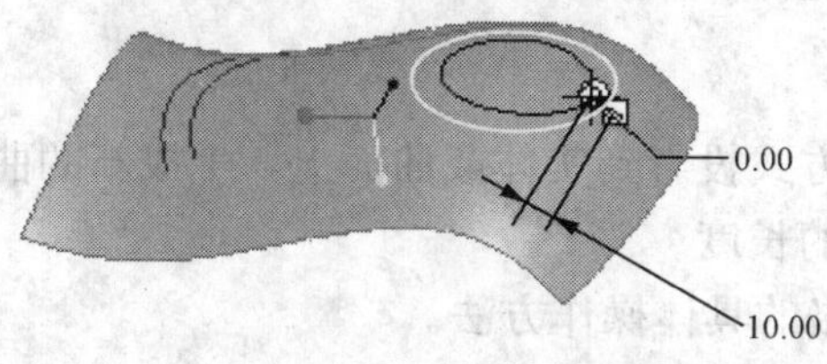

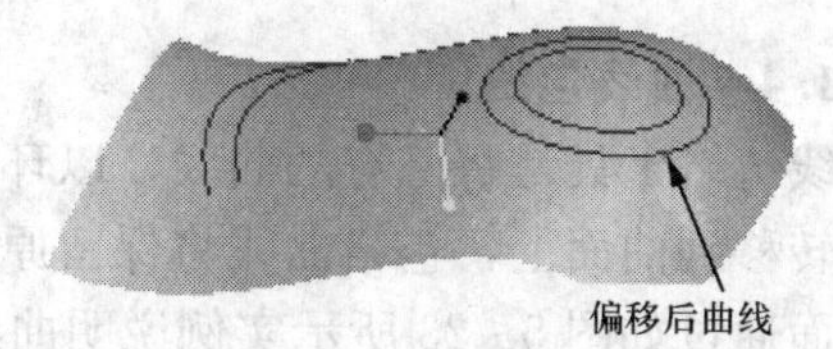

图 5-18　沿曲面偏移曲线

5.1.3　曲面边界偏移曲线

在 Pro/E 中，可以通过偏移曲面的边界来创建新的曲线，下面通过实例说明如何偏移曲面的边界线来创建曲线。

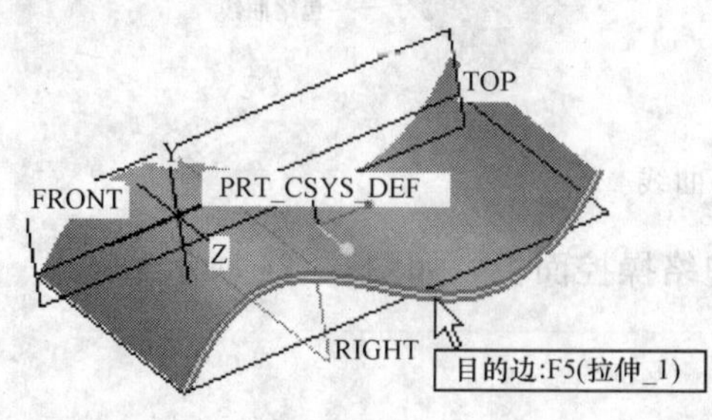

图 5-19　选取曲面边界线

（1）选取曲面的边界线，如图 5-19 所示，然后选择菜单“编辑”→“偏移”命令。

（2）在弹出的偏移操控面板中输入偏移距离“40”，如图 5-20 所示；此时往曲面里面偏移，如图 5-21 所示；当输入偏移距离为“—40”时，曲线往曲面外面偏移，如图 5-22 所示。

（3）单击操控面板上✔按钮，完成曲面边界线偏移操作。

图 5-20　输入偏移距离

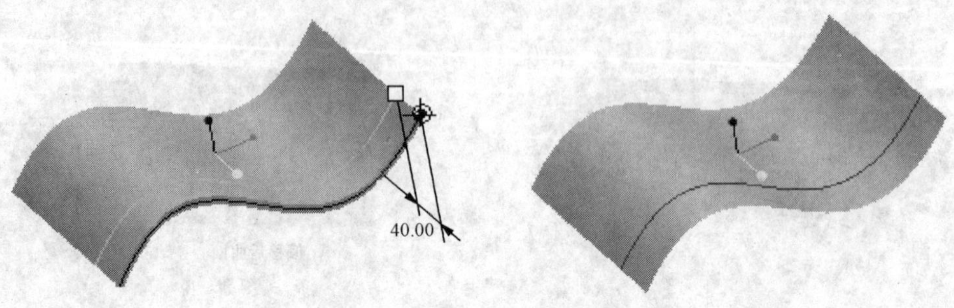

图 5-21 曲面边界往里偏移

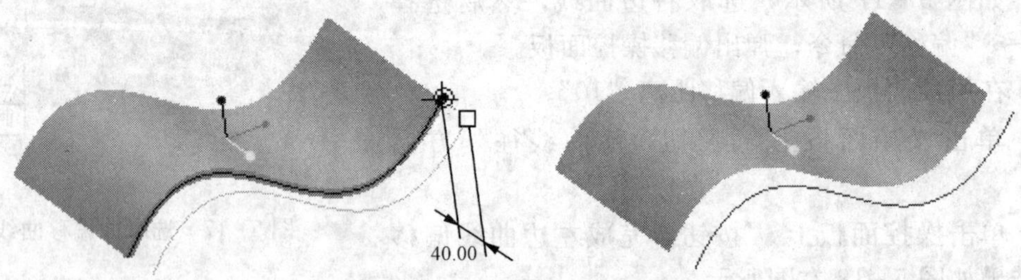

图 5-22 曲面边界往外偏移

5.1.4 曲线包络

曲线包络工具是将已有的曲线，以环绕的方式投影到实体或曲面上，生成新的曲线，就像贴花转移到曲面上，包络曲线将保留原曲线的长度。

下面通过如图 5-23 所示实例说明曲线包络的具体操作方法。

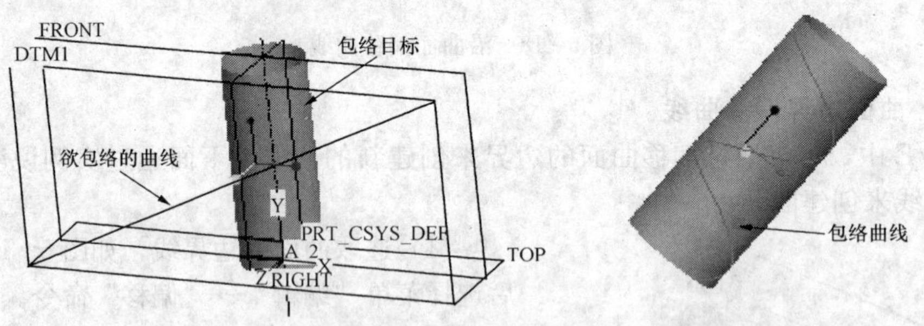

图 5-23 创建包络曲线

(1) 选择菜单“编辑”→“包络”命令，弹出包络操控面板，如图 5-24 所示。

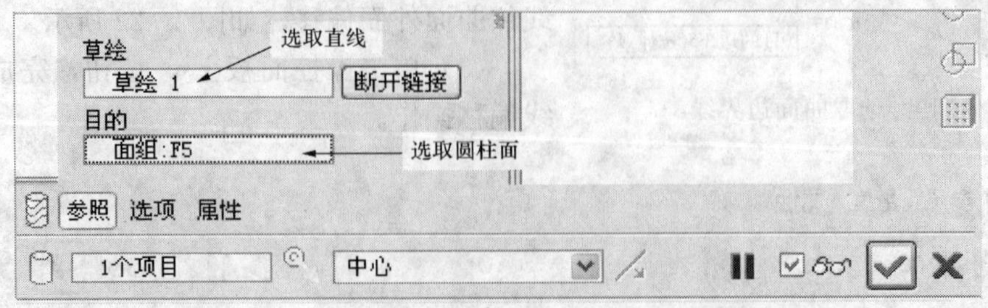

图 5-24 曲线包络操控面板

（2）选取如图 5-23 左图中直线作为欲包络曲线。

（3）选取如图 5-23 左图中圆柱面作为包络目的体。

（4）单击操控面板上✔（确定）按钮，完成曲线包络操作，结果如图 5-23 右图所示。

5.1.5 求取交线

求交曲线方式曲线编辑是指选取两张曲面，在两曲面相交处创建新的曲线，下面通过实例说明求交曲线具体创建方法。

创建如图 5-25 中的求交曲线，操作步骤如下。

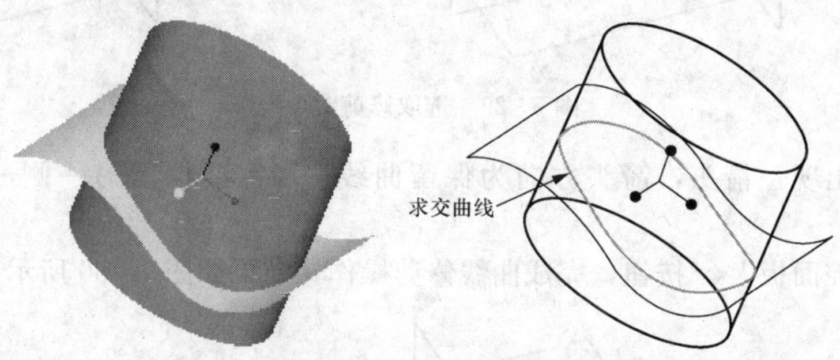

图 5-25 创建求交曲线

（1）如图 5-26 所示，选取第一张曲面，然后按住 Ctrl 键选取第二张曲面。

（2）选择“编辑”→“相交”命令，即可完成两曲面相交曲线的创建。

5.1.6 曲线修剪

曲线修剪是将一条现有的曲线，利用一个修剪工具（点、曲线或曲面）来修剪曲线，以创建新的曲线，下面通过实例说明曲线修剪的操作方法。

（1）选取修剪曲线，如图 5-27 所示，选取需要修剪的曲线。

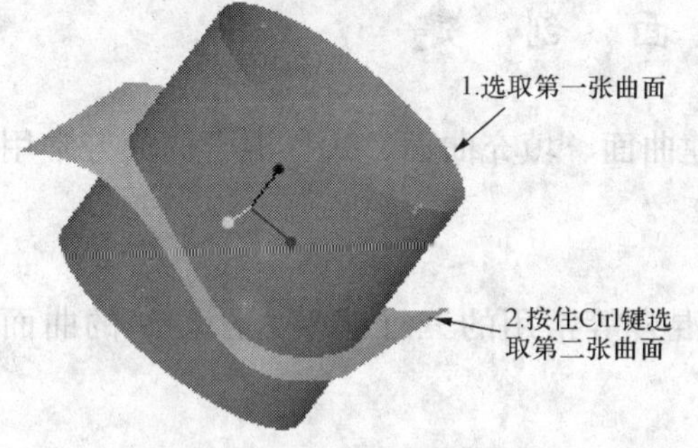

图 5-26 选取两相交曲面

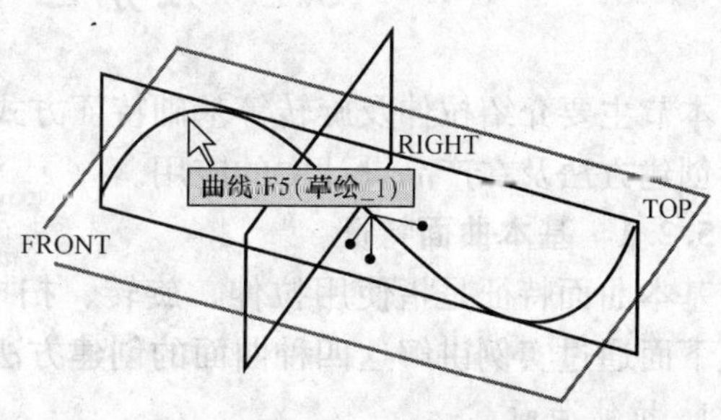

图 5-27 选取修剪曲线

（2）选择菜单“编辑”→“修剪”命令，弹出修剪操控面板，如图 5-28 所示。

图 5-28 曲线修剪操控面板

(3) 选择修剪对象，选取图 5-29 中 RIGHT 基准平面为修剪对象。

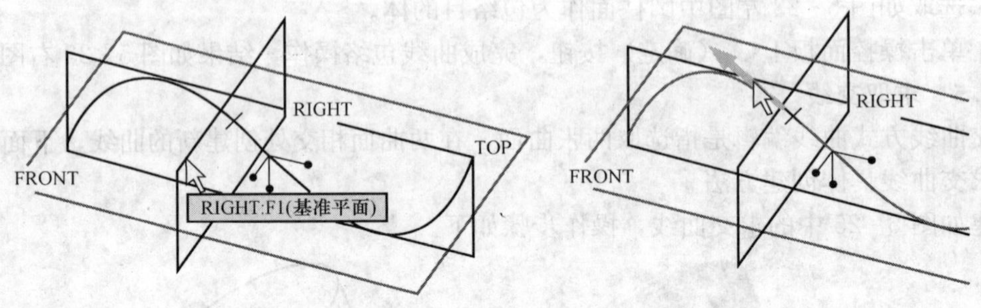

图 5-29 选取修剪对象

(4) 视图中出现一箭头，箭头方向为保留曲线，当需要保留另一侧，则单击该箭头即可。

(5) 单击操控面板上✔按钮，完成曲线修剪操作，结果如图 5-30 所示。

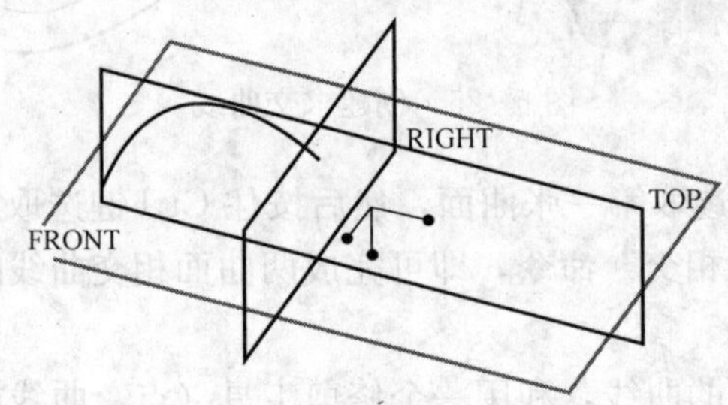

图 5-30 曲线修剪结果

5.2 任务2 曲 面 创 建

本节主要介绍拉伸及旋转等基础特征方式创建曲面、填充曲面、边界混合曲面等常用的曲面创建方法及在产品设计中的应用。

5.2.1 基本曲面特征

基本曲面特征是指使用拉伸、旋转、扫描、混合等常用的三维建模方法创建的曲面特征。下面通过实例讲解这四种曲面的创建方法。

1. 拉伸曲面

拉伸曲面是在完成二维截面草绘后，垂直此剖面拉伸出来的曲面，如图 5-31 所示，此时二维截面为曲线，左边曲面拉伸截面为开放曲线，右边曲面拉伸截面为封闭曲线。

图 5-31 拉伸曲面

下面介绍拉伸曲面的操作方法。

(1) 单击工具栏中 (拉伸) 按钮，弹出拉伸操控面板。

(2) 单击旋转操控面板中 (曲面) 按钮，以创建曲面，如图 5-32 所示。

图 5-32　拉伸操控面板

(3) 选择拉伸操控面板上“放置”选项卡，在弹出的上滑面板中单击 定义... 按钮，如图 5-33 所示。

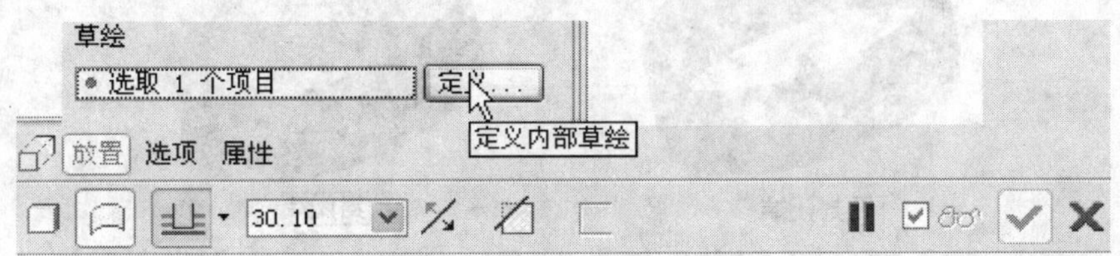

图 5-33　定义草绘截面

(4) 弹出“草绘”对话框，选择 TOP 基准平面作为草绘平面，进入草绘界面，绘制二维截面 (曲线)。

(5) 定义拉伸深度，在拉伸操控面板中输入拉伸深度。

(6) 当截面为封闭曲线时，可以选择拉伸操控面板上“选项”选项卡，将“封闭端”前复选框勾选，以生成两端封闭的曲面，如图 5-34 所示。

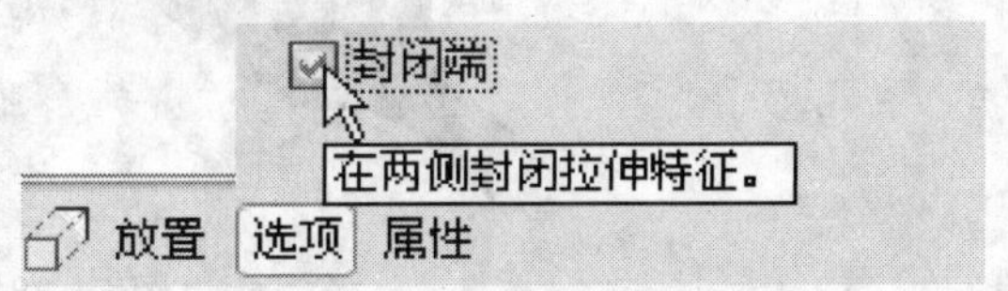

图 5-34　设置封闭端

(7) 单击操控面板上 (确定) 按钮，完成拉伸曲面创建。

下面图 5-35 为通过开放曲线拉伸生成曲面，图 5-36 为通过封闭曲线拉伸生成曲面，图 5-37 为“封闭端”选项勾选的效果。

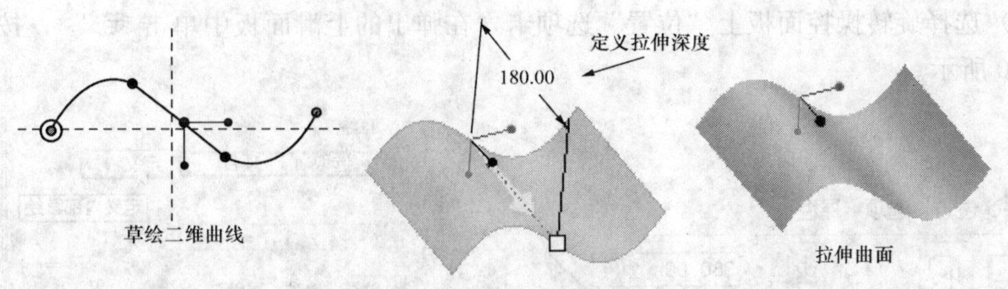

图 5-35　开放曲线拉伸曲面

2. 旋转曲面

旋转曲面是将绘制的二维截面绕着一条中心轴旋转而创建的曲面，如图 5-38 所示。

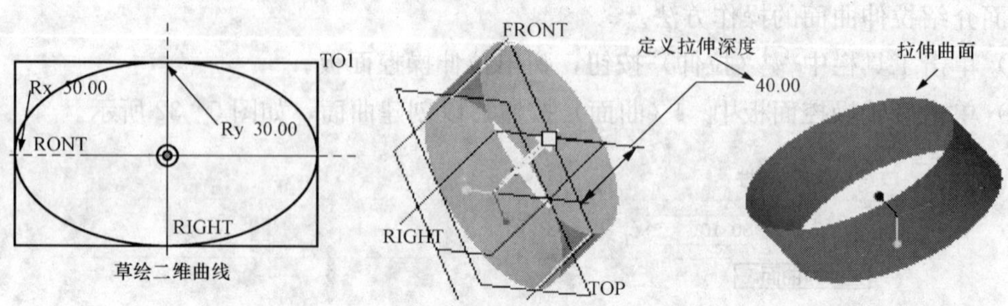

图 5 - 36 封闭曲线拉伸曲面

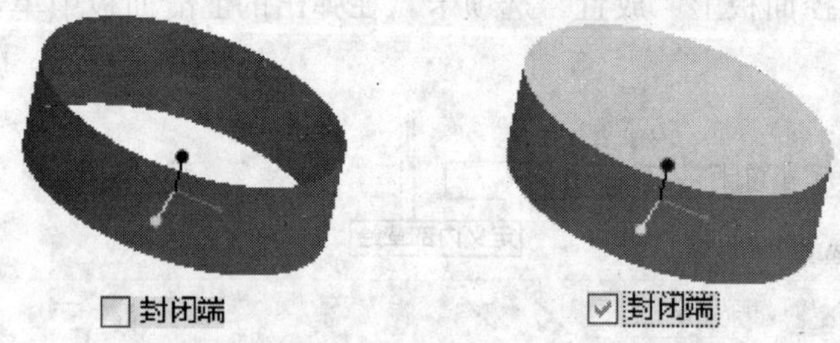

图 5 - 37 开放曲面与封闭端曲面

图 5 - 38 旋转曲面

下面通过实例介绍旋转曲面创建方法。

(1) 单击工具栏 (旋转) 按钮，弹出旋转操控面板。

(2) 单击旋转操控面板中 (曲面) 按钮，以创建曲面，如图 5 - 39 所示。

(3) 选择旋转操控面板上“位置”选项卡，在弹出的上滑面板中单击 定义... 按钮，如图 5 - 40 所示。

图 5 - 39 创建曲面

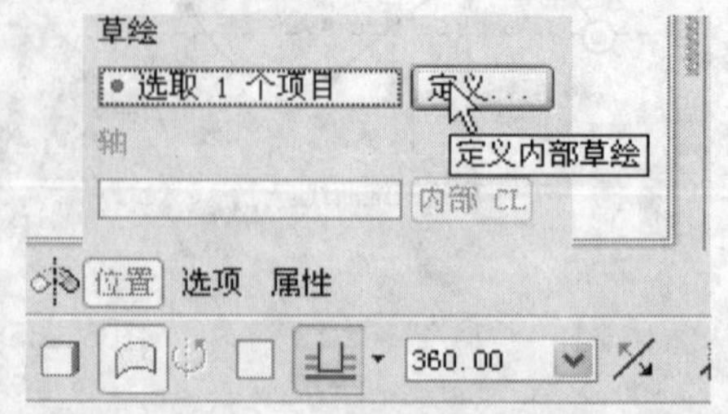

图 5 - 40 旋转操控面板

(4) 系统弹出“草绘”对话框，选择 FRONT 基准平面作为草绘平面，进入草绘界面，绘制旋转截面及中心线，如图 5-41 所示。

(5) 设置旋转角度，如图 5-42 所示，输入角度值“180”，当需要创建完整的旋转曲面，则旋转角度为默认的“360”。

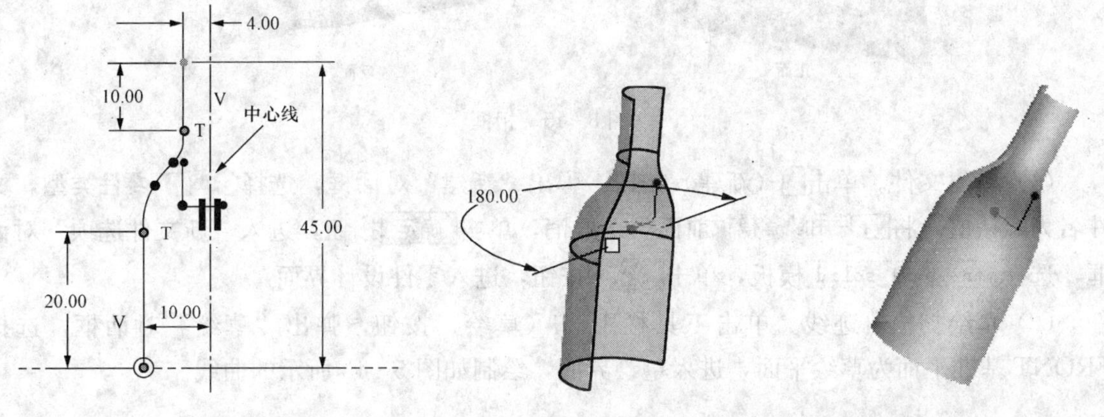

图 5-41 绘制旋转截面　　图 5-42 旋转角度为 180 旋转曲面

(6) 单击操控面板上✔（确定）按钮，完成旋转曲面创建。

如图 5-42 所示，旋转角度为 180 度生成的旋转曲面；图 5-43 所示为旋转角度 360 度生成的旋转曲面。

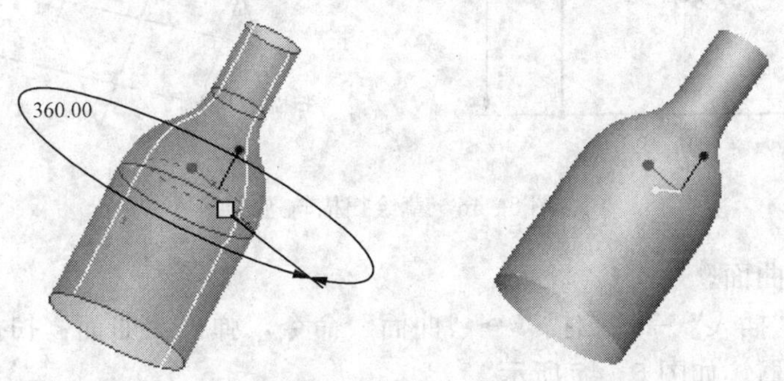

图 5-43 旋转角度为 360 度旋转曲面

3. 扫描曲面

扫描曲面是将一二维截面沿着一条轨迹线扫描而创建的曲面，如图 5-44 所示。

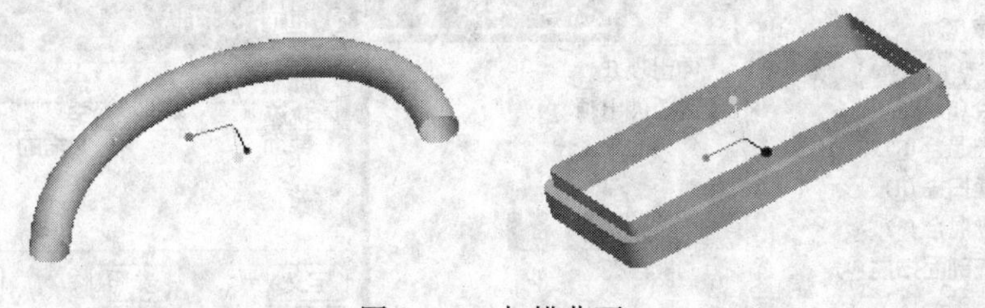

图 5-44 扫描曲面

下面通过设计如图 5-45 所示的相框来说明扫描曲面创建方法，操作步骤具体如下。

图 5-45 相框

(1) 新建文件。单击 (新建) 按钮，弹出“新建”对话框，选择 零件类型，文件名为默认值，将 使用缺省模板前面勾选取消，单击确定按钮，进入“新文件选项”对话框，选择mmns_part_solid模板，单击确定按钮，进入零件设计界面。

(2) 草绘扫描轨迹线。单击工具栏中 (草绘) 按钮，弹出“草绘”对话框，选择FRONT 基准平面为草绘平面，进入草绘界面，绘制如图 5-46 所示的曲线。

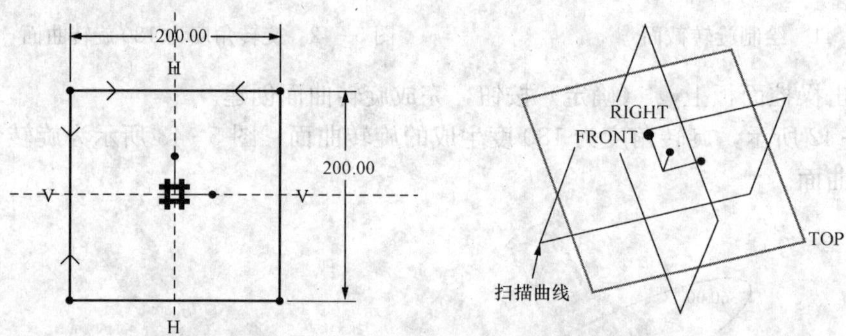

图 5-46 草绘扫描轨迹线

(3) 创建扫描曲面。

1) 选择菜单“插入”→“扫描”→“曲面”命令，弹出“曲面：扫描”对话框及“扫描轨迹”菜单管理器，如图 5-47 所示。

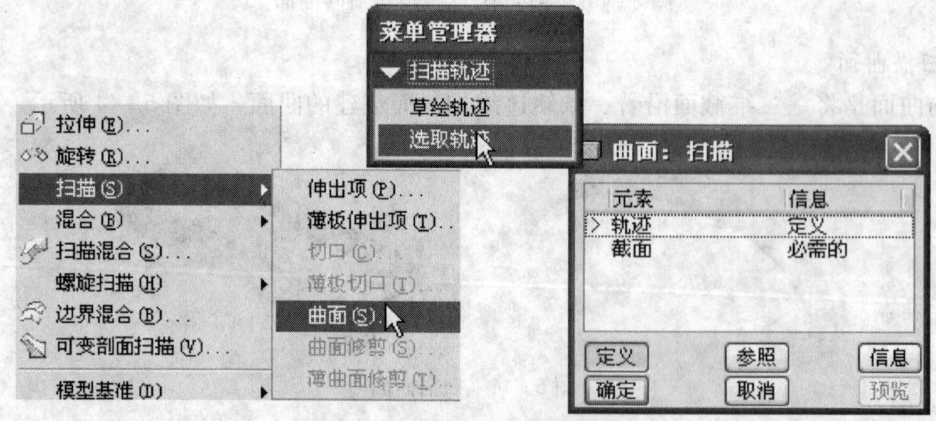

图 5-47 选择扫描命令

2）选择菜单管理器中“选取轨迹”选项，进行轨迹线选取。选取菜单中“曲线链”，然后点选上面创建的轨迹线，弹出“链选项”菜单，选择“选取全部”选项，选择菜单中“完成”，完成扫描轨迹线选取。

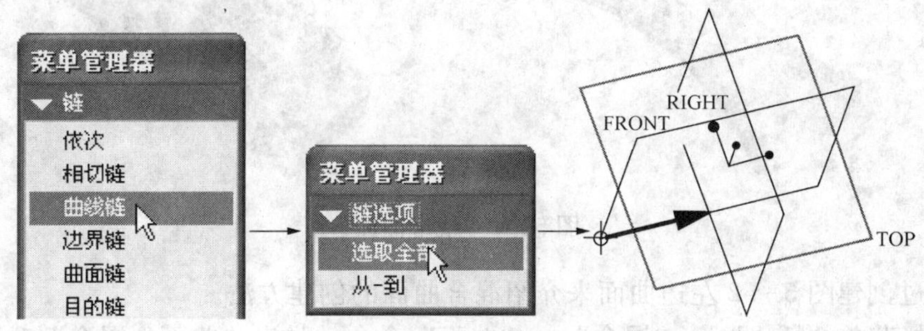

图 5-48　扫描轨迹线选取

3）弹出“属性”菜单，选取“无内部因素”，并单击“完成”，如图 5-49 所示。

4）进入草绘界面，绘制扫描截面。在扫描轨迹线起始点位置自动创建了水平和竖直参照，以此中心绘制扫描截面，如图 5-50 所示。

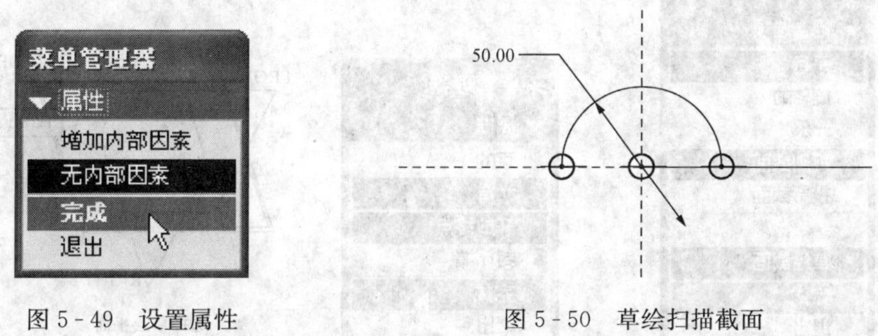

图 5-49　设置属性　　图 5-50　草绘扫描截面

5）扫描截面确定后，扫描特征所有要素已定义，单击“曲面：扫描”对话框中确定按钮，完成扫描曲面创建，如图 5-51 所示。

图 5-51　扫描曲面创建完成

（4）保存文件。选择主菜单“文件”→“保存副本”命令，在“保存副本”对话框中输入“新建文件名”为 xiangkuang，单击确定按钮，完成文件保存操作。

4. 混合曲面

混合曲面是通过数个截面混合而创建的曲面，如图 5-52 所示。

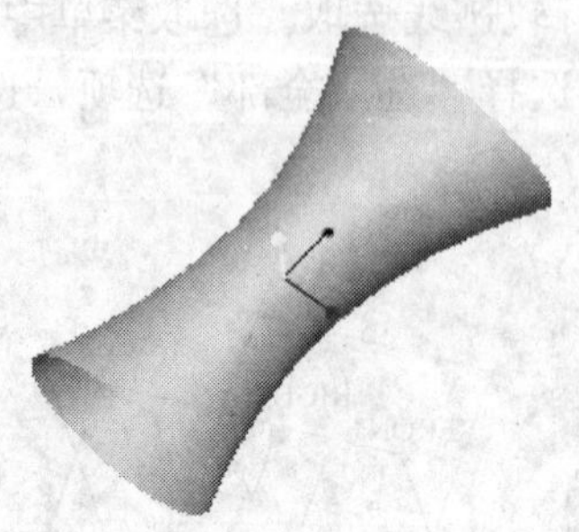

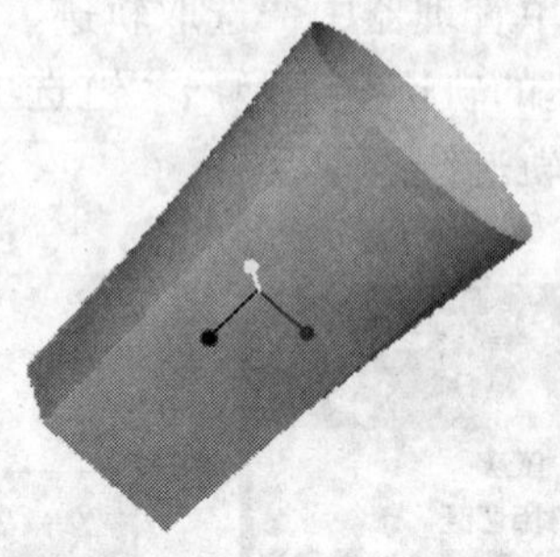

图 5-52 混合曲面

下面通过创建图 5-52 左边曲面来介绍混合曲面的创建方法。

(1) 选择菜单“插入”→“混合”→“曲面”命令，弹出“曲面：混合”对话框及“混合选项”菜单管理器。

(2) 选择“混合选项”菜单中“平行”→“规则截面”→“草绘截面”选项，然后单击“完成”，如图 5-53 所示。

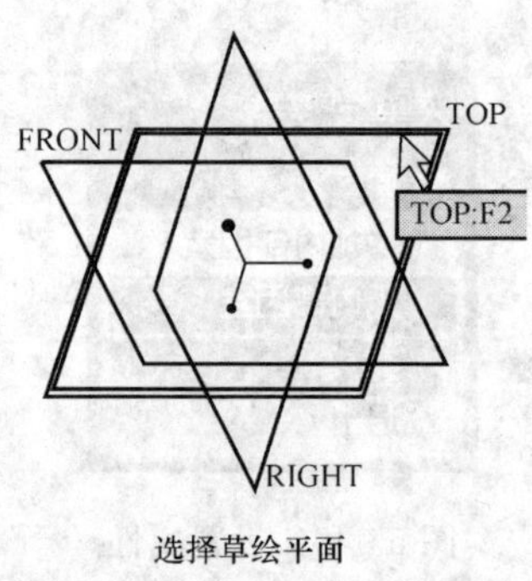

选择草绘平面

图 5-53 “混合选项”菜单

(3) 弹出“属性”菜单，选择“光滑”→“开放终点”，然后单击“完成”。

(4) 弹出“设置草绘平面”菜单，选择 TOP 基准平面作为草绘平面，然后单击“正向”→“缺省”选项，进入草绘界面。

(5) 绘制第一混合截面，然后按住鼠标右键，在弹出的快捷菜单中选择“切换剖面”选项，进入下一个混合截面绘制，绘制第二个混合截面，按此方法绘制第三个混合截面，如图 5-55 所示。

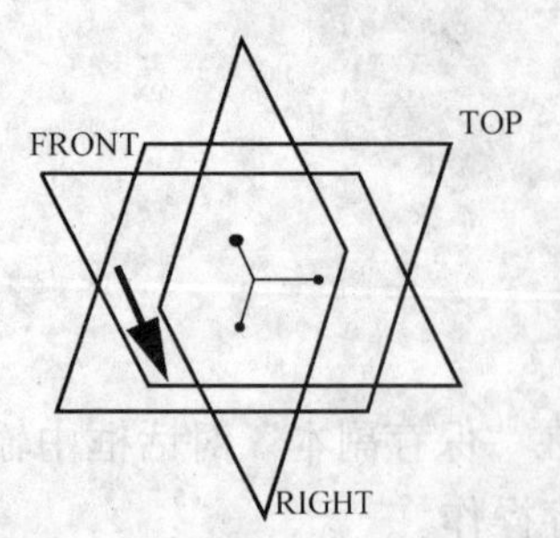

图 5-54 确定草绘方向

(6) 输入混合截面之间的距离，第一次输入“80”，第二次输入“90”。

(7) 此时混合曲面特征的所有元素已定义，单击“曲面：混合”对话框中 确定 按钮，即可完成混合曲面的创建，如图 5-56 所示。

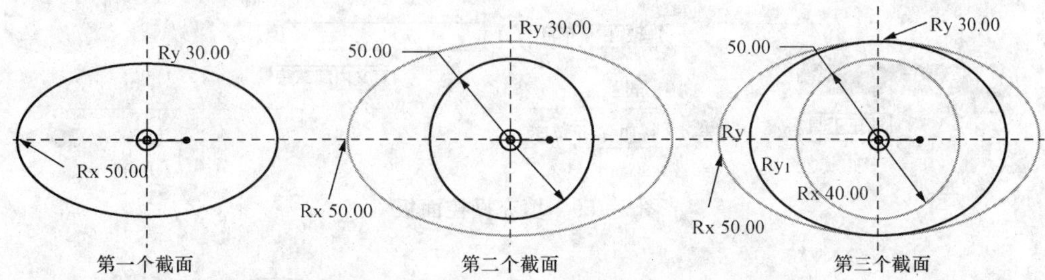

图 5-55　草绘混合截面

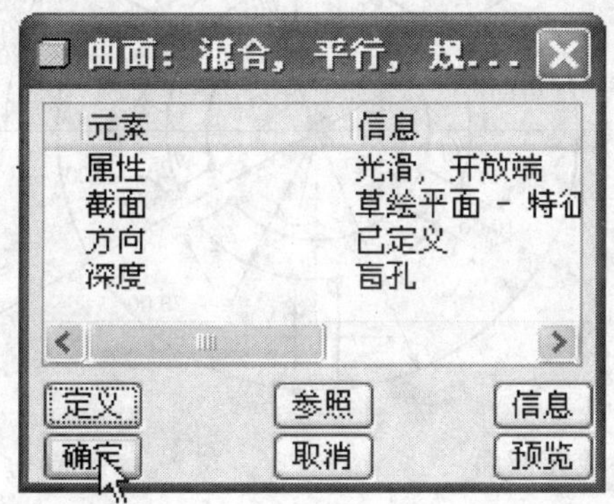

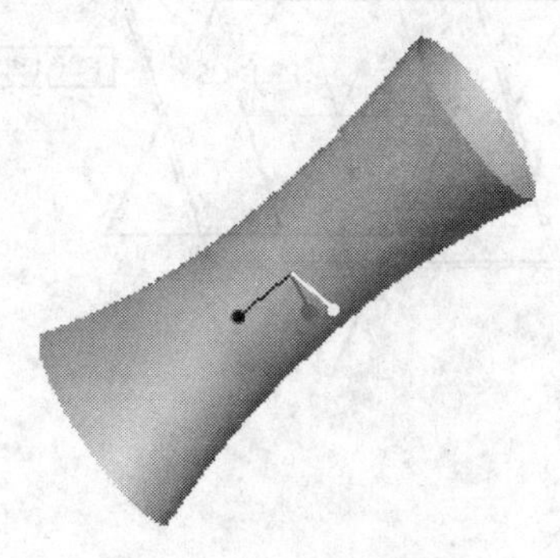

图 5-56　混合曲面创建完成

5.2.2　填充曲面

填充曲面是通过草绘截面，或利用闭环边界截面来生成平整的曲面，如图 5-57 所示。

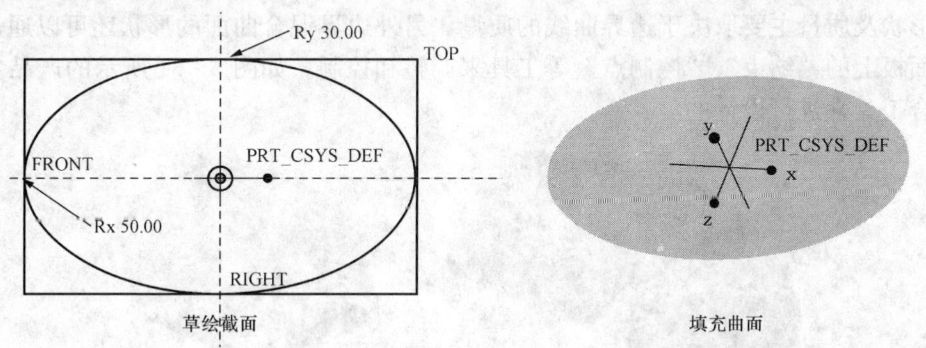

图 5-57　填充曲面

下面通过创建如图 5-58 所示填充曲面，讲解填充曲面创建的操作方法。

(1) 选择“编辑”→“填充”命令，弹出填充操控面板。

(2) 选择填充操控面板“参照”选项卡，单击“定义”按钮，如图 5-59 所示。

(3) 弹出“草绘”对话框，选择 TOP 基准平面作为草绘平面，进入草绘界面，绘制填充截面，如图 5-60 所示。

图 5-58　填充曲面

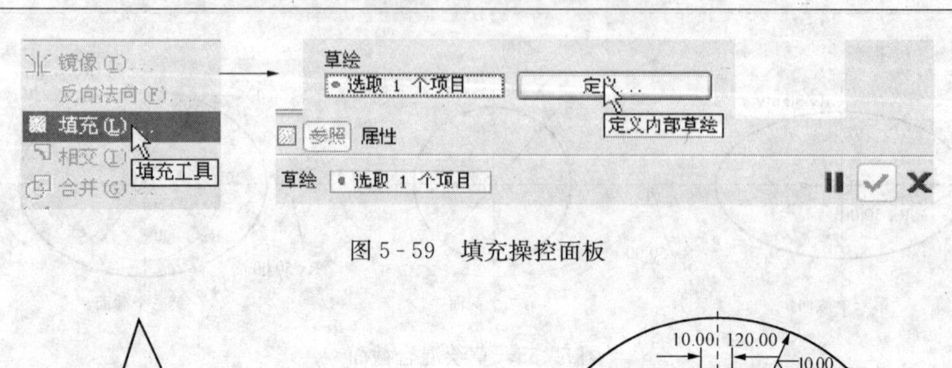

图 5-59 填充操控面板

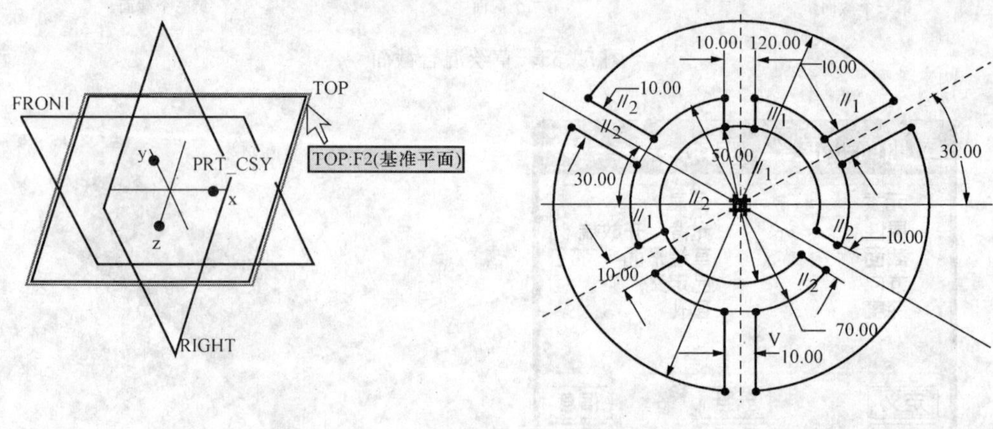

图 5-60 草绘填充截面

(4) 完成截面草绘后，单击填充操控面板上✔（确定）按钮，完成填充曲面创建，如图 5-58 所示。

5.2.3 边界混合曲面

边界混合曲面是以曲线或模型边链作为边界，利用特定混合的方式来创建的一种曲面，曲面的形状及质量主要取决于边界曲线的质量，另外边界混合曲面的形状还可以通过边界混合控制面板上的“约束”、“控制点”等工具来调整和控制。如图 5-61 所示的产品主要应用边界混合工具来进行设计的。

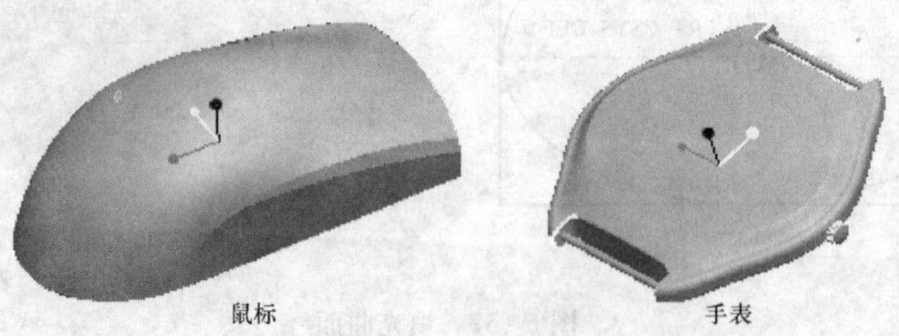

图 5-61 边界混合曲面应用实例

下面先介绍边界混合曲面创建的基本知识，然后通过实例讲解边界混合曲面的创建方法及在产品设计中的应用技巧。

1. 边界混合曲面创建方法

单击工具栏中（边界混合）按钮，或选择菜单“插入”→“边界混合”命令，弹出边界混合操控面板，如图 5-62 所示。

边界混合工具可以创建单一方向的边界混合曲面，也可以创建双方向的边界混合曲面。

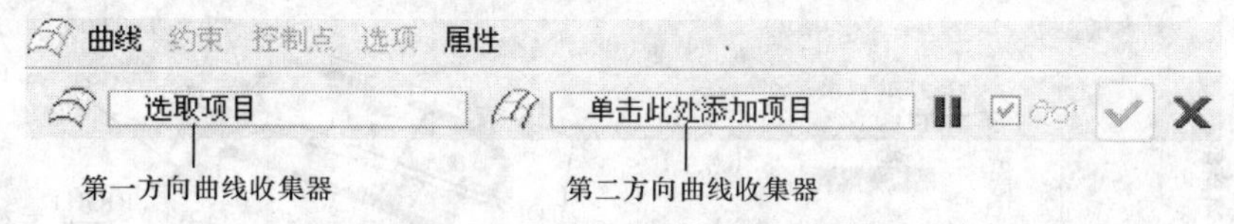

图 5-62　边界混合操控面板

当只激活第一个方向曲线收集器进行曲线选取时，此时创建一个方向上的混合曲面，当完成第一个方向曲线选取后，再激活第二方向曲线收集器进行曲线选取时，此时创建两个方向的混合曲面。在定义完边界曲线后，还可以利用控制面板上的“约束”→“控制点”→“选项”选项卡进行设置，从而调整边界混合曲面，以获得满意的设计结果。下面分别对上面的操作过程进行讲解。

(1) 选取边界曲线。选取边界曲线可以激活操控面板上的曲线收集器进行选取，也可以单击操控面板上“曲线”选项卡进行选取，如图 5-63 所示。

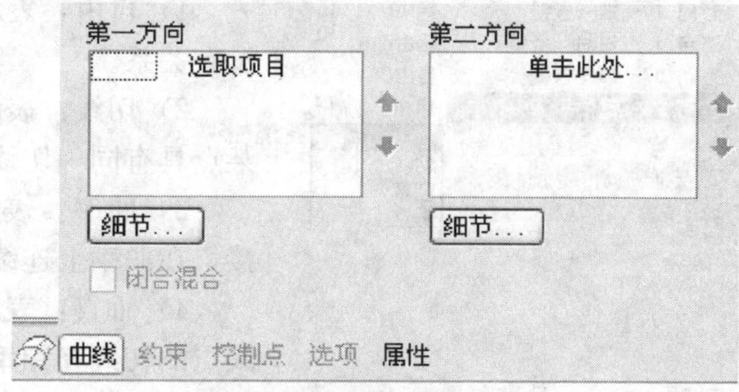

图 5-63　“曲线”选项卡

将图 5-64 左中 5 条曲线混合成曲面，先点选第一方向曲线 1，然后按住 Ctrl 键分别选取第一方向曲线 2、第一方向曲线 3，如图 5-65 所示。然后在“曲线”选项卡第二方向下面单击鼠标，选择第二方向曲线 1，按住 Ctrl 键选取第二方向曲线 2，如图 5-66所示。

此时边界曲线定义完毕，单击边界混合操控面板上✔（确定）按钮，完成边界混合曲面创建，如图 5-64 右图所示。

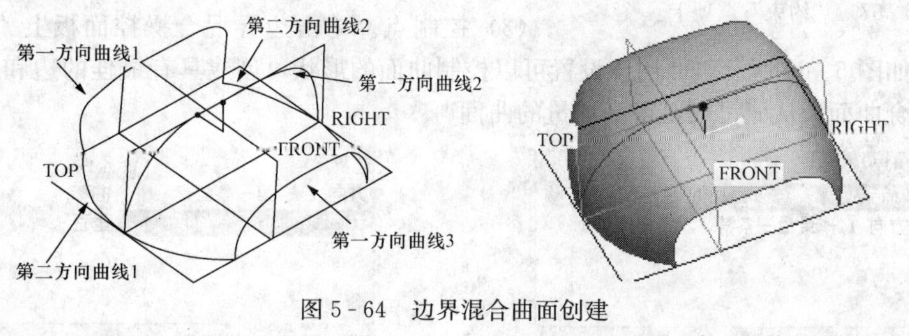

图 5-64　边界混合曲面创建

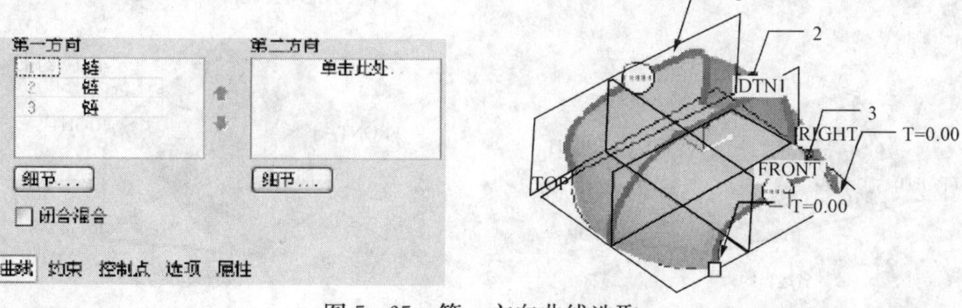

图 5-65　第一方向曲线选取

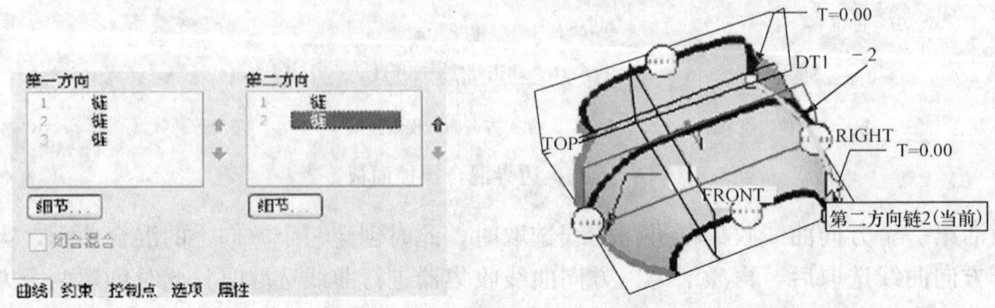

图 5-66　第二方向曲线选取

(2) 设置边界约束条件。单击边界混合操控面板中“约束”选项卡，如图 5-67 所示，可以设置创建的曲面与相邻曲面的连接方式。缺省的边界约束条件为“自由”，可供选择的边界约束条件选项还有“切线”、“曲率”和“垂直”。

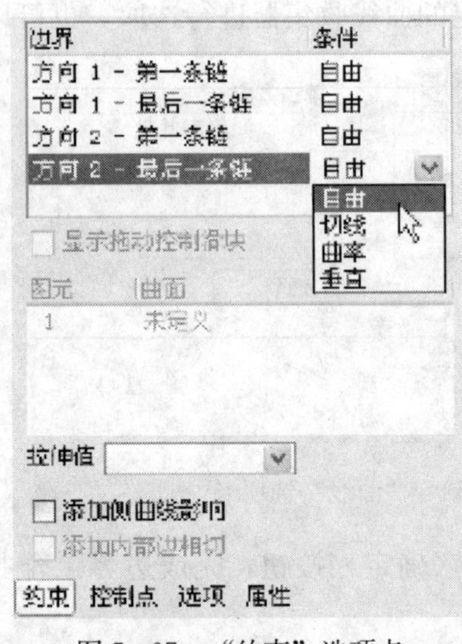

图 5-67　“约束”选项卡

1) 自由：表示所创建的曲面与相邻曲面，在边界处没有关系。

2) 切线：表示所创建的曲面与相邻曲面，在边界处某点具有同一切线。

3) 曲率：表示所创建的曲面与相邻曲面的边界连接，在曲率上连续，这可以保证曲面间的光滑过渡。

4) 垂直：表示所创建的曲面与相邻曲面，在边界处某点的切线互相垂直。

如图 5-68 所示的边界混合曲面，注意比较两者的边界约束条件和所生成的曲面特征。在设置边界约束时，系统会自动根据指定的边界来选择缺省的参照，设计时可接受系统缺省的参照，也可以自行选择参照。

(3) 控制点。单击边界混合操控面板上“控制点”选项卡，如图 5-69 所示，使用该设置可以控制曲面的形状，创建具有最佳的边和曲面数量的边界混合曲面，从而可以获得高质量的曲面。

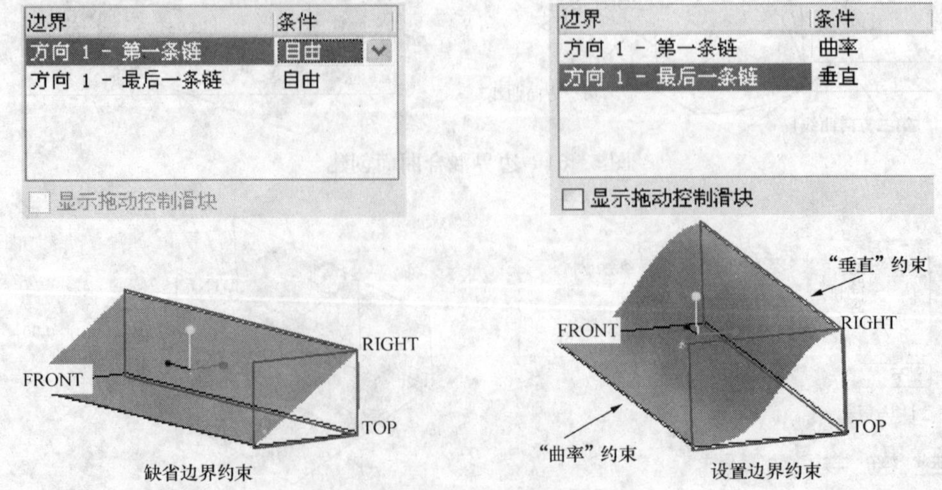

图 5-68　设置边界约束条件

可以选择边界曲线的顶点、曲线上的基准点等来添加控制点，控制点的拟合类型可以通过“拟合”下拉列表框中选择，包括“自然”、“弧长”、“段至段”和“可延展”四种方式。

1）自然：应用一般的混合路径混合曲面，并使用同一路径重新设置输入曲线的参数，以获得最佳的曲面逼近。

2）弧长：对原始曲线做最小的调节，曲线被分成若干相同的片段，采用片对片混合。

3）段至段：曲线将逐段混合，即第一曲线的点 1 与第二曲线上的点 1 相连接，依次类推。

4）可延展：如果选取了一个方向上的两条相切曲线，则可进行切换，以确定是否需要可延展选项。

（4）加入拟合曲线。单击边界混合操控面板上“选项”选项卡，如图 5-70 所示，利用该选项卡，除了第一与第二方向的曲线，还可以加入其他曲线来控制边界混合曲面的形状，如图 5-71 所示。

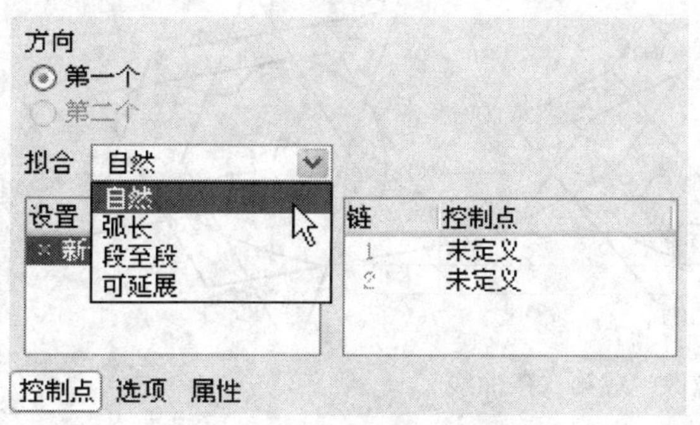

图 5-69 “控制点”选项卡

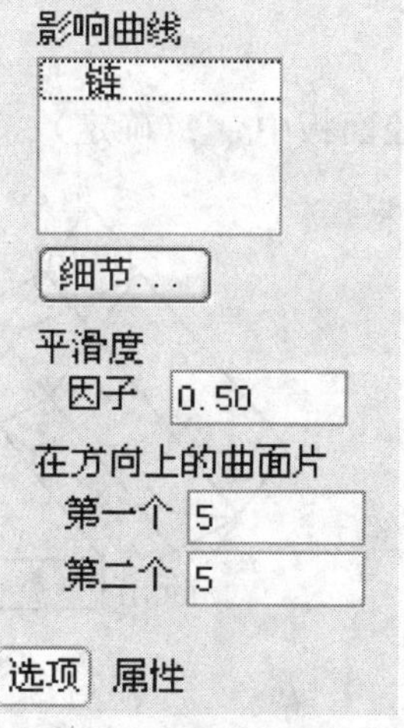

图 5-70 “选项”选项卡

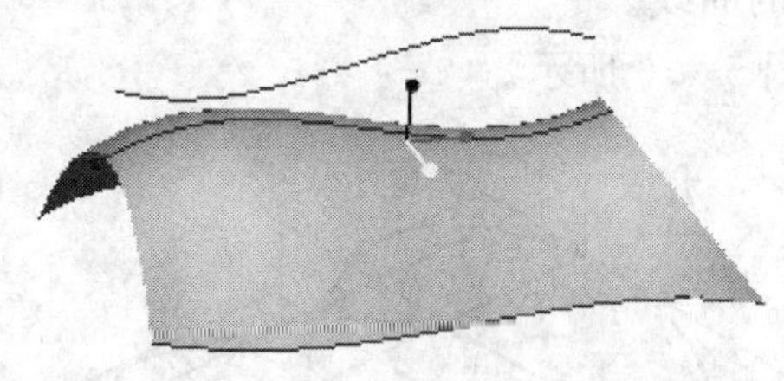

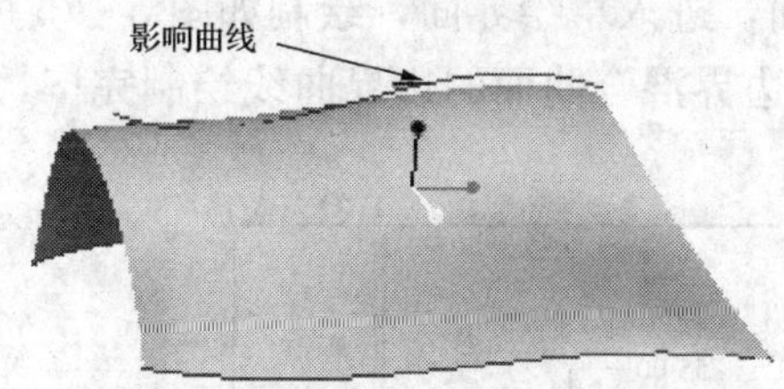

图 5-71 加入拟合曲线效果

2. 边界混合曲面应用实例一

利用边界混合工具设计如图 5-72 所示的曲面，具体操作步骤如下。

（1）新建文件，进入零件设计界面。

（2）草绘边界混合曲线。

1）单击工具栏中（草绘）按钮，弹出“草绘”对话框，选择 TOP 基准平面作为草绘平面，进入草绘界面，绘制如图 5-73 所示的曲线。

2）选取前面创建的曲线，单击工具栏中（镜像）按钮，然后选取 RIGHT 基准平面为镜像平面，单击镜像

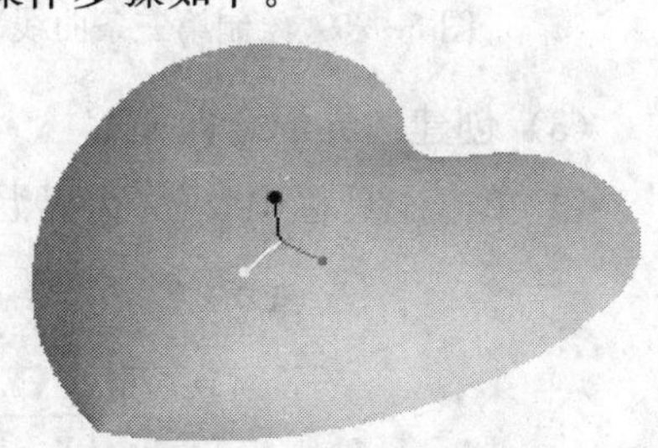

图 5-72 心形曲面

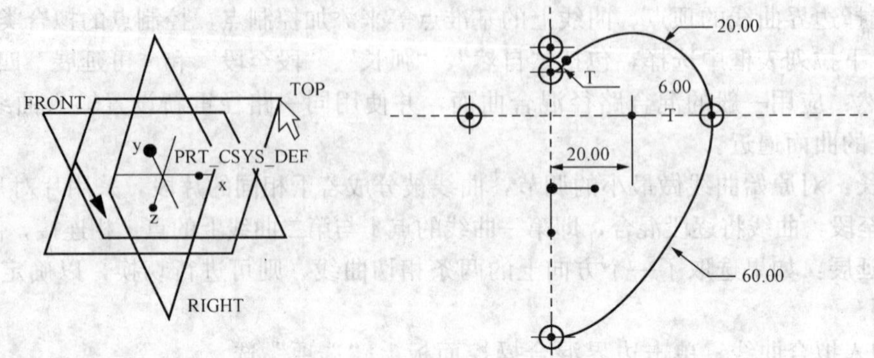

图 5-73　绘制第一条曲线

操控面板中✔（确定）按钮，完成第二条曲线创建，如图 5-74 所示。

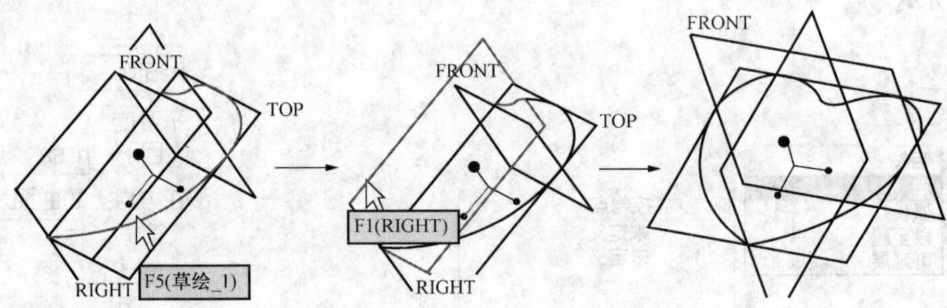

图 5-74　镜像生成第二条曲线

3）单击工具栏中（草绘）按钮，弹出“草绘”对话框，选择 RIGHT 基准平面作为草绘平面，进入草绘界面，绘制如图 5-75 所示的曲线。

4）边界混合曲面的边界曲线绘制完毕，如图 5-76 所示。

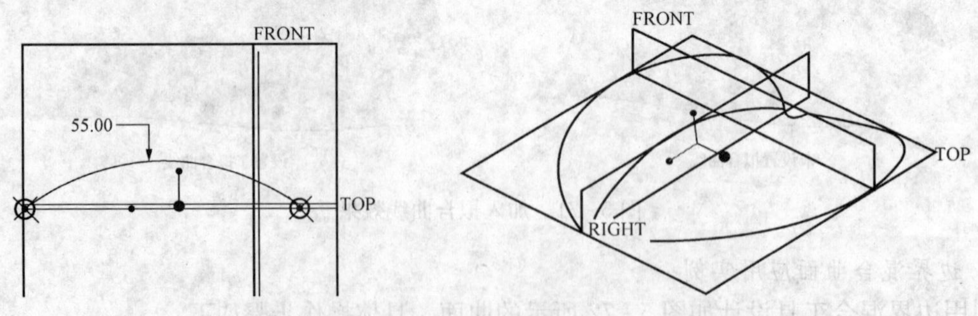

图 5-75　绘制第三条曲线　　　图 5-76　创建完成的三条边界曲线

（3）创建边界混合曲面。

1）单击工具栏中（边界混合）按钮，弹出边界混合操控面板。

图 5-77　边界混合操控面板

2）选取第一条边界线，然后按住 Ctrl 键分别选择第二、第三条边界线，如图 5－78 所示。

3）单击边界混合操控面板上✔（确定）按钮，完成边界混合曲面创建，如图 5－72 所示。

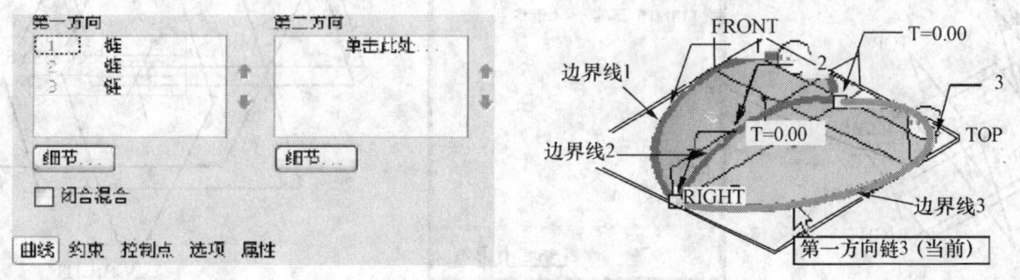

图 5－78　选取边界曲线

（4）保存文件。

3. 边界混合曲面应用实例二

利用边界混合工具设计如图 5－79 所示的某工艺品曲面，具体操作步骤如下。

该曲面由三张边界混合曲面组成。

（1）新建文件，进入零件设计界面。

（2）建立基准平面。

1）单击▱（基准平面）按钮，弹出“基准平面”对话框，选择 TOP 基准平面作为参照，输入偏移距离为“300”，然后单击“基准平面”对话框中确定按钮，完成基准平面 DTM1 创建，如图 5－80 所示。

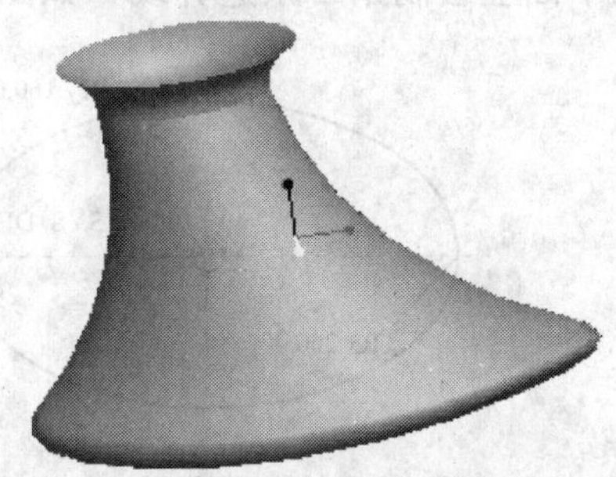

图 5－79　某工艺品曲面

2）单击▱（基准平面）按钮，弹出“基准平面”对话框，选择 DTM1 基准平面作为参照，输入偏移距离为“50”，然后单击“基准平面”对话框中确定按钮，完成基准平面 DTM2 创建，如图 5－81 所示。

3）创建的两个基准平面 DTM1 和 DTM2 如图 5－82 所示。

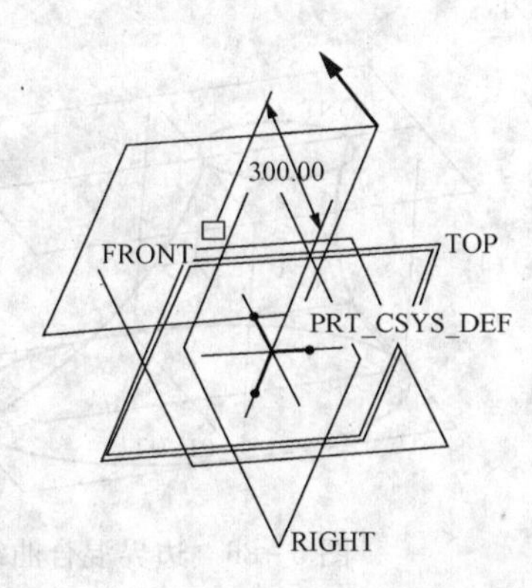

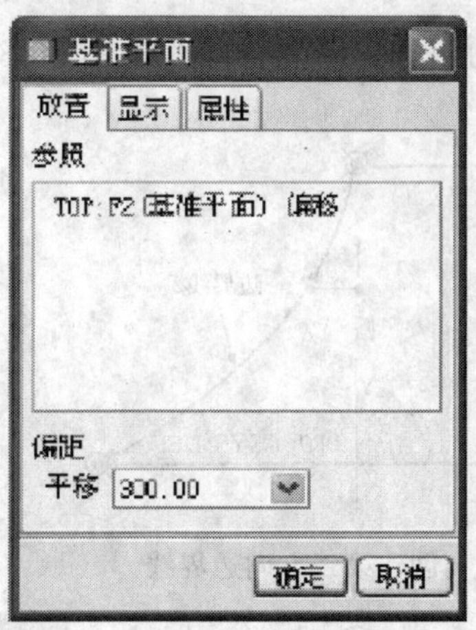

图 5－80　创建基准平面 DTM1

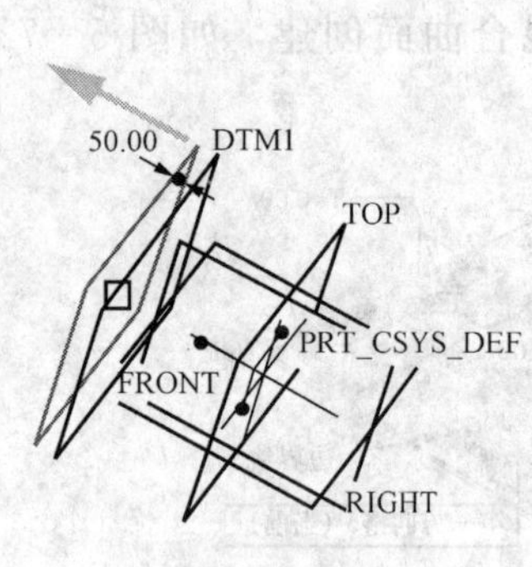

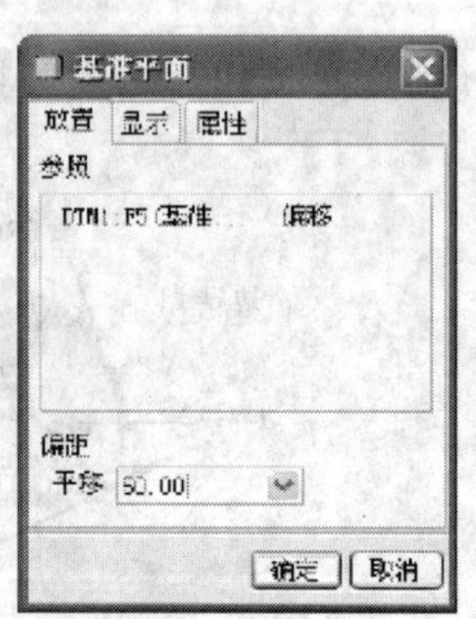

图 5-81 创建基准平面 DTM2

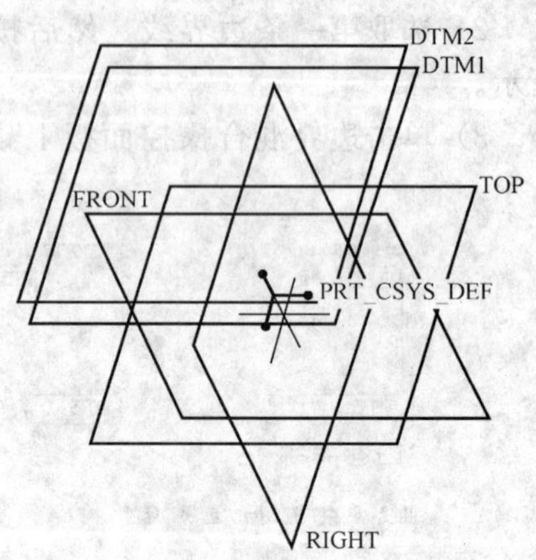

图 5-82 创建的两个基准平面

(3) 创建第一张边界混合曲面。

1) 草绘第一方向边界曲线。单击 (草绘) 按钮，弹出“草绘”对话框，选择 TOP 基准平面作为草绘平面，绘制第一条边界线，如图 5-83 所示。用同样的方法，在 DTM1 基准平面上绘制第二条边界线，如图 5-84 所示。

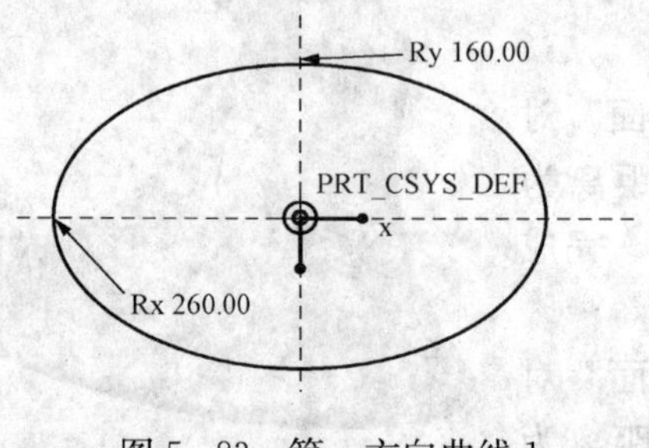

图 5-83 第一方向曲线 1

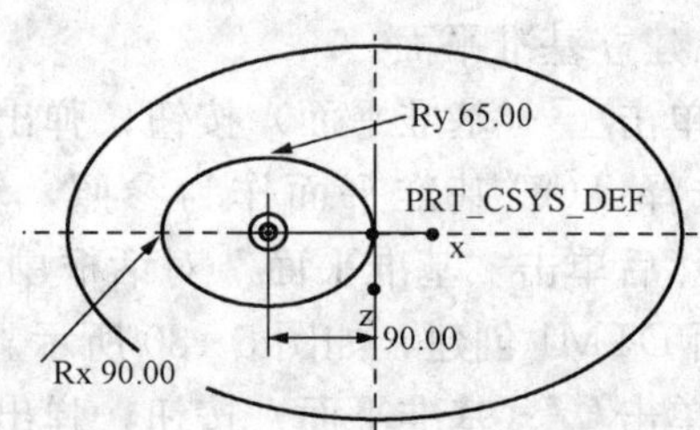

图 5-84 第一方向曲线 2

2) 草绘第二方向边界曲线。单击 (草绘) 按钮，弹出“草绘”对话框，选择 FRONT 基准平面作为草绘平面，利用 (样条曲线) 工具绘制两条边界曲线，如图 5-85 所示。

3) 创建好的四条边界混合曲线如图 5-86 所示。

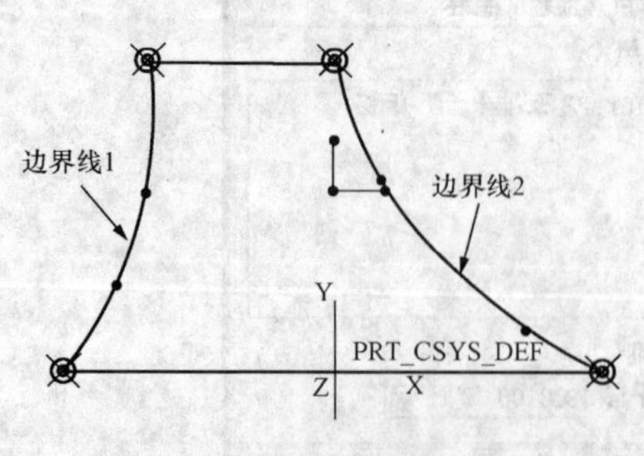

图 5-85 创建第二方向边界线

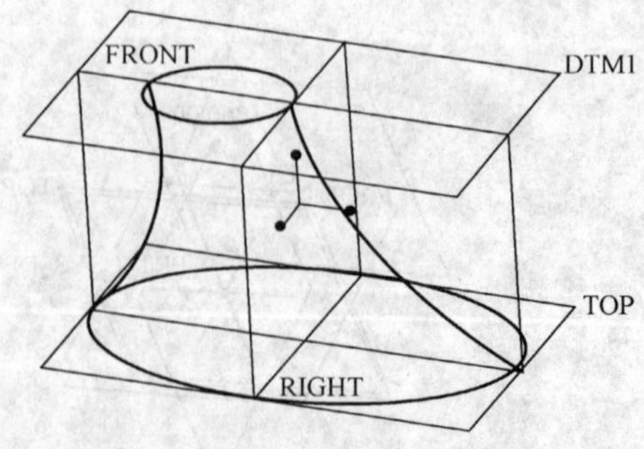

图 5-86 边界混合曲线

4) 单击工具栏中 (边界混合) 按钮，弹出边界混合操控面板。

5）选择第一方向边界曲线，如图 5-87 所示。

6）在第二方向边界线收集器处单击，激活第二方向曲线选项，选取第二方向边界曲线，如图 5-88 所示。

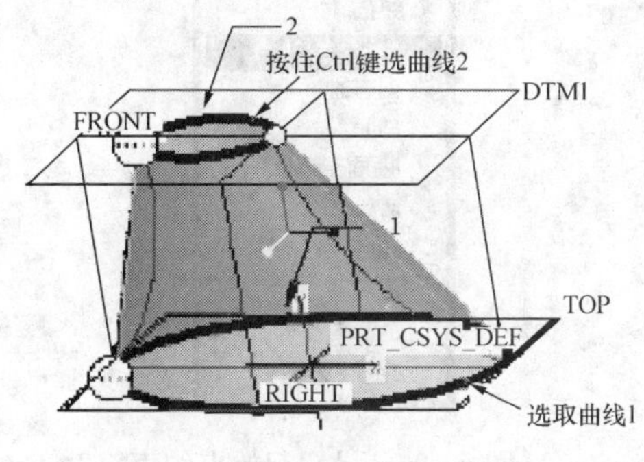

图 5-87　选取第一方向曲线

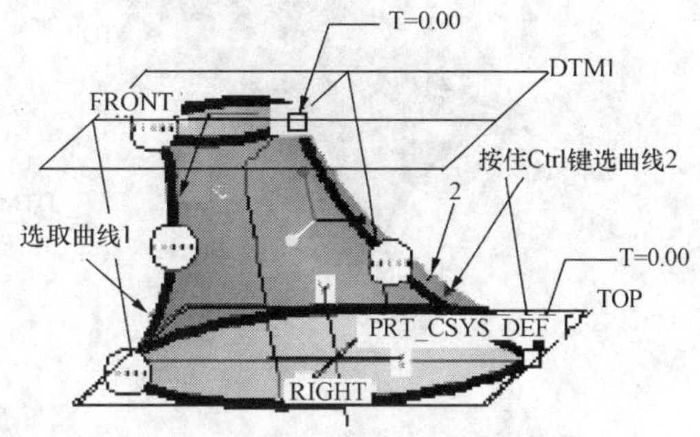

图 5-88　选取第二方向曲线

7）其他设置都采用默认值，单击边界混合操控面板上✔（确定）按钮，完成边界混合曲面创建，如图 5-89 所示。

（4）创建第二张边界混合曲面。

1）利用“经过点”方式在底部创建曲线。

①单击～（插入基准曲线）按钮，弹出“曲线选项”菜单，选择“经过点”选项，单击“完成”，弹出“曲线：通过点”对话框，并进入“连结类型”菜单，选择菜单中“样条”→“整个阵列”→“添加点”选项，如图 5-90 所示。系统提示选择点，选择图 5-91 所示，单击“连结类型”菜单中“完成”。

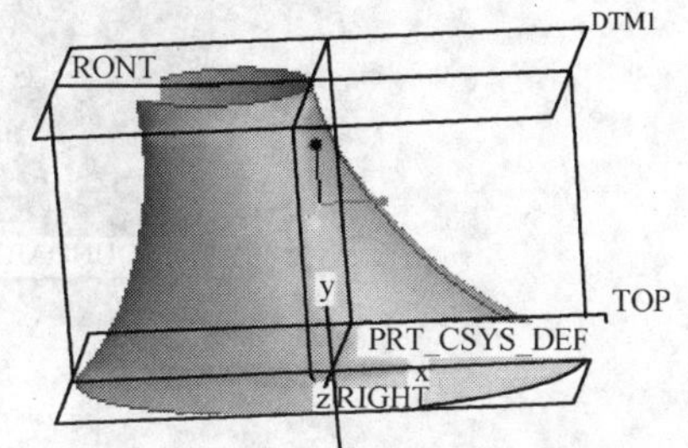

图 5-89　第一张边界混合曲面

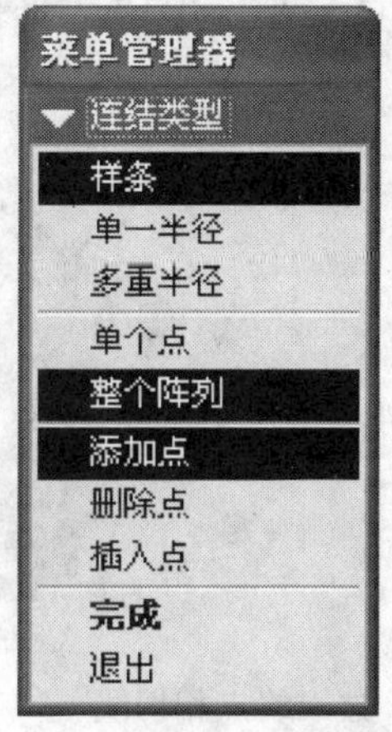

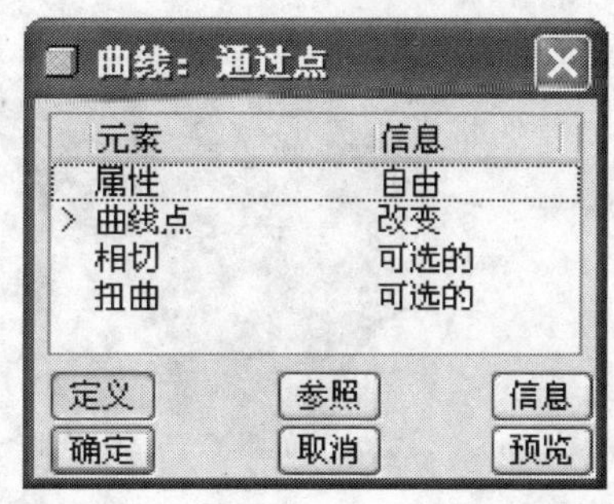

图 5-90　选择“连结类型”

②在“曲线：通过点”对话框中双击“相切可选的”，弹出“定义相切”菜单，默认菜单中“起始”→“曲线/边/轴”选项，设置起始点相切关系，如图 5-92 所示，选取相切曲线，如图 5-93 所示，然后单击“定义相切”菜单中“反向”，接着单击“正向”，完成起始点相切设置。

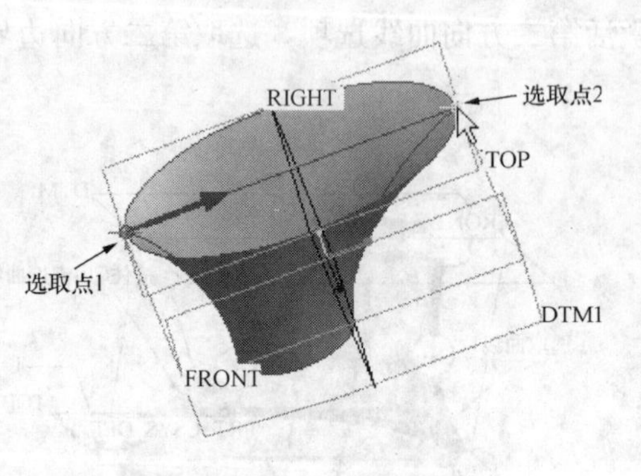

图 5-91 选取两点连接曲线

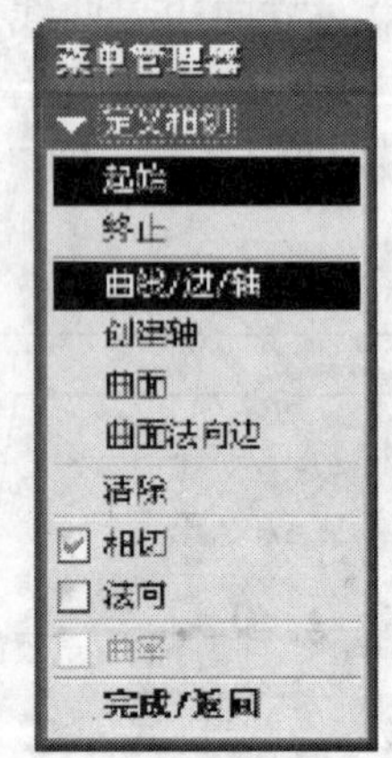

图 5-92 设置起始点约束

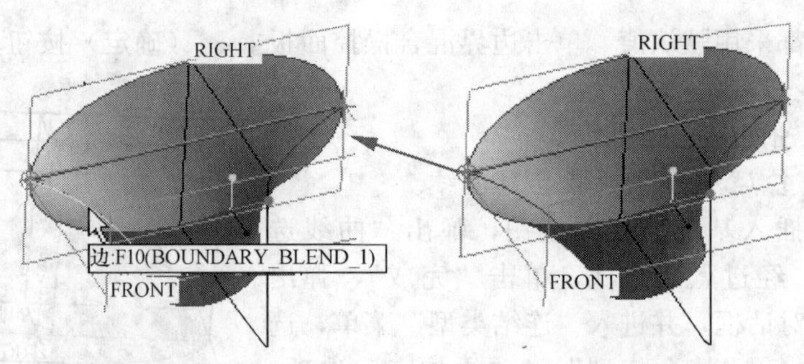

图 5-93 选取起点相切线

③“定义相切”菜单自动进入“终止”→“曲线/边/轴”选项，设置终点相切关系，选取相切曲线，如图 5-94 所示，然后单击“定义相切”菜单中“正向”，完成终点相切设置。

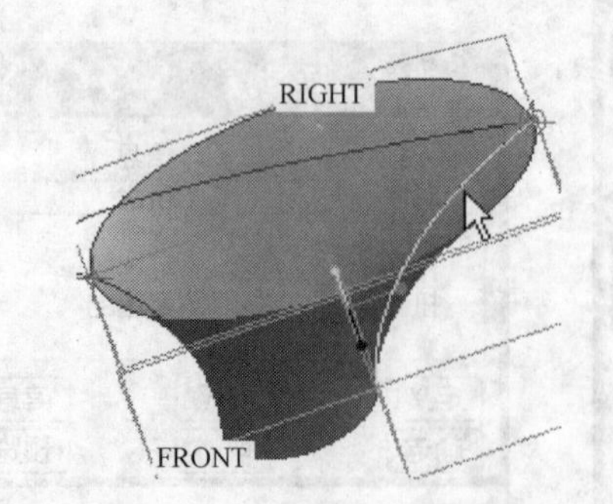

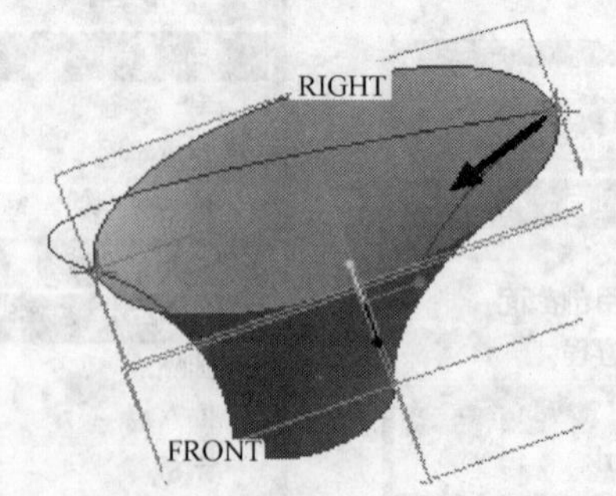

图 5-94 选取终点相切线

④单击鼠标中键两次，完成底部曲线创建，如图 5-95 所示。

2）单击工具栏中（边界混合）按钮，弹出边界混合操控面板。

3）选取边界曲线，此边界混合曲面只有一个方向的边界线。首先将界面右下方的过滤器设置为“边”，在视图中选择第一条边界线，然后按住 Ctrl 键选取第二条、第三条边界线（选第二条时过滤器设置为“曲线”），如图 5-96 所示。

4）打开“约束”选项卡，将第一条链和最后一条链的约束条件都设置为“曲率”，如图 5-97 所示。

5）其他选项均默认为缺省值，然后单击边界混合操控面板上✔（确定）按钮，完成边界混合曲面创建，如图 5-98 所示。

（5）创建第三张边界混合曲面。

1）创建边界曲线。单击（草绘）按钮，弹出“草绘”对话框，选择 DTM2 基准平面作为草绘平面，绘制如图 5-99 所示的曲线。

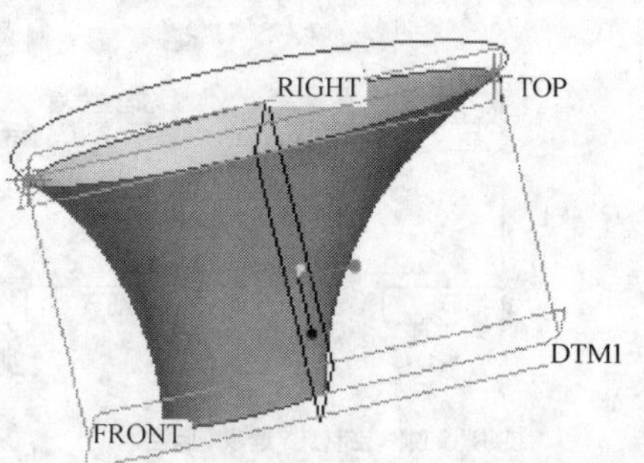

图 5-95　创建完成的底部曲线

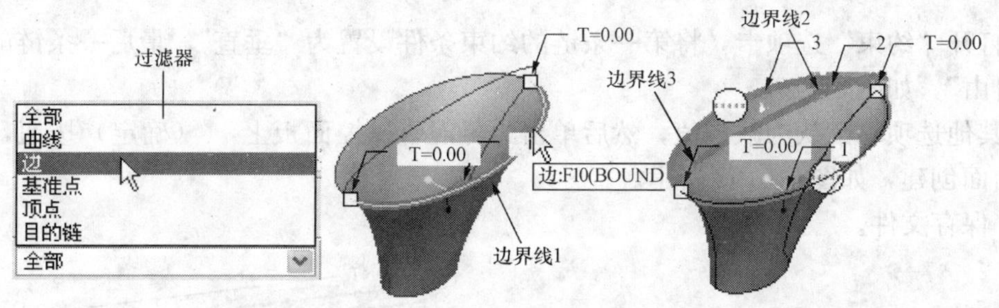

图 5-96　选取边界曲线

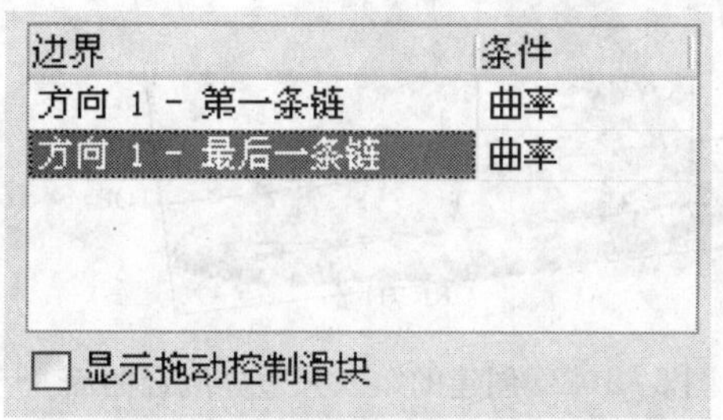

边界	条件
方向 1 - 第一条链	曲率
方向 1 - 最后一条链	曲率

☐ 显示拖动控制滑块

图 5-97　设置约束条件

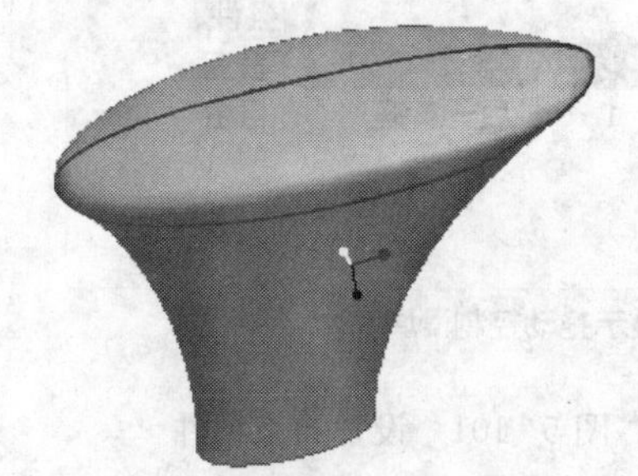

图 5-98　创建的第二张边界混合曲面

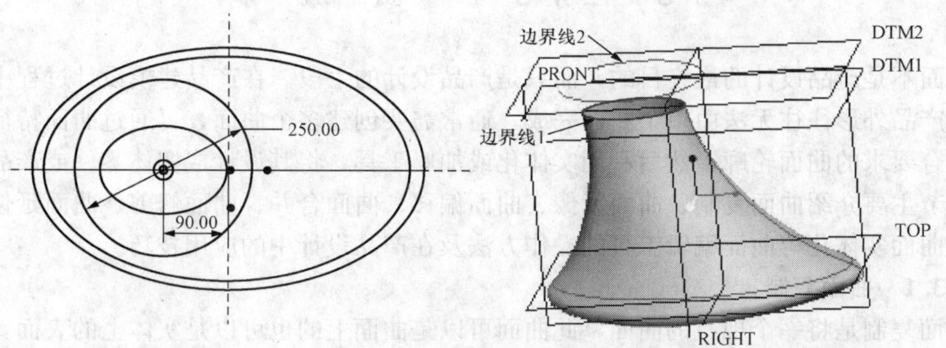

图 5-99　创建第三张边界混合曲面的边界线

2）单击（边界混合）按钮，弹出边界混合控制面板。

3）选取边界曲线，如图 5-100 所示。

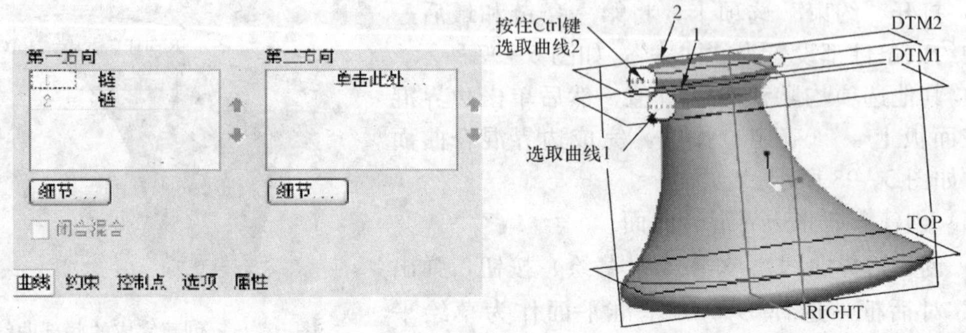

图 5-100 选取边界曲线

4）打开“约束”选项卡，将第一条链的约束条件设置为“垂直”，最后一条链的约束条件为“自由”，如图 5-101。

5）其他选项均默认为缺省值，然后单击边界混合操控面板上✔（确定）按钮，完成边界混合曲面创建，如图 5-102 所示。

（6）保存文件。

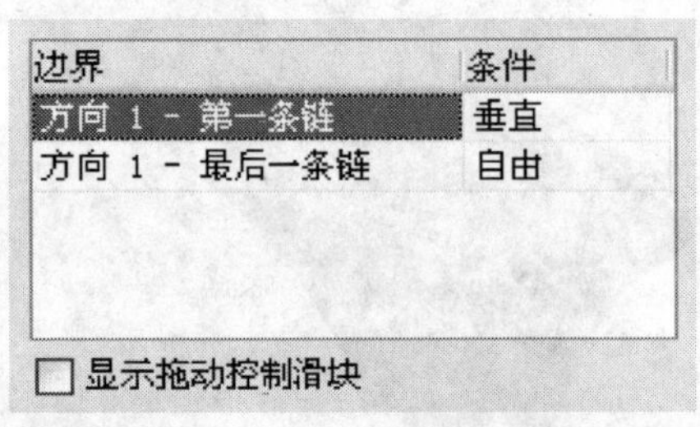

边界	条件
方向 1 - 第一条链	垂直
方向 1 - 最后一条链	自由

图 5-101 设置约束条件

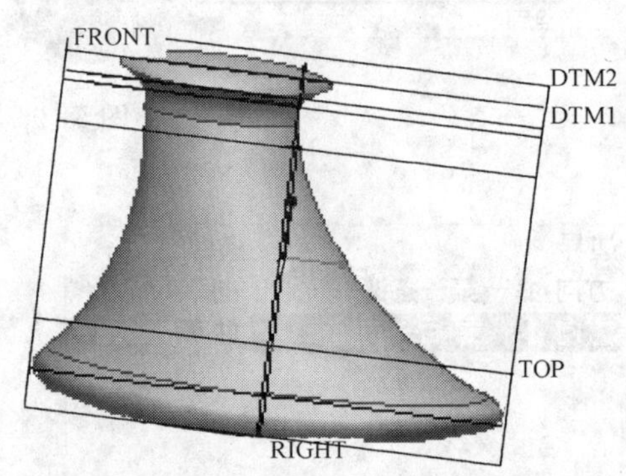

图 5-102 创建的第三张边界混合曲面

5.3 任务3 曲 面 编 辑

曲面不是产品设计的最终目的，而只是产品设计的手段。在产品建模设计过程中，一个复杂的产品外形往往无法由单个曲面完成，通常需要创建多个曲面，再通过曲面特征的编辑生成符合要求的曲面轮廓，然后利用实体化或加厚工具，将其设计成实体零件或产品模型。

本节主要介绍曲面复制、曲面镜像、曲面偏移、曲面合并、曲面修剪、曲面延伸、曲面加厚、曲面实体化等曲面编辑工具的操作方法及在产品设计中的应用技巧。

5.3.1 曲面复制

曲面复制是将一个现有的曲面，此曲面可以是曲面上的也可以是实体上的表面，进行复制而生成的新的曲面，其操作方法如下。

（1）选取要复制的曲面

（2）选择菜单中“编辑”→“复制”命令。

（3）选择菜单中“编辑”→“粘贴”命令，弹出复制操控面板，如图 5-103 所示。

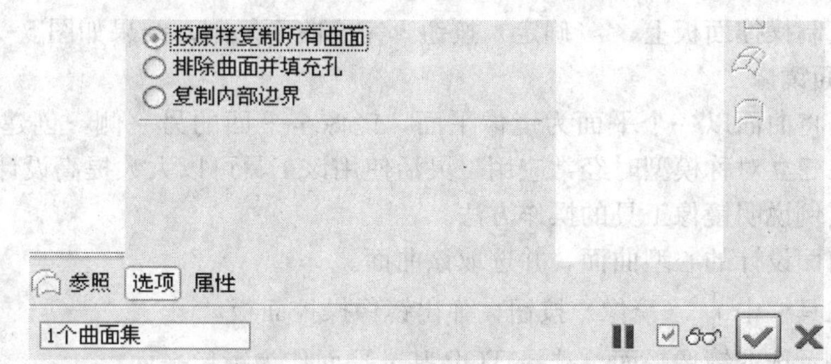

图 5-103　复制操控面板

复制曲面有三个选项，各个选项的的意义如下。

1）按原样复制所有曲面：复制所有选择的曲面，此项为默认值。

2）排除曲面并填充孔：复制选取的曲面后，用户可以排除某些曲面，并可将曲面内部的孔填充。

3）复制内部边界：选择封闭的边界，复制边界内部的曲面。

(4) 单击鼠标中键，或单击复制操控面板上✔（确定）按钮，完成曲面复制操作。

下面通过图 5-104 所示实例来说明曲面复制的操作过程。

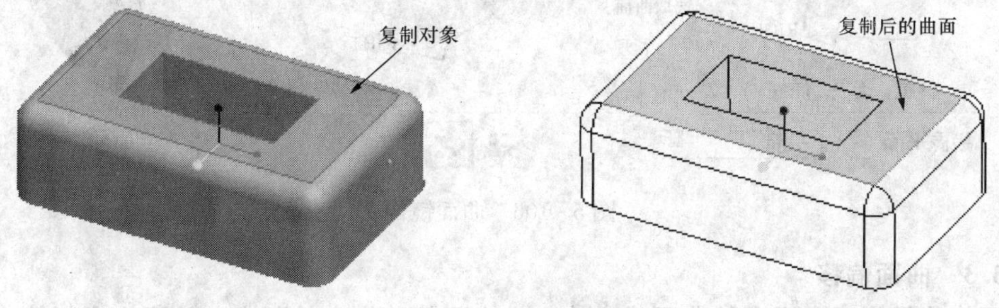

图 5-104　曲面复制

(1) 打开文件。从光盘中打开练习文件，素材/范例文件/5/5.3 _ 1. prt。

(2) 选择复制的曲面，如图 5-104 左图所示，选择上表面。选择实体表面时，可以将界面右下方的过滤器设置为“几何”。

(3) 选择菜单“编辑”→“复制”命令，然后选择“编辑”→“粘贴”命令，弹出复制操控面板。

(4) 打开“选项”选项卡，选择复制类型“排除曲面并填充孔”，然后选择孔边界，如图 5-105 所示。

图 5-105　设置填充孔

(5) 单击复制操控面板上✔(确定)按钮，完成曲面复制，结果如图 5 - 104 右图所示。

5.3.2 曲面镜像

曲面镜像是将曲面以一个平面为镜像平面，镜像至平面的另一侧，创建与之对称的曲面，曲面镜像在建立对称模型时经常应用，灵活使用该工具可以大大提高设计效率。

下面通过实例说明镜像工具的操作方法。

(1) 打开前面设计的心型曲面，并选取该曲面。

(2) 单击工具栏中 (镜像) 按钮，弹出镜像操控面板。

(3) 系统提示选取镜像平面，选择 TOP 基准平面作为镜像平面。

(4) 单击镜像操控面板上✔(确定)按钮，完成镜像曲面创建。

图 5 - 106 所示为上面操作过程。

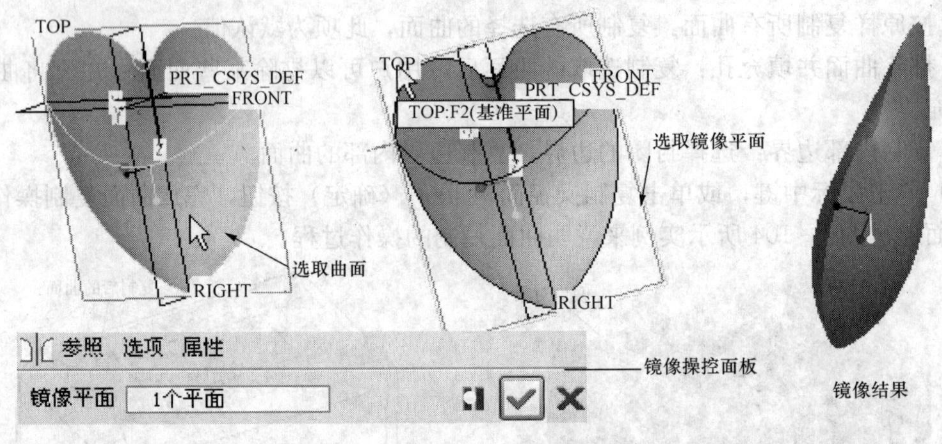

图 5 - 106 曲面镜像

5.3.3 曲面偏移

曲面偏移是将一个现有的曲面或实体上的表面偏移指定的距离，从而生成新的曲面。在视图中选取一个曲面，然后单击菜单“编辑”→“偏移”命令，弹出偏移操控面板，从面板上可以选择不同的偏移类型，包括“标准偏移方式”、“具有一定斜度偏移方式”、“展开偏移方式”及“替换曲面方式偏移”四种类型，如图 5 - 107 所示。

图 5 - 107 偏移操控面板

下面分别介绍这四种偏移方式的操作方法及应用。

1. 标准偏移

标准型曲面偏移是常用的曲面偏移方法。下面结合图 5 - 108 说明其操作方法。

(1) 选取要偏移的曲面，选择菜单中“编辑”→“偏移”命令，打开曲面偏移操控面板。

(2) 系统默认采用标准方式偏移，输入偏移的距离“5”。

(3) 单击曲面偏移操控面板上✔（确定）按钮，完成曲面偏移。

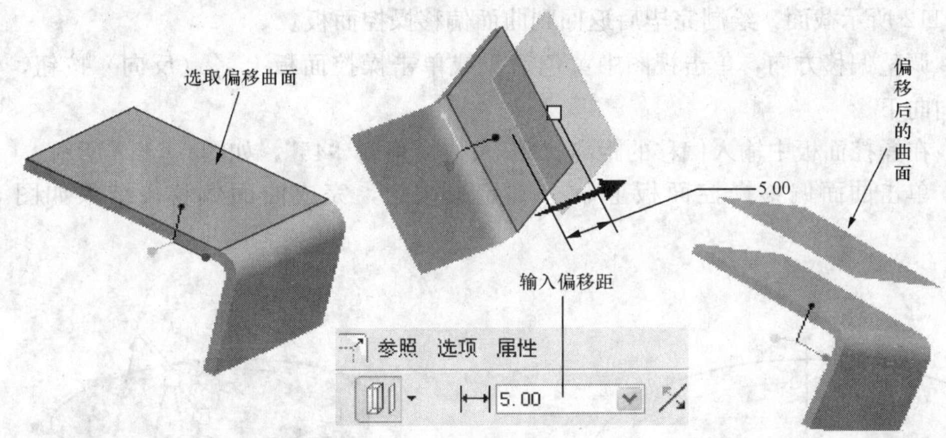

图 5-108 创建标准偏移曲面

2. 具有拔模偏移

使用“具有斜度”曲面偏移可以建立模型局部拔模特征，在设计过程中该方法具有较强的实用性。

下面通过创建图 5-109 中拔模曲面偏移特征，说明其操作方法。

(1) 打开原始零件。在光盘中打开零件，如图 5-110 所示。

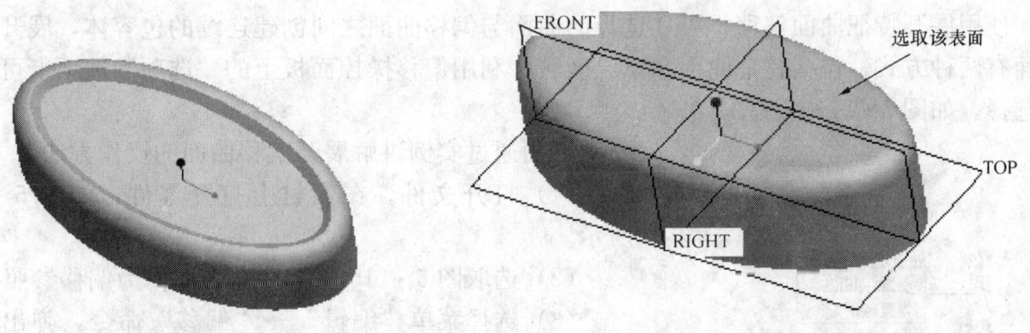

图 5-109 拔模曲面偏移特征　　　　图 5-110 原始零件

(2) 选取零件上表面，如图 5-110 所示，选择菜单中“编辑”→“偏移”命令，弹出曲面偏移操控面板，选择偏移类型为“具有拔模类型”，素材/范例文件/5/5.3_2.prt 如图 5-111 所示。

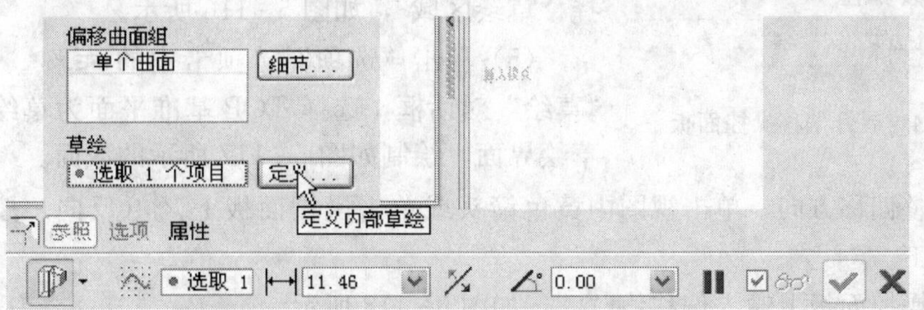

图 5-111 “具有拔模”曲面偏移操控面板

(3) 定义偏移区域。单击图 5-111 操控面板中 定义... 按钮，弹出“草绘”对话框，选择图 5-110 中上表面作为草绘平面，进入草绘界面，利用□（通过边创建图元）工具，绘制如图 5-112 所示截面，绘制完毕后返回到曲面偏移操控面板。

(4) 调整偏移方向，单击视图中黄色箭头或单击操控面板上✕（反向）按钮，使曲面偏移方向向下。

(5) 在操控面板中输入偏移的距离“5”及拔模角度“45”，如图 5-113 所示。

(6) 单击曲面偏移操控面板上✔（确定）按钮，完成曲面偏移，结果如图 5-109 所示。

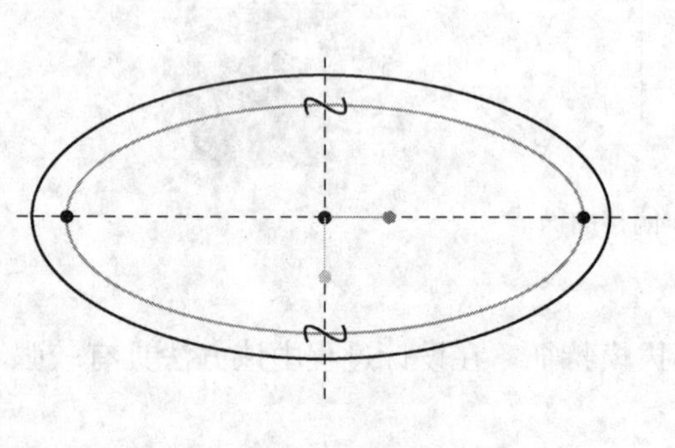

图 5-112　草绘偏移区域

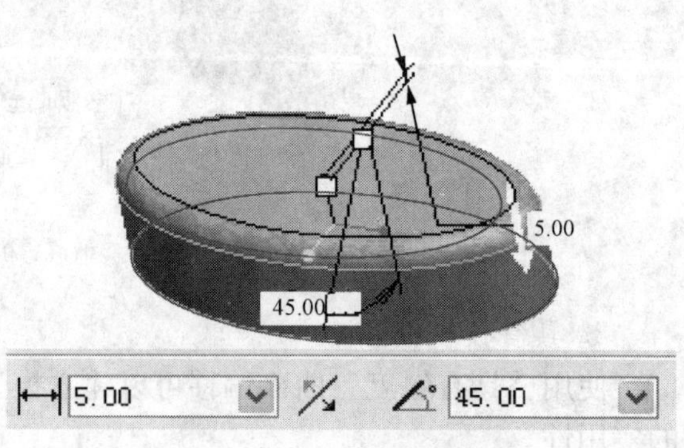

图 5-113　设置偏移参数

3. 展开偏移

使用展开特征曲面偏移，可在选择的曲面与偏移曲面之间创建连续的包容体，展开偏移曲面有两种方式，包括整个曲面和草绘区域，利用偏移操控面板上的“选项”选项卡可以进行选择，如图 5-114 所示。

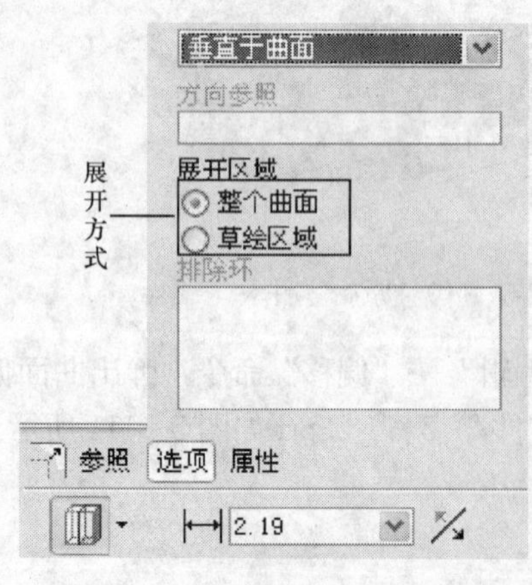

图 5-114　展开偏移操控面板

下面通过实例讲解展开偏移曲面的操作方法。

(1) 打开文件。在素材上打开零件，如图 5-115 所示。

(2) 选取图 5-115 中零件上表面作为偏移参照。

(3) 选择菜单“编辑”→“偏移”命令，弹出偏移操控面板，选择偏移方式为展开特征类型，素材/范例文件/5/5.3_3.prt。如图 5-114 所示。

(4) 打开操控面板上“选项”选项卡，展开区域选择“草绘区域”，如图 5-116 所示。

(5) 单击“选项”选项卡中的 定义... 按钮，弹出“草绘”对话框，选择 TOP 基准平面为草绘平面，进入草绘界面，绘制如图 5-117 所示的截面。

(6) 调整偏移方向，单击视图中黄色箭头或单击操控面板上✕（反向）按钮，使曲面偏移方向向下。

(7) 在操控面板上输入偏移值“2”，如图 5-118 所示。

(8) 单击曲面偏移操控面板上✔（确定）按钮，完成曲面偏移，结果如图 5-119 所示。

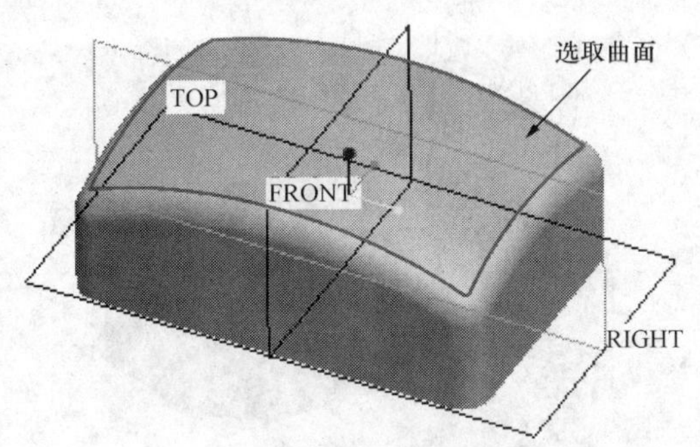

图 5-115　选取偏移参照曲面

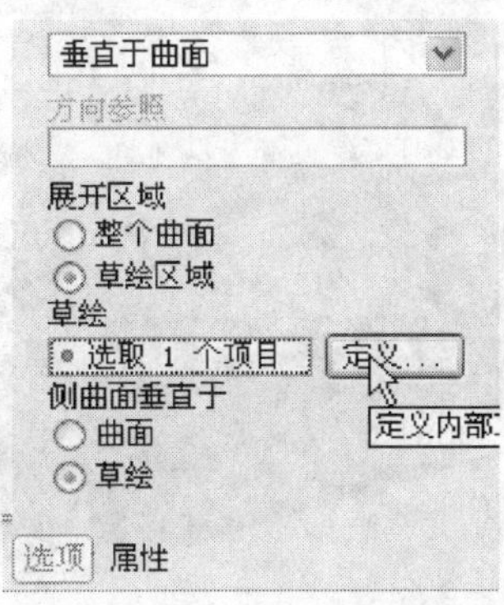

图 5-116　“选项”选项卡

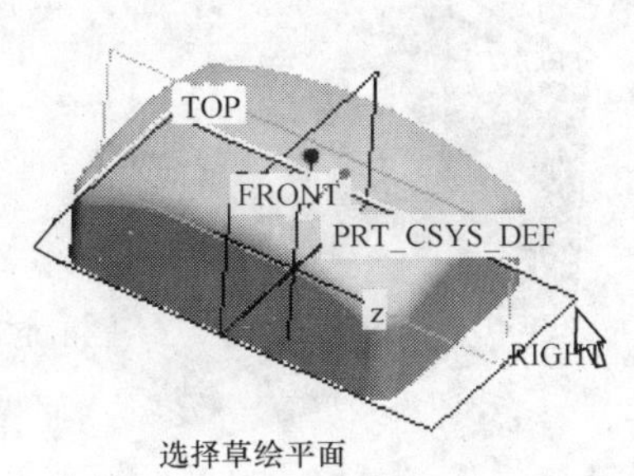

选择草绘平面

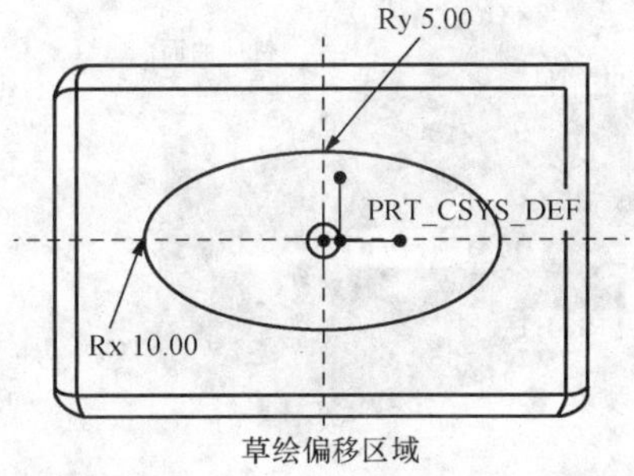

草绘偏移区域

图 5-117　草绘偏移区域

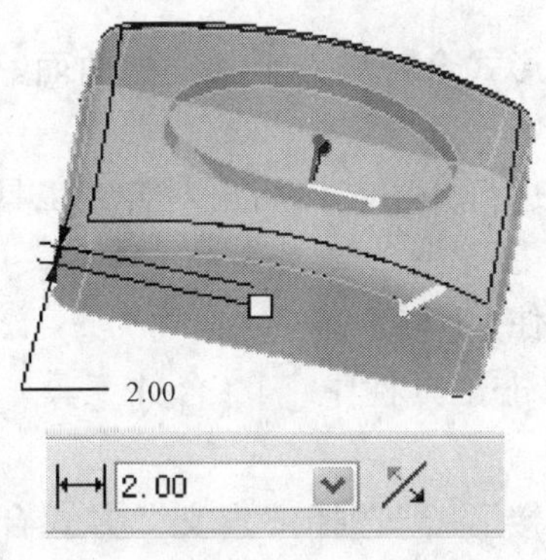

图 5-118　设置偏移方向和偏移距离

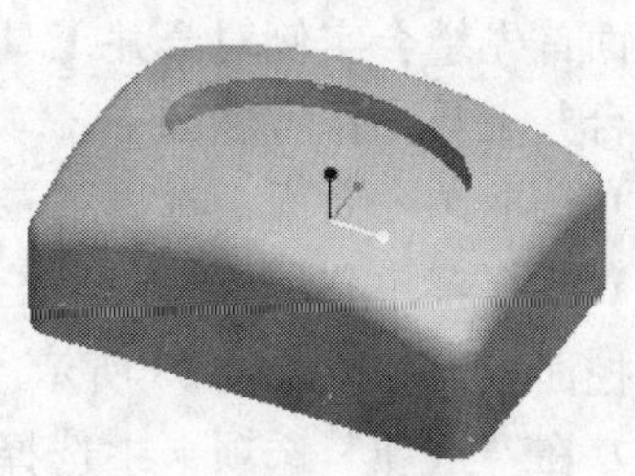

图 5-119　展开偏移曲面

4. 替换曲面偏移

替换曲面偏移指通过曲面偏移，将实体表面用一个曲面来替换。下面通过实例讲解替换曲面偏移的操作方法。

(1) 打开文件。在素材上打开如图 5-120 所示零件模型，素材/范例文件/5/5.3_4.prt。

(2) 选取图 5-120 所示的曲面。

(3) 选择菜单“编辑”→“偏移”命令，打开偏移操控面板，选择替换曲面偏移方式。

(4) 选取替换曲面，如图 5-121 所示。

(5) 单击曲面偏移操控面板上✔（确定）按钮，完成曲面偏移，结果如图 5-122 所示。

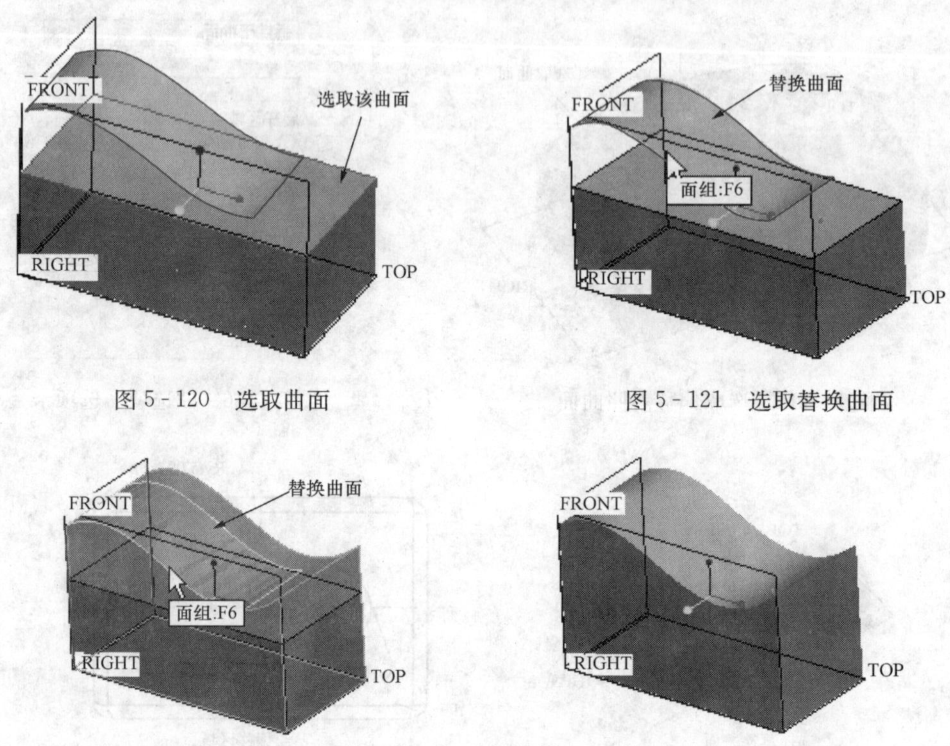

图 5-120 选取曲面

图 5-121 选取替换曲面

图 5-122 替换偏移特征

5.3.4 曲面合并

使用合并工具，可将两个曲面以求交或连接的形式合并成一个独立的曲面。在删除合并曲面特征后，原始曲面并不会被删除。

下面首先结合实例对合并工具的操作方法方法进行介绍，然后再对合并工具的应用进行练习。合并工具操作方法如下。

(1) 选取两个曲面，选择第二个曲面时需要按住 Ctrl 键。

(2) 选择菜单“编辑”→“合并”命令，或单击工具栏中（合并工具）按钮，弹出合并操控面板，如图 5-123 所示。

(3) 在“选项”选项卡中选择“求交”或“连接”，当选择“求交”方式合并时，调整两曲面需保留下来的方向。

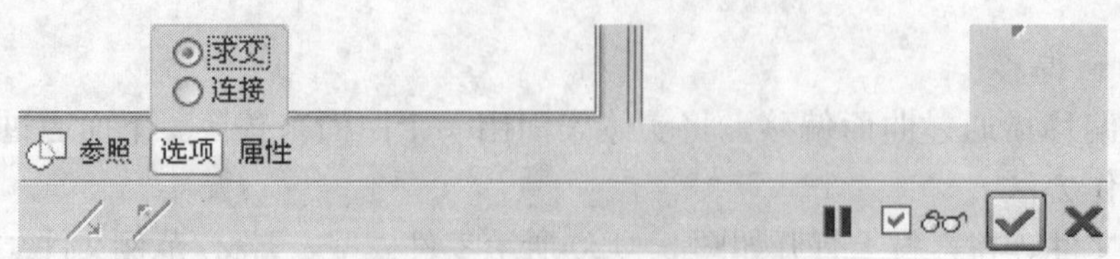

图 5-123 合并操控面板

1) 求交：当两个曲面为相交，即两个曲面有交线，但没有共同的边界线时，则选择求交形式合并，此时需要单击操控面板上按钮来调整第 1 个曲面要保留下来的部分，单击按钮来调整第 2 个曲面要保留下来的部分。

2）连接：当两个曲面邻接，即有公共的边界线，则选择连接方式合并，此时直接将两个曲面合并。

(4) 单击合并操控面板上✔（确定）按钮，完成曲面合并操作。

图 5 - 124 为曲面合并实例。

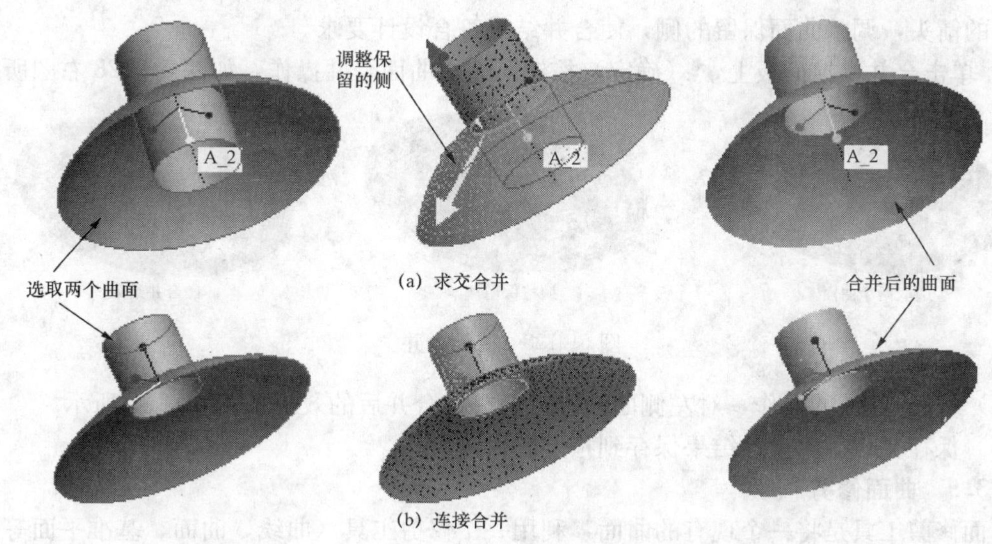

图 5 - 124　曲面合并操作

利用曲面工具设计如图 5 - 125 所示的旋钮，下面讲解其中合并工具在该设计中的应用。

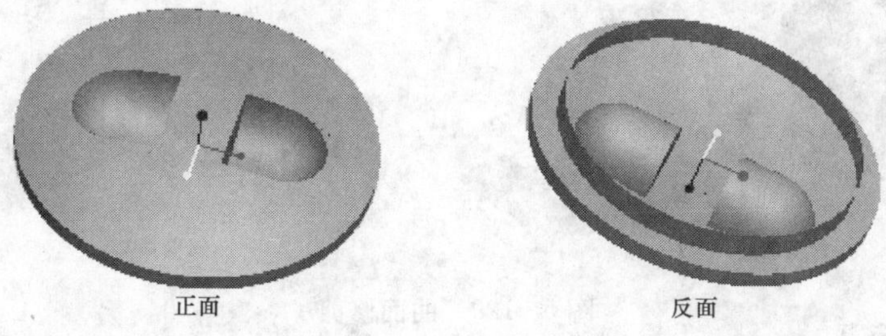

图 5 - 125　旋钮

(1) 打开文件。在素材上打开原始文件，素材/范例文件/5/5.3 _ 5. prt，如图 5 - 126 所示。

(2) 选择图 5 - 126 中曲面，然后单击▯▯（镜像）按钮，接着选择镜像平面 RIGHT 基准平面，单击镜像操控面板上✔（确定）按钮，完成曲面镜像操作，如图 5 - 127 所示。

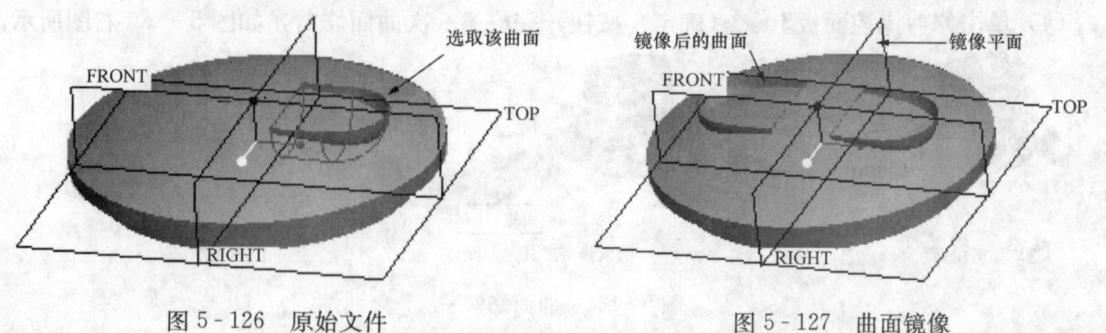

图 5 - 126　原始文件　　图 5 - 127　曲面镜像

（3）合并曲面。

1）选取合并的两个曲面，如图 5-128 左图所示，单击（合并工具）按钮，弹出合并操控面板。

2）打开“选项”选项卡，选择“求交”方式，利用操控面板上的按钮，或单击视图中黄色的箭头，调整曲面保留的侧，使合并结果符合设计要求。

3）单击合并操控面板上（确定）按钮，完成曲面合并操作，如图 5-128 右图所示。

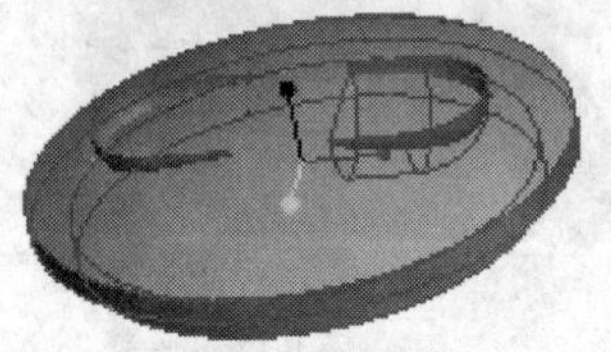

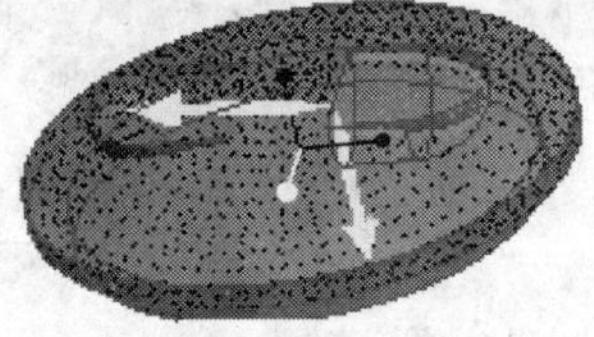

图 5-128 曲面合并

（4）按照（3）的操作，对左侧曲面进行合并，合并后的效果如图 5-125 所示。

（5）保存文件。将设计结果保存到指定的目录中。

5.3.5 曲面修剪

曲面修剪工具是将一个现有的曲面，利用一个修剪工具（曲线、曲面、基准平面等）进行修剪，使曲面在修剪工具处分割，其中一侧剪除，一侧保留下来。

下面通过如图 5-129 所示的实例来讲解曲面修剪的操作方法。

图 5-129 曲面修剪

（1）选取要修剪的曲面，如图 5-130 左图所示，然后单击（修剪工具）按钮，或选择“编辑”→“修剪”命令，弹出修剪操控面板，如图 5-131 所示。

（2）选择图 5-130 中图所示的曲面为修剪工具。

（3）单击操控面板上（方向）按钮，或单击视图中黄色箭头，调整保留侧。

（4）单击修剪操控面板上（确定）按钮，完成第一次曲面修剪，如图 5-130 右图所示。

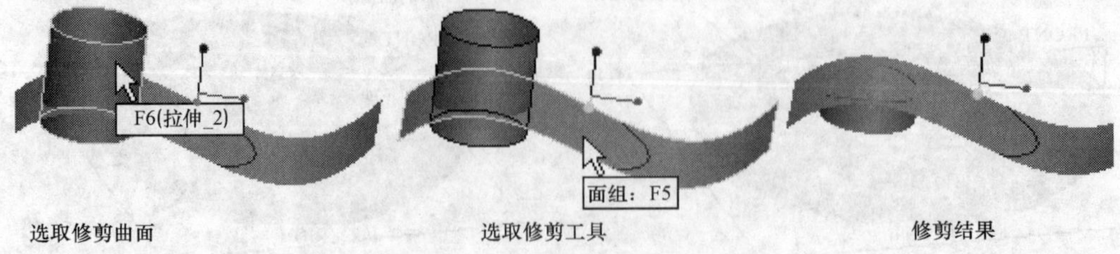

图 5-130 曲面修剪一

图 5-131　修剪操控面板

(5) 选取图 5-132 左图所示的曲面，然后单击（修剪工具）按钮。

(6) 选取图 5-132 中图所示曲线为修剪工具。

(7) 单击操控面板上（方向）按钮，或单击视图中黄色箭头，调整保留侧。

(8) 单击修剪操控面板上（确定）按钮，完成第二次曲面修剪，如图 5-132 右图所示。

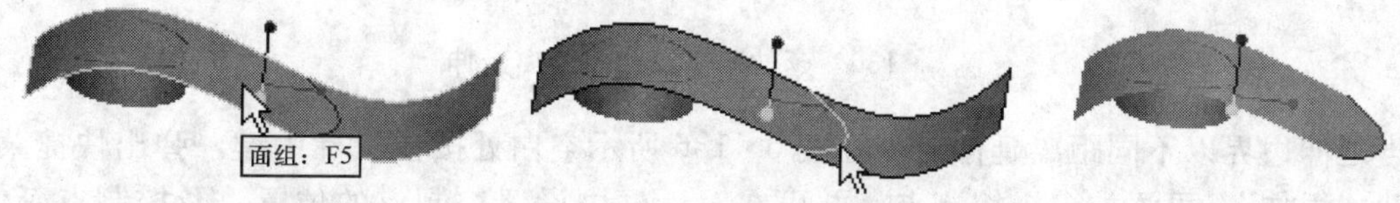

图 5-132　曲面修剪二

5.3.6　曲面延伸

曲面延伸是将曲面沿着选取的曲面边界线延伸而生成曲面。创建曲面延伸的操作方法如下。

(1) 选取欲延伸的曲面边界线。

(2) 选择菜单“编辑”→“延伸”命令，弹出延伸操控面板。

图 5-133　延伸操控面板

(3) 在操控面板上选择延伸的类型，可选的类型包括（沿原始曲面延伸）和（延伸至参照平面）两种。

当选择进行曲面延伸时，操作比较简单，只要选择一个参照面（平面、实体表面或基准平面），如图 5-134 所示。

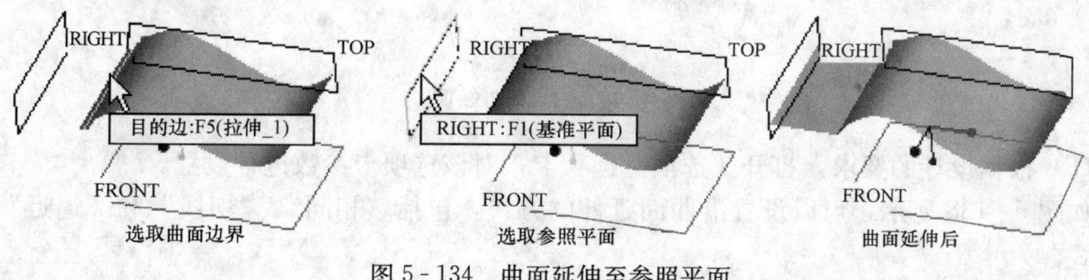

图 5-134　曲面延伸至参照平面

而类型的设置则较复杂，下面以沿原始曲面延伸类型讲解后面的操作步骤。

(4) 根据曲面延伸的要求，打开“量度”选项卡，对该选项卡的参数进行设置。

添加控制点，并设置控制点延伸的距离。

当延伸边界延伸的距离一致时，只要在操控面板上 10.00 框中输入延伸距离，延伸结果如图 5-135 所示。

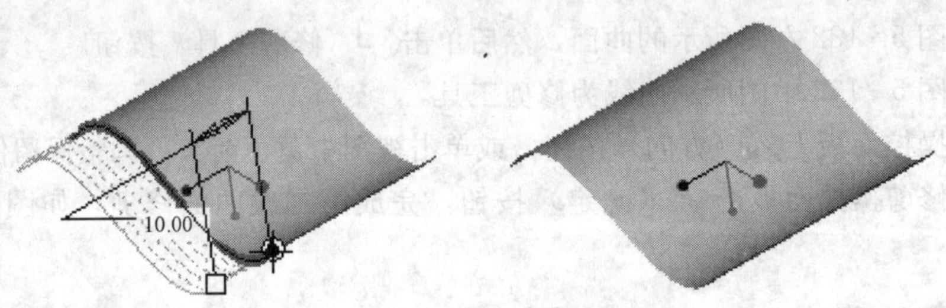

图 5-135　延伸边界以相等距离延伸

当延伸边界以不同距离延伸时，在图 5-136 所示空白处按住鼠标中键，弹出快捷菜单，选择此“添加”，可添加多个控制点，并可在对话框中设置控制点的位置，及控制点延伸的距离，效果如图 5-137 所示。

点	距离	距离类型	边	参照	位置
1	10.00	垂直于边	边:F5(拉伸_1)	顶点:边:F5(拉伸_1)	终点1
2	10.00	垂直于边	边:F5(拉伸_1)	顶点:边:F5(拉伸_1)	终点2
3	3.00	垂直于边	边:F5(拉伸_1)	点:边:F5(拉伸_1)	0.50

添加

量度　选项　属性

图 5-136　设置延伸边界处的控制点

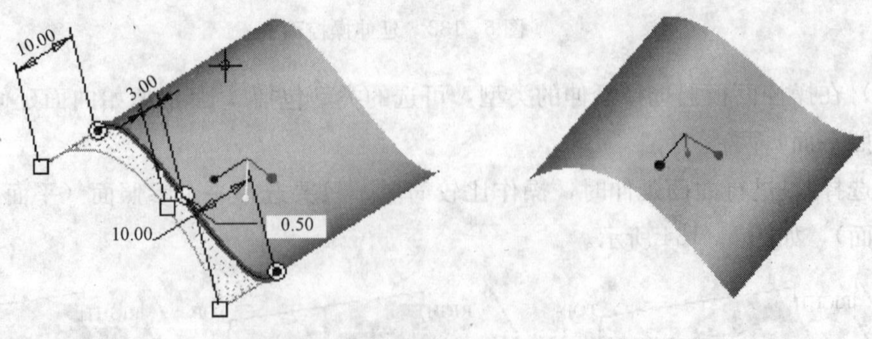

图 5-137　沿曲面延伸

(5) 根据设计的要求，打开“选项”选项卡，对该选项卡参数进行设置。

如图 5-138 所示，可以设置沿曲面延伸的方式，包括“相同”、“切线”和“逼近”三种方式。

1) 相同：通过选定的边界，以相同曲面类型来延伸原始曲面，原始曲面可以是平面、圆柱面、圆锥面或样条曲面。

2）相切：延伸后的曲面与原始曲面相切。

3）逼近：以边界混合的方式延伸出曲面。

效果如图 5-139 所示。

（6）单击延伸操控面板上✔（确定）按钮，完成曲面延伸操作。

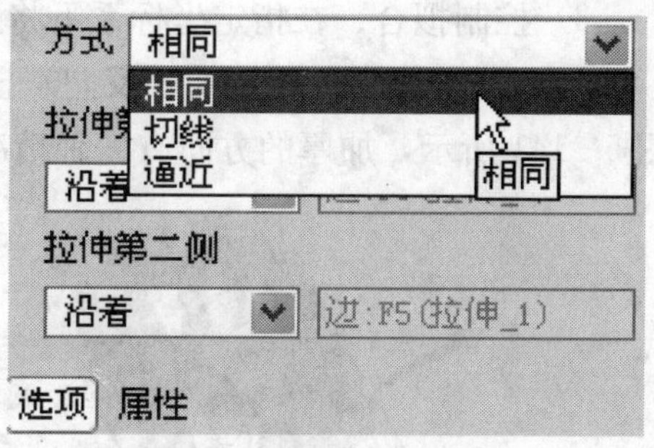

图 5-138　设置不同的延伸方式

5.3.7　曲面加厚

曲面加厚是一种将曲面转换为实体的常用工具，在设计一些复杂的均匀薄壁塑料件、压铸件、钣金件时经常用到。

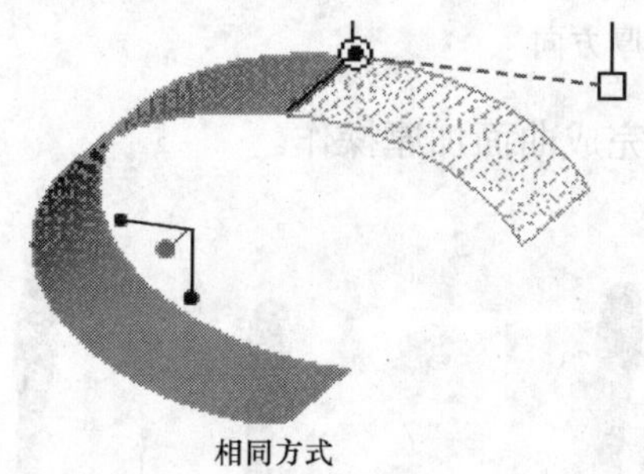

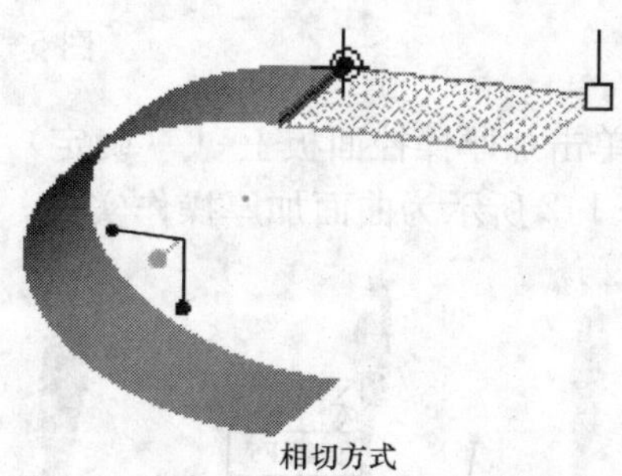

图 5-139　以不同延伸方式延伸

曲面加厚的操作主要包括选取加厚曲面、设置加厚厚度、调整加厚方向以及选择加厚方向的方式，另外曲面加厚还可以切除实体材料，下面对曲面加厚操作步骤进行讲解。

（1）选取欲加厚曲面。

（2）选择菜单“编辑”→“加厚”命令，弹出加厚操控面板，如图 5-140 所示。

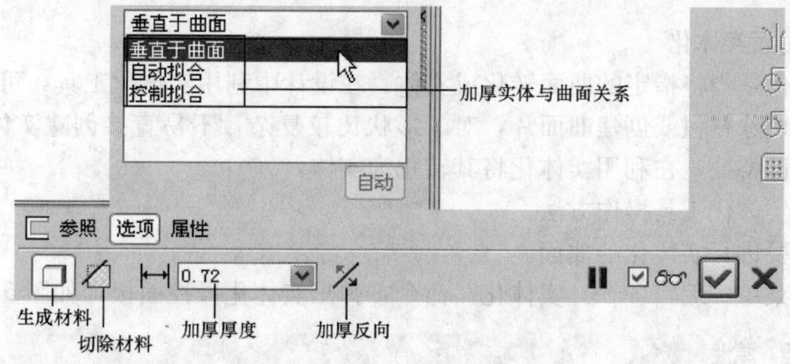

图 5-140　加厚操控面板

（3）选择加厚的类型，包括□（生成实体）和▨（切除材料）两种。

（4）在操控面板上输入加厚的厚度。

（5）利用操控面板上“选项”选项卡，选择加厚的实体与曲面的位置关系。

1）垂直于曲面：加厚方向为原始曲面的法向，为系统默认选项。

2）自动拟合：系统自动确认加厚方向和收缩比例，并拟合原始曲面以控制加厚特征。

3）控制拟合：在指定坐标系下将原始曲面进行缩放并沿指定轴设置厚度。

（6）单击操控面板上（反向）按钮，或者点击视图中黄色箭头调整加厚的方向，如图 5-141 所示，加厚的方向有三种情况。

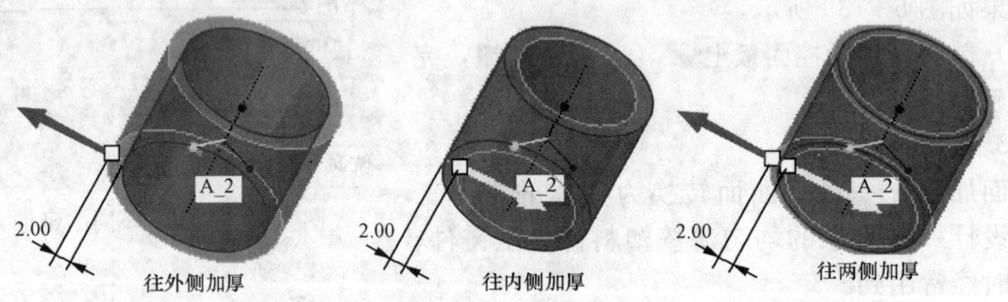

图 5-141　加厚方向

（7）单击加厚操控面板上（确定）按钮，完成曲面加厚操作。

图 5-142 所示为曲面加厚操作实例。

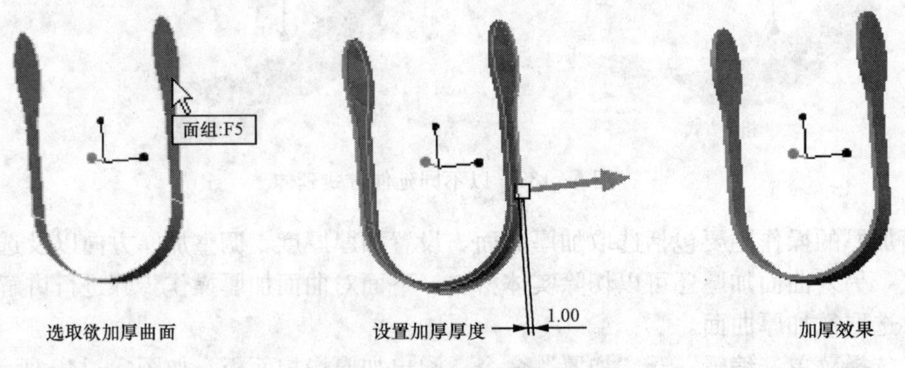

图 5-142　曲面加厚实例

5.3.8　曲面实体化

曲面实体化是指将指定的曲面转化成实体。在设计中利用实体化工具，可以在零件模型中增加材料、切除材料或创建曲面片，对于形状比较复杂，不易直接创建实体特征的产品，可以先创建曲面特征，在利用实体化将其转化为实体。

下面介绍实体化工具操作方法。

（1）选取要进行实体化的曲面。

（2）选择菜单“编辑”→“实体化”命令，弹出实体化操控面板，如图 5-143 所示。

图 5-143　实体化操控面板

（3）根据设计要求，在操控面板中选择、、中的一个按钮。

1）□按钮：将封闭的曲面组界定的体积快转换为实体。

2）▨按钮：移除指定曲面一侧的材料。

3）□按钮：用曲面替换实体部分表面，此项只有曲面边界位于实体表面时才能使用。下面通过图 5-144～图 5-146 说明三种按钮在产品设计中的应用。

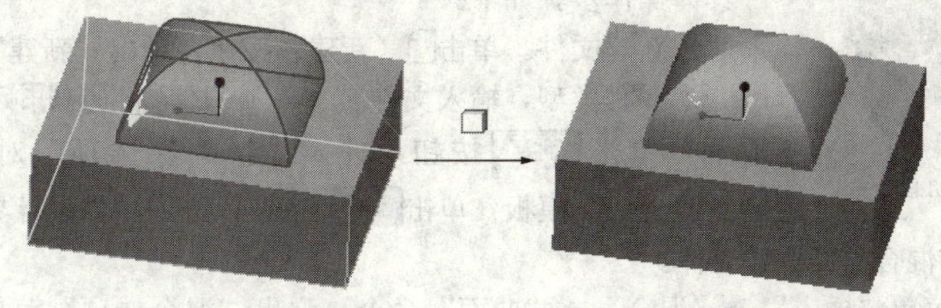

图 5-144　按钮 1

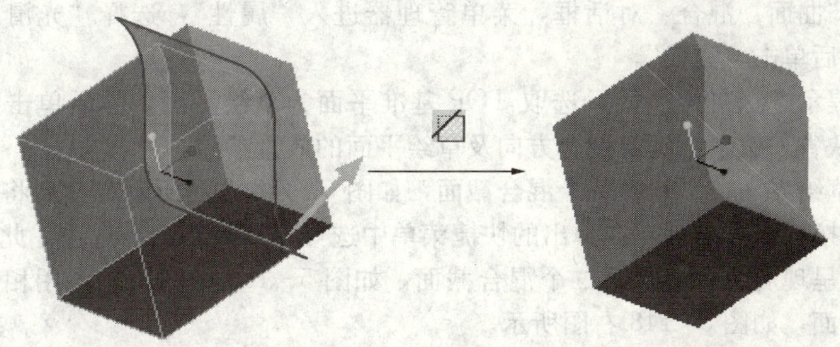

图 5-145　按钮 2

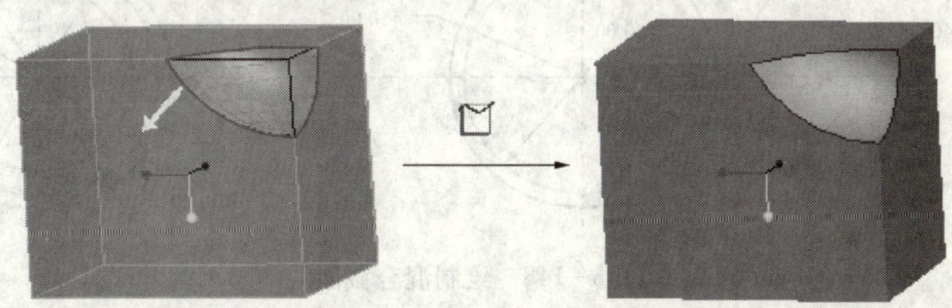

图 5-146　按钮 3

（4）单击操控面板上（反向）按钮，或点击视图中黄色箭头调整实体生成方向。

（5）单击实体化操控面板上✔（确定）按钮，完成曲面实体化操作。

5.4　任务 4　曲面设计实例

本节将对前面学习的内容进行综合训练，巩固前面所学的操作及技巧。

1. 实训一：塑料水壶设计

综合利用混合曲面、求取交线、拉伸曲面、曲面合并、曲面加厚、基准平面创建等工具设计如图 5-147 所示的塑料水壶。

图 5-147　塑料水壶

该设计首先采用混合曲面工具创建壶体曲面，接着利用旋转曲面创建壶底，再利用拉伸曲面创建壶体与壶嘴连接曲面，最后利用混合曲面创建壶嘴，然后将创建的四张曲面合并成一张曲面，并对合并后的曲面加厚，再利用倒圆角工具对实体进行修饰。

具体操作步骤如下。

(1) 新建文件。单击□（新建）按钮，弹出“新建”对话框，选择◎ □ 零件类型，输入文件名“5-4-1”，将☑ 使用缺省模板前面勾选取消，单击 确定 按钮，进入“新文件选项”对话框，选择 mmns_part_solid 模板，单击 确定 按钮，进入零件设计界面。

(2) 利用混合曲面创建壶体。

1）选择菜单“插入”→“混合”→“曲面”命令，弹出“混合选项”菜单管理器，选择“平行”→“规则截面”→“草绘截面”选项，然后单击“完成”。

2）弹出“曲面：混合”对话框，菜单管理器进入“属性”，选择“光滑”→“开放终点”选项，然后单击“完成”。

3）系统提示选择草绘平面，选取 TOP 基准平面为草绘平面，然后单击菜单管理器中“正向”→“缺省”选项，确定混合方向及草绘平面的放置参照。

4）进入草绘界面，绘制第一个混合截面，如图 5-148 左图所示，然后将鼠标光标放在第一个截面上按住鼠标右键，在弹出的快捷菜单中选择“切换剖面”选项，此时已绘制的第一个混合截面呈现灰色，绘制第二个混合截面，如图 5-148 中图所示，用相同的方法绘制第三个混合截面，如图 5-148 右图所示。

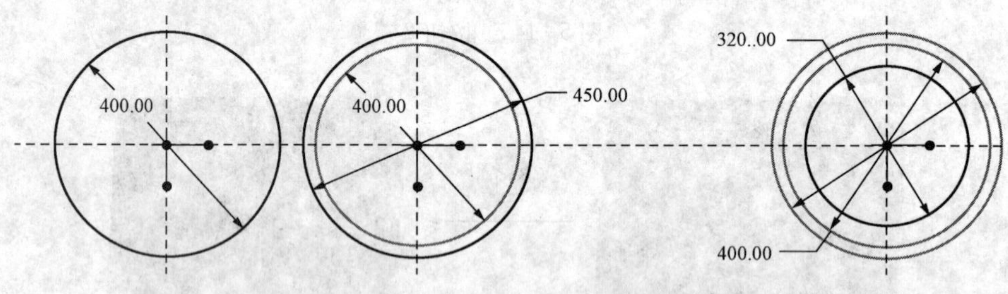

图 5-148　绘制混合截面

5）结束混合截面绘制退出草绘界面后，弹出“深度”菜单管理器，选择“盲孔”选项，单击完成，系统提示输入第二个截面与第一个截面的深度，输入“160”，确定后输入第三个截面到第二个截面深度“300”。

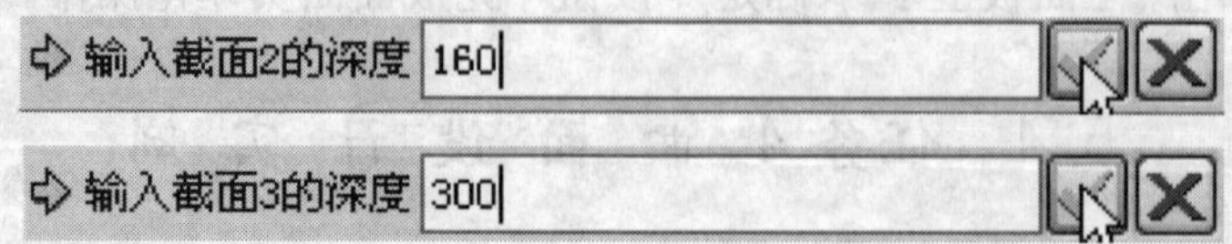

图 5-149　输入截面之间距离

6）此时该混合曲面的要素均已定义，单击“曲面：混合”对话框中 确定 按钮，创建的混合曲面如图 5-150 所示。

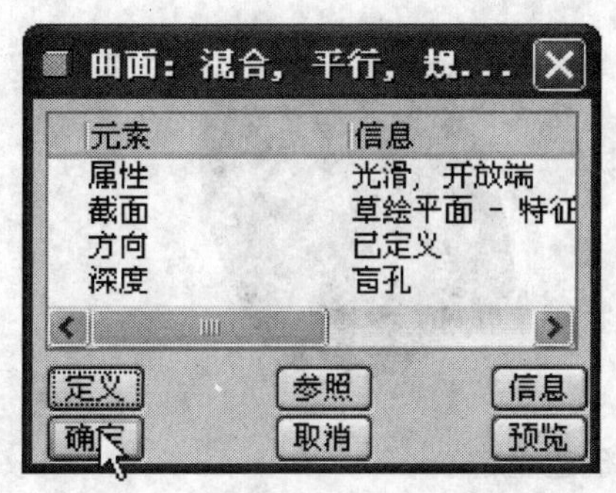

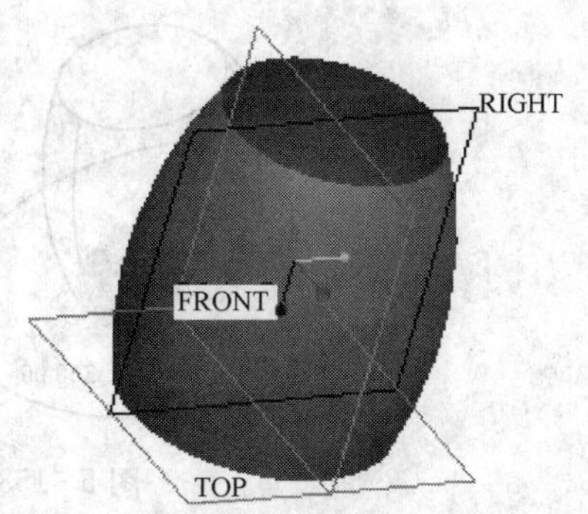

图 5-150 完成混合曲面创建

(3) 建立求交曲线，作为下一步骤的辅助曲线。

选取前面创建的混合曲面，再按住 Ctrl 键选取 FRONT 基准平面，然后选择“编辑”→“相交”命令，创建混合曲面与 FRONT 基准平面的交线，如图 5-151 所示。

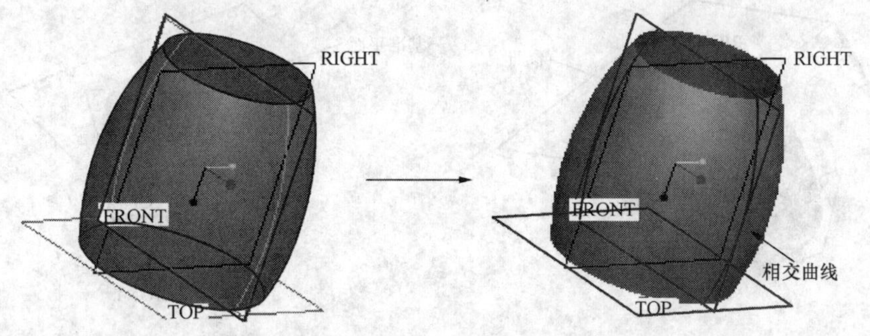

图 5-151 创建交线

(4) 利用旋转曲面创建壶底。

1) 单击（旋转）按钮，弹出旋转操控面板，单击操控面板上（曲面）按钮，以创建旋转曲面。

2) 打开“位置”上滑面板，单击定义...按钮，弹出“草绘”对话框，选取 FRONT 基准平面为草绘平面，进入草绘界面，绘制如图 5-152 所示旋转截面。

3) 单击操控面板上（确定）按钮，完成旋转曲面创建，如图 5-153 所示。

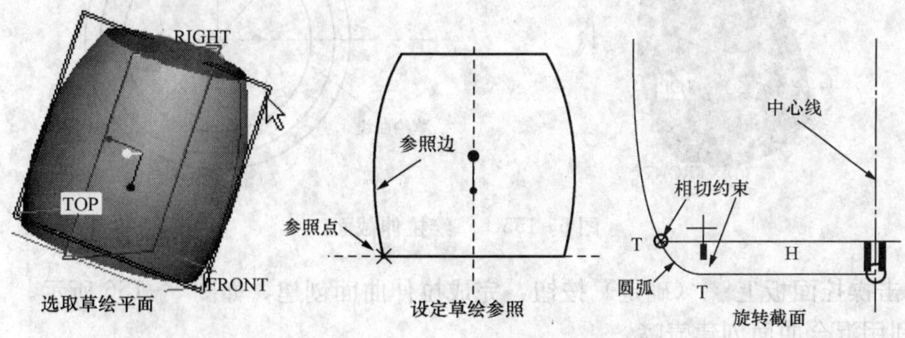

图 5-152 绘制旋转截面

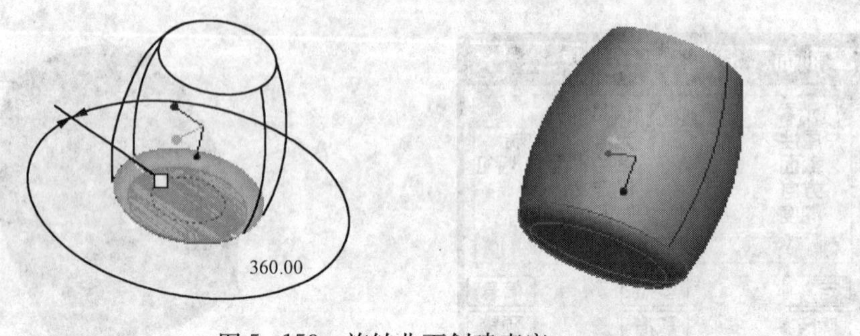

图 5-153 旋转曲面创建壶底

(5) 利用拉伸曲面创建颈部连接曲面。

1) 建立一个基准平面，单击（基准平面）按钮，弹出“基准平面”对话框，选择图5-154 左图所示的边作为参照，单击“基准平面”对话框确定按钮，建立基准平面 DTM1 如图 5-154 右图所示。

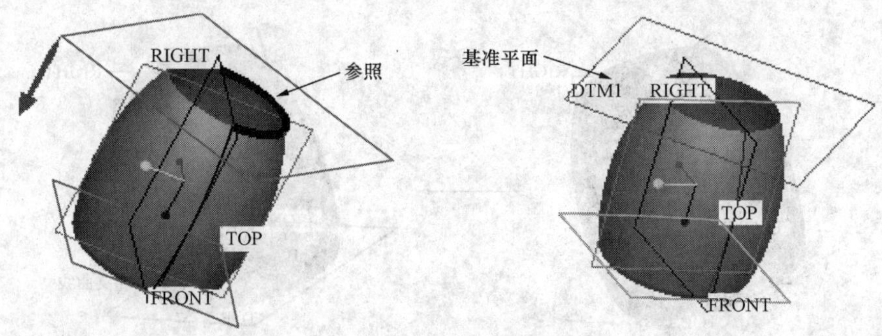

图 5-154 创建基准平面 DTM1

2) 单击（拉伸）按钮，弹出拉伸操控面板，单击操控面板上（曲面）按钮，以创建曲面。

3) 打开“放置”上滑面板，单击定义...按钮，弹出“草绘”对话框，选取 DTM1 基准平面为草绘平面，进入草绘界面，绘制如图 5-155 所示拉伸截面。

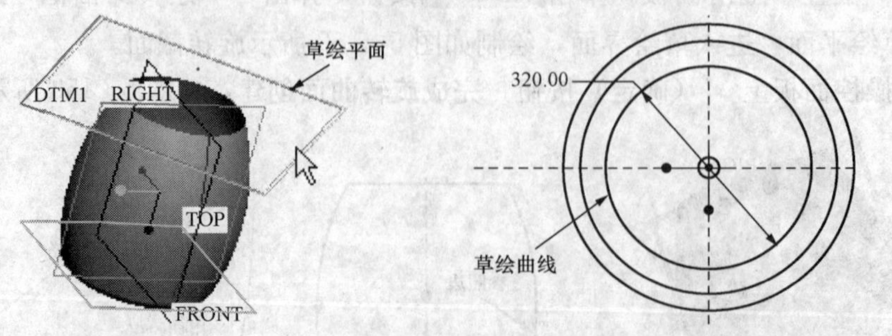

图 5-155 草绘拉伸截面

4) 单击操控面板上（确定）按钮，完成拉伸曲面创建，如图 5-156 所示。

(6) 利用混合曲面创建壶嘴。

1) 建立基准平面 DTM2，如图 5-157 所示。

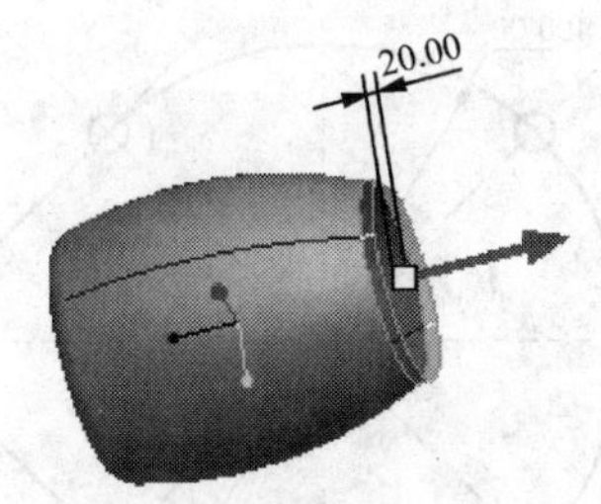

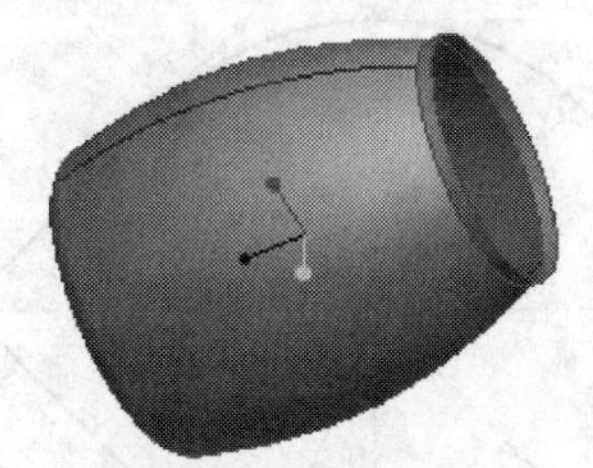

图 5-156 拉伸曲面

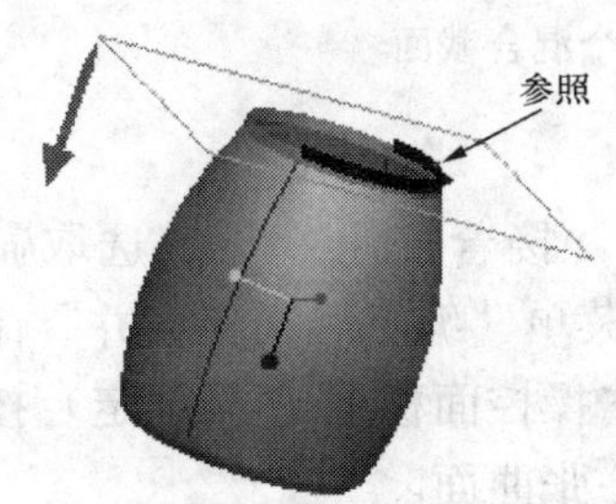

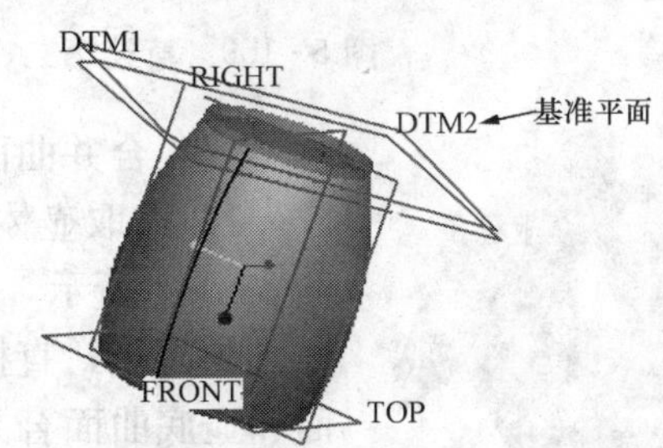

图 5-157 建立基准平面 DTM2

2）选择菜单“插入”→“混合”→“曲面”命令，弹出“混合选项”菜单管理器，选择“平行”→“规则截面”→“草绘截面”选项，然后单击“完成”。

3）弹出“曲面：混合”对话框，菜单管理器进入“属性”，选择“光滑”→“开放终点”选项，然后单击“完成”。

4）系统提示选择草绘平面，选取 DTM2 基准平面为草绘平面，然后单击菜单管理器中“正向”→“缺省”选项，确定混合方向及草绘平面的放置参照。

5）进入草绘界面，选择水平和竖直两个方向的参照，然后绘制第一个混合截面，先草绘一个圆，然后添加两条中心线，在中心线与圆相交位置用工具将圆打断，从而将该圆分成 5 段，如图 5-158 所示。

6）按住鼠标右键，弹出快捷菜单，选择“切换剖面”选项，绘制第二个混合截面，绘制方法与第一个截面类似，截面也为 5 段，混合起点和方向与第一个截面一致，如图 5-159 左图所示。用同样的方法绘制第三个混合截面，如图 5-159 右图所示。

7）结束截面绘制退出草绘界面后，弹出“深度”菜单管理器，选择“盲孔”选项，单击完成，系统提示输入第二个截面与第一个截面的深度，输入“20”，确定后输入第三个截面到第二个截面深度“20”。

8）此时该混合曲面的要素均已定义，单击“曲面：混合”对话框中确定按钮，创建的混合曲面如图 5-160 所示。

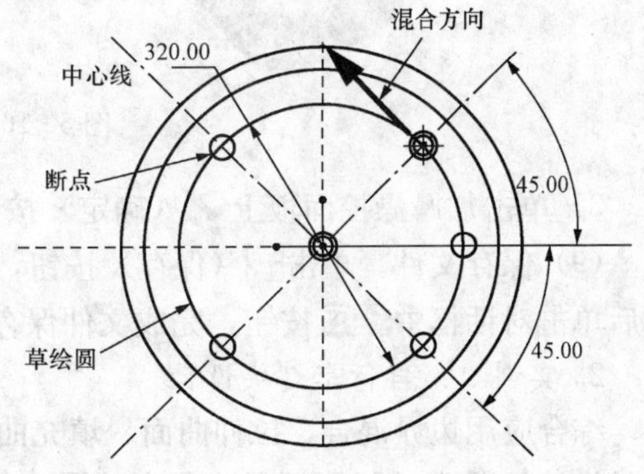

图 5-158 草绘第一个混合截面

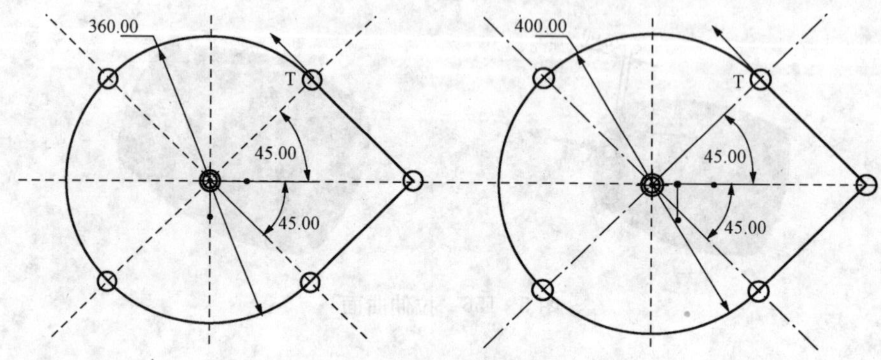

图 5-159　草绘第二、第三个混合截面

图 5-160　混合曲面创建壶嘴

(7) 合并曲面。

1) 选取壶体曲面，接着按住 Ctrl 键选取壶底曲面，如图 5-161 所示，选择菜单“编辑”→“合并”命令，弹出合并操控面板，直接单击操控面板上✔(确定)按钮，壶体曲面和壶底曲面合并为一张曲面。

2) 重复上面方法，将前面合并的曲面和拉伸曲面合并为一张曲面。

3) 将前面合并的曲面与壶嘴混合曲面合并，使整个水壶成为一张曲面。

(8) 加厚曲面。

1) 选取前面合并的曲面，然后选择菜单“编辑”→“加厚”命令，弹出加厚操控面板。

2) 在操控面板上输入厚度值“8”，使加厚往外面生成材料。

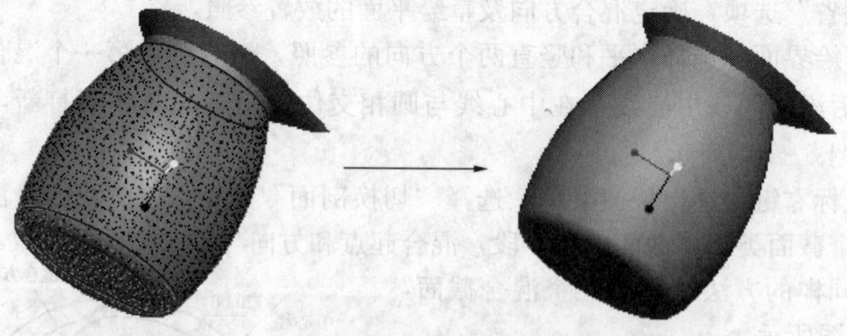

图 5-161　两曲面合并

3) 单击加厚操控面板上✔(确定)按钮，完成加厚特征创建，如图 5-162 所示。

(9) 保存文件。单击(保存)按钮，弹出“保存对象”对话框，选择文件存放目录，然后单击对话框中确定按钮，完成文件保存。

2. 实训二：自行车灯头设计

综合应用边界混合、拉伸曲面、填充曲面、曲面合并、曲面加厚、曲面偏移及倒圆角等工具设计如图 5-163 所示的自行车灯罩，具体操作步骤如下。

(1) 新建文件。单击(新建)按钮，弹出“新建”对话框，选择零件类型，输

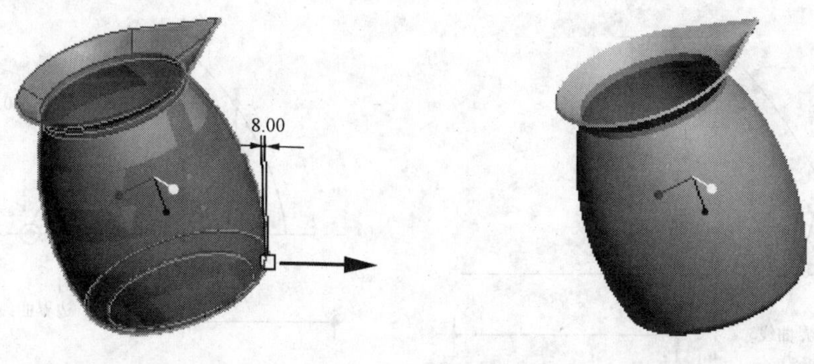

图 5-162 加厚特征创建

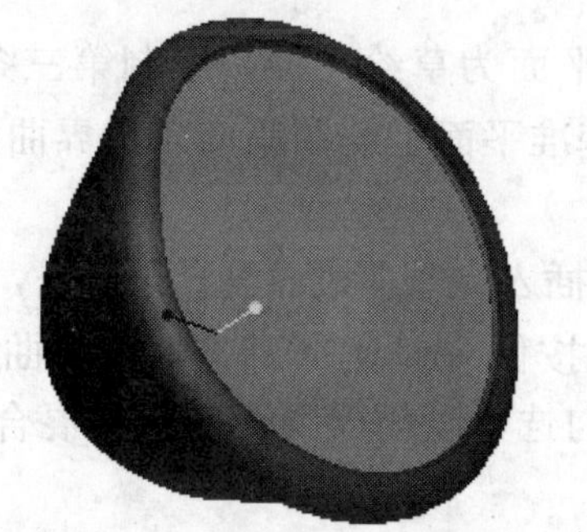

图 5-163 自行车灯罩

入文件名“5-4-2”，将☑使用缺省模板前面勾选取消，单击确定按钮，进入“新文件选项”对话框，选择mmns_part_solid模板，单击确定按钮，进入零件设计界面。

（2）利用边界混合工具创建曲面。

1）创建边界混合曲线。

①单击（草绘）按钮，选择 TOP 基准平面作为草绘平面，进入草绘界面，绘制如图 5-164 所示的曲面，作为第一条边界曲线。

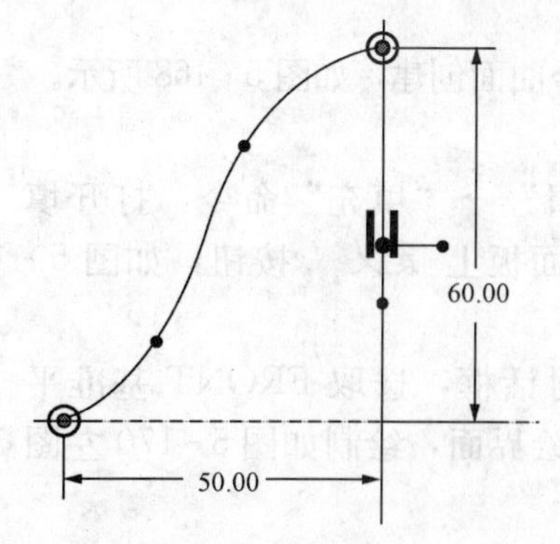

图 5-164 边界曲线 1

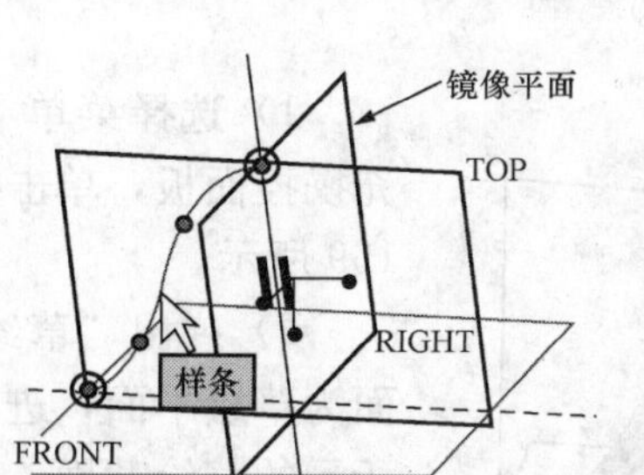

图 5-165 创建边界曲线 2

②选取上面绘制的曲线，单击（镜像）按钮，选取 RIGHT 基准平面为镜像平面，单击镜像操控面板上✔（确定）按钮，完成第二条边界曲线创建，如图 5-165 所示。

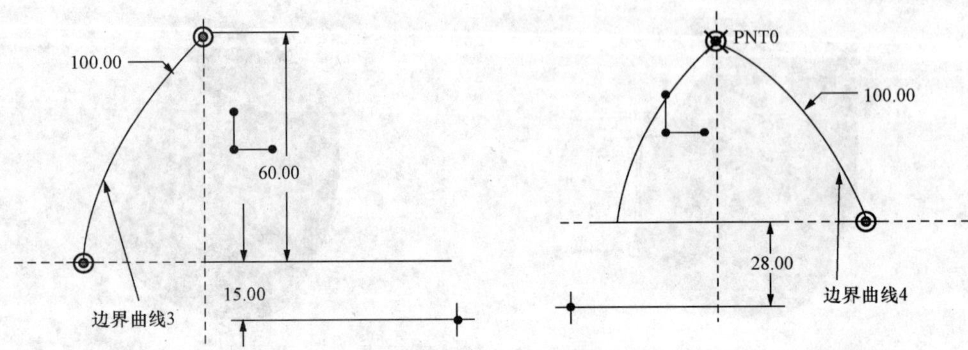

图 5-166 草绘边界曲线

③单击（草绘）按钮，选择 RIGHT 基准平面为草绘平面，绘制第三条边界曲线，如图 5-166 左图所示，用同样的方法在 RIGHT 基准平面上绘制第四条边界曲线，如图 5-166 右图所示。

2）单击（边界混合）按钮，或选择菜单“插入”→“边界混合”命令，弹出边界混合操控面板，在视图中选取边界混合曲线 1，然后按住 Ctrl 键分别选取边界曲线 2、3、4，并将操控面板“曲线”选项卡中“闭合混合”项勾选，以创建闭合的边界混合曲面，如图 5-167所示。

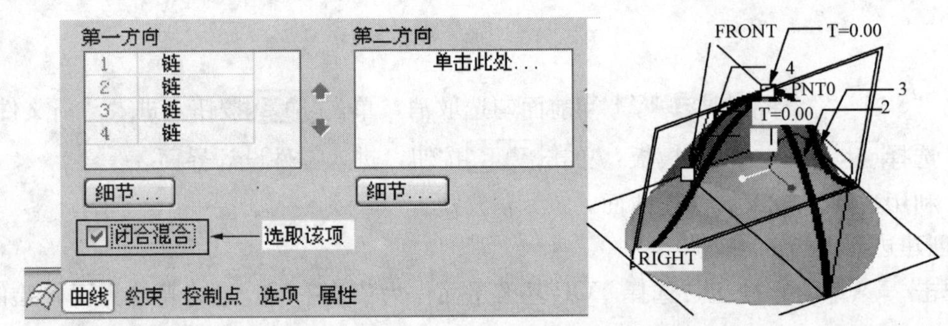

图 5-167 选取边界混合边界曲线

3）单击边界混合操控面板上（确定）按钮，完成边界混合曲面创建，如图 5-168 所示。

（3）建立填充曲面。

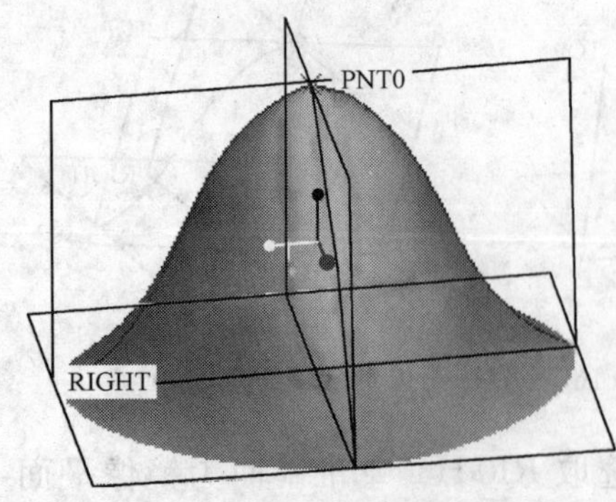

图 5-168 边界混合曲面

1）选择菜单“编辑”→“填充”命令，打开填充操控面板，单击操控面板上 定义... 按钮，如图 5-169 所示。

2）弹出“草绘”对话框，选取 FRONT 基准平面为草绘平面，进入草绘界面，绘制如图 5-170 左图所示的草绘截面。

3）单击填充操控面板上（确定）按钮，完成填充曲面创建，如图 5-170 右图所示。

（4）合并曲面。

1）选取图 5-171 右图中边界混合曲面，按住

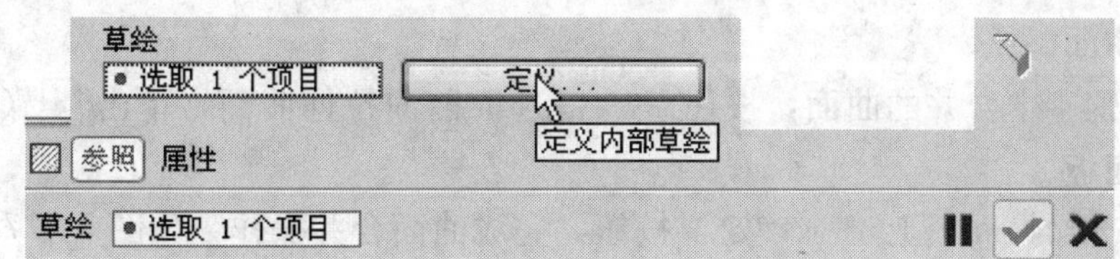

图 5-169　填充操控面板

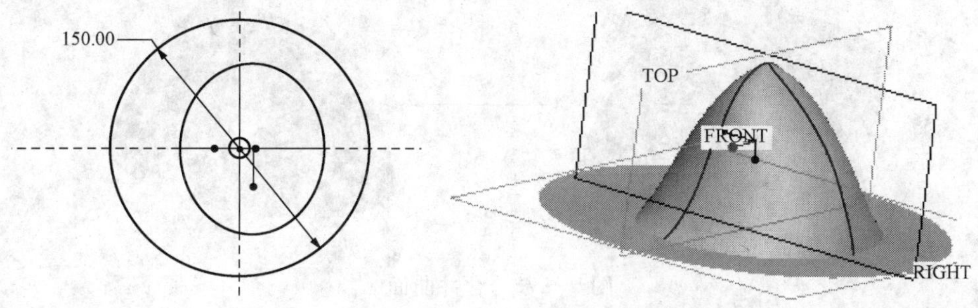

图 5-170　创建填充曲面

Ctrl 键选取填充曲面，单击（合并）按钮，弹出合并操控面板。

2）单击填充操控面板上（确定）按钮，完成曲面合并操作，如图 5-171 所示。

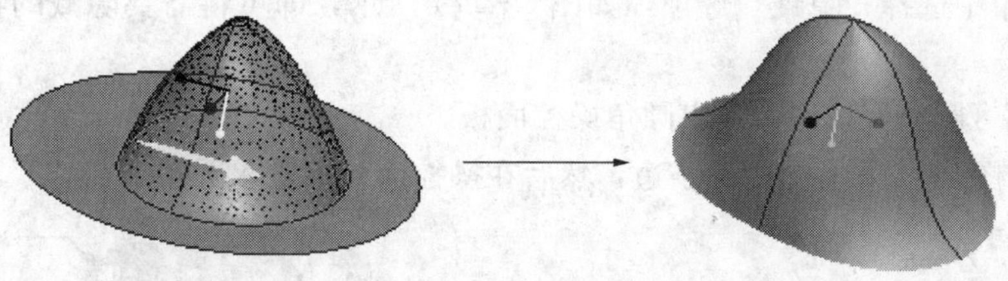

图 5-171　曲面合并

（5）建立拉伸曲面。

1）单击（拉伸）按钮，弹出拉伸操控面板，单击操控面板上（曲面）按钮，以创建曲面。

2）打开“放置”上滑面板，单击 定义... 按钮，弹出“草绘”对话框，选取 RIGHT 基准平面为草绘平面，进入草绘界面，绘制如图 5-172 左图所示拉伸截面。

3）单击操控面板上（确定）按钮，完成拉伸曲面创建，如图 5-172 右图所示。

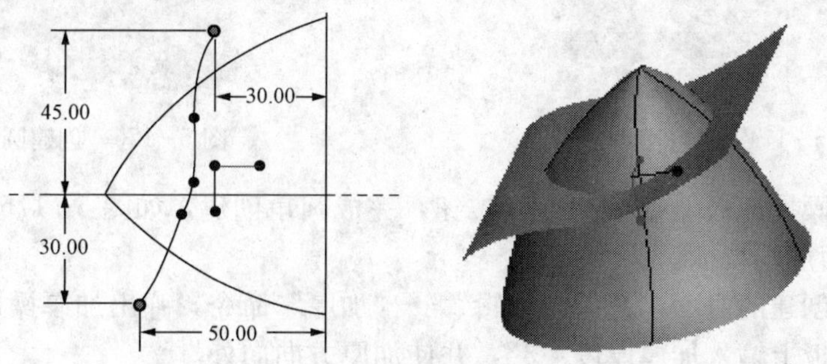

图 5-172　创建拉伸曲面

(6) 合并曲面。

1) 选取步骤 4 中合并的曲面，按住 Ctrl 键选取前面拉伸曲面，单击（合并）按钮，弹出合并操控面板。

2) 单击填充操控面板上（确定）按钮，完成曲面合并操作，如图 5-173 所示。

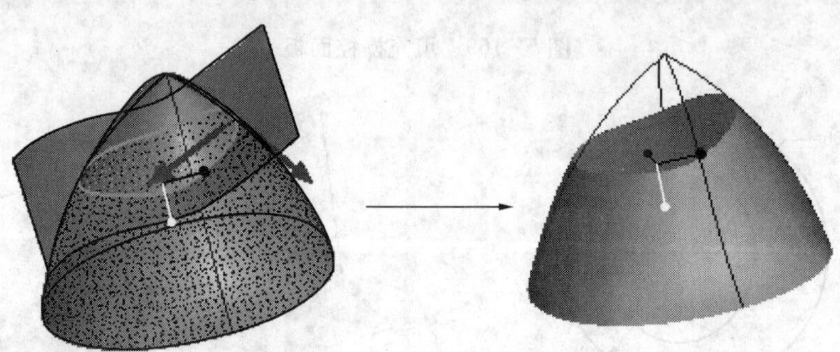

图 5-173 合并曲面

(7) 倒圆角修饰细节。

1) 为了使操作时界面简洁，有时需将操作无关的特征隐藏。此时将四条边界混合曲线隐藏起来，操作方法是，在模型树中选择要隐藏的特征，然后单击鼠标右键，弹出快捷菜单，在快捷菜单中选择“隐藏”选项，如图 5-174 所示，即可将需要隐藏的特征在视图中不显示出来。

2) 单击（圆角）按钮，弹出圆角操控面板。

3) 选择如图 5-175 上图中两条边，然后在操控面板中输入圆角半径“3”。

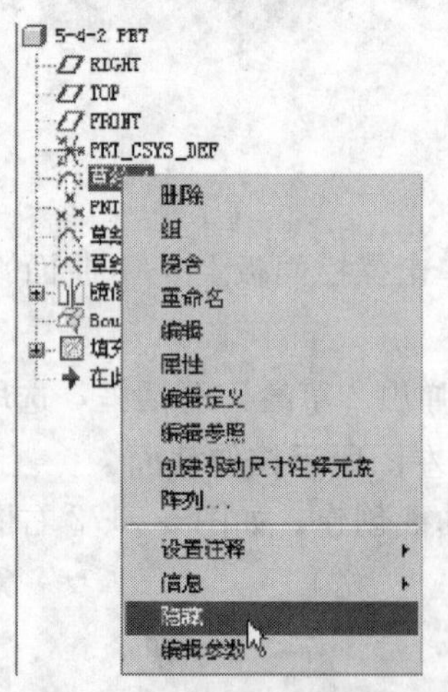

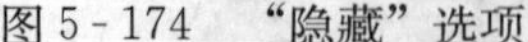

图 5-174 “隐藏”选项

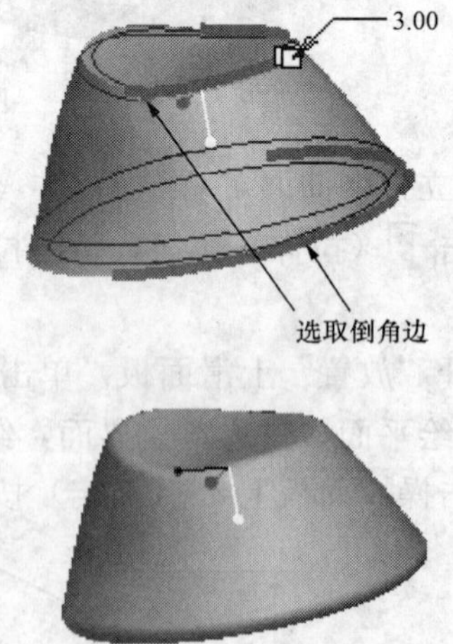

图 5-175 创建圆角

4) 单击圆角操控面板上（确定）按钮，完成圆角创建，如图 5-175 下图所示。

(8) 建立曲面加厚特征。

1) 选取前面创建的曲面，选择“编辑”→“加厚”命令，弹出加厚操控面板。

2) 在操控面板上输入加厚厚度“3”，并使加厚方向向外。

3) 单击操控面板上（确定）按钮，完成加厚特征创建，如图 5-176 所示。

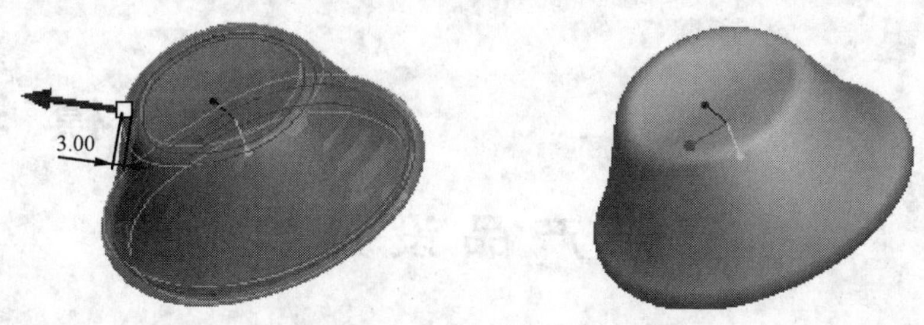

图 5-176　曲面加厚

（9）利用曲面偏移设计灯罩端面。

1）选取如图 5-177 所示的曲面，然后选择“编辑”→“偏移”命令，弹出偏移操控面板，选择偏移方式为具有拔模斜度特征，如图 5-177 所示。

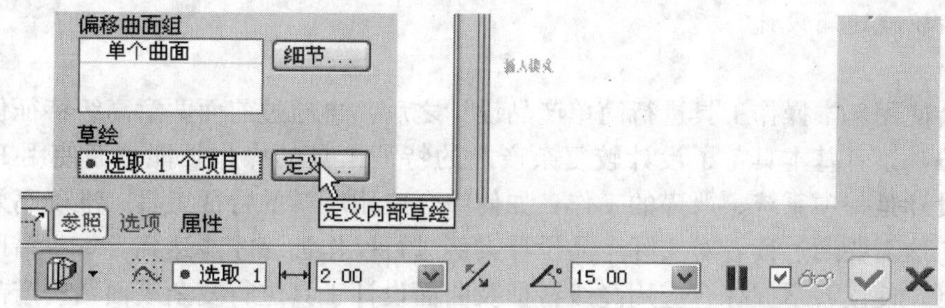

图 5-177　偏移操控面板

2）打开操控面板上“参照”选项卡，单击“定义”按钮，进入草绘界面，利用□（创建边界曲线）绘制草绘截面，如图 5-178 左图所示。

3）在操控面板上输入偏距“2”，拔模角度“15”，调整偏移方向，使其往里偏移。

4）单击操控面板上✔（确定）按钮，完成曲面偏移创建，如图 5-178 右图所示。

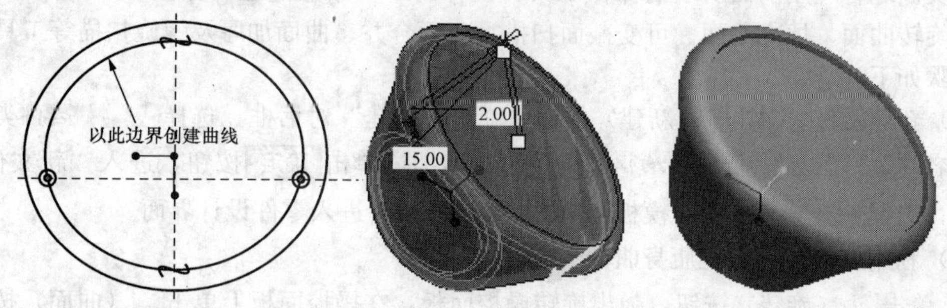

图 5-178　曲面偏移

（10）保存文件。单击💾（保存）按钮，弹出“保存对象”对话框，选择文件存放目录，然后单击对话框中确定按钮，完成文件保存。

模块六

复杂产品设计实例

本模块设计实例

(1) 可乐瓶设计。

(2) 电话听筒造型设计。

(3) 剃须刀前盖设计。

(4) 齿轮减速箱设计。

在学会使用基本操作工具进行简单产品设计之后，再通过前面两章高级特征创建及曲面设计的学习，读者基本具备了设计较复杂产品的特征工具的操作技能。而使用 Pro/E 进行产品模型设计是一项系统、严谨的工作，如何综合应用所学的特征工具、准确高效的完成设计的目标，这需要通过读者对实际产品设计案例进行操作训练才能达到。本章借助四个典型的实训案例，使读者掌握综合应用高级特征及曲面设计工具进行复杂表面结构产品设计，加深了解各类产品设计的一般流程，进一步提高根据产品设计要求合理选用特征工具及合理安排特征创建顺序的操作技能。

6.1 实训1 可乐瓶设计

本实训综合应用前面所学的操作工具，设计一个可乐瓶造型，如图 6-1 所示。设计主要应用旋转曲面、填充曲面、可变截面扫描、曲面合并、曲面加厚及螺旋扫描等工具，具体操作步骤如下。

(1) 新建文件。单击 (新建) 按钮，弹出“新建”对话框，选择 零件类型，输入文件名“6-1”，将 使用缺省模板 前面勾选取消，单击 确定 按钮，进入“新文件选项”对话框，选择 mmns_part_solid 模板，单击 确定 按钮，进入零件设计界面。

(2) 利用旋转工具创建瓶身曲面。

1) 单击 (旋转) 按钮，弹出旋转操控面板，在操控面板上单击 (曲面) 按钮，以创建旋转曲面。

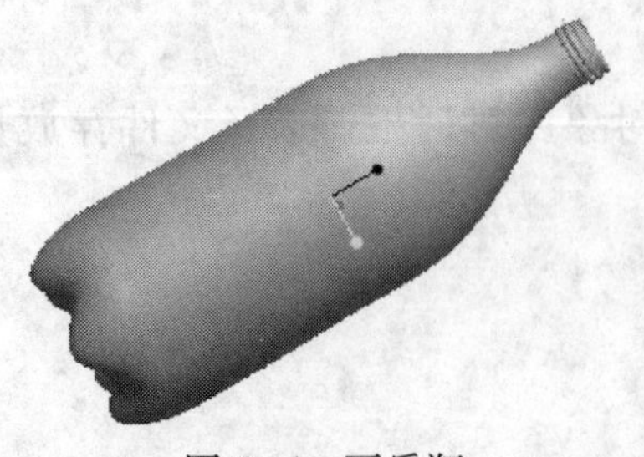

图 6-1 可乐瓶

2) 打开操控面板上“位置”选项卡，单击 定义... 按钮，弹出“草绘”对话框。

3) 选取 FRONT 基准平面作为草绘平面，进入草绘界面，绘制旋转截面，如图 6-2 所示。

4) 单击操控面板上 (确定) 按钮，完成旋转曲面创建，如图 6-3 所示。

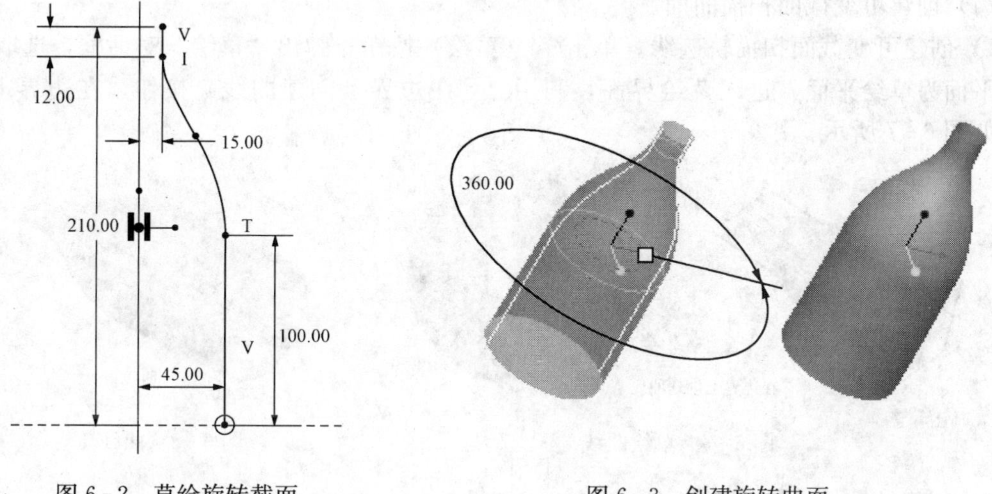

图 6-2　草绘旋转截面　　　　图 6-3　创建旋转曲面

（3）创建填充曲面。

1）创建基准平面。单击（基准平面）弹出“基准平面”对话框，选取 TOP 基准平面作为参照，在“基准平面”对话框中输入平行偏距“20”，然后单击确定按钮，完成基准平面 DTM1 创建，如图 6-4 所示。

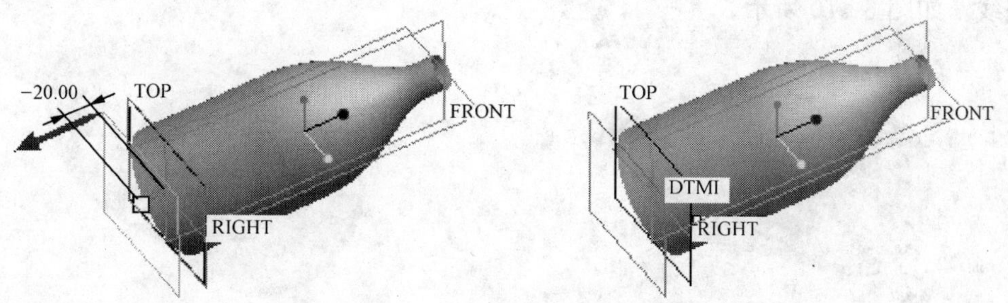

图 6-4　创建基准平面 DTM1

2）选择“编辑”→“填充”命令，弹出填充操控面板，打开“参照”选项卡，单击定义...按钮，弹出“草绘”对话框。

3）选取 DTM1 基准平面为草绘平面，进入草绘界面，绘制填充截面，如图 6-5 所示。

4）单击操控面板上（确定）按钮，完成填充曲面创建，如图 6-6 所示。

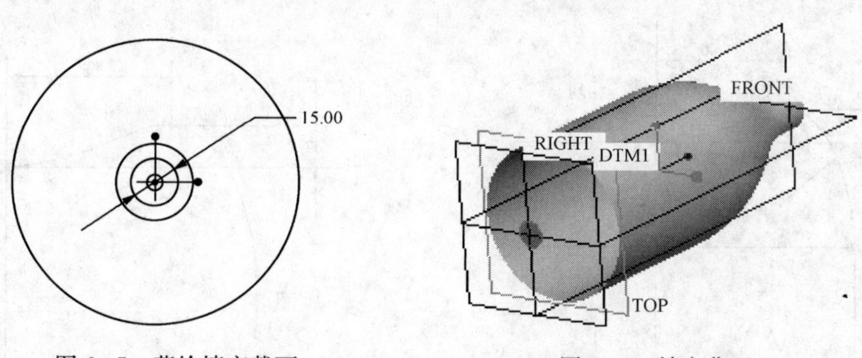

图 6-5　草绘填充截面　　　　图 6-6　填充曲面

(4) 创建可变截面扫描曲面。

1) 创建可变截面扫描轨迹线。单击(草绘)按钮，弹出“草绘”对话框，选取 TOP 基准平面为草绘平面，进入草绘界面，利用(在边界上创建曲线)按钮，在边界上画曲线，如图 6-7 所示。

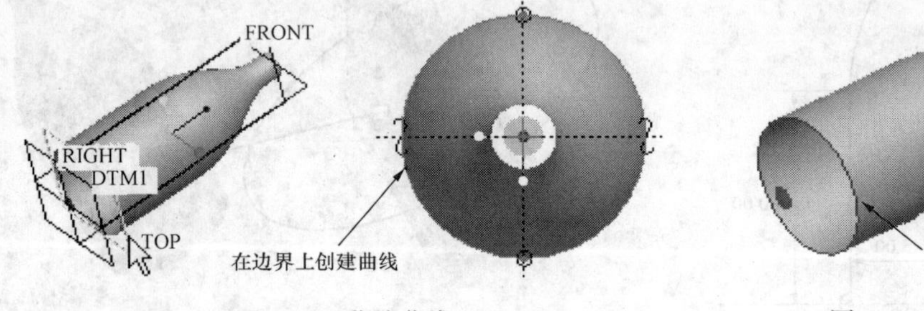

图 6-7 草绘曲线　　图 6-8 曲线 1

2) 创建的曲线 1 如图 6-8 所示。

3) 用同样的方法创建曲线 2，如图 6-9 所示。

4) 单击(可变剖面扫描)按钮，弹出可变剖面扫描操控面板，单击(曲面)按钮，以创建曲面。

5) 定义轨迹线。首先选取曲线 2 为原始轨迹线，然后按住 Ctrl 键选取曲线 1 为扫描轮廓轨迹线。如图 6-10 所示。

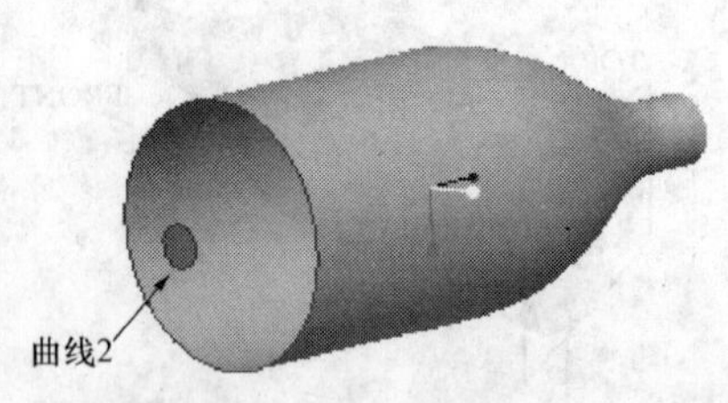

图 6-9 创建曲线 2

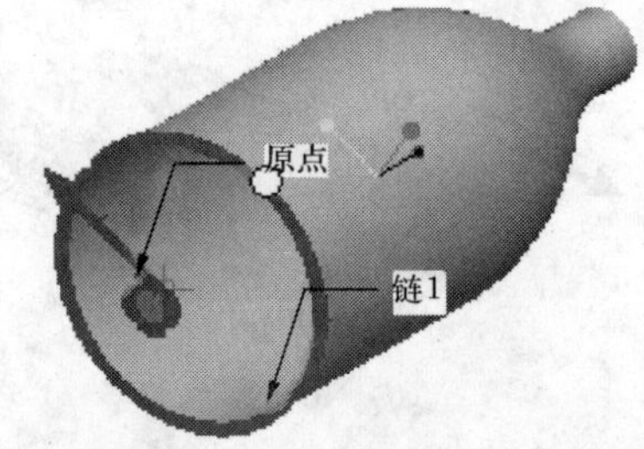

图 6-10 选取扫描轨迹线

6) 单击操控面板上(草绘)按钮，进入草绘界面，绘制扫描截面，如图 6-11 所示。截面为一条样条曲线，曲线两端点分别与边界参照相切。

7) 选择菜单“工具”→“关系”命令，弹出“关系”对话框，同时扫描截面上的尺寸也相应以尺寸代号形式显示，如图 6-12 所示。

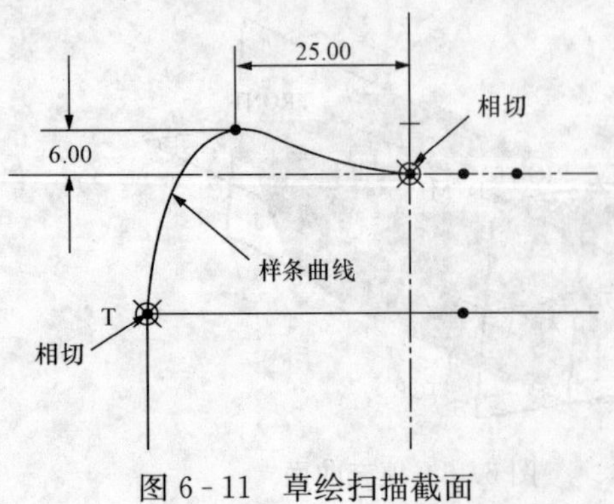

图 6-11 草绘扫描截面

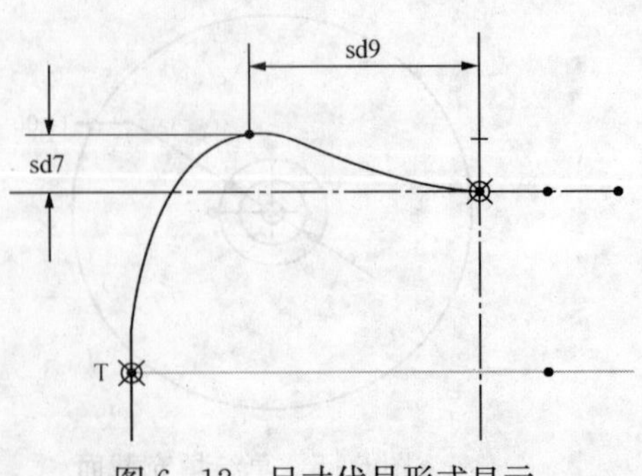

图 6-12 尺寸代号形式显示

8）对尺寸 sd7 用关系式来表达，使 sd7 这个尺寸在扫描过程中可变，在“关系”对话框中输入关系式 sd7＝6＋5* sin(trajpar* 360* 5)，如图 6－13 所示，单击对话框中 确定 按钮，完成尺寸变量设定。

9）单击操控面板上✔（确定）按钮，完成可变剖面扫描曲面创建，如图 6－14 所示。

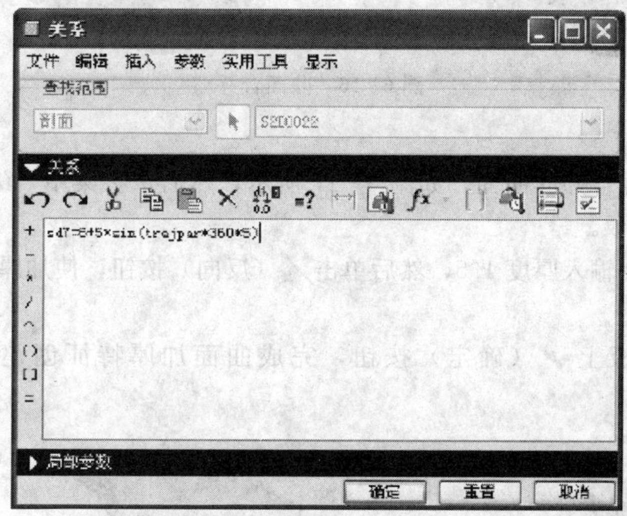

图 6－13 输入尺寸关系式

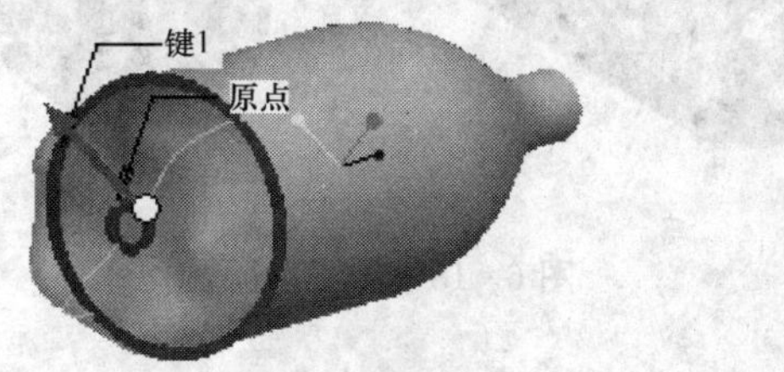

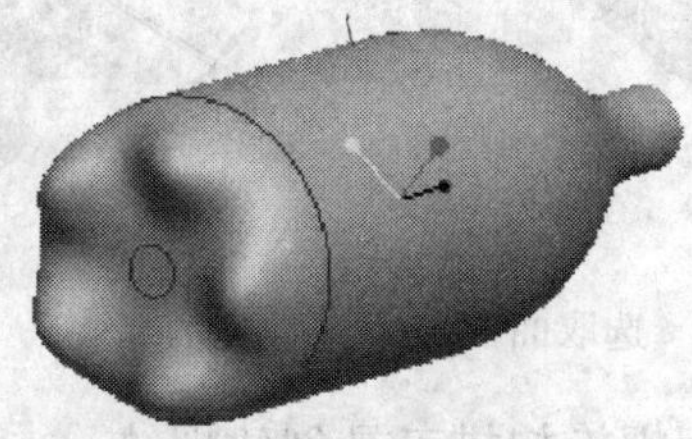

图 6－14 创建可变剖面扫描曲面

（5）曲面合并。

1）选取填充曲面，然后按住 Ctrl 键选取可变剖面扫描曲面，单击◻（合并）按钮，弹出合并操控面板，单击操控面板上✔（确定）按钮，完成两曲面合并，如图 6－15 所示。

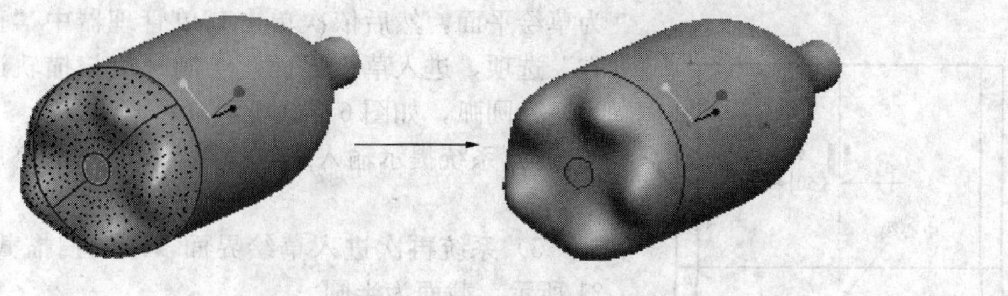

图 6－15 曲面合并

2）用同样的方法，对前面合并后的曲面和旋转曲面合并，如图 6－16 所示。

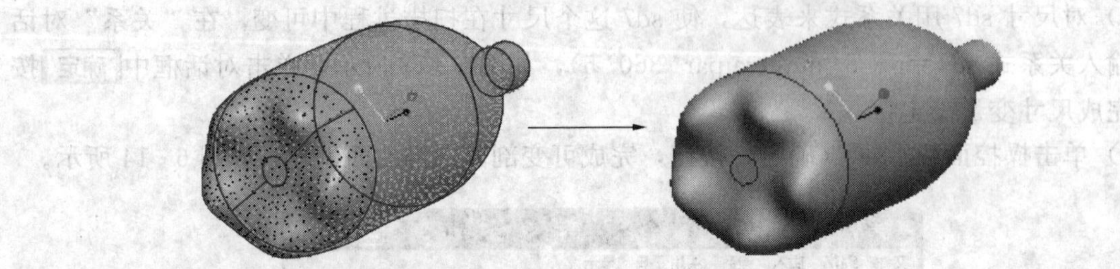

图 6-16 曲面合并

（6）曲面加厚。

1）选取上一步骤合并的曲面，如图 6-17 所示，然后选择菜单“编辑”→“加厚”命令，弹出加厚操控面板。

2）在操控面板上输入厚度 1.5，然后单击（反向）按钮，使加厚方向往里生成材料，如图 6-18 左图所示。

3）单击操控面板上（确定）按钮，完成曲面加厚特征创建，如图 6-18 右图所示。

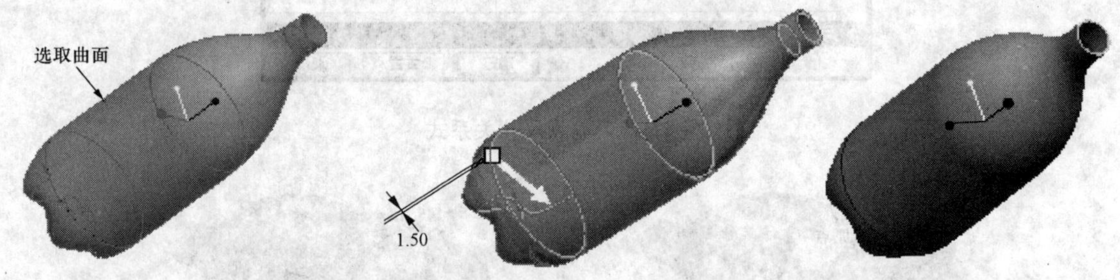

图 6-17 选取曲面　　图 6-18 加厚特征

（7）利用螺旋扫描工具创建螺纹。

1）选择菜单“插入”→“螺旋扫描”→“伸出项”命令，弹出“伸出项：螺旋扫描”对话框和“属性”菜单管理器。

2）在“属性”菜单管理器中选择“常数”→“穿过轴”→“右手定则”选项，然后单击“完成”。

3）定义螺旋扫描轨迹线和中心轴线。系统提示选取草绘平面，选取 FRONT 基准平面为草绘平面，然后依次单击菜单管理器中“正向”→“缺省”选项，进入草绘界面，绘制螺旋扫描轨迹线，轨迹线为一条圆弧，如图 6-19 所示。

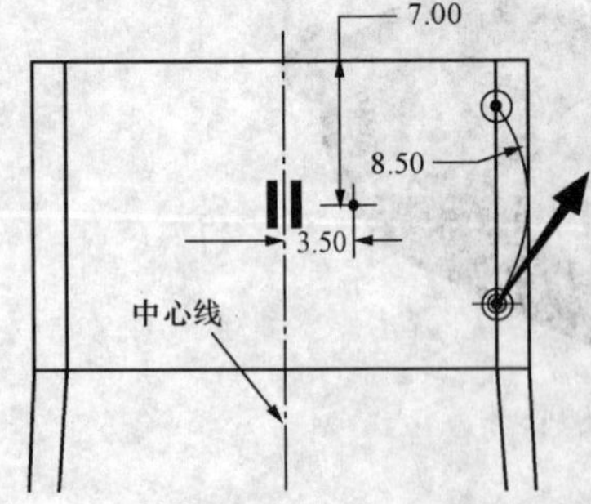

图 6-19 草绘扫描轨迹线

4）系统提示输入螺纹螺距，如图 6-20 所示，输入螺距 3.1。

5）系统再次进入草绘界面，绘制扫描截面，如图 6-21 所示，截面为半圆。

6）单击“伸出项：螺旋扫描”对话框中 确定 按钮，完成螺纹创建，如图 6-22 所示。

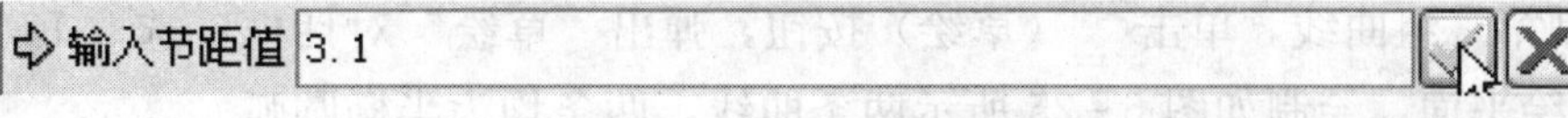

图 6-20　输入螺距

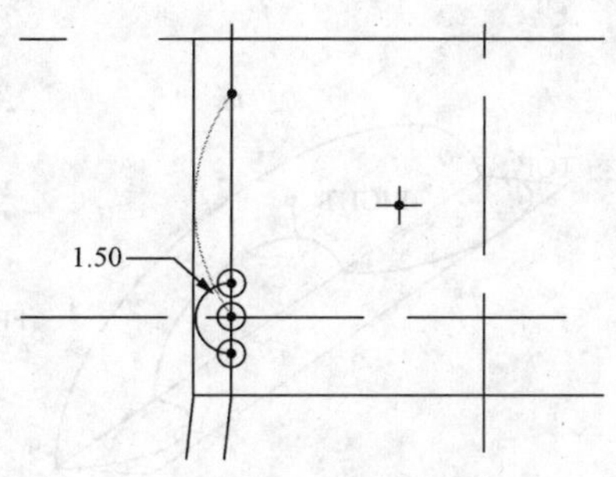

图 6-21　草绘扫描截面

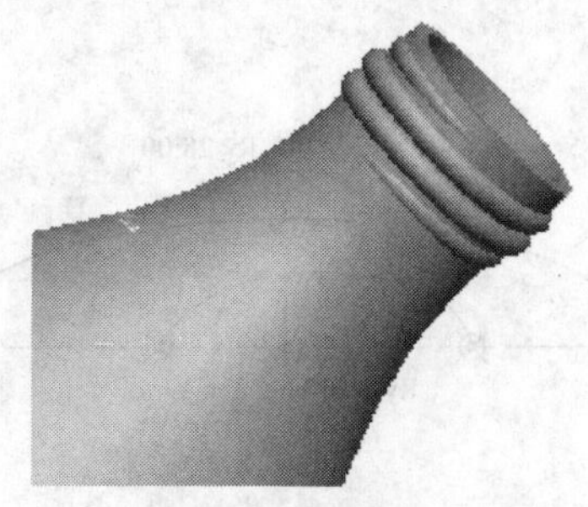

图 6-22　螺纹

(8) 保存文件。单击（保存）按钮，弹出“保存对象”对话框，选择文件存放目录，然后单击对话框中 确定 按钮，完成文件保存。

6.2　实训 2　电话听筒造型设计

本次实训综合应用前面所学工具设计如图 6-23 所示电话听筒造型，设计中应用了草绘曲线、边界混合、曲面镜像、曲面合并、曲面加厚、拉伸、曲面偏移、阵列、扫描等工具，具体操作步骤如下。

(1) 新建文件。单击（新建）按钮，弹出“新建”对话框，选择 零件类型，输入文件名“6-2”，将 使用缺省模板 前面勾选取消，单击 确定 按钮，进入“新文件选项”对话框，选择 mmns_part_solid 模板，单击 确定 按钮，进入零件设计界面。

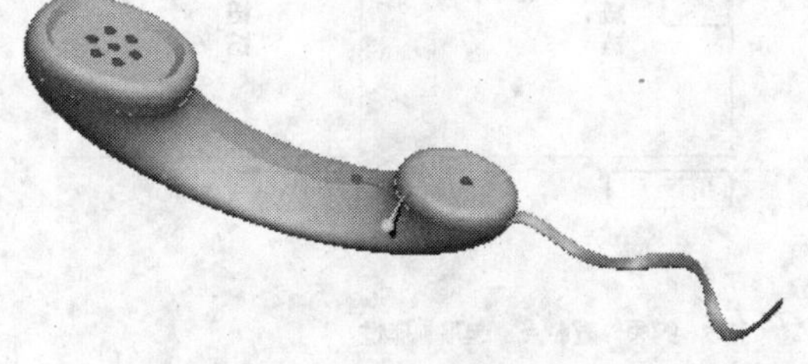

图 6-23　电话听筒造型

(2) 建立边界混合构造曲线。

1) 单击（草绘）按钮，弹出“草绘”对话框，选取 TOP 基准平面作为草绘平面，进入草绘界面，绘制两条曲线，如图 6-24 所示，其中左边一条为半椭圆弧，右边一条为样条曲线，样条曲线两端与竖直参照相切。

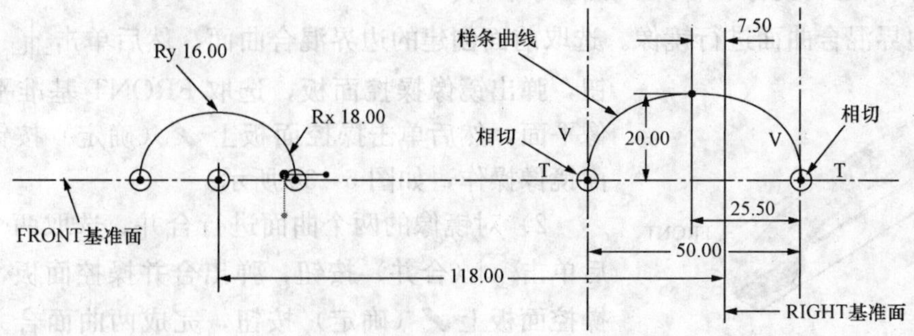

图 6-24　绘制第一组曲线

2）绘制第二组曲线，单击 （草绘）按钮，弹出“草绘”对话框，选取 FRONT 基准平面作为草绘平面，绘制如图 6-25 所示两条曲线，两条均为半椭圆弧。

3）绘制的四条曲线如图 6-26 所示。

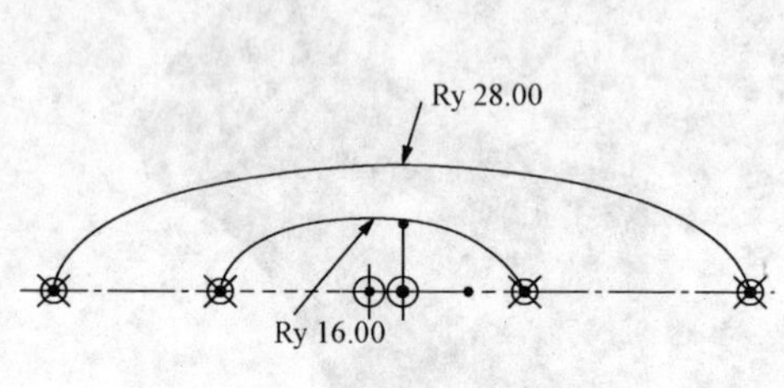

图 6-25　绘制第二组曲线

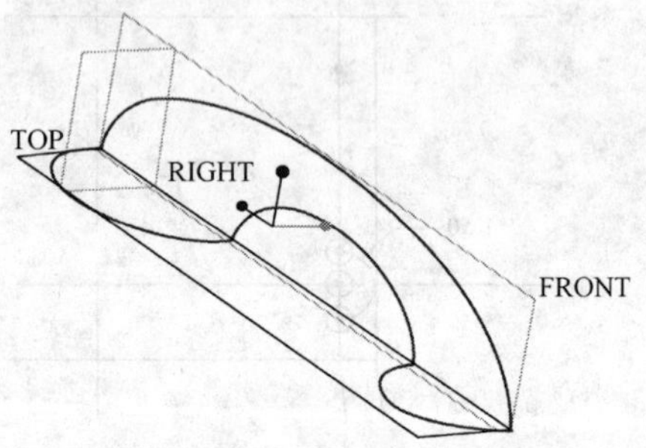

图 6-26　四条边界混合曲线

（3）利用边界混合工具创建曲面。

1）单击 （边界混合）按钮，弹出边界混合操控面板。

2）选取边界混合第一方向的曲线 1 和曲线 2（选曲线 2 时按住 Ctrl 键），然后在图 6-27 所示的“曲线”上滑面板的第二方向选项框中单击鼠标，激活该选项，接着在视图中选取第二方向的曲线 1 和曲线 2（选曲线 2 时按住 Ctrl 键），如图 6-28 所示。

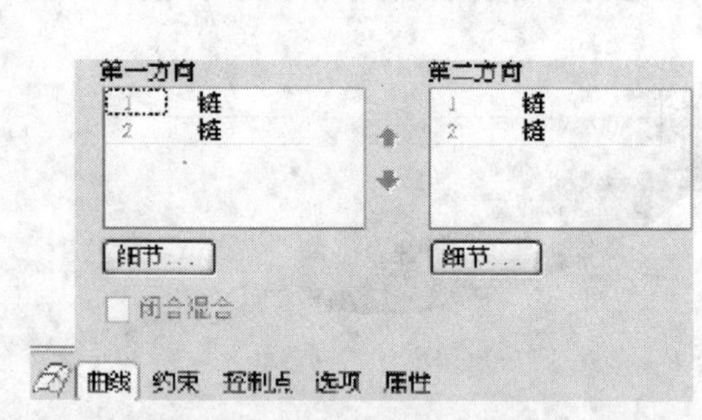

图 6-27　选取混合边界

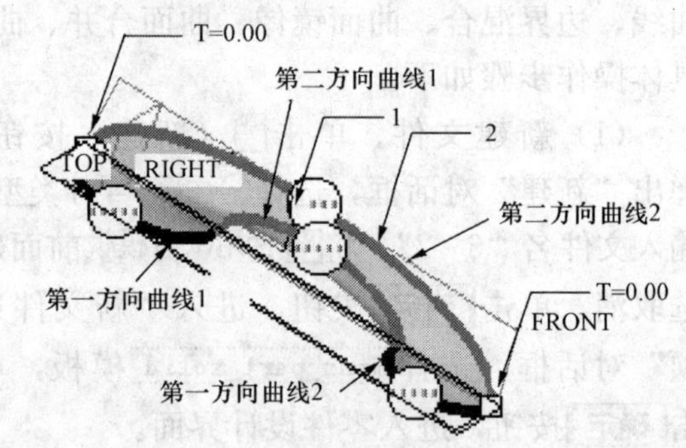

图 6-28　选取边界混合曲线

3）其他参数都采用默认值，单击操控面板上 （确定）按钮，完成边界混合曲面创建，如图 6-29 所示。

（4）对曲面进行镜像、合并、加厚等编辑。

1）对边界混合曲面进行镜像。选取前面创建的边界混合曲面，然后单击 （镜像）按钮，弹出镜像操控面板，选取 FRONT 基准平面作为镜像平面，然后单击操控面板上 （确定）按钮，完成曲面镜像操作，如图 6-30 所示。

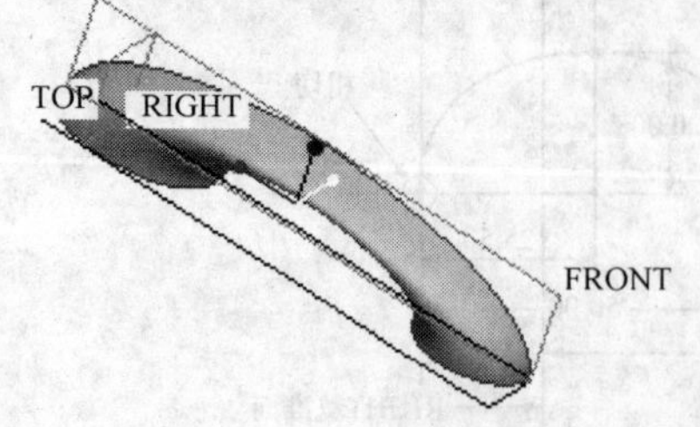

图 6-29　边界混合曲面

2）对镜像的两个曲面进行合并。选取两个曲面，然后单击 （合并）按钮，弹出合并操控面板，直接单击操控面板上 （确定）按钮，完成两曲面合并操作，如图 6-31 所示。

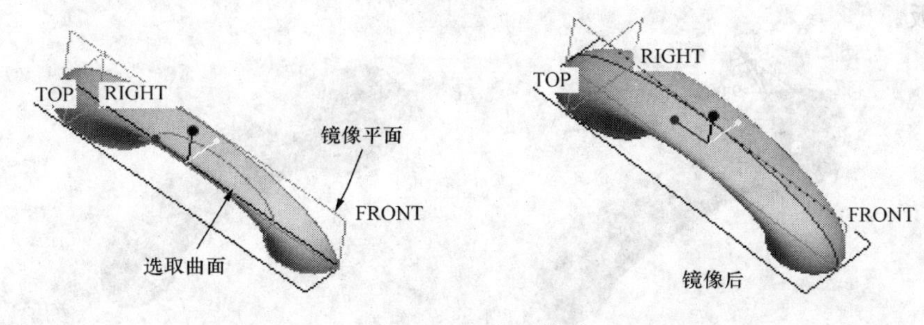

图 6-30 曲面镜像

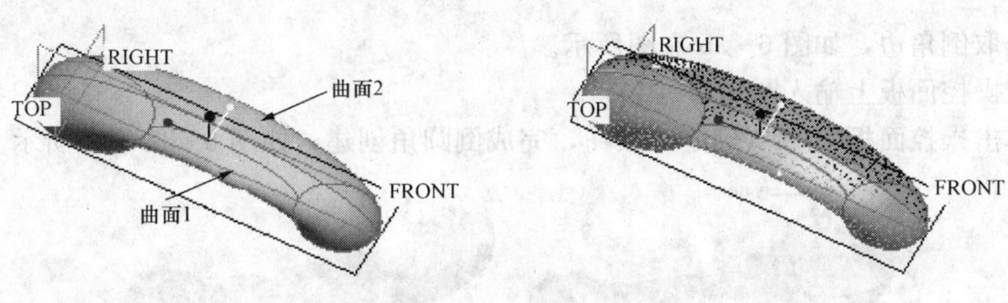

图 6-31 曲面合并

3）对曲面加厚。选取前面合并后的曲面，然后选择菜单“编辑”→“加厚”命令，弹出加厚操控面板，在操控面板中输入加厚厚度“2”，然后单击（反向）使加厚方向往曲面两侧进行，如图 6-32 左图所示。最后单击操控面板上（确定）按钮，完成曲面加厚操作，如图 6-32 右图所示。

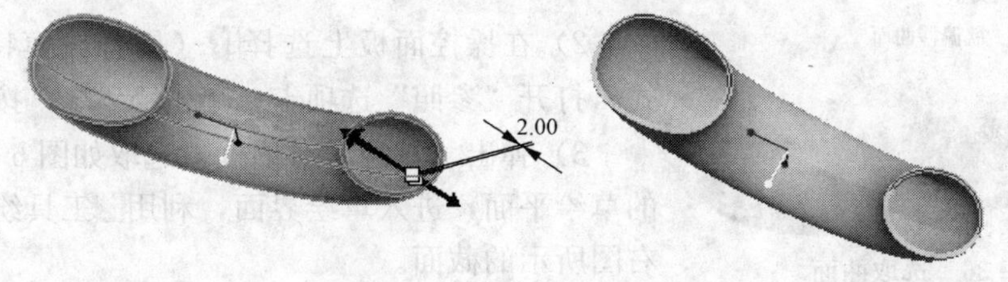

图 6-32 曲面加厚

（5）利用拉伸特征创建听筒端部。

1）单击（拉伸）按钮，弹出拉伸操控面板，打开“放置”选项卡，单击 定义... 按钮。

2）弹出“草绘”对话框，选取 TOP 基准平面作为草绘平面，进入草绘界面。

3）绘制拉伸截面，该拉伸截面利用（通过边界创建曲线）工具创建，如图 6-33 所示。

4）在操控面板上输入拉伸深度“9”。

5）单击操控面板上（确定）按钮，完成拉伸特征创建，如图 6-34 所示。

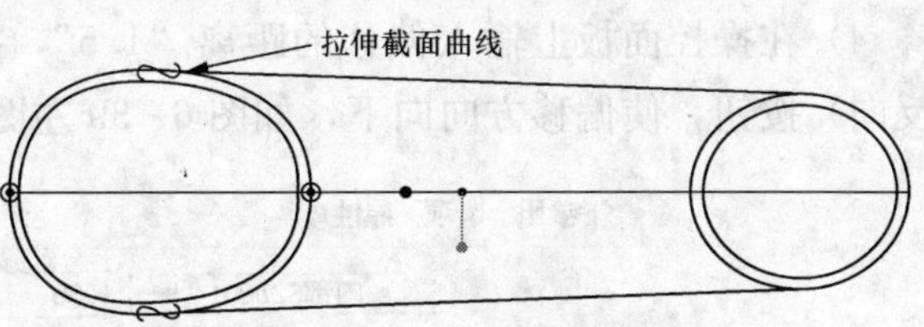

图 6-33 草绘拉伸截面

（6）对拉伸特征倒圆角。

1）单击（倒圆角）按钮，弹出倒

圆角操控面板。

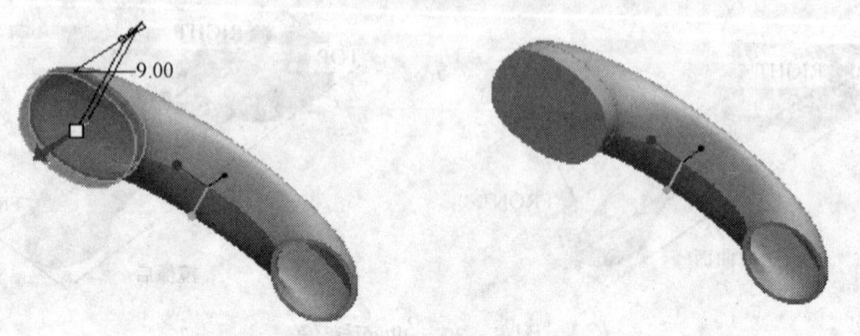

图 6 - 34　拉伸特征创建

2）选取倒角边，如图 6 - 35 左图所示。

3）在操控面板上输入圆角半径“5”。

4）单击操控面板上✔（确定）按钮，完成倒圆角创建，如图 6 - 35 右图所示。

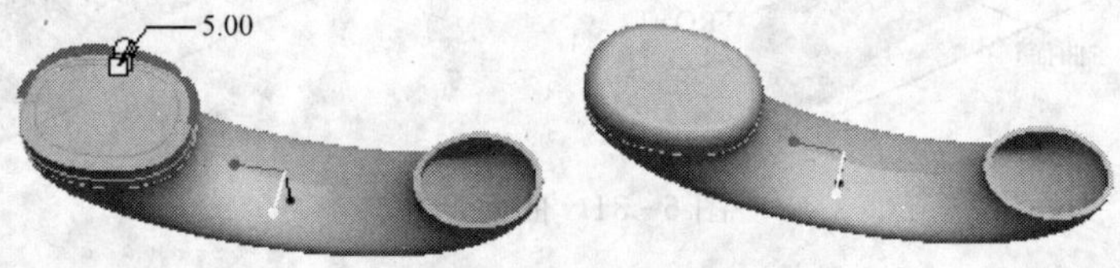

图 6 - 35　创建圆角特征

（7）创建曲面偏移特征。

1）选取欲偏移的曲面，如图 6 - 36 所示，然后选择菜单“编辑”→“偏移”命令，弹出偏移操控面板。

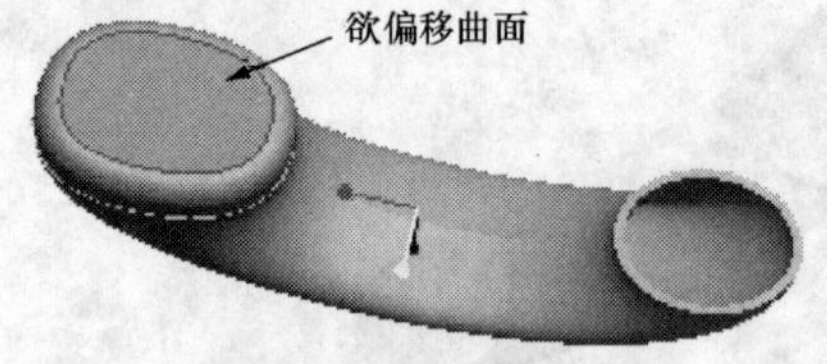

图 6 - 36　选取曲面

2）在操控面板上选择（具有拔模特征）偏移方式，打开“参照”选项卡，单击 定义... 按钮。

3）弹出“草绘”对话框，选取如图 6 - 37 左图所示的草绘平面，进入草绘界面，利用□工具绘制如图6 - 37 右图所示的截面。

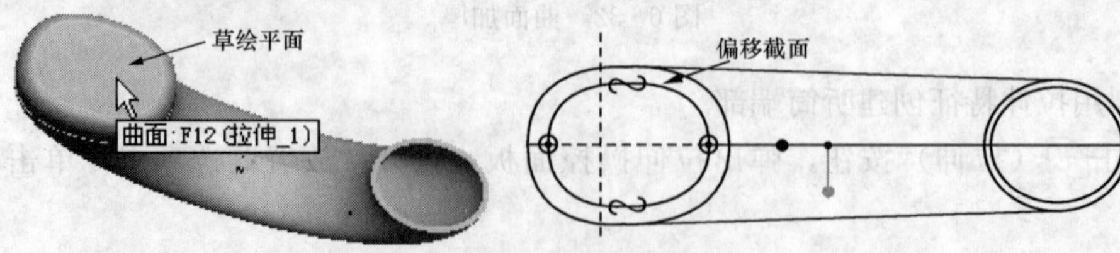

图 6 - 37　草绘偏移截面

4）在操控面板上输入偏移的距离“1.5”，拔模角度“45”，如图 6 - 38 所示。单击（反向）按钮，使偏移方向向下，如图 6 - 39 左图所示。

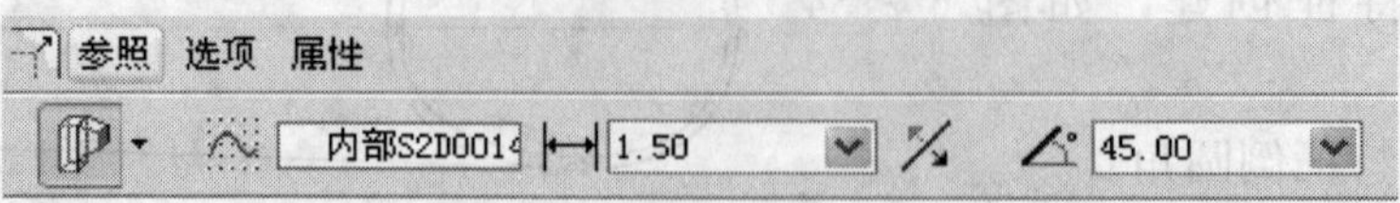

图 6 - 38　偏移操控面板

5）单击操控面板上✔（确定）按钮，完成曲面偏移特征创建，如图 6-39 右图所示。

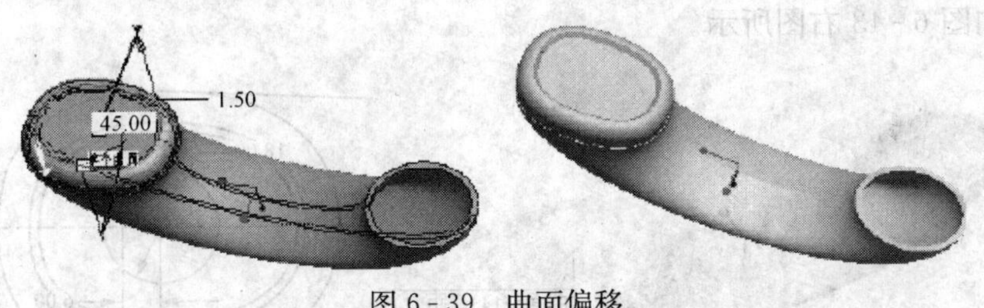

图 6-39 曲面偏移

(8) 创建听筒端部的孔。

1）单击（拉伸）按钮，弹出拉伸操控面板，单击（切除材料）按钮，以创建切除材料特征，打开“放置”选项卡，单击 定义... 按钮。

2）弹出“草绘”对话框，选取如图 6-40 左图所示平面为草绘平面，进入草绘界面，绘制拉伸截面，如图 6-40 右图所示。

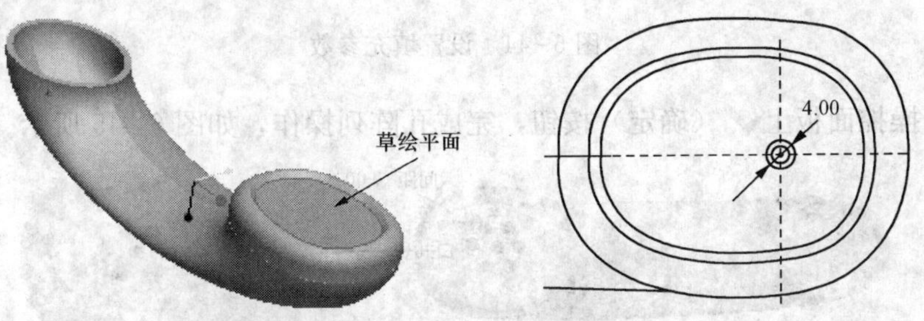

图 6-40 草绘拉伸截面

3）在操控面板上输入拉伸深度“9”。单击操控面板上✔（确定）按钮，完成拉伸切孔创建，如图 6-41 所示。

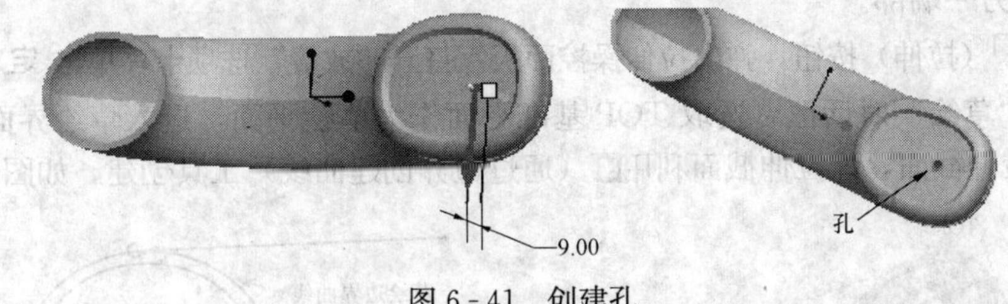

图 6-41 创建孔

4）阵列孔。选取上面创建的孔，然后单击（阵列）按钮，弹出阵列操控面板。

5）在操控面板上选择“填充”方式阵列，然后单击“参照”选项卡中 定义... 按钮，如图 6-42 所示。

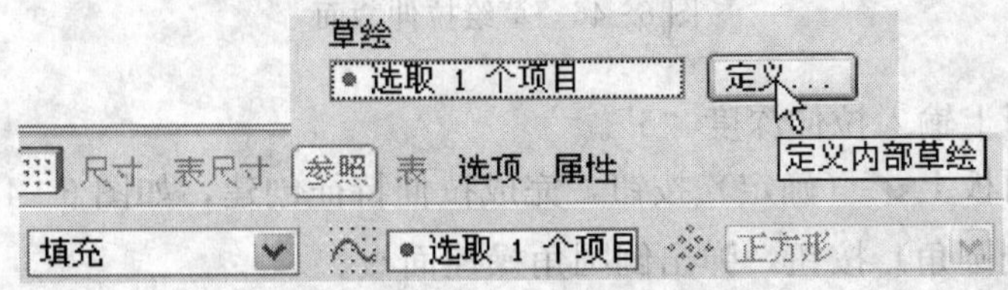

图 6-42 控制面板

6）弹出“草绘”对话框，选取如图 6-43 左图所示表面作为草绘平面，绘制截面确定填充区域，如图 6-43 右图所示。

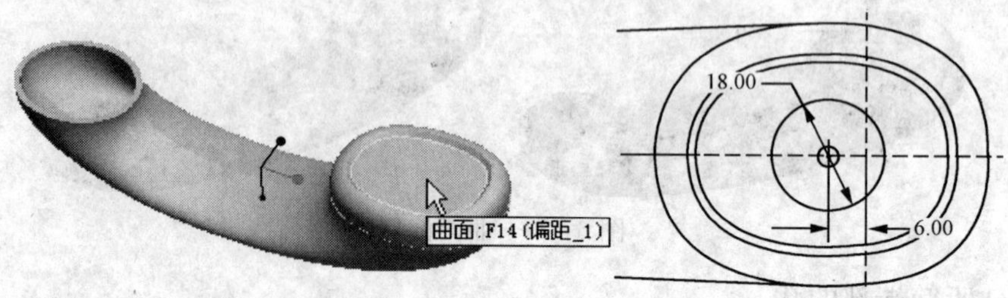

图 6-43 草绘填充区域

7）操控面板上其他参数设置如图 6-44 所示。

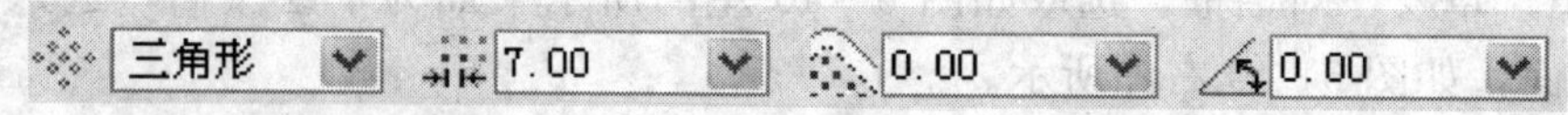

图 6-44 设置填充参数

8）单击操控面板上✔（确定）按钮，完成孔阵列操作，如图 6-45 所示。

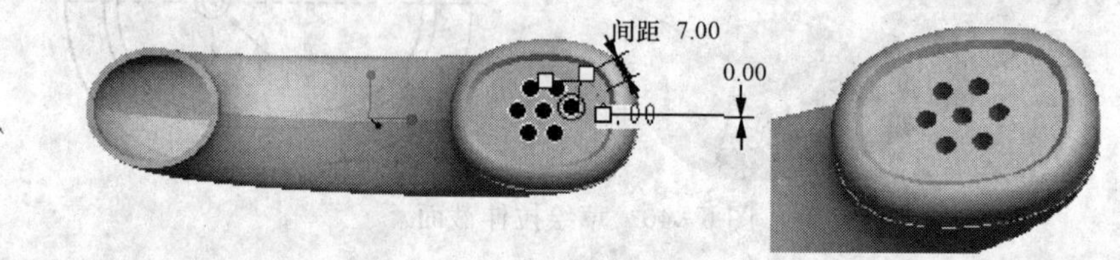

图 6-45 阵列孔

(9) 创建另一端部。

1）单击（拉伸）按钮，弹出拉伸操控面板，打开“放置”选项卡，单击 定义... 按钮。

2）弹出“草绘”对话框，选取 TOP 基准平面作为草绘平面，进入草绘界面。

3）绘制拉伸截面，该拉伸截面利用（通过边界创建曲线）工具创建，如图 6-46 所示。

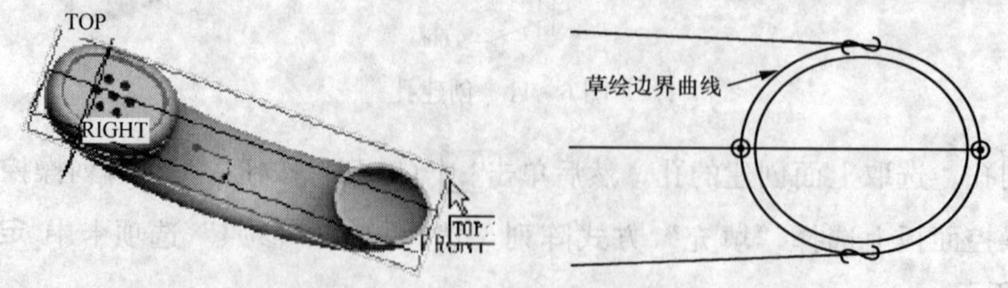

图 6-46 草绘拉伸截面

4）在操控面板上输入拉伸深度“6”。

5）单击操控面板上✔（确定）按钮，完成拉伸特征创建，如图 6-47 所示。

6）单击（倒圆角）按钮，弹出倒圆角操控面板。

7）选取倒角边，如图 6-48 左图所示，在操控面板上输入圆角半径“5”。

图 6-47　创建拉伸特征

8）单击操控面板上✔（确定）按钮，完成倒圆角创建，如图 6-48 右图所示。

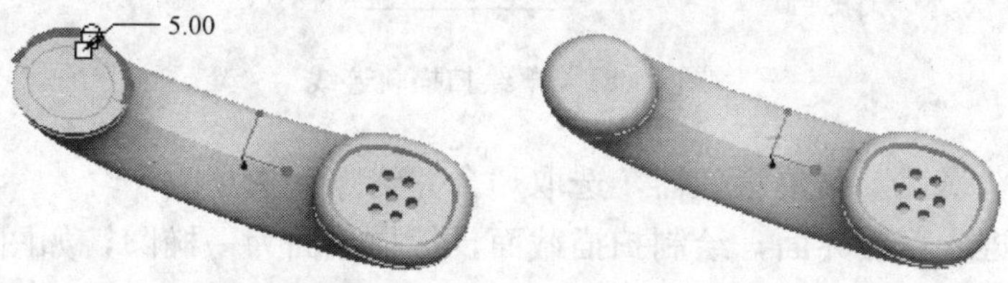

图 6-48　创建圆角特征

9）单击（拉伸）按钮，弹出拉伸操控面板，单击（切除材料）按钮，以创建切除材料特征，打开“放置”选项卡，单击 定义... 按钮。

10）弹出“草绘”对话框，选取如图 6-49 左图所示平面为草绘平面，进入草绘界面，绘制拉伸截面，如图 6-49 右图所示。

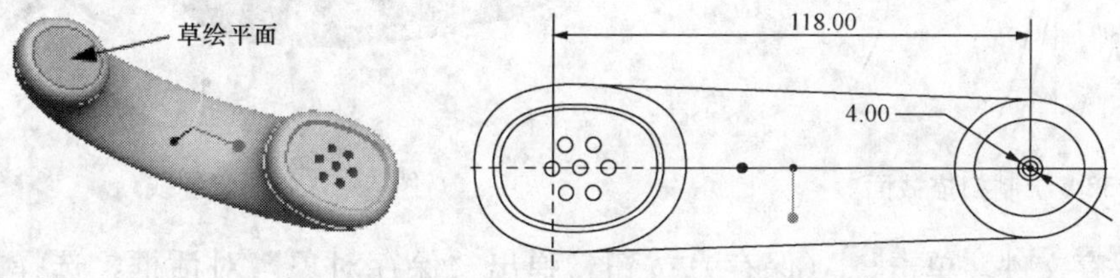

图 6-49　草绘拉伸截面

11）在操控面板上输入拉伸深度“7”。单击操控面板上✔（确定）按钮，完成拉伸切孔创建，如图 6-50 所示。

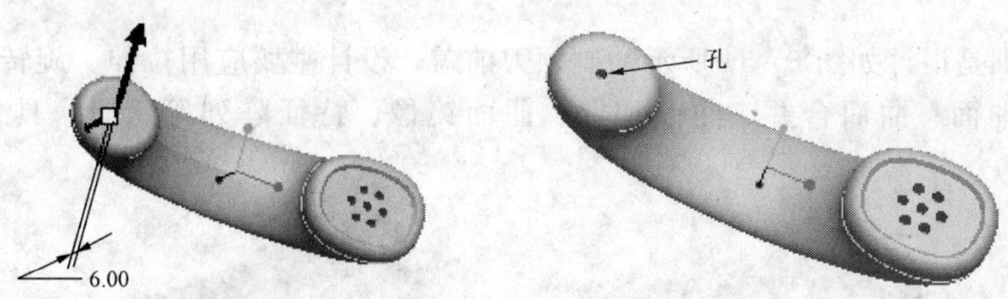

图 6-50　创建孔

（10）利用扫描工具创建导线。

1）选择菜单“插入”→“扫描”→“伸出项”命令，弹出“伸出项：扫描”对话框和“扫描轨迹”菜单管理器。

2）选择菜单管理器“草绘轨迹”选项，系统提示选取草绘平面，选取 FRONT 基准平面作为草绘平面，然后依次选择菜单管理器中“正向”→“缺省”选项，进入草绘界面。

3）绘制样条曲线作为扫描轨迹线，如图 6-51 所示。

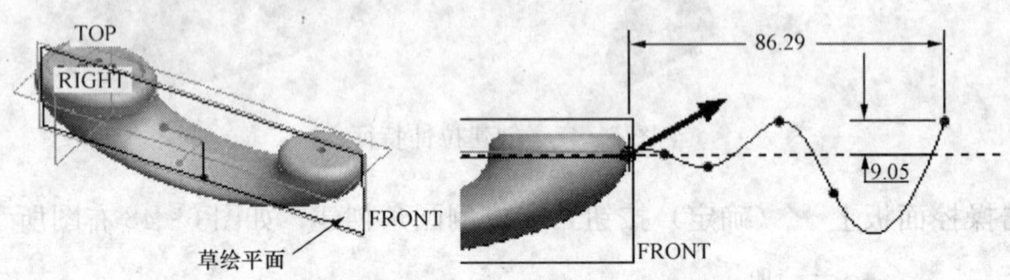

图 6-51 草绘扫描轨迹线

4）系统弹出“属性”菜单管理器，选取“合并终点”选项。

5）系统再次进入草绘界面，绘制扫描截面，扫描截面为一椭圆，如图 6-52 所示。

6）此时扫描特征所有元素已定义，单击“伸出项：扫描”对话框中 确定 按钮，完成导线创建，如图 6-53 所示。

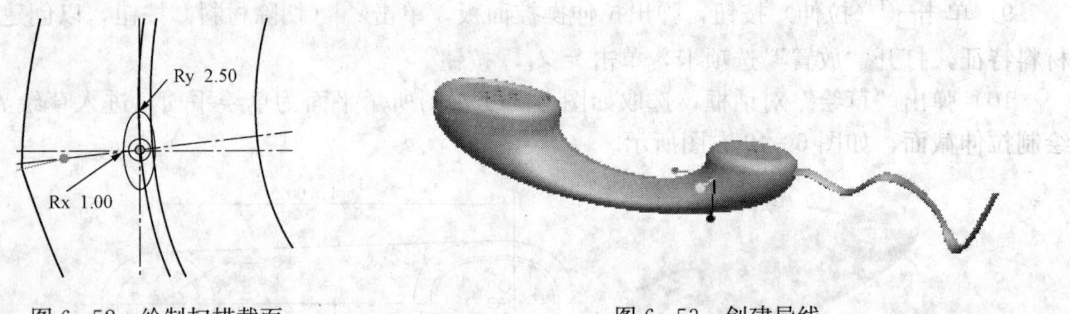

图 6-52 绘制扫描截面

图 6-53 创建导线

（11）保存文件。单击（保存）按钮，弹出“保存对象”对话框，选择文件存放目录，然后单击对话框中 确定 按钮，完成文件保存。

6.3 实训 3 剃须刀前盖设计

此次实训是设计如图 6-54 所示的剃须刀前盖，设计主要应用拉伸、旋转、边界混合曲面、填充曲面、曲面合并、曲面加厚、曲面镜像、特征阵列等工具，具体操作步骤如下。

图 6-54 剃须刀前盖

(1) 新建文件。单击（新建）按钮，弹出“新建”对话框，选择 零件类型，输入文件名“6-3”，将使用缺省模板前面勾选取消，单击确定按钮，进入“新文件选项”对话框，选择mmns_part_solid模板，单击确定按钮，进入零件设计界面。

(2) 建立第一张边界混合曲面。

1) 建立边界混合曲线。

①单击（草绘）按钮，弹出“草绘”对话框，选取TOP基准平面作为草绘平面，进入草绘界面，绘制曲线，如图6-55所示。

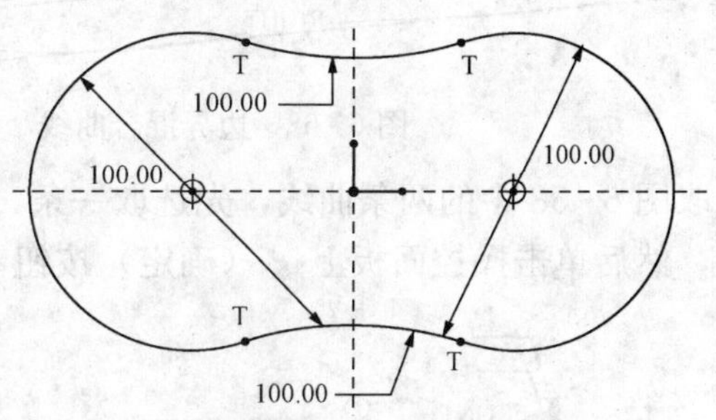

图6-55　草绘曲线

②单击（基准平面）按钮，弹出“基准平面”对话框，选取TOP基准平面作为参照，使新建基准平行与TOP基准平面，在“基准平面”对话框中输入平移偏距为“15”，建立新基准平面DTM1，如图6-56所示。

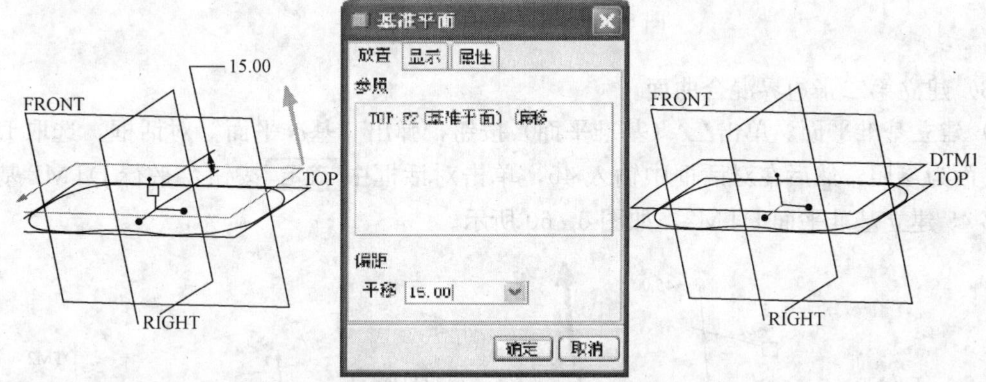

图6-56　建立基准平面DTM1

③选取在TOP基准平面上创建的曲线，然后选择菜单“编辑”→“投影”命令，弹出投影操控面板，在视图中选取DTM1基准平面，使所选选曲线投影至该平面，单击操控面板上（确定）按钮，完成曲线投影，在DTM1基准平面上创建一条曲线，如图6-57所示。

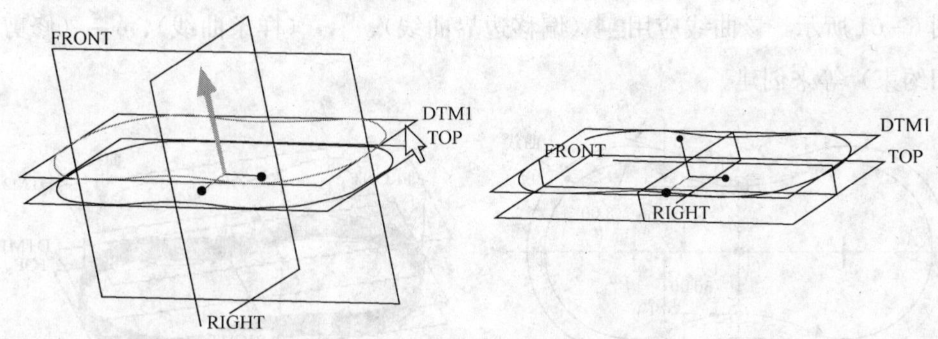

图6-57　投影创建第二条边界混合曲线

④将投影时自动隐藏的第一条曲线显示出来，方法是在模型树中选取曲线1，然后单击

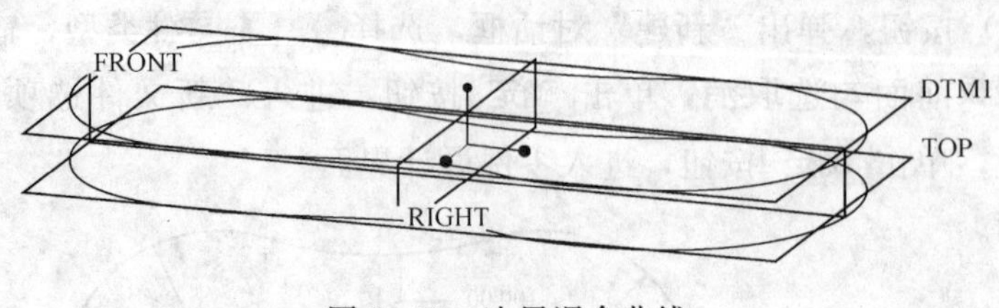

图 6-58　边界混合曲线

右键，弹出快捷菜单，选择快捷菜单中的“取消隐藏”，即可将曲线 1 显示在视图中。创建好的两条曲线如图 6-58 所示。

2）单击（边界混合）按钮，弹出边界混合操控面板，选取图 6-58 中的两条曲线，先选取一条，然后按住 Ctrl 键选取第二条，如图 6-59 左图所示，然后单击操控面板上✔（确定）按钮，完成边界混合曲面创建，如图 6-59 右图所示。

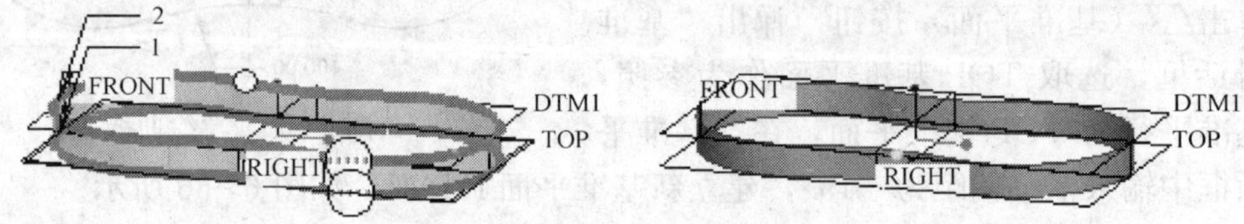

图 6-59　第一张边界混合曲面

（3）建立第二张边界混合曲面。

1）建立基准平面。单击（基准平面）按钮，弹出“基准平面”对话框，选取 DTM1 基准平面为参照，然后在对话框中输入 45，单击对话框中 确定 按钮，平行 DTM1 基准平面偏移 45 建立基准平面 DTM2，如图 6-60 所示。

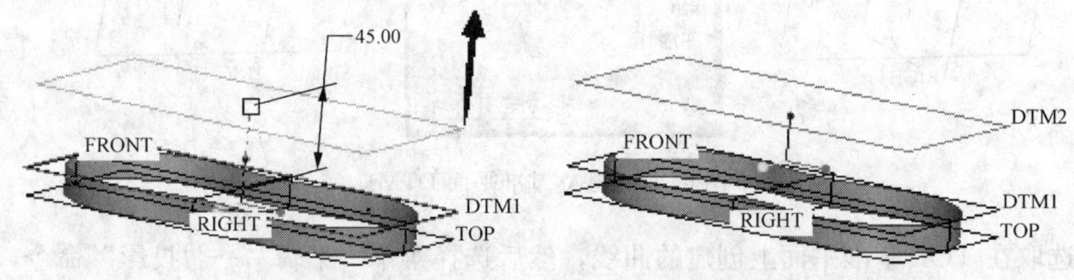

图 6-60　建立基准平面 DTM2

2）单击（草绘）按钮，选取 DTM2 基准平面为草绘平面，进入草绘界面，绘制曲线，如图 6-61 所示，该曲线应用（偏移边界曲线）、（样条曲线）、（修剪工具）、（相切约束）等来创建。

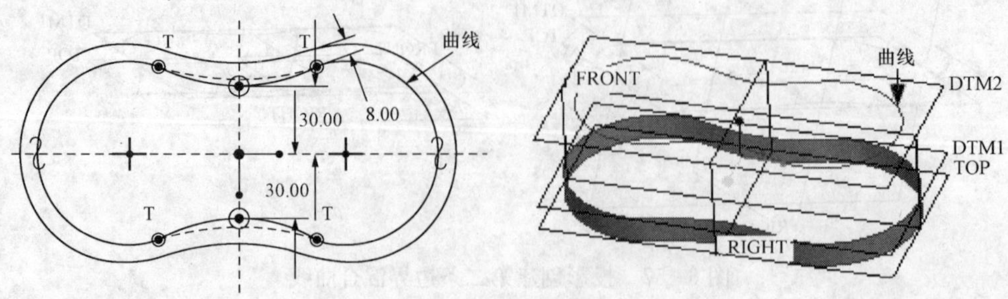

图 6-61　草绘曲线

3）单击（边界混合）按钮，弹出边界混合操控面板，然后选取边界混合曲线 1，按住 Ctrl 键选取曲线 2，如图 6-62 所示。

4）打开操控面板上“约束”上滑面板，将第二条曲线边界处的约束条件设置为“曲率”，并将拉伸值设置为“0.3”，如图 6-63 所示。

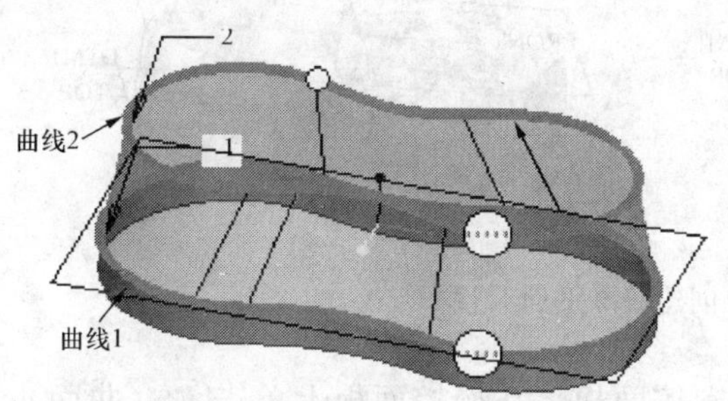

图 6-62　选取边界曲线

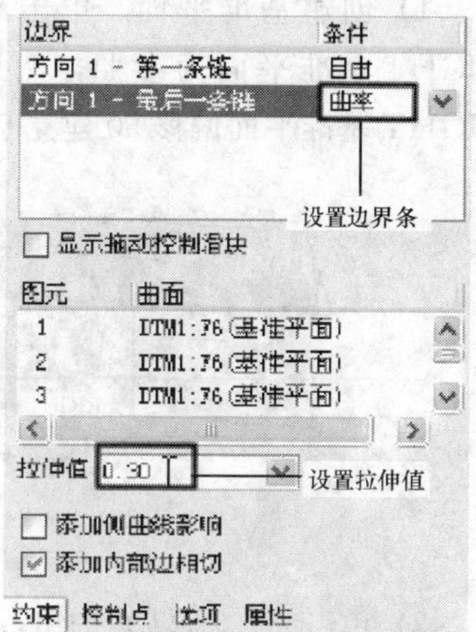

图 6-63　设置约束条件

5）单击操控面板上（确定）按钮，完成第二张边界混合曲面创建，如图 6-64 所示。

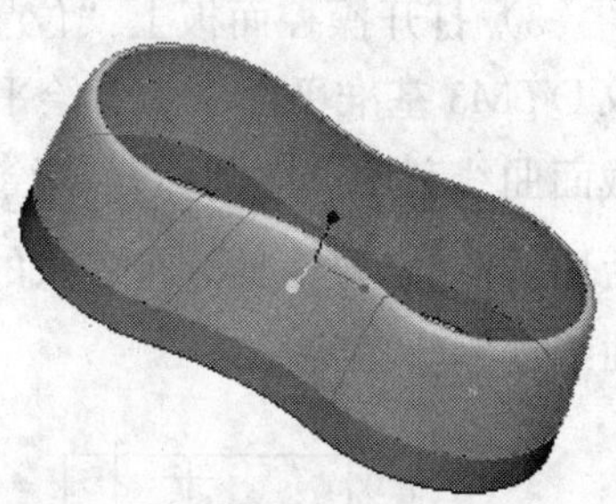

图 6-64　第二张边界混合曲面

（4）建立填充曲面。

1）选择菜单“编辑”→“填充”命令，弹出填充操控面板。

2）打开操控面板上“参照”选项卡，单击 定义... 按钮，弹出“草绘”对话框，选取 DTM1 基准平面作为草绘平面，进入草绘界面，绘制填充边界，如图 6-65 所示。该截面利用（在边界线上绘制曲线）工具创建。

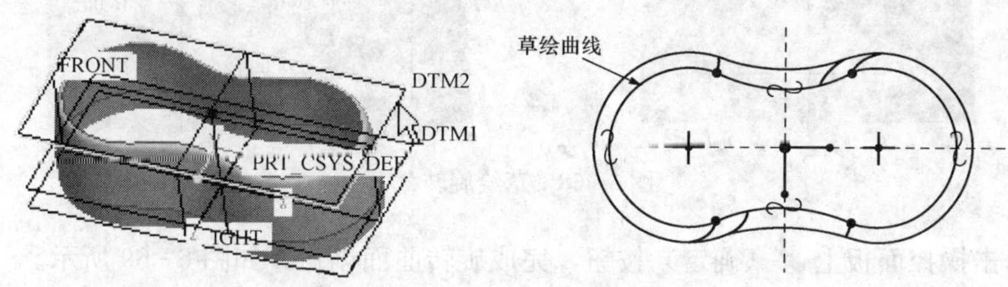

图 6-65　草绘填充边界

3）单击操控面板上（确定）按钮，完成填充曲面创建，如图 6-66 所示。

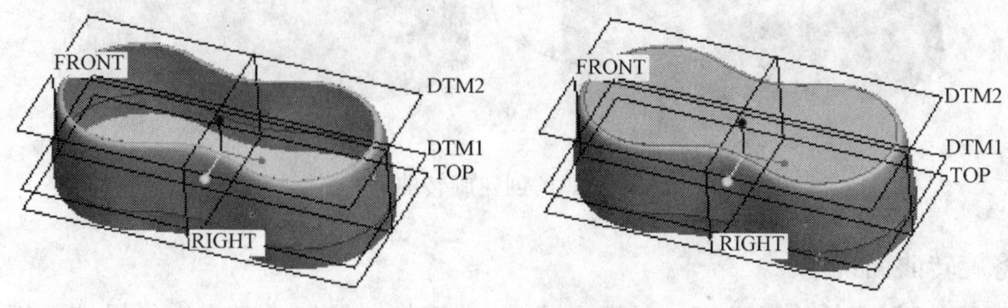

图 6-66　创建填充曲面

（5）建立旋转曲面。

1）创建基准平面。单击 （基准平面）按钮，弹出“基准平面”对话框，选取 RIGHT 基准平面为参照，然后在对话框中输入 50，单击对话框中 确定 按钮，平行 RIGHT 基准平面偏移 50 建立基准平面 DTM3，如图 6-67 所示。

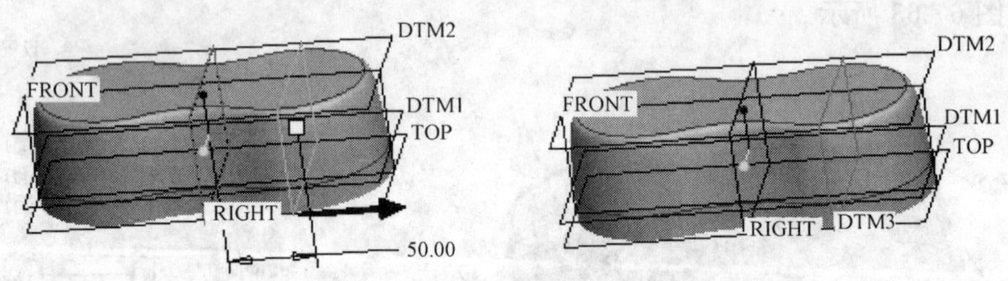

图 6-67 创建基准平面 DTM3

2）单击 （旋转）按钮，弹出旋转操控面板，在操控面板上单击 （曲面），以创建旋转曲面。

3）打开操控面板上“位置”上滑面板，单击 定义... 按钮，弹出“草绘”对话框，选取 DTM3 基准平面作为草绘平面，进入草绘界面，绘制旋转截面，如图 6-68 所示。该旋转截面曲线利用 （圆弧）草绘两条圆弧，然后在两圆弧之间用 （倒圆角）创建圆角，然后用 （修剪工具）将多余的曲线删除，最后按要求标准尺寸，并修改尺寸，即可完成该曲线绘制。

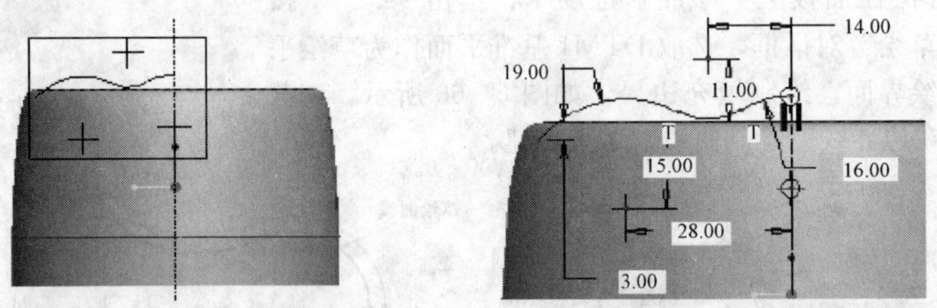

图 6-68 草绘旋转截面

4）单击操控面板上 （确定）按钮，完成旋转曲面创建，如图 6-69 所示。

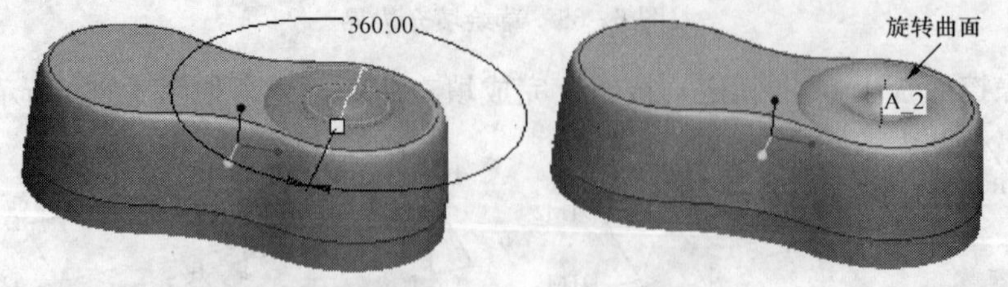

图 6-69 创建旋转曲面

（6）将旋转曲面镜像。

1）选取前面创建的旋转曲面，然后单击 （镜像）按钮，弹出镜像操控面板。

2）选取 RIGHT 基准平面作为镜像平面，然后单击操控面板上✔（确定）按钮，完成镜像曲面创建，如图 6-70 所示。

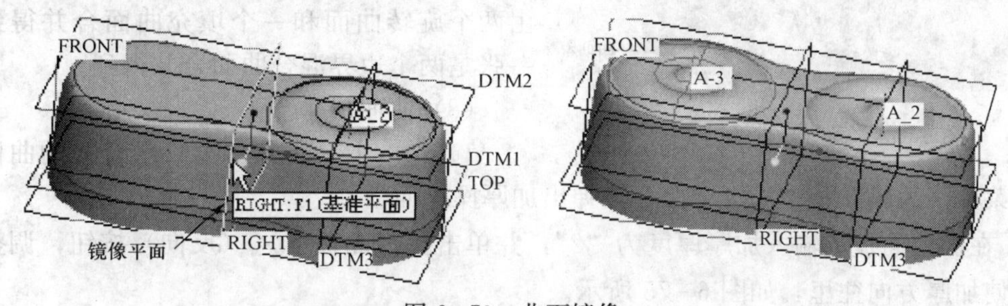

图 6-70　曲面镜像

（7）曲面合并。

1）将前面绘制的曲线隐藏起来。在模型树中选取曲线特征，然后单击右键，弹出快捷菜单，选择其中的“隐藏”选项，即可将曲线隐藏，而不在视图中显示。

2）选取如图 6-71 左图所示两个曲面（按住 Ctrl 键多选），然后单击（合并）按钮，弹出合并操控面板，单击操控面板上（反向）按钮，或单击视图中黄色的箭头，使合并的结果符合设计要求，如图 6-71 右图所示。

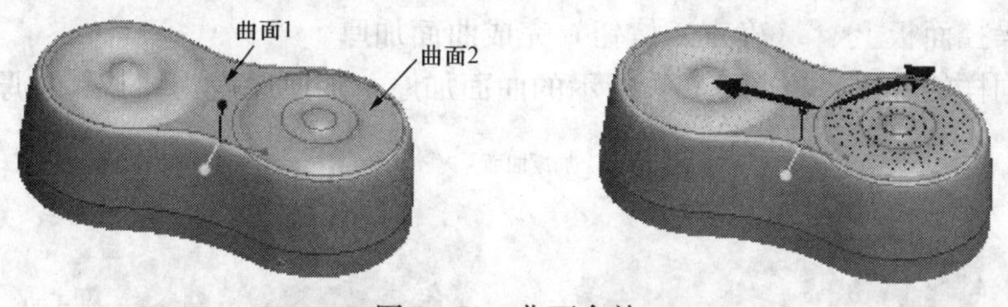

图 6-71　曲面合并

3）单击操控面板上✔（确定）按钮，完成曲面合并，如图 6-72 所示。

图 6-72　曲面合并结果

4）利用同样的方法，将图 6-73 左图中两个曲面进行合并，合并后如右图所示。

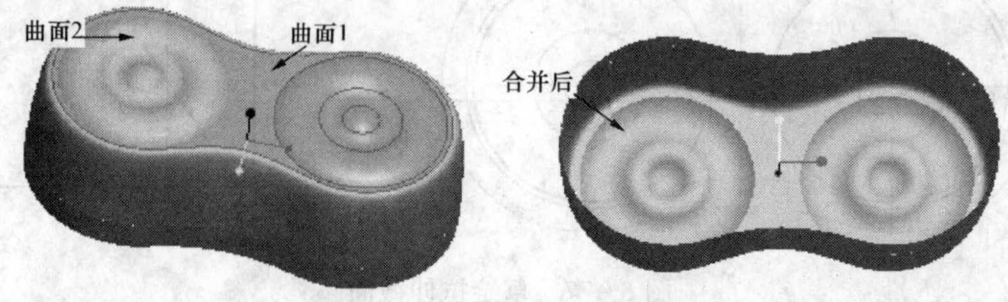

图 6-73　第二次曲面合并

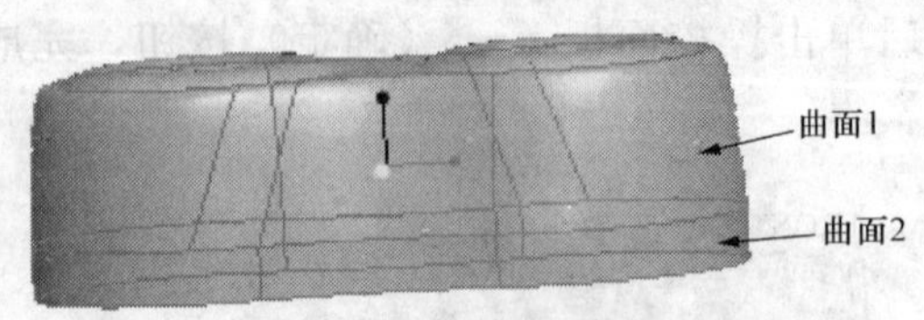

图 6-74 第三次曲面合并

5）将图 6-74 中两个曲面进行合并。

6）合并之后设计结果为两张曲面，一张是由两个旋转曲面和一个填充曲面合并得到，另一张是两个边界混合曲面合并得到。

（8）曲面加厚。

1）选取上一步骤中第二次合并的曲面，然后选择菜单“编辑”→“加厚”命令，弹出加厚操控面板。

2）在操控面板上输入加厚厚度为“2”，并单击操控面板上 （反向）按钮，调整加厚方向，使加厚方向往里，如图 6-75 所示。

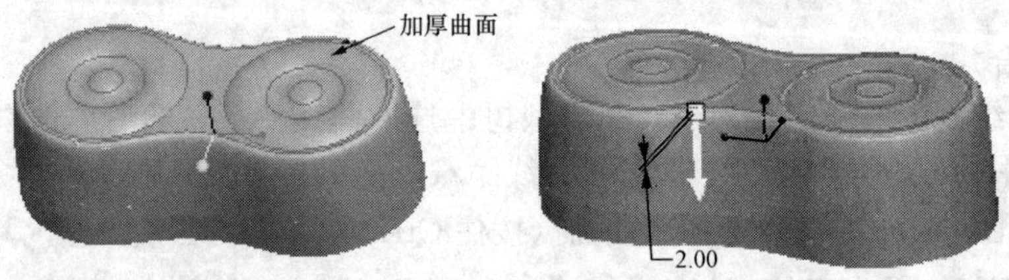

图 6-75 第一次加厚

3）单击操控面板上 （确定）按钮，完成曲面加厚。

4）利用同样的方法，将图 6-76 所示的曲面加厚，加厚厚度为“1”，加厚方向往里。

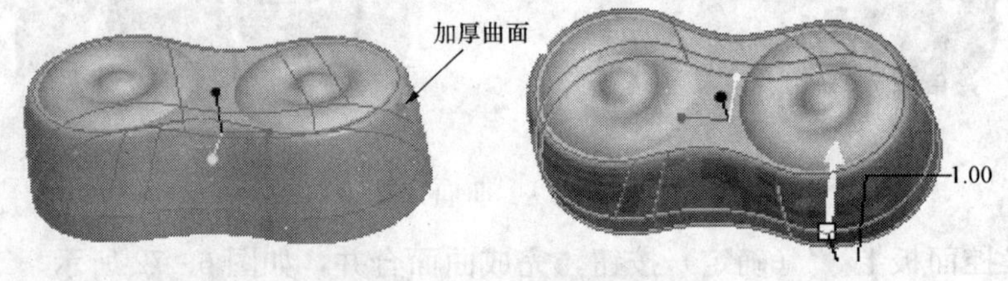

图 6-76 第二次加厚

（9）利用拉伸切口创建孔。

1）单击 （拉伸）按钮，弹出拉伸操控面板，单击 （切除材料）按钮，以创建切除材料特征，打开“放置”选项卡，单击 定义... 按钮。

2）弹出“草绘”对话框，选取 DTM2 基准平面为草绘平面，进入草绘界面，绘制拉伸截面，如图 6-77 所示。

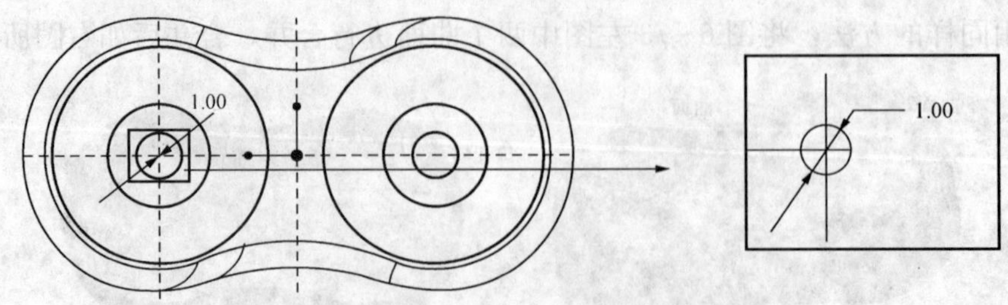

图 6-77 草绘拉伸截面

3）在操控面板上选取拉伸方式为（穿透）。单击操控面板上（确定）按钮，完成拉伸切孔创建，如图6-78所示。

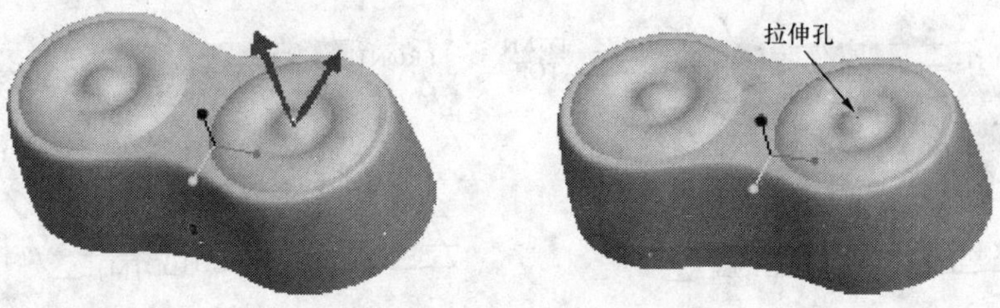

图6-78　拉伸切出孔

（10）利用填充阵列孔。

1）选取上面创建的孔，然后单击（阵列）按钮，弹出阵列操控面板。

2）在操控面板上选择“填充”方式阵列，然后单击“参照”选项卡中 定义... 按钮。

3）弹出“草绘”对话框，选取DTM2基准平面作为草绘平面，绘制截面确定填充区域，如图6-79所示。截面曲线利用（通过边创建图元）工具进行创建。

4）在操控面板上设置填充阵列参数，如图6-80所示。

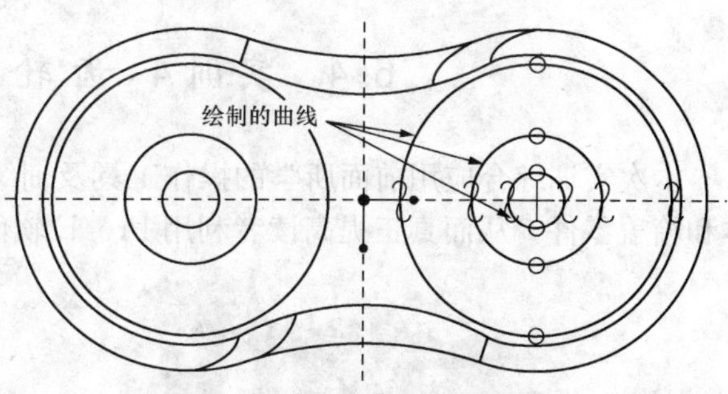

图6-79　草绘填充区域

图6-80　设置填充阵列参数

5）单击操控面板上（确定）按钮，完成孔阵列操作，结果如图6-81所示。

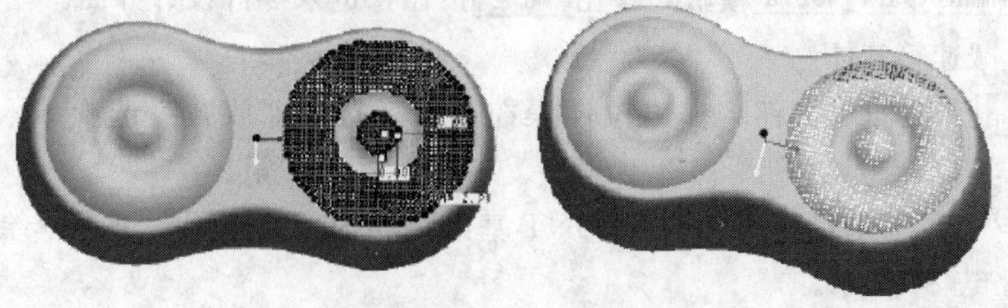

图6-81　填充阵列特征

（11）镜像孔。

1）选取前面步骤创建的阵列孔，然后单击（镜像）按钮，弹出镜像操控面板。

2）选取RIGHT基准平面为镜像平面，如图6-82左图所示。

3）单击操控面板上✔（确定）按钮，完成镜像特征创建，如图 6 - 82 右图所示。

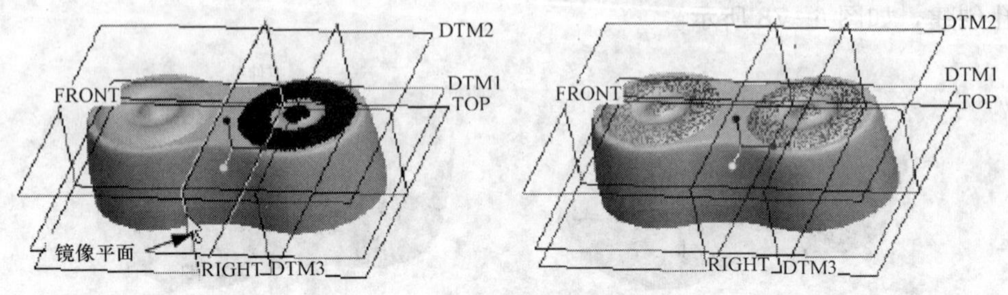

图 6 - 82 孔镜像

(12) 保存文件。单击💾（保存）按钮，弹出“保存对象”对话框，选择文件存放目录，然后单击对话框中 确定 按钮，完成文件保存。

6.4 实训 4 齿轮减速箱设计

本次实训综合应用前面所学的操作工具及训练的技能，设计如图 6 - 83 所示的减速箱箱体和箱盖零件，从而真正提高读者利用 Pro/E 软件进行产品设计的实战能力。

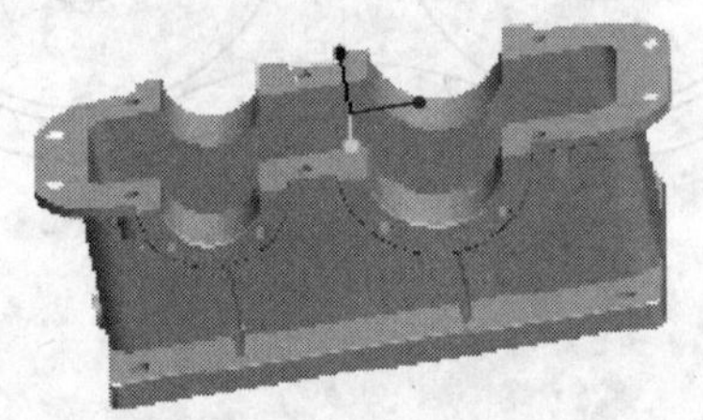
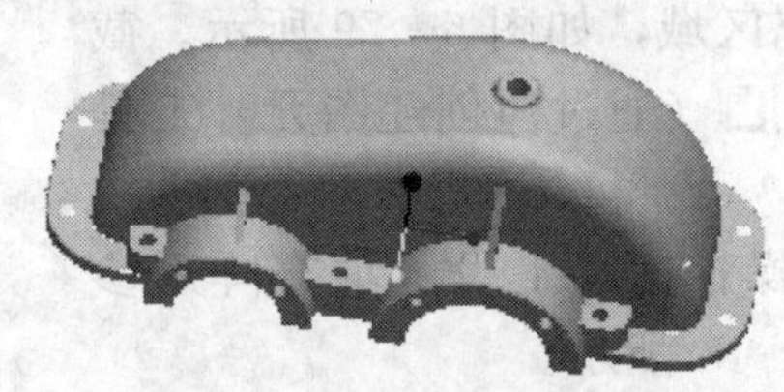

图 6 - 83 减速箱箱体箱盖零件

设计具体操作步骤如下。

(1) 新建文件。单击（新建）按钮，弹出“新建”对话框，选择◉ 零件类型，输入文件名“6 - 4”，将☑ 使用缺省模板前面勾选取消，单击 确定 按钮，进入“新文件选项”对话框，选择 mmns_part_solid 模板，单击 确定 按钮，进入零件设计界面。

(2) 建立减速箱基体。

1）单击（拉伸）按钮，弹出拉伸操控面板，打开“放置”选项卡，单击 定义... 按钮。

2）弹出“草绘”对话框，选取 FRONT 基准平面为草绘平面，进入草绘界面，绘制拉伸截面，如图 6 - 84 所示。

3）在拉伸操控面板上设置拉伸方式为（对称），输入拉伸深度“240”，单击操控面板上✔（确定）按钮，完成拉伸特征创建，如图 6 - 85 所示。

4）单击（倒圆角）按钮，弹出倒圆角操控面板，选取倒圆角边，如图 6 - 86 左图所示。

5）在操控面板上输入圆角半径“45”，单击圆角操控面板上✔（确定）按钮，完成圆角创建，如图 6 - 86 右图所示。

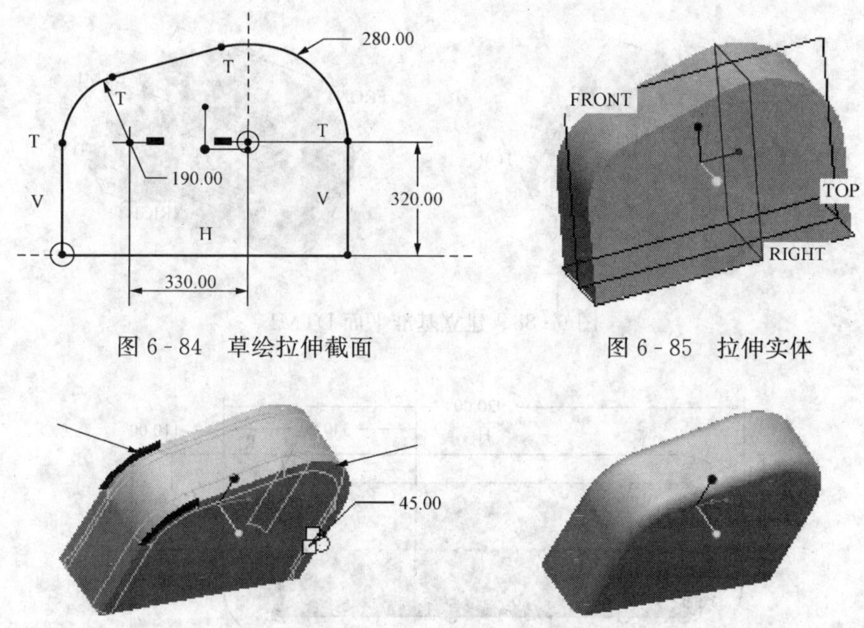

图 6-84 草绘拉伸截面　　图 6-85 拉伸实体

图 6-86 建立圆角特征

6）单击（壳）按钮，弹出壳操控面板，选取移除的曲面，如图 6-87 左图所示。

7）在操控面板上输入壳厚度“18”，单击操控面板上✔（确定）按钮，完成壳体创建，如图 6-87 右图所示。

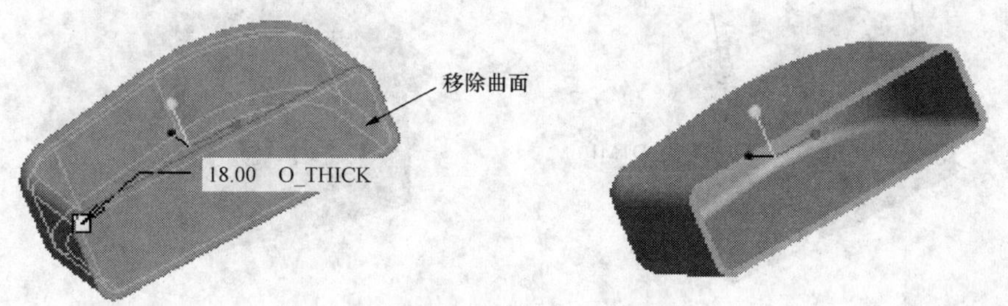

图 6-87 建立壳特征

此时完成减速箱基体的创建，如图 6-87 右图所示。

（3）建立箱体与箱盖的结合面。

1）创建基准平面。单击（基准平面）按钮，弹出“基准平面”对话框，选取 TOP 基准平面为参照，然后在对话框中输入 300，单击对话框中 确定 按钮，平行 TOP 基准平面偏移 300 建立基准平面 DTM1，如图 6-88 所示。

2）单击（拉伸）按钮，弹出拉伸操控面板，打开“放置”选项卡，单击 定义... 按钮。

3）弹出“草绘”对话框，选取 DTM1 基准平面为草绘平面，进入草绘界面，绘制拉伸截面，如图 6-89 所示。

4）在拉伸操控面板上设置拉伸方式为（对称），输入拉伸深度“38”，单击操控面板上✔（确定）按钮，完成拉伸特征创建，如图 6-90 所示。

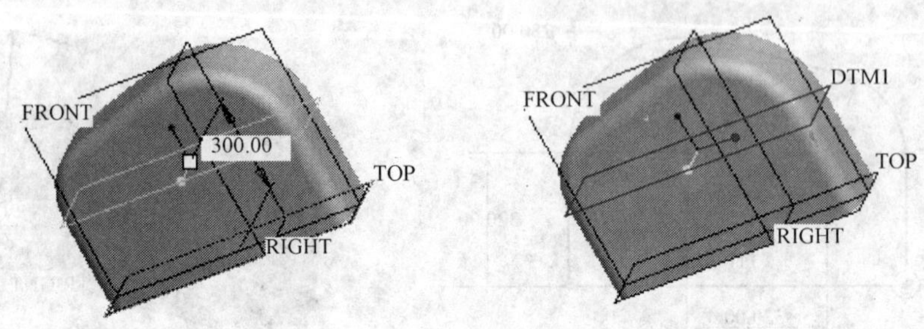

图 6-88　建立基准平面 DTM1

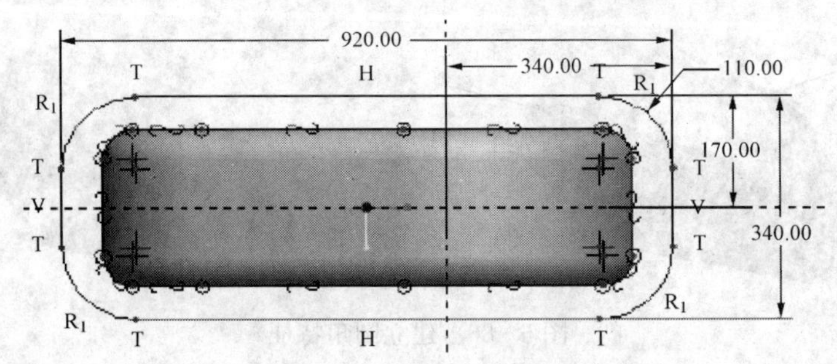

图 6-89　草绘拉伸截面

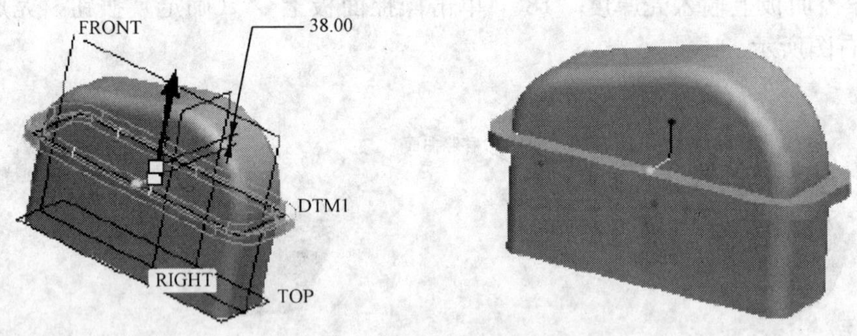

图 6-90　创建拉伸结合面

(4) 建立减速箱底座。

1) 单击 (拉伸) 按钮，弹出拉伸操控面板，打开“放置”选项卡，单击 定义... 按钮。

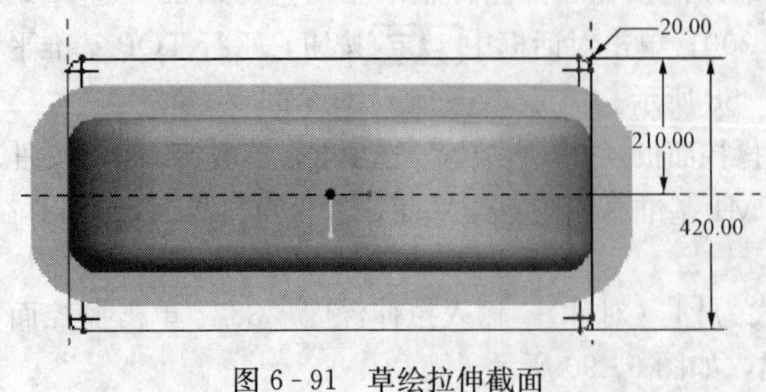

图 6-91　草绘拉伸截面

2) 弹出“草绘”对话框，选取 TOP 基准平面为草绘平面，进入草绘界面，绘制拉伸截面，如图 6-91 所示。

3) 在拉伸操控面板上输入拉伸深度“38”，单击操控面板上 (确定) 按钮，完成拉伸特征创建，如图 6-92 所示。

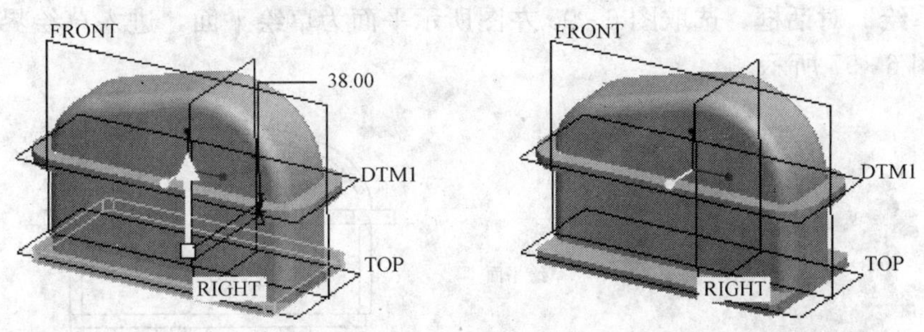

图 6-92　创建底座

4）单击（拉伸）按钮，弹出拉伸操控面板，单击（切除材料）按钮，以创建切口。

5）打开“放置”选项卡，单击 定义... 按钮，弹出“草绘”对话框，选择图 6-93 左图所示的平面作为草绘平面，进入草绘界面，绘制拉伸截面，如图 6-93 右图所示。

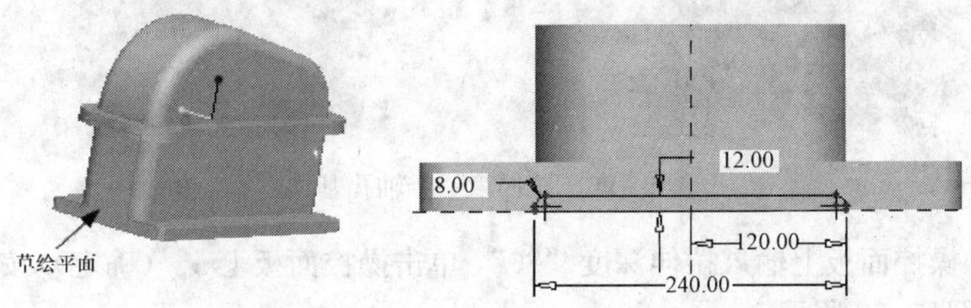

图 6-93　草绘拉伸截面

6）在操控面板上选择拉伸方式（穿透），然后调整拉伸方向，使其方向如图 6-94 左图所示，单击操控面板上（确定）按钮，完成拉伸切口创建，如图 6-94 右图所示。

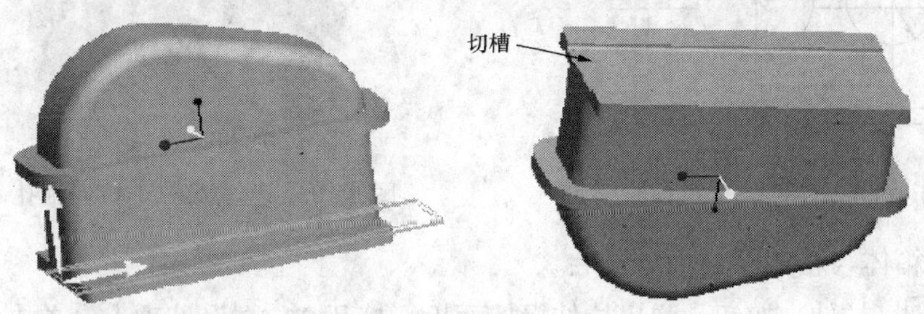

图 6-94　创建底座切槽

(5) 建立减速箱轴孔基体。

1）单击（拉伸）按钮，弹出拉伸操控面板，打开“放置”选项卡，单击 定义... 按钮。

2）弹出“草绘”对话框，选取图 6-95 左图所示平面为草绘平面，进入草绘界面，绘制拉伸截面，如图 6-95 右图所示。

3）在拉伸操控面板上输入拉伸深度“80”，单击操控面板上（确定）按钮，完成拉伸特征创建，如图 6-96 所示。

4）单击（拉伸）按钮，弹出拉伸操控面板，打开“放置”选项卡，单击 定义... 按钮，弹出“草绘”对话框，选取图 6-95 左图所示平面为草绘平面，进入草绘界面，绘制拉伸截面，如图 6-97 所示。

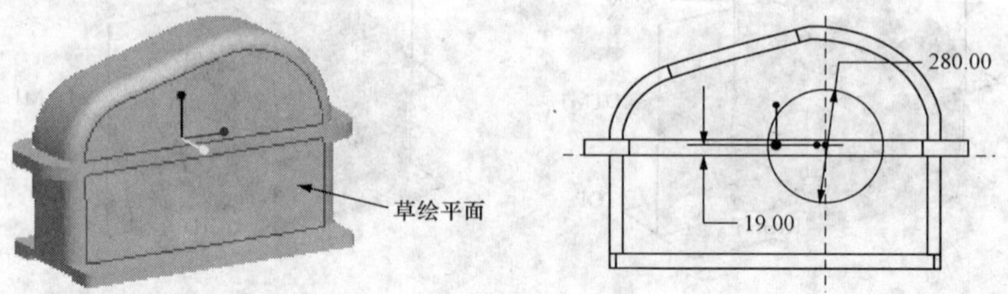

图 6-95 草绘拉伸截面

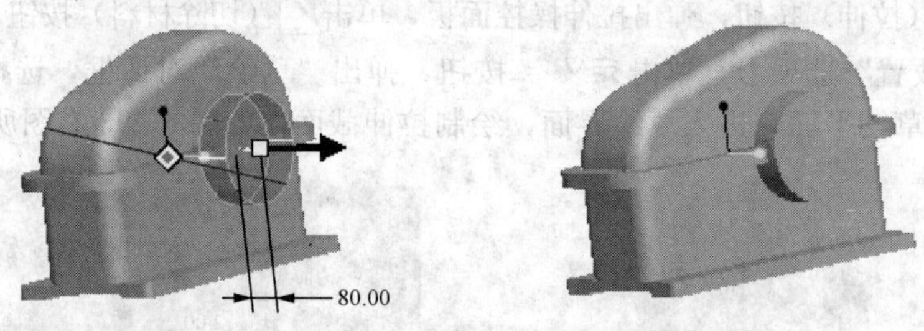

图 6-96 拉伸第一个轴孔基体

5）在拉伸操控面板上输入拉伸深度“80”，单击操控面板上✔（确定）按钮，完成拉伸特征创建，如图 6-98 所示。

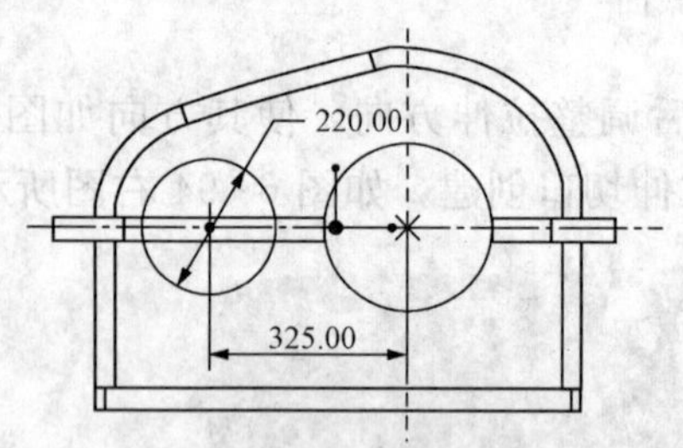

图 6-97 草绘拉伸截面

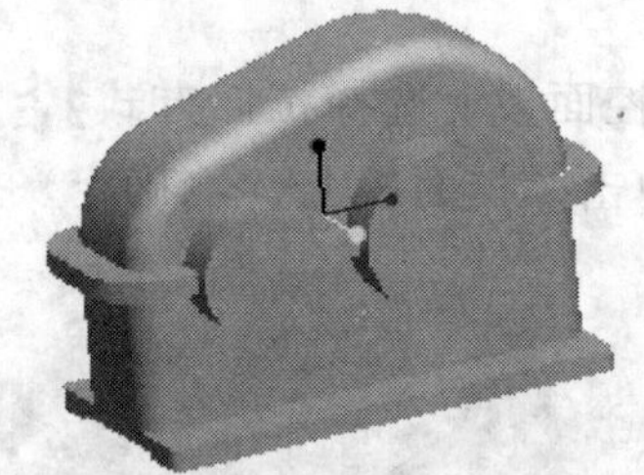

图 6-98 建立第二个拉伸轴孔基体

（6）建立箱体与箱盖结合面处凸台。

1）单击（拉伸）按钮，弹出拉伸操控面板，打开“放置”选项卡，单击 定义... 按钮。

2）弹出“草绘”对话框，选取 DTM1 基准平面为草绘平面，进入草绘界面，绘制拉伸截面，如图 6-99 右图所示。

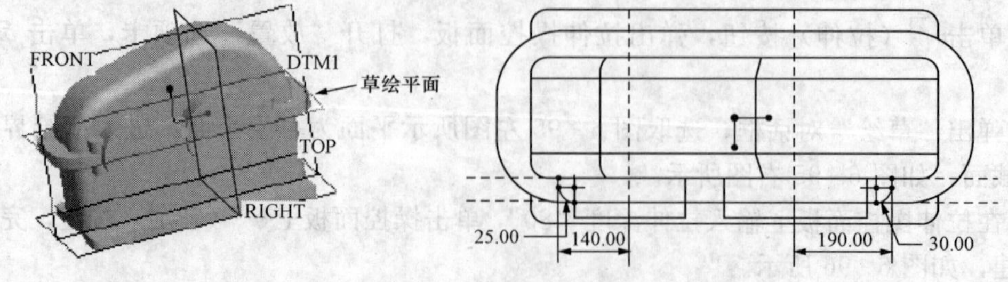

图 6-99 草绘拉伸截面

3）在拉伸操控面板上设置拉伸方式为日（对称），输入拉伸深度“120”。

4）单击操控面板上✔（确定）按钮，完成拉伸特征创建，如图 6-100 所示。

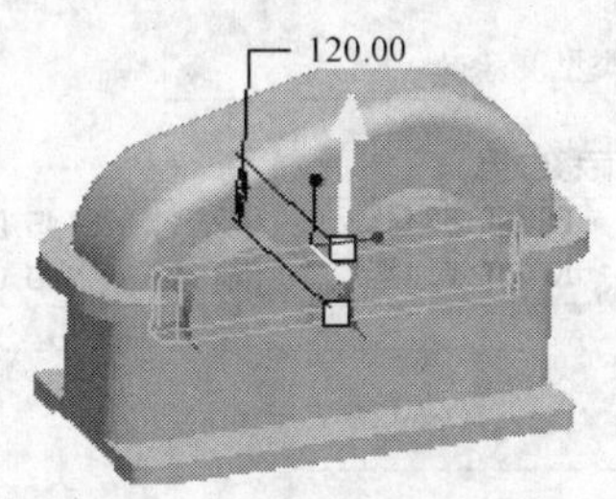

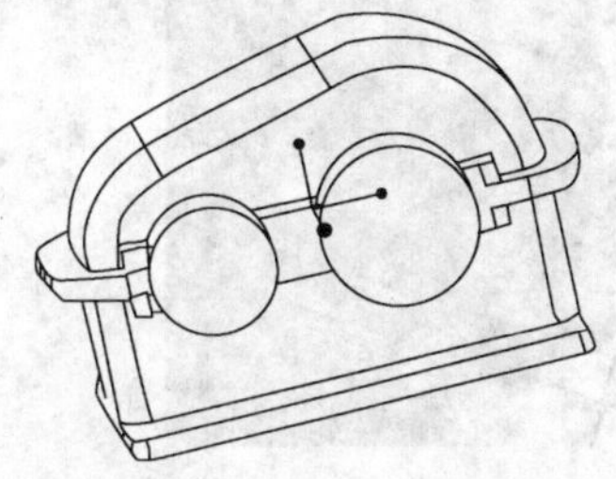

图 6-100 建立拉伸凸台

（7）建立减速箱轴孔。

1）单击（拉伸）按钮，弹出拉伸操控面板，单击（切除材料）按钮，以创建切口。

2）打开“放置”选项卡，单击 定义... 按钮，弹出“草绘”对话框，选择图 FRONT 基准平面作为草绘平面，进入草绘界面，绘制拉伸截面，如图 6-101 所示。

3）在拉伸操控面板上设置拉伸方式为日（对称），输入拉伸深度“500”，单击操控面板上✔（确定）按钮，完成拉伸切口创建，如图 6-102 所示。

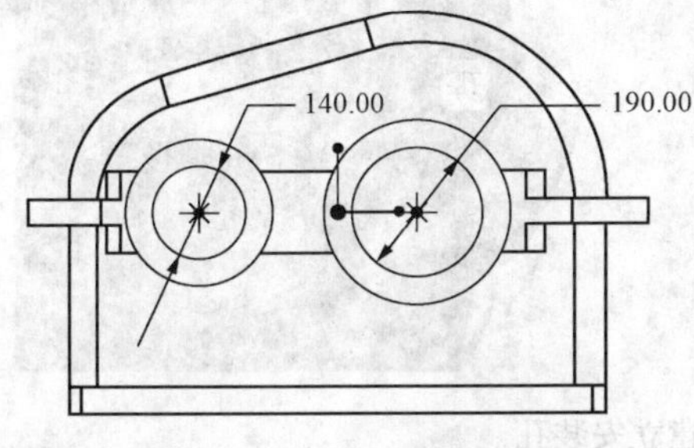

图 6-101 草绘拉伸截面

图 6-102 建立轴孔

（8）建立箱体与箱盖结合面安装孔。

1）单击 （孔）按钮，弹出孔操控面板。

2）选取图 6-103 所示表面为孔的放置面，然后打开孔操控面板上“放置”选项卡，选择参照类型为“线性”，接着在偏移参照框中单击鼠标，激活该选项，选取 FRONT、RIGHT 基准平面作为孔的位置参照面，并在偏移参照选项框中输入孔与 FRONT、RIGHT 基准平面的距离 145、440，如图 6-104 所示。

3）在操控面板中输入孔直径“20”，孔的深度“180”，如图 6-105 所示。

4）设置完孔的参数后，如图 6-106 左图所示，单击操控面板上✔（确定）按钮，完成孔的创建，如图 6-106 右图所示。

5）复制孔。

①单击菜单“编辑”→“特征操作”，弹出“特征”菜单管理器，选取菜单管理器中“复制”选项。

②在菜单中选取“移动”→“选取”→“独立”选项，然后单击“完成”，选取图 6-106 所示的孔。

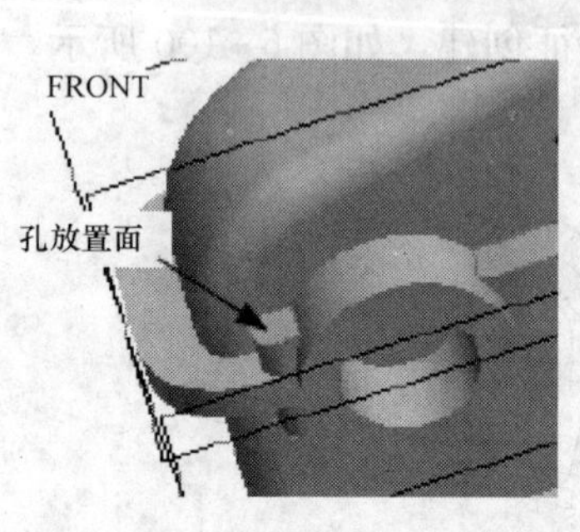

图 6 - 103　选取孔放置面

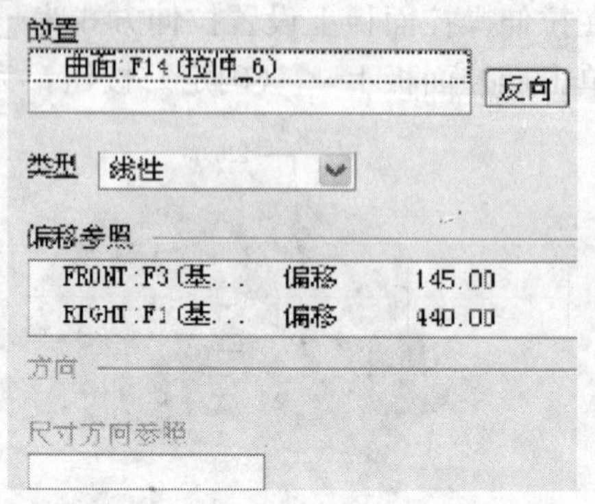

图 6 - 104　设置偏移参照

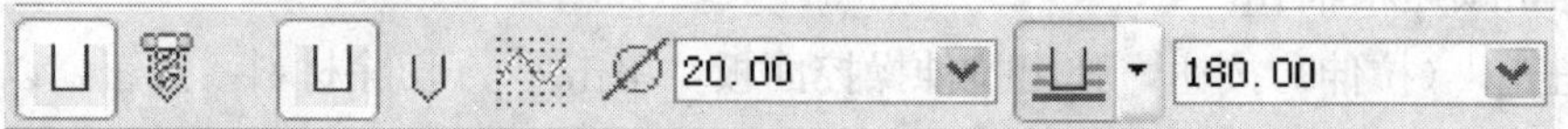

图 6 - 105　设置孔参数

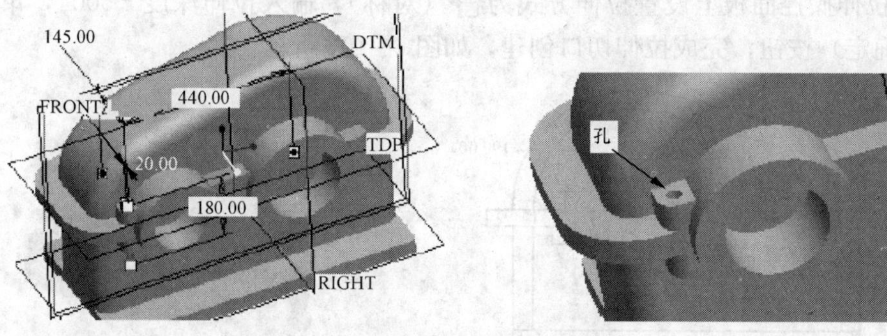

图 6 - 106　建立安装孔

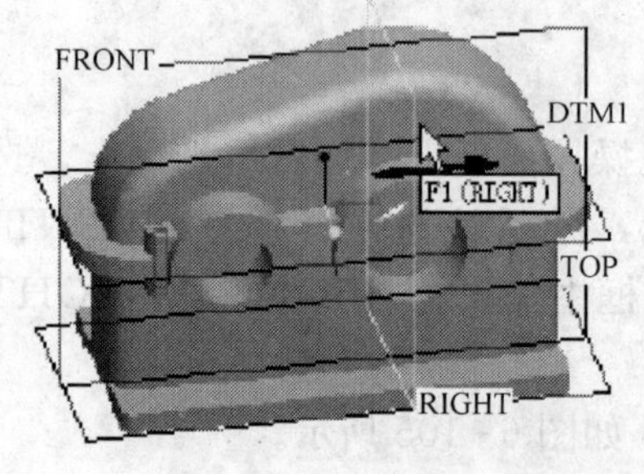

图 6 - 107　平移

③选取菜单管理器中“平移”选项，选取 RIGHT 基准平面作为参照，复制方向垂直于 RIGHT 基准平面，单击菜单管理器“正向”选项，使复制方向如图 6 - 107 所示箭头方向。

④在操作界面下方弹出偏移距离，输入 250，如图 6 - 108 所示。

图 6 - 108　输入偏移距离

⑤单击鼠标中键三次，完成第二个安装孔的建立，如图 6 - 109 所示。

6）复制第三个孔。选取建立的第二个孔，然后利用前面的方法，偏移第二个孔 340 的距离复制第三个孔，如图 6 - 110 所示。

7）单击 （孔）按钮，弹出孔操控面板。

8）选取图 6 - 111 所示表面为孔的放置面，然后打开孔操控面板上“放置”选项卡，选择参照类型为“线性”，接着在偏移参照框中单击鼠标，激活该选项，选取FRONT、RIGHT基准平面作为孔的位置参照面，并在偏移参照选项框中输入孔与RIGHT、FRONT基准平面的距离310、80，如图6-112所示。

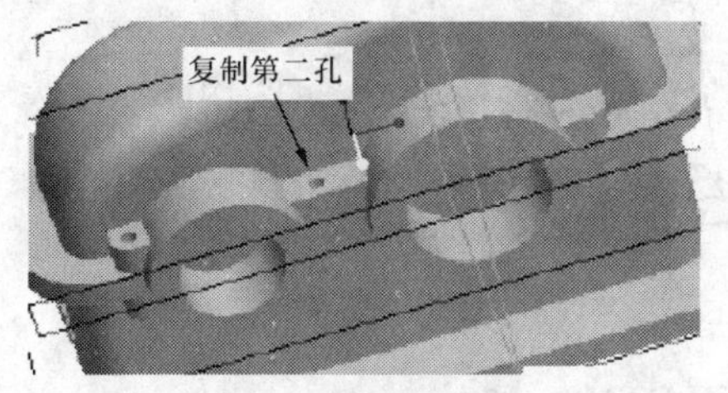

图6-109　复制孔

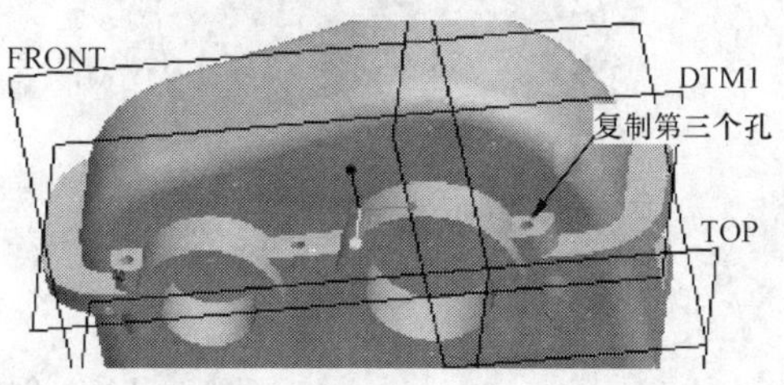

图6-110　建立第三个孔

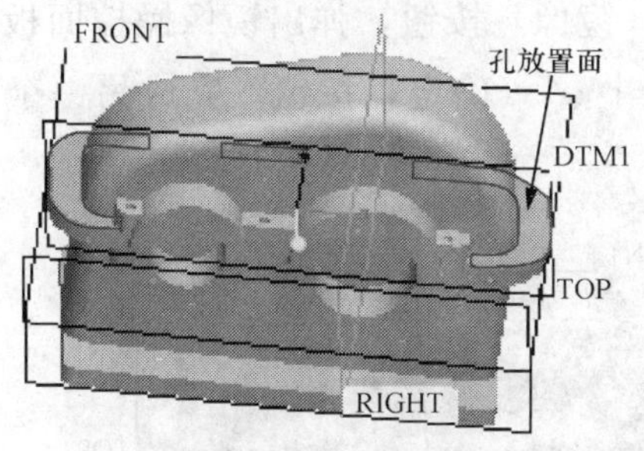

图6-111　选取孔的放置面

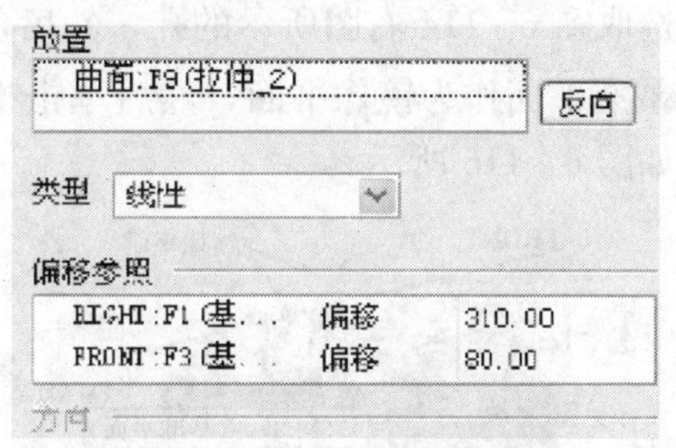

图6-112　输入偏移参照

9）在操控面板中输入孔直径“20”，孔的深度“60”，如图6-113所示。

图6-113　设置孔参照

10）设置完孔的参数后，如图6-114左图所示，单击操控面板上✔（确定）按钮，完成孔的创建，如图6-114右图所示。

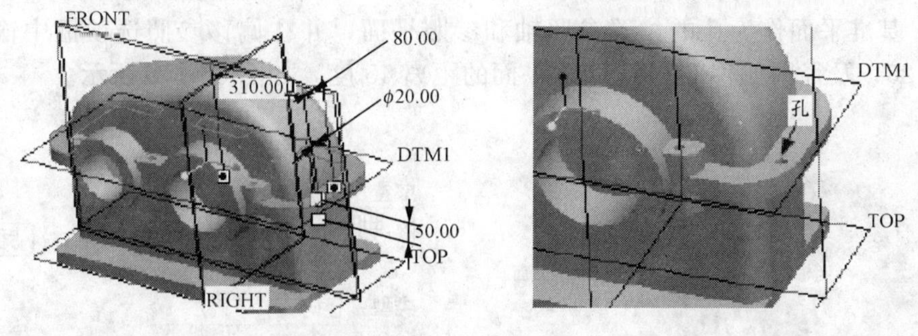

图6-114　创建安装孔

11）镜像孔。

①创建基准平面。单击▱（基准平面）按钮，弹出“基准平面”对话框，选取RIGHT基准平面为参照，然后在对话框中输入120，单击对话框中 确定 按钮，平行RIGHT基准

平面偏移 120 建立基准平面 DTM2，如图 6-115 所示。

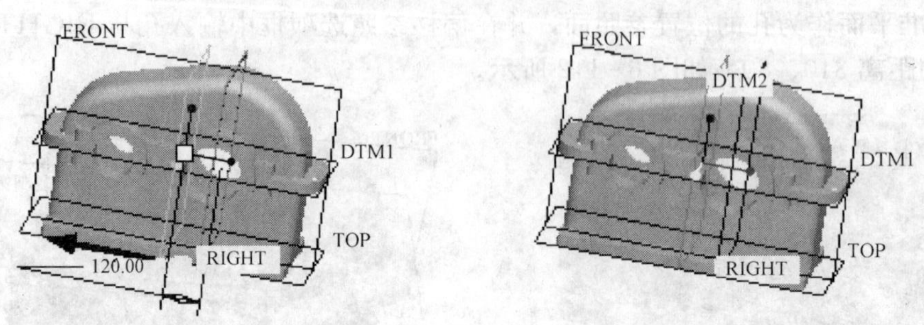

图 6-115　创建基准平面 DTM2

②选取图 6-114 右图所示的孔，然后单击（镜像）按钮，弹出镜像操控面板，选取 DTM2 基准平面作为镜像平面，然后单击操控面板上（确定）按钮，完成另一个安装孔创建，如图 6-116 所示。

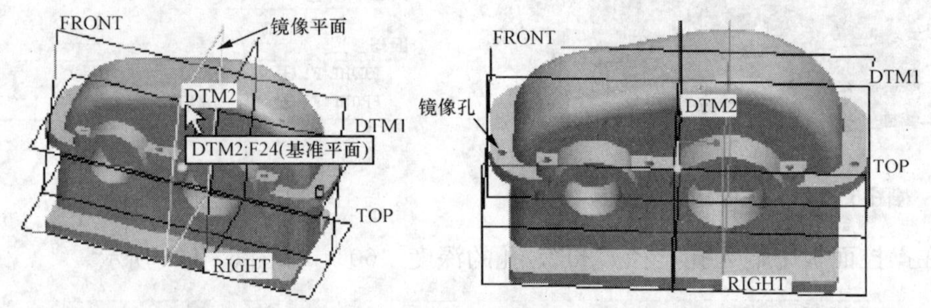

图 6-116　镜像孔创建

(9) 建立轴孔端面安装孔。

1) 单击（孔）按钮，弹出孔操控面板。

2) 选取图 6-117 所示表面为孔的放置面，然后打开孔操控面板上"放置"选项卡，选择参照类型为"径向"，接着在偏移参照框中单击鼠标，激活该选项，选取图 6-117 中 A_2 轴、DTM1 基准平面作为孔的位置参照轴和参照平面，并在偏移参照选项框中输入孔到参照轴距离 120，及径向偏移 DTM1 基准平面的距离 45 度，如图 6-118 所示。

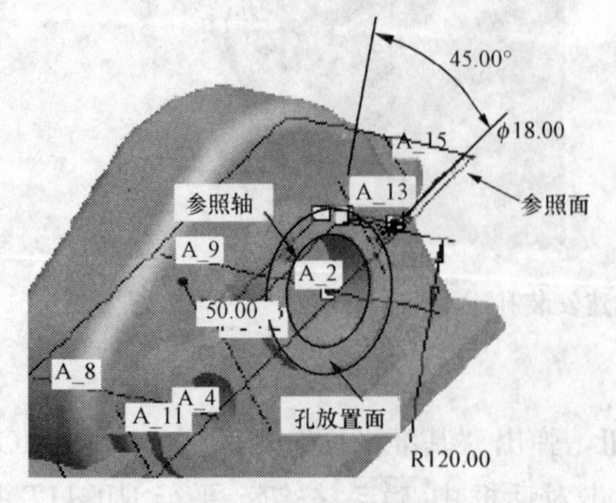

图 6-117　选择孔参照

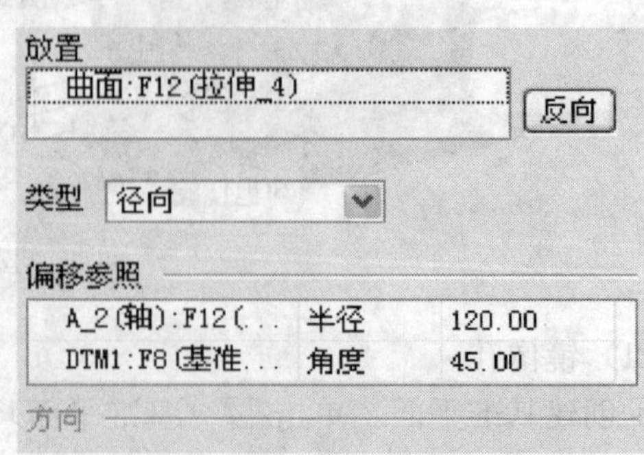

图 6-118　设置孔位置参数

3）在操控面板中输入孔直径“18”，孔的深度“50”，如图 6-119 所示。

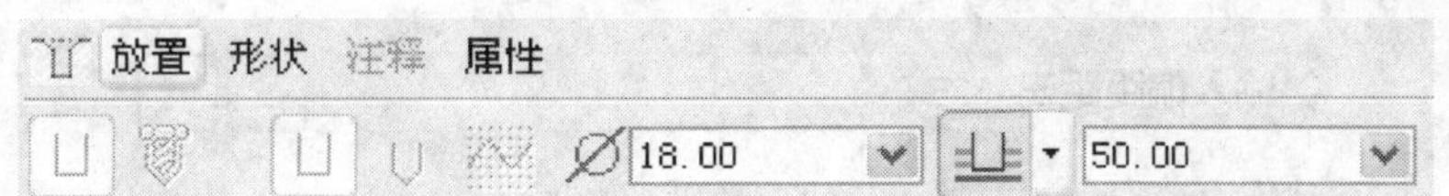

图 6-119 孔操控面板

4）单击操控面板上✔（确定）按钮，完成轴孔端部第一个孔的创建，如图 6-120 所示。

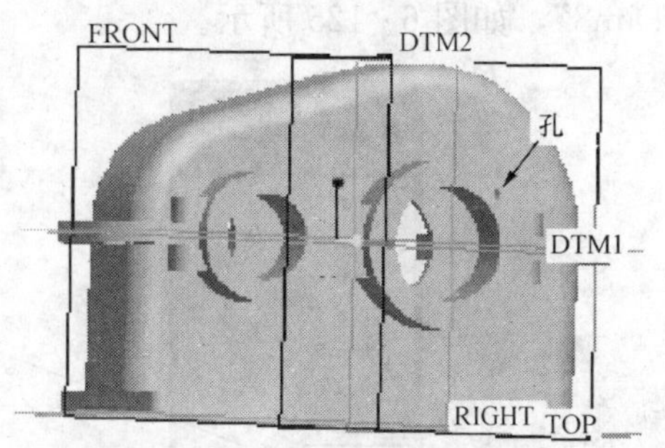

图 6-120 创建轴孔端部安装孔

5）阵列孔。

①选取图 6-120 中的孔，然后单击（阵列）按钮，弹出阵列操控面板。

②在阵列操控面板上输入阵列数目和阵列特征之间夹角，如图 6-121 所示。

③在操控面板上选择阵列方式为“轴”，然后选取图 6-122 左图中的参照轴。

图 6-121 阵列参数设置

④单击操控面板上✔（确定）按钮，完成孔阵列，如图 6-122 右图所示。

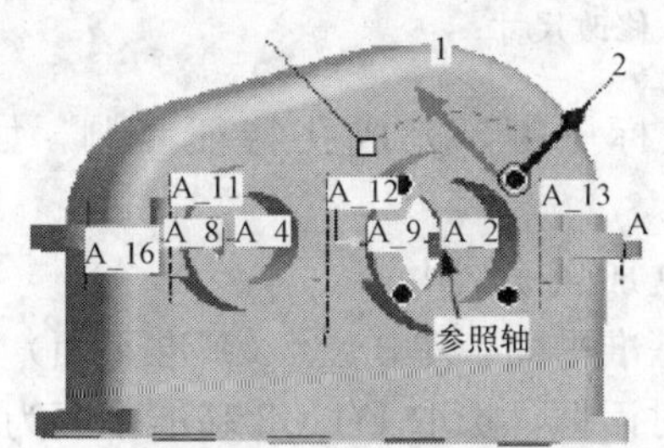

图 6-122 孔阵列

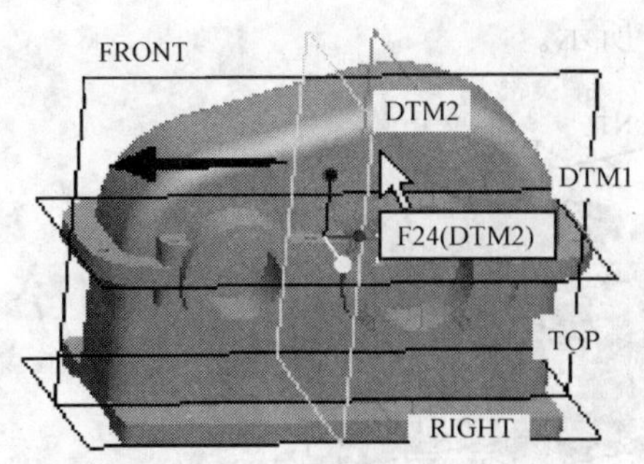

图 6-123 选取复制方向参照

6）将前面阵列的四个安装孔复制到左边的轴孔端面上。

①单击菜单“编辑”→“特征操作”，弹出“特征”菜单管理器，选取菜单管理器中“复制”选项。

②在菜单中选取“移动”→“选取”→“独立”选项，然后单击“完成”，选取图 6-122 中阵列的四个孔（在模型树中选取阵列特征）。

③选取菜单管理器中“平移”选项，选取图 6-123所示 DTM2 基准平面作为参照，复制方向垂

直于 DTM2 基准平面，单击菜单管理器“正向”选项，使复制方向如图 6-123 中箭头方向。

④在界面下方弹出的文本框中输入偏移距离 325，如图 6-124 所示。

图 6-124　输入偏移距离

⑤单击菜单管理器中“完成移动”选项，弹出“组可变尺寸”菜单管理器，选择“Dim8”，如图 6-125 所示。

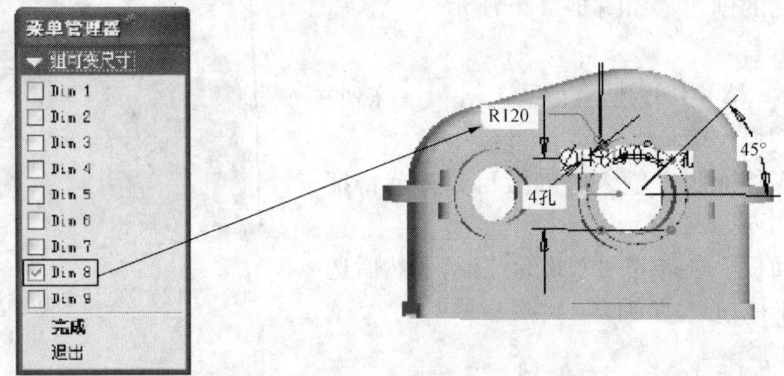

图 6-125　选取修改尺寸

⑥在界面下方弹出的文本框中输入 Dim8 的值 90，如图 6-126 所示。

图 6-126　输入修改尺寸

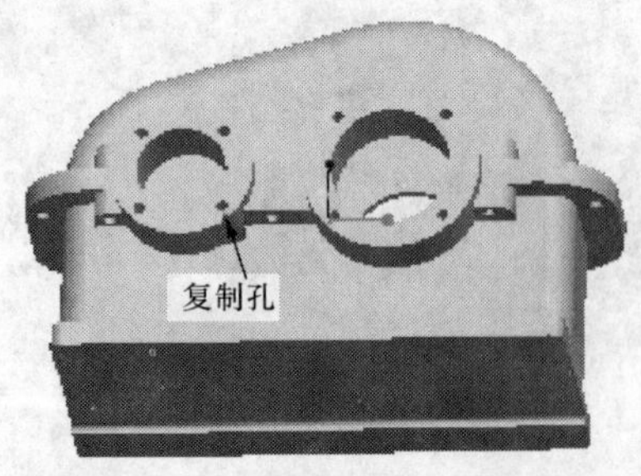

图 6-127　复制的轴孔端部安装孔

⑦单击鼠标中键，完成孔特征复制，如图 6-127 所示。

（10）建立加强筋结构。

1）创建基准平面。单击（基准平面）按钮，弹出“基准平面”对话框，选取 DTM2 基准平面为参照，然后按住 Ctrl 键选取小轴孔轴心 A_4，单击对话框中 确定 按钮，平行 DTM2 基准平面，且穿过 A_4 轴建立基准平面 DTM3，如图 6-128 所示。

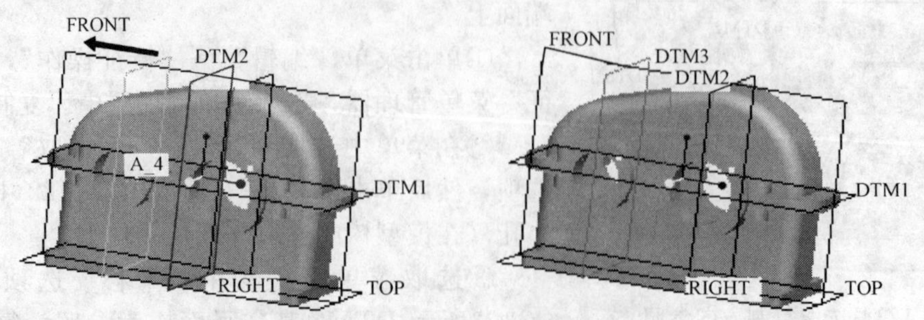

图 6-128　创建基准平面 DTM3

2）单击 （筋）按钮，弹出筋操控面板，打开操控面板上“参照”上滑面板，单击定义... 按钮，弹出“草绘”对话框，选取 RIGHT 基准平面作为草绘平面，进入草绘界面，绘制如图 6 - 129 所示的直线，直线两端点与边界重合。

3）在操控面板上输入加强筋的厚度 12。

4）单击操控面板上 （确定）按钮，完成第一个筋特征创建，如图 6 - 130 所示。

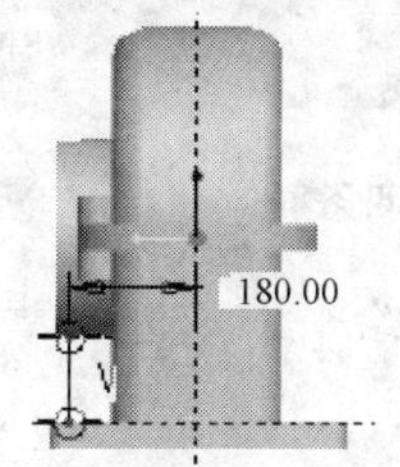

图 6 - 129　绘制直线一

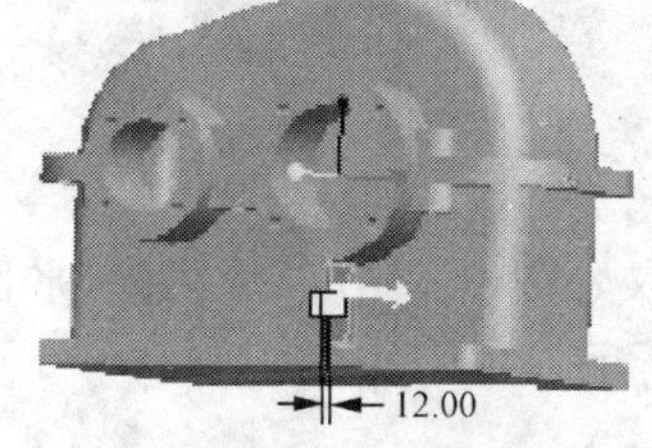

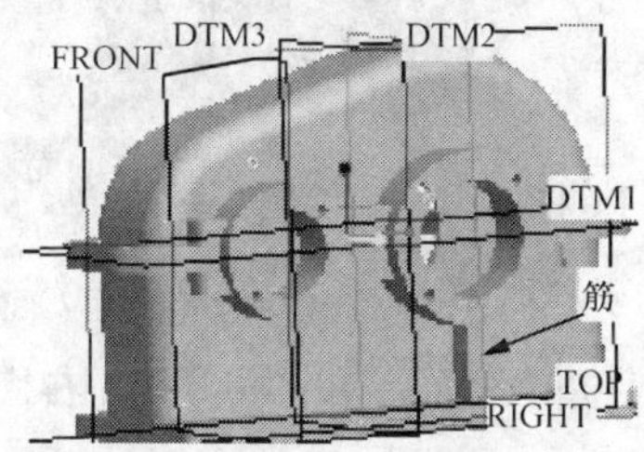

图 6 - 130　建立第一个筋

5）建立第二条加强筋。选取 DTM3 基准平面作为草绘平面，绘制如图 6 - 131 所示的直线，加强筋的厚度为 12，创建的第二条加强筋如图 6 - 132 所示。

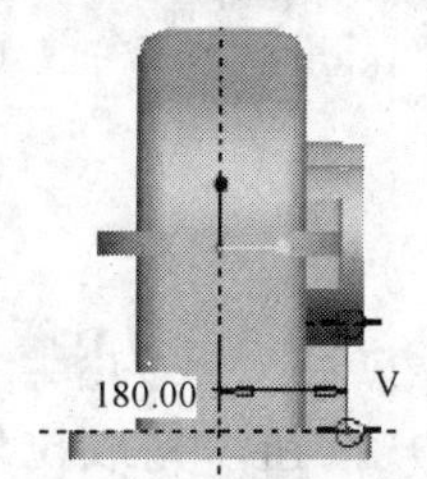

图 6 - 131　绘制直线二

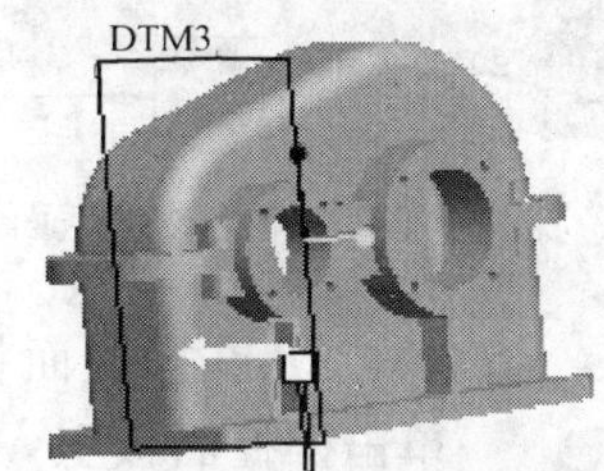

图 6 - 132　建立第二条筋

6）建立第三条加强筋，选取 DTM3 基准平面作为草绘平面，绘制如图 6 - 133 所示的直线，加强筋的厚度为 12，创建的第二条加强筋如图 6 - 134 所示。

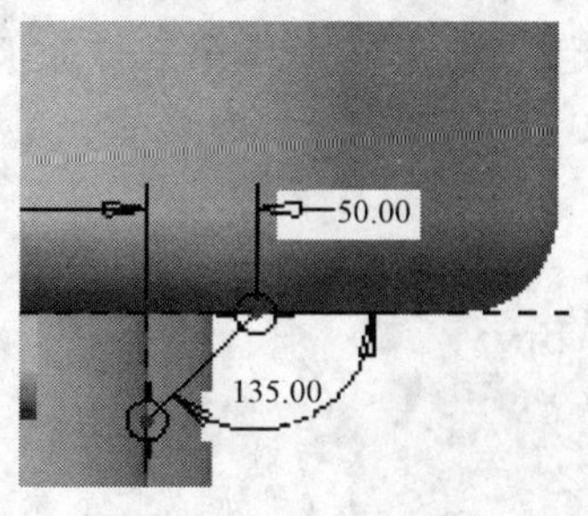

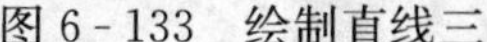

图 6 - 133　绘制直线三

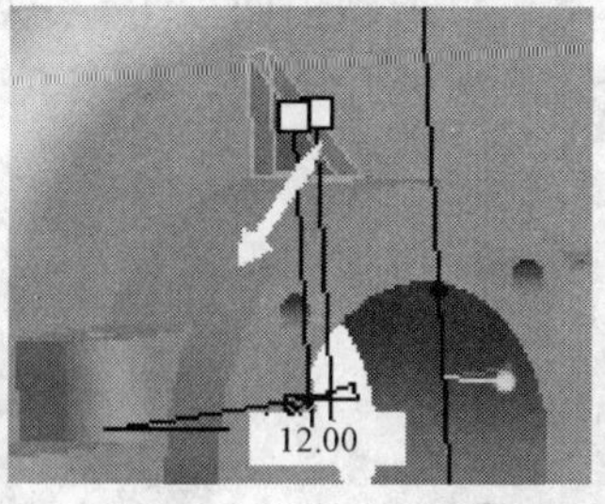

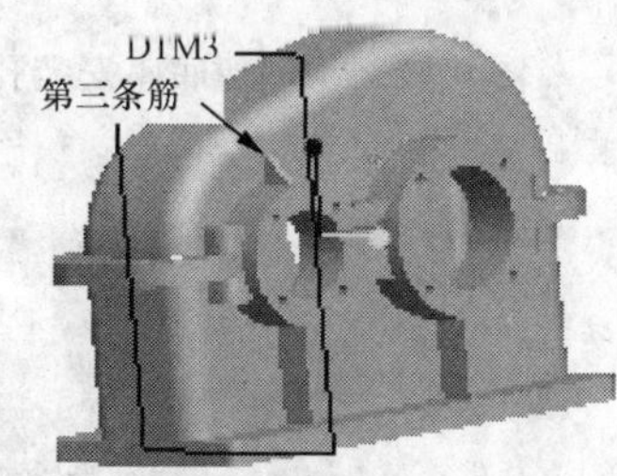

图 6 - 134　建立第三条筋

7）建立第四条加强筋。选取 RIGHT 基准平面作为草绘平面，绘制如图 6 - 135 所示的直线，加强筋的厚度为 12，创建的第四条加强筋如图 6 - 136 所示。

（11）建立底座安装孔。

1）单击 （拉伸）按钮，弹出拉伸操控面板，单击 （切除材料）按钮，以创建切除材料特征，打开“放置”选项卡，单击定义... 按钮。

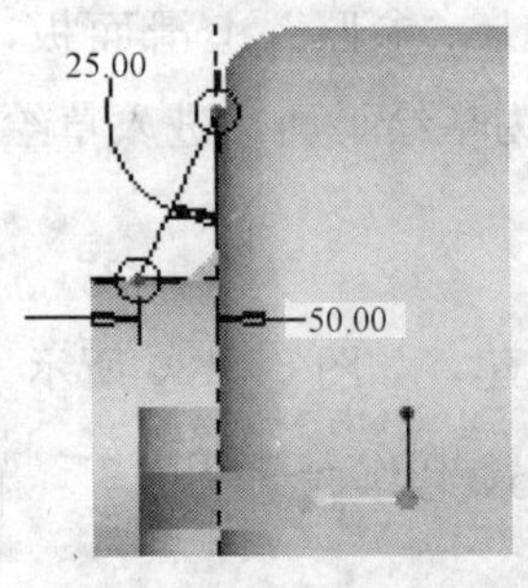

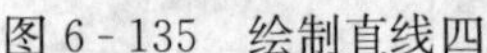

图 6-135　绘制直线四

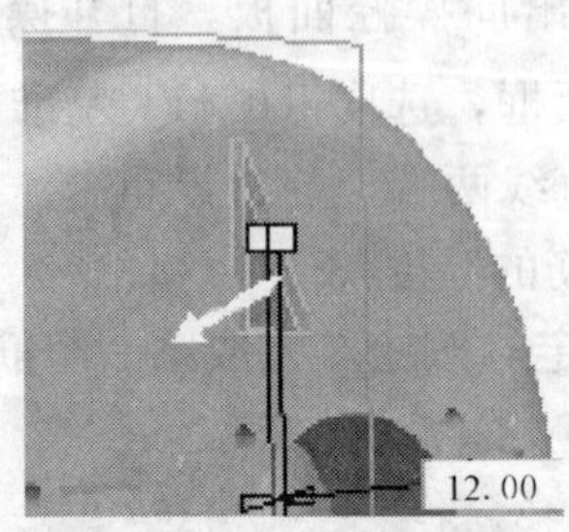

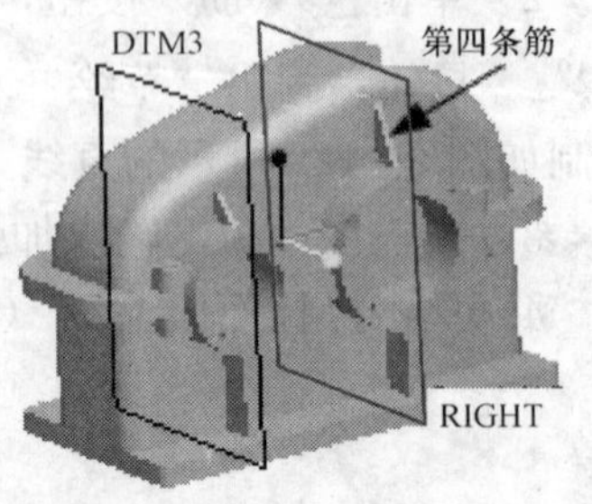

图 6-136　建立第四条筋

2）弹出“草绘”对话框，选取如图 6-137 左图所示平面为草绘平面，进入草绘界面，绘制拉伸截面，如图 6-137 右图所示。

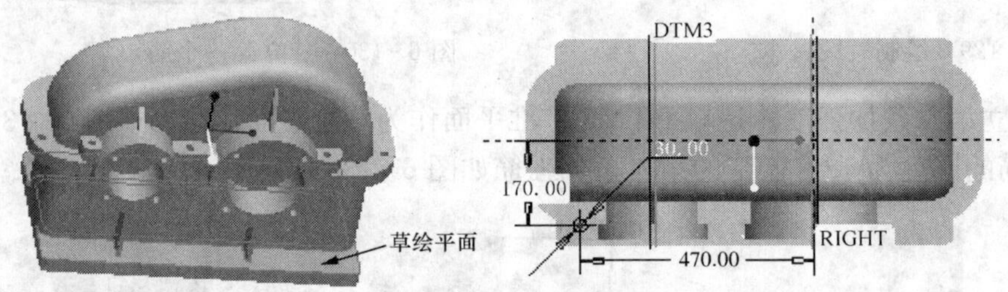

图 6-137　草绘拉伸截面

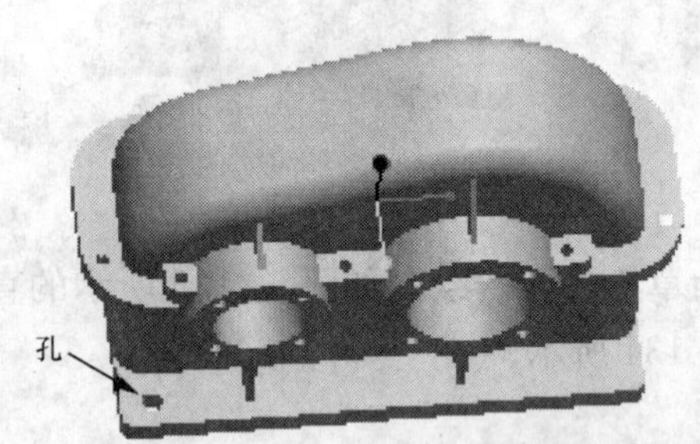

图 6-138　创建底座安装孔

3）在操控面板上选择拉伸方式为（穿透），单击操控面板上（确定）按钮，完成拉伸切孔创建，如图 6-138 所示。

4）选取图 6-138 中的孔，然后单击（镜像）按钮，弹出镜像操控面板。

5）选取 DTM2 基准平面作为镜像平面，然后单击操控面板上（确定）按钮，完成第二个底座安装孔创建，如图 6-139 所示。

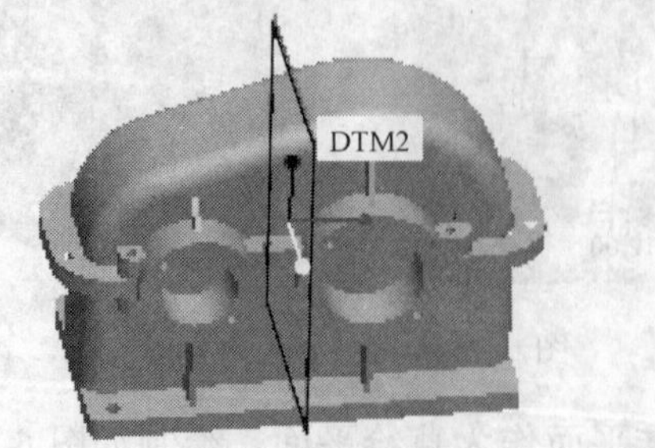

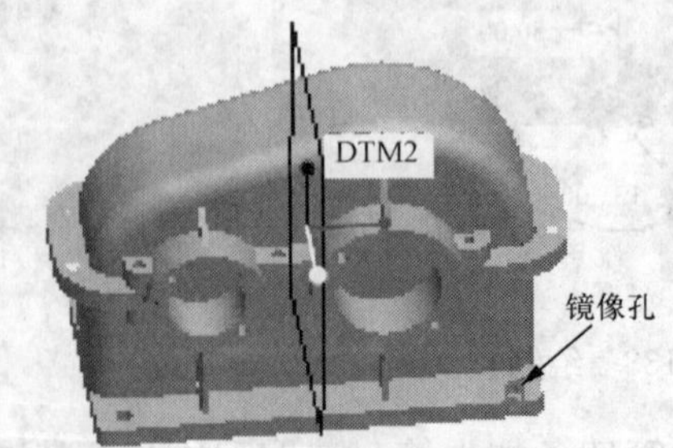

图 6-139　创建第二个底座安装孔

（12）建立倒角修饰。

1）单击（倒角）按钮，弹出倒角操控面板，选取图 6-140 左图所示的四条边（按住 Ctrl 键多选）。

2）在操控面板上选择倒角方式为D x D，输入 D 值 3，然后单击操控面板上✔（确定）按钮，完成倒角特征创建，如图 6-140 右图所示。

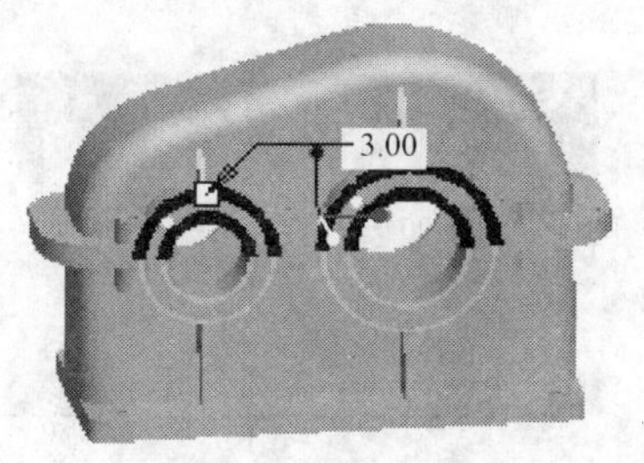

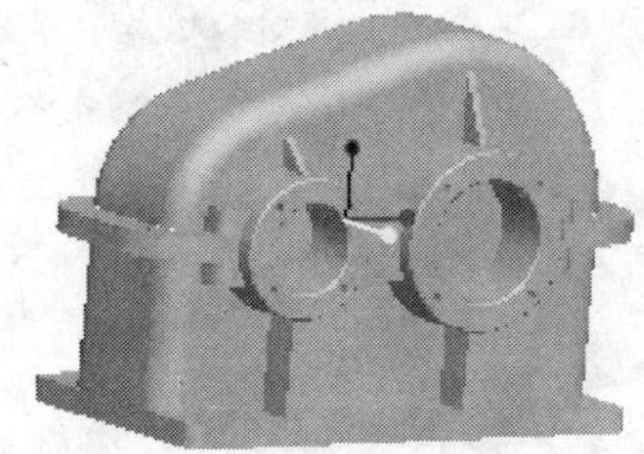

图 6-140　创建倒角特征

(13) 对模型进行镜像复制。

1）在模型树中选取（5）～（12）创建的所有特征，如图 6-141 所示。

2）单击（镜像）按钮，弹出进行操控面板，选取 FRONT 基准平面作为镜像平面，然后单击操控面板上✔（确定），完成特征镜像操作，结果如图 6-142 所示。

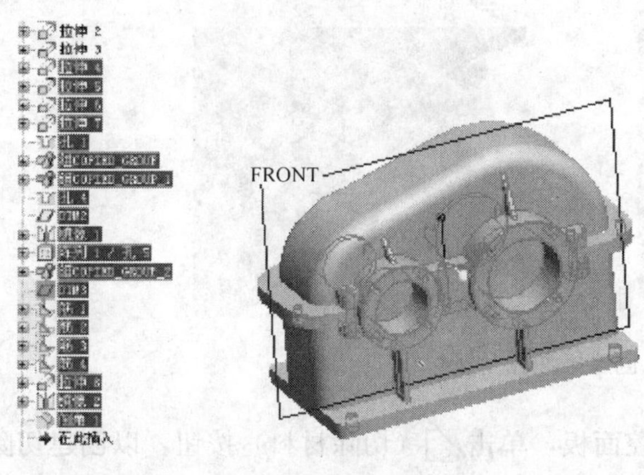

图 6-141　选取镜像特征

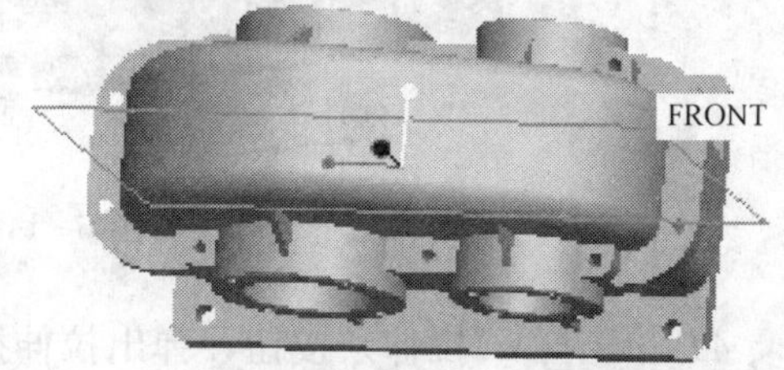

图 6-142　镜像复制后的模型

(14) 建立圆角修饰。

1）单击（圆角）按钮，弹出圆角操控面板，选取图 6-143 左图所示的圆角边。

2）在圆角操控面板上输入圆角半径 3，然后单击操控面板上✔（确定），完成圆角特征创建，如图 6-143 右图所示。

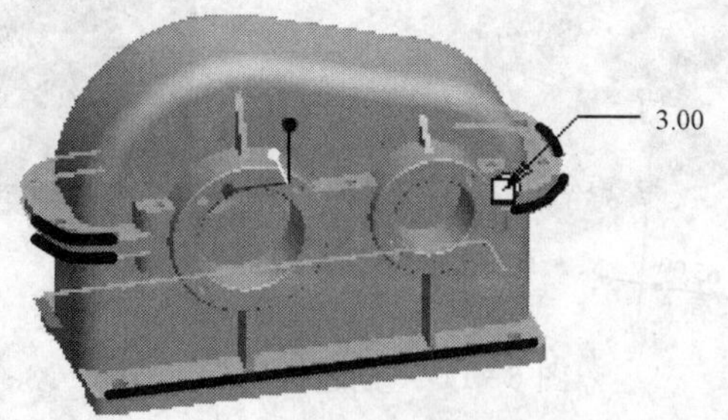

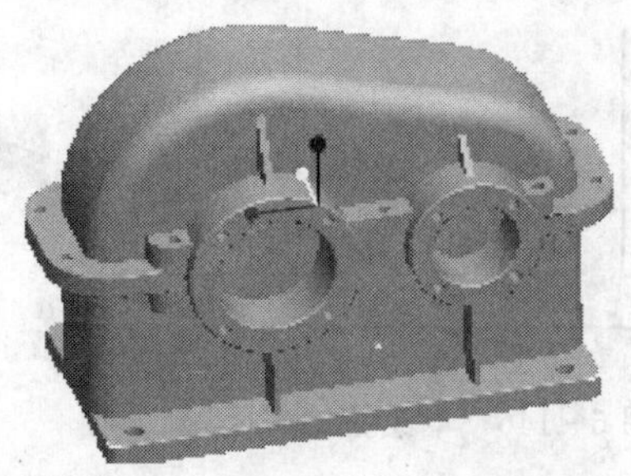

图 6-143　创建圆角特征

(15) 建立排油孔。

1）单击（拉伸）按钮，弹出拉伸操控面板，打开“放置”选项卡，单击 定义... 按钮。

2）弹出“草绘”对话框，选取图 6-144 左图所示平面为草绘平面，进入草绘界面，绘制拉伸截面，如图 6-144 右图所示。

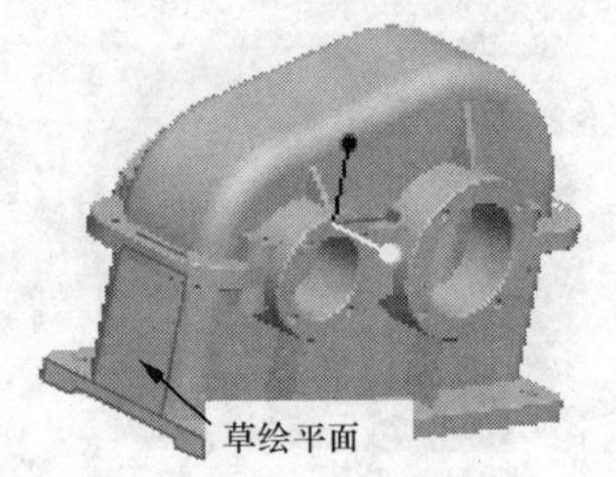

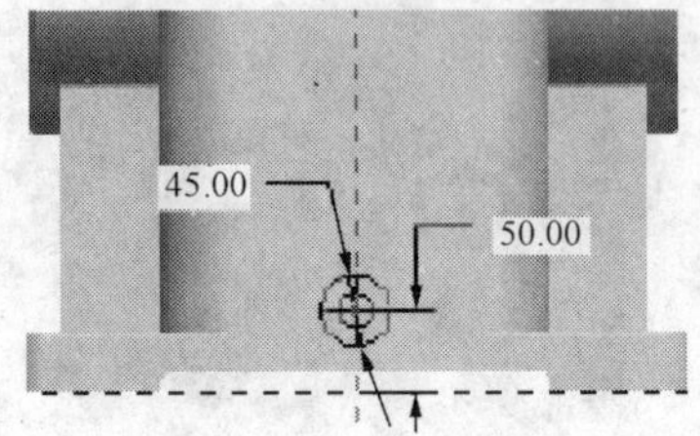

图 6-144 草绘拉伸截面

3）在拉伸操控面板上输入拉伸深度“15”，单击操控面板上✔（确定）按钮，完成拉伸特征创建，如图 6-145 所示。

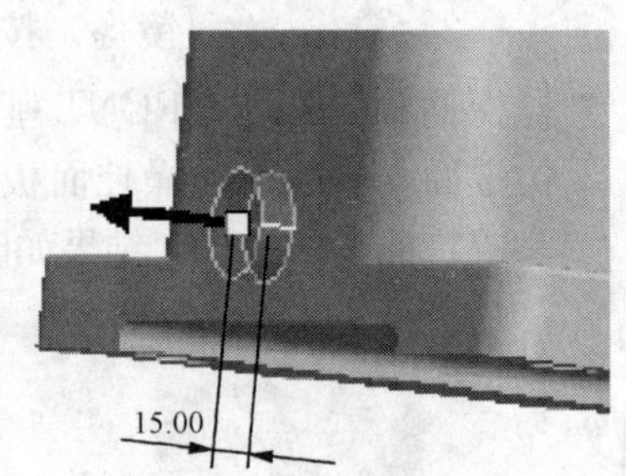

图 6-145 创建排油孔基体

4）单击拉伸按钮（拉伸）按钮，弹出拉伸操控面板，单击（切除材料）按钮，以创建切除材料特征，打开“放置”选项卡，单击 定义... 按钮。

5）弹出“草绘”对话框，选取出油孔基体端面作为草绘平面，进入草绘界面，绘制拉伸截面，如图 6-146 所示。

6）在操控面板上输入拉伸深度“65”。单击操控面板上✔（确定）按钮，完成拉伸切孔创建，如图 6-147 所示。

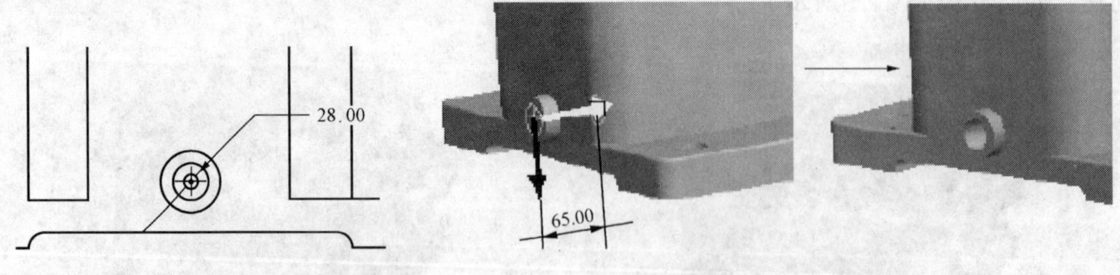

图 6-146 草绘拉伸截面　　图 6-147 创建排油孔

（16）建立注油孔。

1）创建基准平面。单击（基准平面）按钮，弹出“基准平面”对话框，选取 DTM1 基准平面为参照，然后在对话框中输入 310，单击对话框中 确定 按钮，平行 DTM1 基准平面偏移 310 建立基准平面 DTM6，如图 6-148 所示。

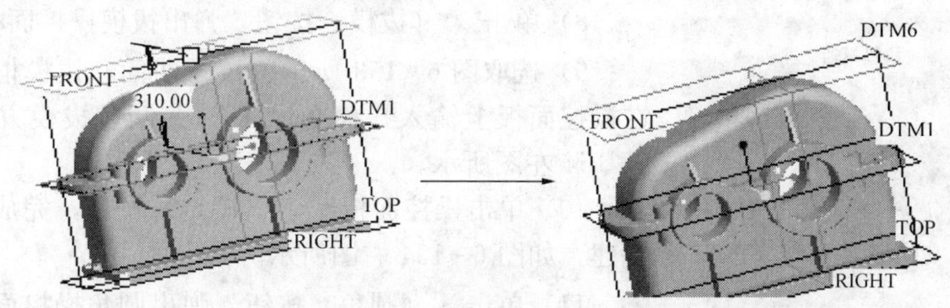

图 6-148　创建基准平面 DTM6

2）单击（拉伸）按钮，弹出拉伸操控面板，打开“放置”选项卡，单击 定义... 按钮。

3）弹出“草绘”对话框，选取 DTM6 基准平面为草绘平面，进入草绘界面，绘制拉伸截面，如图 6-149 所示。

4）在拉伸操控面板上设置拉伸方式为（拉伸至选定曲面），在视图中选取图 6-150 所示实体表面，然后单击操控面板上（确定）按钮，完成注油孔基体创建。

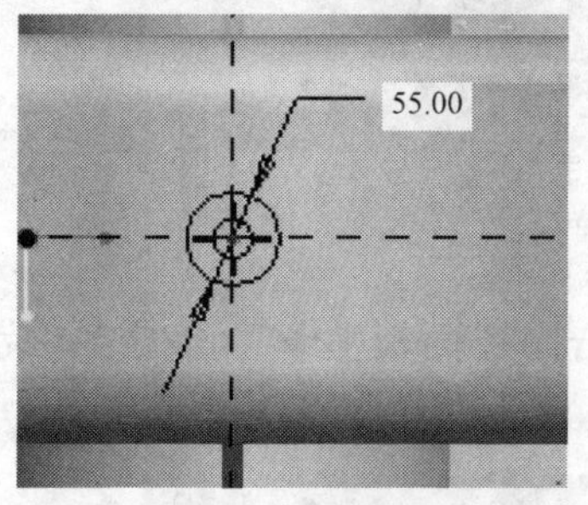

图 6-149　草绘拉伸截面

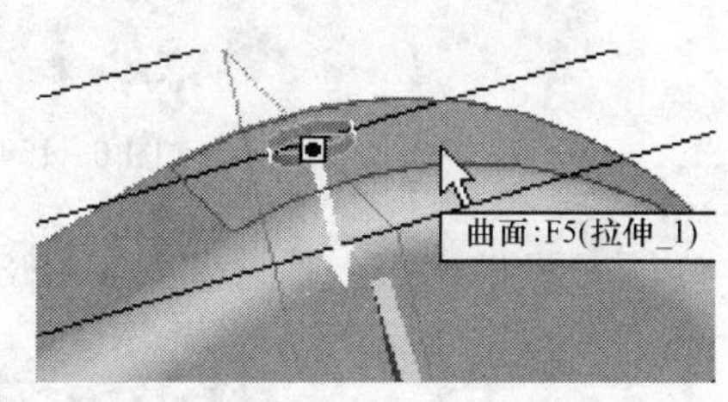

图 6-150　指定拉伸至曲面

5）单击（拉伸）按钮，弹出拉伸操控面板，单击（切除材料）按钮，以创建切除材料特征，打开“放置”选项卡，单击 定义... 按钮。

6）弹出“草绘”对话框，选取前面创建的注油孔基体端面作为草绘平面，进入草绘界面，绘制拉伸截面，如图 6-151 所示。

7）在操控面板上输入拉伸深度“80”。单击操控面板上（确定）按钮，完成拉伸切孔创建，如图 6-152 所示。

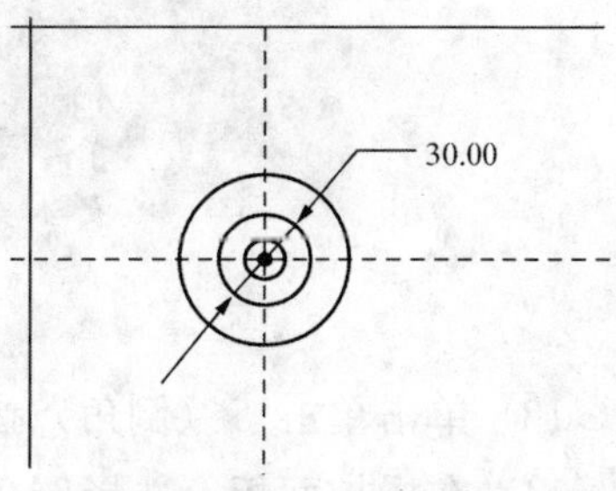

图 6-151　草绘拉伸截面

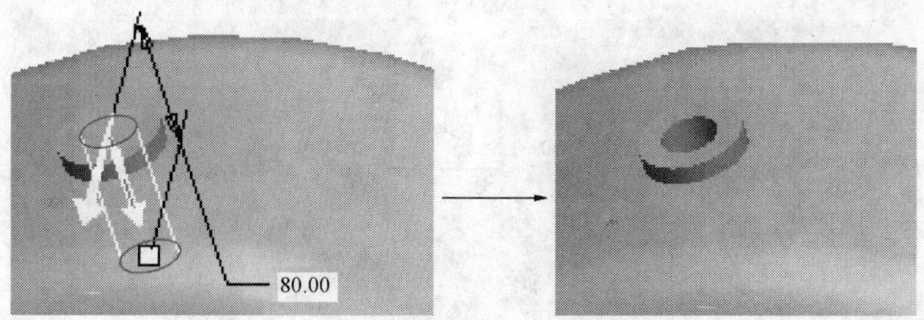

图 6-152　创建注油孔

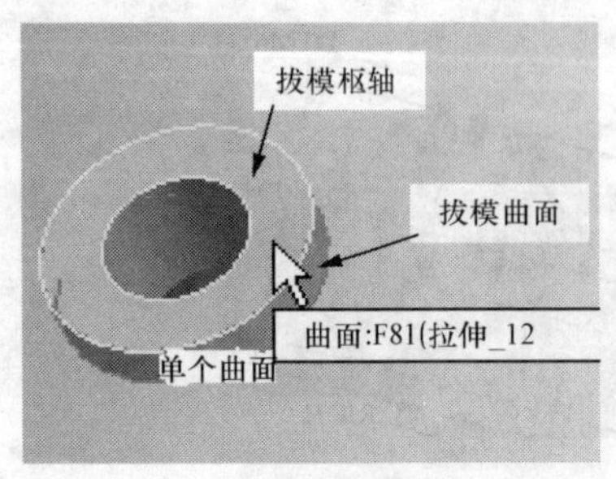

图 6-153 拔模曲面和枢轴

8）单击（拔模）按钮，弹出拔模操控面板。

9）选取图 6-153 所示的拔模曲面和拔模枢轴，然后在操控面板上输入拔模角度 15，并调整拔模方向，如图 6-154 左图所示。

10）单击操控面板上（确定）按钮，完成拔模特征创建，如图 6-154 右图所示。

11）单击（圆角）按钮，弹出圆角操控面板，选取图 6-155 左图所示的圆角边。

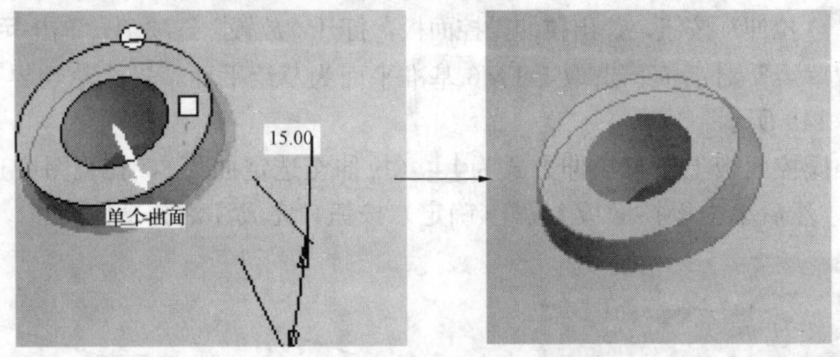

图 6-154 创建拔模特征

12）在圆角操控面板上输入圆角半径 8，然后单击操控面板上（确定），完成圆角特征创建，如图 6-155 右图所示。

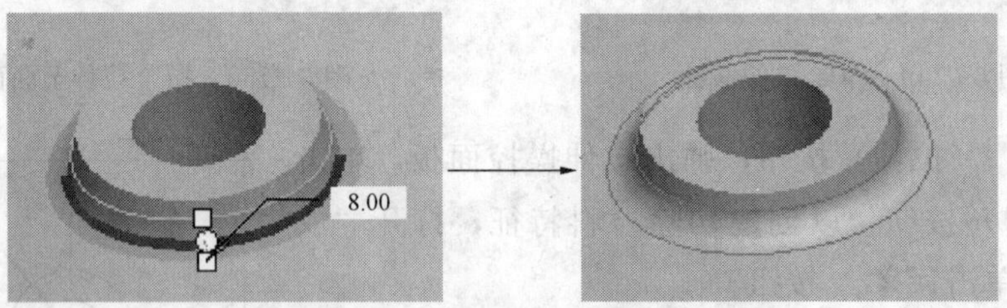

图 6-155 对注油孔基体倒圆角

13）单击单击（倒角）按钮，弹出倒角操控面板，选取图 6-156 左图所示的边。

14）在操控面板上选择倒角方式为 D×D，输入 D 值 2，然后单击操控面板上（确定）按钮，完成倒角特征创建，如图 6-156 右图所示。

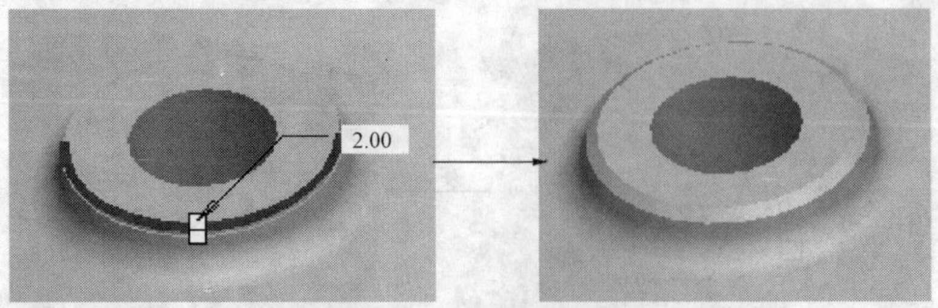

图 6-156 创建倒角特征

(17) 实体化分割出箱体零件。

1）选取 DTM1 基准平面，如图 6-157 所示，然后选择菜单“编辑”→“实体化”命令，弹出实体化操控面板。

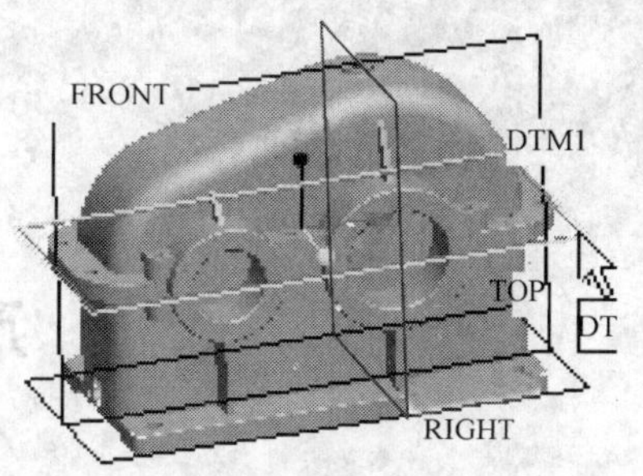

图 6-157　选取实体化平面

2）单击操控面板上（反向）按钮，或单击视图中黄色箭头，使 DTM1 基准平面下面部分保留下来，如图 6-158 左图所示，然后单击操控面板上（确定）按钮，完成减速箱箱体零件创建，如图 6-158 右图所示。

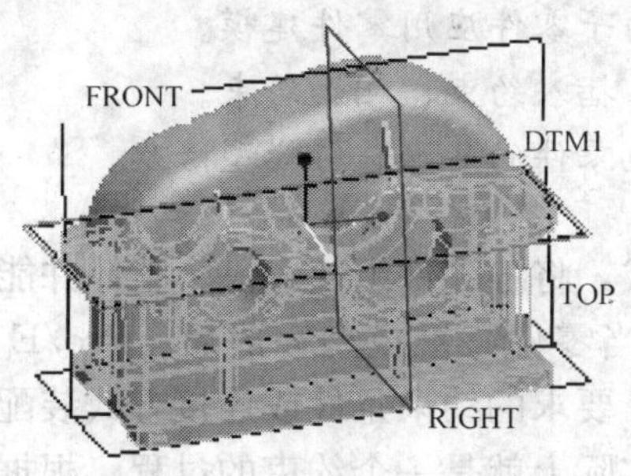

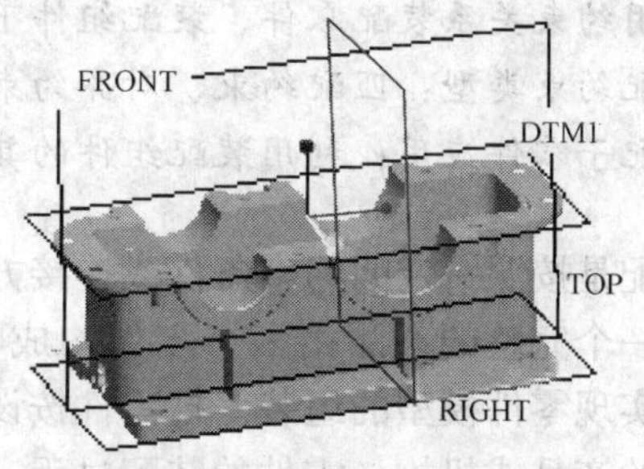

图 6-158　建立箱体零件

(18) 保存箱体零件。选择菜单“文件”→“保存副本”命令，弹出“保存副本”对话框，输入新建名称为“xiangti”，并选择保存路径，单击对话框中 确定 按钮，完成箱体零件保存。

(19) 实体化分割出箱盖零件。

1）在模型树中选择 实体化 1，然后单击右键，弹出快捷菜单，选取“编辑定义”选项，如图 6-159 所示。

2）单击操控面板上（反向）按钮，或单击视图中黄色箭头，改变箭头方向，使 DTM1 基准平面上面部分保留下来，如图 6-160 左图所示，然后单击操控面板上（确定）按钮，完成减速箱箱体零件创建，如图 6-160 右图所示。

图 6-159

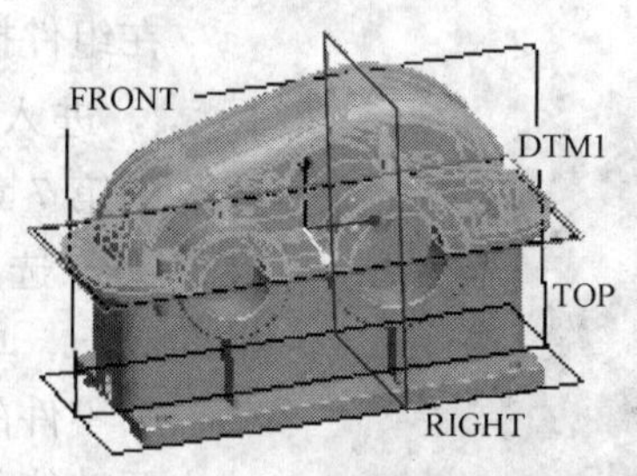

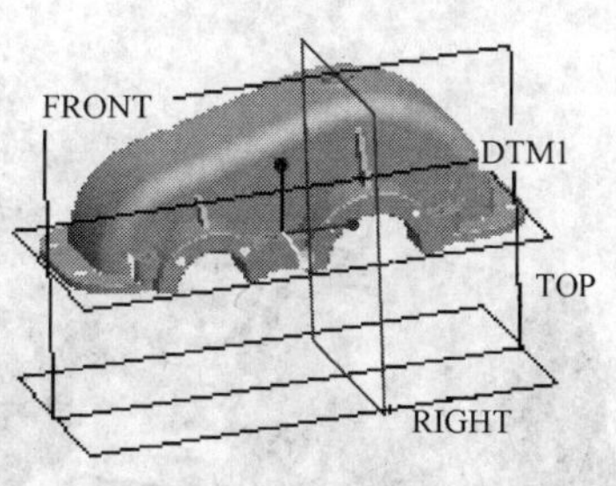

图 6-160　创建箱盖零件

(20) 保存箱盖零件。选择菜单“文件”→“保存副本”命令，弹出“保存副本”对话框，输入新建名称为“xianggai”，并选择保存路径，单击对话框中 确定 按钮，完成箱体零件保存。

模块七

产 品 装 配

本模块知识点

(1) 利用约束关系装配零件、装配组件下的子零件应用零件建模。

(2) 装配约束类型：匹配约束、对齐约束、插入约束、相切约束。

(3) 装配子零件应用：利用装配组件的其他零件的基准进行模型修改。

产品装配是按照一定的约束条件或连接方式，将各零件组装成一个整体并能满足设计功能的过程。一个完整的产品由多个零件构成，当零件三维模型完成后，Pro/E 提供的“组件”模块可实现零件模型的组装。把零件按设计要求的约束条件或连接方式装配在一起，形成一个完整的产品或机构。零件的装配过程，实际上就是一个约束的过程，根据不同的零件模型及设计需要，选择合适的装配约束类型，从而完成零件模型的定位。约束条件必须正确而且充分，才能保证各个零件装配在正确的位置。一般要完成一个零件的完全定位，可能需要同时满足几种约束条件。Pro/E 提供以下几种约束条件。

7.1 任务 1 传 动 机 构 装 配

结合传动机构装配实例，学习组件装配约束条件的创立方法及技巧。如图 7 - 1 所示，是一基座传动组件，先由第一个零件开始，把其他的零件逐一装配，共 9 个零件，在整个进程里，由于各个零件的结构特征不同，装配组合时需使用不同的约束条件。各零件如图 7 - 2 所示。

(1) 产品装配操作是通过组件操作控制面板来实现的。单击菜单“文件”→“新建”命令，在打开的“新建”对话框中选择“组件”，如图7 - 3所示。在“名称”栏写上新建组件的名称 jigou，单击“确定”按钮，进入“组件”操作控制面板。

图 7 - 1 传动机构总成

在组件操作控制面板中，单击图标，进入文件选取界面。从附送光盘的第 7 章名字为“传动机构”的文件夹，选取底座模型，文件名为 dizuo. prt，单击“打开”按钮，进入第一个零件的装配操作面板，各按钮的主要功能如图 7 - 4 所示。

在装配操作面板的约束类型栏中，单击图 7 - 4 的设置约束类型选项，在弹出的下拉列表中选择相应的约束选项，如图 7 - 5 所示。

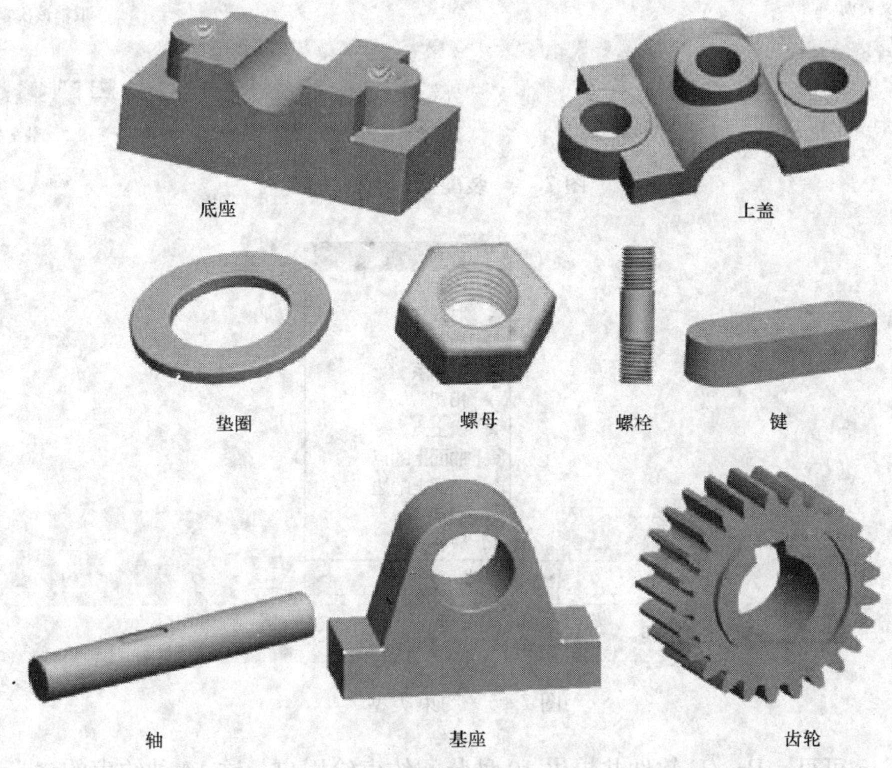

图 7-2　传动机构各零件

新建

类型：草绘、零件、组件、制造、绘图、格式、报表、图表、布局、标记

子类型：实体、复合、钣金件、主体、线束

名称 prt0001

公用名称

使用缺省模板

确定　取消

图 7-3　组件文件建立界面

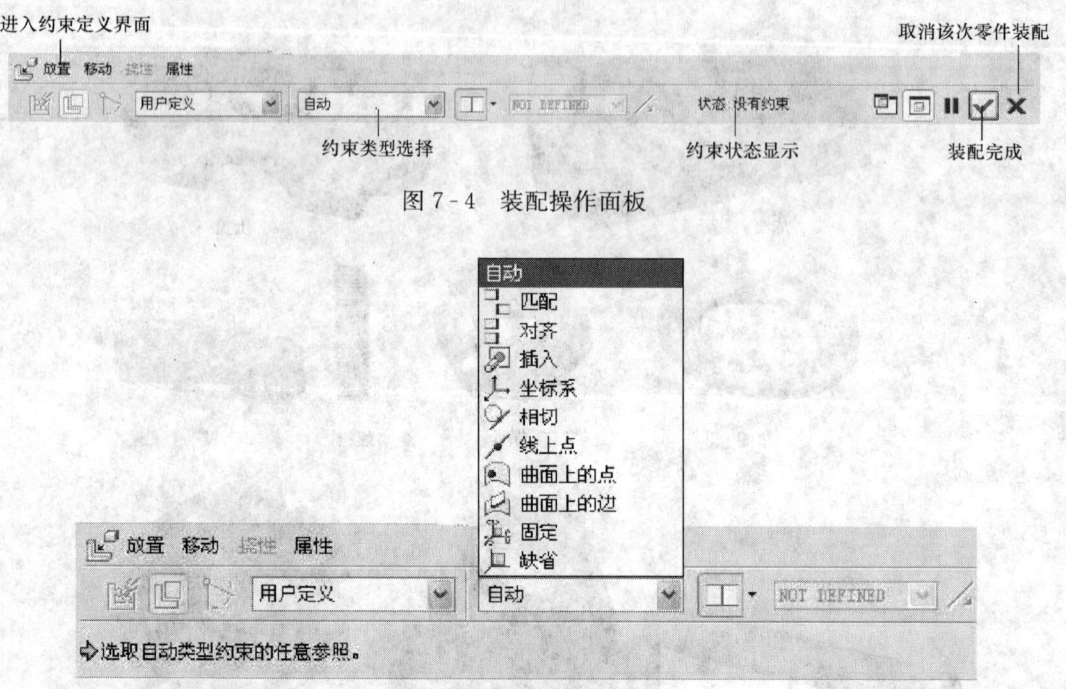

图 7-4　装配操作面板

图 7-5　约束类型

从图 7-5 可见，Pro/E 软件共提供 10 种装配约束给用户，这 10 种约束的含义如下。

1）匹配。“匹配”是指选取两个零件所指定的平面或基准面重合或平行。

2）对齐。“对齐”是指选取零件所指定的平面、基准面、基准轴、点或边重合或共线。

3）插入。“插入”是指选取零件所指定的旋转面共旋转中心线。

4）坐标系。“坐标系”是指选取零件的坐标系与另一装配零件的坐标系对齐。

5）相切。“相切”是指选取零件所指定的曲面与另一装配零件的曲面相切。

6）线上点。“线上点”是指选取零件所指定的一点，在另一装配零件上指定一条边线，使该点在这条边线上。

7）曲面上的点。“曲面上的点”是指选取零件所指定的一点，在另一装配零件上指定一个面，则指定的面和点相接触。

8）曲面上的边。“曲面上的边”是指选取零件所指定的一点，在另一装配零件上指定一个边，则指定的边和点相接触。

9）自动。“自动”是指 Pro/E 软件根据选取的两个装配的零件所指定的点、线、面等要素，智能分配以上的 8 种约束之一，是最常用的零件装配约束建立的方法。

10）缺省。“缺省”是指以按照零件在建立模型时所在的模型坐标系的位置为基准放置在组件装配坐标系中，一般第一个装配的零件以该约束进行定位。

（2）进行底座装配。在选取底座模型后，进入该零件的装配控制面板，底座是整个产品装配的第一个零件，因此在装配操作面板的约束类型选项选择 缺省，单击操作面板中的✔（确定）按钮，完成第一个零件的装配。

（3）在组件操作控制面板中，单击图标，进入文件选取界面。选取螺栓模型，文件名为 luoshuan. prt，单击“打开”按钮，进行第二个零件的装配，选取螺栓的底面与底座安装孔的底面作匹配约束，选取螺栓的中心轴线与底座安装孔的轴线作对齐约束，如图 7-6 所示。

操作时，在装配操作面板的约束选项选择 自动 ，选取图 7-6 所示两条匹配的两平面后，Pro/E 软件便自动辨别该两平面匹配。同样，以默认的自动约束的方式，选取图 7-6 所示两条对齐的轴线后，Pro/E 软件便自动辨别该两轴线对齐。此时，约束状态显示为完全约束，单击装配操作面板中的✔按钮，完成第二个零件的装配。

(4) 在组件操作控制面板中，单击图标，进入文件选取界面。依然选取 luoshuan. prt 文件，以与 (3) 同样的方法，把螺栓安装在底座的另一安装孔上。完成后，如图 7-7 所示。

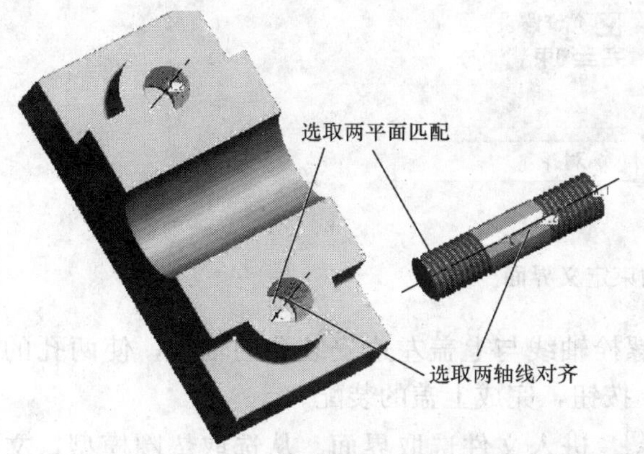

图 7-6　螺栓装配约束要素选择

图 7-7　螺栓装配完成图

(5) 在组件操作控制面板中，单击图标，进入文件选取界面。选取上盖模型，文件名为 shanggai. prt，单击“打开”按钮，进行第四个零件的装配，选取上盖的底面与底座面作匹配，选取螺栓的中心轴线与上盖右边安装孔的轴线对齐，如图 7-8 所示。操作时，在装配操作面板的约束选项选择 自动 ，Pro/E 软件便自动辨别约束类型。

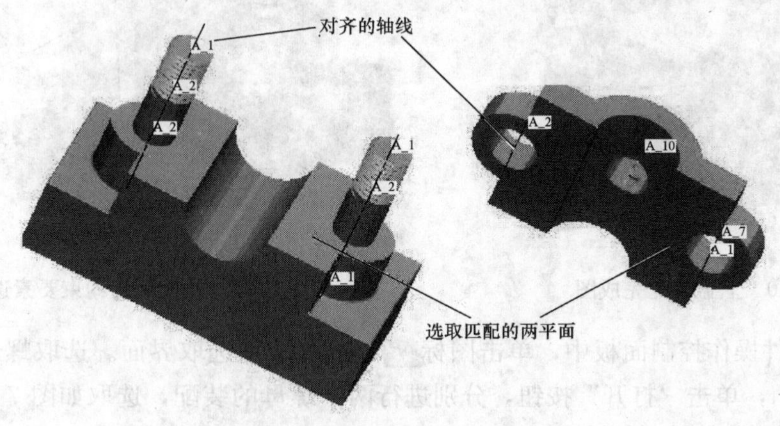

图 7-8　上盖装配约束要素选择

完成后，单击操作面板中的放置按钮，进入图 7-9 所示约束定义界面。

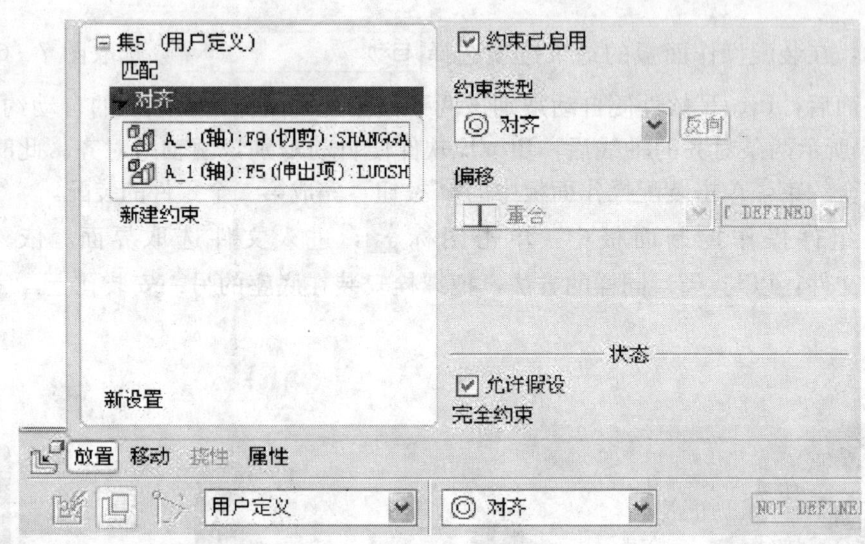

图 7-9　约束定义界面

单击“新建约束”，选取图 7-10 所示的螺栓轴线与上盖左边安装孔的轴线，使两孔的轴线位置对齐，单击操作面板中的✔（确定）按钮，完成上盖的装配。

（6）在组件操作控制面板中，单击图标，进入文件选取界面。从选取垫圈模型，文件名为 dianquan. prt，单击“打开”按钮，进行垫圈零件的装配，选取上盖的上顶面与垫圈面作匹配，选取上盖安装孔的中心轴线与垫圈的轴线对齐，如图 7-11 所示。以同样的方法在另一边上装配垫圈。

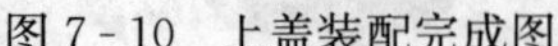

图 7-10　上盖装配完成图

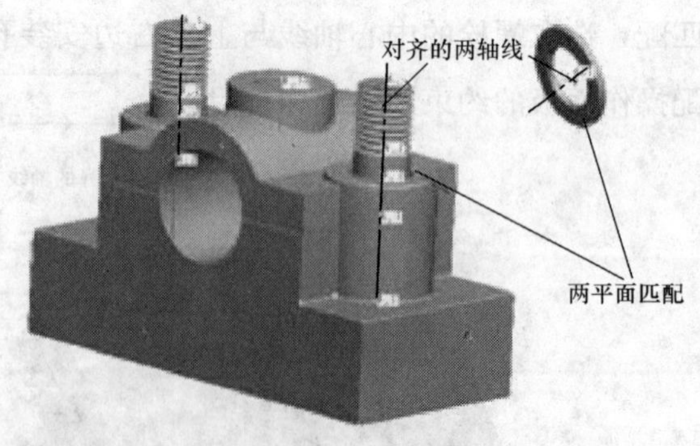

图 7-11　垫圈装配约束要素选择

（7）在组件操作控制面板中，单击图标，进入文件选取界面。选取螺母模型，文件名为 luomu. prt，单击“打开”按钮，分别进行两个螺母的装配，选取如图 7-12 所示的约束。完成后，如图 7-13 所示。

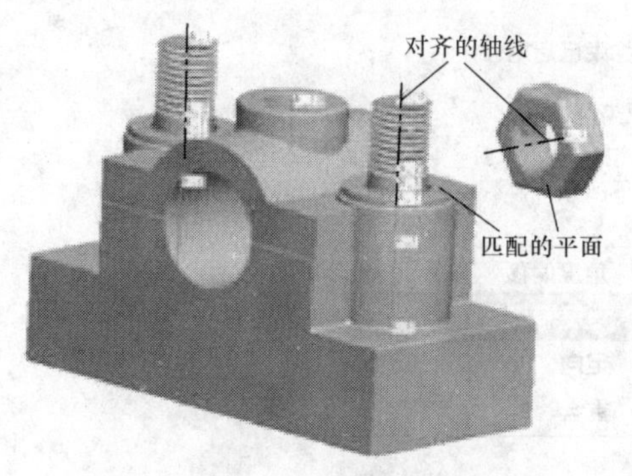

图 7 - 12　螺母装配约束要素选择

图 7 - 13　螺母、垫圈装配完成图

(8) 在组件操作控制面板中，单击图标，进入文件选取界面。选取轴模型，文件名为 zhou. prt，单击“打开”按钮，进行轴的装配，操作时，在约束选项选择 自动，选取如图 7 - 14 轴的外圆面与安装孔的内院面，Pro/E 自动辨别为插入约束；选取两匹配平面，完成后，轴位置已经安装好，但键槽位置不正确，需修正，如图 7 - 15 所示。

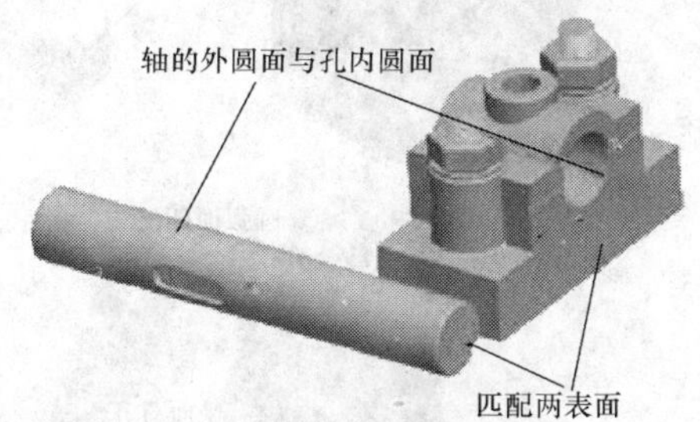

图 7 - 14　选取约束要素

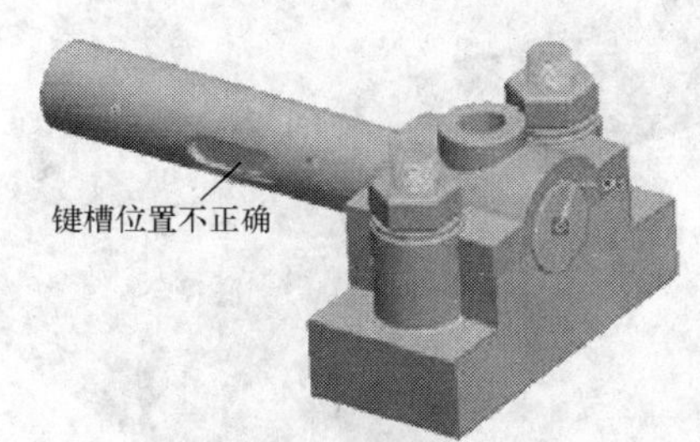

图 7 - 15　轴初步装配图

单击装配操作面板中的 放置 按钮，进入约束定义界面，单击“新建约束”，选取图 7 - 16所示的键槽安装面与底座的表面，并在“偏移”选项选择“角度偏移”，在偏移数值栏输入参数 90. 00，如图 7 - 17 所示。单击操作面板中的✔按钮，完成上盖的装配，位置修正后，如图 7 - 18 所示。

(9) 在组件操作控制面板中，单击图标，进入文件选取界面。选取键模型，文件名为 jian. prt，进行轴的装配。一共需要建立三个约束，操作时，以自动约束方式，如图 7 - 19 所示，先选取键与键槽的一个圆弧面作匹配约束，先选取键与键槽的另一个圆弧面作匹配约束，最后选取键的底面与键槽上表面匹配，单击操作面板中的✔（确定）按钮，完成装配。

(10) 在组件操作控制面板中，单击图标，进入文件选取界面。选取齿轮模型，文件名为齿轮 . prt，进行齿轮的装配。需要建立三个约束，单击装配操作面板中的 放置 按钮，进入约束定义界面，选取齿轮端面与底座的前端面，如图 7 - 20 所示，并在“偏移”选项选择“偏距”，在偏移数值栏输入参数 9。

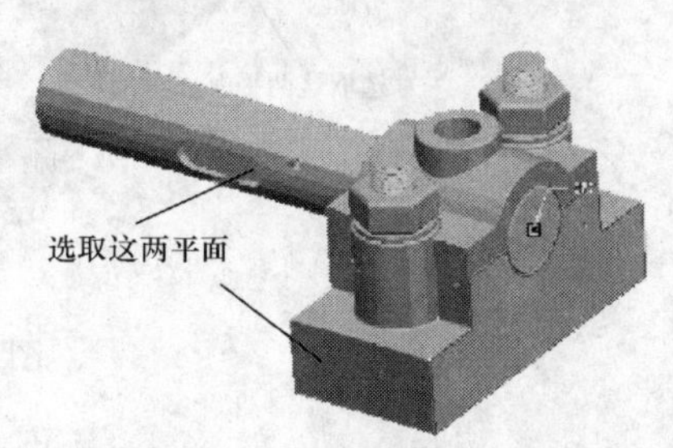

图 7 - 16　选取约束平面

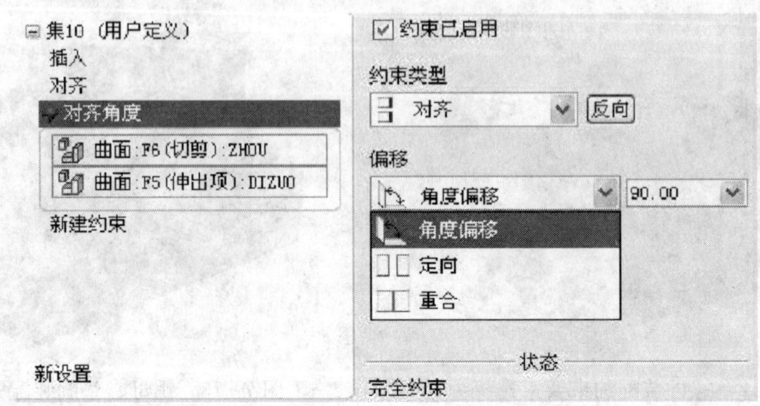

图 7-17 约束定义界面

图 7-18 轴装配完成效果

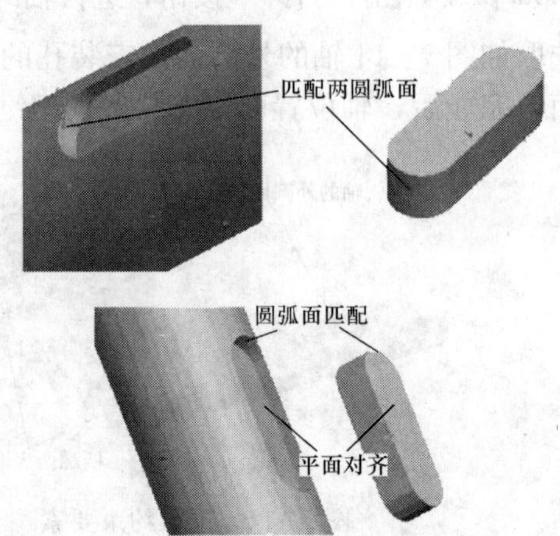

图 7-19 键与键槽约束要素选取

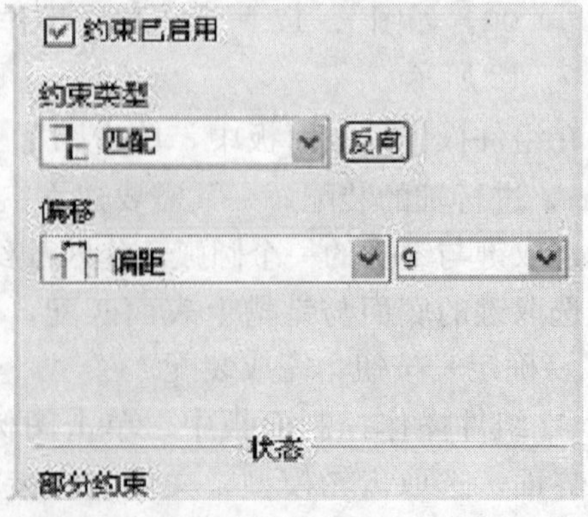

图 7-20 轴与齿轮选取的平面

单击退出约束定义界面，以自动约束方式，如图 7-21 所示，先选取齿轮安装孔与轴的外圆面细心观察，齿轮的圆周位置不正确，键安装位置与轴的位置不一致，需添加约束。

单击操作面板的放置按钮，进入约束定义界面，单击“新建约束”，选取图7-22所示的键的上端面与齿轮的键槽的上端面，并在“偏移”选项选择“角度偏移”，在偏移数值栏输入参数0，如图7-23所示，使两平面平行，单击操作面板中的✔（确定）按钮，完成齿轮的装配。

图7-21　轴与齿轮选取的圆面

图7-22　键与齿轮选取的平面

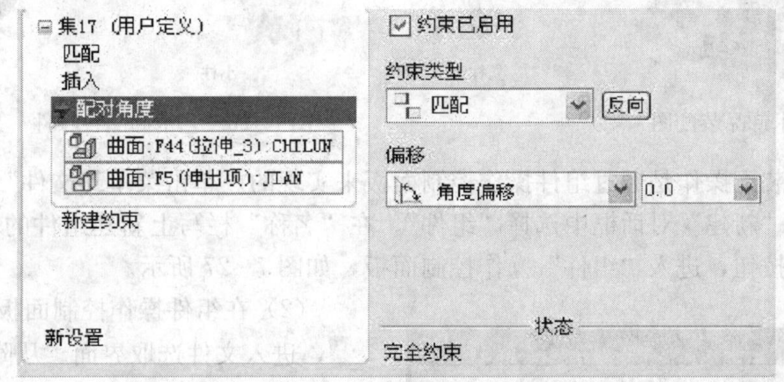

图7-23　约束定义界面参数设置

(11) 在组件操作控制面板中，单击图标，进入文件选取界面。选取基座模型，文件名为jizuo.prt，单击“打开”按钮，进行基座的装配。操作时，在约束选项选择自动，先选取如图7-24所示轴的外圆面与基座安装孔的内圆面，再选取两匹配平面。完成后，单击操作面板中的✔（确定）按钮，这样以完成整个传动机构的装配，效果如图7-1所示。

图7-24　基座与轴的约束要素选取

7.2　任务2　艺术卸品装配

结合艺术卸品装配实例，学习带曲面特征零件的装配约束的创立方法及技巧。图7-25所示是一基座传动组件，先由第一个零件开始，把其他的零件逐一装配，共5个零件，各零件如图7-26所示。

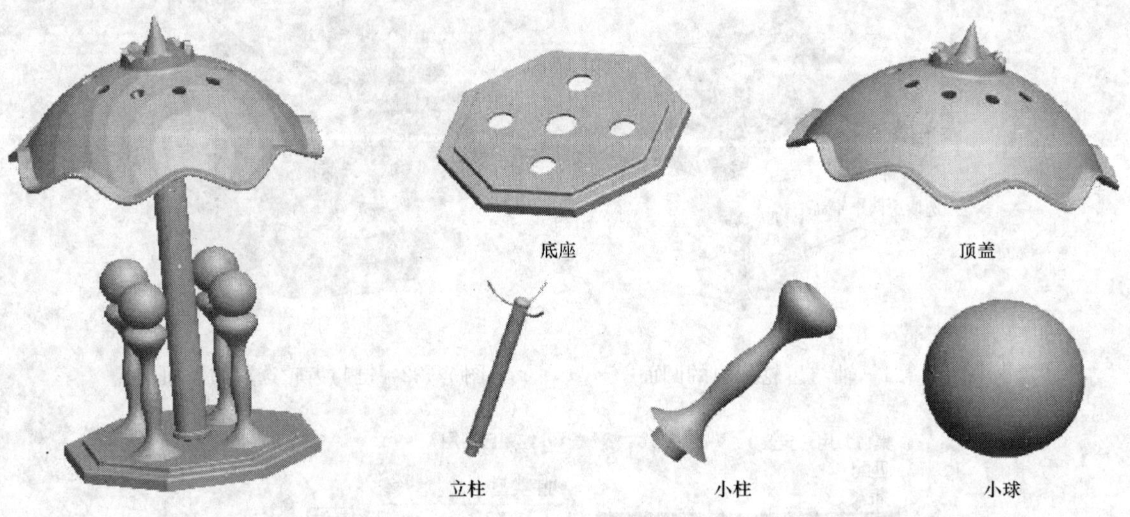

图7-25　艺术卸品装配图　　　　图7-26　艺术卸品各零件

(1) 产品装配操作是通过组件操作控制面板来实现的。单击菜单“文件”→“新建”命令，在打开的“新建”对话框中选择“组件”。在“名称”栏写上新建组件的名称 yishupin，单击“确定”按钮，进入“组件”操作控制面板，如图7-27所示。

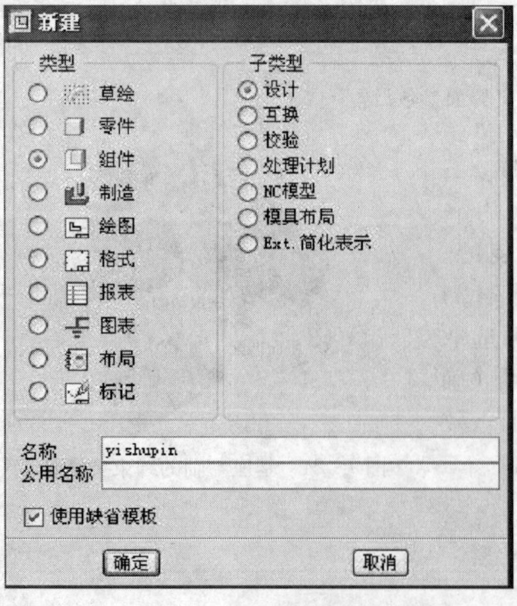

图7-27　组件建立界面

(2) 在组件操作控制面板中，单击图标，进入文件选取界面。从附送光盘的第7章名字为“艺术装卸”的文件夹，选取底座模型，文件名为 dizuo. prt，单击“打开”按钮，进入第一个零件的装配操作面板。底座是整个产品装配的第一个零件，因此在装配操作面板的约束类型选项选择 缺省，单击操作面板中的按钮，完成第一个零件的装配。

(3) 在组件操作控制面板中，单击图标，进入文件选取界面。从附送光盘的第7章名字为“艺术装卸”的文件夹，选取立柱模型，文件名为 lizhu. prt，单击“打开”按钮，分别选取如图7-28所示的约束要素。单击操作面板中的（确定）按钮，完成立柱装配。

(4) 在组件操作控制面板中，单击图标，进入文件选取界面。选取小柱模型，文件名为 xiao. prt，类似于立柱的装配选取相应的约束要素，完成小柱装配，如图 7 - 29 所示。

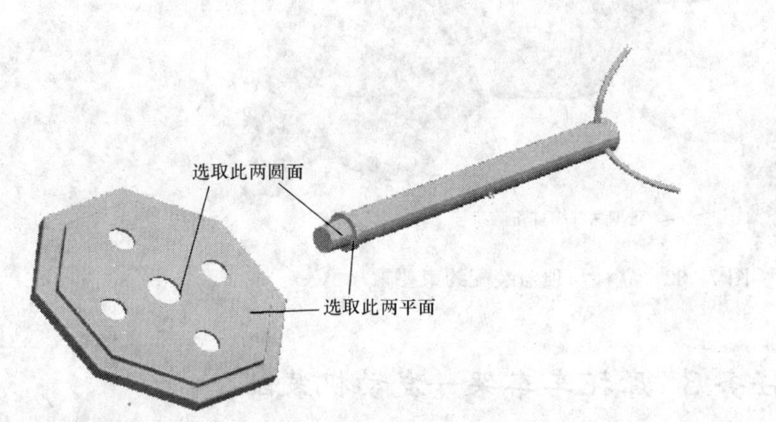

图 7 - 28　底座与立柱装配约束要素

图 7 - 29　单个小柱装配图

(5) 在组件操作控制面板中，单击图标，进入文件选取界面。选取小球模型，文件名为 qiu. prt，单击“打开”按钮导入，选取如图 7 - 30 所示的曲面约束要素。单击操作面板中的✔按钮，完成球装配。重复步骤 (4)、(5) 把另外的三个小柱与小球装配好，如图 7 - 31所示。

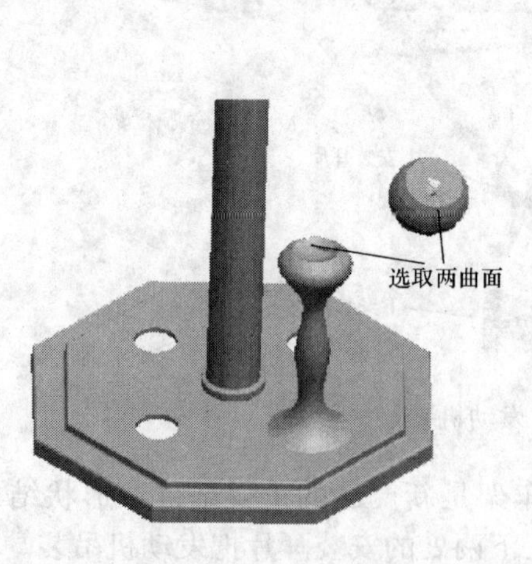

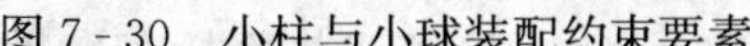
图 7 - 30　小柱与小球装配约束要素

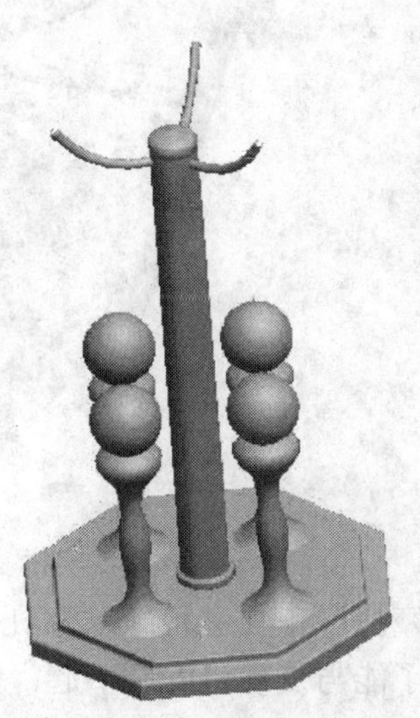

图 7 - 31　装配完成图

(6) 在组件操作控制面板中，单击图标，进入文件选取界面。选取顶盖模型，文件名为 dinggai. prt，单击“打开”按钮导入，分别选取如图 7 - 32 所示的约束要素，Pro/E 自动判别约束类型。单击操作面板中的✔按钮，完成整个艺术装卸的装配。

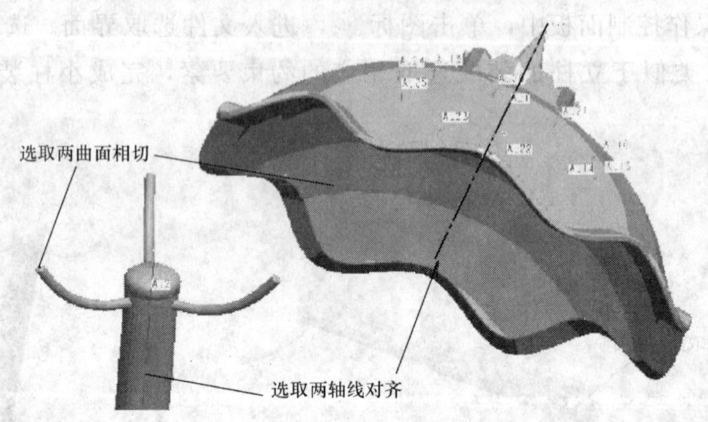

图 7-32　立柱与顶盖装配约束要素

7.3　任务 3　摩托车车架—发动机装配

在实际产品开发过程中，往往会出现一些零部件的安装位置的位置尺寸是未知的，需要设计人员根据产品的一些已知部件的安装位置进行调整。结合发动机的装配实例，学习组件下的子零件的应用，并学会如何利用现有零件的基准作为参考，快速灵活更改设计方案，加快产品开发的进程。摩托车发动机装配如图 7-33 所示。

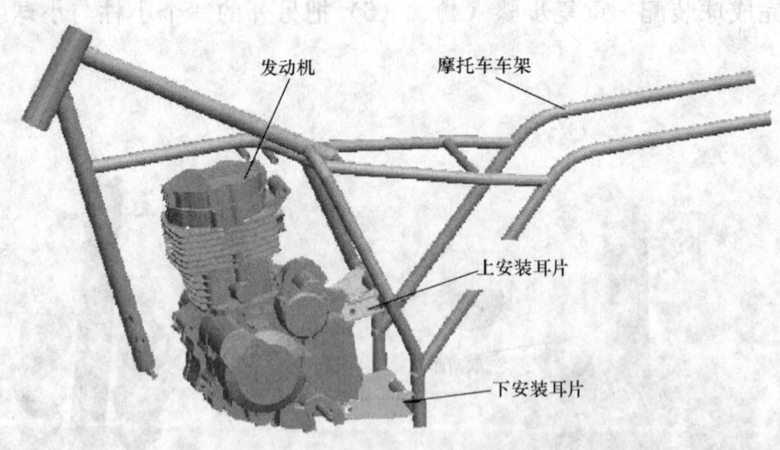

图 7-33　发动机装配

某摩托厂正在进行新款摩托车的开发，车架是新产品的重要部件，形状结构已经设计好。为了能与发动机安装一起，需要用到上、下两处的安装耳片把发动机吊装。发动机是之前一直使用的部件，有完整的三维图纸，因此在车架设计开发时，如何利用发动机的三维图能快速准确确定车架里上、下两处安装耳片的零件尺寸，是车架与摩托车发动机装配的一个关键。现在，先利用经验，初步确定上、下两处安装耳片的零件三维模型，并配合发动机的装配位置，完善设计尺寸。

（1）产品装配操作是通过组件操作控制面板来实现的。单击菜单“文件”→“新建”命令，在打开的“新建”对话框中选择“组件”，在“名称”栏写上新建组件的名称 fadongji，勾掉“使用缺省模板”前的“√”，单击 确定 按钮，进入“模板”选择界面，选择 mmns _ asm _ design 模板，单击 确定 按钮，进入组件操作控制面板，如图 7 - 34 所示。

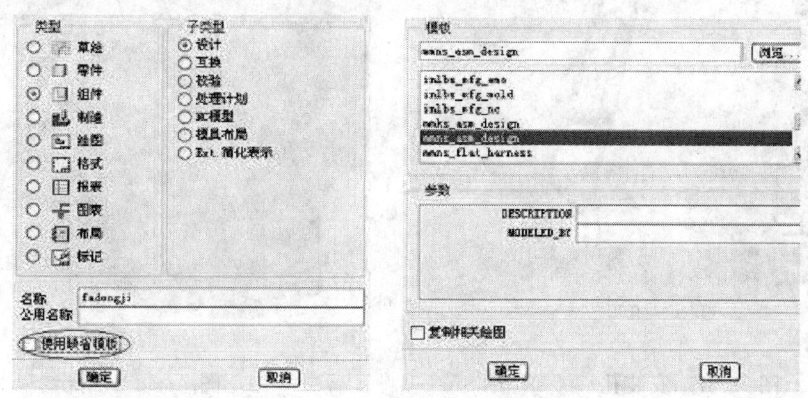

图 7 - 34　模板选择界面

（2）在组件操作控制面板中，单击图标，进入文件选取界面。从附送光盘的第 7 章名字为“发动机”的文件夹，选取车架模型，文件名为 chejia. prt，单击“打开”按钮，进入第一个零件的装配操作面板。底座是整个产品装配的第一个零件，因此在装配操作面板的约束类型选项选择 缺省 ，单击操作面板中的✔（确定）按钮，完成车架的装配。

（3）在组件操作控制面板中，单击图标，进入文件选取界面。选取下安装耳片模型，文件名为 xia. prt，单击“打开”按钮，选取如图 7 - 35 所示的两个圆面作插入约束要素，完成后再选择图 7 - 36 所示的两基准平面，并设置偏距为 50。

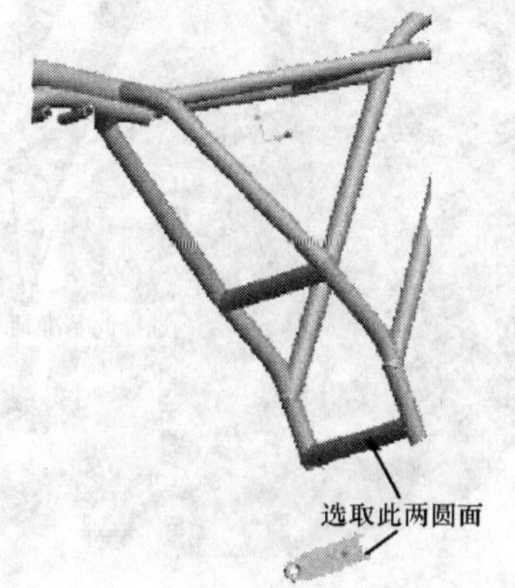

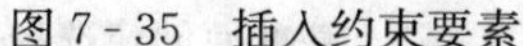

图 7 - 35　插入约束要素

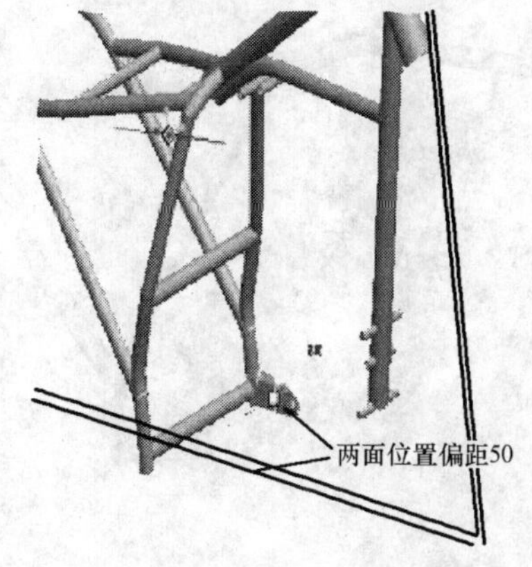

图 7 - 36　选择基准平面

（4）在组件操作控制面板中，单击图标，进入文件选取界面。选取发动机模型，文件名为 motor. asm，该文件是一个装配组件，单击“打开”按钮，选取如图 7 - 37 所示的两个圆安装孔作插入约束要素，完成后。

再选择图中两孔的安装面，使之成为匹配约束，如图 7 - 38 所示。

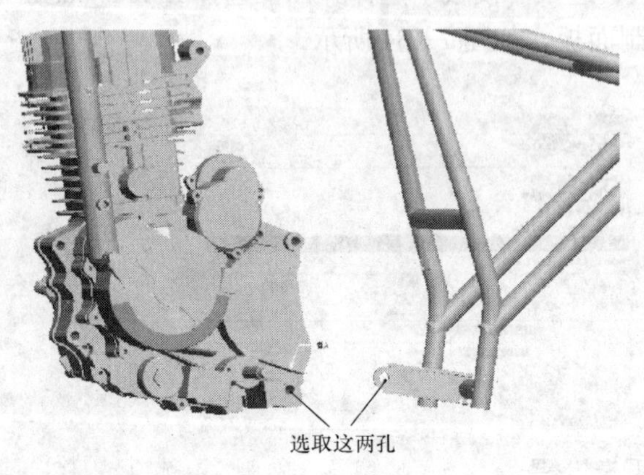

图 7-37　安装孔

图 7-38　匹配约束

最后，单击操作面板中的放置按钮，进入约束定义界面，单击“新建约束”，选取图 7-38所示的两基准平面，并在“偏移”选项选择“角度偏移”，在偏移数值栏输入参数 8，并单击操作面板中的✔按钮，完成发动机的装配，如图 7-39 所示。

(5) 在组件操作控制面板中，单击图标▱，进入基准面建立界面，选取如图7-40所示的基准轴与外圆面，构造基准面 DTM2，如图 7-41 所示。

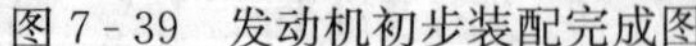
图 7-39　发动机初步装配完成图

图 7-40　基准面创建选择要素

(6) 在组件操作控制面板中，单击图标，进入文件选取界面。选取上安装耳片模型，文件名为 shang.asm，单击“打开”按钮，共需建立三个约束，选取如图 7-42 所示的两个圆安装孔作插入约束要素，使上安装耳片的 TOP 面与（4）建立的 DTM2 两基准面平行（即角度偏移为 0），再选择两基准面匹配，完成装配。

图 7 - 41　基准面 DTM2

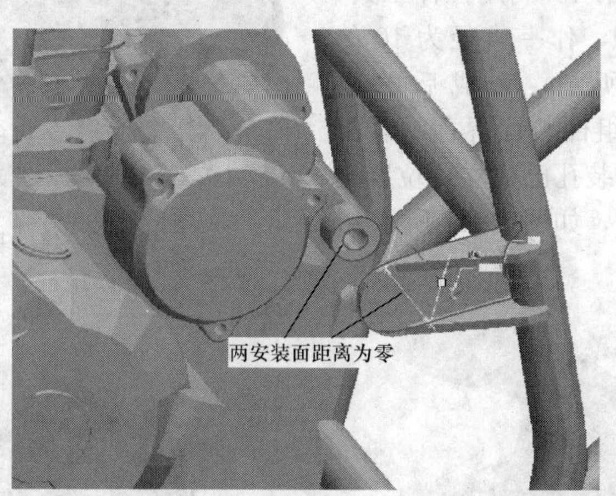

图 7 - 42　上安装耳片约束要素选取

(7) 从模型可见，上安装耳片的安装孔还没建立，因为在设计初期，安装孔的位置难以确定。现借助发动机的安装孔的基准作参考，能快速准确建立上安装耳片的安装孔特征。在模型树中，用鼠标选上 zhong. prt 文件，右击，在弹出的菜单单击“激活”，zhong. prt 文件的右下角出现绿色点，整个装配模型变朦胧，只有被激活的上安装耳片是清晰的，如图 7-43所示。

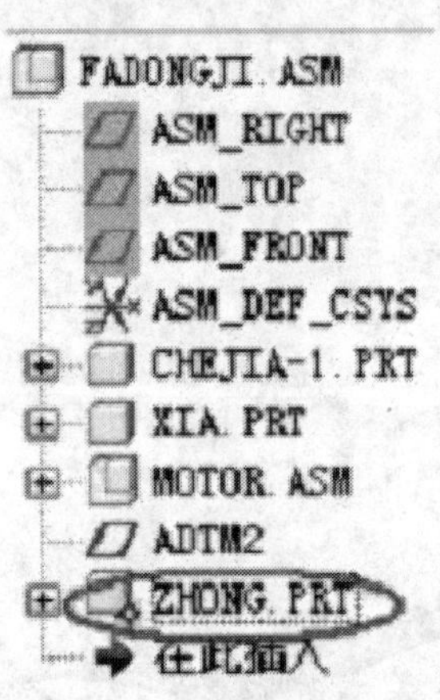

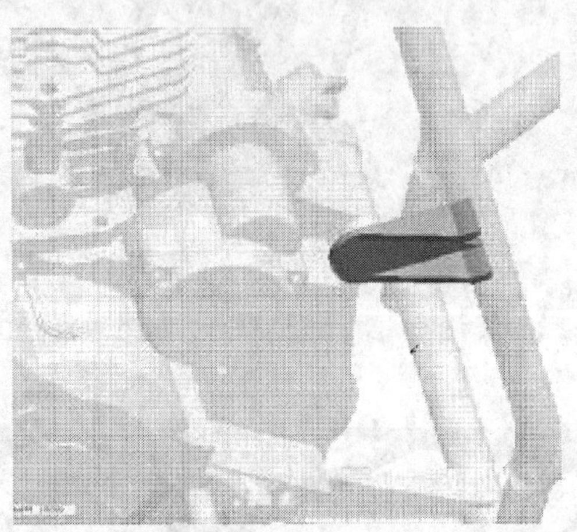

图 7-43 激活零件后 Pro/E 显示图

此时单击建模工具栏的图标 / ，创建基准轴，选取发动机如图 7-44 所示安装孔，参见基准轴 A _ 9，单击“确定”，退出基准轴建立界面。

在模型树中选 zhong. prt 文件，右击，在弹出的菜单单击“打开”此时。可见上安装耳片已经建立以发动机安装孔为基准的轴线 A _ 9，如图 7-45 所示。利用拉伸工具，轴线 A _ 9 为绘图参照，作一直径为 10 的通孔，如图 7-46 所示，完成后关闭 zhong. prt 窗口，回到组件装配界面。装配模型的上安装耳片的安装孔已建立，位置与发动机安装孔完全一致，如图 7-47 所示。

图 7-44 基准轴选取

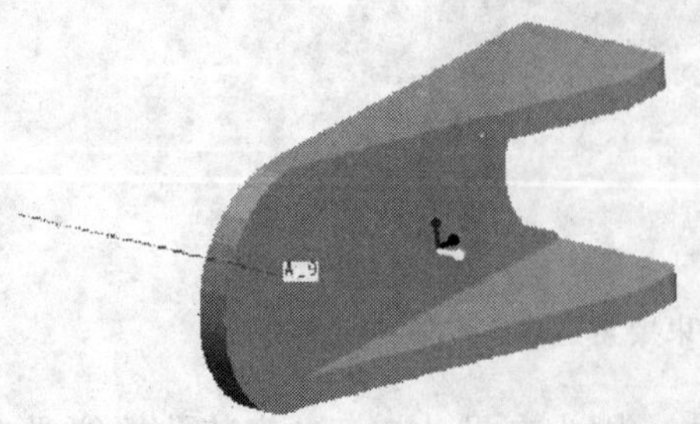

图 7-45 基准轴复制

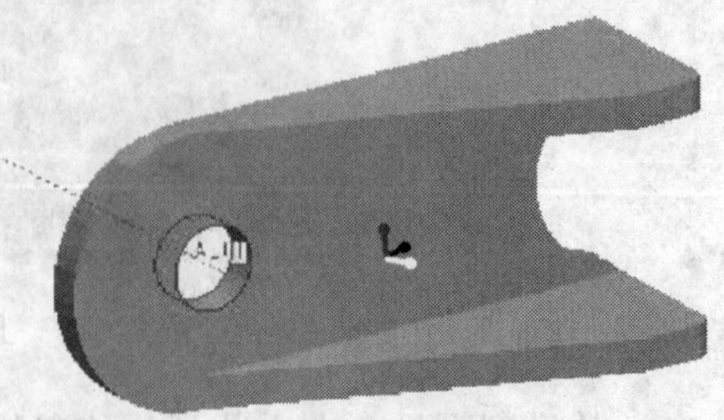

图 7-46 创建新的安装孔

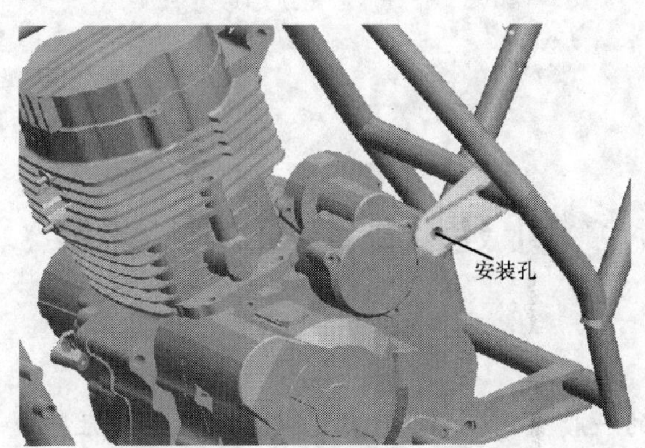

图 7-47　安装孔建立完成

（8）把另外的上、下安装耳片装配好，如图 7-48 所示，完成车架—发动机的装配。

图 7-48　车架—发动机的装配完成图

模块八

创建二维工程图

本模块知识点

(1) 零件视图建立的一般操作、辅助视图的建立、尺寸标注。

(2) 零件视图的建立：主视图建立方法、投影视图建立方法。

(3) 辅助视图的建立：比例视图、局部放大视图、全剖视图、阶梯剖视图。

(4) 尺寸标注：参数修改、基本尺寸标注、表面粗糙度标注、型位公差标注。

Pro/E 软件功能强大，设计模块齐全。除了之前学习的三维应用模块外，还具备有强大的工程图设计功能，可直接将建立的三维模型转换成二维的工程图，由于具备“参数化”的特征使得三维模型或工程图的任何一方进行尺寸更改，另一方会同时相应作出尺寸更改。

8.1 任务1 安装板零件的二维工程图的创建

如图 8-1 所示，该零件是摩托车发动机安装板，当三维模型建立完善，为满足生产设计要求，需转化为工程图。

(1) 绘图文件建立。在 Pro/E 主窗口中单击菜单“文件”→“新建”命令，在打开的“新建”对话框中选择“绘图”类型，在“名称”栏中输入新建文件名称，勾掉“使用缺省模板”前的“√”，如图 8-2 所示，单击确定按钮，进入“制图”选择界面。

单击“浏览”按钮，可以导入需进行工程图转化的三维模型，从素材的第 8 章“任务一”的文件夹中，选取 xiatuoban. prt 文件。指定模板选择“空”，标准大小选择“A4”，如图 8-3 所示。单击确定后，进入绘图操作控制面板。

(2) 主视图创建。在 Pro/E 主窗口中单击菜单“插入”→“绘图视图”→“一般”命令，如图 8-4 所示。

用鼠标在图纸的空白处点击，便出现绘图视图操作界面，在模型视图中选择“FRONT”，如图8-5所示。单击“确定”按钮，退出绘图视图操作界面，完成工程图主视图创建。

(3) 投影视图创建。用鼠标选中主视图，图形有一红色虚线外框，在 Pro/E 主窗口中单击菜单“插入”→“绘图视图”→“投影”命令，如图 8-6 所示。可在主视图的上、下、左、右分别创建主视图的投影视图，单击线框显示图标，完成后如图 8-7 所示。

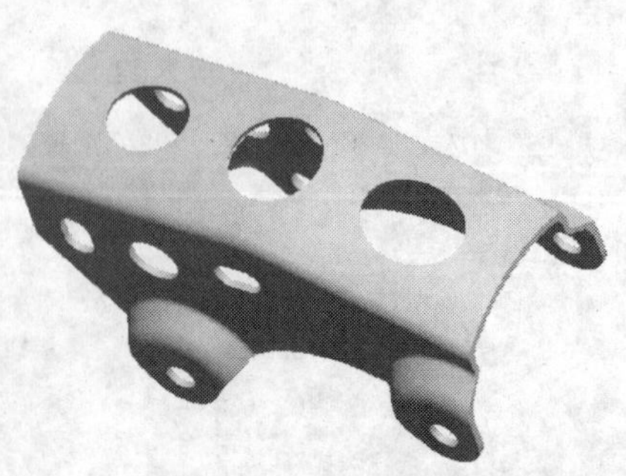

图 8-1 安装板零件

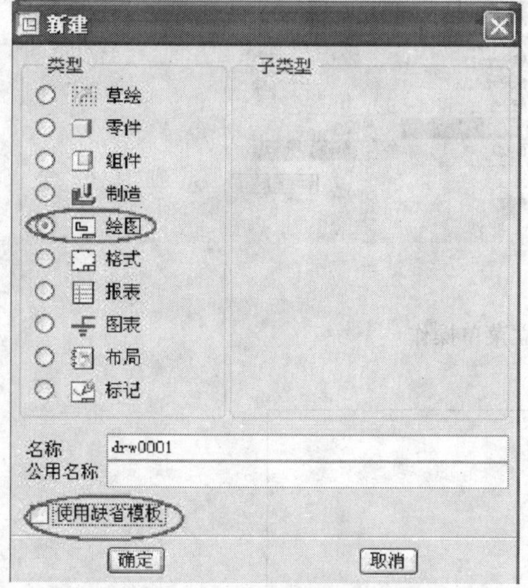

图 8-2　绘图文件建立界面

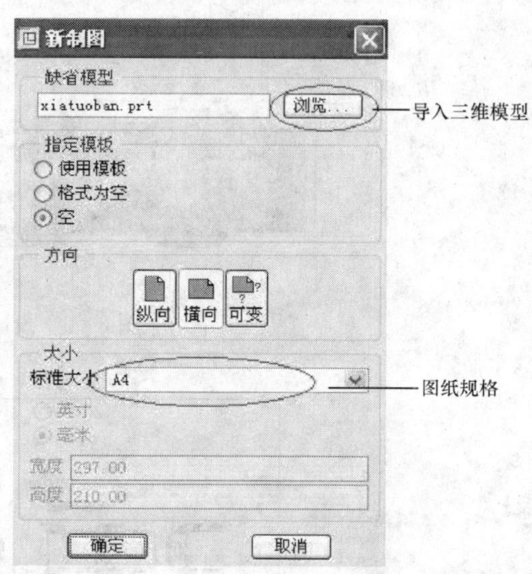

图 8-3　绘图文件设置界面

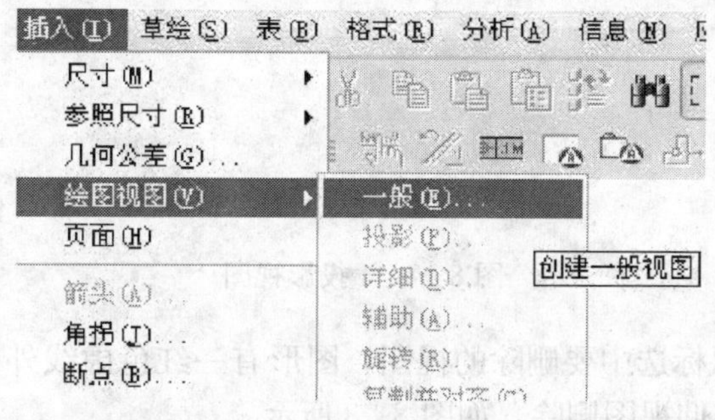

图 8-4　主视图建立菜单操作

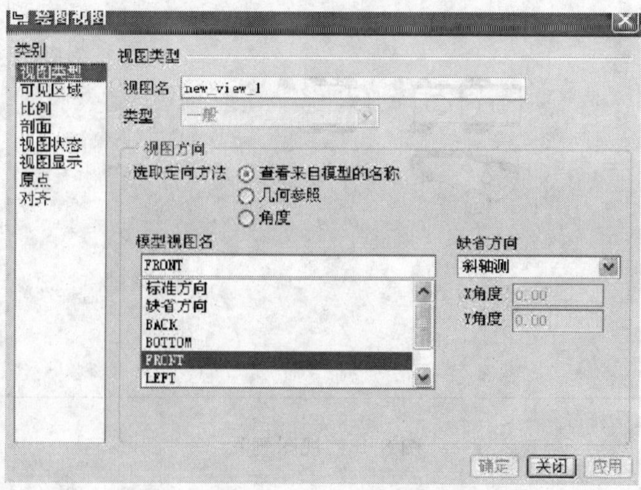

图 8-5　绘图视图界面

图 8-6　投影视图建立菜单操作

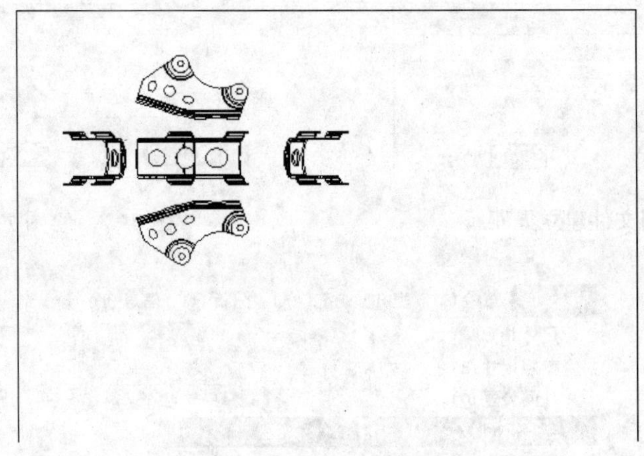

图 8-7　4 投影视图

(4) 删除视图。用鼠标选中要删除的视图，图形有一红色虚线外框，按下键盘上的Delete键，把主视图的右视图与仰视图删除，如图 8-8 所示。

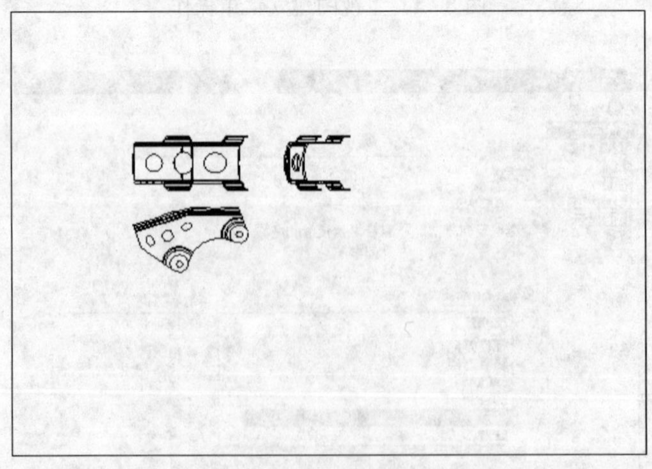

图 8-8　视图删除

(5) 移动视图。在图纸空白处单击鼠标右键，在弹出的菜单中勾选掉“锁定视图移动”前的“√”，如图 8-9 所示，之后调整视图位置。

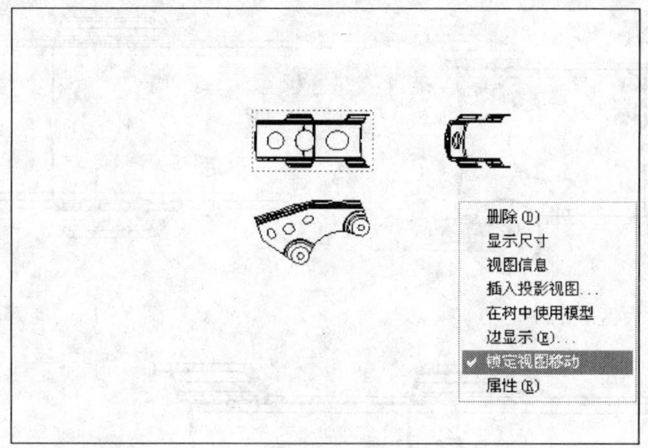

图 8-9　视图调整

（6）比例视图。除主视图外，把其他视图删除，选中主视图，单击鼠标右键，在弹出的菜单中选“属性”，在弹出的界面单击“比例”，在“定制比例”栏输入 2（工程图比例为 1∶2），如图8-10所示，单击“确定”，退出界面，此时，发现图纸比例已经改变。

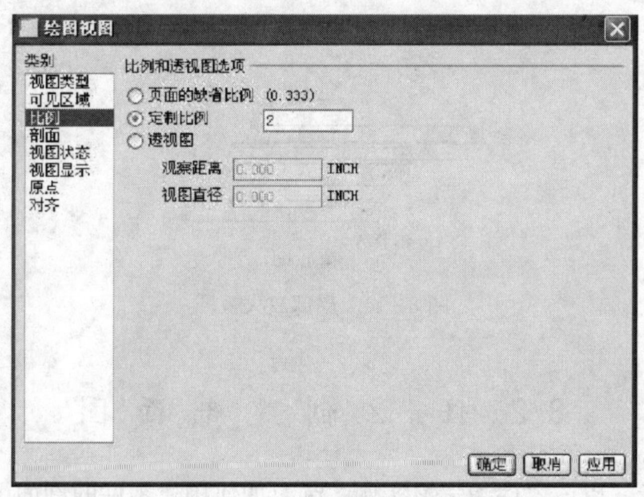

图 8-10　比例视图建立

（7）局部放大视图。在 Pro/E 主窗口中单击菜单“插入”→“绘图视图”→“详细”命令，如图 8-11 所示。

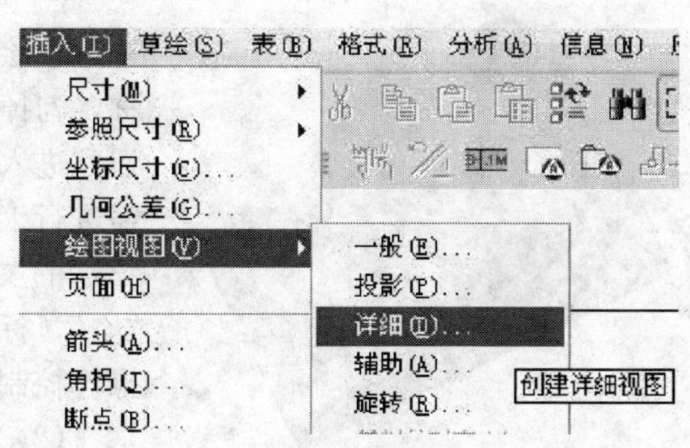

图 8-11　局部视图建立菜单操作

Pro/E 软件要求选择局部放大区域的中心点，在零件的右下角点选，出现红色×，如图 8-12 所示，之后，在放大区域随意画出封闭的区域，见图 8-13，单击鼠标中键确认。

在图纸空间其他位置单击鼠标左键，便出现局部放大视图，如图 8-14 所示。

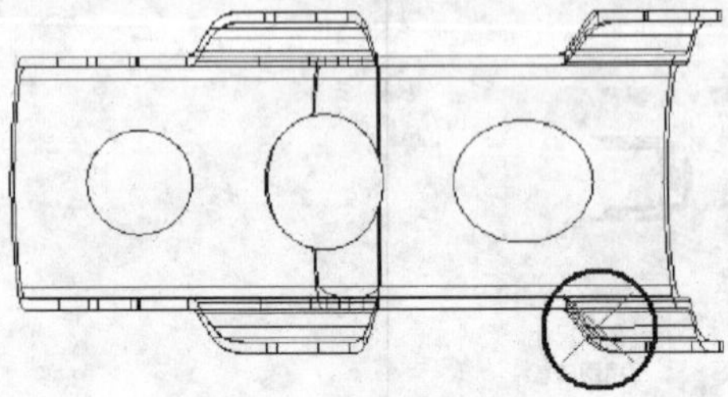

图 8-12 局部放大区域的中心点

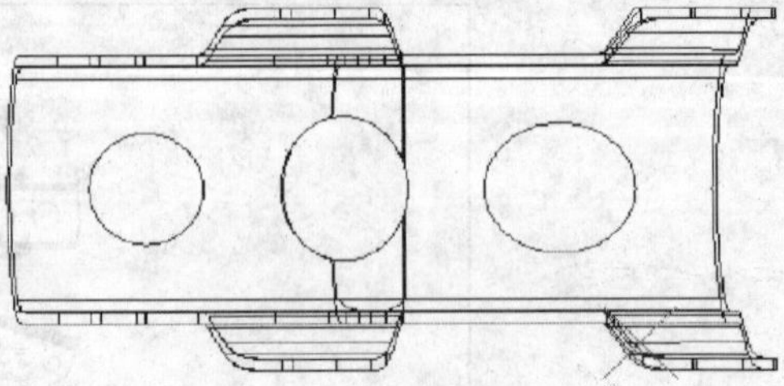

图 8-13 局部放大区域

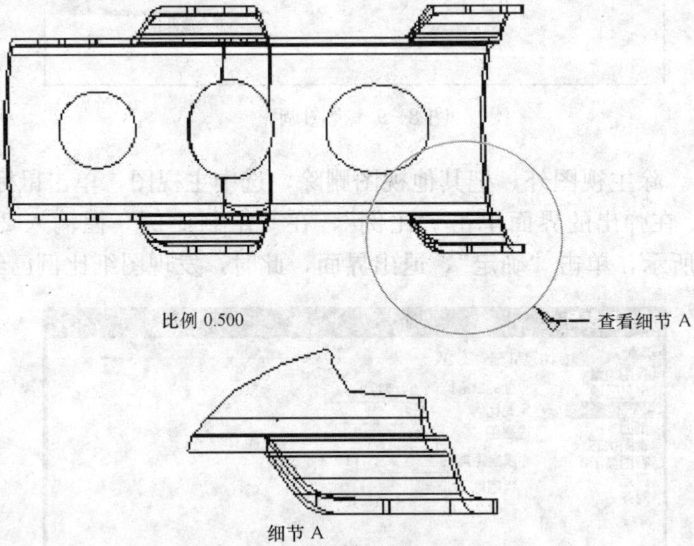

比例 0.500

查看细节 A

细节 A

比例 1.000

图 8-14 局部放大视图

8.2 任务 2 创建剖面图

如图 8-15 所示，以该零件为学习实例，练习如何构建零件的剖面图。

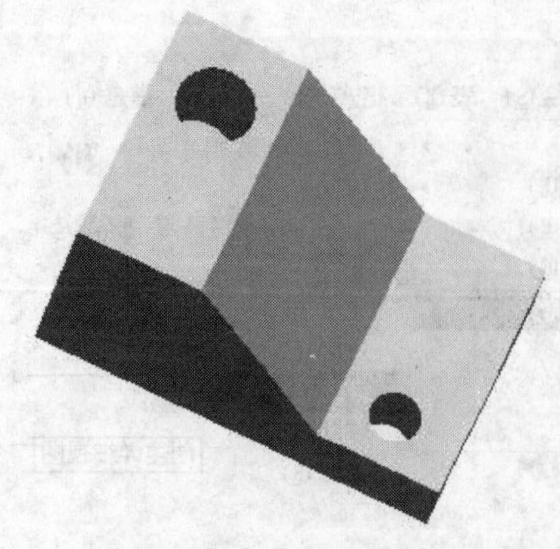

图 8-15 三维模型

(1) 绘图文件建立。在 Pro/E 主窗口中单击菜单“文件”→“新建”命令，在打开的“新建”对话框中选择“绘图”类型，在“名称”栏中输入新建文件名称，勾掉“使用缺省模板”前的“√”，单击 确定 按钮，进入“制图”选择界面。单击“浏览”按钮，导入需进行工程图转化的三维模型，从素材的第 8 章“任务二”的文件夹，选取 xietai. prt 文件。指定模板选择“空”，标准大小选择“A4”。单击 确定 后，进入绘图操作控制面板。

(2) 主视图创建。在 Pro/E 主窗口中单击菜单“插入”→“绘图视图”→“一般”命令，用鼠标在图纸的空白处单击，便出现绘图视图操作界面，在模型视图中选择“BOTTON”，如图 8 - 16 所示。单击“确定”按钮，退出绘图视图操作界面，单击线框显示图标，完成主视图创建。

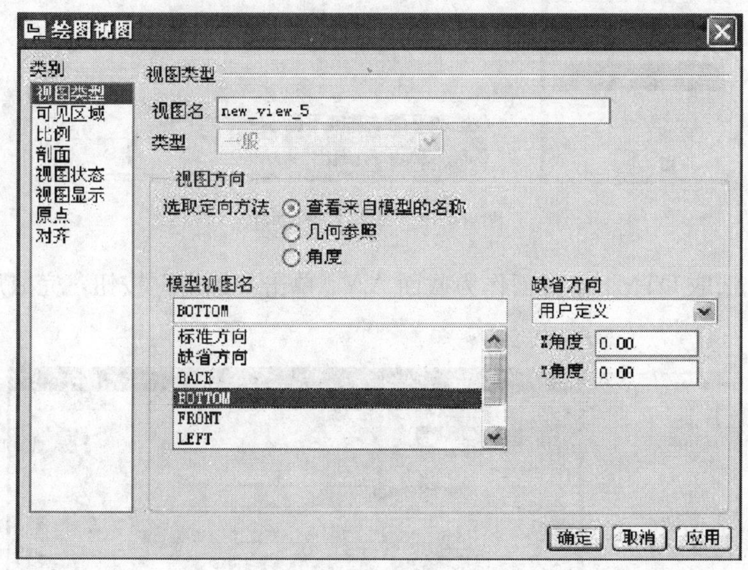

图 8 - 16　主视图放置界面

（3）剖面图创建。选中主视图，单击鼠标右键，在弹出菜单中选择“属性”，在弹出的绘图视图中选择剖面，选中“2D 截面”，如图 8 - 17 所示。

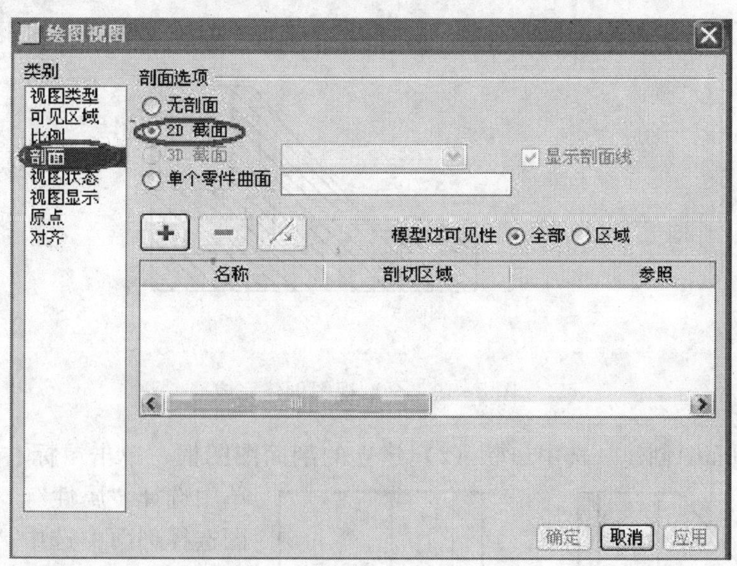

图 8 - 17　全剖视图创建

单击图标，创建截面，在弹出的菜单上选择“平面”、“单一”，单击“完成”，输入截面名称 AA，单击✔（确定）按钮，如图 8 - 18 所示。

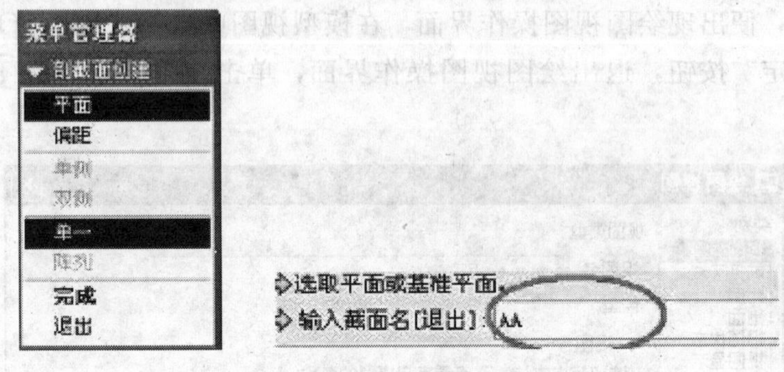

图 8-18　全剖视图创建

在模型树上选取DTM1基准面作为截面AA，单击“确定”按钮，完成后，主视图变为全剖视图。

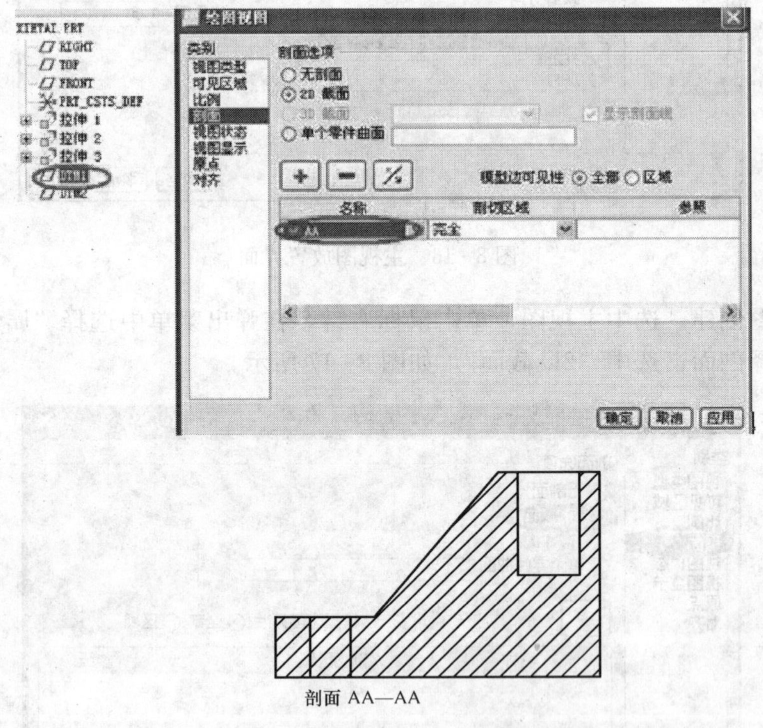

图 8-19　全剖视图创建完成

（4）阶梯剖面图创建。选中步骤（2）建立的剖面图图框，单击鼠标右键，在弹出的菜单中选择“属性”，在弹出的绘图视图选择剖面中选中“无截面”，再单击“应用”按钮，可取消（2）建立的全剖视图。然后根据任意创建投影图的方法，创建零件的左视图，如图8-20所示。

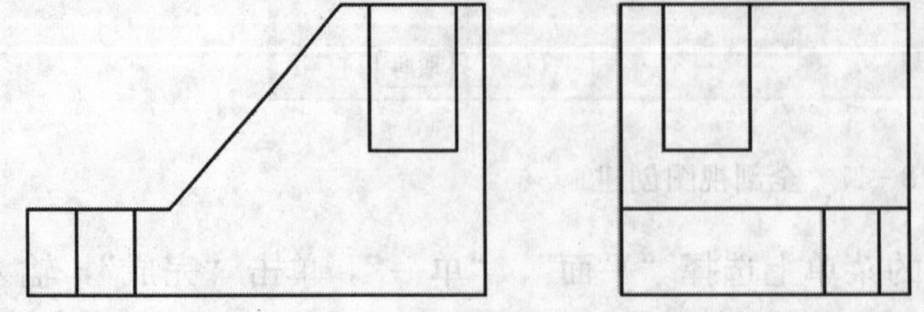

图 8-20　主视图与左视图的创建

选中“2D截面”，单击[+]图标，创建阶梯剖面，名称选择“创建新”，在弹出的菜单上选择“偏距”、“单一”，如图8-21所示，单击“完成”，输入名字BB，软件弹出新的活动窗口，选择零件的底面作阶梯剖面得草绘视图。

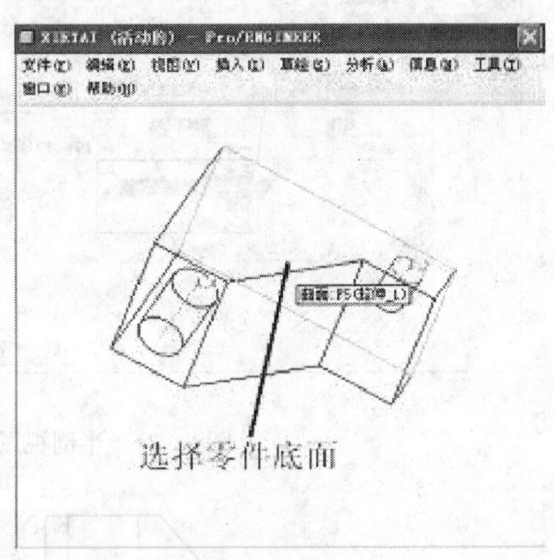

图8-21　阶梯剖面的建立

单击“正向”，单击“缺省”，进入草绘画面，单击“草绘”→“线”→“线(L)”绘制阶梯截面的剖面线，如图8-22所示。

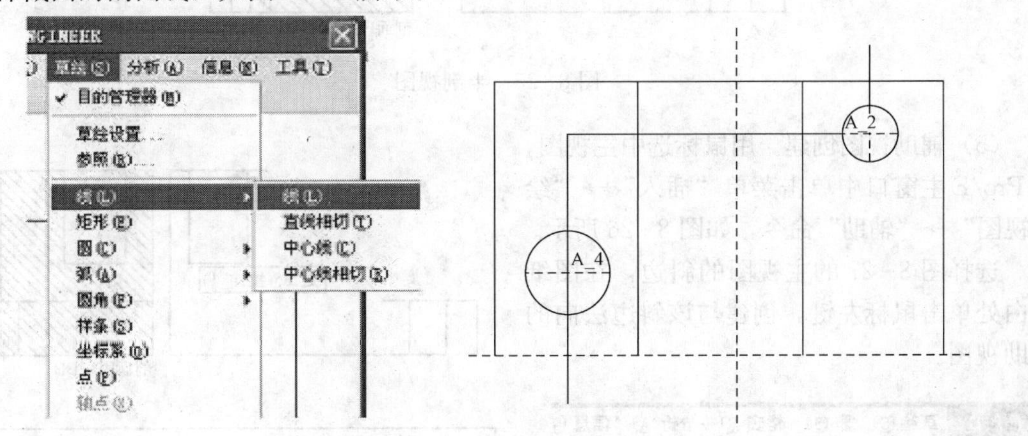

图8-22　阶梯剖面的绘制

单击“草绘”→“完成”退出阶梯截面绘制，单击[确定]，得到阶梯剖面图，如图8-23所示。

选中建立的BB-BB全剖视图，单击鼠标右键，在弹出的菜单中选择“属性”，在弹出的绘图视图选择“剖面”，在剖切区域选择“一半”，再选取模型树的DTM2截面，如图8-24所示。创建半剖面图，完成后如图8-25所示。

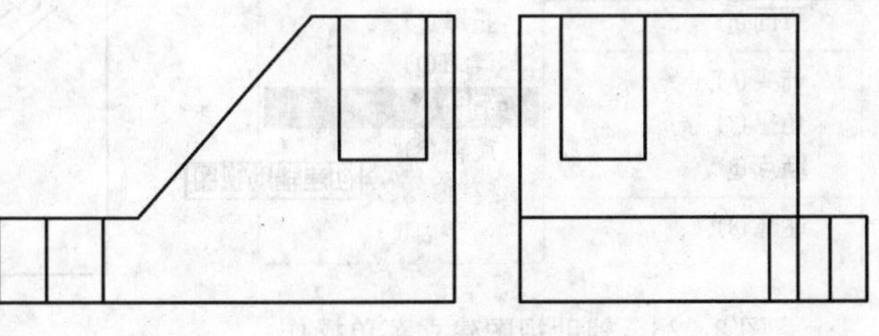

图8-23　阶梯剖视图

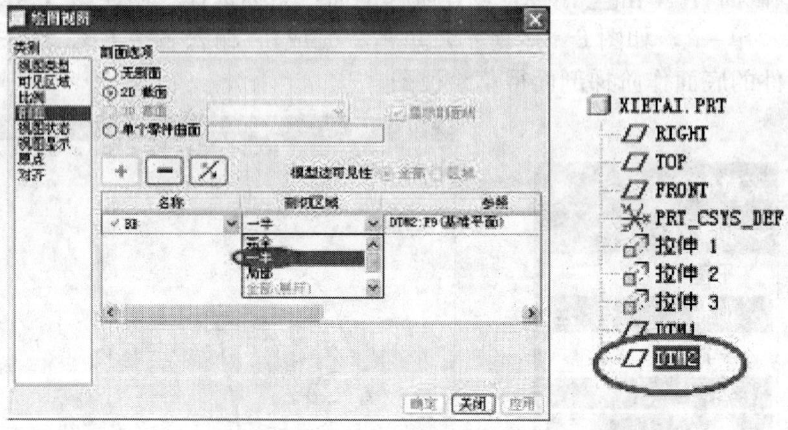

图 8-24　半剖视图创建

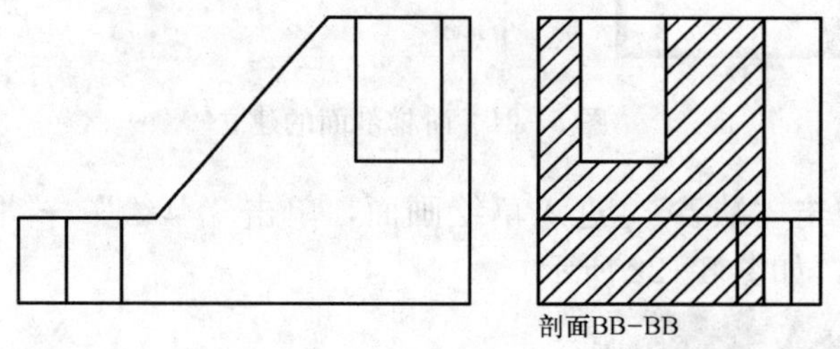

图 8-25　半剖视图

（5）辅助视图创建。用鼠标选中主视图，在 Pro/E 主窗口中单击菜单“插入”→“绘图视图”→“辅助”命令，如图 8-26 所示。

选择图 8-27 的主视图的斜边，在图纸空白处单击鼠标左键，创建与该斜边法向的辅助视图。

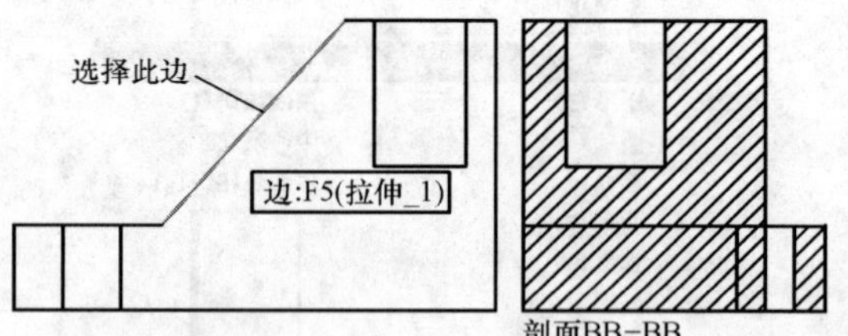

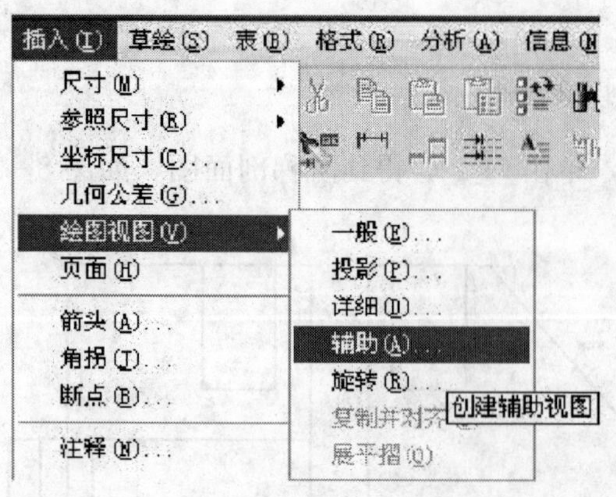

图 8-26　辅助视图建立菜单操作

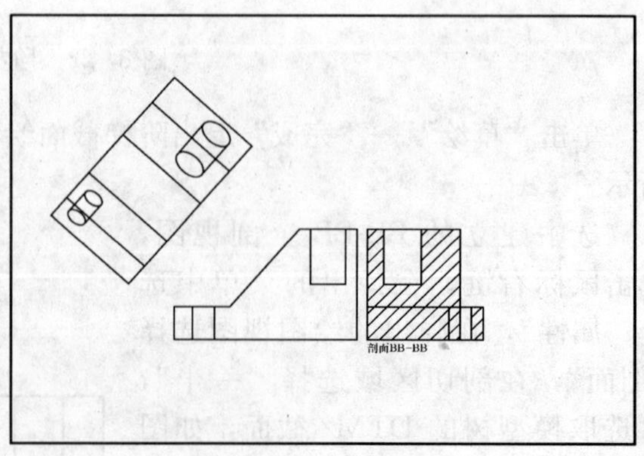

图 8-27　辅助视图

8.3 任务3 创 建 标 注

以一轴类零件为学习实例，如图 8-28 所示，学习 Pro/E 软件中的工程图的尺寸标注。

(1) 绘图文件建立。在 Pro/E 主窗口中单击菜单“文件”→“新建”命令，在打开的“新建”对话框中选择“绘图”类型，勾掉“使用缺省模板”前的“√”，单击“确定”按钮，进入“制图”选择界面。单击“浏览”按钮，从素材第 8 章的“任务三”的文件夹中选取 lianjian. prt 文件。指定模板选择“空”，标准大小选择“A4”，单击“确定”后，进入绘图操作控制面板。

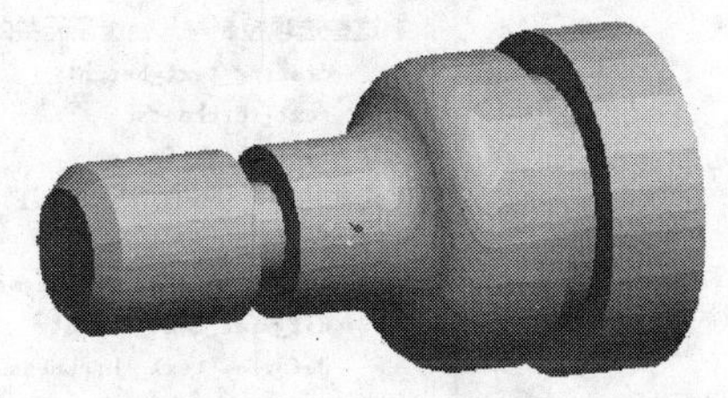

图 8-28 三维零件

(2) 修改绘图属性。单击菜单“文件”→“属性”，在弹出的菜单中选择“绘图选项”，如图 8-29 所示。

图 8-29 工程图配置参数选项

弹出参数设置界面，在“选项”一栏输入 drawing _ units，“值”一栏默认值为 inch，即绘图单位为英寸，不符合我国工程图的标准，需更改。选择 mm，单击“添加/更改”按钮，如图 8-30 所示。另外，还有其他参数，如表 8-1 所示。

(3) 主视图创建。在 Pro/E 主窗口中单击菜单“插入”→“绘图视图”→“一般”命令，用鼠标在图纸的空白处单击，便出现绘图视图操作界面，在“选取定向方法”中选“几何参照”，在“参照 1”选择模型的 Front 面，在“参照 2”选择模型的 Right 面，如图 8-31 所示。单击线框显示图标，完成主视图创建，如图 8-32 所示。

(4) 绘制中心线。单击图标，在弹出的菜单中，单击“定义”按钮，并选择“过柱面”，如图 8-33 所示。选中如图 8-34 的圆柱面，创建中心线。用鼠标单击该中心线并延长，完成零件的中心线建立。

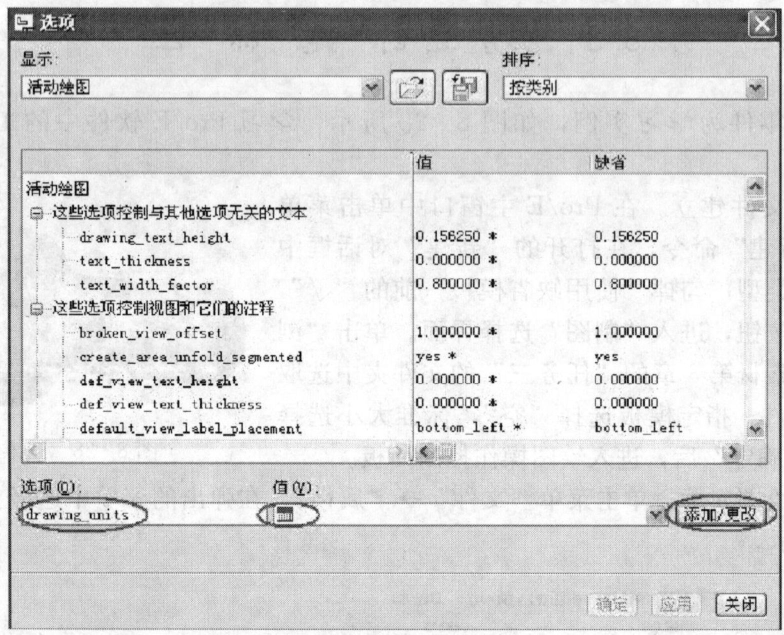

图 8-30　参数更改界面

表 8-1　　　　　　　　　　　　**工程图常用配置参数**

选　　项	值	说　　明	选　　项	值	说　　明
drawing _ units	mm	绘图参数单位	draw _ arrow _ length	3	标注引线箭头长度
drawing _ text _ heigh	3.5	文字高度	draw _ arrow _ width	1.2	标注引线箭头宽度
tol _ display	yes	显示尺寸公差			

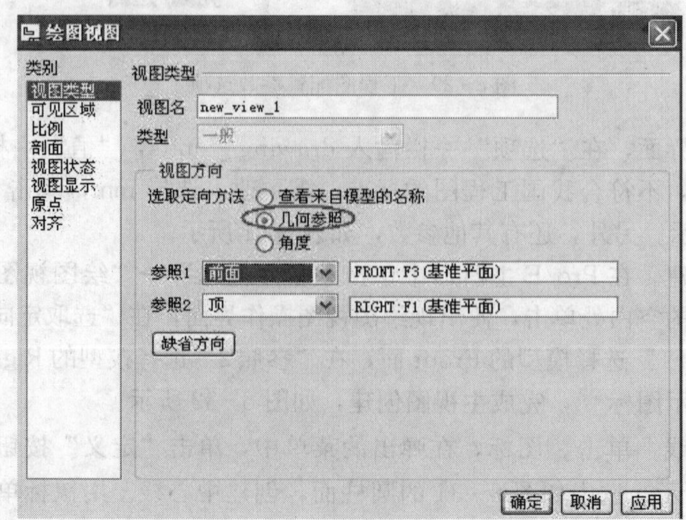

图 8-31　主视图放置设定

(5) 尺寸标注。在 Pro/E 中，对工程图进行尺寸标注，一般采用自动标注和人工标注相结合的方法；再通过尺寸整理，使尺寸标注符合我国的制图标准。

单击 图标，进入"显示/拭除"对话框，选择图 8-35 所示尺寸类型，单击"显示全部"按钮，再单击"是"，确认尺寸自动建立，得到如图 8-36 所示的尺寸。由图可见，尺寸有很多不合理，需人工调整。把不需要的尺寸删除（选择尺寸，在右键快捷菜单中选择"拭除"），在软件右下角的过滤器选项选择"尺寸"，方便尺寸的选择，如图 8-37所示。

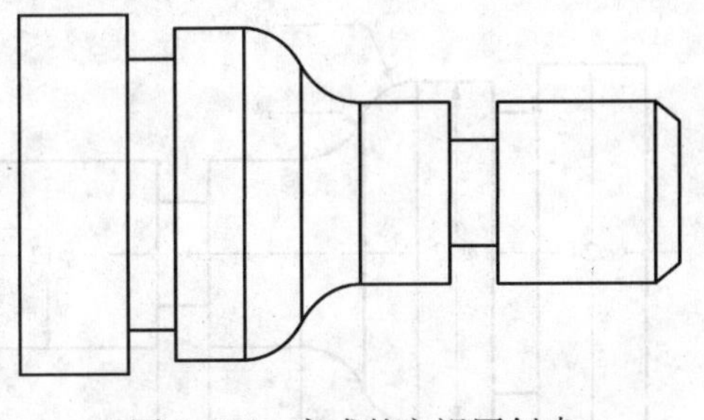

图 8-32　完成的主视图创建

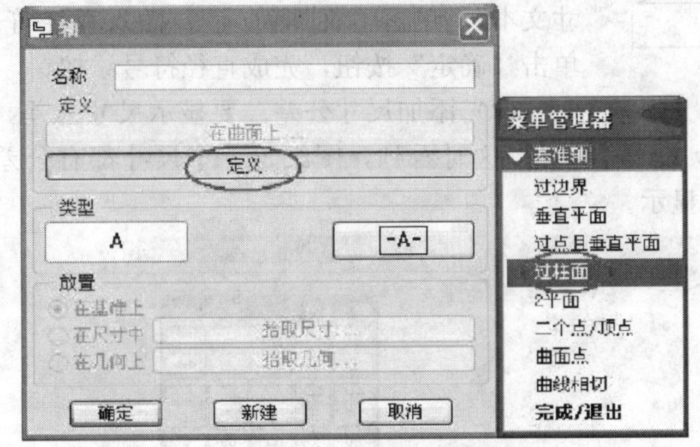

图 8-33　中心线创建选项

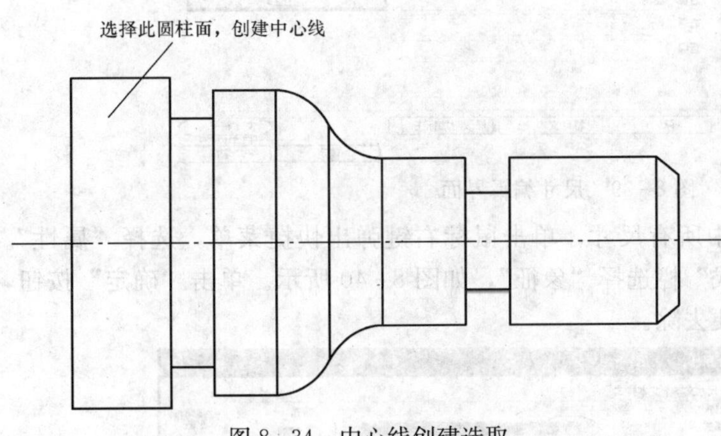

图 8-34　中心线创建选取

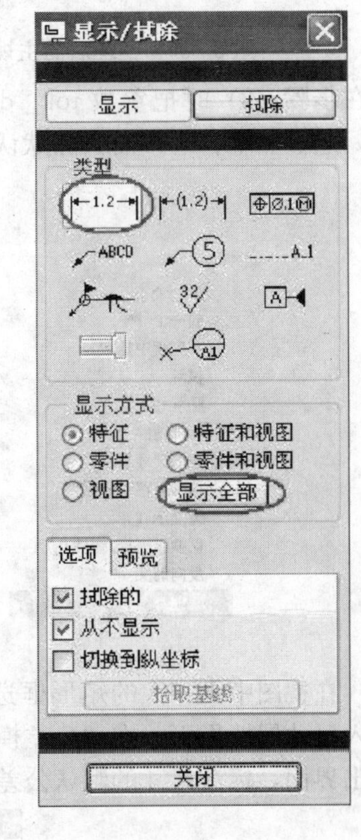

图 8-35　自动尺寸标注界面

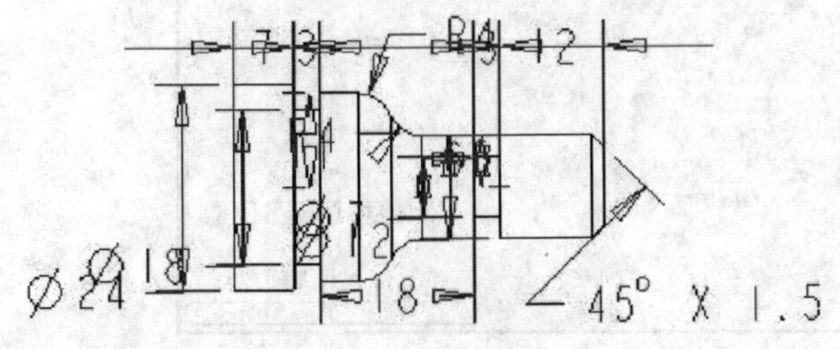

图 8-36　自动标注完成

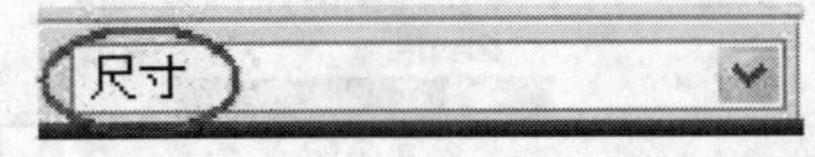

图 8-37　选择过滤器选项

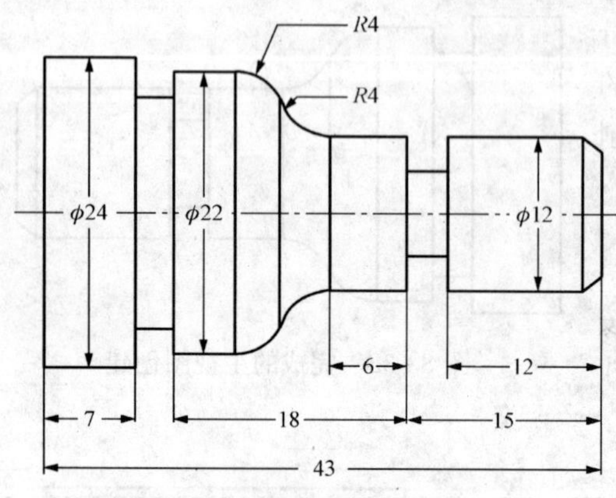

图 8 - 38 整理后的主视图

单击按钮[↔]可进行人工标注。人工添加尺寸与草绘时添加尺寸约束操作相当，适当选择图元，按中键确定，建立尺寸。调整部分尺寸的位置，得到如图8 - 38所示的零件标注。

（6）添加直径符号。由图 8 - 38 可见，其中尺寸数值为 22 处需添加直径符号。选中该尺寸，在右键快捷菜单中单击“属性”，如图 8 - 39 所示，在“尺寸属性”对话框中单击“尺寸文本”，单击“文本符号”，插入直径符号，单击“确定”按钮，完成直径符号添加。

（7）添加尺寸公差。要显示尺寸公差，必须在步骤（2）时把参数 tol _ display 设置为 yes。这时看到，图纸每一个尺寸都有公差显示，这显然不合理，需去除默认公差显示。

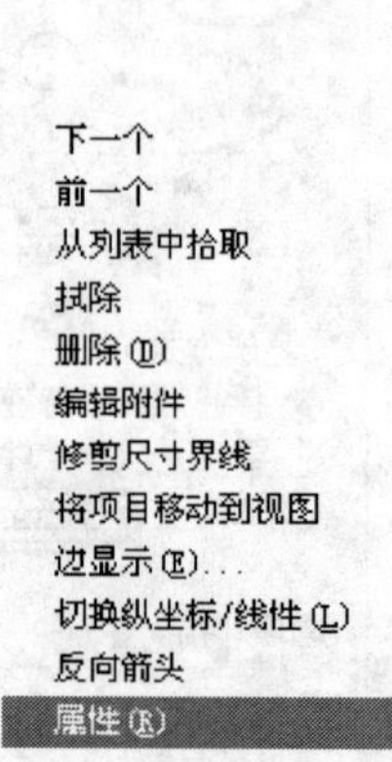

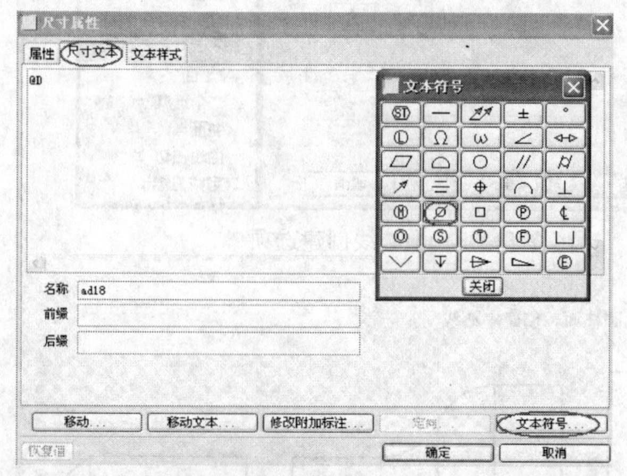

图 8 - 39 尺寸编辑界面

在视图中画一大的矩形框选中所有尺寸，单击鼠标右键弹出快捷菜单，选择“属性”。进入尺寸属性界面，在“公差模式”栏选择“象征”，如图 8 - 40 所示。单击“确定”按钮，退出界面，标注尺寸的默认公差便去除。

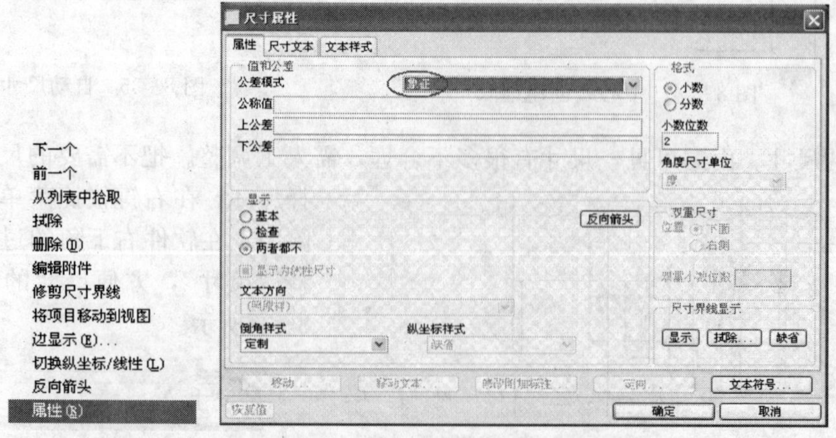

图 8 - 40 尺寸公差定义

选中数值为 43 的尺寸，单击右键弹出快捷菜单，选择“属性”，在“公差模式”栏选择“+-对称”，在“公差”一栏输入参数 0.03，如图 8-41 所示。单击“确定”退出，完成后如图 8-42 所示。

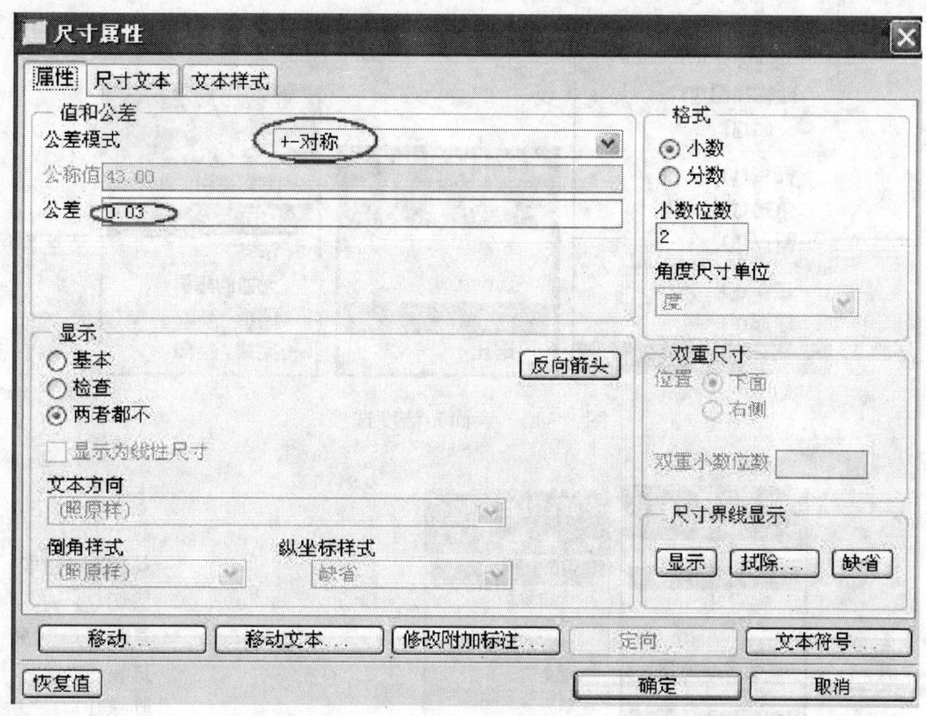

图 8-41　公差设置

(8) 加入表面光洁度。通过工具栏的“插入”→“检索”选择文件夹“machined”，打开 standard1.sym 文件，在“实体依附”菜单选择“图元”，选中图 8-43 的外圆面。在参数栏输入数值 1.6，完成后如图 8-45 所示。

(9) 加入倒角标注。单击工具栏的“插入”→“注释”，在出现的“注释类型”菜单点选“带引线”、“输入”、“水平”、“标准”、“缺省”、“制作注释”选项，再单击零件的其中的一条倒角边。在弹出的依附类型菜单选择“斜杠”，单击“完成”。如图 8-44 所示。

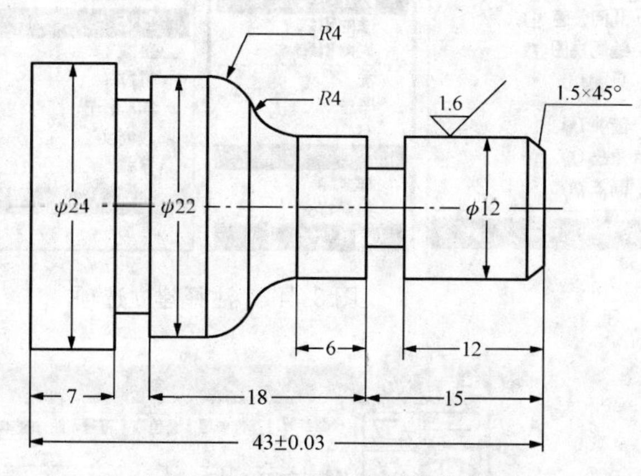

图 8-42　倒角尺寸标注完成

弹出“获得点”菜单，在空白位置单击，然后在“注释输入”处输入 1.5X45°，单击☑两次，完成倒角标注添加，最后选择“倒角注释”，单击右键弹出如图 8-45 的快捷菜单，选择“改变引线类型”，再调整其位置，得到图 8-42 所示的效果。

(10) 添加圆度公差。点选工具栏的“插入”→“几何公差”，在弹出的“几何公差”的对话框中选择图标[○]（圆度公差），如图 8-46 所示。在参照“选定”一栏单击“选取图

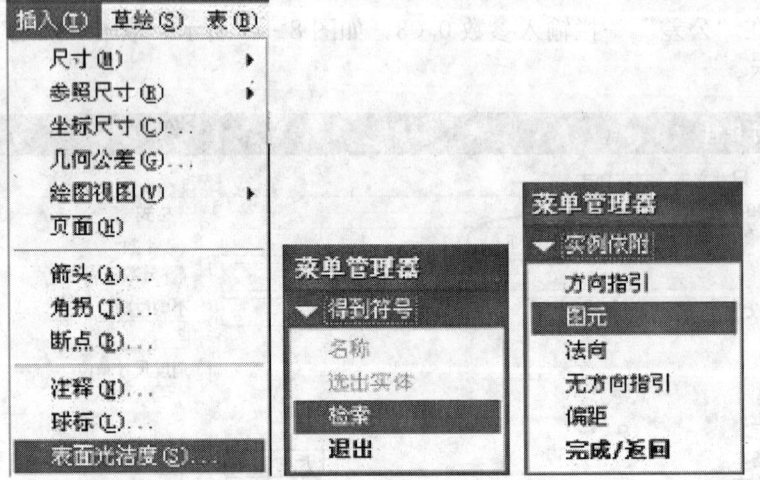

图 8-43 表面光洁度选项

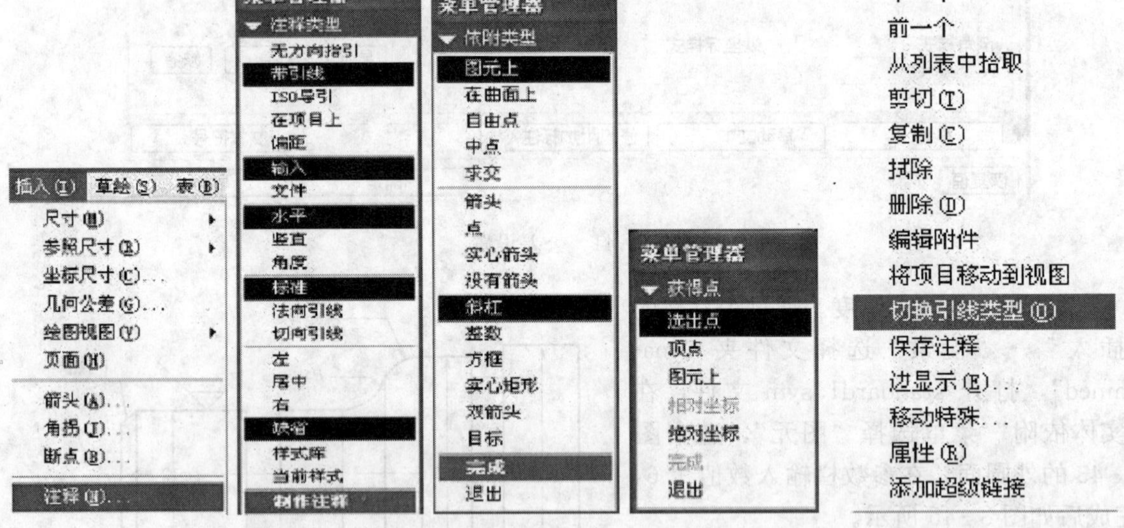

图 8-44 注释建立选项　　图 8-45 引线调整

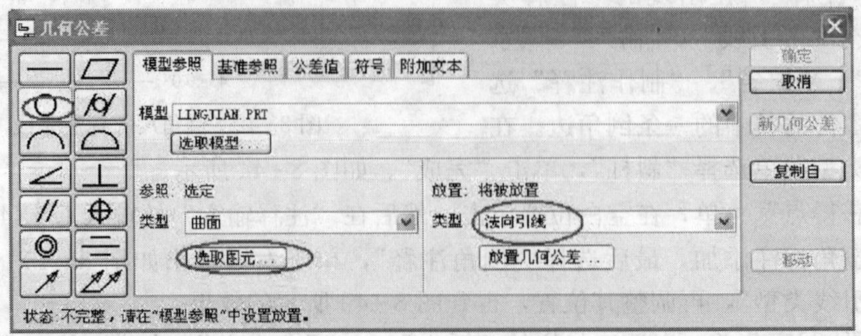

图 8-46 圆度公差建立

元”按钮，选取图 8-47 的外圆面。

在放置“类型”处选择“法向引线”，如图 8-46 所示。弹出导引菜单如图 8-48 所示，选择“箭头”，单击“完成”。单击图 8-47 的外圆边，在空白处再次单击鼠标左键，完成圆度公差建立。

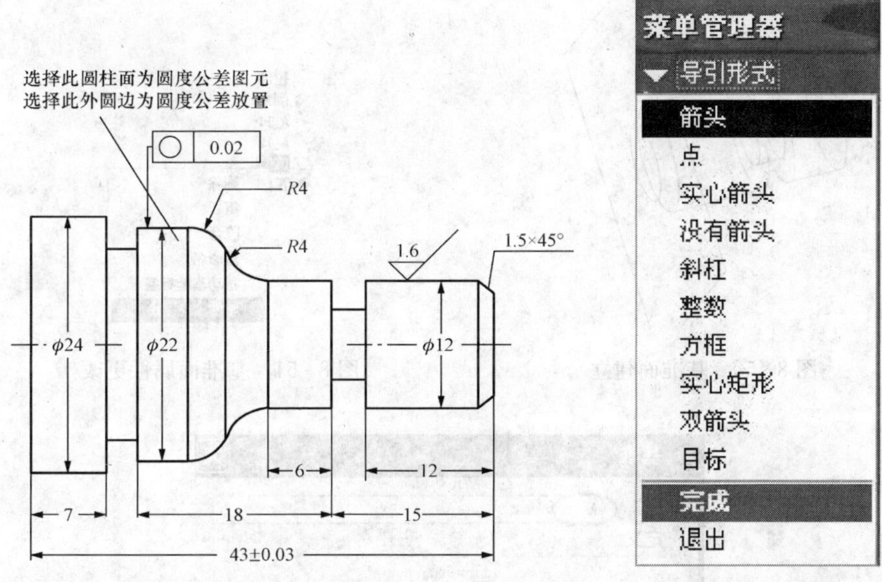

图 8-47 圆度公差建立要素选择　　图 8-48 公差引线

(11) 添加同轴度公差。同轴度公差的建立，需先选建立一个图形基准。在“显示”选项的下拉菜单中选择“模型树”，在模型树 lianjian. prt 上右键单击，在弹出的菜单中选择“打开”，进入三维模型，如图 8-49 所示。

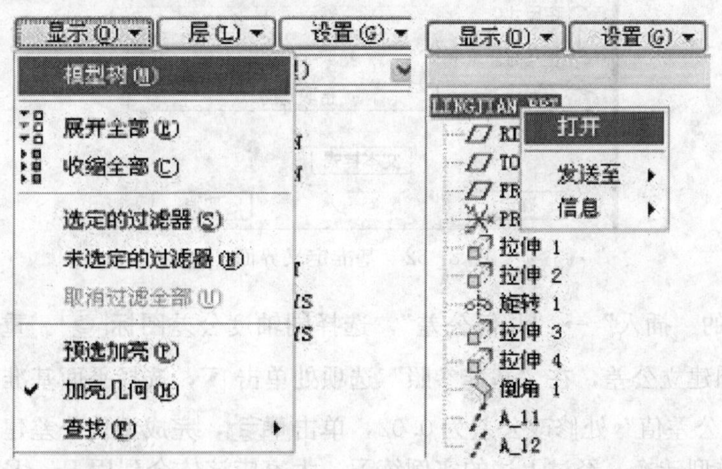

图 8-49 模型空间转换

单击构建基准面工具图标，选择轴的前端面构建基准面 DTM1，如图 8-50 所示。在模型树中选中 DTM1，单击右键，在弹出菜单中选取属性，如图 8-51 所示。

弹出如图 8-52 所示基准定义界面，在类型栏选择图标，在名称一栏填写名字“A”，如图 8-52 所示单击“确定”退出界面，关闭三维模型窗口，回到绘图界面，这时零件图得到一个平面基准，如图 8-53 所示。

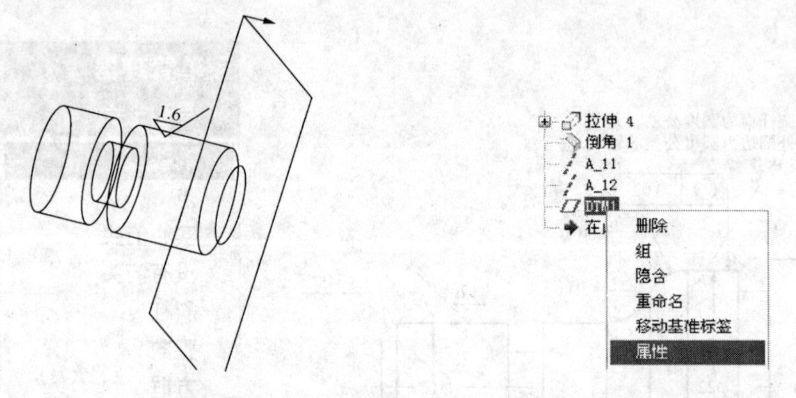

图 8-50 基准面建立　　图 8-51 基准面属性更改

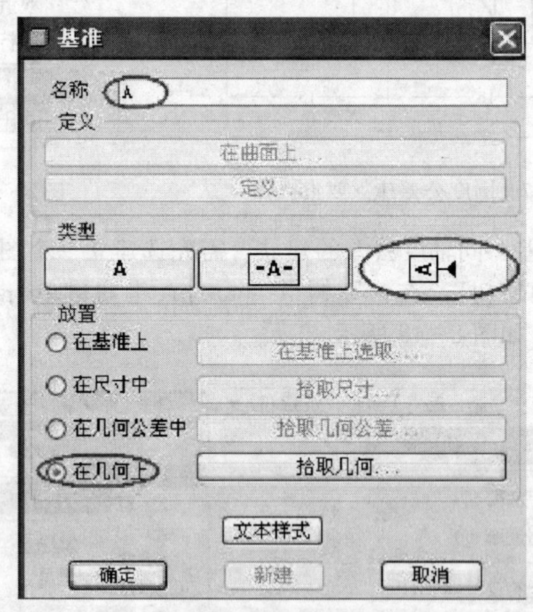

图 8-52 基准定义界面

单击工具栏的“插入”→“几何公差”，选择同轴度公差图标。重复步骤（11）在直径为 24 的外圆建立公差，在“基准参照”选项处单击，选择平面基准，如图 8-54 所示，并在“公差值”处修改公差为 0.02，单击**确定**，完成型位公差建立。

（12）文件类型转换。经过上述的实例练习，大家应该体会到用 Pro/E 建立工程图，既有优点，也有缺点。Pro/E 能方便进行三维到二维的转化，但是尺寸标注等操作却明显不如 AutoCAD 软件来得简便。因此，当 Pro/E 转化二维图后，单击“文件”→“保存副本”，把文件类型保存为 dwg 属性，便可用 AutoCAD 打开该保存文件进行二维图加工，结合两款软件，能大大提高工作效率。

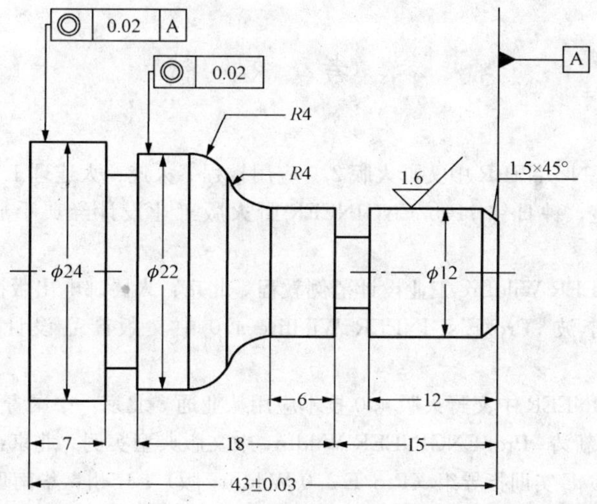

图 8-53　完成后的主视图标注

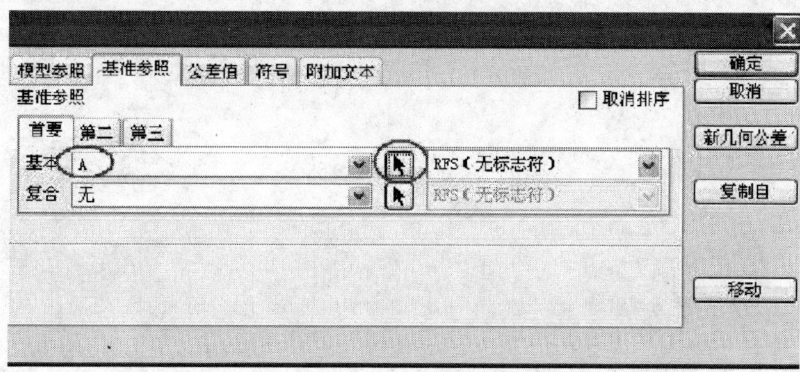

图 8-54　位置公差创建

参考文献

[1] 刘良瑞，张蓉 . Pro/ENGINEER 中文野火版 2.0 应用教程 . 大连：大连理工大学出版社，2008.
[2] TianShiM 设计工作室，钟日铭 . Pro/ENGINEER 野火版工业设计经典手册 . 北京：人民邮电出版社，2006.
[3] 周四新 . Pro/ENGINEER Wildfire 工业设计范例教程 . 北京：人民邮电出版社，2005.
[4] 王大镇，弓清忠，李波 . Pro/ENGINEER Wildfire 4.0 中文版产品设计 . 北京：电子工业出版社，2008.
[5] 凯德设计 . Pro/ENGINEER 中文野火版 4.0 技术应用从业通 . 北京：中国青年出版社，2008.
[6] 谭雪松，朱金波，朱新涛 . Pro/ENGINEER Wildfire 中文版典型实例 . 北京：人民邮电出版社，2005.
[7] 诸小丽，周运金 . Pro/E 实训指导组（Pro/E 3.0 Wildfire 版）. 广州：华南理工大学出版社，2008.
[8] 林清安，刘国彬 . Pro/ENGINEER Wildfire 入门与范例 . 北京：中国铁道出版社，2004.